新型电池材料与技术

马建民　主编

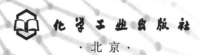
·北京·

内容简介

《新型电池材料与技术》较全面系统阐述了多种新型电池的技术、材料与发展趋势，包括锂离子电池（含凝胶电解质与固态电解质等）、锂-空气电池、锂硫电池、钠离子电池、钠硫电池、燃料电池、锌-空气电池、铝-空气电池、太阳电池、双离子电池、纤维状电池及可降解电池等。同时，本书对电池表征技术进行专门介绍。全书内容前沿、知识丰富、浅显易懂。

本书适合电池领域相关科技工作者，以及高等院校相关专业高年级本科生、研究生及教师阅读参考。

图书在版编目（CIP）数据

新型电池材料与技术/马建民主编. —北京：化学工业出版社，2022.2（2024.2重印）
ISBN 978-7-122-40477-0

Ⅰ.①新… Ⅱ.①马… Ⅲ.①电池-材料-研究 Ⅳ.①TM911

中国版本图书馆 CIP 数据核字（2021）第 264636 号

责任编辑：成荣霞　　　　　　　文字编辑：毕梅芳　师明远
责任校对：李雨晴　　　　　　　装帧设计：王晓宇

出版发行：化学工业出版社（北京市东城区青年湖南街13号　邮政编码100011）
印　　装：涿州市般润文化传播有限公司
787mm×1092mm　1/16　印张28　字数678千字　2024年2月北京第1版第4次印刷

购书咨询：010-64518888　　　　　　　　售后服务：010-64518899
网　　址：http://www.cip.com.cn
凡购买本书，如有缺损质量问题，本社销售中心负责调换。

定　价：128.00元　　　　　　　　　　　　　　　　版权所有　违者必究

前　言

能源、环境、健康、信息是当前全球产业发展、科学研究的四大重点领域，涵盖了人们生活的方方面面，与人类生活息息相关。尤其是新能源技术，使人们生活方式更加便捷，出行更加环保，生活环境更加美好，这一切与电池技术的发展是分不开的。由于锂离子电池极大地改变了人们的生活，2019年瑞典皇家科学院将诺贝尔化学奖颁给了美国得州大学的John B. Goodenough教授、美国宾厄姆顿大学的M. Stanley Whittingham教授和旭化成公司的吉野彰先生，以表彰他们对锂离子电池的发展做出的贡献。

在我国政府将新材料、新能源、新能源汽车作为战略性产业的背景下，我国电池产业面临巨大的发展机遇，与此同时也面临着严峻挑战。国家科技部及各省区也有规划科技项目，促进新能源产业与技术的发展，这些将推动电池产业的持续、健康和快速发展，为国民经济、社会、国防现代化全面发展提供重要支撑。近年来，教育部也批准很多高校开设新能源与器件本科专业，这将为未来电池产业的发展培养高层次专业人才。在这个背景下，我们决定编写一本新型电池材料与技术方面的书，供产业、学术、教育界相关人士使用。

电池就像魔方一样，多种多样。本书较全面系统地阐述了多种新型电池的技术、材料与发展趋势，包括锂离子电池（包含凝胶电解质与固态电解质等）、锂-空气电池、锂硫电池、钠离子电池、钠硫电池、燃料电池、锌-空气电池、铝-空气电池、太阳电池、双离子电池、纤维状电池及可降解电池等。同时，本书对电池表征技术进行专门介绍。本书适用于电池领域相关科技工作者，以及高等院校相关专业高年级本科生、研究生及教师。

本书由电子科技大学马建民教授担任主编。具体章节编写人员分工如下：第1章由浙江工业大学夏阳教授和中国科学院过程工程研究所陈仕谋教授编写；第2章由清华大学贺艳兵教授编写；第3章由青岛大学郭向欣教授、陈昕、毕志杰和中国科学院物理研究所胡勇胜教授等编写；第4章由中国科学院长春应用化学研究所彭章泉教授、郭丽敏教授和南京工业大学陈宇辉教授编写；第5章由郑州大学付永柱教授和郭玮教授编写；第6章由中南大学葛鹏、侯红帅教授和纪效波教授编写；第7章由华南理工大学徐建铁教授、范庆华教授、肖峰博士以及刘胜红、张加奎、蒙莹、胡彤等编写；第8章由天津大学韩晓鹏编写；第9章由上海交通大学付超鹏教授和电子科技大学马建民教授编写；第10章由加拿大国立科学院的能源、材料、通讯研究所孙书会教授和张改霞教授以及哈尔滨工业大学杜磊教授编写；第11章由中南大学阳军亮教授及王春花、黄可卿等编写；第12章由中国科学院深圳先进技术研究院唐永炳教授编写；第13章由香港城市大学支春义教授编写；第14章由澳大利亚伍伦贡大学王彩云教授及余长春、贾晓腾、赵晨等编写；第15章由中国科学院物理研究所禹习谦教授编写。

由于本书涉及内容广泛，加之时间和水平有限，若有疏漏和不妥之处，诚请广大读者朋友批评指正！

编　者

目 录

1 锂离子电池　001

1.1 锂离子电池反应机理　001
1.2 锂离子电池组成　002
1.2.1 锂离子电池正极材料　003
1.2.2 锂离子电池电解液　004
1.2.3 锂离子电池负极材料　005
1.2.4 锂离子电池隔膜材料　006
1.2.5 锂离子电池黏结剂材料　007
1.2.6 锂离子电池导电剂材料　007
1.3 锂离子电池正极研究进展　008
1.3.1 层状型化合物　008
1.3.2 尖晶石型化合物　009
1.3.3 聚阴离子型化合物　010
1.3.4 正极材料所存在的问题以及改性研究　011
1.4 锂离子电池电解液研究进展　016
1.4.1 有机系电解液　016
1.4.2 离子液体电解液　017
1.4.3 水系电解液　018
1.4.4 凝胶型聚合物电解质　019
1.4.5 固态电解质　021
1.4.6 电解液的应用需求和设计原则　024
1.5 锂离子电池负极研究进展　024
1.5.1 嵌入型材料　024
1.5.2 合金型材料　025
1.5.3 转换型材料　027
1.6 锂离子电池隔膜研究进展　028
1.6.1 聚合物隔膜　028
1.6.2 无机陶瓷隔膜　029
1.6.3 聚合物复合隔膜　032
1.7 锂离子电池黏结剂研究进展　033
1.7.1 油性黏结剂　033
1.7.2 水性黏结剂　034
1.8 锂离子电池导电剂研究进展　035
1.9 总结与展望　036

| 习题 | 038 |
| 参考文献 | 038 |

2 凝胶聚合物电解质及其复合体系在锂电池中的应用　　049

2.1 凝胶聚合物电解质概述　　049
2.1.1 凝胶聚合物电解质的特性与发展历史　　049
2.1.2 凝胶聚合物电解质的分类　　050
2.2 聚合物电解质基本要求与表征　　051
2.2.1 离子电导率　　051
2.2.2 锂离子迁移数　　051
2.2.3 电化学窗口　　051
2.2.4 热稳定性　　052
2.2.5 孔隙率　　052
2.2.6 吸液率　　052
2.3 凝胶聚合物电解质及其复合体系分类　　053
2.3.1 聚氧化乙烯（PEO）基凝胶电解质　　053
2.3.2 含有氰基的凝胶电解质（GPE）　　061
2.3.3 聚丙烯酸酯基凝胶电解质　　062
2.3.4 含氟凝胶电解质　　068
2.3.5 其它类型凝胶电解质　　071
2.4 总结与展望　　072
习题　　073
参考文献　　073

3 应用于固态锂电池的无机固体电解质　　078

3.1 固体电解质的分类　　078
3.2 氧化物电解质　　079
3.2.1 钙钛矿型电解质　　079
3.2.2 NASICON型电解质　　080
3.2.3 石榴石型电解质　　081
3.3 硫化物基锂离子导体　　083
3.3.1 Thio-LiSICONs　　083
3.3.2 LGPS基电解质　　084
3.3.3 硫银锗型　　085
3.4 新型硫代磷酸酯导体　　085
3.5 卤化物电解质　　086
3.5.1 Li_3InCl_6　　086
3.5.2 反钙钛矿型电解质　　087
3.6 总结与展望　　088

习题 088
参考文献 088

4 锂-空气电池 096

4.1 锂-空气电池的组成 096
4.1.1 正极 096
4.1.2 负极 097
4.1.3 电解质 098
4.2 充放电反应机理 100
4.2.1 放电 100
4.2.2 充电 103
4.3 原位表面增强拉曼光谱（SERS）研究锂-空气电池反应原理 104
4.3.1 原位 SERS 简介 104
4.3.2 放电反应路径 105
4.3.3 充放电的反应位点 106
4.4 锂-空气电池的进展和挑战 107
4.4.1 正极 107
4.4.2 负极 108
4.4.3 电解液 108
4.5 总结与展望 109
习题 110
参考文献 111

5 可充放锂硫电池 114

5.1 锂硫电池基本原理 115
5.2 锂硫电池研究历史 117
5.3 锂硫电池面临的主要问题 118
5.4 硫-碳复合正极材料 120
5.4.1 基于微/介孔碳的复合材料 120
5.4.2 复合材料的合成方法 121
5.4.3 无黏结剂复合电极 121
5.4.4 硫-高分子杂化材料 122
5.5 电解质材料的选择 123
5.5.1 液态电解质 123
5.5.2 固态电解质 123
5.6 不同锂硫电池结构 124
5.6.1 碳中间层 124
5.6.2 锂/溶解多硫化物电池 124
5.7 总结与展望 125

| 习题 | 126 |
| 参考文献 | 126 |

6 钠离子电池 　　131

6.1 钠离子电池反应机理 　　132
6.2 钠离子电池组成 　　132
6.2.1 钠离子电池正极材料 　　133
6.2.2 钠离子电池电解液 　　133
6.2.3 钠离子电池负极材料 　　134
6.3 钠离子电池正极研究进展 　　135
6.3.1 钠基过渡金属氧化物 　　135
6.3.2 聚阴离子化合物 　　136
6.3.3 普鲁士蓝及类普鲁士蓝结构 　　137
6.3.4 正极材料所存在的问题以及改性研究 　　138
6.4 钠离子电池电解液研究进展 　　142
6.4.1 有机系电解液 　　143
6.4.2 离子液体电解液 　　144
6.4.3 水系电解液 　　144
6.4.4 固体电解质 　　145
6.4.5 凝胶型聚合物电解质 　　148
6.4.6 电解液目前的需求及相应设计 　　149
6.5 钠离子电池负极研究进展 　　149
6.5.1 嵌入型材料 　　149
6.5.2 转换型材料 　　151
6.5.3 合金型材料 　　156
6.5.4 钠离子材料的设计及改性 　　160
6.6 总结与展望 　　160

| 习题 | 161 |
| 参考文献 | 161 |

7 钠硫电池 　　168

7.1 钠硫电池基本构造与原理 　　169
7.2 高温钠硫电池 　　171
7.3 室温钠硫电池 　　172
7.3.1 存在的问题和解决方案 　　172
7.3.2 重要研究进展 　　172
7.4 总结与展望 　　186

| 习题 | 187 |
| 参考文献 | 187 |

8 锌-空气电池 193

8.1 化学原理 194
8.2 锌电极 196
8.2.1 反应机理 196
8.2.2 锌电极限制性能的因素 196
8.3 氧电极 198
8.4 空气电极 199
8.5 隔膜 200
8.6 电解质 201
8.6.1 水系电解质 201
8.6.2 固态电解质 201
8.6.3 离子液体电解质 202
8.7 锌-空电池催化剂 202
8.7.1 OER 催化剂 202
8.7.2 双功能催化剂 205
8.8 锌-空气电池性能与限制因素 212
习题 213
参考文献 213

9 铝-空气电池 218

9.1 铝-空气电池概述 218
9.1.1 铝资源 218
9.1.2 铝-空气电池工作原理 219
9.1.3 铝-空气电池应用 219
9.2 铝-空气电池阳极 220
9.2.1 铝阳极的研究进展 220
9.2.2 铝阳极的制备 222
9.3 铝-空气电池阴极 223
9.3.1 氧气还原催化剂 223
9.3.2 空气电极的制备 228
9.4 铝-空气电池电解液 229
9.4.1 缓蚀剂 229
9.4.2 固态电解质 230
9.5 铝-空气电池存在的问题及展望 231
习题 232
参考文献 232

10 质子交换膜燃料电池阴极催化剂的设计与调控　235

10.1 燃料电池概述　235
10.1.1 燃料电池历史　235
10.1.2 燃料电池基本工作原理　236
10.1.3 燃料电池的特点和优势　236
10.1.4 燃料电池主要类型　237
10.2 质子交换膜燃料电池的工作原理和结构　238
10.3 质子交换膜燃料电池贵金属催化剂　240
10.3.1 贵金属催化剂的活性　240
10.3.2 贵金属催化剂的稳定性　242
10.4 质子交换膜燃料电池非贵金属催化剂　244
10.4.1 典型的非贵金属催化剂　244
10.4.2 非贵金属催化剂稳定性研究　249
10.5 总结与展望　251
习题　252
参考文献　252

11 太阳电池　257

11.1 硅太阳电池　258
11.1.1 硅太阳电池结构及工作原理　259
11.1.2 晶硅太阳电池　259
11.1.3 薄膜硅太阳电池　260
11.1.4 硅太阳电池的应用　261
11.1.5 总结与展望　262
11.2 铜铟镓硒太阳电池　262
11.2.1 铜铟镓硒太阳电池结构及特点　262
11.2.2 铜铟镓硒薄膜的制备方法　264
11.2.3 铜铟镓硒太阳电池存在的问题　264
11.2.4 总结与展望　264
11.3 碲化镉太阳电池　265
11.3.1 碲化镉太阳电池特点　265
11.3.2 碲化镉薄膜制备方法　266
11.3.3 背接触层及背电极　266
11.3.4 总结与展望　266
11.4 有机太阳电池　267
11.4.1 有机太阳电池结构及工作原理　268
11.4.2 有机太阳电池优势与存在的问题　269
11.4.3 总结与展望　270
11.5 染料敏化太阳电池　270

11.5.1 染料敏化太阳电池基本结构及工作原理	270
11.5.2 染料敏化太阳电池研究重点	271
11.5.3 染料敏化太阳电池存在的问题	272
11.5.4 总结与展望	273
11.6 钙钛矿太阳电池	273
11.6.1 钙钛矿太阳电池结构及工作原理	273
11.6.2 钙钛矿太阳电池发展概况	274
11.6.3 存在的问题及解决办法	275
11.6.4 总结与展望	276
习题	276
参考文献	276

12 双离子电池 280

12.1 双离子电池发展	280
12.1.1 传统锂离子电池的局限和研究现状	280
12.1.2 双离子电池的工作原理及特点	282
12.1.3 双离子电池的发展历程	285
12.1.4 双离子电池电解液的发展	287
12.2 双离子电池的反应机理	293
12.2.1 正极的反应机理	293
12.2.2 负极的反应机理	298
12.3 阴离子反应动力学的改进	305
12.3.1 正极结构设计和改性	305
12.3.2 新型正极材料	311
12.4 阳离子反应动力学的改进	313
12.4.1 负极材料的插层	313
12.4.2 合金化负极材料	316
12.4.3 新型负极材料	317
12.5 总结与展望	319
习题	320
参考文献	320

13 纤维状电池 332

13.1 纤维状电池的设计原理	333
13.1.1 电极	334
13.1.2 电解质	336
13.1.3 器件构型	336
13.2 纤维状电池概述	337
13.2.1 纤维状锂基电池	338

13.2.2　纤维状钠基电池　　344
　　13.2.3　纤维状锌基电池　　346
　　13.2.4　纤维状空气电池　　347
　　13.2.5　其它纤维状电池　　351
13.3　多功能与集成化系统　　352
　　13.3.1　防水/防火纤维状电池　　352
　　13.3.2　自愈合与形状记忆纤维状电池　　353
　　13.3.3　其它多功能纤维状电池　　354
　　13.3.4　集成化系统　　355
13.4　从纤维状电池到储能纺织品　　357
　　13.4.1　纤维状电池缝在现有织物上　　358
　　13.4.2　梭织/针织织物电池　　359
13.5　未来可穿戴应用的技术问题　　360
　　13.5.1　细长的纤维状结构引起的高内阻　　361
　　13.5.2　制备困难　　361
　　13.5.3　隔膜的安置困难　　361
　　13.5.4　封装困难　　362
　　13.5.5　厚度减小困难　　362
　　13.5.6　机械强度低　　362
　　13.5.7　难以实现纱线质感　　362
　　13.5.8　缺乏评估力学性能的测试标准　　363
　　13.5.9　安全问题　　363
　　13.5.10　多功能化和集成化　　363
　　13.5.11　纤维状电池的电化学性能　　364
13.6　总结与展望　　365
习题　　365
参考文献　　365

14　可降解电池　　375

14.1　体内生物可降解电池　　376
　　14.1.1　体内生物可降解电池的工作原理　　376
　　14.1.2　生物可降解聚合物　　378
14.2　环境可降解电池　　379
14.3　可降解电池应用及前景　　382
　　14.3.1　可降解电池的可降解性　　382
　　14.3.2　可降解电池的应用　　382
习题　　384
参考文献　　384

15　电池表征技术　　387

15.1　实验室常用表征技术　　389

15.1.1 晶体结构表征	390
15.1.2 化学成分分析	394
15.1.3 微观组织形态表征	398
15.1.4 元素价态分析	406
15.1.5 分子价键表征	409
15.1.6 热分析技术	411
15.2 同步辐射实验技术	414
15.2.1 同步辐射 XRD	414
15.2.2 对分布函数实验技术（PDF）	415
15.2.3 同步辐射 X 射线谱学实验技术	417
15.2.4 同步辐射 X 射线成像技术	420
15.2.5 同步辐射原位实验方法与装置	422
15.3 中子实验技术	424
15.3.1 中子衍射（ND）	425
15.3.2 中子成像	426
15.3.3 中子深度剖面谱（NDP）	427
习题	429
参考文献	429

1
锂离子电池

能源，尤其是电能，是人类赖以生存和发展的重要资源之一。据统计，2015 年人类活动消耗的总能量约为 606.7×10^{18} J，预计在 2040 年将达到 776.5×10^{18} J[1]。迄今为止，大多数的初级能源依然来自化石燃料，由此引发的能源危机和环境问题日益严峻，促使人类着力于开发和利用新型清洁可再生能源（风能、太阳能、水能、地热能等）。然而，太阳能和风能等间歇性能源的装机容量与实际发电量之间存在巨大差距，需要大规模储能技术与该类能源进行配合。为了能源可持续发展与环境保护，高效储能设备的快速发展和部署至关重要。锂离子电池作为高效的储能设备之一，具有电压平台高、能量密度高、使用寿命长、自放电率低、无记忆效应、绿色环保等优点。自 20 世纪 90 年代商业化以来，锂离子电池已被广泛应用于便携式电子设备、电动汽车及航空航天等领域，极大地改变了人类生活。此外，锂离子电池在电力供应系统中，特别是在与光伏、风力发电配合储能方面，具有巨大潜力。锂离子电池将在能源可持续性和减少碳排放方面发挥关键性作用，是能源领域的研究热点之一。

1.1
锂离子电池反应机理

锂离子电池的正负极材料均为能发生锂离子（Li^+）嵌入/脱出反应的物质。简单而言，锂离子电池的充放电过程即是 Li^+ 在正负极之间往返嵌入/脱出的过程，因此被形象地称为"摇椅电池"[2]。锂离子电池的充放电过程如图 1-1 所示，当对电池进行充电时，Li^+ 从正极的含锂化合物中脱出，并经过电解液运动到负极。而作为负极的碳材料，不仅具有层状结构，且富含大量微孔。到达负极的 Li^+ 就嵌入碳层的微孔中，嵌入的 Li^+ 越多，充电容量越高。同样地，当对电池进行放电时，嵌在负极碳层中的 Li^+ 逐渐脱出，又经过电解液运动到正极，回到正极的 Li^+ 越多，放电容量越高。在锂离子电池的充放电过程中，Li^+ 处于正极→负极→正极的运动状态，无金属锂析出。此外，为了实现两极的电荷平衡，在 Li^+ 的嵌入和脱出过程中，同时伴随着与 Li^+ 等当量的电子从外电路进行转移。以正极为钴酸锂（$LiCoO_2$），负极为石墨为例，锂离子电池的充放电电化学反应式可表示为：

正极：
$$LiCoO_2 \underset{\text{放电}}{\overset{\text{充电}}{\rightleftharpoons}} Li_{1-x}CoO_2 + xe^- + xLi^+$$

负极：
$$6C + xLi^+ + xe^- \underset{\text{放电}}{\overset{\text{充电}}{\rightleftharpoons}} Li_xC_6$$

电池反应：
$$LiCoO_2 + 6C \underset{\text{放电}}{\overset{\text{充电}}{\rightleftharpoons}} Li_{1-x}CoO_2 + Li_xC_6$$

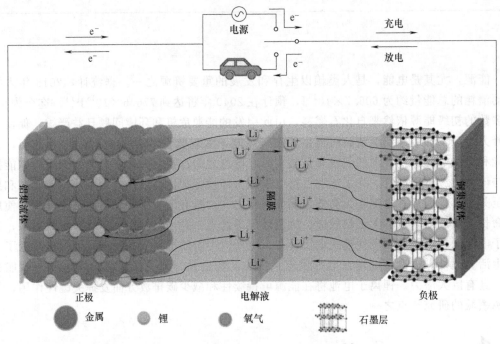

图 1-1　锂离子电池的工作原理示意图[3]

1.2 锂离子电池组成

锂离子电池主要由四个部分组成，分别为正极、负极、电解液和隔膜。其它组成部分，如集流体、黏结剂、导电剂等，同样也发挥着重要作用。一般而言，商品化锂离子电池的正极材料主要采用锂金属氧化物：锂钴氧化物（如钴酸锂 $LiCoO_2$）、锂锰氧化物（如锰酸锂 $LiMn_2O_4$）、磷酸铁锂（$LiFePO_4$）、锂镍钴铝氧化物（如 $LiNi_{0.8}Co_{0.15}Al_{0.05}O_2$）和锂镍锰钴氧化物（如 $LiNi_{1/3}Co_{1/3}Mn_{1/3}O_2$）等。锂离子电池负极材料一般是石墨，此外还有非石墨负极，如钛酸锂（$Li_4Ti_5O_{12}$）等。锂离子电池的电极通常是将活性材料、导电剂、黏结剂按一定比例混合后制备成电极浆料，涂布在集流体上获得。正极集流体采用铝箔,负极集流体则为铜箔。导电剂的引入是为了提高电极材料的导电性,使其满足电流传输要求。常见的导电剂主要有乙炔黑、碳纳米管、石墨烯等。碳纳米管与石墨烯的成本高昂,且不易分散,因而乙炔黑是目前较为理想的商业化导电剂。黏结剂按油溶性和水溶性可分为两大类:一类是油性体系常用的聚偏氟乙烯(PVDF);另一类则是水性体系常用的羟甲基纤维素钠(CMC)和丁苯橡胶(SBR)。另外,海藻酸钠(SA)、聚四氟乙烯(PTFE)、聚丙烯酸(PAA)等也可作为锂离子电池的黏结剂[4]。电解液是锂盐溶于有机溶剂中形成的溶液,对于Li^+在正负极间的移动至关重要,也是影响锂离子电池性能的关键因素之一。常见的锂盐包括六氟磷酸锂($LiPF_6$)、高氯酸锂($LiClO_4$)和六氟砷酸锂($LiAsF_6$)等。常用的电解液有机溶剂有:碳酸丙烯酯(PC)、碳酸乙烯酯(EC)、碳酸甲乙酯(EMC)、碳酸二甲酯(DMC)和碳酸二乙酯(DEC)等。隔膜是锂离子电池不可或缺的重要组件,其主要作用是使电池的正负极分隔开,防止两极直接接触发生短路。隔膜一般是经特殊成型工艺制备而成的高分子薄膜聚乙烯(PE)、聚丙烯(PP)等。薄膜上的微孔可以使Li^+自由通过,而电子不能通过。

1.2.1 锂离子电池正极材料

正极材料为锂离子电池工作提供可自由脱嵌的Li^+,因而其性能直接影响着电池的工作电压、能量密度、循环寿命及安全性等关键指标。一般而言,正极材料的比容量每提高50%,电池的功率密度将会提高28%[5]。与此同时,正极材料的成本也直接关系到电池的制造成本。以嵌入化合物正极为例,理想的锂离子电池正极材料不仅要求材料本身是锂离子载体,同时还应具有以下基本特征:

① 金属M^{n+}在嵌入化合物($Li_xM_yO_z$)中有较高的氧化还原电位,以便与负极之间保持一个较大的电位差,为电池提供较高的输出电压。氧化还原电位随x值的变化尽可能少,以保持电压稳定。

② 正极材料能可逆地嵌入和脱出大量的Li^+,为电池提供高容量。

③ Li^+的嵌入和脱出过程必须高度可逆,且在此过程中正极材料的主体结构基本不发生变化,体积越小越好,以保证电池具有良好的循环稳定性。

④ 具有较高的电子/离子电导率、Li^+扩散系数,适合于电池进行大电流、快速充放电。

⑤ 在整个充放电电压范围内,正极材料应具有良好的电化学稳定性。

⑥ 在电解液中溶解度低,活性物质不流失,保证电池循环稳定性。

⑦ 具有良好的热稳定性,以保证电池的安全性。

⑧ 具有来源广泛、制备工艺简单、生产成本低和绿色环保等特点。

目前,商用锂离子电池正极材料的实际质量比容量在110~210mA·h/g,工作电压一般在2.5~4.2V。根据结构特点,正极材料主要分为以下几类[6]。

① 层状型化合物:钴酸锂($LiCoO_2$)、镍酸锂($LiNiO_2$)、锰酸锂($LiMnO_2$),二元材料[$Li(Ni,Co)O_2$]、三元材料[$Li(Ni,Co,Mn)O_2,Li(Ni,Co,Al)O_2$]等。

② 尖晶石型化合物:锰酸锂($LiMn_2O_4$)、钒酸锂(LiV_2O_4)等。

③ 聚阴离子型化合物:磷酸铁锂($LiFePO_4$)及其掺杂衍生物。

常见的锂离子电池正极材料的性能对比如图1-2所示。

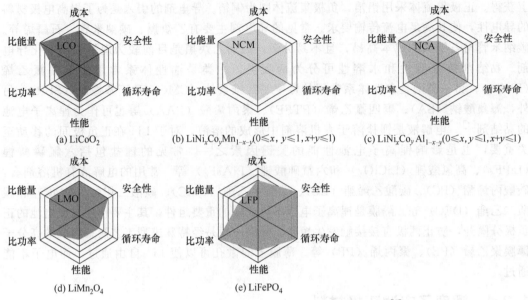

图 1-2 常见的锂离子电池正极材料性能比较示意图[7]

1.2.2 锂离子电池电解液

电解质是锂离子电池中 Li^+ 在正负极之间进行传输的介质[8]，可分为液态电解液和固态电解质。其中，液态电解液已广泛应用于商品化锂离子电池中，而固态电解质尚处于研发阶段。电解液对锂离子电池的倍率、容量、循环寿命、使用温度和安全性等性能具有至关重要的影响。一般而言，锂离子电池的电解液需要满足以下要求：

① 较高的离子电导率，一般应达到 $1×10^{-3} \sim 2×10^{-2}$ S/cm；

② 良好的热稳定性和化学稳定性，在较宽的电压范围内不分解；

③ 与电极材料、集流体和隔膜等组件具有良好的相容性；

④ 安全、无毒、无污染。

当前，有机系电解液研究和应用最为广泛，其一般由锂盐、有机溶剂和添加剂组成。锂盐是电解液中锂离子的供源，常见锂盐有 $LiPF_6$、$LiAsF_6$、$LiClO_4$ 等。$LiAsF_6$ 具有毒性，且价格高，而 $LiClO_4$ 存在较大的安全隐患，因而这两种锂盐在实际应用中较少。$LiPF_6$ 因其具有极高的离子电导率、优异的氧化稳定性和较低的环境污染性，是应用最广泛的电解质锂盐。但 $LiPF_6$ 也存在热稳定性较差[9,10]、易潮解[11,12]等问题，难以满足高性能锂离子电池的需求。近年来，为了进一步研发高性能锂离子电池，双氟磺酰亚胺锂（LiFSI）、双三氟甲基磺酰亚胺锂（LiTFSI）、四氟硼酸锂（$LiBF_4$）、二草酸硼酸锂（LiBOB）、草酸二氟硼酸锂（LiDFOB）、二氟磷酸锂（$LiPF_2O_2$）和 4,5-二氰基-2-三氟甲基咪唑锂（LiDTI）等新型锂盐备受国内外研究者的关注。常用于溶解锂盐的有机溶剂主要有：环状碳酸酯（PC、EC 等）、链状碳酸酯（DMC、DEC、EMC 等）以及羧酸酯类（MF、MA、EA、MP 等）。此外，电解液中通常还会添加一些功能性的添加剂，如成膜添加剂、导电添加剂、阻燃添加剂、过充保护添加剂、控制电解液中 H_2O 和 HF 含量的添加剂、改善低温性能的添加剂等，用于改善电池的循环稳定性、倍率特性、低温特性及安全性能等。

1.2.3 锂离子电池负极材料

负极材料一般选取接近锂电位的可嵌锂化合物,以实现"摇椅电池"中锂离子的可逆传输。理想的负极材料应具备的特点有[13,14]:

① Li^+ 嵌入/脱出的可逆性好,主体结构不变化或者变化很小;

② Li^+ 在嵌入/脱出过程中,电极电位变化尽量小,保持电池电压平稳;

③ 表面结构稳定,固体电解质膜(solid electrolyte interface film,简称 SEI 膜)稳定、致密;

④ 较高的电子和离子电导率,便于快速充放电;

⑤ 无毒无害、价格低廉、易于制备。

根据负极材料与锂的反应机制(图 1-3),可将其分为三种类型:①嵌入型材料(如石墨类材料)。此类材料具有良好的层状结构,质量低、导电性高、力学性能强、脱嵌锂电位低、结构柔韧性好,能够提供较高的比容量、优异的倍率性能和较好的循环稳定性[15]。然而,随着人们对电池能量密度要求不断提高,石墨类负极材料已无法满足新型高能量密度锂离子电池发展的需求,因而亟须对其进行改性研究(如包覆、掺杂等)。②合金型材料(如硅、锡类)。该类材料可容纳的锂离子数目是石墨类材料的 5 倍,故其具有极高的理论比容量。然而,在嵌/脱锂过程中,此类材料通常都具有巨大的体积膨胀(约 300%),极易发生材料破碎、粉化等问题,严重阻碍了其商业化应用[16]。对此,常采用复合、包覆、纳米化等手段来解决上述问题。③转换型材料(如过渡金属氧化物)。这类材料允许锂离子与其发生转换反应,从而提升可逆容量[17]。但由于过渡金属氧化物本身导电性较差,且与合金型材料一样,在储锂过程中具有较大的体积变化,因此存在倍率性能和循环寿命不佳等问题[18]。对此,常见的改性方式有纳米化、与氧化物结合、与碳复合等。

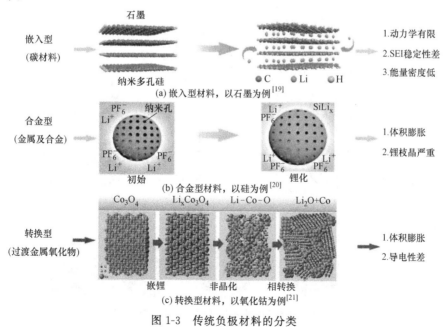

图 1-3 传统负极材料的分类

1.2.4 锂离子电池隔膜材料

位于正负极之间的隔膜虽然不直接参与电化学反应,但其对电池性能具有至关重要的影响。一般而言,隔膜在电池中的作用有:隔离正负极,使电池内部的电子不能自由穿过;允许电解液中的离子在正负极间自由通过。理想的隔膜应具备以下特性[22]:

① 优异的电子绝缘性;
② 合理的孔径分布和孔隙率;
③ 良好的电解液浸润性及相容性;
④ 良好的吸液率与保液率;
⑤ 优异的热稳定性和电化学稳定性;
⑥ 良好的耐腐蚀性和机械性。

从隔膜的结构和组成角度来划分,其主要包括聚合物隔膜、无机陶瓷隔膜、聚合物复合隔膜(图1-4)。目前,商业化隔膜主要是多孔聚合物薄膜,如聚丙烯(PP)、聚乙烯(PE)、PP/PE/PP复合膜。然而此类多孔聚合物薄膜的离子电导率较低,润湿性和阻燃性较差,特别在电池滥用等极端条件下,极易造成安全隐患[23]。对此,研究人员将目光转向了安全性更优异的新型聚合物材料,如聚氧化乙烯(PEO)[24]、偏聚氟乙烯(PVDF)[25]、聚酰亚胺(PI)[26]、聚丙烯腈(PAN)[27]等。PEO因其具有优异的加工性、与电解液良好的兼容性及柔韧性,常被作为电池隔膜的基材,但是它较窄的电化学窗口和较差的热稳定性限制了其在锂离子电池中的大规模应用[28]。PVDF具有较高的电化学稳定性和热稳定性,被视为一种综合性能优异的隔膜材料。然而,PVDF基隔膜材料存在孔隙率低、离子电导率差、界面电阻大等问题,难以满足电池的大倍率充放电的需求[29]。针对上述问题,采用多种聚合物材料共混或引入功能性无机材料可有效改善隔膜

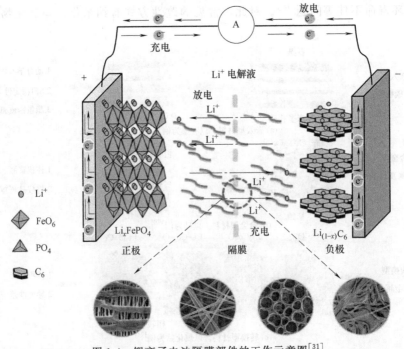

图1-4 锂离子电池隔膜部件的工作示意图[31]

性能，降低电池电阻，提高 Li$^+$ 在正负极间的迁移速度，增强机械强度和热稳定性，从而提高电池的循环性能、倍率性能以及安全性[30]。

1.2.5 锂离子电池黏结剂材料

对于一个理想的电极，其内部活性材料的分布应当合理，与集流体、电解质之间的接触都应紧密，这将有助于获得优异的电池性能[32]。黏结剂材料在锂离子电池中尽管占比很小，但其作用不可忽视，主要有以下两方面的功能[33]：一方面，黏结剂可以帮助活性材料、导电剂与集流体紧密粘接；另一方面，黏结剂可以有效缓解电极在脱/嵌锂过程中的体积变化，保持电极结构稳定性。一般而言，作为锂离子电池中理想的黏结剂应具有的特征如下[34]：

① 对活性材料、导电剂和集流体具有优异的黏附力；
② 稳定的电化学窗口；
③ 较好的机械稳定性和优良的热稳定性；
④ 与电解液具有良好的兼容性；
⑤ 低成本、易加工、无毒、环境友好。

根据所用溶剂的类型，将黏结剂大致分为油性黏结剂和水性黏结剂。常见的油性黏结剂主要有 PVDF、PI 等[35-37]。此类黏结剂都会涉及昂贵的有毒溶剂，如 N-甲基吡咯烷酮（NMP）、N,N-二甲基乙酰胺（DMAC）、N,N-二甲基吡咯烷酮（DMF）等[38]。此外，该类黏结剂在高温下易发生膨胀，造成黏附性变差，致使电极结构破坏、循环性能下降。典型的水性黏结剂有羧甲基纤维素钠（CMC）、环糊精（CD）、丁苯橡胶（SBR）、丙烯腈多元聚合物（LA132）、海藻酸钠（SA）等[39-41]。水性黏结剂无需使用有机溶剂，因而表现出较好的环境相容性。通常情况下，水性黏结剂主要应用于碳基负极材料[34]。

1.2.6 锂离子电池导电剂材料

锂离子电池电极材料的室温电导率一般较低，例如 LiFePO$_4$ 的电导率为 10^{-9} S/cm，LiMn$_2$O$_4$ 为 10^{-3} S/cm，LiCoO$_2$ 为 $10^{-7} \sim 10^{-4}$ S/cm，Li(Ni$_{1/3}$Mn$_{1/3}$Co$_{1/3}$)O$_2$ 为 10^{-4} S/cm。众所周知，较低的电导率使电极材料难以满足电池对高能量与高功率密度的要求[42-44]。因此，研究人员常将高导电性材料添加到电极材料中，以提高电极材料的导电率，改善电化学反应[45]。良好的导电剂材料一般需要满足以下特征[46,47]：①高导电性；②高比表面积；③优异的结构稳定性和电化学稳定性。

典型的导电剂有乙炔黑[48]、导电炭黑[49]、石墨[50]。但乙炔黑、导电炭黑等导电剂在电极中所形成的导电网络通常是点对点结构，无法形成大面积连续导电网络，因此普遍存在导电剂利用率低、有效导电网络结构少等缺点[51]。因此，近年来一些高长径比、高比表面积、易成网络结构的新型导电剂，如一维碳纳米管[52]、二维石墨烯等[53]，被广泛应用于锂离子电池电极材料。表 1-1 比较了不同类型导电剂在锂离子电池中的优缺点。

表 1-1 常见导电剂在锂离子电池中的优缺点

种类	优 点	缺 点
导电炭黑（0D）	高比表面积、优异的导电性、易形成链状导电结构	难分散、导电效率低（点-点接触）、用量多、电阻大、极化大

续表

种类	优点	缺点
乙炔黑 (0D)	高导电性、与电极接触点较多	导电效率低(点-点接触)、用量多
碳纤维 (1D)	较好的导电性、高强度、高耐腐蚀性、"点-线接触型"导电网格	难分散、不适用于大功率充放电
碳纳米管 (1D)	高导电性、良好的化学稳定性,可构建连续的柔性网络(点-线接触)、降低电荷转移电阻,提供体积膨胀的空间,保持电极的结构稳定性,提高电解液在电极材料中的渗透能力	极易团聚、分散性差
石墨烯 (2D)	高导电性、优异的力学性能和柔韧性、用量少、较大的比表面积、良好的化学稳定性和热稳定性,可构建高效的导电网络(点-面接触)、提供体积膨胀的空间、提高电极的结构稳定性	分散性差、阻挡 Li^+ 传输、降低极片的离子导电率、不适用于大功率充放电

1.3 锂离子电池正极研究进展

1.3.1 层状型化合物

如图 1-5 所示,层状 $LiMO_2$ 正极材料属于 α-$NaFeO_2$ 结构,Li^+ 在 $LiMO_2$ 中有二维嵌脱路径,离子电导率、电子电导率均较高。该类材料一般都具有较高的氧化还原电位和比容量。其中,Goodenough 等[54] 最早发现钴酸锂($LiCoO_2$)在充放电过程中,发生从六方晶系到单斜晶系的可逆相变,具有良好的电化学可逆性。$LiCoO_2$ 的工作电压范围为 2.5~4.2V,放电平台在 3.9V 左右,理论放电比容量为 272mA·h/g。但在实际工作中,Li^+ 在 $LiCoO_2$ 中可逆嵌脱最多为 0.5 个单元;当脱出 Li^+ 大于 0.5 个单元后,$LiCoO_2$ 的相变将不可逆,结构将变得不稳定。因此,其实际比容量仅为 130~150mA·h/g。相对于其它正极材料,$LiCoO_2$ 的工作电压较高,充放电电压平稳,自放电小,循环性能较好,电导率高,材料制备及电池生产工艺复杂程度适中。但钴是稀有资源,价格高,环境毒性大。此外,$LiCoO_2$ 的热稳定性较差,抗过充性能较差,存在一定的安全隐患,并在大倍率放电时容量衰减非常严重。

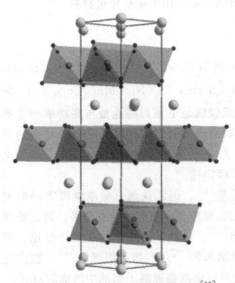

图 1-5 $LiCoO_2$ 的晶体结构示意图[55]

镍酸锂($LiNiO_2$)是继 $LiCoO_2$ 后研究较多的层状化合物正极材料。其与 $LiCoO_2$ 具有相似的结构,工作电压范围为 2.5~4.1V,理论可逆比容量为 275mA·h/g,实际比容量为190~210mA·h/g。与 $LiCoO_2$ 一样,在充放电过程中,$LiNiO_2$ 也发生从六方晶系到单斜晶系的可逆相变。尽管 $LiNiO_2$ 的价格低廉,但也存在大电流充放电性能差、热稳定性差及安全隐患等问题。这是因为在电极反应过程中,$LiNiO_2$ 可分解为电化学活性较差的 $Li_{1-x}Ni_{1+x}O_2$,释放出氧气,引发安全问题。此外,在制备六方晶系 $LiNiO_2$ 时,极易产生立方晶系 $LiNiO_2$。特别是当热处理温度大于900℃时,$LiNiO_2$ 将全部转化为无电化学活性的立方晶系。

锰酸锂($LiMnO_2$)同样具有类似的 α-$NaFeO_2$ 型层状结构,理论比容量高达286mA·h/g,在空气中稳定,是一种极具潜力的正极材料。但 $LiMnO_2$ 在充放电过程中易向尖晶石结构转变,导致容量衰减快。此外,该类材料在高温下不稳定,需对其进行改性处理。

1.3.2 尖晶石型化合物

与 $LiCoO_2$ 和 $LiNiO_2$ 等层状化合物结构不同,尖晶石型化合物锰酸锂($LiMn_2O_4$)具有三维隧道结构(图1-6),这有利于 Li^+ 的快速嵌/脱,而且由于每一层都有锰离子,Li^+ 从晶格结构中脱出时不会造成结构变化,结构稳定性较好。由于锰元素在自然界中的储量丰富,以 $LiMn_2O_4$ 为正极材料时,锂离子电池的成本将大幅度降低。$LiMn_2O_4$ 正极材料的主要问题在于比容量相对较低、高温性能较差等。$LiMn_2O_4$ 主要有2个脱/嵌锂电位:4V和3V。但 $LiMn_2O_4$ 在3V左右放电时,会产生结构扭曲,由立方体 $LiMn_2O_4$ 转变为四面体 $Li_2Mn_2O_4$。该转变伴随着严重的Janh-Teller畸变,表面的尖晶石粒子发生破裂。因此,$LiMn_2O_4$ 只能作为理想的4V锂离子电池正极材料,其实际比容量约为120mA·h/g。同时,$LiMn_2O_4$ 在高温下循环还存在 Mn^{2+} 的溶解,导致其高温循环稳定性不佳。此外,由于氧缺陷的存在,$LiMn_2O_4$ 在4.0V和4.2V平台会同时出现容量衰减,且氧缺陷越多,电池容量衰减越快。总之,较差的循环性能是制约 $LiMn_2O_4$ 正极材

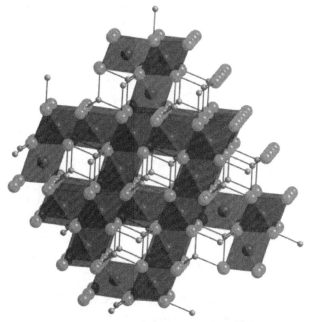

图1-6 $LiMn_2O_4$ 的晶体结构示意图[56]

料发展的主要原因。

尖晶石结构的 LiV_2O_4 正极,其 V_2O_4 骨架是四面体与八面体共面的三维网络结构,有利于 Li^+ 扩散。但 LiV_2O_4 作为正极时,在嵌/脱锂过程中,其结构易从尖晶石型转变为有缺陷的岩盐型,约有 1/9 的钒离子从富钒层进入相邻层而破坏了原本供 Li^+ 扩散的三维空间,因而限制其实际应用。

1.3.3 聚阴离子型化合物

聚阴离子型化合物是指一系列含有四面体或八面体阴离子结构单元 $(XO_m)^{n-}$($X=P$、S、Si、B、As、Mo、W等,结构单元中亦可有 F^-、OH^+ 等)的化合物,其结构框架中四面体或八面体交替排列成网状结构,因此非常稳定。聚阴离子型正极材料主要包括 $LiMXO_4$(橄榄石型,如 $LiMnPO_4$)、$LiMXO_4$(NASICON 型,如 $Li_3V_2(PO_4)_3$)、$LiMXO_5$(如 $LiTiPO_5$)、$LiMXO_6$(如 $LiVMoO_6$)和 $LiMX_2O_7$(如 $LiFeP_2O_7$)等 5 种类型,目前报道较多的是具有橄榄石和 NASICON 两种结构的聚阴离子型正极材料。该系列材料晶体框架结构稳定、放电平台易调变,但电子电导率较低,大电流放电性能较差。自 Goodenough 等于 1997 首次报道以磷酸铁锂($LiFePO_4$)为代表的聚阴离子型正极材料结构稳定、安全性高以来,该结构材料一直受到广泛关注[57]。目前橄榄石型正极材料 $LiMPO_4$($M=Mn$、Fe、Co、Ni 等)的研究主要集中在 $LiFePO_4$。$LiFePO_4$ 为橄榄石型结构,正交晶系,属 $Pmnb$ 空间群,Fe 与 Li 形成 FeO_6 和 LiO_6 八面体,P 形成 PO_4 四面体(图 1-7)。与 c 轴平行的 Li^+ 为连续直线链,可以沿着 c 轴形成二维扩散运动,自由地嵌入/脱出。$LiFePO_4$ 的放电平台为 3.4V 左右,理论容量为 170mA·h/g,具有价格低廉、电化学性能好、环境友好等优点。其缺点是导电性差致使其难以发挥理论容量,且大电流放电性能不佳。

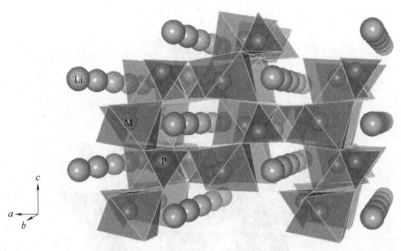

图 1-7 橄榄石型 $LiMPO_4$ 化合物晶体结构示意图[58]

磷酸钒锂 $[Li_3V_2(PO_4)_3]$ 有单斜和菱方(NASICON)两种晶型。单斜 $Li_3V_2(PO_4)_3$ 属于 $P2_1/n$ 空间群,菱方 $Li_3V_2(PO_4)_3$ 属于 R-3 空间群。单斜 $Li_3V_2(PO_4)_3$ 中的 Li^+ 处于 4 种不等价的电荷环境中,因此存在 3.6V、3.7V、4.1V 和 4.6V 四个电位

区。前3个电位区是前两个Li^+的嵌脱，对应于V^{3+}/V^{4+}电对的氧化还原反应，而4.6V电位区的第三个Li^+离子嵌脱对应于V^{4+}/V^{5+}电对的氧化还原反应，三个Li^+都脱出后的理论容量为197mA·h/g，可逆比容量可达160mA·h/g以上。单斜$Li_3V_2(PO_4)_3$材料中的V^{3+}/V^{4+}电对可以可逆嵌脱两个Li^+，平均电位平台为3.8V，可逆比容量可达125mA·h/g以上，如果加上4.6V区的放电平台，可逆比容量可达160mA·h/g。菱方$Li_3V_2(PO_4)_3$中的3个Li^+处于相同的电荷环境中。随着两个Li^+的脱出，V^{3+}被氧化为V^{4+}，但是只有1.3个Li^+可以重新嵌入，相当于90mA·h/g的放电容量，嵌入电位平台为3.77V，性能明显比单斜$Li_3V_2(PO_4)_3$差。Li^+在菱方$Li_3V_2(PO_4)_3$中的嵌脱可逆性较差，当Li^+脱出后，菱方$Li_3V_2(PO_4)_3$的晶体结构发生了从菱方到三斜的变化，阻碍了Li^+的可逆嵌入。

磷酸铁锂[$Li_3Fe_2(PO_4)_3$]同样具有单斜和菱方两种晶型，单斜$Li_3Fe_2(PO_4)_3$属于$P2_1/n$空间群，菱方$Li_3Fe_2(PO_4)_3$属于$R\text{-}3c$空间群，两种正极材料的理论比容量均为128mA·h/g，平均放电电位均为2.75V。单斜$Li_3Fe_2(PO_4)_3$具有2.85V和2.70V两个放电平台，其Li^+的嵌脱遵循三相机理[$Li_3Fe_2(PO_4)_3$、$Li_4Fe_2(PO_4)_3$及$Li_5Fe_2(PO_4)_3$]，且在充放电过程中晶体结构变化不大且可逆。而菱方$Li_3Fe_2(PO_4)_3$只有一个放电平台，Li^+在其中的嵌脱类似于固溶体反应。两种晶型的$Li_3Fe_2(PO_4)_3$材料实际放电容量均可达115mA·h/g，但随着电流密度的提高，其比容量均明显下降。

1.3.4 正极材料所存在的问题以及改性研究

锂离子电池发展近30年以来，各种正极材料因其自身的特点具有各自的应用领域。正极材料是决定锂离子电池性能的关键因素。诸多正极材料虽各有优势，但也存在诸多问题。例如，大部分层状型正极材料随着循环的进行，其层状结构不断膨胀和收缩产生应力应变，最终结构坍塌，导致嵌脱锂能力受损，使得容量降低。此外，大部分层状型正极材料的离子电导率较低，Li^+扩散速度较慢，因此大电流充放电性能较差。尖晶石型化合物正极材料在充放电过程中材料本身易发生不可逆的晶格畸变，导致其容量骤减（尤其是在较高温度条件下）。聚阴离子型正极材料本身导电性差，极大地限制了该材料在锂离子电池中的应用。

为了改善正极材料的电化学性能，以满足应用要求，人们进行了大量的实验研究。常用的改性方法是电极材料的掺杂及包覆。离子掺杂是改善电极材料性能的重要手段之一，其主要是通过引入其它元素，使掺杂离子进入材料晶格结构中取代材料中的部分离子，以提高循环过程中材料结构的稳定性。就层状型化合物正极材料而言，通过掺杂，可得到二元材料（$LiNi_{1-x}Co_xO_2$，$LiNi_{1-x}Mn_xO_2$等），三元材料（$LiNi_{1-x-y}Co_yMn_xO_2$，$LiNi_{1-x-y}Co_yAl_xO_2$等）。这些固溶体氧化物正极材料均具有层状结构，属于$\alpha\text{-}NaFeO_2$型晶体结构。这类多组分正极材料的电化学性能与其组成密切相关，由于Ni、Co、Mn等元素之间存在明显的协同效应，此类材料的性能一般优于单一组分材料。Co的加入能有效稳定三元材料的层状结构并抑制阳离子混排，提高材料的电子导电性，改善循环性能；Mn、Al不参与电化学反应，加入后能降低成本，改善材料的结构稳定性和安全性；Ni的加入有助于提高容量。当然，各种元素的掺入也不是越多越好。Co的加入往往会降低首次比容量，而且增加成本；加入的Ni易与Li^+混排造成锂析出，降低材料循环性能；

Mn、Al等含量过高也会导致容量降低，破坏材料层状结构。三元材料具有结构稳定、能量密度高、成本较低、过渡金属比例可调等优点，因此被认为是最具有商用价值的正极材料。但与此同时，三元材料自身也存在一些缺点，例如在高电压下循环易发生相变造成循环稳定性不好，电子电导率低。此外，Li、Ni混排造成倍率性能差，高脱锂状态下具有强氧化性的Ni^{4+}趋于还原生成Ni^{3+}而释放O_2，造成热稳定性不好等问题。

Sun等[59]将$Li(Ni_{0.885}Co_{0.10}Al_{0.015})O_2$（NCA89）中的Al用W完全取代，成功制得一种全新的层状氧化物正极材料$Li[Ni_{0.9}Co_{0.09}W_{0.01}]O_2$（NCW90），细化了一次颗粒的尺寸（图1-8）。粒度细化大大提高了正极材料的比容量和循环稳定性，在0.1C的电流密度下，NCW90的初始放电容量高达231.2mA·h/g，且在循环1000圈后的容量保持率达92%；而同样条件下NCA89的容量保持率仅为63%。这种性能的提升来自NCW90中一系列特殊的微裂缝吸收了电荷端的有害相变所导致的各向异性晶格应变，从而抑制了微裂纹的扩展，防止了正极颗粒断裂破碎，从而提高了材料的结构稳定性。由于抑制了材料微裂纹的产生，循环过程中晶格的突然收缩和膨胀得到控制，因此二次颗粒始终保持结构完整性，颗粒内部不易遭受电解液的侵蚀，电极的循环稳定性得以保证。Zou等[60]在高镍材料$LiNi_{0.94}Co_{0.06}O_2$（NC）的晶格中掺杂了2%的铝（Al）得到了$LiNi_{0.92}Co_{0.06}Al_{0.02}O_2$（NCA）材料，其界面稳定性显著提高（图1-9）。研究表明，其晶间裂纹、表面结构的不可逆转变以及过渡金属离子的溶解都大幅度减少，最终提升了材料的循环稳定性。

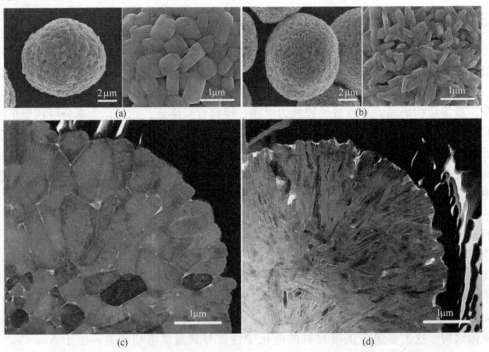

图1-8 NCA89（a）和NCW90（b）正极颗粒的SEM图像以及NCA89（c）和NCW90（d）的截面SEM图像[59]

Liu等[61]在制备$Li_{1.20}Ni_{0.13}Co_{0.13}Mn_{0.54}O_2$时，以$Na_3PO_4$为掺杂剂，同时实现了$Na^+$对Li和$PO_4^{3-}$对Mn的共掺杂。研究表明，$Na^+$和$PO_4^{3-}$共掺杂不仅能减小晶片厚

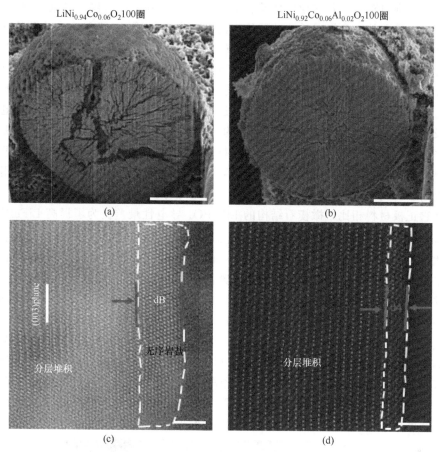

图 1-9 循环 100 圈后 NC（a）和 NCA（b）的截面 SEM 图像以及 NC（c）和 NCA（d）表面的相变[60]

度，降低 TM-O（TM=Ni、Co、Mn）共价键强度，减小充放电过程中的体积变化，提高层状结构的稳定性，还能有效扩大层间距，抑制镍锂混排，提高 Li^+ 迁移速率。因此，改性正极材料（N3P-LNCM）的循环性能（93.8% @1C @100 圈）与倍率性能（106.4mA·h/g @10 C）显著提升。Li 等[62]用 F^- 取代 $LiNi_{0.8}Co_{0.15}Al_{0.05}O_2$ 中的部分 O^{2-} 合成了氟（F）含量（摩尔分数）为 2% 的 NCAF-2。结果表明，氟掺杂可提高材料的循环稳定性和倍率性能。当电流密度为 2C 时，NCAF-2 首次放电比容量为 161mA·h/g，循环 100 圈后容量保持率为 94.1%，而未经改性的 NCA 的初始容量为 167mA·h/g，容量保持率只有 85.6%。在 5C 的电流密度下，未经改性的 NCA 的放电比容量降低至 153mA·h/g，而 NCAF-2 的放电比容量依然高达 158mA·h/g。此外，NCAF-2 不仅具有较高的氧化还原电势，且在循环 100 圈后阻抗为 39Ω。同样条件下，未经改性的 NCA 循环 100 圈后阻抗为 73Ω，这表明氟掺杂能抑制电极在循环过程中极化的产生，减少阻抗的上升，提高材料的循环性能。

大多数正极材料的导电性较差，在循环过程中容量衰减较快，研究人员试图通过包覆来解决这一问题。表面包覆是提高正极材料热稳定性和结构稳定性最有效的方法之一，它不仅提高了正极材料的表面活性，而且赋予了正极材料新的物理、化学和力学性能。常用的包覆方法有碳包覆以及其它稳定性佳、电导率高的材料进行的包覆（氧化物、氟化物、含锂化合物、磷酸盐、金属单质、硅酸盐、高分子聚合物等）。其中，碳材料具有独特的优势，如优异的电子电导率、限域效果以及较好的柔韧性。表面包覆的结构主要有单层包覆和复合层包覆。包覆改性的机理可分为以下三类：①避免活性材料与电解液直接接触，防止过渡金属溶解；②抑制 Janh-Teller 畸变，抑制相变，在循环过程中保持正极材料的结构稳定性；③提高正极材料的电导率，促进 Li^+ 在正极材料表面的转移，降低电池的极化和正极/电解质的界面电阻。利用高电导的碳材料对正极材料进行包覆改性是提高 Li^+ 电池倍率性能的有效途径。碳材料可为正极材料提供一层保护层，防止电解液分解，增强正极材料的稳定性。此外，碳材料成本低且环保，有利于大规模的商业生产。常用的碳涂层材料包括多孔炭、碳纳米纤维、碳纳米管、石墨烯等。

与其它正极材料相比，橄榄石结构的 $LiFePO_4$ 导电性最差。为了提高 $LiFePO_4$ 的导电性，Bai 等[63]采用淀粉酶诱导蒸发自组装法制备了具有三维纳米网络结构的 $LiFePO_4$/碳纳米线复合材料。一维的 $LiFePO_4$/碳纳米线，直径约 50nm，长度为 400nm～$1μm$，与淀粉酶短支链碳化得到的无定形碳紧密相连，形成了三维纳米网络结构。这种独特的三维纳米网络结构有效增加了活性材料与电解质的接触，提高了 $LiFePO_4$ 的电子/离子电导率。当电流密度为 $0.1C$ 时，$LiFePO_4$/碳纳米线复合材料的比容量达到 167mA·h/g，即使在 $50C$ 的电流密度下也有 138mA·h/g 的比容量，循环 100 圈后容量保持率为 92.8%。Wang 等[64]用石墨烯对 $LiFePO_4$（LFP）纳米粒子进行了碳的双层包覆，所得到的 LFP@C/G 复合材料展现出优异的电化学性能。石墨烯在不叠加的情况下修饰了碳包覆的 $LiFePO_4$ 纳米球，形成了独特的三维"球内片"和"球上片"传导网络结构，并且具有丰富的中孔（图 1-10）。这种结构可以有效地将分离的 LFP 纳米颗粒相互连接起

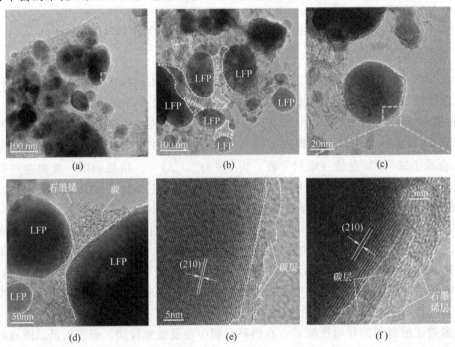

图 1-10　LFP@C (a)、(b) 和 LFP@C/G (c)、(d) 的 TEM 图像以及 LFP@C (e) 和 LFP@C/G (f) 的 HRTEM 图像[64]

来，促进了电子和离子的传输，有效提高了 LFP 电极材料的循环和倍率性能。如图 1-11 所示，在 0.1C 的电流密度下，LFP@C/G 的比容量高达 163.8mA·h/g，接近理论比容量（170mA·h/g）。当电流密度为 1C 时，其比容量仍高达 147.1mA·h/g，倍率性能良好。此外，在 10C 的电流密度下循环 500 圈后，LFP@C/G 的容量衰减只有 8%，展现出良好的循环稳定性。

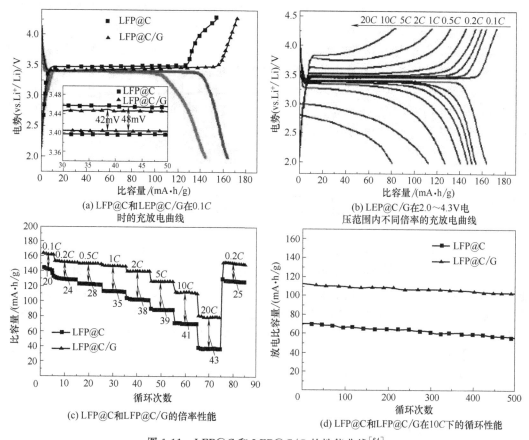

图 1-11　LFP@C 和 LFP@C/G 的性能曲线[64]

除了碳材料以外，氧化物、氟化物、含锂化合物、磷酸盐等材料也被用于正极材料的包覆改性。Lee 等[65]通过固相法在 $LiNi_{0.6}Mn_{0.2}Co_{0.2}O_2$（NCM622）表面包覆一层 Al_2O_3 后，其循环性能得到了有效提升。在 0.5C 的电流密度下循环 100 圈后，容量保持率达到 92.8%，这是因为表面包覆的 Al_2O_3 层抑制了 NCM622 与电解液之间的反应。Ke 等[66]证实，AlF_3 涂层具有诱导相变和提高循环稳定性的作用。通过在 $LiNi_{0.5}Mn_{1.5}O_4$ 表面包覆 1%（质量分数）的 AlF_3，电化学性能得到提升。在 10C 的电流密度下，电池的比容量由 104.6mA·h/g 提升到 108.0mA·h/g，100 圈循环后容量保持率由 80.6% 提升至 92.1%。Liu 等[67]在 $LiNi_{0.6}Mn_{0.2}Co_{0.2}O_2$ 表面包覆了一层超薄的锂离子导体 $LiAlO_2$（约 1.1nm）。改性后的材料在 4.5/4.7V 的高截止电压下展现出了优异的电化学性能。在 0.2C 的电流密度下经 350 圈循环后，包覆了 $LiAlO_2$ 的 $LiNi_{0.6}Mn_{0.2}Co_{0.2}O_2$ 的可逆容量超过 149mA·h/g，每圈容量衰减率仅 0.078%。这是因为 $LiAlO_2$ 涂层提高了 $LiNi_{0.6}Mn_{0.2}Co_{0.2}O_2$ 的结构稳定性，抑制了金属离子的溶解和电解液的分解。此外，在

$3C$ 的电流密度下,该材料仍表现出 $131.9\text{mA}\cdot\text{h/g}$ 的比容量和优异的倍率性能。这主要归因于 $LiAlO_2$ 中的部分 Li^+ 可能占据了 $LiNi_{0.6}Mn_{0.2}Co_{0.2}O_2$ 中 Li^+ 的位置,提高了锂离子传导率。Chen 等[68]在 $LiNi_{0.6}Co_{0.2}Mn_{0.2}O_2$ 表面包覆了一层 $MnPO_4$,发现电池的循环性能、倍率性能和热稳定性都得到了改善。$MnPO_4$ 包覆的 $LiNi_{0.6}Co_{0.2}Mn_{0.2}O_2$ (MP-NCM) 在 $0.1C$、$2C$ 和 $10C$ 的电流密度下循环 100 圈后,其容量保持率分别为 93.1%、94.7% 和 97.7%。即使在较高的测试温度(60℃)下,MP-NCM 仍然具有显著的稳定性(容量保持率为 83.1% @ 100 圈)。$MnPO_4$ 包覆层不仅隔离了 $LiNi_{0.6}Co_{0.2}Mn_{0.2}O_2$ 与电解液的物理接触,而且减少了活性物质与电解液发生的化学副反应,降低了过渡金属在电解液中的溶解,使 MP-NCM 具有良好的长期循环稳定性。另外,其无定形的性质提高了 Li^+ 在表面的扩散速率,改善了 Li^+ 的迁移动力学。更重要的是,$MnPO_4$ 中的 PO_4 键是强共价键,在较高的温度和截止电压下 PO_4 键具有良好的稳定性,因此提高了 MP-NCM 的热稳定性。

1.4 锂离子电池电解液研究进展

电解液是锂离子电池中离子传输的载体,在正负极之间起到离子传导、电子绝缘的作用,对于锂离子电池循环性能、倍率性能、电压范围、工作温度、寿命、内阻以及安全性能等有着重要的作用。例如,电解液中锂盐的浓度和电导率与锂离子电池的倍率性能有关。电解液中溶剂组分和黏度会影响锂离子电池的高低温性能。电解液对电极的浸润性对电池的性能也有很大的影响。此外,合适的电解液配比有利于电极材料的表面形成稳定的 SEI 膜,帮助提升电池的循环稳定性和倍率性能。根据电解质的溶剂和形态不同,其大致可分为:有机系电解液、离子液体电解液、水系电解液、凝胶型聚合物电解质、固态电解质。

1.4.1 有机系电解液

传统电池通常使用水系电解液,但是水的理论分解电压为 1.23V,考虑到氢或氧的过电位,采用水系电解液构成的电池电压最高也只有 2V 左右(如铅酸电池)。而锂离子电池的工作电压通常高达 3~4V,传统水系电解液难以适用,因此锂离子电池通常采用有机系电解液。有机系电解液需满足一些特定的条件:

① 锂离子电导率高;
② 热稳定性好,能在较宽的温度范围内使用而不发生分解;
③ 电化学稳定性好,拥有较宽的电化学窗口,通常应在 0~5V 内稳定;
④ 化学性能稳定,不与集流体和活性物质发生反应;
⑤ 安全无毒,易于制备,成本适中。

目前,锂离子电池所使用的有机系电解液主要由高纯有机溶剂、电解质锂盐、功能性添加剂等配制而成。其中最典型的锂盐是六氟磷酸锂($LiPF_6$)。$LiPF_6$ 具有较好的离子迁移率和溶解度,可以在电极表面形成有效的 SEI 膜,但受热易分解成 LiF 和 PF_5。许多锂盐如高氯酸锂($LiClO_4$)、四氟硼酸锂($LiBF_4$)、六氟砷酸锂($LiAsF_6$)、三氟甲磺酸锂

[LiCF$_3$SO$_3$（LiOTf）]、双（三氟甲基磺酰基）亚胺锂 [LiN（CF$_3$SO$_2$）$_2$（LiTFSI）]、双（五氟乙基磺酰基）亚胺锂 [LiN（C$_2$F$_5$SO$_2$）$_2$（LiBETI）] 等也被用于锂离子电解液中的替代锂盐。一般而言，电解液的溶剂需要具备高介电常数、低黏度、宽温度范围、无毒等特性。碳酸丙烯酯（PC）、碳酸乙烯酯（EC）等碳酸酯的介电常数高，极性强，但黏度和分子间作用力也大，故其锂离子迁移速率较低。碳酸二甲酯（DMC）、碳酸二乙酯（DEC）等线状碳酸酯的黏度较低，但介电常数也较低，因此开发混合溶剂（PC+DMC、EC+DEC等）是目前主流改性策略。以PC为主要成分的电解液在石墨的嵌锂过程中，会在材料表面发生分解[69]，使得电池库仑效率降低，循环性能变差。通过加入一些添加剂，如乙烯亚硫酸酯（ES）[70]，能够有效减少PC的共插入，从而提升循环性能。以EC为主要成分的电解液不易在材料表面发生分解，因此绝大多数有机电解液均以其为主要成分，再通过添加一些线型碳酸酯来降低整体黏度。研究发现，引入氟元素对PC、EC进行结构改性，能明显抑制PC在充放电过程中的分解反应。如图1-12所示，Yu等[71] 以LiNi$_{0.5}$Mn$_{1.5}$O$_4$ 和Li$_4$Ti$_5$O$_{12}$ 分别为正负极材料组成电池，探究了氟代碳酸乙烯酯（FEC）对电池循环性能的影响。研究发现，添加FEC可有效抑制充放电过程中Mn^{2+}的溶解，从而提升循环性能。此外，EC进行化学改性，引入卤族元素取代基[72]，可在电极材料表面形成表面钝化膜，防止其分解。

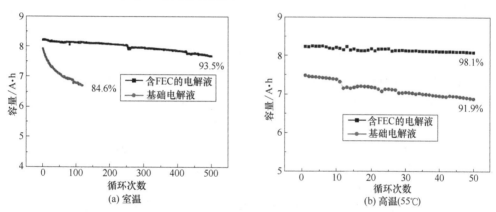

图1-12　LNMO/LTO电池在以FEC为溶剂的电解液和基础电解液中的循环性能对比[71]

1.4.2　离子液体电解液

离子液体（ionic liquids）是在室温下呈液态的盐。与传统的电解质相比，离子液体是一种具有独特性质的新型电解质，具有蒸气压低、沸点高、电压窗口宽、热稳定性高等特点。离子液体大多由有机阳离子以及另一种无机或者有机阴离子组成，且能够溶解多种高浓度的金属盐。它们强烈的静电相互作用使其几乎不挥发，因此可燃性低，被认为是"更安全"的电解质。此外，由于其离子电导率高，金属盐溶解度高，电化学稳定性较强，离子液体适用于大多数锂离子电池。值得注意的是，离子液体在大多数情况下具有很高的黏性，且在低温下电导率较低，因而阻碍了其商业化应用。图1-13是常见离子液体的几种阳离子和阴离子的结构[73]。改变阳离子和/或阴离子能够改善离子液体的电导率，且对其电化学窗口和溶解金属阳离子盐的能力具有很大影响。此外，离子液体的电导率也可以通过离子上的取代基进行改变。将含氧（醚）的链添加到离子液体阳离子中会导致黏度降低，电导率增加。另外，醚功能化修饰可增加链的迁移率，改变电荷补偿和与金属阳离子的相互作用。通常，这些改性都伴随着电化学窗口的减小，并且阳离子或阴离子功能化对于改善电极/电解质界面相互作用是至关重要的。

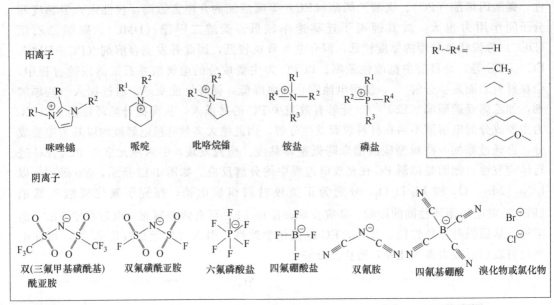

图 1-13 常用的 ILs 的阳离子和阴离子结构[73]

P. Bose 等[74]通过将离子液体功能化的 TiO_2 纳米颗粒掺入溶解了 0.6mol/L 锂盐的 N-甲基-N-丁基吡咯烷-双（三氟甲基磺酰基）亚胺（Pyr_{14}TFSI）离子液体电解质中，制得 5.0NHIF0.6LiPyr。该电解质不仅能够抑制结晶，还可以显著提高离子电导率和 Li^+ 在电解质中的迁移率。如图 1-14 所示，在 25℃、24mA/g 电流密度下，使用优化的电解质所组装的 $Li/LiMn_2O_4$ 电池具有 131mA·h/g 的放电比容量，远高于采用溶解 0.2mol/L 锂盐的 Pyr_{14}TFSI 电解质（0.2LiPyr$_{14}$TFSI）电池的放电比容量（87mA·h/g）。经过 50 圈循环后，采用改性离子液体组装的电池容量保持率为 96%，高于普通离子液体组装的电池（88%）。5.0NHIF0.6LiPyr 优异的倍率性能和出色的容量保持率表明其具有优异的电极/电解质界面相容性，因而具有广阔的应用潜力。

1.4.3 水系电解液

目前商业化锂离子电池基本上都采用有机系电解液，但有机溶剂有毒、易燃，在电池滥用条件下（如过充、过放、短路等）极易发生安全问题，导致电池着火甚至爆炸。与之相比，水系电解液具有许多优点：①电导率较高，水系电解液的电导率一般比有机体系高 1~2 个数量级；②成本较低；③环境污染小；④安全性高。但水的分解电压低（1.23V），考虑到氢、氧析出的过电位，其稳定的工作电压很难超过 2V，所以水系电解液工作电压一般在 1.3~2.0V，由此带来的负面效果是电池的能量密度会降低。

在众多水系电解液中，有关硫酸锂、硝酸锂以及氯化锂基水系电解液的研究最为集中，同时应用也是最多的。水系电解液还是低温锂离子电池的理想选择。在极低温度（-40℃左右）下，插层式正极在水系电解液中的性能较常规有机系电解液有明显优势。

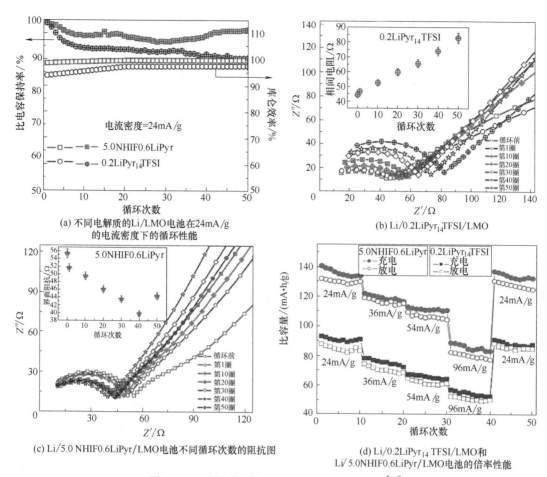

图1-14 不同电解质的Li/LMO电池性能曲线[74]

Ramanujapuram等[75]发现当使用超高浓度水系电解液时,锂离子电池能够在低于冰点几十度的超低温下工作。水系电解液的工作温度范围较低,在热力学上,纯净水会在0℃结冰,但水的凝固点可以通过添加溶质和其它添加剂来降低。通过使用饱和的锂盐溶液,在-45~-40℃下,以$LiCoO_2$为正极的锂离子电池实现了超高的放电容量以及超稳定的循环性能。图1-15为采用不同电解液的$LiCoO_2$电极在不同温度下以0.2C的电流密度进行充放电的性能。高浓度的溶质、饱和的水性电解液可在-45~-30℃的低温下支持Li-CoO_2稳定工作。以LiCl为例,与室温相比,在-40℃下$LiCoO_2$仍保持有72%的放电容量。

1.4.4 凝胶型聚合物电解质

凝胶型聚合物电解质(GPEs)是一种凝胶盐类混合物,同时具有液体的增塑性以及溶剂的特性,通常是将基质聚合物、溶剂和电解盐通过溶液或熔融工艺(如浇铸法、原位聚合法、萃取活化法、相转化法)混合制得,兼具液体电解质和固体电解质的优点,如较高的离子电导率、可靠的安全性、优异的阻锂枝晶能力等。此外,GPEs独特的柔韧性以及可塑性使其具有优异的加工性,这对于新兴的便携式和可穿戴电子产品极具应用前景。

通常,GPEs采用聚合物框架作为主体材料,具有较好的力学性能。理想的聚合物基

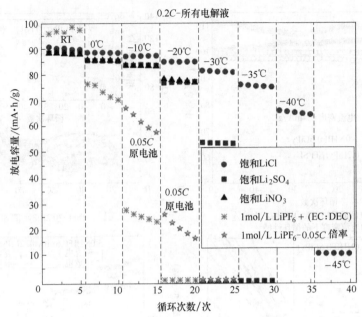

图1-15 在不同温度下不同的水系电解液和有机系电解液中,钴酸锂电池在0.2C倍率下的充放电性能[75]

体材料应满足以下几方面要求:①聚合物的链段运动快;②支持盐类溶解;③玻璃化转变温度低;④分子量高;⑤电化学窗口宽;⑥耐温性好。在这个框架内,GPEs中的盐作为载流子的来源,通常需要有较大的阴离子和较低的解离能,以便离子能够自由快速移动。根据电解质类型,可将GPEs分为质子型、碱型、导电盐型和离子液体型四大类。理想的电解质应具有以下特性:①良好的解离而不会形成离子对或离子聚集;②优异的热稳定性、化学和电化学稳定性;③高离子电导率。为了溶解聚合物和电解盐,需引入有机/水溶剂作为离子传导介质。良好的溶剂应同时具有高介电常数($\varepsilon > 15$)和施主数[76],以实现更多的离子解离和更好的化学和电化学稳定性。有机溶剂通常包括碳酸乙烯酯(EC)、碳酸丙烯酯(PC)、碳酸二乙酯(DEC)、碳酸二甲酯(DMC)、二甲基甲酰胺(DMF)、二甲基亚砜(DMSO)、碳酸甲乙酯(EMC)和四氢呋喃(THF)等。

传统的GPEs通常属于双离子导体,在室温下(一般为20~30℃),离子电导率低,力学性能差,热稳定性差。对此,可加入各种无机/有机填料或增塑剂以提高其性能[77]。此外,还可以引入具有更高离子导电性、更好力学性能和更高热稳定性的功能或辅助聚合物来提高GPEs的性能。辅助聚合物与聚合物基体的结合可以通过交替、嵌段或接枝共聚来实现[78]。通过这些改进,双离子GPEs的离子电导率可达到10^{-3}S/cm以上[79],拉伸强度超过10MPa[80],热稳定性超过400℃[81]。目前,关于功能化GPEs的研究已成为热点,例如温敏性、耐热性和自愈性等。以自愈性GPEs为例,Shi等[82]以超分子凝胶和纳米结构的聚吡咯为原料,合成了自愈型杂化凝胶(图1-16)。因具有动态组装/拆卸性质的金属-配体超分子与导电聚吡咯水凝胶之间的协同作用,杂化凝胶表现出较高的电导率(0.12S/cm)和良好的电自愈性能(图1-17),同时也增强了机械强度和柔韧性。这种混合凝胶的自愈性能在柔性自愈电路中得到了进一步证明,在电子设备、人造皮肤、软性机器人、仿生假体等领域具有广阔的应用前景。

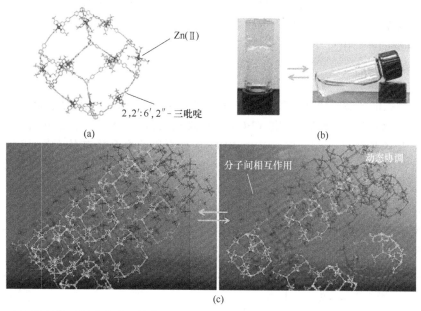

图 1-16 自组装超分子凝胶的分子结构（a），超分子凝胶的可逆溶胶-凝胶相变（b）和超分子凝胶自愈行为机理示意图（c）[82]

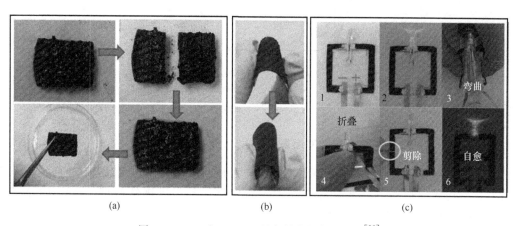

图 1-17 PPy/G-Zn-tpy 混合凝胶的自愈行为[82]

(a) 大块样品被切成两半，然后放置在一起。1min 后，样品自愈为一体，用镊子夹起后可以支撑自身重量；(b) 引入 G-Zn-tpy 后，初始开裂的 PPy 气凝胶膜自行愈合；(c) 基于 PPy/G-Zn-tpy 杂化凝胶的自愈电路

1.4.5 固态电解质

液态电解质存在诸多安全问题，如易燃、热稳定性差、可挥发性强、界面副反应多等，在极端条件下会引发泄漏、过热、着火甚至爆炸等问题[83,84]。反观固态电解质，其热稳定性好且不易燃，因此采用固态电解质取代液态电解质被认为是一种能够解决电池安全问题的有效方法[85]。理想的固态电解质应满足以下条件：

① 总的锂离子电导率高（包括本体和晶界）；

② 在电化学反应过程中与正负极接触保持惰性,即不产生额外的副反应;
③ 电化学窗口较宽,在高压下电化学稳定性好;
④ 与电极的界面阻抗小。

固态电解质一般分为三类:聚合物固态电解质、无机固态电解质和有机-无机复合固态电解质。

聚合物固态电解质是由聚合物基体和锂盐组成的不含溶剂的电解质。聚合物基体主要有聚环氧乙烷(PEO)、聚碳酸酯(PC)、聚偏氟乙烯(PVDF)、聚甲基丙烯酸甲酯(PMMA)、聚丙烯腈(PAN)等,其中PEO是最常用的聚合物基体[86]。锂盐主要有六氟磷酸锂(LiPF$_6$)、六氟砷酸锂(LiAsF$_6$)、高氯酸锂(LiClO$_4$)、双(三氟甲烷磺酰基)亚胺锂(LiTFSI)和双(氟磺酰)亚胺锂(LiFSI)等[87]。Li$^+$在PEO基聚合物固态电解质中的迁移机制如图1-18所示[88],锂盐被聚合物溶解形成离子,Li$^+$与聚合物链段上固定的阴离子配位,在电场作用下随着聚合物链段运动,从一个位点迁移到另一个位点,且这种离子迁移主要发生在非晶区[89]。

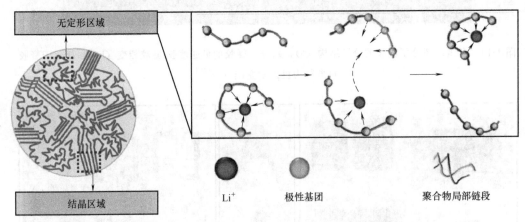

图1-18 Li$^+$在PEO基聚合物固态电解质中的迁移机制[88]

无机固态电解质又可分为无机氧化物固态电解质和无机硫化物固态电解质两类。无机氧化物固态电解质按照晶体结构来分,主要有钙钛矿型、反钙钛矿型、NASICON型、LISICON型和石榴石型[90,91]。图1-19(a)为NASICON型固态电解质的晶体结构[91],其全称为sodium super ionic conductor,最初是指NaM$_2$(PO$_4$)$_3$(M=Ge,Ti,Zr)。后来研究人员发现,在不改变NASICON晶体结构的情况下用Li$^+$取代Na$^+$,能够将其转变成锂离子导体。目前最常见的NASICON型固态电解质是Li$_{1+x}$Al$_x$Ti$_{2-x}$(PO$_4$)$_3$(LATP)和Li$_{1+x}$Al$_x$Ge$_{2-x}$(PO$_4$)$_3$(LAGP)[92,93]。据报道,目前NASICON型固态电解质在室温下的离子电导率最高可达$10^{-3} \sim 10^{-2}$S/cm,接近于液态电解质的离子电导率[93]。NASICON型固态电解质离子电导率高、空气稳定性好、电化学窗口宽,但其与金属锂接触时,会产生Ti^{4+}和Ge^{4+}的还原问题[94]。图1-19(b)为石榴石型固态电解质的晶体结构[95],其结构通式为A$_3$B$_2$(XO$_4$)$_3$(A=Ca,Mg,Y,La等;B=Al,Fe,Ga,Ge,Mn,Ni或V;X=Si,Ge,Al),其中A、B、X分别是8、6、4配位的阳离子[96]。石榴石型固态电解质Li$_5$La$_3$M$_2$O$_{12}$(M=Zr)简称LLZO,在室温下具有较高离子电导率($10^{-4} \sim 10^{-3}$S/cm),是极具应用前景的固态电解质[97,98]。图1-19(c)为钙钛矿型固态电解质的晶体结构[95]，可用分子式 ABO_3 表示（A＝Ca，Sr，La；B＝Al，Ti），属于立方晶系，空间群为 $Pm3m$，其中 A 和 B 通常是 12 配位和 6 配位，A 离子占据立方晶胞的顶点，B 离子占据晶胞的体心，O 原子位于面心。通过异价掺杂，Li^+ 进入 A 位点，形成 $Li_3La_{2/3-x}TiO_3$（LLTO）型化合物。LLTO 固态电解质在室温下的离子电导率可高达 10^{-3} S/cm。

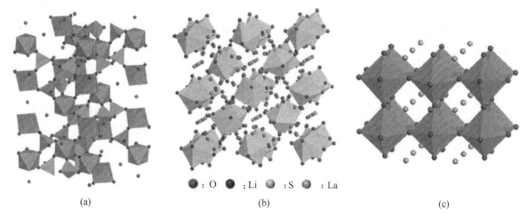

图 1-19　NASICON 型（a）、石榴石型（b）和钙钛矿型（c）固态电解质的晶体结构[95]
（Copyright 2019，Wiley-VCH）

根据化合物种类，无机硫化物固态电解质主要分为 Li_2S-P_2S_5 体系和 Li_2S-M_xS_y-P_2S_5 体系。Li_2S-P_2S_5 体系是最重要的一种硫化物固态电解质材料，其在室温下的离子电导率较高（＞10^{-2} S/cm），且电化学窗口较宽（＞5V）。在 Li_2S-P_2S_5 体系中掺杂其它元素能够制备具有快离子导体结构的另一类硫化物固态电解质，即 Li_2S-M_xS_y-P_2S_5 体系。其中 $Li_{10}GeP_2S_{12}$（LGPS）在室温下的离子电导率高于 10^{-2} S/cm，可与液态电解质相比拟。图 1-20 展示了无机硫化物固态电解质在不同温度下的离子电导率[99]。其中，快离子

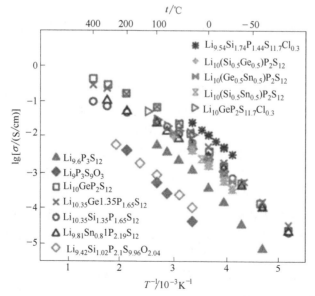

图 1-20　LGPS 型硫化物固态电解质在不同温度下的离子电导率[99]

导体结构 $Li_{9.54}Si_{1.74}P_{1.44}S_{11.7}Cl_{0.3}$ 和 $Li_{0.6}(Li_{0.2}Sn_{0.8}S_2)$ 在室温下的离子电导率分别可达 $2.5×10^{-2}S/cm$ 和 $1.5×10^{-2}S/cm$。

有机-无机复合固态电解质一般由聚合物基体、锂盐以及具有较高离子电导率的无机填料构成。复合固态电解质结合了聚合物固态电解质和无机固态电解质的优点，因而具有优异的力学性能、较高的离子导电性和良好的界面稳定性。同时，引入的无机填料有利于改善复合固态电解质的离子电导率和机械强度，抑制锂枝晶的生长。复合固态电解质的特性受多重因素的影响，如无机填料的性质、形态、复合比例、分散程度等。因此，为获得性能良好的复合固态电解质，需要合理调变各项因素。

1.4.6 电解液的应用需求和设计原则

合适的电解液对改善和提高锂离子电池的电化学性能至关重要，特别是在发展高能量密度、长寿命和高安全性新型锂离子电池方面具有重要的地位。为了获得高的离子电导率，有机系电解液需要选择介电常数高、黏度小的溶剂。与传统的电解质相比，离子液体电解液具有不易燃、更安全等特性，但其高黏性、低温下低摩尔电导率等缺点，阻碍了商业化应用。水系电解液安全性高、成本低、离子电导率高，是低温电池的理想选择。凝胶型聚合物电解质具有较高的离子电导率、良好的导电性、可靠的安全性和良好的柔韧性，能有效阻止锂枝晶的生长。固态电解质的离子电导率虽低于上述电解质，但其安全性能更好，是一类极具发展潜力的电解质材料，也是目前研究的热点和难点。此外，电解液的设计不仅需考虑盐和溶剂的影响，还需考虑材料的电化学稳定性，同时要注意与电极的匹配问题。

1.5 锂离子电池负极研究进展

1.5.1 嵌入型材料

在嵌入型负极材料中，碳材料因其比容量高、结构稳定性好、循环性能优异等特点，是目前应用最为广泛的负极材料之一。根据负极材料结构的不同，如图1-21所示，大致可分为石墨类负极材料、软碳类负极材料、硬碳类负极材料。其中，最具代表性的是石墨类负极材料，其具有近乎完美的层状结构，层内的碳原子以共价键形式连接，层间的碳原子依靠范德华力结合[100]。在嵌锂过程中，Li^+ 离子嵌入碳原子间，碳层间距增大，但不破坏整体结构，可满足 Li^+ 的反复脱嵌，最终形成 Li_xC_6 化合物，理论容量可达 $372mA·h/g$[101]。由于石墨材料具有各向异性，在首次循环后，其表面会形成一层疏松的SEI膜，造成溶剂化 Li^+ 极易进入石墨层，这种 Li^+ 会在后续循环中逐渐破坏石墨材料的层状结构，使性能下降[102]。同时，石墨负极存在的各向异性也会造成 Li^+ 在各个碳方向上的扩散速率不同，因而难以实现电池的快速充放电[103]。此外，石墨负极对酯类电解液的成分较为敏感，因而限制了其商业化应用。目前，常用的改性方式有机械研磨[104]、表面处理[105]、金属化学沉积[106]、掺杂离子[107] 等。

软碳材料是经石墨化处理得到的一种过渡态碳材料，其主要是以焦油或煤（如沥青、焦炭）为原料，经高温处理后获得[108]。通常，当温度低于2000℃时，所得材料的石墨化程度低，平均嵌锂电位较高，充放电曲线无平台，难以满足电池对功率密度的要求[109]。当温度高于2000℃时，所得的软碳材料称为人造石墨，其结晶性增强，耐过充性好，储锂性能得到明显提升，是一种理想的锂离子电池负极材料[110]。

硬碳材料主要指难以石墨化的、非常接近无定形结构的碳材料。其一般以高分子聚合物（如酚醛树脂）为原料，经高温裂解获得。硬碳材料的储锂位点不仅存在于碳层与碳层间，也存在于微孔、缺陷等活性位置，因而其储锂容量是石墨类负极材料的2倍，高达700mA·h/g[111]。然而在充放电过程中，硬碳材料存在电压滞后现象，不利于获得稳定的工作电压平台[112]。

与此同时，$Li_4Ti_5O_{12}$材料也是一种常见的嵌锂化合物。其工作电压大约在1.57V，可防止电解液分解与锂枝晶形成，表现出较好的电化学性能。但其理论容量很低，仅为175mA·h/g，难以满足高比能量密度电池的需求[113]。

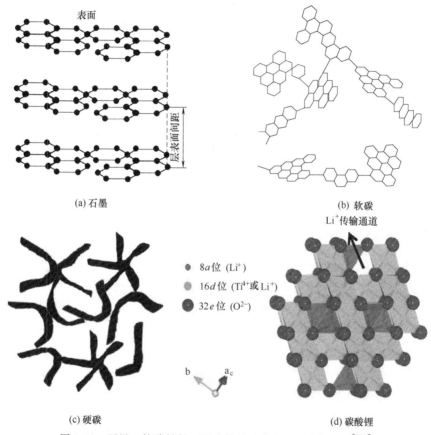

图1-21 石墨、软碳材料、硬碳材料及碳酸锂的晶体结构[114]

1.5.2 合金型材料

硅类负极材料和锡类负极材料是典型的合金化反应型负极材料。此类负极材料具有极高的理论储锂容量，如单质硅和单质锡的理论比容量可达4200mA·h/g和1000mA·h/g，是最有可能替代商业化石墨的负极材料[115]。其储锂机理是与Li^+发生合金化反应，形成金属间化合物[116]。然而，该类负极材料在充放电过程中会发生剧烈的体积变化（膨胀可达300%），故极易发生结构坍塌，活性物质与集流体脱离，造成严重的容量衰减，恶化循环性能[117]。为了缓解和克服由体积效应带来的结构失稳问题，针对此类负极材料常用的改性策略主要有：纳米化和无定形化。

纳米化：通过控制材料的形貌与尺寸来适应和缓解因体积变化引起的应力应变，进而改善循环电极材料的结构稳定性和循环稳定性[118]。另外，纳米尺度材料可以缩短Li$^+$在材料内部的传输路径，从而实现大倍率快速充电。例如，Stokes等[119]采用湿化学法制备了一种轴向异质结构的硅-锗（Si-Ge）纳米线材料。如图1-22所示，通过将液态硅前驱体——苯基硅烷注入不锈钢上的锡蒸发层，在二次注入三苯基锗烷后形成了轴向异质结构的Si-Ge纳米线阵列。该研究结果显示，在0.2C电流密度下循环400圈后，Si-Ge纳米线阵列表现出极高的放电比容量（1180mA·h/g）；Zhang等[120]利用应变释放卷积纳米技术制备了功能化的双层SiO_x/SiO_y纳米膜。通过调控每一层SiO_x中的氧含量x来实现每层具有特定性能，该结构有助于提高活性材料的储锂性能。更重要的是，此技术可降低材料自身的应力，以防止活性材料体积膨胀引起的应力集中。在100mA/g电流密度时下循环100圈后，SiO_x/SiO_y纳米膜负极表现出极高的可逆储锂容量（1300mA·h/g）。

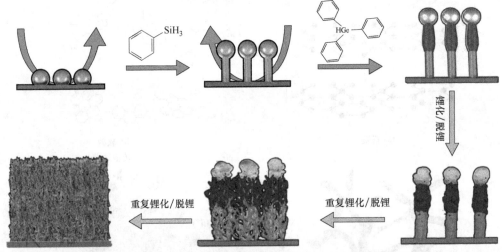

图1-22　Si-Ge纳米线的制备过程及不同阶段的形貌变化[119]

无定形化：高导电性的碳材料在嵌/脱锂过程中体积效应微小，具有优良的力学性能，因此将碳材料与硅-锡材料复合不仅可降低合金型负极材料的体积变化，防止活性材料破裂、粉化，同时还可增强其电子导电性，提高大倍率充放电性能[121]。Wang等[122]以吡啶为碳源通过热解法制备了碳包覆"洋葱"结构的球形硅碳（Si-C）复合材料。以其作为负极材料时，在0.2A/g电流密度下循环400圈后，该Si-C复合材料仍具有优异的放电比容量（1391mA·h/g）。这主要归因于独特的"洋葱"结构可有效缓解Si在嵌/脱锂过程中的体积效应。此外，Wang等[123]采用化学气相沉积（CVD）和电感耦合等离子体（ICP）技术合成了3D锥形CNTs簇（CCC），并结合磁控溅射法在CNTs上沉积非晶单质硅，制备了一种新颖的3D锥形纳米硅-碳复合物（SCCC）。研究表明，该复合材料具有超高的可逆放电容量（1954mA·h/g@0.25C）、优异的循环稳定性（>1200mA·h/g@0.25C@230圈）和极高的库仑效率（≈100%）。该复合材料的锥形结构有助于增强电解液的渗透、加速Li$^+$传输和抑制体积膨胀，因而全面改善了硅负极材料的电化学性能。

1.5.3 转换型材料

自 Poizot 等[124] 首次报道过渡金属氧化物 M_xO_y（M=Co、Cu、Ni、Fe）作为锂离子电池负极材料以来，其优异的储锂特性引发了研究人员对新型负极材料的探索与应用。过渡金属氧化物原材料储量丰富、成本低、对环境友好，是一类极具潜力的锂离子电池负极材料，其储锂机理如下[125]：

$$M_xO_y + 2y\,Li \rightleftharpoons x\,M + y\,Li_2O$$

由上式可知，该反应是一种置换反应，且过渡金属氧化物在反应过程中对锂没有电化学活性，因而提高了反应的可逆性。但是 Li_2O 的反复生成会导致电极材料导电性下降，同时 M_xO_y 自身导电性不佳，这使得 M_xO_y 的倍率性能也不佳[16]。与此同时，过渡金属氧化物负极材料在充放电过程中，也存在严重的体积膨胀和内应力，极易造成形貌和结构破坏，进而影响电池循环寿命[126]。同时，M_xO_y 在嵌锂过程中除自身体积变化外，也会诱使邻近的颗粒发生团聚，使电化学活性下降，造成容量衰减严重和倍率性能低下等问题[127]。目前研究发现，通过纳米化控制[128] 和复合化[129] 策略可以有效改善过渡金属负极材料的电化学性能。

纳米化：众所周知，纳米材料具有高的比表面积，不但可以大幅增加电化学反应活性位点，提高材料的利用率，还能缩短 Li^+ 扩散路径，加快反应速率[130]。常用的过渡金属氧化物纳米材料的合成方法有水热/溶剂法[131]、模板法[132] 等。Wu 等[133] 利用水热法与退火处理制备了单晶 NiO 纳米片阵列。NiO 纳米片与铜集流体之间的紧密接触实现了高效的电荷传输。同时，NiO 纳米片内部的中孔和相邻排列的纳米片之间的间距提供了高效的离子传输途径，并为电极的体积膨胀提供了足够的空间。结果表明，这种结构的材料具有良好的循环容量（720mA·h/g@100mA/g@20 圈）。Ren 等[134] 采用模板法与冷冻干燥法合成了 3D 多孔碳包覆的 V_2O_3 纳米颗粒，表现出优异的循环稳定性（506mA·h/g@5A/g@2000 圈）。该复合材料内部交联的导电碳网络和高度均匀分散的 V_2O_3 纳米颗粒不但增强了 V_2O_3 的电导率，有效减小了 Li^+ 在 V_2O_3 内部的扩散距离，还缓解了 V_2O_3 在电化学反应过程中的体积变化，提高了电极材料的结构稳定性。

复合化：适当引入碳材料（如无定形碳、石墨烯等）可充当过渡金属氧化物的基体材料，与过渡金属氧化物材料形成核-壳结构，可极大程度地保持电极材料在长循环过程中的结构完整性，提升过渡金属氧化物的导电性，有利于获得良好的循环性能和倍率性能。Lin 等[135] 报道了一种仿生"贻贝"核-壳结构的 $ZnFe_2O_4$@C/石墨烯纳米复合材料，在 0.25C 电流密度下循环 180 圈后，该复合材料可展示出 705mA·h/g 的可逆放电比容量，且其容量保持率高达 99.4%。这种增强的电化学性能主要是因为该复合材料具有独特的核-壳结构和有效的石墨烯包覆，加强了电极材料结构稳定性。Mei 等[136] 将黑磷纳米片（BPNs）包覆在多孔石墨烯/二氧化钛（G/TiO_2）表面制备出一种新型异质结构的 BPNs@TiO_2@G 负极材料。其中，2D-TiO_2-2D 范德华异质结构可有效防止二维纳米片的重新闭合，为 Li^+ 传输提供高速路径，增大电化学反应面积，还能够有效增强电极材料的结构稳定性，减少活性材料在储锂过程中的膨胀。如图 1-23 所示，BPNs@TiO_2@G 复合材料不仅显示出高的可逆放电比容量（1336.1mA·h/g@0.2 A/g），还具有优异的倍率充放电性能（271.1mA·h/g@5A/g）。

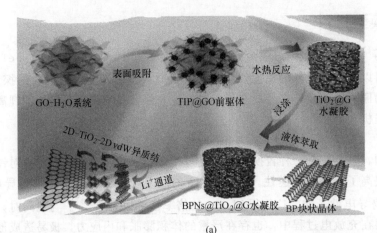

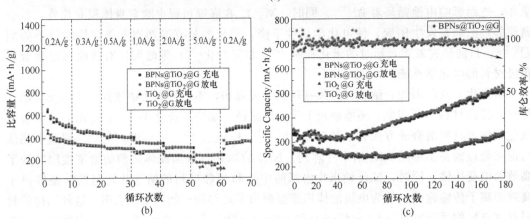

图 1-23 BPNs@TiO$_2$@G 制备过程及作为异质结构负极的储锂示意图（a），BPNs@TiO$_2$@G（b）和 TiO$_2$@G（c）电极的倍率、循环性能[136]

除了过渡金属氧化物，过渡金属硫化物也是转换反应型负极材料，具有两大优势：一是，资源丰富，价格低廉；二是，过渡金属硫化物与锂发生多电子反应，具有相对较高的可逆储锂容量。因此，过渡金属硫化物有望成为新一代锂离子负极材料[137]。目前，常用于过渡金属硫化物的合成方法有水热/溶剂法[17,138]、化学气相沉积法[139]、微乳液法[140]、模板法[141]等。过渡金属硫化物存在的问题与过渡金属氧化物类似，因此可采用过渡金属氧化物材料的改性策略，合理设计和控制制备过渡金属硫化物材料，从而实现电化学性能的改善和优化。

1.6
锂离子电池隔膜研究进展

1.6.1 聚合物隔膜

聚合物隔膜是以聚合物材料为基体制备的单层或多层隔膜，包括商业化聚烯烃型隔膜、其他聚合物隔膜，且孔径为微米级别。聚烯烃型隔膜根据层数主要分为单层隔膜（如PP、PE）和多层隔膜（如PP/PE/PP）。聚烯烃型隔膜因具有电化学稳定性强、力学性能良好、价格低廉等优势，常被广泛用于商业化锂离子电池。但因其孔隙率低及电解液亲和性差等问题，易造成电池对电解液吸收不足，导致Li^+在电池工作中迁移受阻。同时，聚烯烃型隔膜在高温下易软化卷曲，热稳定性差，无法保证电池的安全性。因此，改性聚烯烃类隔膜和开发新型聚合物隔膜是当前隔膜研究领域的热点。根据改性成分不同可分为无机涂层隔膜、有机涂层隔膜及无机-有机涂层隔膜。为了提高锂离子电池的高温及倍率性能，Rahman等[142]将PP隔膜浸泡在氮化硼纳米管（BNNT）溶液中，制备出改性BNNT/PP隔膜（图1-24）。研究发现：BNNT不仅使电池在循环过程中热量分布均匀，且可抑制锂枝晶的形成；即使在150℃高温下，$LiFePO_4$/BNNT/PP/Li电池仍表现出优异的倍率性能（160mA·h/g@1C，PP隔膜：98mA·h/g@1C），大幅提高了电池的安全性能。Kim等[143]将聚偏氟乙烯-六氟丙烯共聚物［PVDF-12%HFP（质量分数）］和经增湿处理的氧化锆（ZrO_2）的混合浆料均匀地涂覆在PE隔膜上，经相转移法制备了多孔陶瓷复合隔膜。与PE隔膜相比，该多孔复合隔膜的离子电导率、孔隙率、吸液率及热稳定性均呈现大幅度提升。

当前正在发展的新型聚合物隔膜主要有：含氟聚合物类隔膜、含环氧类隔膜、聚酰亚胺类隔膜及纤维素类隔膜等。其中PVDF基聚合物隔膜以其极高的热稳定性、优异的润湿性，被认为是一类极具潜力的新型聚合物隔膜。Zhang等[144]以PVDF-HFP为主要材料，同时引入化学稳定性优异的纤维素为辅料，结合浸涂法和静电纺丝技术制备了纤维素/PVDF-HFP隔膜。结果表明，纤维素/PVDF-HFP隔膜具有丰富的孔道结构，包含<100nm和<2μm的微孔；同时，纤维素中的羟基保证了隔膜与电解液之间具有良好的浸润性，有助于改善隔膜的保液性，增强倍率充放电性能（图1-25）。Man等[145]通过高温氢气诱导交联法（HHIC）将PEO嫁接在PP隔膜上。采用HHIC方法不仅没有明显改变PP隔膜原有形貌，还通过形成共价键的形式确保了涂层PEO与PP隔膜之间的紧密连接。结果显示，PEO/PP隔膜表现出良好的电解液浸润性、较高的离子电导率和优异的电化学稳定性。

此外，Orendorff等[146]将聚酯纤维（聚对苯二甲酸丁二醇酯：PBT）电纺成无纺布隔膜，并考察了PBT无纺布隔膜在NCM/Li电池中的电化学性能。研究发现，NCM/PBT无纺布/Li电池具有优异的电化学性能，其在0.2C下，可逆容量达145mA·h/g，50圈循环后的容量衰减率仅为约0.028%，且具有优异的耐高温性（>200℃）。这主要归因于PBT无纺布隔膜以网络状、高长径比的纤维缠绕而成，有助于提高孔隙率，改善与电解液的相容性，提高Li^+在电极材料中的迁移速率。

1.6.2 无机陶瓷隔膜

无机陶瓷隔膜是以纳米无机材料通过黏结剂胶黏或自支撑方式制成的隔膜。引入的无机纳米材料能够吸收热量来提升隔膜的热稳定性。例如，纳米Al_2O_3颗粒具有很好的热稳定性和优异的电化学稳定性，是无机陶瓷隔膜理想的候选材料。He等[148]采用水热法合成了Al_2O_3纳米线，并通过真空抽滤法得到多孔Al_2O_3纳米纤维隔膜。该Al_2O_3隔膜不仅具有增强的热稳定性，大幅提高了电池在高温下的安全性，同时还具有高吸液率（190%）和高离子电导率（$1.7×10^{-3}$S/cm@室温）。研究发现：在120℃高温下，$LiFePO_4$/

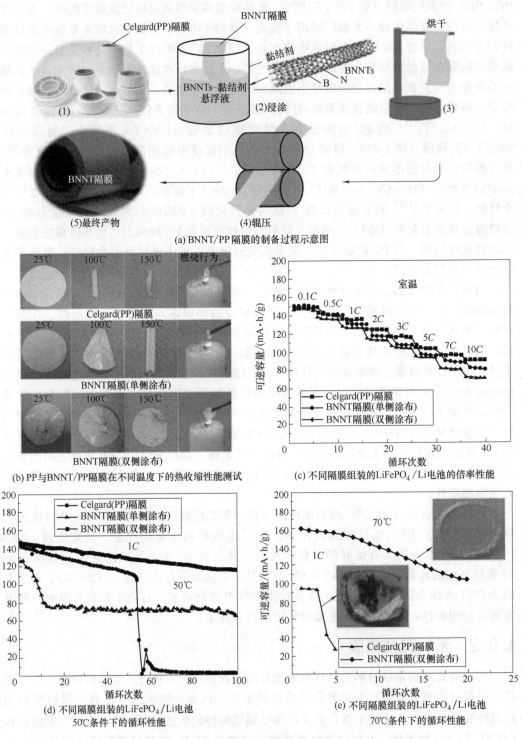

图1-24 BNNT/PP隔膜的制备过程,隔膜热收缩
性能及电池的倍率性能、循环性能[147]

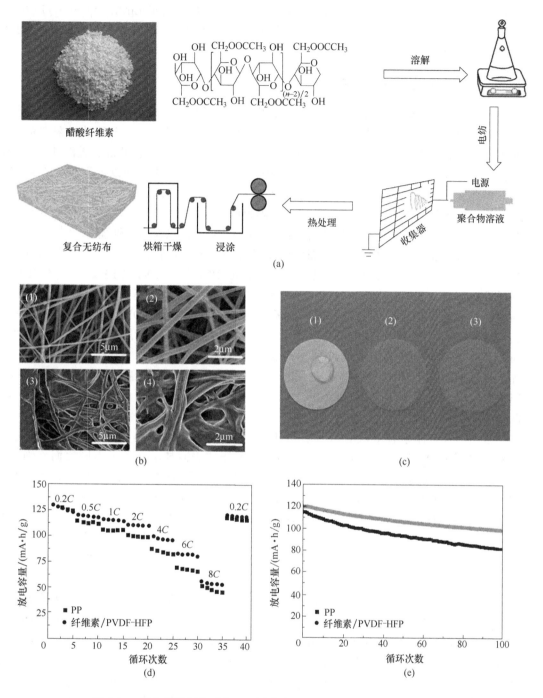

图 1-25 复合膜的制备过程、不同薄膜的扫描电镜及电池的性能
(a) 纤维素/PVDF-HFP 复合膜的制备过程示意图；(b) 纤维素无纺布薄膜 [(1) 和 (2)] 与复合薄膜 [(3) 和 (4)] 的扫描电镜图；(c) PP 隔膜、纤维素无纺布薄膜、复合薄膜的浸液照片；(d) 不同薄膜组装的倍率性能；(e) $LiCoO_2/Li$ 电池的循环性能[144]

Al_2O_3/Li 电池表现出优越的循环性能（120mA·h/g@0.1C），远优于 Celgard2500（约 0mA·h/g@0.1C）所组装的电池。此外，Chen 等[149]通过高温烧结法获得了力学性能

优异、电解液浸润性良好的纳米 SiO_2 多孔隔膜,并成功应用于 $LiMn_2O_4/SiO_2/Li$ 电池,获得了优异的电化学性能。然而,无机陶瓷隔膜的韧性较差,难以承受外力冲击,为此常采用与聚合物复合的方式来改善柔韧性。

1.6.3 聚合物复合隔膜

聚合物复合隔膜包括聚合物共混隔膜、聚合物共聚隔膜、聚合物与无机材料复合隔膜等。聚合物共混是指两种或两种以上聚合物的物理/化学混合[150]。共混改性隔膜的性能取决于组分的混合程度和组分间是否有反应发生。共混方式有机械共混、乳液共混、溶胀聚合、溶液接交等[151]。聚合物共聚(copolymer)是指两种或两种以上聚合物在一定条件下聚合成一种物质的方法。共聚方式主要有无规共聚、嵌段共聚、胶体共聚、接枝共聚等[152]。聚合物共混与共聚改性一般通过对隔膜的表面修饰实现(如等离子体处理或涂层等),主要目的是提高隔膜的润湿性、离子电导率、热性能以及力学性能等[153]。

聚合物共混隔膜与聚合物共聚隔膜的制备方法主要有相转移法[154] 和紫外引发自由基光聚合技术[155] 等。常见的共混体系有 PVDF/PEI[156]、PVDF/PET[157]、PVDF/乙基纤维素/SiO_2[158] 及 PVDF-HFP/PAN 和 PVDF/PMMA[159] 等。如 Yang 等[160] 通过共轴静电纺丝制备了聚丙烯腈/聚偏氟乙烯-六氟丙烯(PAN/PVDF-HFP)超细纤维复合膜。结果显示,PAN/PVDF-HFP 复合膜独特的三维网络结构可以提高隔膜的孔隙率(420%)、电解液浸润性(接触角42°)和离子电导率(1.74×10^{-3}S/cm@室温),因而远优于传统 PE 隔膜(130%,接触角97°,0.52×10^{-3}S/cm@室温)。以其作为隔膜时,$LiFePO_4$ 电池展示出稳定的循环性能(160mA·h/g@100圈@0.1C,PE:149mA·h/g@100圈@0.1C)。

常见的共聚体系有 PVDF-HFP、PVDF-TrFE 等。Gonçalves 等[161] 以聚偏氟乙烯-三氟乙烯(PVDF-TrFE)为研究对象,通过等离子体表面技术制备了不同表面修饰的单层 PVDF-TrFE 隔膜。其中,与未处理的 PVDF-TrFE 隔膜相比,锯齿形表面微图案的 PVDF 基隔膜因其具有连续的多孔结构,表现出较高的离子电导率与吸液率。同时,PVDF-TrFE 的耐化学稳定性、强力学性能、高介电性能有助于电极和电解液之间的良好接触,提高电池的电化学性能。在 2C 电流密度下,锯齿形图案隔膜组装的 $LiFePO_4$/C 电池展示出优异的放电比容量 85.5mA·h/g($LiFePO_4$/无图案隔膜/C 电池:10.3mA·h/g)。

采用聚合物与无机材料复合可以获得有机-无机复合隔膜。其中聚合物和无机材料分别起着促进离子解离、增强薄膜力学性能的作用。其改善机理是利用物理化学性质稳定的无机材料来降低聚合物的结晶性,增强复合材料的机械强度和热稳定性,使其获得较好的综合性能[162]。常见的无机材料添加剂有 SiO_2[163]、Al_2O_3[164]、TiO_2[165] 等。如图 1-26 所示,Liu 等[166] 利用静电纺丝法与浸涂法分别制备了 SiO_2@PI 纳米膜与乙基纤维素改性聚乙烯膜(m-PE),经热压法制备成"三明治"结构膜(SiO_2@PI/m-PE/SiO_2@PI)。研究发现,外表层电纺膜提高了复合膜的热稳定性和热失控能力。中间层 m-PE 膜增强了复合膜的力学性能和低温控制性能。因此,该膜作为锂离子电池隔膜具有很大的潜力。同时,Zhai 等[167] 结合静电纺丝与浸涂技术制备了纳米 SiO_2 颗粒包覆聚醚胺基-聚氨酯(PEI-PU)的 SiO_2/PEI-PU 纳米膜。该复合膜具有高孔隙率交联网络结构,表现出较高的离子电导率(2.33×10^{-3}S/cm)和拉伸强度(15.65 MPa)。同时,由该膜制备的 LiFePO$_4$/Li 电池展示出良好的容量保持率（98.7%@0.2C@50 圈）。

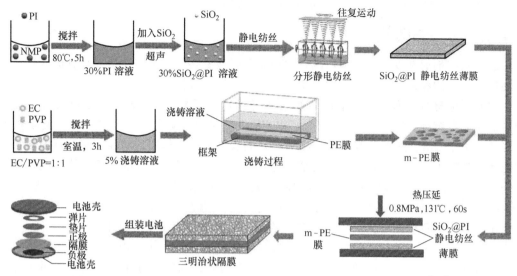

图 1-26　SiO$_2$@PI/m-PE/SiO$_2$@PI 复合隔膜的制备及电池组装示意图[166]

此外，Wang 等[168] 利用静电纺丝工艺制备了三氧化二锑（Sb$_2$O$_3$）修饰聚偏氟乙烯-三氟氯乙烯（PVDF-CTFE）的复合膜。含有 2%（质量分数）Sb$_2$O$_3$ 的复合膜显著地提升了 PVDF-CTFE 薄膜的力学性能、阻燃性和热稳定性能（在 160℃下老化 2 h，未发生收缩）。此外，该膜因其对电解液具有优异的浸液性（356%），远优于 PE 隔膜（85%），展现出高的离子电导率（2.88×10^{-3} S/cm@室温）和低界面电阻（0.67Ω），因而 Li/复合膜/LiFePO$_4$ 电池表现出良好的循环稳定性和优越的倍率性能。

1.7
锂离子电池黏结剂研究进展

1.7.1　油性黏结剂

油性黏结剂是指可溶于有机溶剂形成一定黏度的高分子聚合物。其中 PVDF 因具有工作电压宽、物理和化学性质稳定、抗氧化性好、黏结性强等特点，是目前主流的油性黏结剂，被广泛用于正极[169]。但 PVDF 在实际使用中仍存在一些问题：①在离子液体电解液中易溶胀，极易造成电极材料与集流体之间黏结力下降，电池容量衰减；②与电极材料之间较弱的范德华力难以承受电极材料体积膨胀引起的应力集中，造成电极破碎或脱落，影响电池的循环性能；③使用昂贵且有毒的有机溶剂[38]；④与负极材料兼容性差。当 PVDF 作为石墨类负极材料黏结剂时，由于 Li$^+$ 的嵌入会引起石墨的间距扩张，造成电极材料在垂直方向上发生体积膨胀[170]；而在硅/锡基负极材料中，硅/锡负极在锂化时存在极大的体积膨胀[171,172]。PVDF 黏结剂无法承受因电极材料体积变化引起的应力/应变，因而难以保持电极结构完整，故难以应用于负极材料。

针对上述问题，为了增强油性黏结剂与负极材料和集流体之间的结合力，提高电极材料的结构稳定性，开发新型功能性黏结剂，如自愈性能[173]、高杨氏模量[174]、高交联性能[175]和高黏结作用[176]等，是目前研究的新方向。

1.7.2 水性黏结剂

水性黏结剂通常以水为溶剂，是一种环境友好型黏结剂。水性黏结剂具有优异的抗拉伸性能、较好的黏结性以及亲水性等特性，被广泛用于负极。

在碳负极材料方面，羟甲基纤维素钠（CMC）和丁苯橡胶（SBR）是目前石墨负极材料的主要黏结剂。Buqa等[177]探究了以CMC和SBR为黏结剂对石墨负极电化学性能的影响。由于CMC和SBR与石墨负极材料之间具有强相互作用，增强了其与石墨颗粒之间的物理黏结力，提高了石墨负极的结构稳定性，因而获得了良好的循环性能。此外，近年来新型水性黏结剂体系备受研究者关注，如聚噻吩（PTh）[178]、聚丙烯酸（PAA）[179]、黄原胶（XG）[180]等。Salem等[178]将短链PTh作为石墨负极的黏结剂，探究了其对石墨负极的电化学性能影响。结果表明，与PVDF黏结剂相比，采用PTh为石墨负极黏结剂可获得较高的首次放电比容量（350mA·h/g@1/12C）和优异的倍率性能（320mA·h/g@1/3C）。这主要归因于PTh具有黏结和导电特性及羧基官能团在脱嵌锂过程中可与硅颗粒形成较强的相互作用，并能有效保证石墨电极的结构完整性。

在硅/锡基材料方面，常用的水性黏结剂主要有羟甲基纤维素钠（CMC）[181]、丁苯橡胶（SBR）[39]、魔芋精粉（KGM）[182]、环糊精（CD）[183]、聚丙烯酸（PAA）[184]、聚（1-芘甲基丙烯酸乙酯）（PPy）[185]、海藻酸盐（Alg）[186]等。与传统PVDF黏结剂相比，这些水系黏结剂具有较高的杨氏模量和较多的羟基、羧基，可改善与硅/锡负极材料界面的相容性，增强其与负极材料的结合力，因而能够有效缓解和抑制硅/锡负极的体积膨胀问题，显著提高硅/锡负极的循环稳定性（图1-27）[187]。例如，Bridel等[188]发现，CMC的羧甲基基团与硅负极材料表面的羟基基团能够形成自我修复氢键来缓解硅的体积膨胀，从而有效提高硅负极的结构稳定性和循环稳定性（每圈容量保持率99.9%）。Guo等[182]以KGM为黏结剂，利用KGM的羟基官能团，增强了对SiO_2负极材料的附着力，通过KCM分子在SiO_2表面上的桥接作用，大幅缓解了SiO_2体积变化引起的应力。在2A/g电流密度下，经1000圈循环后，容量保持高达1278mA·h/g，展现出优异的循环稳定性能。另外，导电聚合物黏结剂对提高锂离子电池的体积能量密度也有促进作用。常见的有聚苯胺（PANI）、聚（3,4-亚乙基二氧噻吩）/聚（苯乙烯磺酸盐）（PEDOT/PSS）、聚（1-芘甲基丙烯酸甲酯-三乙氧基甲基醚甲基丙烯酸酯）（PPyE）等。Wu等[189]将导电黏结剂聚苯胺（PANI）与Si纳米颗粒原位聚合，获得了SiNP-PANI水凝胶。聚苯胺的连续网络结构与硅表面发生静电相互作用，增强了硅负极的结构稳定性，提高了电池的循环性能（90%@5000圈@6A/g）。

在正极材料方面，常用的水性黏结剂有聚3,4-乙烯二氧噻吩-聚苯乙烯磺酸（PEDOT/PSS）[190]、聚丙烯酸（PAA）[191]、聚全氟烷基磺酰亚胺（PFSI）[192]等。Zhong等[193]将羧甲基壳聚糖（CCTs）和聚3,4-乙烯二氧噻吩-聚苯乙烯磺酸（PEDOT/PSS）黏结剂用于正极材料$LiFePO_4$（LFP）中。PEDOT/PSS作为一种导电复合黏结剂，可形成贯穿电极的均匀连续导电桥，可提高电极片的压实密度，改善电池的电化学性能。结果表明，含有50% PEDOT/PSS导电黏结剂的CCTs-LFP展示出优异的倍率性能（113mA·h/g@3C），高于PVDF-LFP（87mA·h/g@3C）。

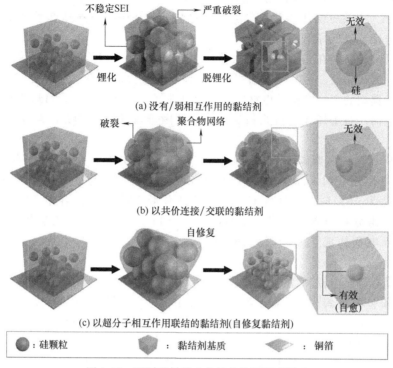

图1-27 不同黏结剂硅负极的作用机理图示

1.8 锂离子电池导电剂研究进展

锂离子电池中常用的导电剂主要有导电炭黑（Super-P、科琴黑等）、导电石墨（KS-6、SFG-6等）、碳纤维、碳纳米管（CNTs）、石墨烯（Graphene）等。导电炭黑的优点是粒径小（40～50nm），比表面积大，导电性好。尤其是导电炭黑的一次颗粒会团聚形成支链结构，并能与活性材料构成链式导电结构，有助于提高材料的电子导电率，此外还具有吸液和保液作用。导电炭黑的缺点是价格高，分散困难，吸油性较强，需要通过改善混料工艺来提高分散性，并且需要控制用量（一般在1.5%以下）。其中，Super-P是中低端的锂电市场中应用最为广泛的导电剂。科琴黑（EC-300J、ECP和ECP-600JD等）具有独特的支链结构，能够形成大面积连续导电通路，故其有效导电接触点丰富，只需在电极材料中添加极少量即可获得较高的电导率，是一类综合性能优异的导电炭黑材料。目前常见的ECP和ECP-600JD主要用于高倍率锂离子电池，而EC-300J则主要用于镍氢、镍镉电池。

导电石墨的特点是尺寸（3～6μm）接近正、负极活性材料的粒径，颗粒之间呈点接触方式连接，导电性能良好，比表面积适中，在电极中充当导电网络的节点，可构成一定规模的导电网络结构。此外，在负极中，其不仅可以提高电极的导电性，还可以提高负极的容量。导电碳纤维［通常指气相生长碳纤维（VGCF）］具有一维线型结构，直径约

150nm，长度不一，在电极内部易形成良好的导电网络，导电性较好，与活性物质接触形式为点-线方式。相比于导电炭黑、导电石墨的点-点接触形式，这种点-线接触形式有利于提高电极导电性，降低导电剂用量。

碳纳米管直径一般在 5nm 左右，长度约 10~20μm，不但能够形成连续导电网络，还可以提高极片的柔韧性。但其比表面积较大，故在匀浆分散时有一定难度。

石墨烯是典型的二维结构导电材料，其导电性好，力学性能强，可形成大面积的导电网络结构。然而，石墨烯在电极浆料制备中分散困难，且价格昂贵，直接制约了其实际应用。

Zhang 等[194] 将多壁碳纳米管（MWCNTs）与乙炔黑（AB）以一定比例混合制备成纳米碳复合导电剂（NCC），并应用于 $LiCoO_2$ 电极。研究发现，当 MWCNTs 在导电剂中占比为 40% 时，NCC-$LiCoO_2$ 电极具有最高的放电比容量 147.2mA·h/g，优于仅使用单组分导电剂的电极（MWCNTs：139.2mA·h/g；乙炔黑：134.4mA·h/g）。复合导电剂构成了一个有效的导电网络结构，改善了导电剂与 $LiCoO_2$ 材料的接触。

石墨烯具有高导电性和优异的柔韧性等优点，备受国内外研究者的关注，被认为是理想的导电剂和包覆材料[195]。Wei 等[196] 在 $LiFePO_4$ 电极中引入石墨烯导电剂发现：30%石墨烯-$LiFePO_4$ 电极具有较高的放电比容量（143mA·h/g @5C）和高的容量保持率（80%@1000 圈@30C），远高于炭黑（CB）（102mA·h/g@5C；64.5%@1000 圈@30C）。这种优异的电化学性能归因于二维层状结构石墨烯为 $LiFePO_4$ 提供了高效的导电网络框架，有效改善了电极材料的电子电导率。Ji 等[197] 利用石墨烯包覆硅纳米颗粒，并与超薄石墨泡沫（UGF）复合形成 Si/石墨烯/UGF 电极。在 400mA/g 电流密度下，该电极展示出极高的首次放电比容量 1615mA·h/g 和优异的可逆充电比容量 983mA·h/g。

除寻找新型导电剂之外，对传统导电剂进行改性也是一种提高电池倍率性能的途径。如 Song 等[198] 对 $LiNi_{0.5}Mn_{1.5}O_4$ 与炭黑进行氟化处理，显著提升了电极材料的电化学性能。经分析，氟化的正极和炭黑不仅使得炭黑的表面稳定，而且减少了高压下正极材料与电解液间的副反应。

就目前而言，正极通常采用的导电剂为 Super-P、CNTs 或其混合物，而负极则主要还是以 Super-P 为主。尽管将各类导电剂复合，充分发挥各自优势，协同增强电极的导电性和力学性能，是获得综合电化学性能优异的电极材料的主要改性策略。然而，无论是导电炭黑、导电石墨、石墨烯还是碳纳米管，在其单独使用时就已存在分散困难问题，若将其与活性材料混用，还需进一步对匀浆分散工艺改进和优化。

1.9
总结与展望

锂离子电池具有质量低、能量密度高、环境友好等优点，是当前应用和研究最为广泛的绿色电化学储能器件。本章概述了锂离子电池的工作机理、主要组成材料及相关研究进展。近年来，随着便携式电子产品的日益普及和电动交通工具的快速发展，锂离子电池的能量密度、循环寿命、倍率特性和安全性能已难以满足人们对电池技术发展的要求。因此，积极研发新材料体系，优化改性现有电池材料，合理匹配组成，对于锂离子电池发展和应用具有重要意义。为此，相应的挑战及可能的解决办法有以下几方面。

(1) 正极材料

正极材料的理论比容量普遍偏低，是制约锂离子电池能量密度提升的关键因素之一。从锂离子电池的发展现状来看，即使采用高比容量的富锂锰基正极材料（约 300mA·h/g），电池能量密度也只能勉强达到 300W·h/kg。同时，正极材料还存在成本昂贵、导电性不佳等诸多问题，致使锂离子电池成本居高不下，快速充放电难以实现。因此，在保证正极材料现有优势基础上，降低材料的成本和提升材料的导电性，进一步提高材料的能量密度（接近理论能量密度），是当前乃至今后很长一段时间内仍需努力的方向。目前，多种改性策略已应用于正极材料中，例如：钴/锰酸锂材料（离子掺杂）、三元材料（表面包覆、离子掺杂）、磷酸铁锂（表面包覆、离子掺杂、纳米化）等。通过这些手段可以增强正极材料的导电性，提高利用率，改善结构稳定性，从而获得循环性能和倍率性能优异的正极材料。

(2) 电解液

商业化锂离子电池通常采用有机液态电解液，其具有高介电常数和宽电化学窗口等特点，但有机电解液易燃易爆，特别是在电池滥用情况下（如过充、短路等），极易引发燃烧和爆炸等安全事故。研究表明，在电解液中添加功能化修饰剂可以改善和提高电解液的安全性和稳定性，这对于发展高能量密度和高安全锂离子电池至关重要。与此同时，为了从根本上解决锂离子电池的安全问题，开发新一代固态锂离子电池已成为潮流和趋势。然而，室温条件下，固态电解质的离子电导率低，与电极材料的界面相容性差，电池组装和加工性不好等问题，严重制约了固态锂离子电池的发展。针对上述问题，可以通过合理设计综合性能优异的固态电解质体系，利用原位或准原位测试方法探究固态电解质与电极材料界面间的电化学特性，筛选出界面电阻小、兼容性好的相关材料，优化电池制造工艺，有望获得新型高性能固态电池。

(3) 负极材料

现有石墨类负极材料的理论比容量仅为 372mA·h/g，已无法满足纯电动汽车或混合动力汽车的要求。新近研究表明，多孔炭、碳纳米管和石墨烯等新型碳材料具有特殊的孔道结构和储锂位点，可有效提高储锂容量，是一类极具潜力的新型碳负极材料。但此类材料合成工艺复杂，难以规模化批量生产，因此离实际应用还有较大距离，需进一步改进和完善。此外，高比容量硅/锡基负极材料被认为是下一代锂离子电池的理想负极材料。从应用情况来看，这类材料目前还存在体积效应严重，初始不可逆容量大，导电性较差等诸多问题，导致其循环寿命和倍率性能不佳，因而实际规模化应用仍然受限。为了解决这些问题，采用纳米化、复合化等策略有望增强硅/锡基负极材料的结构稳定性，改善导电性，减少副反应，提高首次库仑效率，提升锂离子电池综合性能。

(4) 隔膜材料

多孔性聚烯烃材料是目前锂离子电池隔膜的主要材料，但其热稳定性差、耐温性低、机械强度不高，难以满足锂离子电池的高安全性要求。因此，发展新型隔膜材料对提高锂离子电池安全性和电化学性能具有重要意义。近年来，随着静电纺丝、相转移法等先进隔膜制备技术的不断发展，通过多种聚合物材料复合或有机-无机材料复合等方式，有望制备出热稳定性好、机械强度高、吸液率大、界面相容性优异、阻燃性好、成本低廉的新型功能化隔膜材料。

（5）黏结剂和导电剂

尽管黏结剂与导电剂在电池中占比小，但对电池性能尤为重要。首先，寻求低成本、高黏结性、与电极材料界面相容性好、热稳定性和电化学稳定性好的新型绿色黏结剂是目前研究的热点和难点。为此，研究者从黏结剂的分子结构角度分析结构与性能之间的关系，结合理论计算，优化设计组成和结构，以制备适合于高性能电极材料体系的新型黏结剂。其次，现有导电剂材料普遍存在用量大、利用率低、加工困难等问题，亟须开发新型导电剂来提高电极材料的充放电倍率性能和循环稳定性。新型碳纳米材料（如碳纳米管、石墨烯）尽管可以减小用量，形成高效的导电网络，但同样存在分散困难、价格高等难题，无法大规模使用。因此，采用多种导电剂复合和电极材料包覆预处理是目前行之有效的改性方法。

习　题

1. 请简单介绍锂离子电池正极材料的类型、特点及发展趋势。
2. 请介绍锂离子电池负极材料分类与特点。
3. 硅负极未来的应用潜力如何？
4. 比较电解液、凝胶电解质与固态电解质的优缺点。
5. 锂离子电池的隔膜在改善安全性方面有哪些措施？

参 考 文 献

［1］ Gür T M. Review of electricalenergy storage technologies, materials and systems: challenges and prospects for large-scale grid storage. Energ Environ Sci, 2018, 11: 2696-2767.

［2］ Koksbang R, et al. Cathode materials for lithium rocking chair batteries. Solid State Ionics, 1996, 84 (1-2): 1-21.

［3］ Liang S, et al. Gel polymer electrolytes for lithium ion batteries: Fabrication, characterization and performance. Solid State Ionics, 2018, 318: 2-18.

［4］ Chen H, et al. Exploring chemical, mechanical, and electrical functionalities of binders for advanced energy-storage devices. Chem Rev, 2018, 118 (18): 8936-8982.

［5］ Scrosati B. Recent advances in lithium ion battery materials. Electrochim Acta, 2000, 45 (15-16): 2461-2466.

［6］ Li M, et al. 30 years of lithium-ion batteries. Adv Mater, 2018, 30: 1800561.

［7］ Guan P, et al. Recent progress of surface coating on cathode materials for high-performance lithium-ion batteries. J Energy Chem, 2020, 43: 220-235.

［8］ Yamada Y, et al. Superconcentrated electrolytes for lithium batteries. J Electrochem Soc, 2015, 162 (14): A2406-A2423.

［9］ Yang H, et al. Thermal stability of $LiPF_6$ salt and Li-ion battery electrolytes containing $LiPF_6$. J Power Sources, 2006, 161 (1): 573-579.

［10］ Ravdel B, et al. Thermal stability of lithium-ion battery electrolytes. J Power Sources, 2003, 119-121: 805-810.

［11］ Kawamura T, et al. Decomposition reaction of $LiPF_6$-based electrolytes for lithium ion cells. J Power Sources, 2006, 156 (2): 547-554.

[12] Plakhotnyk AV, et al. Hydrolysis in the system $LiPF_6$-propylene carbonate-dimethyl carbonate-H_2O. J Fluorine Chem, 2005, 126 (1): 27-31.

[13] Zhao H, et al. Construction and multifunctional applications of carbon dots/PVA nanofibers with phosphorescence and thermally activated delayed fluorescence. Chem Eng J, 2018, 347: 343-365.

[14] Casas C de Las, et al. A review of application of carbon nanotubes for lithium ion battery anode material. J Power Sources, 2012, 208 (15): 74-85.

[15] Wang Y, et al. VSe_2/graphene nanocomposites as anode materials for lithium-ion batteries. Mater Lett, 2015, 141: 35-38.

[16] Liu M, et al. A highly-safe lithium-ion sulfur polymer battery with SnO_2 anode and acrylate-based gel polymer electrolyte. Nano Energy, 2016, 28: 97-105.

[17] Dong Y, et al. Polygonal WS_2-decorated-graphene multilayer films with microcavities prepared from a cheap precursor as anode materials for lithium-ion batteries. Mater Lett, 2019, 254: 73-76.

[18] Zhao J, et al. Porous $ZnO/Co_3O_4/CoO/Co$ composite derived from Zn-Co-ZIF as improved performance anodes for lithium-ion batteries. Mater Lett, 2019, 250: 75-78.

[19] Yang L, et al. Enhanced exfoliation efficiency of graphite into few-layer graphene via reduction of graphite edge. Carbon, 2018, 138: 390-396.

[20] An Y, et al. Green, scalable, and controllable fabrication of nanoporous silicon from commercial alloy precursors for high-energy lithium-ion batteries. ACS Nano, 2018, 12 (5): 4993-5002.

[21] Luo L, et al. Atomic resolution study of reversible conversion reaction in metal oxide electrodes for lithium-ion battery. ACS Nano, 2014, 8 (11): 11560-11566.

[22] Li Y, et al. A review of electrospun nanofiber-based separators for rechargeable lithium-ion batteries. J Power Sources, 2019, 443: 227-262.

[23] Xia Y, Li J J, Wang H J, et al. Synthesis and electrochemical performance of poly (vinylidene fluoride) /SiO_2 hybrid membrane for lithium-ion batteries. J Solid State Electrochem, 2019, 23: 519-527.

[24] Man C, et al. Enhanced wetting properties of a polypropylene separator for a lithium-ion battery by hyperthermal hydrogen induced cross-linking of poly (ethylene oxide). J Mater Chem A, 2014, 2 (30): 11980-11986.

[25] Jiang C, et al. Structure and electrochemical properties of composite polymer electrolyte based on poly vinylidene fluoride-hexafluoropropylene/titania-poly (methyl methacrylate) for lithium-ion batterie. J Power Sources, 2014, 246: 499-504.

[26] Dong G, et al. Neoteric polyimide nanofiber encapsulated by the TiO_2 armor as the tough, highly wettable, and flame-retardant separator for advanced lithium-ion batteries. ACS Sustain Chem Eng, 2019, 7 (21): 17643-17652.

[27] Wang W, et al. Unexpectedly high piezoelectricity of electrospun polyacrylonitrile nanofiber membranes. Nano Energy, 2019, 56: 588-594.

[28] Nair J R, et al. Newly Elaborated Multipurpose Polymer Electrolyte Encompassing RTILs for Smart Energy Efficient Devices. ACS Appl Mater Inter, 2015, 7 (23): 12961-12971.

[29] Bolloli M, et al. Nanocomposite poly (vynilidene fluoride) /nanocrystalline cellulose porous membranes as separators for lithium-ion batteries. Electrochim Acta, 2016, 214: 38-48.

[30] He C, et al. Blending based polyacrylonitrile/poly (vinyl alcohol) membrane for rechargeable lithium ion batteries. J Membr Sci, 2018, 560: 30-37.

[31] Lee H, et al. A review of recent developments in membrane separators for rechargeable lithium-ion

batteries. Energy Environ Sci, 2014, 7: 3857-3886.

[32] Shi Y, et al. Material and structural design of novel binder systems for high-energy, high-power lithium-ion batteries. Acc Chem Res, 2017, 50: 2642-2652.

[33] Higgins T M, et al. A commercial conducting polymer as both binder and conductive additive for silicon nanoparticle-based lithium-ion battery negative electrodes. ACS Nano, 2016, 10 (3): 3702-3713.

[34] Jeong Y K, et al. Millipede-inspired structural design principle for high performance polysaccharide binders in silicon anodes. Energy Environ Sci, 2015, 8 (4): 1224-1230.

[35] Kim J S, et al. Effect of polyimide binder on electrochemical characteristics of surface-modified silicon anode for lithium ion batteries. J Power Sources, 2013, 244: 521-526.

[36] Magasinski A, et al. Toward efficient binders for Li-ion battery Si-based anodes: Polyacrylic acid. ACS Appl Mater Inter, 2010, 2: 3004-3010.

[37] Rago N D, et al. Effect of overcharge on Li ($Ni_{0.5}Mn_{0.3}Co_{0.2}$) O_2/Graphite lithium ion cells with poly (vinylidene fluoride) binder. I-Microstructural changes in the anode. J Power Sources, 2018, 385: 148-155.

[38] Wang R, et al. Dependence of Z parameter for tensile strength of multi-layered interphase in polymer nanocomposites to material and interphase properties. Nanoscale Res Lett, 2017, 12 (1): 1-11.

[39] Buqa H, et al. Study of styrene butadiene rubber and sodium methyl cellulose as binder for negative electrodes in lithium-ion batteries. J Power Sources, 2006, 161 (1): 617-622.

[40] Igor K, et al. A major constituent of brown algae for use in high-capacity Li-ion batteries. Science, 2011, 334 (6052): 75-79.

[41] Jeong Y K, et al. Hyperbranched β-cyclodextrin polymer as an effective multidimensional binder for silicon anodes in lithium rechargeable batteries. Nano Lett, 2014, 14 (2): 864-870.

[42] Bo J, et al. Effect of different carbon conductive additives on electrochemical properties of LiFePO$_4$-C/Li batteries. J Solid State Electrochem, 2008, 12 (12): 1549-1554.

[43] Wang J, et al. Sulphur-polypyrrole composite positive electrode materials for rechargeable lithium batteries. Electrochim Acta, 2006, 51 (22): 4634-4638.

[44] Wang K, et al. Hybrid super-aligned carbon nanotube/carbon black conductive networks: A strategy to improve both electrical conductivity and capacity for lithium ion batteries. J Power Sources, 2013, 233: 209-215.

[45] Ban C, et al. Extremely durable high-rate capability of a $LiNi_{0.4}Mn_{0.4}Co_{0.2}O_2$ cathode enabled with single-walled carbon nanotubes. Adv Energy Mater, 2011, 1 (1): 58-62.

[46] Wang D, et al. Ternary self-assembly of ordered metal oxide-graphene nanocomposites for electrochemical energy storage. Acs Nano, 2010, 4 (3): 1587-1595.

[47] Yoo H C, et al. Flexible morphology design of 3D-macroporous LiMnPO$_4$ cathode materials for Li secondary batteries: Ball to Flake. Adv Energy Mater, 2011, 1 (3): 347-351.

[48] Li B Z, et al. Acetylene black-embedded $LiMn_{0.8}Fe_{0.2}PO_4$/C composite as cathode for lithium ion battery. J Power Sources, 2013, 232: 12-16.

[49] Marinaro M, et al. Microwave-assisted synthesis of carbon (Super-P) supported copper nanoparticles as conductive agent for $Li_4Ti_5O_{12}$ anodes for Lithium-ion batteries. Electrochim Acta, 2013, 89: 555-560.

[50] Matsuo Y, et al. Effect of oxygen contents in graphene like graphite anodes on their capacity for lithium ion battery. J Power Sources, 2018, 396: 134-140.

[51] Wang J, et al. Liquid-exfoliated graphene as highly efficient conductive additives for cathodes in lithium ion batteries. Carbon, 2019, 153: 156-163.

[52] Liu Y, et al. Effect of carbon nanotube on the electrochemical performance of C-LiFePO$_4$/graphite battery. J Power Sources, 2008, 184 (2): 522-526.

[53] Rui T, et al. How a very trace amount of graphene additive works for constructing an efficient conductive network in LiCoO$_2$-based lithium-ion batteries. Carbon, 2016, 103: 356-362.

[54] Mizushima K, et al. Li$_x$CoO$_2$ (0<x≤1): A new cathode material for batteries of high energy density. Mater Res Bull, 1980, 15 (6): 783-789.

[55] Oh P, et al. A novel surface treatment method and new insight into dischargevoltage deterioration for high-performance 0.4Li$_2$MnO$_3$-0.6LiNi$_{1/3}$Co$_{1/3}$Mn$_{1/3}$O$_2$ cathode materials. Adv Energy Mater, 2014, 4 (16): 1400631.

[56] Meng Y S, et al. First principles computational materials design for energy storage materials in lithium ion batteries. Energy Environ Sci, 2009, 2 (6): 589-609.

[57] Nanjundaswamy K, et al. Synthesis, redox potential evaluation and electrochemical characteristics of NASICON-related-3D framework compounds. Solid State Ionics, 1996, 92 (1-2): 1-10.

[58] Goodenough J B, et al. The Li-ion rechargeable battery: A perspective. J Am Chem Soc, 2013, 135 (4): 1167-1176.

[59] Ryu H H, et al. Li[Ni$_{0.9}$Co$_{0.09}$W$_{0.01}$]O$_2$: A new type of layered oxide cathode with high cycling stability. Adv Energy Mater, 2019, 9 (44): 1902698.

[60] Zou L, et al. Lattice doping regulated interfacial reactions in cathode for enhanced cycling stability. Nat Commun, 2019, 10: 3447.

[61] Liu Y, et al. Improving the electrochemical performances of Li-rich Li$_{1.20}$Ni$_{0.13}$Co$_{0.13}$Mn$_{0.54}$O$_2$, through a cooperative doping of Na$^+$, and PO$_4^{3-}$ with Na$_3$PO$_4$. J Power Sources, 2018, 375: 1-10.

[62] Li X, et al. Effects of fluorine doping on structure, surface chemistry, and electrochemical performance of LiNi$_{0.8}$Co$_{0.15}$Al$_{0.05}$O$_2$. Electrochim Acta, 2015, 174: 1122-1130.

[63] Bai N, et al. LiFePO$_4$/carbon nanowires with 3D nano-network structure as potential high performance cathode for lithium ion batteries. Electrochim Acta, 2016, 191: 23-28.

[64] Wang X, et al. Graphene-decorated carbon-coated LiFePO$_4$ nanospheres as a high-performance cathode material for lithium-ion batteries. Carbon, 2018, 127: 149-157.

[65] Lee Y S, et al. Improvement of the cycling performance and thermal stability of lithium-ion cells by double-layer coating of cathode materials with Al$_2$O$_3$ nanoparticles and conductive polymer. ACS Appl Mater Inter, 2015, 7 (25): 13944-13951.

[66] Ke X, et al. Improvement in capacity retention of cathode material for high power density lithium ion batteries: The route of surface coating. Appl Energy, 2017, 194: 540-548.

[67] Liu W, et al. Significantly improving cycling performance of cathodes in lithium ion batteries: the effect of Al$_2$O$_3$ and LiAlO$_2$ coatings on LiNi$_{0.6}$Co$_{0.2}$Mn$_{0.2}$O$_2$. Nano Energy, 2018, 44: 111-120.

[68] Chen Z, et al. Manganese phosphate coated Li[Ni$_{0.6}$Co$_{0.2}$Mn$_{0.2}$]O$_2$ cathode material: Towards superior cycling stability at elevated temperature and high voltage. J Power Sources, 2018, 402: 263-271.

[69] Arakawa Masayasu, et al. The cathodic decomposition of propylene carbonate in lithium batteries. J Electroanal Chem Inter Electrochem, 1987, 219 (1-2): 273-280.

[70] Naji A, et al. New halogenated additives to propylene carbonate-based electrolytes for lithium-ion batteries. Electrochim Acta, 2000, 45 (12): 1893-1899.

[71] Liu J, et al. Effect of fluoroethylene carbonate as an electrolyte solvent in the $LiNi_{0.5}Mn_{1.5}O_4/Li_4Ti_5O_{12}$ cell. J Alloy Compd, 2020, 812: 152064.

[72] Winter M, et al. FTIR and DEMS investigations on the electroreduction of chloroethylene carbonate-based electrolyte solutions for lithium-ion cells. J Power Sources, 1999, 81-82: 818-823.

[73] Martins V L, et al. Ionic liquids in electrochemical energy storage. Curr Opin Electrochem, 2018, 9: 26-32.

[74] Bose P, et al. Ionic liquid based nanofluid electrolytes with higher lithium salt concentration for high-efficiency, safer, lithium metal batteries. J Power Sources, 2018, 406: 176-184.

[75] Ramanujapuram A, et al. Understanding the exceptional performance of lithium-ion battery cathodes in aqueous electrolytes at subzero temperatures. Adv Energy Mater, 2018, 8 (35): 1802624.

[76] Cheng X, et al. Gel polymer electrolytes for electrochemical energy storage. Adv Energy Mater, 2018, 8 (7): 1702184.1-1702184.16.

[77] Kalyana Sundaram N T, et al. Nano-size $LiAlO_2$ ceramic filler incorporated porous PVDF-co-HFP electrolyte for lithium-ion battery applications. Electrochim Acta, 2007, 52 (15): 4987-4993.

[78] Young W S, et al. Ionic conductivities of block copolymer electrolytes with various conducting pathways: sample preparation and processing considerations. Macromolecules, 2012, 45 (11): 4689-4697.

[79] Nunes-Pereira J, et al. Optimization of filler type within poly (vinylidene fluoride-co-trifluoroethylene) composite separator membranes for improved lithium-ion battery performance. Compos B: Eng, 2016, 96: 94-102.

[80] Li W, et al. Study the effect of ion-complex on the properties of composite gel polymer electrolyte based on Electrospun PVdF nanofibrous membrane. Electrochim Acta, 2015, 151: 289-296.

[81] Pandey G P, et al. Solid-state supercapacitors with ionic liquid based gel polymer electrolyte: Effect of lithium salt addition. J Power Sources, 2013, 243 (243): 211-218.

[82] Shi Y, et al. A conductive self-healing hybrid gel enabled by metal – ligand supramolecule and nanostructured conductive polymer. Nano Lett, 2015, 15 (9): 6276-6281.

[83] Xu W, et al. Lithium metal anodes for rechargeable batteries. Energy Environ Sci, 2014, 7: 513-537.

[84] Winter M, et al. Before Li ion batteries. Chem Rev, 2018, 118 (23): 11433-11456.

[85] Liang J, et al. Recent progress on solid-state hybrid electrolytes for solid-state lithium batteries. Energy Stor Mater, 2019, 21: 308-334.

[86] Xue Z, et al. Poly (ethylene oxide) -based electrolytes for lithium-ion batteries. J Mater Chem A, 2015, 3 (38): 19218-19253.

[87] Grünebaum M, et al. Synthesis and electrochemistry of polymer based electrolytes for lithium batteries. Prog Solid State Ch, 2014, 42 (4): 85-105.

[88] Chen R, et al. The pursuit of solid-state electrolytes for lithium batteries: from comprehensive insight to emerging horizons. Mater Horiz, 2016, 3 (6): 487-516.

[89] Macglashan G S, et al. The structure of poly (ethylene oxide) 6: $LiAsF_6$. Nature, 1999, 398 (6730): 792-794.

[90] Macglashan G S, et al. Structure of the polymer electrolyte poly (ethylene oxide) 6: $LiAsF_6$. Nature, 1999, 398: 792-794.

[91] Gauthier M, et al. The electrode-electrolyte interface in Li-ion batteries: current understanding and new insights. J Phys Chem Lett, 2015, 6 (22): 4653-4672.

[92] Mariappan C R, et al. Correlation between micro-structural properties and ionic conductivity of $Li_{1.5}Al_{0.5}Ge_{1.5}(PO_4)_3$ ceramics. J Power Sources, 2011, 196 (11): 6456-6464.

[93] Kumar B, et al. Space-charge-mediated superionic transport in lithium ion conducting glass-ceramics. J Electrochem Soc, 2009, 156 (7): A506-A513.

[94] Arbi K, et al. Lithium mobility in titanium based Nasicon $Li_{1+x}Ti_{2-x}Al_x(PO_4)_3$ and $LiTi_{2-x}Zr_x(PO_4)_3$ materials followed by NMR and impedance spectroscopy. J Eur Ceram Soc, 2007, 27 (13-15): 4215-4218.

[95] Song Y, et al. Revealing the short-circuiting mechanism of garnet-based solid-state electrolyte. Adv Energy Mater, 2019, 9 (21): 1900671.

[96] Thangadurai V, et al. Garnet-type solid-state fast Li ion conductors for Li batteries: critical review. Chem Soc Rev, 2014, 43 (13): 4714-4727.

[97] Rettenwander D, et al. Structural and electrochemical consequences of Al and Ga cosubstitution in $Li_7La_3Zr_2O_{12}$ solid electrolytes. Chem Mater, 2016, 28 (7): 2384-2392.

[98] Jalem R, et al. Effects of gallium doping in garnet-type $Li_7La_3Zr_2O_{12}$ solid electrolytes. Chem Mater, 2015, 27 (8): 2821-2831.

[99] Kato Y, et al. High-power all-solid-state batteries using sulfide superionic conductors. Nat Energy, 2016, 1 (4): 16030.

[100] Jang H J, et al. Safety and efficacy of a novel hyperaemic agent, intracoronary nicorandil, for invasive physiological assessments in the cardiac catheterization laboratory. Eur Heart J, 2013, 34 (27): 2055-2062.

[101] Peled E. The electrochemical behavior of alkali and alkaline earth metals in nonaqueous battery systems-the solid electrolyte interphase mode. J Electrochem Soc, 1979, 126 (12): 2047-2051.

[102] Okotrub A V, et al. Anisotropy of Chemical Bonding in Semifluorinated Graphite C_2F Revealed with Angle-Resolved X-ray Absorption Spectroscopy. ACS Nano, 2013, 7 (1): 65-74.

[103] Okotrub A V, et al. Perforation of graphite in boiling mineral acid. Phys Status Solidi, 2012, 249 (12): 2620-2624.

[104] Li X, et al. Well-dispersed phosphorus nanocrystals within carbon via high-energy mechanical milling for high performance lithium storage. Nano Energy, 2019, 59: 464-471.

[105] Ji X, et al. Tuning the photocatalytic activity of graphitic carbon nitride by plasma-based surface modification. ACS Appl Mater Inter, 2017, 9 (29): 24616-24624.

[106] Amer W A, et al. Physical expansion of layered graphene oxide nanosheets by chemical vapor deposition of metal-organic frameworks and their thermal conversion into nitrogen-doped porous carbons for supercapacitor applications. Chem Sus Chem, 2020, 13: 1629-1636.

[107] Tian Q, et al. Three-dimensional wire-in-tube hybrids of tin dioxide and nitrogen-doped carbon for lithium ion battery applications. Carbon, 2015, 93: 887-895.

[108] Schroeder M, et al. On the cycling stability of lithium-ion capacitors containing soft carbon as anodic material. J Power Sources, 2013, 238: 388-394.

[109] Tran T D, et al. Lithium intercalation in heat-treated petroleum cokes. J Power Sources, 1997, 68 (1): 106-109.

[110] Yoon S H, et al. Novel carbon nanofibers of high graphitization as anodic materials for lithium ion secondary batteries. Carbon, 2004, 42 (1): 21-32.

[111] Peled E, et al. Study of lithium insertion in hard carbon made from cotton wool. J Power Sources, 1998, 76 (2): 153-158.

[112] Buiel, et al. Lithiun insertion in hard carbon anode materials for Li-ion batteries. Dissertatrion

Abstracts International, 1998, 10: 1-189.

[113] Lin C F, et al. Monodispersed mesoporous $Li_4Ti_5O_{12}$ submicrospheres as anode materials for lithium-ion batteries: morphology and electrochemical performances. Nanoscale, 2014, 6 (12): 6651-6660.

[114] Lin C, et al. Monodispersed mesoporous $Li_4Ti_5O_{12}$ submicrospheres as anode materials for lithium-ion batteries: morphology and electrochemical performances. Nanoscale, 2014, 6 (12): 6651-6660.

[115] Bresser D, et al. Transition-metal-doped zinc oxide nanoparticles as a new lithium-ion anode material. Chem Mater, 2013, 25 (24): 4977-4985.

[116] Tamirat A G, et al. Highly stable carbon coated Mg_2Si intermetallic nanoparticles for lithium-ion battery anode. J Power Sources, 2018, 384: 10-17.

[117] Wu L, et al. PPy-encapsulated SnS_2 nanosheets stablilized by defects on a TiO_2 support as a durable anode material for lithium-ion batteries. Angew Chem, 2019, 58: 811-815.

[118] Xia S, et al. Oxygen-deficient Ta_2O_5 nanoporous films as self-supported electrodes for lithium microbatteries. Nano Energy, 2018, 45: 407-412.

[119] Stokes K, et al. Axial Si-Ge heterostructure nanowires as lithium-ion battery anodes. Nano Lett, 2018, 18 (9): 5569-5575.

[120] Zhang L, et al. Hierarchically designed SiO_x/SiO_y bilayer nanomembranes as stable anodes for lithium ion batteries. Adv Mater, 2014, 26 (26): 4527-4532.

[121] Xia Y, et al. Supercritical fluid assisted biotemplating synthesis of Si-O-C microspheres from microalgae for advanced Li-ion batteries. RSC Adv, 2016, 6 (74): 69764-69772.

[122] Wang D, et al. One-step synthesis of spherical Si/C composites with onion-like buffer structure as high-performance anodes for lithium-ion batteries. Energy Stor Mater, 2020, 24: 312-318.

[123] Wang W, et al. Silicon decorated cone shaped carbon nanotube clusters for lithium ion battery anodes. Small, 2014, 10 (16): 3389-3396.

[124] Poizot P, et al. Nano-sized transition-metal oxides as negative-electrode materials for lithium-ion batteries. Nature, 2010, 32 (3): 496-499.

[125] Kaskhedikar N A, et al. Lithium storage in carbon nanostructures. Adv Mater, 2010, 21 (25-26): 2664-2680.

[126] Lv C, et al. Architecture-controlled synthesis of M_xO_y (M=Ni, Fe, Cu) microfibres from seaweed biomass for high-performance lithium ion battery anodes. J Mater Chem A, 2015, 3 (45): 22708-22715.

[127] Zhu Q, et al. Cyanogel-derived formation of 3D nanoporous SnO_2-M_xO_y (M=Ni, Fe, Co) hybrid networks for high-performance lithium storage. Chem Sus Chem, 2015, 8 (1): 131-137.

[128] Jiang F, et al. Hierarchical Fe_3O_4 @ NC composites: ultra-long cycle life anode materials for lithium ion batteries. J Mater Sci, 2018, 53 (3): 2127-2136.

[129] Wang Z, et al. Assembling carbon-coated α-Fe_2O_3 hollow nanohorns on the CNT backbone for superior lithium storage capability. Energy Environ Sci, 2012, 5 (1): 5252-5256.

[130] Zhu X, et al. Nanostructured reduced graphene oxide/Fe_2O_3 composite as a high-performance anode material for lithium ion batteries. ACS Nano, 2011, 5 (4): 3333-3338.

[131] Liu J, et al. Hydrothermal fabrication of three-dimensional secondary battery anodes. Adv Mater, 2014, 26 (41): 7096-7101.

[132] Li W Y, et al. Co_3O_4 nanomaterials in lithium-ion batteries and gas sensors. Adv Funct Mater, 2005, 15 (5): 851-857.

[133] Wu H, et al. Aligned NiO nanoflake arrays grown on copper as high capacity lithium-ion battery anodes. J Mater Chem, 2012, 22 (37): 19821-19825.

[134] Ren X, et al. NaCl-template-assisted freeze-drying synthesis of 3D porous carbon-encapsulated V_2O_3 for lithium-ion battery anode. Electrochim Acta, 2019, 318: 730-736.

[135] Lin L, et al. $ZnFe_2O_4$@C/graphene nanocomposites as excellent anode materials for lithium batteries. J Mater Chem A, 2015, 3 (4): 1724-1729.

[136] Mei J, et al. Black phosphorus nanosheets promoted 2D-TiO_2-2D heterostructured anode for high-performance lithium storage. Energy Stor Mater, 2019, 19: 424-431.

[137] Fang X, et al. Mechanism of lithium storage in MoS_2 and the feasibility of using Li_2S/Mo nanocomposites as cathode materials for lithium-sulfur batteries. Chem Asian J, 2012, 7 (5): 1013-1017.

[138] Zhang Y, et al. 3D spongy CoS_2 nanoparticles/carbon composite as high-performance anode material for lithium/sodium ion batteries. Chem En J, 2018, 332: 370-376.

[139] Daniel M, et al. Hierarchical structured nanohelices of ZnS. Angew Chem, 2006, 45 (31): 5150-5154.

[140] Jiang D, et al. Microemulsion template synthesis of copper sulfide hollow spheres at room temperature. Colloid Surfaces A, 2011, 384 (1-3): 228-232.

[141] Zeng H, et al. In situ generated dual-template method for Fe/N/S co-doped hierarchically porous honeycomb carbon for high-performance oxygen reduction. ACS Appl Mater Inter, 2018, 10 (10): 8721-8729.

[142] Rahman M M, et al. High temperature and high rate lithium-ion batteries with boron nitride nanotubes coated polypropylene separators. Energy Stor Mater, 2019, 19: 352-359.

[143] Kim K J, et al. Ceramic composite separators coated with moisturized ZrO_2 nanoparticles for improving the electrochemical performance and thermal stability of lithium ion batteries. Phys Chem Chem Phys, 2014, 16 (20): 9337-9343.

[144] Zhang J, et al. Renewable and superior thermal-resistant cellulose-based composite nonwoven as lithium-ion battery separator. ACS Appl Mater Inter, 2013, 5 (1): 128-134.

[145] Man C, et al. Enhanced wetting properties of a polypropylene separator for a lithium-ion battery by hyperthermal hydrogen induced cross-linking of poly (ethylene oxide). J Mater Chem A, 2014, 2 (30): 11980.

[146] Orendorff C J, et al. Polyester separators for lithium-ion cells: improving thermal stability and abuse tolerance. Adv Energy Mater, 2019, 3 (3): 314-320.

[147] Rahman M, et al. High temperature and high rat: e lithium-ion batteries with boron nitride nanotubes coated polypropylene separators. Energy Stor Mater, 2019, 19: 352-359.

[148] He M, et al. Pure inorganic separator for lithium ion batteries. ACS Appl Mater Inter, 2015, 7 (1): 738-742.

[149] Chen J, et al. Porous SiO_2 as a separator to improve the electrochemical performance of spinel $LiMn_2O_4$ cathode. J Membr Sci, 2014, 449: 169-175.

[150] Nunes-Pereira J, et al. Polymer composites and blends for battery separators: state of the art, challenges and future trends. J Power Sources, 2015, 281: 378-398.

[151] Chen T, et al. Preparation of phosphor coated with a polymer by emulsion polymerization and its application in low-density polyethylene. J Appl Polym Sci, 2008, 109 (6): 3811-3816.

[152] Tao Z, et al. Morphological investigation of styrene and acrylamide polymer microspheres prepared by dispersion copolymerization. Colloid Polym Sci, 2000, 278 (6): 509-516.

[153] Liu M, et al. Enhancement on the thermostability and wettability of lithium-ion batteries separator via surface chemical modification. Mater Lett, 2017, 208: 98-101.

[154] Yu S, et al. Microporous gel electrolytes based on amphiphilic poly (vinylidene fluoride-co-hexafluoropropylene) for lithium batteries. Appl Surf Sci, 2012, 258 (11): 4983-4989.

[155] Nair J R, et al. UV-induced radical photo-polymerization: A smart tool for preparing polymer electrolyte membranes for energy storage devices. Membranes, 2012, 2 (4): 687-704.

[156] Bottino A, et al. Properties, preparation and characterization of novel porous PVDF-ZrO_2 composite membranes. Desalination, 2002, 146 (1-3): 35-40.

[157] Cui Z, et al. Fabrication of poly (vinylidene fluoride) separator with better thermostability and electrochemical performance for lithium ion battery by blending polyester. Mater Lett, 2018, 228: 466-469.

[158] Zuo X, et al. A poly (vinylidene fluoride) /ethyl cellulose and amino-functionalized nano-SiO_2 composite coated separator for 5V high-voltage lithium-ion batteries with enhanced performance. J Power Sources, 2018, 407: 44-52.

[159] Mahant Y P, et al. Poly (methyl methacrylate) reinforced poly (vinylidene fluoride) composites electrospun nanofibrous polymer electrolytes as potential separator for lithium ion batteries. Mater Renew Sustain Energy, 2018, 7 (2): 5.

[160] Yang S, et al. A core-shell structured polyacrylonitrile@ poly (vinylidene fluoride-hexafluoro propylene) microfiber complex membrane as a separator by co-axial electrospinning. RSC Adv, 2018, 8 (41): 23390-23396.

[161] Goncalves R, et al. Enhanced performance of fluorinated separator membranes for lithium ion batteries through surface micropatterning. Energy Stor Mater, 2019, 21: 124-135.

[162] Xia Y, et al. β-Cyclodextrin-modified porous ceramic membrane with enhanced ionic conductivity and thermal stability for lithium-ion batteries. Ionics, 2020, 26 (1): 173-182.

[163] Lee G, et al. SiO_2/TiO_2 composite film for high capacity and excellent cycling stability in lithium-ion battery anodes. Adv Funct Mater, 2017, 27 (39): 1703538.

[164] Wu D, et al. A high-safety PVDF/Al_2O_3 composite separator for Li-ion batteries via tip-induced electrospinning and dip-coating. Rsc Adv, 2017, 7 (39): 24410-24416.

[165] Zhang S, et al. Nanocomposite polymer membrane derived from nano TiO_2-PMMA and glass fiber nonwoven: high thermal endurance and cycle stability in lithium ion battery applications. J Mater Chem A, 2015, 3 (34): 17697-17703.

[166] Liu J, et al. Lithium ion battery separator with high performance and high safety enabled by tri-layered SiO_2@PI/m-PE/SiO_2@PI nanofiber composite membrane. J Power Sources, 2018, 396: 265-275.

[167] Zhai Y, et al. Fabrication of hierarchical structured SiO_2/polyetherimide-polyurethane nanofibrous separators with high performance for lithium ion batteries. Electrochim Acta, 2015, 154: 219-226.

[168] Wang L, et al. Sb_2O_3 modified PVDF-CTFE electrospun fibrous membrane as a safe lithium-ion battery separator. J Membr Sci, 2019, 572: 512-519.

[169] Song J, et al. Interpenetrated gel polymer binder for high-performance silicon anodes in lithium-ion batteries. Adv Funct Mater, 2014, 24 (37): 5904-5910.

[170] Winter M, et al. Insertion electrode materials for rechargeable lithium batteries. Adv Mater, 1998, 10 (10): 725-763.

[171] Chan C K, et al. High-performance lithium battery anodes using silicon nanowires. Nat Nano-

[172] Wu H, et al. Stable cycling of double-walled silicon nanotube battery anodes through solid-electrolyte interphase control. Nat Nanotechnol, 2012, 7 (5): 310-315.

[173] Tae-Woo K, et al. Dynamic cross-linking of polymeric binders based on host-guest interactions for silicon anodes in lithium ion batteries. Acs Nano, 2015, 9 (11): 11317-11324.

[174] Lee J I, et al. Amphiphilic graft copolymers as aversatile binder for various electrodes of high-performance lithium-ion batteries. Small, 2016, 12 (23): 3119-3127.

[175] Zhu Y, et al. Composite of a nonwoven fabric with poly (vinylidene fluoride) as a gel membrane of high safety for lithium ion battery. Energy Environ Sci, 2013, 6 (2): 618-624.

[176] Tae-Woo K, et al. Systematic molecular-level design of binders incorporating meldrum's acid for silicon anodes in lithium rechargeable batteries. Adv Mater, 2014, 26 (47): 7979-7985.

[177] Buqa H, et al. Study of styrene butadiene rubber and sodium methyl cellulose as binder for negative electrodes in lithium-ion batteries. J Power Sources, 2006, 161 (1): 617-622.

[178] Salem N, et al. Ionically-functionalized poly (thiophene) conductive polymers as binders for silicon and graphite anodes for Li-ion batteries. Energy Technology, 2016, 4 (2): 331-340.

[179] Guo R, et al. New, Effective, and low-cost dual-functional binder for porous silicon anodes in lithium-ion batteries. ACS Appl Mater Inter, 2019, 11 (15): 14051-14058.

[180] Niketic S. Water-soluble binders for MCMB carbon anodes for lithium-ion batteries. J Power Sources, 2011, 196 (4): 2128-2134.

[181] Koo B, et al. A highly cross-linked polymeric binder for high-performance silicon negative electrodes in lithium ion batteries. Angew Chem, 2012, 51 (35): 8762-8767.

[182] Guo S, et al. SiO_2-enhanced structural stability and strong adhesion with a new binder of konjac glucomannan enables stable cycling of silicon anodes for lithium-ion batteries. Adv Energy Mater, 2018, 8 (24): 1800434.

[183] Jeong Y K, et al. Hyperbranched β-cyclodextrin polymer as an effective multidimensional binder for silicon anodes in lithium rechargeable batteries. Nano Lett, 2014, 14 (2): 864-870.

[184] Yabuuchi N, et al. Graphite-silicon-polyacrylate negative electrodes in ionic liquid electrolyte for safer rechargeable Li-ion batteries. Adv Energy Mater, 2011, 1 (5): 759-765.

[185] Park S J, et al. Side-chain conducting and phase-separated polymeric binders for high-performance silicon anodes in lithium-ion batteries. J Am Chem Soc, 2015, 137 (7): 2565-2571.

[186] Kovalenko I, et al. A major constituent of brown algae for use in high-capacity Li-ion batteries. Science, 2011, 334 (6052): 75-79.

[187] Dong L, et al. Novel conductive binder for high-performance silicon anodes in lithium ion batteries. Nano Energy, 2017, 36: 206-212.

[188] Bridel J S, et al. Key parameters governing the reversibility of Si/carbon/CMC electrodes for Li-ion batteries. Chem Mater, 2010, 22 (3): 1229-1241.

[189] Wu H, et al. Stable Li-ion battery anodes by in-situ polymerization of conducting hydrogel to conformally coat silicon nanoparticles. Nat Commun, 2013, 4 (1): 1-6.

[190] Wu F, et al. Surface modification of Li-rich cathode materials for lithium-ion batteries with a PEDOT: PSS conducting polymer. ACS Appl Mater Inter, 2016, 8 (35): 23095-23104.

[191] Liang P Z, et al. Preparation and performances of $LiFePO_4$ cathode in aqueous solvent with polyacrylic acid as a binder. J Power Sources, 2009, 189 (1): 547-551.

[192] Shia Q, et al. Desmarteaub, improvement in $LiFePO_4$-Li battery performance via poly (perfluoroalkylsulfonyl) imide (PFSI) based ionene composite binder. J Mater Chem A, 2013, 1

(47): 15016-15021.

[193] Zhong H, et al. Carboxymethyl chitosan/conducting polymer as water-soluble composite binder for LiFePO$_4$ cathode in lithium ion batteries. J Power Sources, 2016, 336: 107-114.

[194] Zhang Q, et al. A nanocarbon composite as a conducting agent to improve the electrochemical performance of a LiCoO$_2$ cathode. New Carbon Materials, 2007, 22 (4): 361-364.

[195] Zhou X, et al. Self-assembled nanocomposite of silicon nanoparticles encapsulated in graphene through electrostatic attraction for lithium-ion batteries. Adv Energy Mater, 2012, 2 (9): 1086-1090.

[196] Wei X, et al. Improvement on high rate performance of LiFePO$_4$ cathodes using graphene as a conductive agent. Appl Surf Sci, 2018, 440: 748-754.

[197] Ji J, et al. Graphene-encapsulated Si on ultrathin-graphite foam as anode for high capacity lithium-ion batteries. Adv Mater, 2013, 25 (33): 4673-4677.

[198] Song M S, et al. Simultaneous fluorination of active material and conductive agent for improving the electrochemical performance of LiNi$_{0.5}$Mn$_{1.5}$O$_4$ electrode for lithium-ion batteries. J Power Sources, 2016, 326: 156-161.

2 凝胶聚合物电解质及其复合体系在锂电池中的应用

2.1 凝胶聚合物电解质概述

全固态聚合物电解质虽然安全性高、机械强度较高,通过枝接、交联、嵌段、共混、添加无机纳米粒子和优化锂盐等手段可以提高其离子电导率,但仍无法满足电池实际应用的需求。在全固态聚合物电解质基础上,引入增塑剂或离子液体等,形成凝胶聚合物电解质(gel polymer electrolyte,GPE),随着增塑剂(小分子、有机溶剂、离子液体等)的引入,锂离子迁移不再仅仅只是依靠聚合物基体链段运动,而是主要在凝胶相中快速迁移,因而使得离子电导率大大提高,室温可达到 10^{-3} S/cm。因此,凝胶聚合物电解质因其具有较高的离子电导率与安全性,而被认为是固态锂离子电池最具有应用前景的电解质体系。

2.1.1 凝胶聚合物电解质的特性与发展历史

凝胶一般指的是高分子聚合物在一定的条件下相互交联,形成空间网状结构,在结构的空隙中充满分散介质的一种特殊分散体系,即溶剂溶解在聚合物基体中。高分子聚合物受低分子溶胀之后形成网状构造,溶胀之后的聚合物溶液便形成了凝胶聚合物,不再具备流动性。凝胶既不属于固态,也不属于液态,其性能也介于固态与液态之间。因其结构的特殊性,凝胶聚合物便同时具备了液体的扩散传导能力和固体的内聚性质两大优势。

凝胶聚合物电解质是由聚合物基体、增塑剂(小分子、有机溶剂、离子液体等)及锂盐形成的具有微孔结构的凝胶聚合物网络,不含流动态电解液,锂离子的输运发生在溶胀的凝胶相或液相中,兼具了传统液态电解质和全固态聚合物电解质的特性,具备离子电导率高、安全性高等特性。

凝胶聚合物电解质最早是 1975 年 Feuillade 和 Perche[1] 报道的一种基于聚丙烯腈的凝胶体系,采用 PAN 和 VDF-HFP 交联共聚物与 PC 和电解质盐 NH_4ClO_4 制备的物理交联和化学交联凝胶。随后 Tsuchida[2] 等于 1983 年发表了关于聚偏二氟乙烯（PVDF）体系的研究，于是，大量的凝胶体系便被引入进来。

在这个时期，凝胶聚合物电解质大多被认为是一种两相材料，离子导电主要发生在液相增塑剂中，尽管聚合物基体与锂离子之间存在相互作用，但是比较弱，对离子导电的贡献比例很小，主要是提供良好的力学性能。例如在基于聚甲基丙烯酸甲酯（PMMA）[3]中，基于 PMMA 的凝胶聚合物电解质，聚合物吸收电解质溶液后发生溶胀。这与基于 VDF[4] 共聚物的凝胶聚合物电解质形成了鲜明的对比，在 VDF 的共聚物中，聚合物形成了微孔结构，具有膨胀与结晶部分。这两种体系在室温下的离子电导率均达到了 10^{-3} S/cm 数量级。其它研究也表明，在聚醚基网络中加入液体电解质也会产生类似的导电效果，典型的如以环氧乙烷 EO 为基的聚合物或共聚物凝胶聚合物电解质。随着锂离子电池的诞生与发展，凝胶聚合物电解质也得到了迅速的发展。

2.1.2 凝胶聚合物电解质的分类

由于聚合物的种类繁多，因此凝胶聚合物电解质的种类也比较多。随分类标准不同而得到不同的体系。如图 2-1 所示，凝胶聚合物电解质按照成分来分，常被分为均相凝胶聚合物电解质和多相凝胶聚合物电解质（微孔凝胶聚合物电解质）。多相凝胶聚合物电解质通过将液态电解质引入聚合物微孔膜中，使微孔内吸收电解质，聚合物基体的无定形区被电解液溶胀形成凝胶。微孔凝胶聚合物电解质有利于保持机械强度的同时提高离子电导率，且有利于大规模生产。

按照结构来分，可分为交联型和非交联型两种。一般而言，非交联型凝胶聚合物电解质（冻胶）的机械稳定性差，基本上很少应用在锂离子电池中。交联型凝胶聚合物电解质有两种形式：物理交联与化学交联。物理交联主要是由于分子间存在相互作用力而形成的，当温度升高或长时间放置后，作用力会减弱而发生溶胀、溶解，导致增塑剂析出。化学交联则是通过热引发、光引发、环氧基团与氨基的开环反应、辐射以及溶胶凝胶等方法形成化学键进行交联，不受温度和时间的影响，热稳定性好。化学交联型凝胶聚合物电解质的出现也在很大程度上改善了电池漏液的问题，大大提高了其安全性能。交联网络赋予聚合物基体更加优异的尺寸稳定性。因此，化学交联型凝胶聚合物电解质得到了科研工作者们的广泛关注和研究。

按照凝胶聚合物电解质的基体来分，主要分为聚醚系（如 PEO，含聚膦嗪）、聚丙烯腈（PAN）系、聚甲基丙烯酸甲酯（PMMA）系、聚偏氟乙烯（PVDF）系等。在接下的章节中，将按照聚合物的基体来做详细说明。

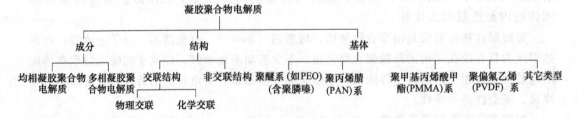

图 2-1 凝胶聚合物电解质的分类

2.2 聚合物电解质基本要求与表征

聚合物电解质处于电池正负极之间，将正负极隔开防止电池短路，并且具有离子传输的作用。因而聚合物电解质的物理及电化学性能对电池的整体性能有着重要影响。凝胶聚合物电解质需要有良好的力学性能和热稳定性，优异的吸收和保留液态电解液能力，高离子电导率，宽工作温度区间和电化学窗口，低成本并且环境友好等性能。本节介绍聚合物电解质以及凝胶聚合物电解质重要性能的概念及计算方法，并对常用的表征手段进行梳理。

2.2.1 离子电导率

聚合物电解质的离子电导率对电池在较高充放电倍率下的性能有着重要的影响，其主要通过电化学阻抗谱（EIS）测试并计算得出。电化学阻抗谱的测量是将小振幅的正弦波作为扰动信号施加于电化学系统，通过测量交流信号电压和电流的比值，即通过系统的阻抗随正弦波频率的变化来分析电极过程动力学等电化学特性，研究电极材料、固态电解质材料等。

首先需要将聚合物电解质夹在两片不锈钢片之间组装成电池，再通过以下公式进行计算：

$$\sigma = \frac{d}{RS}$$

式中，σ 为离子电导率，S/cm；d 为聚合物电解质厚度，cm；R 为电化学阻抗，Ω；S 为测试的电解质的面积，cm^2。

2.2.2 锂离子迁移数

在电池充放电过程中，正负极之间产生的电场会推动阴阳离子在正负极之间进行迁移，因此电解质的离子电导率是由阴阳离子的迁移共同作用的。实际上只有锂离子在电解质中的输运情况对电池的性能产生重要作用，因此定义锂离子的迁移数量占电解质中所有离子迁移数量的比例为锂离子迁移数。聚合物电解质应具备尽量高的锂离子迁移数，以减弱电池充放电过程中的极化现象，有效抑制锂枝晶的生长，提高电池性能。

聚合物中锂离子迁移数测试时通常需要将聚合物夹在两片锂片之间组装成电池。测试之初首先通过 EIS 测试法得到电池的初始阻抗值，随后对其施加电压，记录初始电流和稳态电流值。当电流达到稳定值时测试稳态阻抗，将所得数据代入下式进行计算：

$$t^+ = \frac{I_{SS}(\Delta V - I_0 R_0)}{I_0(\Delta V - I_{SS} R_{SS})}$$

式中，t^+ 是锂离子迁移数；ΔV 为施加于电池两端的电压；I_0 和 R_0 为初始电流和初始阻抗；I_{SS} 和 R_{SS} 为稳态电流和稳态阻抗。

2.2.3 电化学窗口

对于一种电解质来说，加在其上的最正电位和最负电位是有一定限度的，超出这个限度，电解质会发生电化学反应而分解。电解质在其所能承受的最正电位和最负电位之间的区间内稳定存在，这个区间称电化学窗口。电化学窗口是衡量电解质稳定性的一个重要指标。聚合物电解质的电化学稳定窗口一般在室温或使用温度下测试，将聚合物电解质夹在锂片和不锈钢片之间组装成电池。随后采用电化学工作站设置一个合适的电压扫速，对电池采用线性扫描伏安法测试。

2.2.4 热稳定性

当聚合物电解质被加热时可能会发生收缩，这可能导致较高温度下工作的电池发生短路。通过分析聚合物膜在特定温度下加热大于1h后的热收缩率来评估其热收缩行为。热收缩率（TSR）通过以下公式计算：

$$\text{TSR} = \frac{S_0 - S}{S_0} \times 100\%$$

式中，S_0 和 S 分别代表热处理前后聚合物膜的面积。

除上述性能要求之外，聚合物电解质还需具备化学稳定性和电化学稳定性，即电解质在电池正常使用过程中，尽可能少或者几乎不与正负极材料和电解液中其他组分发生反应，在电池充放电区间内也不发生副反应。由于聚合物电解质位于电池正负极之间，应具备良好的电子绝缘性，以防止电池在运行过程中发生短路。

聚合物电解质的力学性能也有着重要的意义。研究表明，当聚合物电解质的杨氏模量足够高时，可有效抑制锂枝晶穿透电解质层。而较好的拉伸强度和柔韧性，可确保聚合物电解质应用于柔性电池等柔性器件中。

凝胶聚合物电解质是一种固液共存的聚合物电解质体系，由聚合物电解质主体和增塑剂以及电解质锂盐共同组成。由于液态电解质的存在，凝胶聚合物电解质的孔隙率和吸液率也是其重要的参数。

2.2.5 孔隙率

孔隙率由聚合物膜中孔隙体积与表观几何体积的比率限定，它直接影响有机液体电解质的吸收能力和凝胶电解质的力学性能。通过正丁醇吸收测试来确定聚合物膜的孔隙率。在浸入正丁醇中大于4h之前和之后称重膜，并且通过下式计算孔隙率（P）：

$$P = \frac{W_t - W_0}{\rho V} \times 100\%$$

式中，W_t 和 W_0 分别是湿膜和干膜的质量；ρ 是正丁醇的密度；V 是测试膜的几何体积。

2.2.6 吸液率

电解质吸液率是指当干燥的聚合物膜完全溶胀至干燥的聚合物膜的重量时，吸收的有机液体电解质的质量与干燥的聚合物膜的质量比。通常凝胶电解质对电解液的吸收越多，其离子电导率越高。当确定电解质吸收时，将干燥的聚合物膜浸入有机液体电解质中4h以上，然后称重。电解质吸液率（η）通过使用下式计算。

$$\eta = \frac{W_t - W_0}{W_0} \times 100\%$$

式中，W_0 和 W_t 分别是吸收有机液体电解质之前和之后的聚合物膜的质量。

常用于聚合物电解质结构及性能表征的技术名称及用途如表 2-1 所示。

表 2-1 聚合物常用表征技术名称及用途

序号	表征技术名称	用途
1	X 射线衍射(XRD)	评估聚合物电解质的结晶度，对复合薄膜中无机填料的物相进行分析
2	扫描电子显微镜(SEM)	对聚合物电解质表面或截面的微观形貌进行表征，直接观测孔洞形貌尺寸、薄膜厚度等信息
3	原子力显微镜(AFM)	观测聚合物电解质的表面形貌，粗糙度分析等
4	核磁共振技术(NMR)	用于晶体和非晶体的结构分析，提供有关分子的结构、动力学、反应状态和化学环境及其各个官能团的详细信息
5	傅里叶变换红外光谱(FTIR)	分析聚合物的官能团结构，分子中不同的基团和化学键都有其特征振动频率与吸收谱带，可用于检测分子结构特征
6	差示扫描量热法(DSC)	在程序控制温度下，测量试样和参比物的热流差与温度或时间的变化关系。可以测定聚合物的反应热、转变热、相图、反应速率、结晶速率、高聚物结晶度、样品纯度等
7	热重分析(TGA)	通过程序控温测量待测样品的质量随温度变化的关系，评估材料的热稳定性
8	线性扫描伏安法(LSV)	测试聚合物电解质的电化学稳定窗口
9	X 射线光电子能谱(XPS)	测试样品表层化学组分以及元素价态

2.3
凝胶聚合物电解质及其复合体系分类

2.3.1 聚氧化乙烯（PEO）基凝胶电解质

聚氧化乙烯（PEO）基电解质能与众多锂盐（如 LiBr、LiCl、LiI、LiSCN、LiBF$_4$、LiCF$_3$SO$_3$、LiClO$_4$、LiAsF$_6$、LiTFSI 等）形成稳定的配合物，其自身具有较为规整的结构和较稳定的正负极界面性能，且具有较高的离子电导率，成为目前研究最早且最为广泛的聚合物电解质基质材料。

（1）PEO 基凝胶电解质离子输运机理

对于传统固态聚合物电解质，锂离子的运动一般是由于聚合物链段的运动所引起，离子的迁移主要是在聚合物中的非晶态中进行。在 PEO-盐配合物中，PEO 链段上氧的孤对电子通过库仑作用与 Li$^+$ 发生配位，使得锂盐的阴、阳离子解离，从而将锂盐"溶解"在 PEO 基体中，在非晶态聚合物链的分段运动辅助下，离子从一个配位点跳跃到另一个配位点完成锂离子的输运，其基本原理如图 2-2（a）所示[5]。因此，对于固态聚合物电解质来说，其离子电导率与其结晶度密切相关。众所周知，物质或物相的结构一定程度上决定了物质的性能。图 2-2（b）[6] 显示了聚合物电解质 PEO$_6$-LiAsF$_6$ 的晶体结构。锂离子位于隧道内，成对的 PEO 链折叠在一起，形成圆柱形隧道，通过与醚氧键配位，锂离子沿圆柱形隧道进行迁移，此过程不需要聚合物链的分段运动。

PEO 基凝胶聚合物电解质离子输运机理与固态聚合物电解质并不完全相同，由于增塑剂可降低聚合物的结晶度，提高链段的运动能力和锂盐的解离度，在凝胶聚合物电解质中固化了大量的增塑剂，增塑剂也在离子传导中起着十分重要的作用。研究结果表明，增塑剂的含量和种类对锂离子在 PEO 基中的迁移速度有较大的影响。增塑剂的引入，可以降低体系的玻璃化转变温度，增强聚合物链段的运动能力，促进锂盐解离，增加体系的构象熵，促进阳离子的移动，提高电导率。当增塑剂浓度较大时，凝胶聚合物电解质的导电行为接近纯液体有机电解质。从严格意义上讲，PEO 基凝胶固态电解质中锂离子运动过程更加复杂，既有聚合物电解链段运动对锂离子的传递，也有锂离子在富增塑剂微相中的迁移，同时也可以通过微孔结构进行传输。对 PEO 基凝胶聚合物电解质中的锂离子输运机理仍需要作进一步的研究。

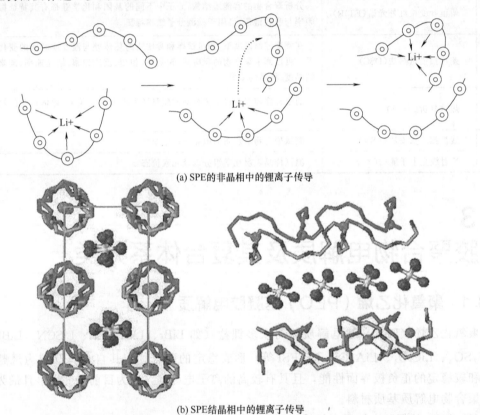

(a) SPE的非晶相中的锂离子传导

(b) SPE结晶相中的锂离子传导

图 2-2 两种用于固态聚合物电解质的离子输运机制示意图

增塑剂的种类比较多，但是应用于锂离子电池的增塑剂应具备以下条件：①具有较高的介电常数，以促进无机盐的解离；②拥有良好的稳定性，并具有较宽的电化学窗口；③与聚合物有良好的相容性；④不与电极材料发生副反应；⑤在应用的温度范围内，蒸气压低，挥发性低；⑥在实际应用中能承受一定的压力。目前常用的增塑剂有碳酸丙烯酯 (propylene carbonate, PC)、碳酸乙烯酯 (ethylene carbonate, EC)、碳酸二乙酯 (diethylcarbonate, DEC)、碳酸二甲酯 (dimethyl carbonate, DMC) 等低分子量的聚酯或极性有机溶剂。增塑剂最初采用的为低分子量的聚乙二醇，后来采用有机分子如 EC、

DEC 和 PC 进行增塑，室温下离子电导率达到 10^{-3} S/cm 数量级。于是，开始了对 PEO 基凝胶电解质的广泛研究。目前首要任务是在保持较高离子电导率的前提下提高电解质的力学强度。

(2) 增塑型 PEO 基凝胶电解质

① 将增塑剂（小分子、有机溶剂、离子液体）加入 PEO/Li 盐体系。将聚乙二醇（PEG）加入 PEO-LiCF$_3$SO$_3$ 中[7]，低分子量 PEG 的引入可降低 PEO 体系结晶度，增加自由体积，提高非晶区的离子传导能力。降低 PEG 的分子量，增加 PEG 的含量，均可以提高锂离子的电导率。加入 PEG 后的 PEO-LiCF$_3$SO$_3$ 电解质，电导率随着 PEG 加入量的增加而增加。当单元比（PEG 含量与 PEO-LiCF$_3$SO$_3$ 含量之比）达到 50% 时，25℃ 时的离子电导率达 3×10^{-3} S/cm。但是由于羟基的存在，界面性能随之下降，PEG 所带的羟基基团会与金属锂反应。为了解决该问题，将 PEG 两端进行封端。如将分子量为 400、两端羟基被甲基取代的 PEG 对高分子量的 PEO（5×10^6）进行增塑，当前者含量达 60%，O/Li=8 时，在 40℃ 下这类凝胶的离子电导率可达 10^{-4} S/cm 数量级[8]。采用冠醚作为增塑剂，如 12-冠醚-4[9]，当其与锂离子摩尔比为 0.003 时，PEO-LiBF$_4$ 电解质的电导率为 7×10^{-4} S/cm，而且可使得电池的电荷转移阻抗大幅度降低。

采用 PC 或 EC 等有机溶剂加入高分子量的 PEO-LiX 中进行增塑，使其成为凝胶聚合物电解质，室温电导率可达到 10^{-3} S/cm 数量级，比对应的全固态聚合物电解质的离子电导率大大提高。其中，PC 的增塑能减少离子之间的结合（须加入 50% 以上的量），此时总体系由于 PC 与 PEO 之间优先发生相互作用而表现为无定形，此类凝胶聚合物电解质的电导率主要取决于有机溶剂和盐的种类。将 PC 进行改性（如改性碳酸酯、癸二酸二辛酯和邻苯酸二乙酯等），可明显降低离子之间的结合，提高离子电导率。EC 的增塑可有效改善电解质溶液的漏液现象，当凝胶聚合物电解质中含有 4.5%（质量分数）的 EC 时，表现出较高的电导率（6.47×10^{-3} S/cm）。然而，PEO 会部分溶于 EC 或 PC 中，使得所制备的凝胶电解质力学性能较差，难以得到独立支撑的电解质薄膜。同时，由于增塑剂种类的不同，产生的效果也存在一定的差异，当加入相同低分子量与相同质量分数的 PEG、EC 和 RC 时，电导率与盐的扩散系数逐渐降低。

采用热塑性聚氨酯（TPU）加入 PEO-双（三氟甲基磺酰）亚胺锂（LiTFSI）中[10]，如图 2-3 所示，TPU 的加入使得 PEO 结晶度降低，改善了锂盐在固态电解质基质中的溶解。TPU 还可改善电解质薄膜的机械稳定性和电化学性能。当 TPU：PEO=1：3 时，该体系凝胶聚合物电解质具有 5.3×10^{-4} S/cm 的离子电导率，在 60℃ 下电化学稳定性高于 5V。

近年来，一种完全由阳离子和阴离子组成的低熔点盐类物质，称为离子液体（ionic liquids，ILs）[11]，因其良好的化学和电化学稳定性、不易燃、蒸气压非常低及良好的热稳定性，引起研究者的广泛关注。采用离子液体对聚合物进行增塑也使得聚合物电解质的性能得到提高。离子液体中阳离子的中心原子一般为 N、P 和 S，其中最常见的为咪唑、吡啶阳离子和季铵阳离子。阴离子的种类很多，如三氟乙酸阴离子（CF_3CO_2）、二（三氟甲基磺酰）亚胺阴离子 [$(CF_3SO_2)_2N^-$，$TFSI^-$] 等。随着研究的进展，含功能团或多中心阳离子等新型离子液体不断被开发出来。典型的阳离子结构如图 2-4 所示[12]。

Cheng[13] 等将两种离子液体：1-丁基-4-甲基吡啶-二（三氟甲基磺酸酰）亚胺

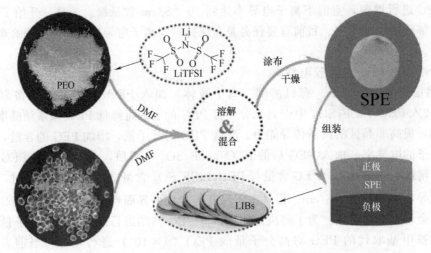

图 2-3 TP-PEO-LiTFSI 凝胶聚合物电解质

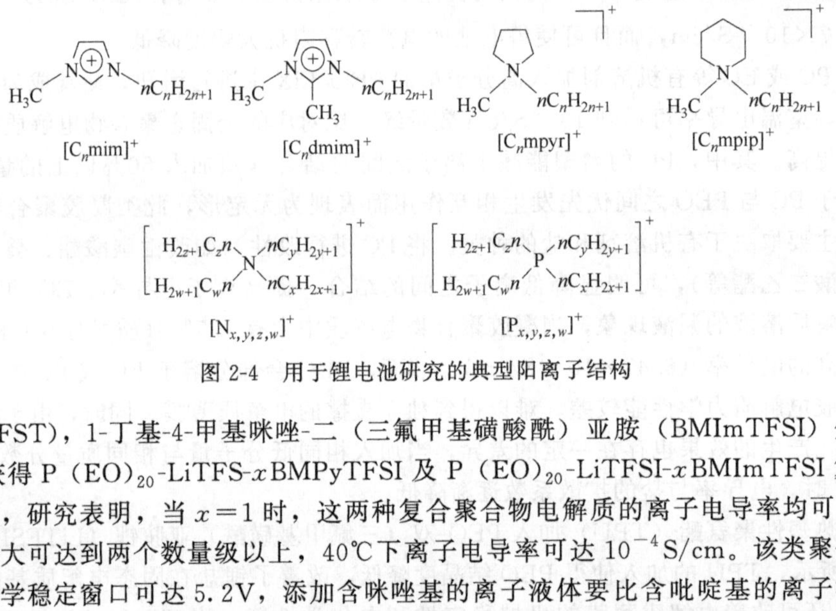

图 2-4 用于锂电池研究的典型阳离子结构

(BMPyTFST), 1-丁基-4-甲基咪唑-二（三氟甲基磺酸酰）亚胺 (BMImTFSI) 分别加入 PEO 中获得 P(EO)$_{20}$-LiTFS-xBMPyTFSI 及 P(EO)$_{20}$-LiTFSI-xBMImTFSI 复合聚合物电解质，研究表明，当 $x=1$ 时，这两种复合聚合物电解质的离子电导率均可获得显著改善，最大可达到两个数量级以上，40℃下离子电导率可达 10^{-4} S/cm。该类聚合物电解质的电化学稳定窗口可达 5.2V，添加含咪唑基的离子液体要比含吡啶基的离子液体的离子电导率略高。Scrosati 等[14]将 PEO、LiTFSI、N-甲基-N-丁基吡咯-TFSI 离子液体以及光引发剂苯唑盼 (BPO) 混合均匀后，用紫外线照射交联，得到机械强度较好的三组分固体电解质。该电解质的室温电导率接近 10^{-3} S/cm，与金属锂负极的界面稳定，LiFePO$_4$ 正极在该体系中 0.1C 充放电 500 圈循环后比容量仍然保持在 150mA·h/g 左右[15]。Karmakar[16]用 1-乙基-3-甲基咪唑三氟甲基磺酸盐 (EMITf) 离子液体混入 PEO-LiCF$_3$SO$_3$ 聚合物电解质中，EMITf 的加入大大提高了 PEO-LiCF$_3$SO$_3$ 聚合物电解质中非晶态的相对含量，降低了其玻璃化转变温度，其在 30℃下离子电导率为 1.9×10^{-3} S/cm。结果表明，在相同条件下，随着离子液体浓度的增加，三价阴离子的比例呈上升趋势，离子对和团聚体的比例呈下降趋势。含有离子液体的 PEO-LiCF$_3$SO$_3$ 聚合物电解质的离子电导率高于 PEO-LiCF$_3$SO$_3$ 聚合物电解质。离子电导率在 50℃左右发生跃迁。50℃以上的离子电导率表现出阿伦尼乌斯行为，其活化能随离子液体浓度的增加而降低。然而，在50℃以下的电导率表现出 Vogel Tamman Fulcher（VTF）型行为。Huo 等[17]制备了 $[BMIM]TF_2N$-PEO-$Li_{6.4}La_3Zr_{1.4}Ta_{0.6}O_{12}$（LLZTO）复合电解质，加入的离子液体 $[BMIM]TF_2N$ 在保持了膜电解质的固态的同时，降低了电极与电解质之间的界面阻抗。在25℃条件下，将该电解质膜用于 $LiFePO_4$/Li 和 $LiFe_{0.15}Mn_{0.85}PO_4$/Li 电池中，均表现出优异的速率性能和良好的循环稳定性。其导电机理与从 $Li_{6.4}La_3Zr_{1.4}Ta_{0.6}O_{12}$ 颗粒中释放出大量锂离子，以及聚合物基体与陶瓷颗粒间离子-液湿界面导电路径的改善有关。

② 改性P（EO/EO）开发其它聚合物的共混、共聚体系。Kono[18]等合成了EO/PO 的无规共聚物 P（EO/PO）-$LiBF_4$，在此基础上加入EC/PC、EC/GBL和PC/GBL 制备凝胶聚合物电解质，该体系具有较高的持液能力和良好的力学性能。PEO与其它聚合物的共混、共聚体系也可以进行增塑，如与PVDF共混后，采用PC、EC增塑，电导率比没有共混的高，可稳定到4.4V。与聚丙烯腈进行共混时，由于聚丙烯腈的热稳定性较好，可以在保证离子电导率变化不大的情况下，提高凝胶电解质的分解温度。Gavelin 等[19]合成了一种含有$(EO)_n$支链的两性分子聚合物基质，分别在丙烯酸酯主链上引入氧化乙烯侧链和氟碳侧链，并以其共聚物作为凝胶型聚合物基质材料。由于氧化乙烯侧链具备亲离子性，易与锂离子发生配位；而氟碳侧链能分散氧的电子云，减弱它与锂离子的相互作用的同时，也有利于锂离子从氧化乙烯链上解离。以该聚合物基质所制成的凝胶态电解质室温电导率高达$4×10^{-3}$S/cm。

将聚氧化乙烯与聚苯乙烯共混后[20]，形成凝胶，该凝胶中聚苯乙烯提供良好的力学性能，而聚氧化乙烯与增塑剂具有良好的相容性，利于增塑剂的吸附。将聚氧化乙烯（氧化乙烯-氧化丙烯）共聚单位作为梳形聚合物的侧链，并将侧链用烷基进行封端，加入质量分数为70%的液体电解质，形成凝胶聚合物电解质，20℃时离子电导率为$10^{-2.5}$S/cm。唐永炳等[21]研发出了一种PVDF-HFP、聚氧化乙烯（PEO）与氧化石墨烯（GO）共掺杂的凝胶电解质（PHPG）。该PHPG共聚物显示出3D多孔网络结构，并具有较高的离子电导率（$2.1×10^{-3}$S/cm），从而有利于 Li^+ 和 PF_6^- 的传输。结果表明，基于该凝胶电解质的新型双离子电池具有优异的倍率性能和循环稳定性：该电池在4.0V的高平均放电电压下，在倍率为5C时充放电循环2000圈后容量保持率高达92%。此外，该电池还具有良好的柔韧性和热稳定性，在高达90℃的环境下仍可以正常工作。该高效柔性双离子电池在可穿戴电子设备等领域具有广阔的应用前景。

Kuo等[22]制备出了一种PAN互穿交联PEO聚合物网络结构的凝胶聚合物。通过将PEO-b-PAN共聚物与聚醚胺混合并溶解，调节$n(AN)$与$n(EO)$的比例，添加聚（乙二醇）二缩水甘油醚（PEGDE），在80℃下进行交联固化制备凝胶聚合物膜。结果表明，交联聚合物膜的热稳定性得到提升，所制备的CGPE的室温离子电导率为$1.0×10^{-3}$～$3.0×10^{-3}$S/cm，电化学窗口约为5.5V，在0.1C倍率下循环100圈后，其容量保持率仍然有97%。同时，该课题组利用环氧基团与胺基的开环反应，制备了一种酚醛树脂交联PEO网络结构[23]。引入不同质量分数的SiO_2纳米粒子，制备复合交联聚合物膜，其热稳定温度可达到400℃，并且表现出优异的尺寸稳定性和高的电化学窗口（5V）。组装成$LiFePO_4$半电池后，SiO_2纳米粒子质量分数为10%时展现出优异的倍率性能，5C下放电比容量为72.1mA·h/g。

③ 改性P（EO/PO）开发其它聚合物的共混、共聚体系。如上所述，由于线型PEO

在有机溶剂（EC/PC）中具有可溶性，导致该种凝胶电解质的力学性能太差。为了提高其力学性能，所采用的办法主要是交联。常用的交联方式分为物理交联与化学交联，通过UV、热、光、电子束等引发聚合使PEO形成交联结构，降低聚合物在溶剂中的溶解性，提高固化增塑的能力。

目前制备PEO网络型凝胶聚合物电解质常用的单体为—CH_2=CH—COO—官能团端基的乙二醇低聚物。乙二醇低聚物的光聚合性能好，制备的电解质膜成膜性好，膜的力学性能好，具有很好的应用前景。侯欣平等采用聚乙二醇衍生物（分子量约2000）、交联剂PAPI、极性有机化合物（P，N-MA）和高氯酸锂在室温下一步法制得聚合物凝胶电解质薄膜。室温下，离子电导率达到10^{-3}S/cm以上。孙晓光等将一种两端含有双键的大单体用AIBN引发聚合，选取$LiClO_4$为盐，加入碳酸丙烯酯、碳酸乙烯酯等极性有机小分子物质，制得一种凝胶型聚合物固体电解质，室温下，离子电导率达到2×10^{-3}S/cm。

Teng课题组[24,25]将P（EO-co-PO）共聚物与市售商业化的3层PP/PE/PP膜结合制备得到性能优异的凝胶聚合物电解质膜，其中P（EO-co-PO）由双酚A缩水甘油醚（DGEBA）增强。所制备的凝胶聚合物电解质膜表现出高的离子电导率（30℃，2.8×10^{-3}S/cm），电化学窗口达到5.1V。与此同时P（EO-co-PO）的交联网络抑制了阴离子的传输，提高了锂离子迁移数（t^+=0.5）。组装成Li/GPE/$LiFePO_4$电池后，在0.1C和1C倍率下其放电比容量分别为156mA·h/g和135mA·h/g，在0.5C倍率下循环150圈，仅表现出1.2%的容量衰减。在此之后，该课题组又改进了上述实验，以DGEBA、PEGDE（聚乙二醇二丙烯酸酯）为反应单体、D2000为固化剂，通过环氧基团与胺基的开环加成反应（图2-5），制备了一种高倍率、长循环寿命的凝胶聚合物，其室温离子电导率为3.8×10^{-3}S/cm，锂离子迁移数为0.7。组装成$LiFePO_4$/GPE/石墨全电池后，在15C的高倍率下，其容量值保持为22mA·h/g。在1C倍率下，充放电循环200圈后，几乎没有出现容量衰减，循环450圈后，其容量保持率仍有77%。

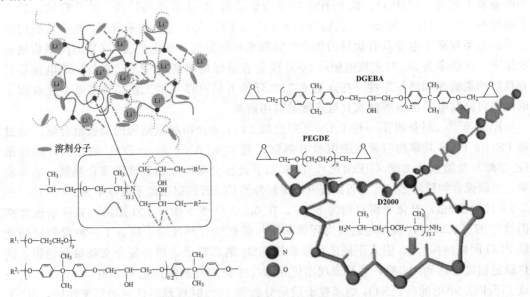

图2-5 富含醚的P（EO-co-PO）聚合物骨架的概念结构
PEGDE、DGEBA和D2000链通过氮原子连接

隋刚课题组基于 PAN 纳米纤维的优异力学性能和 PEO 纳米纤维良好的界面相容性，得到了 PAN/PEO 核壳结构的凝胶电解质骨架材料，采用辐射交联可进一步提高凝胶电解质的电化学稳定性和力学性能。但是，未解决锂金属负极枝晶的形成、正极过渡金属氧化物的溶解和溶解后金属离子的迁移两个关键的技术问题。包含两层环境友好型大豆蛋白基纳米纤维膜，中间夹有多孔的聚多巴胺微球三明治结构凝胶电解质[26]，聚多巴胺和蛋白基纳米纤维存在大量的极性官能团，因此复合膜展现了对电解液优异的亲和力。同时，这些极性基团与正极以及逃逸的金属锰离子产生相互作用，有效地减缓了锰酸锂正极的锰溶解，并可对少量溶解的锰离子进行有效捕捉。此外，多孔聚多巴胺碳球具有导电性、高比表面积和氮掺杂的亲锂性等特性，促使锂离子均匀地沉积在负极表面，从而抑制了锂枝晶的生长。研究结果显示，采用该电解质替代商业隔膜组装成锰酸锂/锂金属电池，它的循环和倍率性能均得到大幅度提升。这为高效安全的下一代锂电池的多功能电解质材料的设计和开发提供了新的技术思路，有着广泛的应用前景。谢海明和刘军[27]研制了一种适用于室温全固态锂电池的柔性聚环氧乙烷（PEO）固体聚合物电解质（SPE）。通过与 TEGDME 交联改变 PEO 的非晶态结构域，并在基体中引入一种刚性的四甘醇二甲基丙烯酸酯（TEGDMA）线型低聚物，得到了离子电导率高（2.7×10^{-4} S/cm，24℃）、机械强度高的聚合物电解质。制备的聚合物电解具有良好的电化学性能，锂离子迁移数为 0.56，电化学稳定窗口宽，大于 5V(vs. Li^+/Li)，界面电阻低。通过对 Li//Li 对称电池和 $LiFePO_4$//Li 电池的静电流循环研究，进一步证明了 SPE 具有良好的循环性能，使锂枝晶的形成最小化。

对网状 PEO 进行改性，室温离子电导率接近 10^{-3} S/cm。用三乙二醇甲基丙烯酸二酯（TREGD）进行轻度交联，然后与 $LiClO_4$-PC 形成三组分凝胶电解质，室温离子电导率接近 10^{-3} S/cm。用 50% 的 PC 对交联的 PEO 进行增塑后，室温电导率达到 10^{-4} S/cm 数量级，并且具有较好的力学性能。同样，交联 PEO 也可以为互穿网络结构。例如以 EO 链段为主体的聚合物，形成互穿网络后可加入大量的溶剂，形成凝胶聚合物电解质具有稳定的结构，室温电导率能达 1×10^{-3} S/cm。采用辐射 PVDF 和 PEO 的混合物，制备同步互穿聚合物网络，经 PC 增塑后，离子电导率大于 10^{-4} S/cm。当 PC 含量达到 60% 时，室温离子电导率为 5×10^{-4} S/cm，该聚合物电解质的弹性模量仍高达 10 MPa，当温度升高到 45℃时，离子电导率提高到 10^{-3} S/cm。

(3) 加入填料的 PEO 基凝胶聚合物电解质

由于 PEO 的半晶态性质，其离子导电性较差，可能会降低其性能。为了克服这些问题，可引入如 $Li_{2.88}PO_{3.73}N_{0.14}$ (LiPON)、$Li_7La_3Zr_2O_{12}$ (LLZO)、$Li_{6.75}La_3Zr_{1.75}Ta_{0.25}O_{12}$ (LLZ-TO)、$Li_{1.3}Al_{0.3}Ti_{1.7}(PO_4)_3$ (LATP) 和 $Li_{0.33}La_{0.557}TiO_3$ (LLTO) 等无机活性填料。近年来，由无机填料、聚合物 PEO 与 LiTFSI 相互作用制备的复合电解质，作为液体增塑剂的研究取得了很大进展。然而，随着复合电解质离子电导率的提高，陶瓷填料的加入虽然可以有效降低 PEO 的结晶性，但仍存在一些关键性的挑战，如电化学窗口窄，机械强度差，电化学性能差。为了提高复合电解质的力学性能和电化学性能，还需要改进复合电解质的合成工艺。

加入无机纳米填料。例如 Siyal[28] 采用紫外（UV）技术，制备了一种由聚环氧乙烷（PEO）、二苯甲酮（BP）和不同数量的高离子导电磷酸铝锂钛（LATP）粒子组成的复合凝胶聚合物电解质（PEO-Bp-LATP）膜〔如图 2-6（a）所示〕。制备的 PEO-Bp-

LATP电解质膜在锂金属电池（LMBs）中具有良好的力学性能和电化学性能。研究结果表明，当无机填料 LATP 含量达到 15% 时，该凝胶电解质膜表现出高的离子电导率（3.3×10^{-3} S/cm），室温下高的 Li 迁移率高（$t_{Li^+}=0.77$），稳定的电化学窗口（大于 5V）以及良好的力学性能（9.3MPa）。令人惊喜的是，PEO-Bp-15%（质量分数）LATP 膜对 Li 对称电池的 Li 枝晶的生长具有良好的抑制作用，对 Li//PEO-Bp-15%（质量分数）LATP//Li 具有长期的循环稳定性。

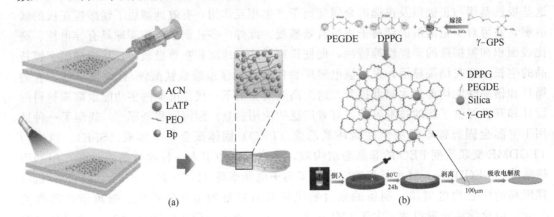

图 2-6　PEO-Bp-LATP 凝胶电解质膜（a）和 3D-GCPE 与无机/有机复合聚合物网络（b）

　　亲水性的纳米氧化硅的表面存在羟基，将羟基进行处理。处理过的纳米氧化硅在聚合物之间的分散性和与增塑剂的相容性非常好，在聚合时参与了聚合物结构的形成，结构稳定。与此同时，在同样增塑剂含量的条件下，离子电导率要高于不含纳米氧化硅的体系。Jiang Cao[29]将环氧末端的硅氧烷接枝在纳米 SiO_2 表面，制备了一种 3D 交联结构的复合聚合物电解质（3D-GCPE），显著提高了聚合物电解质电化学性能和力学性能。该电解质的电化学性能优异，具有 4.65×10^{-3} S/cm 的室温离子电导率，5.4V（vs. Li^+/Li）的宽电化学稳定窗口，以及 0.45 的锂离子迁移数，力学性能也较好，拉伸强度和断裂伸长率分别达到了 8.95 MPa 和 181.9%。该电解质对锂金属稳定性很好，组装的 Li/3D-GCPE/LFePO$_4$ 电池的循环性能和倍率性能优异，1C 倍率下循环 500 圈后的容量保持率在 90% 以上，在 10C 的倍率下，仍能保持 124mA·h/g 的高容量。另外，该电解质配合高电压正极材料，如 4.5V 的 $LiNi_{0.8}Co_{0.1}Mn_{0.1}O_2$ 和 4.9V 的 $LiNi_{0.5}Mn_{1.5}O_4$，同样能表现出良好的循环性能。这也提供了一种提高凝胶聚合物电解质电化学性能的有效方法，并为高电压电解质的发展提供了新的研究思路。

　　同样，为了提高没有交联 PEO 的机械稳定性，也可以加入填料。对于交联的聚（醚氨酯）（PUN）而言，加入填料如 SiO_2、蒙脱土后，电导率达到 10^{-3} S/cm 时，增塑剂的含量可以减少，原因在于这些填料有利于锂离子的迁移。在聚硅氧烷聚合物的主链中引入低聚氧化乙烯单元，并得到分子间交联的网络聚合物，加入纳米二氧化硅填料，然后进行凝胶化。该凝胶聚合物电解质具有良好的浸润性能、高的离子电导率和良好的电化学稳定性。在 PEO 中加入四乙基硅烷水解得到硅胶，然后用有机溶剂（EC/DME、12% $LiCF_3SO_3$）进行增塑，电导率与液体电解质相当，为 2×10^{-3} S/cm。将 $LiAlO_2$ 粉末加入凝胶聚合物电解质中，制备的聚合物电解质的离子电导率在 10^{-3} S/cm 数量级，t_{Li^+} 在 0.2~0.4 之间，分解电压约为 5.0V，对 Li 电极稳定性好，且钝化行为与其它凝胶聚合物电解质不同，钝化膜的电阻很快就趋于稳定。也可以加入其它类型的添加剂，与PEO形成物理交联点，提高电解质力学性能。

2.3.2 含有氰基的凝胶电解质（GPE）

(1) 聚丙烯腈（PAN）基凝胶聚合物

氰类材料广泛用于锂离子电池（LIB）的电解质中，因为它们具有高的热力学稳定性和优异的电化学抗氧化性，氰基（—C≡N）和Li^+之间的相互作用有助于提高电解质的离子电导率[30]。作为典型的氰类材料，PAN力学性能优良，强度高、弹性好，化学稳定，单体具有一定的毒性，聚合后毒性低微。在凝胶聚合物的研究中[31]，PAN由于其两个关键性能而常被作为凝胶电解质的主体聚合物：耐热性和阻燃性。PAN基凝胶电解质的离子电导率在20℃下高达10^{-3}S/cm，具有4.5V的电化学稳定窗口和0.6左右的锂迁移数，但是其与锂金属负极相容性差限制了它的实际应用。其它研究清楚地表明锂电极在与PAN基电极接触时会发生严重的钝化并影响电池的循环性能，最终导致安全隐患[32]。通过共混PAN和聚环氧乙烷（PEO）可以消除上述问题，改善电极/电解质界面处的离子导电性、机械柔韧性和界面性质[33]。

Watanabe等[34,35]使用增塑剂碳酸乙烯酯（EC）和碳酸异丙烯酯（PC）的组合来增塑PAN，并与$LiClO_4$配位，研究发现PAN主体在离子传输机制中是无反应活性的，但可以作为结构稳定的基体。Appetecchi等[36]将增塑剂EC加入PAN-$LiClO_4$中，制备的凝胶电解质在室温下具有1×10^{-3}S/cm的离子电导率，PAN基凝胶的锂离子迁移数大于0.5，这是由于PAN基质中不存在醚基团。当使用锂盐如双（三氟甲基磺酰）亚胺锂（LiTFSI）和三氟甲基磺酰甲基化锂（LiTFSM）时，凝胶电解质的锂离子迁移数增加到0.7。Hong等[37]测试了温度范围约为−15～55℃的PAN基锂盐配合物的电导率，数据显示在不同温度下，电解质的离子电导率约为10^{-4}S/cm，证明不同温度对PAN基锂盐配合物电解质的离子电导率影响并非很大，且该电解质与金属锂的相容性相当好。

Yang等[38]制备了基于八（3-氯丙基）多面体低聚倍半硅氧烷（OCP-POSS）改性的PVDF/PAN/PMMA三元共混聚合物纤维膜的新型GPE。研究数据表明，具有10%（质量分数）OCP-POSS的纤维膜显示出超高的吸液率（660%）和优异的热稳定性。相应的GPE在室温下表现出9.23×10^{-3}S/cm的离子电导率，电化学稳定窗口高达5.82V，与基于纯PVDF/PAN/PMMA的GPE相比具有低的界面电阻。类似的研究[39]如合成聚（丙烯腈-多面体低聚硅倍半氧烷）[P（AN-POSS）]用作GPE的新型多孔聚合物基质，相应的GPE具有优良的电化学性能，室温下离子电导率为6.06×10^{-3}S/cm，与电极之间具有足够稳定的界面相容性。

Appetecchi等[40]制备了两类以PAN为主体的凝胶电解质。增塑剂EC/DMC与$LiPF_6$或$LiCF_3SO_3$一起用作混合锂盐。这些方法制备的薄膜具有高离子电导率和稳定的电化学窗口。这些独特的特性使该电解质膜适用于锂电池的制备。

在PAN基的凝胶聚合物电解质中，通过添加无机填料同样可以减弱强极性的氰基对金属锂负极的钝化作用，提高聚合物电解质的离子电导率[41,42]。然而纳米粒子具有高表面活性，在聚合物中难以做到均匀分散，从而影响了聚合物的整体性能。如何使纳米无机填料分散均匀也是值得研究的课题。Kurc[43]将一种新型改性沉淀二氧化硅（SiO_2）和聚丙烯腈/环丁砜（PAN/TMS）聚合物基质作为锂离子电池的复合凝胶聚合物电解质。

通过乳液法以环己烷为有机相和硅酸钠溶液为沉淀剂,得到合成无机材料。实验数据表明,SiO_2 填料均匀地分散在聚合物基质中,增强了多孔聚合物电解质的导电性和电化学稳定性。使用复合凝胶聚合物电解质 PAN/TMS/$LiPF_6$/SiO_2 的 Li｜GPE｜$LiMn_2O_4$ 电池显示出良好的电化学性能。

(2) 其它含有氰基的凝胶电解质

其它含有氰基的凝胶电解质也有相应的研究。氰乙基取代聚乙烯醇(PVA-CN)被报道可在无引发剂和交联剂的条件下在含 1 mol/L $LiPF_6$ 的有机电解液中发生原位热聚合,制得的凝胶聚合物电解质具有高锂离子迁移数(>0.84)和与液态电解质相近的高离子电导率,应用于锂离子电池中表现出良好的循环性能和热稳定性[44]。

基于 PVA-CN 的 GPE 是用于 LIB 的高性能电解质,其制备过程一般由稳定的单体原位合成,而不使用额外的引发剂。对于通过原位聚合制备的一般 GPE,电池中的电极/GPE 界面仍有待进一步优化。Zhou 等[45] 介绍了基于 PVA-CN 的 GPE 的凝胶机制,并形成了电化学阻抗较小的电极/GPE 界面。可交联的基于 PVA-CN 的有机凝胶通过由 PF_5 引发氰基树脂原位阳离子聚合形成,其中 PF_5 是由 $LiPF_6$ 的热分解产生的强路易斯酸(图 2-7)。有趣的是,在前驱体溶液中形成的凝胶可以大大降低石墨/GPE 的界面阻抗,有利于在负极上形成更稳定的固体电解质界面(SEI),有助于电池性能的显著提高。

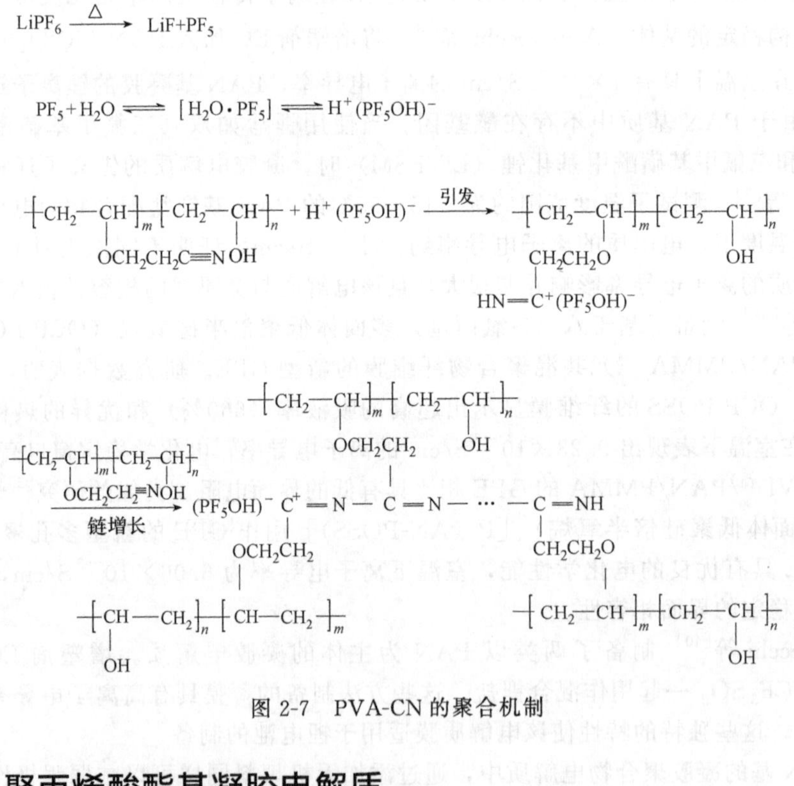

图 2-7 PVA-CN 的聚合机制

2.3.3 聚丙烯酸酯基凝胶电解质

(1) 聚甲基丙烯酸甲酯(PMMA)

PMMA 结构单元中的羰基与碳酸酯类增塑剂中的氧有很强的相互作用,使得该聚合物基体具有较强的吸收电解液的能力,从而赋予了 PMMA 基凝胶电解质良好的离子传输性能。除此之外，PMMA原料丰富易得且廉价，加工制备过程简单，并且对锂金属负极具有较好的界面稳定性[46]，因而引起了研究工作者对PMMA基GPE的广泛关注[47]。

PMMA用于锂电池中的电解质的构想最早由Iijima和Toyoguchi于1985年提出[48]。随后，Appetecchi等[49]将注意力集中在使用不同增塑剂的凝胶PMMA电解质电化学性能上。研究表明，金属锂负极会与凝胶电解质中的成分反应，引起锂的钝化，二者之间的界面问题会影响电池的性能。尽管与PAN电解质相比，采用PMMA为电解质的电池具有更好的循环性能，但伏安测试结果和电池效率测试数据显示，金属锂在循环时有一定的损失，因此最终需要过量的锂以延长电池的寿命。

研究人员也对PMMA-LiClO$_4$-PC的凝胶电解质的电导率进行了研究[50]，试图揭示凝胶电解质中聚合物浓度对电化学性能的影响。数据表明，在室温下凝胶电解质的离子电导率随着聚合物量的增加而降低，变化范围在$5\times10^{-4}\sim5\times10^{-3}$ S/cm之间。若凝胶电解质中PMMA含量较低，液体电解质被认为是包埋在聚合物基质中的。PMMA含量较高时，聚合物基体可能与导电介质相互作用，导致整体导电性降低。

事实上，PMMA本身力学性能较差，研究人员常通过共聚、共混、交联、添加填料等修饰手段提升其力学性能。

共聚指的是将两种或多种化合物在一定条件下聚合成一种物质的反应。根据单体的种类多少分二元、三元共聚，根据聚合物分子结构的不同可分为无规共聚、嵌段共聚、交替共聚、接枝共聚。

聚（丙烯腈-甲基丙烯酸甲酯）[P(AN-co-MMA)]，通过溶液聚合不同摩尔比的丙烯腈（AN）和甲基丙烯酸甲酯（MMA）单体合成（图2-8）[51]。研究发现当单体AN与MMA的摩尔比为4∶1时，其共聚制备的GPE在室温下表现出2.06×10^{-3} S/cm的离子电导率，并在高达270℃时具有良好的热稳定性。对该GPE进行微观表征，发现交联部分为多孔结构，具有150%（质量分数）的吸液率。GPE与锂离子电池的正负极兼容性好，其电化学氧化分解电位为5.5V。P(AN-co-MMA)为GPE制备的电池显示出良好的速率和初始放电容量以及循环稳定性。

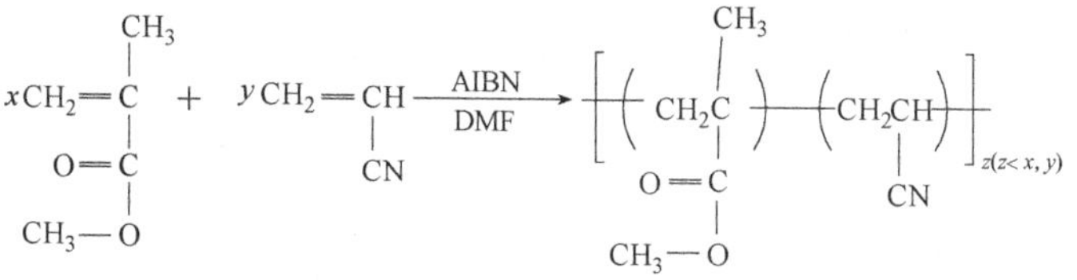

图2-8 P(AN-co-MMA)的聚合过程

Huang等[52]使用聚碳酸丙烯酯PPC/PMMA涂覆的隔膜制备GPE，并且通过具有不同质量比的甲基丙烯酸甲酯和PPC的溶液聚合来开发PPC/PMMA聚合物前体。得到的GPE在室温下表现出1.71×10^{-3} S/cm的高离子电导率，并且与该GPE组装的Li | LiFePO$_4$电池显示出良好的倍率性能和循环性能。

有研究表明，PMMA与另一种聚合物共混，改善了聚合物电解质的力学性能。聚合物与溶剂之间的亲和力对聚合物电解质的吸液能力、力学性能和室温电导率有着重要的影响。聚合物的亲和力强，则吸液能力强，离子电导率高，但其机械强度较差；反之，低亲和力的聚合物则具有高的机械强度。PMMA是具有较高溶剂亲和力的聚合物，为保证其力学性能，常与聚偏二氟乙烯（PVDF）、聚氯乙烯（PVC）等聚合物混合，以提高电解质的综合性能。综上所述，共混体系中一般包含两相：一相主要提供离子导电通道；另一相则起力学支撑作用，提高整体机械强度。两相的相对比例及微观形态对 GPE 的离子电导率和力学性能具有重要的影响。如 Ramesh 等[53] 所述，与 PMMA 共混的 PVC 增加了 GPE 的离子电导率。

Isabella 等[54] 研究了 PMMA-PVDF 共混体系，碳酸亚乙酯/碳酸亚丙酯（EC/PC）作为增塑剂和高氯酸锂作为电解质的混合物，在 20~100℃之间，通过改变共混物中各组分的含量，比较了不同组分 GPE 的力学性能、离子电导率和形态结构。研究数据表明，GPE 在整个温度范围内都有好的机械稳定性。当共混物 PMMA 与 PVDF 的质量比为 60∶40 时，锂离子的迁移率最大，其 GPE 膜中两聚合物之间的交互作用非常高，其中一种聚合物以连续的、三维立体的结构渗透到另一种聚合物网络中，形成半结晶形态。

Kale 等[55] 利用光聚合技术，以三乙酸纤维素（CTA）作为基材、聚乙二醇甲基丙烯酸酯（PEGMA）作为反应单体、聚乙二醇二甲基丙烯酸酯（PEGDMA）作为交联剂、2-羟基-2-甲基-1-苯基丙酮（HMPP）作为光引发剂，将制备的薄膜浸泡在 EC/DMC（体积比为 1∶1）中的 1.0 mol/L LiPF$_6$ 中 2h 后形成 GPE（图 2-9）。由于其醚和羰基官能团，三乙酸纤维素提供了良好的机械强度和改善的离子导电性。结果表明，发生交联作用的凝胶聚合物的弹性模量和抗拉强度都优于未交联的对照组样品，但是交联作用却明显降低了凝胶电解质的离子电导率。这是由于交联作用减少了聚合物基体中用于离子传导的自由体积，一定程度上抑制了锂离子和聚合物链段的运动。

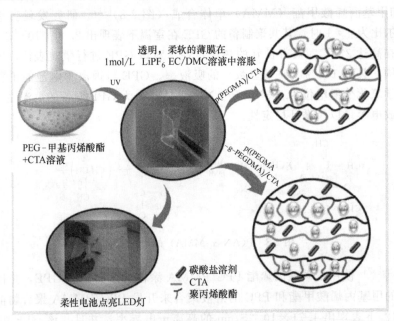

图 2-9 发生交联作用的凝胶聚合物制备过程

Guan 等[56] 通过原子转移自由基聚合合成了具有三种不同摩尔比（PMMA/PS）的二嵌段共聚物 PMMA-嵌段-聚苯乙烯（PS），用作 GPE 的聚合物基体。刚性 PS 嵌段的结构可以提供 GPE 高力学性能和热稳定性，并且软极性 PMMA 嵌段可以为 GPE 提供有利的离子导电性，这是由于 PMMA 对液体电解质的良好亲和力。

Sharma 等[57] 以 PMMA 为聚合物基质将 SiO_2 纳米纤维掺入 GPE 中。得到的含有 10%（质量分数）SiO_2 的 GPE 的离子电导率为 $2.56×10^{-3}$ S/cm，屈服强度为 4.38 MPa。然而，无机纳米粒子的高表面能通常导致粒子聚集，使得纳米粒子的效果大打折扣，需要通过特定的修饰手段以降低纳米粒子团聚带来的影响。相比之下，混合纳米填料既具有无机机械强度，又具有与有机物的良好界面相容性。向 GPE 添加纳米填料证明是改善其机械强度和离子传输途径以及电化学性质的有效方法之一。

近年来开发了耐热 GPE，以扩展其应用领域并提高器件在高温下的安全性。通过引入具有高热稳定性和相容性的不同种类的聚合物或无机颗粒，可以实现电解质热稳定性的提高。

与有机物相比，无机物通常表现出更好的热稳定性。因此，引入无机颗粒如 TiO_2 纳米颗粒，是另一种改善 GPE 热稳定性的策略[58-60]。聚偏氟乙烯-六氟丙烯共聚物 PVDF-HFP 和 PMMA 聚合物基质由于其良好的力学性能、化学稳定性和良好的润湿性而备受关注。然而，它们的缺点如热和电化学稳定性低，循环和速率性能差，限制了它们的进一步应用。Song 等[61] 开发了一种新型 PVDF-HFP / PMMA 基凝胶聚合物电解质，其包含 0～7%（质量分数）TiO_2 纳米颗粒以克服上述问题。通过引入 TiO_2 纳米颗粒，所得聚合物电解质的热稳定性显著提高。当工作温度达到 90℃时，含 7% TiO_2 的 GPE 的重量损失仅为没有 TiO_2 的 12.8%（图 2-10）。聚合物复合电解质还具有更高的离子电导率 $2.49×10^{-3}$ S/cm 和更好的电化学稳定性。

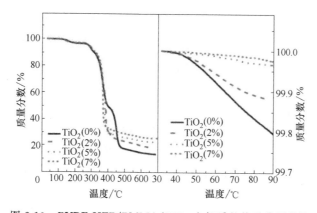

图 2-10　PVDF-HFP/PMMA/TiO_2 电解质的热重分析曲线

(2) 其它类型的聚丙烯酸酯基凝胶电解质

基于丙烯酸酯的 GPE 同样具有固定多硫化物并保护负极 SEI 膜的作用。Liu 等[62] 开发了一种兼容性优良的季戊四醇四丙烯酸酯（PETEA）凝胶聚合物电解质，配合单分散 SnO_2 颗粒作为活性材料，石墨烯作为二维导电网络的稳定负极，组装成新型锂离子硫聚合物电池，以抑制多硫化物的扩散（图 2-11）。该电池具有优异的高倍率性能，同时在高电流和低电流密度下均具有良好的容量保留率。除此之外，Liu 等[63] 还将 PETEA 前驱体与偶氮二异丁腈（AIBN）混合于含有锂盐 LiTFSI 的电解液 1,2-二氧戊环（DOL）/二甲氧基甲烷（DME）（体积比为 1:1）中，于 70℃下加热半小时，得到半透明的凝胶电解质薄膜。

该聚合物薄膜直接与硫正极接触，促进在硫电极上形成柔性且稳定的钝化层，可有效

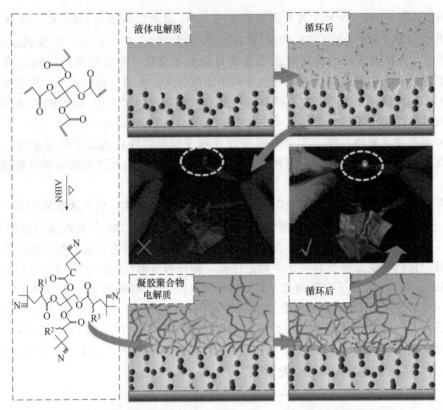

图 2-11　PETEA 基凝胶电解质的制备过程及抑制多硫化物穿梭示意图

抑制多硫化物扩散并保持接触良好的电解质/电极结构。值得注意的是，具有高柔韧性的钝化层赋予在充电/放电过程中形成抵抗体积变化的整体结构，因此可大大抑制多硫化物的溶解，并减轻不可逆的硫电极/电解质界面反应。

除了上述研究，该团队通过在 PMMA 的电纺网络中原位凝胶化 PETEA，制备了新型的凝胶聚合物电解质[64]。电纺网络和 GPE 之间的结构相似性和协同相容性为这种丙烯酸酯基分层电解质提供了富含酯的稳健结构，由于其强吸液能力而具有 1.02×10^{-3} S/cm 的高离子电导率。

Guo 等[65]采用乙氧基化三羟甲基丙烷三丙烯酸酯为单体，聚（醚-丙烯酸酯）（ipn-PEA）的互穿网络通过离子导电 PEO 和支化丙烯酸酯的光聚合实现。具有易处理能力的 ipn-PEA 电解质具有高机械强度（约 12 GPa）和高室温离子电导率（0.22×10^{-3} S/cm），并显著促进 Li 的均匀沉积（图 2-12）。

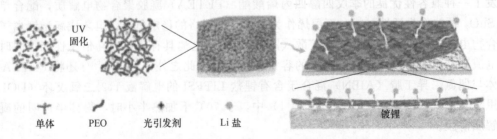

图 2-12　ipn-PEA 电解质的制备过程示意图（a）和 ipn-PEA 电解质诱导锂金属均匀沉积示意图（b）

Guo 等[66]还设计了一种具有 3D 交联聚合物网络的新型双盐（LiTFSI 和 LiPF$_6$）GPE，以减少枝晶生长并构建稳定的 SEI 层。由聚乙二醇二丙烯酸酯（PEGDA）和乙氧基化三羟甲基丙烷三丙烯酸酯（ETPTA）聚合的交联 3D 结构中同时引入双盐电解质，从而增强热稳定性和改善凝胶电解质的离子迁移（图 2-13）。双盐的引入改善了离子传导性并增强了 SEI 的稳定性。由于这些优点，GPE 在锂枝晶封闭方面表现出优异的性能，并且 LiFePO$_4$|GPE|Li 电池在 300 圈循环后保持 87.93% 的容量，为储能装置的电解质设计提供了理想的参考。

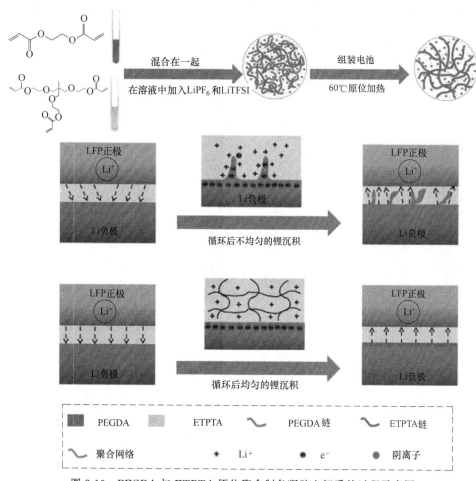

图 2-13　PEGDA 与 ETPTA 原位聚合制备凝胶电解质的过程示意图

Isken[67]通过紫外线 UV 诱导两种不同甲基丙烯酸酯单体，低聚（乙二醇）甲基醚甲基丙烯酸酯（OEGMA）和甲基丙烯酸苄酯（BnMA）的光聚合合成（图 2-14）。选择 OEGMA 是因为乙二醇侧链应该能够与液体电解质相互作用，从而将其保持在聚合物内部以避免电池泄漏。BnMA 用于增强 GPE 的机械稳定性。

OEGMA 和 BnMA 通过 UV 光照射聚合，并且所合成的聚合物能够保留其自身重量 400% 的液体电解质。这种 GPE 的机械稳定性足够高，可用作锂离子电池中的隔膜。其在 25℃ 下电导率达到 1.8×10^{-3} S/cm。该 GPE 的电化学稳定窗口与吸附在该凝胶中的液体电解质一样宽。

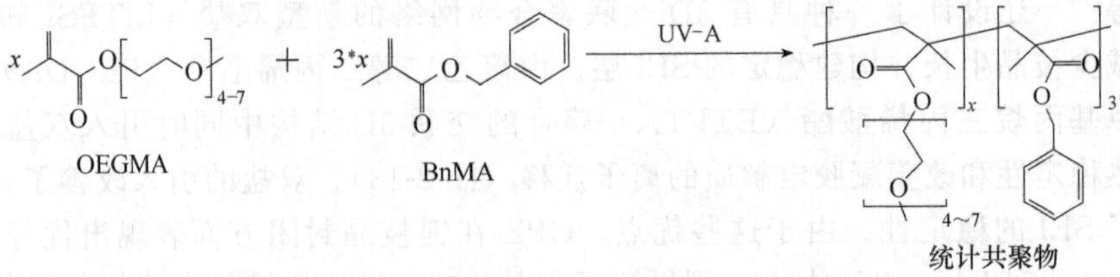

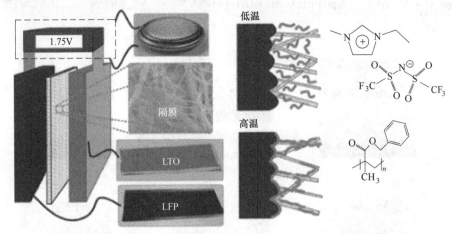

图 2-14 通过 UV 光聚合 OEGMA 和 BnMA 原理图

通过使用热响应 GPE 可以有效解决 LIB 的安全问题，例如在火灾或爆炸等极端环境下切断 LIB。为了进一步实现安全的高能量密度锂离子电池，研究人员开发了一种采用离子液体中的热响应聚甲基丙烯酸苄酯（PBMA）为电解质的 $Li_4Ti_5O_{12}/LiFePO_4$ 可充电电池（图 2-15）[68]。

图 2-15 热响应 PBMA 电解质制备的 $Li_4Ti_5O_{12}/LiFePO_4$ 可充电电池

具有热响应能力的电解质由 PBMA 在 1-乙基-3-甲基咪唑双（三氟甲磺酰基）亚胺［EMIM］［TFSI］中制备，在高温下抑制锂离子电池的运行，从而降低电池运行风险。该电解质的机理是基于 PBMA 的电子绝缘体性质导致的电解质导电性的变化。含有 PBMA 电解质的电池一旦运行温度高于 PBMA 的相变温度，聚合物的相分离就会频繁地出现，电极/电解质界面处的内阻将显著增大。LIB 的性能在 150℃的高温下大大降低，这可以有效迫使 LIB 在不安全的温度下停止运行。

2.3.4 含氟凝胶电解质

聚偏氟乙烯（PVDF）是以—CH_2CF_2—为重复单元的聚合物。PVDF 相比于聚烯烃有着明显的优势：极性大，热稳定性优异，力学性能良好，与电解液和电极接触良好，化学惰性，能够通过溶剂调节孔隙率。由于聚合物中存在强吸电子基团（—CF），聚合物具有较高的介电常数，有利于锂盐的离子化[69]。

PVDF 的离子电导率与基体的孔隙率和孔径相关，电解液在凝胶化过程中储存在聚合物基体的孔中，缓慢渗透到聚合物内，使聚合物网络膨胀[70]。Yuria Saito 等[71]研究了在倒相法过程中使用不同有机溶剂对 PVDF 形貌、吸液率和离子扩散的影响。研究表明，DMF 相较于 NMP 能使 PVDF 的孔隙率更高，从而能吸收更多电解液，凝胶电解质的离子电导率也更高。F. Boudin 等[72] 将 PVDF 溶解于丙酮（PVDF 的良溶剂）和丁醇（PVDF 的不良溶剂）的混合溶剂中［丙酮：PVDF：丁醇＝6：1：1（质量比）］，通过溶剂缓慢蒸发形成孔隙率约为 70%，平均孔径约为 0.5μm 的多孔海绵状结构。这种多孔状结构能够吸收大量电解液，构建离子传输通道，其在 25℃ 的离子电导率为 3.7×10^{-3} S/cm。吴宇平等[73] 以水杨酸为发泡剂制备多孔 PVDF，平均孔径约 400nm（图 2-16），这种凝胶电解质的室温离子电导率为 4.8×10^{-3} S/cm，并且能适配钴酸锂正极，室温循环 100 圈之后比容量能保持 90%。他们还将 PVDF 浇涂在无纺布上，提升了凝胶电解质的力学性能和安全性，同时拥有高的离子电导率（0.3mS/cm）和较高的离子迁移数（0.43）[74]，PVDF 作为凝胶电解质基体，由于能与锂盐的阴离子产生特异性作用，能够有效增加锂离子迁移数。B. Scrosati 等[75] 将 PVDF 凝胶电解质应用于钛酸锂-磷酸铁锂全电池中，在室温下 0.1C 倍率放电比容量为 140mA·h/g。为了调节 PVDF 膜的孔结构，提升其离子电导率，You-Yi Xu 等[76] 将不同质量比的 PVDF 与 PEO-PPO-PEO 共混，通过热诱导相分离制备薄膜。吸收电解液后在 20℃ 的离子电导率为 2.94×10^{-3} S/cm，电化学窗口可达 4.7V（vs. Li^+/Li）。Agostini 等[77] 通过将 PVDF 薄膜浸泡在 1mol/L LiTFSI DOL/DME（含 $LiNO_3$）中，制备了一种新型凝胶聚合物电解质用于锂硫电池，离子电导率高达 3×10^{-3} S/cm（65℃）和 7×10^{-4} S/cm（20℃）。研究发现这种凝胶聚合物电解质对活性硫的溶解和多硫化物在负极侧的沉积，具有明显的抑制作用。

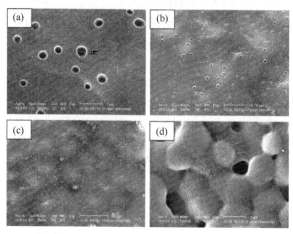

图 2-16 PVDF/水杨酸加热到 200℃（a）～（c）和纯 PVDF（d）的扫描电镜图[73]

PVDF 聚合物的结晶度相对较高（表 2-2），其中非晶相分布在球晶中排列的结晶薄片之间，这限制了锂离子在其中的传输。为了提高离子电导率，降低 PVDF 聚合物的结晶度，加入另一种含氟的单体与 VDF 单体共聚是一种行之有效的方法。其中六氟丙烯（HFP）是最为常用的含氟单体。PVDF 共聚物中随着 VDF 单体的减少和氟含量的增加，PVDF 共聚物的结晶度会降低（表 2-2）。当共聚物通过非晶区的溶胀过程吸收电解液时，非晶区比例的增加可以吸收更多电解液而增加离子电导率[78]。

表 2-2 PVDF 及其共聚物的主要性能[78]

聚合物	熔点/℃	结晶度/%	杨氏模量/MPa	介电常数
PVDF	约 170	40～60	1500～3000	6～12
PVDF-HFP	130～140	15～35	300～1000	11

续表

聚合物	熔点/℃	结晶度/%	杨氏模量/MPa	介电常数
PVDF~TrFE	约 120	20~30	1600~2200	18
PVDF~CTFE	约 165	15~25	155~200	13

1996 年,Tarascon 等[79] 第一次将 PVDF-HFP 作为隔膜应用于锂离子电池。Yuria Saito 等[80] 研究了不同浓度锂盐双(三氟甲基磺酰)亚胺锂(LiTFSI)和双五氟乙烷磺酰亚胺锂(LiBETI)对 PVDF-HFP 的离子电导率的影响,发现随着聚合物的增加,离子的扩散系数降低。当聚合物的质量分数从 80% 降低到 20% 时,离子扩散系数表现出 3 个数量级的变化。这些结果表明聚合物与电解质相互作用影响凝胶电解质中载体浓度和迁移率。Hui Ye 等[81] 讨论了不同离子液体对 PVDF-HFP 的影响,比较了 1-乙基-3-甲基咪唑双(三氟甲基磺酰)亚胺盐(EMITFSI),1-丙基-3-甲基咪唑双(三氟甲基磺酰)亚胺盐(PMMITFSI),1-甲基-1-丙基吡咯烷双(三氟甲基磺酰)亚胺盐(P_{13}TFSI),1-甲基-3-丙基吡啶鎓双(三氟甲基磺酰)亚胺盐(PP_{13}TFSI)的正极和负极稳定性,负极稳定性顺序为:PP_{13}TFSI > P_{13}TFSI > PMMITFSI > EMITFSI。正极稳定性顺序为:P_{13}TFSI > PP_{13}TFSI > PMMITFSI > EMITFSI。其中 PP_{13}TFSI 和 P_{13}TFSI 的电化学窗口超过了 5.9V。J. Tegenfeldt 等[82] 研究了不同的塑化剂和锂盐对 PVDF-HFP 结晶度和形貌的影响。他们发现,加入纯的碳酸丙烯酯(PC)和三乙二醇二甲醚(TG)主要影响 PVDF-HFP 的非晶区,而对 PVDF-HFP 的结晶度影响不明显,但是加入 PC 或者 TG 的锂盐溶液时将显著降低 PVDF-HFP 的结晶度。造成上述行为的一个可能原因是聚合物链不同极性的构象对锂盐的相互作用程度不一致。汪国秀等[83] 构筑了蜂窝状 PVDF-HFP 凝胶电解质,这种结构具有 78% 的孔隙率,而且在 350℃ 时仍然稳定且不会着火。

三氟氯乙烯(CTFE)也是一种含氟的烯烃类单体,将 CTFE 引入 PVDF 中也是为了抑制 PVDF 的结晶化,提升其离子电导率。B. Scrosati 等[84] 将 PVDF-CTFE 作为凝胶电解质基体,室温离子电导率为 $0.5×10^{-3}$S/cm,电化学窗口达 4.7V(vs. Li^+/Li),并且对锂负极有良好的相容性。C. M. Sosta 等[85] 通过倒相法制备 PVDF-CTFE 凝胶电解质,凝胶电解质有着良好的力学性能,适配磷酸铁锂正极后能以 0.1C 和 2C 的倍率放电,发挥出 168mA·h/g 和 102mA·h/g 的容量。Croce 等[86] 用电纺技术将 PVDF-CTFE 纺成膜后滴加电解液原位凝胶化制备凝胶电解质,凝胶电解质的离子电导率在 0~50℃ 变化很小,其室温离子电导率在静置 90 天内基本没有变化,为 $2×10^{-3}$S/cm。在锡碳/PVDF-HFP/镍锰酸锂全电池中,$C/3$ 倍率下能发挥 120mA·h/g 的容量(图 2-17)。

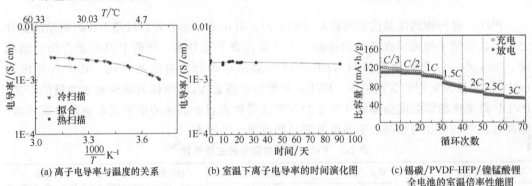

(a) 离子电导率与温度的关系　(b) 室温下离子电导率的时间演化图　(c) 锡碳/PVDF-HFP/镍锰酸锂全电池的室温倍率性能图

图 2-17　PVDF-CTFE 电解质的性能[86]

S. Lanceros-Méndez 等[87]通过溶剂蒸发法制备出了多孔 PVDF-TrFE 膜，浸泡电解液（1mol/L LiClO$_4$，在 PC 中）。凝胶电解质在 100℃下保持良好的力学性能且热稳定，但是其离子电导率较低，难以满足电池运行要求。在后续工作中研究了孔隙率、吸液率和锂盐含水量对电化学性能的影响[88]。为了降低聚合物的结晶度，增加孔隙率，使凝胶电解质能吸收更多电解液，提升电解质的离子电导率，提升电解质的力学性能和热稳定性，加入无机填料是一种较为常见的方式。S. Lanceros-Méndez 等通过添加多壁碳纳米管[89]、蒙脱土[90]、钛酸钡[91]、NaY 沸石粉[92]等填料，提升了 PVDF-TrFE 凝胶电解质的性能。

2.3.5 其它类型凝胶电解质

环醚是 Lewis 碱，一般只能进行阳离子开环聚合。但环氧化物由于其三元环张力大，也能进行阴离子开环聚合。正由于环氧化物大张力的存在，使得环氧基能在温和条件下与伯胺等亲核试剂发生开环反应。环醚的阳离子开环聚合中一类重要的引发剂是 Lewis 酸，一些 Lewis 酸需要与水或其它质子给体一起作用才能引发环氧化物的聚合。如 PF$_5$ 或 BF$_3$ 与水结合形成 H$^+$（PF$_5$OH）$^-$ 或 H$^+$（BF$_3$OH）$^-$ 后作为质子给体引发聚合反应。

Lu 等[93]以伯胺为引发剂在加热条件下使环氧开环聚合。双酚 A 二缩水甘油醚（DEBA）用作支撑框架以增强聚合物网络的机械强度，而聚（乙二醇）二缩水甘油基醚（PEGDE）和聚醚胺（DPPO）在整个框架内交联，以保证快速的离子转运。嵌入聚合物网络中的线型 PVDF-HFP 链赋予膜柔韧性。3D-GPE 的紧凑结构使得能够在锂金属上形成高度均匀且坚固的 SEI 层，并且有效地抑制了 Li 枝晶生长。这种三维聚合物网络在 150℃下 30min 仍然保持力学性能。3D 凝胶电解质具有极低的可燃性，安全性高。组装磷酸铁锂半电池后，以 2C 倍率放电能发挥 133.5mA·h/g，4C 倍率能发挥 121.8mA·h/g（图 2-18）。

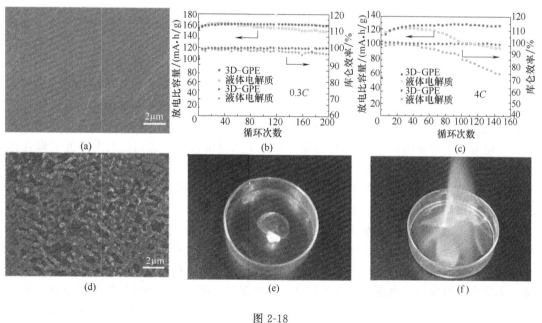

图 2-18

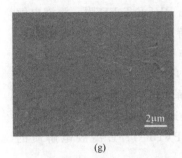 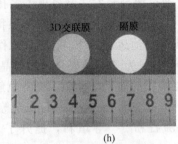 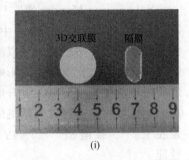

图 2-18 锂片表面的扫描电镜图片

原始锂片（a）、磷酸铁锂-液态电解液-锂金属电池（d）、磷酸铁锂-3D凝胶电解质-锂金属电池（g）以 0.3C 倍率循环 200 圈后的锂负极；磷酸铁锂-液态电解液-锂金属电池和磷酸铁锂-3D凝胶电解质-锂金属电池的倍率性能 0.3C（b）和 4C（c）；3D凝胶电解质（e）、1mol/L LiPF$_6$ 的 EC/DEC 电解液（f）的燃烧测试；3D凝胶电解质和商用隔膜的加热前（h）和 150℃保温 30min 后（i）热收缩比较图片[93]

1,3-二氧戊烷（DOL）是一种常见的醚类电解液溶剂，也能通过阳离子开环聚合的方式得到 PDOL。郭玉国等[94] 使用 LiPF$_6$ 引发 DOL 原位聚合在室温下制备准固态凝胶电解质。PDOL 凝胶电解质能有效抑制锂枝晶的生成，限制多硫穿梭，使锂硫电池有着高库仑效率和优异的循环稳定性，组装磷酸铁锂半电池循环 700 圈后容量保持率为 95.6%。PDOL 凝胶电解质的电化学窗口较宽，能适配高镍三元正极（NCM622）。

崔光磊等[95] 用细菌纤维素膜支撑甲基乙烯基醚-马来酸酐共聚物［P(MVE-MA)］浸泡电解液（LiDFOB/PC）制备凝胶电解质（PMM-GPE）。PMM-GPE 的电化学窗口为 5.2V（vs. Li$^+$/Li），可以适配 4.45V 的钴酸锂正极，组装的钴酸锂电池在 60℃以 1C 倍率循环 700 圈后容量能保持 85%，而常规液态电解液组装的电池容量保持率仅为 1%。PMM-GPE 有着优异的耐高压氧化能力，并且能有效抑制锂枝晶的生成。

2.4
总结与展望

凝胶聚合物电解质兼具固态电解质和液态电解质的优点：聚合物基质的特性（机械稳定性和柔韧性）与液体有机电解质的优异离子电导率，并且兼具固体的内聚性和液体的扩散性。既可以抑制锂枝晶的生长、提高电池的安全性，又可以保证与液态电解液相近的室温离子电导率和界面阻抗[96]。聚合物基体吸收了大量的液相增塑剂，大大降低了聚合物的结晶度，提高了无定形区的比例，并且加速了无定形区链段的运动，凝胶聚合物电解质中的离子传输主要依赖于液相增塑剂部分[97]。相比于固态聚合物电解质，凝胶聚合物电解质的室温离子电导率更高。本章对聚环氧乙烷、氰基高分子、聚丙烯酸酯和聚偏氟乙烯及其衍生物等凝胶聚合物电解质进行了系统讨论与综合分析，主要探讨了影响凝胶聚合物电解质电化学性能的因素和改性手段。然而，凝胶聚合物电解质仍然存在一些问题，如聚合物基体的结晶度较高，不利于锂离子的传输；凝胶聚合物电解质仍然包含有部分液相成分，无法完全解决液态电解液带来的问题。这也限制了凝胶聚合物电解质的商业化应用。

为了实现开发高离子电导率、高锂离子迁移数、长循环寿命和宽电化学稳定窗口等综合性能优异的凝胶聚合物电解质这一目标，需要从以下方面入手。①设计新型低结晶度、高柔韧性、多功能聚合物基体，用于替代现有的聚合物电解质体系；②探索反应条件温和的原位聚合技术，降低电解质与电极界面阻抗；③寻找新型增塑剂，能在聚合物基体或者电解液发生氧化还原反应之前反应，稳定正极或负极界面；④对现有的聚合物电解质体系进行多层次改性，提升现有体系的电化学性能。

习 题

1. 凝胶电解质有什么特征？与液态电解液相比，有何优势？
2. 凝胶电解质有哪些类型？与固态电解质相比，有何优缺点？
3. 凝胶电解质未来发展趋势如何？
4. 请展望绿色凝胶电解质的发展前景。

参 考 文 献

[1] Feuillade G, et al. Ion-conductive macromolecular gels and membranes for solid lithium cells. J Appl Electrochem, 1975, 5 (1): 63-69.

[2] Tsuchida E, et al. Conduction of lithium ions in polyvinylidene fluoride and its derivatives——Ⅰ. Electrochim Acta, 1983, 28 (5): 591-595.

[3] Appetecchi G B, et al. Kinetics and stability of the lithium electrode in poly (methylmethacrylate) -based gel electrolytes. Electrochim Acta, 1995, 40 (8): 991-997.

[4] Tarascon J M, et al. Performance of Bellcore's plastic rechargeable Li-ion batteries. Solid State Ionics, 1996, 86-88 (96): 49-54.

[5] Meyer W H. Polymer electrolytes for lithium-ion batteries. Adv Mater, 1998, 10 (6): 439-448.

[6] Macglashan G S, et al. Structure of the polymer electrolyte poly (ethylene oxide)$_6$: LiAsF$_6$. Nature, 1999, 398 (6730): 792-794.

[7] Ito Y, et al. Ionic conductivity of electrolytes formed from PEO-LiCF$_3$SO$_3$ complex low molecular weight poly (ethylene glycol). J Mater Sci, 1987, 22 (5): 1845-1849.

[8] Kelly I, et al. Mixed polyether lithium-ion conductors. J Electroanal Chem Inter Electrochem, 1984, 168 (1): 467-478.

[9] Nagasubramanian G, et al. Effects of 12-Crown-4 ether on the ionic conductivity and electrode kinetics of electrolytes in polyethylene oxide. Rechargeable Lithium Batteries, 1990: 262-273.

[10] Li Y, et al. A promising PMHS/PEO blend polymer electrolyte for all-solid-state lithium ion batteries. Dalton T, 2018, 47 (42): 14932-14937.

[11] Vries H D, et al. Ternary polymer electrolytes incorporating pyrrolidinium-imide ionic liquids. RSC Adv, 2015, 5 (18): 13598-13606.

[12] Matsumoto H. Recent advances in ionic liquids for lithium secondary batteries. New York: Springer, 2014.

[13] Cheng H, et al. Synthesis and electrochemical characterization of PEO-based polymer electrolytes with room temperature ionic liquids. Electrochim Acta, 2007, 52 (19): 5789-5794.

[14] Kim G T, Appetecchi G B, Carewska M, et al. UV cross-linked, lithium-conducting ternary polymer electrolytes containing ionic liquids. Power Sources, 2010, 195 (18): 6130-6137.

[15] Liao K-S, et al. Nano-sponge ionic liquid-polymer composite electrolytes for solid-state lithium power sources. J Power Sources, 2010, 195 (3): 867-871.

[16] Karmakar A, et al. Structure and ionic conductivity of ionic liquid embedded PEO-LiCF$_3$SO$_3$ polymer electrolyte. AIP Adv, 2014, 4 (8): 087112.

[17] Huo H, et al. Composite electrolytes of polyethylene oxides/garnets interfacially wetted by ionic liquid for room-temperature solid-state lithium battery. J Power Sources, 2017, 372: 1-7.

[18] Kono M, et al. Novel gel polymer electrolytes based on alkylene oxide macromonomer. Electrochim Acta, 2000, 45 (8): 1307-1312.

[19] Gavelin P, et al. Amphiphilic polymer gel electrolytes. 3. Influence of the ionophobic-ionophilic balance on the ion conductive properties. Electrochim Acta, 2001, 46 (10): 1439-1446.

[20] Passerini S, et al. Gelified co-continuous polymer blend system as polymer electrolyte for Li batteries. J Electrochem Soc, 2004, 151 (4): A578-A582.

[21] Kim J, Choi M S, Shin K H, et al. Rational design of carbon nanomaterials for electrochemical sodium storage and capture. Advanced Materials, 2019, 31 (34): 1803444.

[22] Kuo P L, et al. High performance of transferring lithium ion for polyacrylonitrile-interpenetrating crosslinked polyoxyethylene network as gel polymer electrolyte. ACS Appl Mater Inter, 2014, 6 (5): 3156-3162.

[23] Kuo P L, et al. High thermal and electrochemical stability of SiO$_2$ nanoparticle hybird-polyether cross-linked membrane for safety reinforced lithium-ion batteries. RSC Adv, 2016, 6 (22): 18089-18095.

[24] Wang S H, et al. Poly (ethylene oxide) -co-poly (propylene oxide) -based gel electrolyte with high ionic conductivity and mechanical integrity for lithium-ion batteries. ACS Appl Mater Inter, 2013, 5 (17): 8477-8485.

[25] Huang L Y, et al. Gel electrolytes based on an ether-abundant polymeric framework for high-rate and long-cycle-life lithium ion batteries. J Mater Chem A, 2014, 2 (27): 10492-10501.

[26] Ming Z. A biobased composite gel polymer electrolyte with functions of lithium dendrites suppressing and manganese ions trapping. Adv Energy Mater, 2018, 8 (11): 1702561.

[27] Zhang Y, et al. Cross-linking network based on Poly (ethylene oxide): Solid polymer electrolyte for room temperature lithium battery. J Power Sources, 2019, 420: 63-72.

[28] Siyal S H, et al. Ultraviolet irradiated PEO/LATP composite gel polymer electrolytes for lithium-metallic batteries (LMBs). Appl Surface Sci, 2019, 494: 1119-1126.

[29] Zhu Y, et al. High electrochemical stability of a 3D cross-linked network PEO@nano-SiO$_2$ composite polymer electrolyte for lithium metal batteries. J Mater Chem A, 2019, 7 (12): 6832-6839.

[30] Core F, Brown S D, Greenbaum S G. Lithium-7 NMR and ionic conductivity studies of gel electrolytes based on poly (methylmethacrylate). Electrochim Acta, 1995, 40 (9): 1268-1272.

[31] Feuillade G P P. Ion-conductive macromolecular gels and membranes for solid lithium cells. J Appl Electrochem, 1975, 5 (1): 63-69.

[32] Croce F S B. Interfacial phenomena in polymer-electrolyte cells: Lithium passivation and cycleability. J Power Sources, 1993, 43 (1-3): 9-19.

[33] Choi B K, et al. Ionic conduction in PEO-PAN blend polymer electrolytes. Electrochim Acta, 2000, 45 (8-9): 1371-1374.

[34] Watanabe M, et al. Ionic conductivity of hybrid films based on polyacrylonitrile and their battery application. J Appl Polym Sci, 1982, 27: 4191-4198.

[35] Watanabe M K M, et al. Ionic conductivity of hybrid films composed of polyacrylonitrile, ethylene carbonate, and LiClO$_4$. J Polym Sci Pol Phys, 1983, 21 (6): 939-948.

[36] Appetecchi G B, et al. A lithium ion polymer battery. Electrochim Acta, 1998, 43 (9):

1105-1107.

[37] Hong H, et al. Studies on PAN-based lithium salt complex. Electrochim Acta, 1992, 37 (9): 1671-1673.

[38] Yang K, et al. Electrospun octa (3-chloropropyl) -polyhedral oligomeric silsesquioxane-modified polyvinylidene fluoride/poly (acrylonitrile) /poly (methylmethacrylate) gel polymer electrolyte for high-performance lithium ion battery. J Solid State Electr, 2017, 22 (2): 441-452.

[39] Liu B, et al. A novel porous gel polymer electrolyte based on poly (acrylonitrile-polyhedral oligomeric silsesquioxane) with high performances for lithium-ion batteries. J Membrane Sci, 2018, 545: 140-149.

[40] Appetecchi G B, et al. High-performance gel-type lithium electrolyte membranes. Electrochem Commun, 1999, 1 (2): 83-86.

[41] Panero S, et al. High voltage lithium polymer cells using a PAN-based composite electrolyte. J Electrochem Soc, 2002, 149 (4): 414-417.

[42] Akashi H S M, et al. Practical performances of Li-ion polymer batteries with $LiNi_{0.8}Co_{0.2}O_2$, MCMB, and PAN-based gel electrolyte. J Power Sources, 2002, 112 (2): 577-582.

[43] Kurc B. Composite gel polymer electrolyte with modified silica for $LiMn_2O_4$ positive electrode in lithium-ion battery. Electrochim Acta, 2016, 190: 780-789.

[44] Kim Y S, et al. A physical organogel electrolyte: characterized by in situ thermo-irreversible gelation and single-ion-predominent conduction. Sci Rep, 2013, 3: 1917.

[45] Zhou D, et al. Investigation of cyano resin-based gel polymer electrolyte: in situ gelation mechanism and electrode-electrolyte interfacial fabrication in lithium-ion battery. J Mater Chem A, 2014, 2 (47): 20059-20066.

[46] Reiter J, et al. Ion-conducting lithium bis (oxalato) borate-based polymer electrolytes. J Power Sources, 2009, 189 (1): 133-138.

[47] Vondrak J. Gel polymer electrolytes based on PMMA: Ⅲ. PMMA gels containing cadmium. Electrochim Acta, 2003, 48 (8): 1001-1004.

[48] Iijima T, et al. Quasi-solid organic electrolytes gelatinized with polymethyl-methacrylate and their applications for lithium batteries. Denki Kagaku, 1985, 53 (8): 619-623.

[49] Appetecchi G B, et al. Kinetics and stability of the lithium electrode in poly (methylmethacrylate) -based gel electrolytes. Electrochim Acta, 1995, 40 (8): 991-997.

[50] Bohnke O F G, et al. Fast ion transport in new lithium electrolytes gelled with PMMA. 1. Influence of polymer concentration. Solid State Ionics, 1993, 66 (1993): 97-104.

[51] Rao M M, et al. Preparation and performance analysis of PE-supported P (AN-co-MMA) gel polymer electrolyte for lithium ion battery application. J Membrane Sci, 2008, 322 (2): 314-319.

[52] Huang X, et al. Preparation, characterization and properties of poly (propylene carbonate) /poly (methyl methacrylate) -coated polyethylene gel polymer electrolyte for lithium-ion batteries. J Electroanal Chem, 2017, 804: 133-139.

[53] Ramesh S, et al. FTIR studies of PVC/PMMA blend based polymer electrolytes. Spectrochim Acta A, 2007, 66 (4-5): 1237-1242.

[54] Nicotera I, et al. Investigation of ionic conduction and mechanical properties of PMMA-PVdF blend-based polymer electrolytes. Solid State Ionics, 2006, 177 (5-6): 581-588.

[55] Nirmale T C, et al. Facile synthesis of unique cellulose triacetate based flexible and high performance gel polymer electrolyte for lithium ion batteries. ACS Appl Mater Inter, 2017, 9 (40): 34773-34782.

[56] Guan X, et al. Influence of a rigid polystyrene block on the free volume and ionic conductivity of a

gel polymer electrolyte based on poly (methyl methacrylate) -block-polystyrene. J Appl Polym Sci, 2016, 133 (38).

[57] Sharma R, et al. Poly (methyl methacrylate) based nanocomposite gel polymer electrolytes with enhanced safety and performance. J Polym Res, 2016, 23 (9): 194.

[58] Zhang S, et al. Nanocomposite polymer membrane derived from nano TiO_2-PMMA and glass fiber nonwoven: high thermal endurance and cycle stability in lithium ion battery applications. J Mater Chem A, 2015, 3 (34): 17697-17703.

[59] Kurc B. Gel electrolytes based on poly (acrylonitrile) /sulpholane with hybrid TiO_2/SiO_2 filler for advanced lithium polymer batteries. Electrochim Act, 2014, 125: 415-420.

[60] Chen W, et al. Improved performance of lithium ion battery separator enabled by co-electrospinnig polyimide/poly (vinylidene fluoride-co-hexafluoropropylene) and the incorporation of TiO_2- (2-hydroxyethyl methacrylate). J Power Sources, 2015, 273: 1127-1135.

[61] Song D, et al. Enhanced thermal and electrochemical properties of PVDF-HFP/PMMA polymer electrolyte by TiO_2 nanoparticles. Solid State Ionics, 2015, 282: 31-36.

[62] Liu M, et al. A highly-safe lithium-ion sulfur polymer battery with SnO_2 anode and acrylate-based gel polymer electrolyte. Nano Energy, 2016, 28: 97-105.

[63] Liu M, et al. Novel gel polymer electrolyte for high-performance lithiumsulfur batteries. Nano Energy, 2016, 22: 278-289.

[64] Liu M, et al. In-situ fabrication of a freestanding acrylate-based hierarchical electrolyte for lithium-sulfur batteries. Electrochim Acta, 2016, 213: 871-878.

[65] Zeng X X, et al. Reshaping lithium plating/stripping behavior via bifunctional polymer electrolyte for room-temperature solid Li metal batteries. J Am Chem Soc, 2016, 138 (49): 15825-15828.

[66] Fan W, et al. A dual-salt gel polymer electrolyte with 3d cross-linked polymer network for dendrite-free lithium metal batteries. Adv Sci, 2018, 5 (9): 1800559.

[67] Isken P, et al. Methacrylate based gel polymer electrolyte for lithium-ion batteries. J Power Sources, 2013, 225: 157-162.

[68] Kelly J C, et al. Li-ion battery shut-off at high temperature caused by polymer phase separation in responsive electrolytes. Chem Commun, 2015, 51 (25): 5448-5451.

[69] Nunes-Pereira J, et al. Polymer composites and blends for battery separators: State of the art, challenges and future trends. J Power Sources, 2015, 281: 378-398.

[70] Saito Y, et al. Carrier migration mechanism of physically cross-linked polymer gel electrolytes based on PVDF. Membranes, 2002, 106 (29): 7200-7204.

[71] Kataoka H, et al. Conduction mechanisms of PVDF-type gel polymer electrolytes of lithium prepared by a phase inversion process. J Phys Chem B, 2000, 104 (48): 11460-11464.

[72] Boudin F, et al. Microporous PVDF gel for lithium-ion batteries. J Power Sources, 1999, 81: 804-807.

[73] Zhang H P, et al. A porous poly (vinylidene fluoride) gel electrolyte for lithium ion batteries prepared by using salicylic acid as a foaming agent. J Power Sources, 2009, 189 (1): 594-598.

[74] Zhu Y, et al. Composite of a nonwoven fabric with poly (vinylidene fluo Journal of Physical Chemistry B ride) as a gel membrane of high safety for lithium ion battery. Energy Environ Sci, 2013, 6 (2): 618-624.

[75] Persi L, et al. A $LiTi_2O_4$-$LiFePO_4$ novel lithium-ion polymer battery. Electrochem Commun, 2002, 4 (1): 92-95.

[76] Cui Z, et al. Preparation of PVDF/PEO-PPO-PEO blend microporous membranes for lithium ion batteries via thermally induced phase separation process. J Membrane Sci, 2008, 325 (2): 957-963.

[77] Agostini M, et al. Stabilizing the performance of high-capacity sulfur composite electrodes by a new gel polymer electrolyte configuration. Chem Sus Chem, 2017, 10 (17): 3490-3496.

[78] Barbosa J C, et al. Recent advances in poly (vinylidene fluoride) and its copolymers for lithium-ion battery separators. Membranes, 2018, 8 (3): 45.

[79] Tarascon J M, et al. Performance of Bellcore's plastic rechargeable Li-ion batteries. Solid State Ionics, 1996, 86-88: 49-54.

[80] Saito Y, et al. Ionic conduction properties of PVDF-HFP type gel polymer electrolytes with lithium imide salts. J Phys Chem B, 2000, 104 (9): 2189-2192.

[81] Ye H, et al. Li ion conducting polymer gel electrolytes based on ionic liquid/PVDF-HFP blends. J Electrochem Soc, 2007, 154 (11).

[82] Abbrent S, et al. Crystallinity and morphology of PVdF-HFP-based gel electrolytes. Polymer, 2001, 42 (4): 1407-1416.

[83] Zhang J, et al. Honeycomb-like porous gel polymer electrolyte membrane for lithium ion batteries with enhanced safety. Sci Rep, 2014, 4: 6007.

[84] Appetecchi G B, et al. A poly (vinylidene fluoride) -based gel electrolyte membrane for lithium batteries. J Electroanal Chem, 1999, 463 (2): 248-252.

[85] Sousa R E, et al. Poly (vinylidene fluoride-co-chlorotrifluoroethylene) (PVDF-CTFE) lithium-ion battery separator membranes prepared by phase inversion. RSC Adv, 2015, 5 (110): 90428-90436.

[86] Croce F, et al. A safe, high-rate and high-energy polymer lithium-ion battery based on gelled membranes prepared by electrospinning. Energy Environ Sci, 2011, 4 (3): 921-927.

[87] Costa C M, et al. Effect of degree of porosity on the properties of poly (vinylidene fluoride-trifluoroethylene) for Li-ion battery separators. J Membrane Sci, 2012, 407-408: 193-201.

[88] Costa C M, et al. Evaluation of the main processing parameters influencing the performance of poly (vinylidene fluoride-trifluoroethylene) lithium-ion battery separators. J Solid State Electr, 2012, 17 (3): 861-870.

[89] Nunes-Pereira J, et al. Li-ion battery separator membranes based on poly (vinylidene fluoride-trifluoroethylene) /carbon nanotube composites. Solid State Ionics, 2013, 249-250: 63-71.

[90] Nunes-Pereira J, et al. Porous membranes of montmorillonite/poly (vinylidene fluoride-trifluorethylene) for Li-ion battery separators. Electroanalysis, 2012, 24 (11): 2147-2156.

[91] Nunes-Pereira J, et al. Li-ion battery separator membranes based on barium titanate and poly (vinylidene fluoride-co-trifluoroethylene): Filler size and concentration effects. Electrochim Acta, 2014, 117: 276-284.

[92] Nunes-Pereira J, et al. Microporous membranes of NaY zeolite/poly (vinylidene fluoride - trifluoroethylene) for Li-ion battery separators. J Electroanal Chem, 2013, 689: 223-232.

[93] Lu Q, et al. Dendrite-free, high-rate, long-life lithium metal batteries with a 3D cross-linked network polymer electrolyte. Adv Mater, 2017, 29 (13): 1604460.

[94] Liu F-Q, et al. Upgrading traditional liquid electrolyte via in situ gelation for future lithium metal batteries. Sci Adv, 2018, 4 (10): eaat5383.

[95] Dong T, et al. A multifunctional polymer electrolyte enables ultra-long cycle-life in a high-voltage lithium metal battery. Energy Environ Sci, 2018, 11 (5): 1197-1203.

[96] Song J Y, et al. Review of gel-type polymer electrolytes for lithium-ion batteries. J Power Sources, 1999, 77 (2): 183-197.

[97] Cho Y G, et al. Gel/solid polymer electrolytes characterized by in situ gelation or polymerization for electrochemical energy systems. Adv Mater, 2019, 31 (20): e1804909.

3

应用于固态锂电池的无机固体电解质

当今世界环境问题日益凸显,人们迫切需要发展高性能的可充电电池。传统电池中使用的是易燃有机电解质,存在巨大的安全隐患[1]。锂金属理论比容量高(3860mA·h/g),电化学电位低[-3.04V(vs.SHE)],是理想的负极材料。而在传统电池中使用锂金属作电极存在循环效率低、锂枝晶易生长等问题[2,3]。基于固体电解质的全固态电池,不仅可以抑制传统电池中存在的安全问题,还可以匹配高电压正极材料和锂/钠金属负极,提高电池的长循环稳定性和高能量密度。研究表明,将电池电压从4.2V提高到5.0V,可以使电池能量密度提升20%以上[4]。而无机氧化物电解质与液态电解质相比,可在高电压下保持稳定,提升固态电池的能量密度[4]。此外,全固态电池还具有低自放电、高可塑性、高热力学稳定性、宽工作温度范围、高机械稳定性等优点,在新一代储能领域中具有巨大的潜力。但是大多数固体电解质存在电导率低,与电极层之间的电荷转移动力学差等问题,距实用化还有较长的路要走。

在固态电池中,固体电解质和电极一样是至关重要的组成部分,决定了电池的能量密度、循环稳定性和安全性。为了使电池可以在室温下正常运行,固体电解质需具有高离子电导率(>10^{-4}S/cm)、低电子电导率(<10^{-12}S/cm)和宽电化学窗口[5,6]。将固体电解质应用到电池中的最大障碍,是大多数固体电解质固有离子电导率低,与活性材料之间界面电阻大,充放电过程中体积变化大等问题。固态电池具有良好的电化学稳定性的关键,是使固体电解质与活性材料之间具有良好的接触和化学稳定性。如果使用纳米结构的电极或循环过程中电极产生较大的体积变化,则应着重考虑电极/电解质的界面问题[6-8]。

3.1 固体电解质的分类

常见的固体电解质材料可分为无机电解质和有机聚合物电解质两类。如图3-1所示,无机固体电解质按组分可分为氧化物电解质、硫化物电解质、卤化物电解质。大多数无机电解质具有离子电导率高和热稳定性好的特点。典型的无机固体电解质多为单离子导体。但是,无机固体电解质和电极材料之间存在固/固接触问题,不利于发挥好的电化学性能[8,9]。无机陶瓷和有机聚合物的力学性能差异很大,可用于不同电池的设计中。陶瓷弹性模量较高、硬度大、质地脆、加工性较差,较适合刚性电池。反之,聚合物电解质弹性模量较低,适于柔性电池。但是,在室温条件下,聚合物电解质离子电导率低,一定程度上限制了其应用范围。

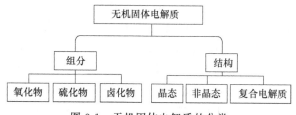

图 3-1 无机固体电解质的分类

无机固体电解质具有不同的结晶态,分别为晶态电解质、非晶态电解质和复合电解质。晶态电解质包括钙钛矿型、NASICON（sodium super ionic conductor）型、石榴石型、Li_3N 型等。相较于聚合物电解质,晶态电解质表现出更好的热稳定性,然而晶态电解质的晶界和微观结构使其应用面临很多困难。多晶导体中的晶界与高浓度的缺陷相结合可引起结构的局部扰动,增大电阻势垒,并阻碍高体相电导率材料中离子在界面上的迁移。因此,晶界间离子的传输为扩散速率控制步骤。然而,在具有低体相电导率的固体电解质中,高比例的晶界可以提供更好的传输路径,改善总电导率。

与晶态材料相比,非晶材料具有各向同性的导电性,且晶界很少,从技术角度来看,非晶材料通常更易加工成膜,可显著降低电池内阻。实际应用中,电解质层的厚度对离子输运具有关键作用。例如,LiPON 薄膜电解质具有 $2.0×10^{-6}$ S/cm 的离子电导率,$8.0×10^{-14}$ S/cm 电子电导率。LiPON 薄膜电解质的厚度可以小于 $1\mu m$,面电阻小于 $50\Omega/cm^2$,有利于离子在电解质中的传输。因此,LiPON 已成功应用于薄膜固态电池中,还可在传统锂离子电池中作保护层。以 LiPON 薄膜为固体电解质,Li 或 V_2O_5 为负极,$LiMn_2O_4$ 或 $LiCoO_2$ 为正极的薄膜固态电池能够表现出优异的循环性能[10,11]。

另一种重要的非晶态电解质是硫化物电解质,基于 Li_2S 和 P_2S_5,并混入少量卤化锂的硫化物电解质的离子电导率大于 10^{-3} S/cm。2014 年,Hayashi 获得的 Li_2S-P_2S_5 玻璃陶瓷电解质,离子电导率最高可达 $1.7×10^{-2}$ S/cm[12]。非晶硫化物固体电解质具有离子电导率高、柔软易加工的特性。但其在空气中稳定性差,易与空气中的水发生反应产生有毒的硫化氢等缺点,在实用化上仍然有较长的路要走。

3.2
氧化物电解质

3.2.1 钙钛矿型电解质

Brous 等[13] 首次合成了具有钙钛矿结构的 $Li_{0.5}La_{0.5}TiO_3$,其通式为 ABO_3。钙钛矿型电解质——$Li_{3x}La_{2/3-x}\square_{1/3-2x}TiO_3$（LLTO,$0.04<x<0.17$）因离子电导率高（$10^{-3}$ S/cm）[14]、电子电导率低、电化学窗口宽（>8V）等特性,引起人们的广泛关注。

(1) 钙钛矿型电解质离子传输机制

LLTO 具有 ABO_3 型结构，其中 Li 和 La 分别占据部分 A 位点。阳离子在 A 位点的分布不是随机的，而是形成沿 c 轴交替堆叠的富 La（La1）和贫 La（La2）层[15-20]。研究表明，锂离子在晶粒内部的传导高度依赖于其晶体结构、晶体组成和结构形变。La^{3+} 占据 A 位，并在 A 位引入空位，使得 Li^+ 在空位中传导。贫锂（$0.03<x<0.1$）层表现出正交各向异性，富镧层中 La 占有率很高，且 TiO_6 八面体沿 b 轴呈反相倾斜[15-20]；而在富锂层（$0.100<x<0.167$）中，呈四面体分布[20]，其有序度随 Li^+ 含量的增加而降低。在贫锂 LLTO 中，富 La 层因 La 占有率高（约 0.95）和空位浓度低（约 0.05），阻碍了 Li^+ 在 [001] 方向上的迁移。因此，二维锂离子通道主要局限在贫 La 层中[17]。而在富锂 LLTO 中，La 的占有率相对较低（0.65），富 La 层中的空位和锂离子浓度较高。富镧层中，Li 可交替在 La1 和 La2 层之间迁移，在某些区域内实现三维传导。

(2) 提高钙钛矿型电解质离子电导率的策略

通过取代 A 位点的 La^{3+}，或者取代 B 位点的 Ti^{4+} 可以进一步提高钙钛矿电解质的离子电导率[21-26]。同时，晶界处的离子迁移也会影响 LLTO 的离子电导率。其晶界电导率约为 $10^{-4}\sim10^{-5}$ S/m，比体电导率低约 1~2 个数量级。高分辨率透射电子显微镜（HRTEM）显示 LLTO 具有不同晶体取向和周期性的畴。近期人们广泛研究了 LLTO 电导率与微观结构（如密度、畴的尺寸、原子结构和畴边界组成）之间的关系[20,27-35]，发现热处理温度会影响畴的尺寸[36]，较高的烧结温度会导致较大的畴尺寸和较高的畴边界电导率。扫描透射电子显微镜（STEM）证实大部分 90°畴边界对离子迁移具有负面影响，若消除该影响，预计可将电导率提高约三倍[35]。

Nan 等[34] 研究发现钙钛矿大部分晶界处具有明显的结构偏差和整体结构的化学变化。其晶界更类似于 Ti-O 的二元相，不含 La^{3+}，且不含载流子 Li^+。因此，如果钙钛矿晶粒和第二相之间的新界面不阻碍锂离子迁移，可引入锂离子传导晶间相（Li_2O，LiF，Li_3BO_3，Li_4SiO_4，LLZO）以增加晶界电导率[30,37]。添加惰性氧化物（如 SiO_2 和 Al_2O_3）作为助熔剂也可提高 LLTO 的电导率[37-40]。在 LLTO/SiO_2 复合材料中，SiO_2 容纳 LLTO 晶粒中的 Li，形成非晶硅酸锂，极大地增加了晶界电导率[38]。同样，添加 Al_2O_3 形成的 $LiAl_5O_8$ 也会明显提高体电导率和晶界电导率[39]。

虽然 LLTO 展现出极高的离子电导率，但在走向实用化的过程中仍然存在许多困难和挑战：如何在高温合成过程中避免缺锂相的形成，控制获得的产物成分，进一步提高离子电导率，解决与电极之间的固/固界面问题等，都需要进一步的研究和解决。

3.2.2 NASICON 型电解质

NASICON 是钠超离子导体。1976 年 Goodenough 和 Hong[41,42]，正式将具有类似 $Na_{1+x}Zr_2Si_{2-x}P_xO_{12}$（$0<x<3$）结构的化合物称为 NASICON 型化合物。用 Si 取代 $NaZr_2(PO_4)$ 可以得到 NASICON。同样，用锂离子将 NASICON 中的钠离子取代，可以得到锂超离子导体（LISICON）。

(1) NASICON 型电解质离子传输机制

NASICON 的分子式可以用 $AM_1M_2P_3O_{12}$ 来表示。NASICON 结构框架由刚性的

$M_2(PO_4)_3$ 骨架构成,且由共享 O 原子的 MO_6 八面体和 PO_4 四面体相连接(图 3-2)[43]。NASICON 有多种结构,不同的组分展现出不同的对称性。$LiM_2(PO_4)_3$(M=Ti,Ge)具有菱面体对称性($R\bar{3}c$)。在菱面体相中,锂离子可能有两个晶体学位点:被六个氧包围的 M_1($6b$)位和位于两个 M_1 位之间的 M_2($18e$)位[44,45]。低温下,$LiM_2(PO_4)_3$(M=Zr,Hf 或 Sn)为对称性较低的三斜晶相($C\bar{1}$)(由 Li^+ 的位移引起)[46-48]。在三斜相中,结构形变使锂离子趋于更稳定的 M_{12} 位点,其中 M_{12} 位点具有 4 倍氧配位,位于 M_1 和 M_2 位点中间[47,48]。

(2)提高 NASICON 型电解质离子电导率的策略

人们对 $LiM_2(PO_4)_3$(M=Zr,Ge,Ti,Hf)材料进行了广泛的研究,发现 $LiTi_2(PO_4)_3$ 具有最适合锂离子传输的晶格尺寸[49]。然而,通过常规烧结方法获得的 $LiTi_2(PO_4)_3$ 孔隙率高达 34%[50]。即使热压烧结为陶瓷,其相对密度也仅为 95%,在室温下离子电导率仅为 2×10^{-7} S/cm[51]。采用三价阳离子掺杂,如 Al^{3+},Sc^{3+},Ga^{3+},Fe^{3+},In^{3+} 和 Cr^{3+} 部分取代 $Li_{1+x}R_xTi_{2-x}(PO_4)_3$ 中的 Ti^{4+} 可提高离子电导率,如 $Li_{1.3}R_{0.3}Ti_{1.7}(PO_4)_3$($R=Al^{3+}$)(LATP)的室温离子电导率可达 7×10^{-4} S/cm[52]。同样,对 $LiGe_2(PO_4)_3$ 的 M 位进行三价阳离子掺杂也会提高电导率。引入三价阳离子,增加框架中可移动离子的浓度,以较低的活化能进行间隙迁移,进而提高离子电导率。其中 $Li_{1+x}Al_xGe_{2x}(PO_4)_3$(LAGP)的离子电导率可达 2.4×10^{-4} S/cm[53]。

单晶 X 射线衍射分析证实[43],在 $LiTi_2(PO_4)_3$ 中,锂离子倾向于占据空间组 $R\bar{3}c$ 中的 M_1 位(0,0,0)[45,46]。运用 NPD 和基于同步加速器的高分辨率粉末衍射研究发现,LATP 中的 Al^{3+} 部分取代 Ti^{4+},会使 Li^+ 额外占据位于两个相邻 Li1 位的 Li3 位($36f$)。Li 优先通过 Li3 位迁移,从而在三个维度上形成 Li1-Li3-Li3-Li1 的之字形链[54]。

含锂化合物,如 Li_2O[49,55],$LiNO_3$[56],Li_3PO_4[57],$Li_4P_2O_7$[55],Li_3BO_3[57] 或 LiF[58],可在 $LiM_2(PO_4)_3$ 晶界处起助熔剂作用,提升陶瓷的致密度,从而提高了 $LiM_2(PO_4)_3$ 的离子电导率。如当在 $LiTi_2(PO_4)_3$ 中加入 20%(质量分数)的 Li_2O 时,电导率可提高至 5×10^{-4} S/cm[49]。Ohara 公司首先报道了超离子导电玻璃陶瓷(LATP 和 LAGP),通过优化热处理条件,室温离子电导率可达 5.08×10^{-3} S/cm[59,60]。

图 3-2 NASICON 结构示意图

3.2.3 石榴石型电解质

石榴石结构的通式为 $A_3B_2M_3O_{12}$(A=Ca^{2+},Mg^{2+} 或 Fe^{2+};B=Al^{3+},Cr^{3+},Fe^{3+} 或 Ga^{3+};M=Si^{4+} 或 Ge^{4+}),空间群为 $Ia\bar{3}d$,其中 A,B 和 M 分别为八配位阳离子、六配位阳离子和四配位阳离子,比例为 3:2:3。通式为 $Li_3Ln_3Te_2O_{12}$(Ln=Y^{3+},Pr^{3+},Nd^{3+} 或 Sm^{3+}-Lu^{3+})的石榴石型锂离子导体遵循该化学计量关系,其中 Ln 和 Te 分别占据八配位点和六配位点,而 Li 完全

占据四面体位点（24d）。Thangadurai 等首次报道了 $Li_5La_3M_2O_{12}$（M=Nb 或 Ta），该电解质的离子电导率在 25℃下可以达 10^{-6}S/cm[61]。此后，该类电解质引起了人们极大的关注。

研究表明，$Li_5La_3Ta_2O_{12}$ 不仅电化学窗口宽，而且对水稳定。可以通过 K^+ 部分替代 $Li_5La_3Nb_2O_{12}$ 中的 La^{3+}[61]，In^{3+} 或 Y^{3+} 部分替代 Nb^{5+}，来提高离子电导率[62]。由于四面体的 M 位不能容纳全部五个 Li^+，因此多余的 Li^+ 占据六个配位点（八面体或三棱柱形位点），这些位点在原始石榴石结构中是空的。每个分子式单元包含 5~7 个 Li 原子的石榴石称为富锂石榴石。Thangadurai 等证明，二价碱土金属离子部分取代镧位点，会生成一类新的石榴石型结构的 $Li_6AL_2M_2O_{12}$（A=Ca^{2+}，Sr^{2+} 或 Ba^{2+}；M=Nb^{5+} 或 Ta^{5+}）[63,64]。其中 $Li_6BaLa_2Ta_2O_{12}$ 的离子电导率最高（22℃时，$4×10^{-5}$S/cm），最低活化能为 0.4eV[63]。除了上述的铌酸盐/钽酸石榴石外，还有含锑石榴石电解质 $Li_5Ln_3Sb_2O_{12}$（Ln=La，Pr，Nd 或 Sm）[64,65]。此外，M 可被四价阳离子取代，生成富锂石榴石，例如 $Li_7La_3M_2O_{12}$（M=Zr，Sn 或 Hf）[66-69]。

在石榴石家族中，Murugan 等研究表明[66]，立方相 $Li_7La_3Zr_2O_{12}$（LLZO）活化能约为 0.3eV，室温下具有高离子电导率（>10^{-5}S/cm）、高化学稳定性以及宽电化学窗口的优点。在立方相 LLZO（空间群：$Ia\bar{3}d$）中，锂离子无序占据四面体 24d Li（1），八面体 48g 和 96h Li（2）位置（图 3-3）[70]。同时，在室温下，LLZO 存在稳定的四方相（空间群：$I4_1/acd$），离子电导率约为 $4.2×10^{-7}$S/cm，活化能约为 0.54eV。四方相 LLZO 的锂离子在四面体 8a 位置以及八面体 16f 和 32g 位置排列是有序的[71]，因此它的离子电导率比立方相低 1~2 个数量级。

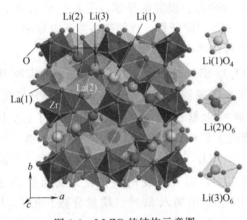

图 3-3　LLZO 的结构示意图

(1) 石榴石型电解质离子传输机制

运用 X 射线和中子衍射对石榴石型电解质的精细结构做了大量的表征。但是这些技术均存在局限性，使得石榴石相稳定性和离子迁移机制仍存在争议[72-74]。Cussen 等[75] 采用中子衍射证实，在空间群为 $Ia\bar{3}d$ 的 $Li_5La_3M_2O_{12}$（M=Nb 或 Ta）中，Li 分布在四面体和扭曲的八面体位置。对 $Li_3Ln_3Te_2O_{12}$（Ln=Y，Pr，Nd 或 Sm-Lu）的离子电导率与 Li 占位之间的关系的研究发现，锂离子仅占据四面体（24d）位置[76]。若 $Li_3Nd_3Te_2O_{12}$ 表现出极低的电导率（在 600℃时为 10^{-5}S/cm）和极高的活化能（1.22eV），则可推断占据四面体位点的 Li^+ 对离子迁移没有直接作用。采用固态核磁共振（NMR）研究 $Li_5La_3Nb_2O_{12}$ 中 Li^+ 的确切位置和动力学，发现八面体配位的 Li^+ 是唯一可移动的离子[77]。Cussen 等还使用中子衍射对 $Li_{5+x}Ba_xLa_{3x}Ta_2O_{12}$（$0<x<1.6$）进行研究，发现随 Li 含量的增加，Li 在四面体位置的占有率降低，而在八面体位置的占有率增加，使 Li 由主要分布于四面体位置（$x=0$）转变至主要分布于八面体位置（$x=1.6$）[78]。四面体和八面体是通过一个共用面连

接,因此 Li 同时占据相邻的多面体位置,不可避免地导致 Li-Li 间距减小。

目前,人们主要通过模拟与实验相结合的方法来研究锂离子迁移机制。Xu 等使用微动弹性带(NEB)方法,发现在富锂石榴石中,Li^+ 可以在四面体和八面体位点之间迁移[79]。由于 NEB 只能反映局部的 Li^+ 迁移行为,使用 MD 定量评估 Li^+ 集体迁移行为发现立方相 LLZO 中存在复杂的协调迁移机制[70]。

(2)提高石榴石型电解质离子电导率的策略

通过掺杂,降低 Li 含量或增加 Li 空位浓度可稳定高电导率的立方相结构。在固相合成 LLZO 的过程中,坩埚中的 Al^{3+} 会扩散进 $Li_7La_3Zr O_{12}$ 中,同价取代 Li^+,并产生 Li 空位,从而增加 Li 的亚晶格紊乱程度[80],使高温立方相的 LLZO 在室温下仍然能够稳定存在[81-85]。但目前仍没有确定 Al^{3+} 更倾向于占据何种 Li 位点(24d 四面体或 48g/96h 八面体 Li 位点)[81-87]。Düvel 等[81] 发现,随着 Al 含量的增加,Al^{3+} 会占据非 Li 阳离子位点。在烧结过程中,掺杂 Al^{3+} 或 Si^{4+} 有助于 LLZO 成立方相,获得致密的陶瓷,并提高锂离子电导率($6.8×10^{-4}$ S/cm)[88,89]。

Ga^{3+} 掺杂的 LLZO 同样可以在室温下以立方相稳定存在。在干燥的氧气氛围下烧结 LLZO,在 24℃下可以获得 $1.3×10^{-3}$ S/cm 的离子电导率。目前仍然没有确定 Ga^{3+} 在 LLZO 的晶格中如何分布。同样,其它高价阳离子掺杂物,如 Sb^{5+},Nb^{5+},Ta^{5+},Te^{6+} 和 W^{6+} 等,取代 Zr^{4+} 位点可以一定程度上提高 LLZO 的离子电导率[90-94]。掺杂 Ta^{5+}[92]、Te^{6+}[93] 可以使 LLZO 的离子电导率达到 $1.0×10^{-3}$ S/cm。然而,若同时用 Al^{3+} 替代 Li^+、Y^{3+} 或 Ba^{2+} 替代 La^{3+}、Ta^{5+}、Sb^{5+} 或 Te^{6+} 替代 Zr^{4+},电导率反而会下降。实验证实,除了掺杂 Al^{3+} 可使立方相 LLZO 在室温下稳定存在[84,95],在无 Al^{3+} 的 Ta^{5+} 掺杂立方相 LLZO 中,也可以在室温下保持稳定。立方相 LLZO 大约需要每个化学分子式单元 0.4~0.5 个 Li 空位来保持稳定[96,97]。这是因为在晶界中形成的纳米晶体 $LiAlSiO_4$ 能有效地降低晶界电阻[96,97]。

3.3
硫化物基锂离子导体

3.3.1 Thio-LiSICONs

Kanno 等通过用离子半径更大,更易极化的 S^{2-} 替换 LiSICON 中的氧化物离子,获得了 Thio-LiSICONs[98,99]。S^{2-} 的高极化率削弱了 Li^+ 与阴离子亚晶格的相互作用,从而导致硫化物中的锂离子电导率高于其它氧化物。硫化物电解质还具有很高的延展性,并且比氧化物具有更低的晶界电阻。因此可以通过冷压来实现与电极材料的良好接触,这使得制备大容量固态电池更加方便[100,101]。Thio-LiSICONs 中包含了通式为 $Li_x M_{1-y} M'_y S_4$ 的固溶体(M=Si 或 Ge;M'=P,Al,Zn,Ga 或 Sb),其离子电导率在 10^{-7}~10^{-3} S/cm 之间[99,102,103],其中 $Li_{4-x}Ge_{1-x}P_xS_4$ 的离子电导率最高($2.2×10^{-3}$ S/cm)。通过监测此类材料的原位结晶和相演变,研究了不同结构单元($P_2S_7^{4-}$ 或 PS_4^{3-})在玻璃态和晶体硫代磷酸锂(LPS)相中对电导率的影响[104,105]。具有正硫代磷酸酯单元的玻璃相具有最高的锂离子电导率、最低的活化能和良好的抗热分解性。以 PS_4^{3-} 为主要结构单元的玻璃态材料，通过 P-S-P 键连接，在高温下裂解形成 S 和 $Li_4P_2S_6$，从而丧失了其对锂离子传导的贡献。

3.3.2 LGPS 基电解质

2011 年，Kanno 的研究小组发现了一种新的硫化物 $Li_{10}GeP_2S_{12}$（LGPS），具有 $1.2×10^{-2}S/cm$ 的极高离子电导率，与目前销售的锂离子电池中使用的液态有机电解质相当，甚至更高。然而，$Li_{10}GeP_2S_{12}$ 的电化学窗口较窄[106]，与锂金属的界面稳定性较差[107]，Ge 丰度较低，制作成本较高，限制了其在电池中的应用。

(1) LGPS 基电解质离子传输机制

根据 NMR 扩散率的数据推断，$Li_{11}Si_2PS_{12}$ 在室温下的电导率极高，为 $2×10^{-2}S/cm$。但该相只能在压力下存在[108]。LGPS 的结构如图 3-4 所示，通过粉末衍射和 Rietveld 精修确定 LGPS［空间群 $P42/nmc$(137)］为四方结构[109]。四面体配位的 Li1（16h）和 Li3（8f）位点沿着 c 轴形成一维四面体链，而这些链之间八面体配位的 Li_2 位置对于离子传导没有作用。Mo 等进行的 MD 模拟为 LGPS 结构中这种高度各向异性扩散机制提供了支持[6]。Adams 等利用 MD 模拟发现在 (0, 0, 0.22) 处存在一个附加位点 (Li4)[110]。单晶结构分析确定在 [0, 0, 0.251 (2)] 处存在与 Li4 相似的位置，占有率为 0.81 (7)，并且具有较大的各向异性位移参数。Li4 位点的热椭圆体垂直于 c 轴排列，由 Li1 和 Li3 形成沿着 c 轴的连接通道，并提供额外的扩散路径[111]。用中子衍射研究与核密度图相结合的方法，验证了 Li^+ 在 LGPS 中是准各向同性扩散，确定了三个最主要的锂传输途径，分别沿＜001＞方向（Li3—[Li1—Li1]—Li3）和＜110＞（即在 $z=0$、1/4、1/2、3/4 处；Li4—[Li1—Li1]—Li4 和 Li3—[Li2—Li2]—Li3）。沿＜110＞方向的 Li3 和 Li2 路径之间的迁移点以及沿＜001＞方向先前确定的锂迁移通道显著影响了整体电导率。计算表明，随着温度的升高，Li4 位的占有率增加，连接了 Li4-Li1，提供了 3D 锂离子迁移网络[110]。最近，Kanno 小组[112] 报道的一种与 LGPS 结构相近的硫化物材料 $Li_{9.54}Si_{1.74}P_{1.44}S_{11.7}Cl_{0.3}$，具有很高的电导率（在 25℃时，$2.5×10^{-2}S/cm$）。迄今为止，其离子电导率在报道的锂离子导体中是最高的。Li 的各向异性热位移和核密度分布暗示了其具有三维（3D）迁移途径[102]。另一种与 LGPS 有关的材料 $Li_{9.6}P_3S_{12}$ 的电导率相对较低（在 25℃时，$7.2×10^{-3}S/cm$），但可在 0～5V 的窗口内保持稳定[112]。但是，目前

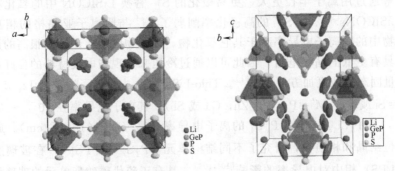

图 3-4 $Li_{10}GeP_2S_{12}$ 的结构示意图

还没找到合适的方法合成两种电解质的纯相。但是，使用这些新材料的全固态电池在循环稳定性等方面创造了纪录[112]。

(2) 提高 LGPS 基电解质离子电导率的策略

用 Si^{4+} 或 Sn^{4+} 替代 Ge^{4+}[108,113-116]，合成 $Li_{10}MP_2S_{12}$（M = Si^{4+}，Sn^{4+}）和 $Li_{10+\delta}M_{1+\delta}P_{2\delta}S_{12}$（M=$Si^{4+}$，$Sn^{4+}$）的离子电导率随 M 的变化而变化[117]，而 Si 和 Sn 体系的电导率低于 Ge。用较小的 Si^{4+} 取代 Ge^{4+}，会使锂离子扩散通道变窄，降低电导率，但用 Sn^{4+} 取代时，电导率也会降低，其原因尚不清楚。Zeier 的课题组[118]运用支配这种行为的结构-属性关系，结合声速测量法和电化学阻抗谱（EIS）进行研究，结果表明 Sn^{4+} 在 $Li_{10}Ge_{1-x}Sn_xP_2S_{12}$ 中的增加会使沿 z 方向的扩散通道更紧密，晶格柔软度增加，从而增强 Li^+ 和 S^{2-} 之间局部离子键的相互作用，增加激活势垒[118]。

3.3.3 硫银锗型

将卤化物添加到硫代磷酸盐中可提高准二元或准四元体系的电导率。硫银锗型电解质可以生成高温立方相也可生成低温正交相。硫银锗矿在立方高温（HT）相和斜方低温相均能结晶。卤素阴离子部分取代硫可以使其高温立方相在室温下保持稳定[119,120]，并且能够达到约 10^{-3} S/cm 的电导率[121]。Li_6PS_5X 的晶格框架以 PS_4^{3-} 为中心，剩余的硫占据 $4a$ 和 $4c$ 位。卤素仅取代 $4a$ 与 $4c$ 位的硫，并不取代 PS_4^{3-} 基团的硫[122]。Li^+ 位于 $48h$ 和 $24g$ Wyckoff 位置，其中 $24g$ 位置处于 $48h-48h$ 跃点之间的过渡状态。每个 $4c$ 位点围绕 12 个 $48h$ 位点，形成笼状结构[122]。

锂具有三种不同的迁移路径：$48h-24g-48h$，称为双峰跳跃；以及 $48h-48h$ 的笼内跳跃和笼子与笼子之间的笼间跳跃[120,122]。MD 模拟表明，笼内跳跃的低跳跃率限制了宏观扩散。用卤素取代硫后，通过电荷补偿引入了 Li 空位。卤素的分布决定 Li 空位的分布，从而决定局部锂离子扩散[120]。I^- 仅占据 $4a$ 位，Cl^-（或 Br^-）在 $4a$ 位（笼内）和 $4c$ 位（笼外）无序分布。此无序分布提高了 Li_6PS_5Cl 和 Li_6PS_5Br 的离子电导率。Si^{4+} 替代 P^{5+} 证明了 Li^+ 浓度和晶格参数的增加对离子电导率的影响，其电导率可以提高到 2.0×10^{-3} S/cm[123]。

3.4 新型硫代磷酸酯导体

近期报道了与上述电解质不同的新型锂离子硫代磷酸酯导体。其中采用溶剂合成法合成的 Li_4PS_4I 具有新的结构，室温离子电导率约为 10^{-4} S/cm[124]。与硫银锗型导体不同，其结构由锂离子和孤立的 PS_4^{3-} 四面体，排列成被 I^- 隔开且垂直于 c 轴的层。近期计算研究表明，该电解质的电导率有望提升至 10^{-2} S/cm 以上[125]。之前通过理论预测在 $Li_{1+2x}Zn_{1-x}PS_4$（LZPS；$x<0.5$）固溶体中存在的快锂离子导体于近期被实验证实[126]。结合中子衍射和同步辐射 X 射线粉末衍射的研究，母相 $LiZnPS_4$ 中的 Zn 部分取代产生过量间隙锂离子，并随 Li/Zn 比值的增加，间隙锂离子将对离子电导率产生影响。尽管母相的离子电导率高于理论预测值，但固溶体的电导率（1.3×10^{-4} S/cm）仍比计算值低两个数量级。这是由于制备所得到的物质存在高度亚稳态的"缺陷"。因此理论导电性较低，

且在晶界形成无定形副产物的材料无法实现真正结晶导电性。

近期在固溶体系统 $Li_{3-x}[Li_xSn_{1-x}S_2]$ 中发现了一系列快离子导电的硫化物固体电解质。$x=0.33$ 富 Li 电解质 Li_2SnS_3 晶体为层状 Na_2IrO_3 型结构（空间群 $C2/c$），其中 Li 分布在 Li/Sn 蜂窝状硫化物层内和之间[127]。Brant 等报道的 Li_2SnS_3 是一种快锂离子导体，室温电导率为 1.5×10^{-5} S/cm，在 100℃ 时电导率为 1.6×10^{-3} S/cm[128]。

在贫锂 $Li_2Sn_2S_5$ 中，只有 60% 层间通道的 Li 位被占据，因此与 Li_2SnS_3 相比，Li 更容易在 ab 面上扩散[129]。$Li_2Sn_2S_5$ 中的 Li 扩散途径从八面体（O）到四面体（T）到八面体（O）之间迁移（O—T—O），而不是像 Li_2SnS_3 中的纯 O—O 轨迹。该锂离子迁移途径可降低 Li 扩散的活化能（通过 ^{7}Li T1 弛豫时间测得 $Li_2Sn_2S_5$ 的活化能为 0.17eV，由阻抗谱确定 Li_2SnS_3 活化能为 0.59eV）。实际上，通过脉冲场梯度（PFG）NMR 测得 $Li_2Sn_2S_5$ 的 Li^+ 扩散率约为 10^{-7} cm^2/s，其体电导率约为 $\sigma_{NRM}=9.3\times10^{-3}$ S/cm。极化测量和阻抗谱结果与 PFG NMR 测量结果一致，晶界极限电导率为 1.2×10^{-4} S/cm，推断体电导率要大两个数量级（1.5×10^{-2} S/cm）。

3.5
卤化物电解质

3.5.1　Li_3InCl_6

为了弥补其它电解质在应用中的不足，人们把目光聚集到卤素电解质上。但大多数卤素电解质具有在室温下电导率低、在空气中不稳定、易发生结构相变等缺点，阻碍了卤素电解质的进一步发展[130]。近期，孙学良的团队报道了一种新型的卤素电解质，Li_3InCl_6，具有室温离子电导率高、热稳定性高、电化学窗口宽（＞4V）、易合成等优点，引起了人们的广泛关注[131]。

相较于其它卤素电解质，Li_3InCl_6 的合成方法简单、易于制备。以 LiCl 和 $InCl_3$ 为原料，用机械混合合成 Li_3InCl_6，离子电导率可达 8.4×10^{-4} S/cm，退火后离子电导率可达 1.49×10^{-3} S/cm[131]。同时，孙学良的团队报道了更为简单且易大量制备的合成方法，可用方程式表示为 $3LiCl+InCl_3 \xrightarrow{H_2O} Li_3InCl_6 \cdot xH_2O \xrightarrow{\triangle} Li_3InCl_6$[132]。在室温下通过该方法可合成高结晶度的 $Li_3InCl_6 \cdot xH_2O$，经过退火处理后，室温下离子电导率可达 2.04×10^{-3} S/cm[132]。

运用 Rietveld 精修与 DTF 计算证明，Li_3InCl_6 的空间群为 $C2/m$，具有单斜对称性[132]。Li_3InCl_6 的结构为扭曲的岩盐（LiCl）结构，一个 In^{3+} 取代三个 Li^+，并引入两个空位（V''）[132]。Li^+、In^{3+} 和 V'' 的比值为 3:1:2。V'' 分别占据 $4g$ 位（V''_{4g}）与 $2a$ 位（V''_{2g}），其中 V'_{4g} 与 In^{3+} 共同占据 $4g$ 位，V''_{4g} 的占有率为 47%[132]。DFT 计算表明，V''_{2g} 的形成能比 V''_{4g} 的形成能更低，且 V'' 在 Li_3InCl_6 的离子传导中起重要的作用[132]。

Li_3InCl_6 具有优异的性能，但其在空气中极易吸水形成 $Li_3InCl_6 \cdot xH_2O$，从而使离子电导率大大降低，限制了 Li_3InCl_6 的实际应用范围。通过在真空中再加热的方法，可

以重新获得 Li_3InCl_6，并使离子电导率得到一定程度的恢复，所以在应用过程中需要营造一个干燥的环境，以防止 Li_3InCl_6 离子电导率降低。

3.5.2 反钙钛矿型电解质

钙钛矿型材料具有很高的可修饰性，Zhao 等将锂离子取代钙钛矿结构 ABX_3 中的 X，用一价卤素离子取代 A，O 取代 B，得到富锂的反钙钛矿结构的电解质。反钙钛矿材料具有与常规钙钛矿相同的空间基团和相似的结构（立方相，$pm\overline{3}m$），但具有相反的阳离子和阴离子亚晶格。在 Li_3OX 反钙钛矿的结构中，X^- 占据立方体的顶点，O^{2-} 占据体心位置，锂离子在氧的周围构成八面体[133]。这种体心立方亚晶格中 Li^+ 排列能够使物质具有较高的离子电导率。例如，具有该结构的卤化物 Li_3OCl（图 3-5）在室温下电导率为 8.5×10^{-5} S/cm[134]。

（1）反钙钛矿型电解质的离子传输机制

对反钙钛矿的离子传输机制，人们做了广泛的研究。基于 DFT 计算，Zhang[135] 和 Eml[136] 等发现反钙钛矿（Li_3OCl、Li_3OBr 及其混合物）在热力学上处于亚稳态，玻璃化转变温度约为 150℃。MD 模拟显示，没有缺陷的反钙钛矿的离子电导率非常低，而存在锂空位和结构无序的反钙钛矿材料的活化能较低，离子电导率相对较高。Emly 等[136] 提出了一种集体跃迁机制，其势垒仅为 0.17eV，比空位主导锂离子迁移的活化能低约 50%。这种机制揭示了反钙钛矿活化能较低的原因是高锂间隙缺陷形成能，但难以解释其较高的离子电导率[136]。Mouta 等[137] 利用经典的原子模拟来计算 Li_3OCl 中 Li 空位和间隙的浓度。因为间隙（即 Frenkel 缺陷）形成所需要的能量非常高，导致其浓度降低了 6 个数量级，所以推测肖特基缺陷导致的空位可能是 Li_3OCl 中的电荷载流子。尽管空位迁移能（高于室温，为 0.3eV）大于间隙迁移能（0.133eV），但由于空位浓度明显较高，集体跃迁机制可能主导离子的传导。然而，因电荷补偿机制，在贫 LiCl 的材料中情况可能相反。Li 传输过程中，晶格动力学会导致进一步的无序。掺杂高价的阳离子，如 Ca^{2+}、Mg^{2+}、Ba^{2+} 等，会在阳离子亚晶格中形成 Li 空位，并降低 Li^+ 传导的活化能[133]。近期理论研究表明，电阻性晶界会降低多晶 Li_3OCl 的离子电导率（即晶界电导率比体电导率低约一个数量级）[123]。图 3-5 为 LiOCl 结构的一种表现形式。

最近，Li 等[138] 表示，合成的"Li_3OX"可能是 Li_2OHX。报告称，存在用 F^- 代替某些 OH^- 的可能性。所获得的 $Li_2(OH)_{0.9}F_{0.1}Cl$ 对锂稳定，电化学窗口可扩展至 9V。另外，Braga 等[139,140] 称，H^+ 的存在有利于非晶玻璃相的形成，且离子电导率非常高，超过 10^{-2} S/cm。

（2）提高反钙钛矿型电解质离子电导率的策略

通过化学取代的方式调控反钙钛矿结构，用离子半径更大的 Br^- 或 I^- 取代 Cl^-，或用二价阳离子取代 Li^+，使其离子电导率达到 10^{-3} S/cm 以上。如混合卤化物 $Li_3OCl_{0.5}Br_{0.5}$ 的电导率可达 1.94×10^{-3} S/cm[133,135,141]。这些材料具有电子电导率低（$10^{-9}\sim10^{-7}$ S/cm）[133]，电化学窗口宽（>5V，高于 Cl^- 的氧化电位）[133,135,141]，热稳定性高等特点，且对锂金属稳定[133]，但对水分高度敏感。

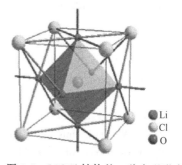

图 3-5 LiOCl 结构的一种表现形式

3.6 总结与展望

使用无机固体电解质可有望解决传统液态电池的安全性问题,发展高安全性锂电池是未来发展的趋势。因此制备离子电导率高、化学和电化学性稳定的固体电解质是固态锂电池走向实用化的关键。用锂金属作负极的固态电池需用高抗还原性的固体电解质,或用合适的膜对电解质进行保护。氧化物陶瓷电解质的总电导率在很大程度上取决于烧结条件、掺杂物、材料的相对密度和晶界的性质。碱式硫代磷酸盐基电解质通过冷压也可达到 $10^{-3} \sim 10^{-2}$ S/cm 的高电导率,但较强的吸湿性限制了其应用范围。与硫化物相比,大多数氧化物电解质对锂金属的电化学稳定性较差、离子电导率较低,但在空气中更稳定、更易于加工。晶态氧化物电解质的晶界电阻较大,通常比体电导率高几个数量级。当用锂金属作负极时,氧化物或磷酸盐电解质的组成中不应含如 Ti 或 Ge 等易被还原的元素。石榴石型电解质具有出色的导电性和很高的化学稳定性,是最有希望的氧化物晶体锂离子导体之一,但石榴石型电解质需要的烧结温度较高。在室温条件下,Li_3InCl_6 具有较高的离子电导率,但其在潮湿的空气中离子电导率会迅速降低,限制了其应用范围。充分认识无机固体电解质的优缺点,运用科学的方法消除无机固体电解质在实用化过程中的障碍,对我国能源领域的发展具有重大意义。

习 题

1. 请介绍固态电池的发展历史,并绘制技术路线。
2. 请介绍固态电解质的类型与优缺点。
3. 对于改善固态电解质的策略有哪些?

参 考 文 献

[1] Goodenough J B. Rechargeable batteries: Challenges old and new. J Solid State Electrochem, 2012, 16 (6): 2019-2029.

[2] Chandrashekar S, et al. 7Li MRI of Li batteries reveals location of microstructural lithium. Nat Mater, 2012, 11 (4): 311-315.

[3] Xu W, et al. Lithium metal anodes for rechargeable batteries. Energy Environ Sci, 2014, 7 (2): 513-537.

[4] Janek J, et al. A solid future for battery development. Nat Energy, 2016, 1 (9): 16141.

[5] Zhu Y, et al. First principles study on electrochemical and chemical stability of solid electrolyte-electrode interfaces in all-solid-state Li-ion batteries. J Mater Chem A, 2016, 4 (9): 3253-3266.

[6] Mo Y, et al. First principles study of the $Li_{10}GeP_2S_{12}$ lithium super ionic conductor material. Chem Mater, 2012, 24 (1): 15-17.

[7] Zhang W, et al. Interfacial processes and influence of composite cathode microstructure controlling the performance of all-solid-state lithium batteries. ACS Appl Mater Inter, 2017, 9 (21): 17835-17845.

[8] Koerver R, et al. Capacity fade in solid-state batteries: Interphase formation and chemomechanical processes in nickel-rich layered oxide cathodes and lithium thiophosphate solid electrolytes. Chem Mater, 2017, 29 (13): 5574-5582.

[9] Oudenhoven J F M, et al. All-solid-state lithium-ion microbatteries: A review of various three-dimensional concepts. Adv Energy Mater, 2011, 1 (1): 10-33.

[10] Baba M, et al. Fabrication and electrochemical characteristics of all-solid-state lithium-ion rechargeable batteries composed of $LiMn_2O_4$ positive and V_2O_5 negative electrodes. J Power Sources, 2001, 97-98: 798-800.

[11] Wang B, et al. Characterization of thin-film rechargeable lithium batteries with lithium cobalt oxide cathodes. J Electrochem Soc, 1996, 143 (10): 3203-3213.

[12] Seino Y, et al. A sulphide lithium super ion conductor is superior to liquid ion conductors for use in rechargeable batteries. Energy Environ Sci, 2014, 7 (2): 627-631.

[13] Brous J, et al. Rare earth titanates with a perovskite structure. Acta crystallographica, 1953, 6 (1): 67-70.

[14] Adachi G Y, et al. Ionic conducting lanthanide oxides. Chem Rev, 2002, 102 (6): 2405-2429.

[15] Abe M, Uchino K. X-ray study of the deficient perovskite $La_{23}TiO_3$. Mater Res Bull, 1974, 9 (2): 147-155.

[16] Inaguma Y, et al. Crystal structure of a lithium ion-conducting perovskite $La_{2/3-x}Li_{3x}TiO_3$ (x = 0.05). J Solid State Chem, 2002, 166 (1): 67-72.

[17] Yashima M, et al. Crystal structure and diffusion path in the fast lithium-ion conductor $La_{0.62}Li_{0.16}TiO_3$. J Am Chem Soc, 2005, 127 (10): 3491-3495.

[18] Ibarra J, et al. Influence of composition on the structure and conductivity of the fast ionic conductors $La_{2/3-x}Li_{3x}TiO_3$ ($0.03 \leqslant x \leqslant 0.167$). Solid State Ionics, 2000, 134 (3-4): 219-228.

[19] Zou Y, et al. Structure and lithium ionic conduction mechanism in $La_{4/3-y}Li_{3y}Ti_2O_6$. Ionics, 2005, 11 (5-6): 333-342.

[20] Fourquet J L, et al. Structural and microstructural studies of the series $La_{2/3-x}Li_{3x}\square_{1/3-2x}TiO_3$. J Solid State Chem, 1996, 127 (2): 283-294.

[21] Morata-Orrantia A, et al. New $La_{2/3-x}Sr_xLi_xTiO_3$ solid solution: Structure, microstructure, and Li^+ conductivity. Chem Mater, 2003, 15 (1): 363-367.

[22] Bohnke O, et al. Lithium ion conductivity in new perovskite oxides $[Ag_yLi_{1-y}]_{3x}La_{2/3-x}\square_{1/3-2x}TiO_3$ (x=0.09 and $0 \leqslant y \leqslant 1$). Chem Mater, 2001, 13 (5): 1593-1599.

[23] He L X, et al. Effects of B-site ion (M) substitution on the ionic conductivity of $(Li_{3x}La_{2/3-x})_{1+y/2}(M_yTi_{1-y})O_3$ (M=Al, Cr). Electrochim Acta, 2003, 48 (10): 1357-1366.

[24] Thangadurai V, et al. Effect of B-site substitution of (Li, La) TiO_3 perovskites by Di-, tri-, tetra- and hexavalent metal ions on the lithium ion conductivity. Ionics, 2000, 6 (1-2): 70-77.

[25] Morata-Orrantia A, et al. A new $La_{2/3}Li_xTi_{1-x}Al_xO_3$ solid solution: Structure, microstructure, and Li^+ conductivity. Chem Mater, 2002, 14 (7): 2871-2875.

[26] Chung H T, et al. Dependence of the lithium ionic conductivity on the B-site ion substitution in $(Li_{0.5}La_{0.5})Ti_{1-x}M_xO_3$ (M = Sn, Zr, Mn, Ge). Solid State Ionics, 1998, 107 (1-2): 153-160.

[27] Harada Y, et al. Lithium ion conductivity of polycrystalline perovskite $La_{0.67-x}Li_{3x}TiO_3$ with ordered and disordered arrangements of the A-site ions. Solid State Ionics, 1998, 108 (1-4): 407-413.

[28] Nakayama M, et al. Changes in electronic structure upon lithium insertion into the a-site deficient

perovskite type oxides (Li, La) TiO$_3$. J Phys Chem B, 2005, 109 (9): 4135-4143.

[29] Yang K Y, et al. Roles of lithium ions and La/Li-site vacancies in sinterability and total ionic conduction properties of polycrystalline Li$_{3x}$La$_{2/3-x}$TiO$_3$ solid electrolytes (0.21$\leqslant$3$x\leqslant$0.50). J Alloys Compd, 2008, 458 (1-2): 415-424.

[30] Mei A, et al. Role of amorphous boundary layer in enhancing ionic conductivity of lithium-lanthanum-titanate electrolyte. Electrochim Acta, 2010, 55 (8): 2958-2963.

[31] Geng H, et al. Effect of sintering temperature on microstructure and transport properties of Li$_{3x}$La$_{2/3-x}$TiO$_3$ with different lithium contents. Electrochim Acta, 2011, 56 (9): 3406-3414.

[32] Gao X, et al. Lithium atom and A-site vacancy distributions in lanthanum lithium titanate. Chem Mater, 2013, 25 (9): 1607-1614.

[33] Gao X, et al. Domain boundary structures in lanthanum lithium titanates. J Mater Chem A, 2014, 2 (3): 843-852.

[34] Ma C, et al. Atomic-scale origin of the large grain-boundary resistance in perovskite Li-ion-conducting solid electrolytes. Energy Environ Sci, 2014, 7 (5): 1638-1642.

[35] Moriwake H, et al. Domain boundaries and their influence on Li migration in solid-state electrolyte (La, Li) TiO$_3$. J Power Sources, 2015, 276: 203-207.

[36] Xu K. Nonaqueous liquid electrolytes for lithium-based rechargeable batteries. Chem Rev, 2004, 104 (10): 4303-4417.

[37] Chen K, et al. Improving ionic conductivity of Li$_{0.35}$La$_{0.55}$TiO$_3$ ceramics by introducing Li$_7$La$_3$Zr$_2$O$_{12}$ sol into the precursor powder. Solid State Ionics, 2013, 235: 8-13.

[38] Mei A, et al. Enhanced ionic transport in lithium lanthanum titanium oxide solid state electrolyte by introducing silica. Solid State Ionics, 2008, 179 (39): 2255-2259.

[39] Zhang H, et al. On the La$_{2/3-x}$Li$_3$xTiO$_3$/Al$_2$O$_3$ composite solid-electrolyte for Li-ion conduction. J Alloys Compd, 2013, 577: 57-63.

[40] Deng Y, et al. The preparation and conductivity properties of Li$_{0.5}$La$_{0.5}$TiO$_3$/inactive second phase composites. J Alloys Compd, 2009, 472 (1-2): 456-460.

[41] Goodenough J B, et al. Fast Na$^+$-ion transport in skeleton structures. Mater Res Bull, 1976, 11 (2): 203-220.

[42] Hong H Y P. Crystal structures and crystal chemistry in the system Na$_{1+x}$Zr$_2$Si$_x$P$_{3-x}$O$_{12}$. Mater Res Bull, 1976, 11 (2): 173-182.

[43] Giarola M, et al. Structure and vibrational dynamics of NASICON-type LiTi$_2$(PO$_4$)$_3$. J Phys Chem C, 2017, 121 (7): 3697-3706.

[44] Alami M, et al. Structure and thermal expansion of LiGe$_2$(PO$_4$)$_3$. J Solid State Chem, 1991, 90 (2): 185-193.

[45] París M A, et al. Lithium mobility in the NASICON-type compound LiTi$_2$(PO$_4$)$_3$ by nuclear magnetic resonance and impedance spectroscopies. J Phys Condens Matter, 1996, 8 (29): 5355-5366.

[46] Losilla E R, et al. Reversible triclinic-rhombohedral phase transition in LiHf$_2$(PO$_4$)$_3$: Crystal structures from neutron powder diffraction. Chem Mater, 1997, 9 (7): 1678-1685.

[47] Arbi K, et al. Dependence of ionic conductivity on composition of fast ionic conductors Li$_{1+x}$Ti$_{2-x}$Al$_x$(PO$_4$)$_3$, 0$\leqslant x\leqslant$0.7. A parallel NMR and electric impedance study. Chem Mater, 2002, 14 (3): 1091-1097.

[48] Catti M, et al. Lithium location in NASICON-type Li$^+$ conductors by neutron diffraction. I. Triclinic α′-LiZr$_2$(PO$_4$)$_3$. Solid State Ionics, 1999, 123 (1): 173-180.

[49] Aono H, et al. Electrochemical science and technology the electrical properties of ceramic electrolytes for $LiM_xTi_{2-x}(PO_4)_{3+y}Li_2O$, M = Ge, Sn, Hf, and Zr systems. J Electrochem Soc, 1993, 140 (7): 1827-1833.

[50] Chowdari B V R, et al. Ionic conductivity studies on $Li_{1-x}M_{2-x}M'_xP_3O_{12}$ (H = Hf, Zr; M' = Ti, Nb). Mater Res Bull, 1989, 24 (2): 221-229.

[51]. Shannon R D, et al. New Li solid electrolytes. Electrochim Acta, 1977, 22 (7): 783-796.

[52] Aono H, et al. Ionic conductivity of solid electrolytes based on lithium titanium phosphate. J Electrochem Soc, 1990, 137 (4): 1023-1027.

[53] Aono H, et al. Electrical properties and sinterability for lithium germanium phosphate $Li_{1+x}M_xGe_{2-x}(PO_4)_3$, M = Al, Cr, Ga, Fe, Sc, and in systems. Bull Chem Soc Jpn, 1992, 65 (8): 2200-2204.

[54] Monchak M, et al. Lithium diffusion pathway in $Li_{1.3}Al_{0.3}Ti_{1.7}(PO_4)_3$ (LATP) superionic conductor. Inorg Chem, 2016, 55 (6): 2941-2945.

[55] Aono H, et al. Ionic conductivity of the lithium titanium phosphate ($Li_{1+x}M_xTi_{2-x}(PO_4)_3$ M = Al, Sc, Y, and La) systems. J Electrochem Soc, 1989, 136 (2): 590-591.

[56] Kobayashi Y, et al. Ionic conductivity enhancement in $LiTi_2(PO_4)_3$-based composite electrolyte by the addition of lithium nitrate. J Power Sources, 1997, 68 (2): 407-411.

[57] Aono H, et al. Electrical property and sinterability of $LiTi_2(PO_4)_3$ mixed with lithium salt (Li_3PO_4 or Li_3BO_3). Solid State Ionics, 1991, 47 (3-4): 257-264.

[58] Xiong L, et al. LiF assisted synthesis of $LiTi_2(PO_4)_3$ solid electrolyte with enhanced ionic conductivity. Solid State Ionics, 2017, 309: 22-26.

[59] Fu J. Superionic conductivity of glass-ceramics in the system $Li_2O\text{-}Al_2O_3\text{-}TiO_2\text{-}P_2O_5$. Solid State Ionics, 1997, 96 (3-4): 195-200.

[60] Fu J. Fast Li^+ ion conducting glass-ceramics in the system $Li_2O\text{-}Al_2O_3\text{-}GeO_2\text{-}P_2O_5$. Solid State Ionics, 1997, 104 (3-4): 191-194.

[61] Thangadurai V, et al. Novel fast lithium ion conduction in garnet-type $Li_5La_3M_2O_{12}$ (M = Nb, Ta). J Am Ceram Soc, 2003, 86 (3): 437-440.

[62] Narayanan S, et al. Enhancing Li ion conductivity of garnet-type $Li_5La_3Nb_2O_{12}$ by Y- and Li-codoping: Synthesis, structure, chemical stability, and transport properties. J Phys Chem C, 2012, 116 (38): 20154-20162.

[63] Thangadurai V, et al. $Li_6ALa_2Nb_2O_{12}$ (A = Ca, Sr, Ba): A new class of fast lithium ion conductors with garnet-like structure. J Am Ceram Soc, 2005, 88 (2): 411-418.

[64] Thangadurai V, et al. $Li_6ALa_2Ta_2O_{12}$ (A = Sr, Ba): Novel garnet-like oxides for fast lithium ion conduction. Adv Funct Mater, 2005, 15 (1): 107-112.

[65] Percival J, et al. Synthesis and conductivities of the garnet-related Li ion conductors, $Li_5Ln_3Sb_2O_{12}$ (Ln = La, Pr, Nd, Sm, Eu). Solid State Ionics, 2008, 179 (27-32): 1666-1669.

[66] Murugan R, et al. Fast lithium ion conduction in garnet-type $Li_7La_3Zr_2O_{12}$. Angew Chem Int Ed, 2007, 46 (41): 7778-7781.

[67] Tan J, et al. Synthesis of cubic phase $Li_7La_3Zr_2O_{12}$ electrolyte for solid-state lithium-ion batteries. Electrochem Solid State Letters, 2012, 15 (3): A37-A39.

[68] Percival J, et al. Cation ordering in Li containing garnets: Synthesis and structural characterisation of the tetragonal system, $Li_7La_3Sn_2O_{12}$. Dalton Trans, 2009, (26): 5177-5181.

[69] Awaka J, et al. Neutron powder diffraction study of tetragonal $Li_7La_3Hf_2O_{12}$ with the garnet-related type structure. J Solid State Chem, 2010, 183 (1): 180-185.

[70] Jalem R, et al. Concerted migration mechanism in the Li ion dynamics of garnet-type $Li_7La_3Zr_2O_{12}$.

Chem Mater, 2013, 25 (3): 425-430.

[71] Awaka J, et al. Synthesis and structure analysis of tetragonal $Li_7La_3Zr_2O_{12}$ with the garnet-related type structure. J Solid State Chem, 2009, 182 (8): 2046-2052.

[72] Mazza D, et al. Remarks on a ternary phase in the $La_2O_3 Me_2O_5 Li_2O$ system (Me=Nb, Ta). Mater Lett, 1988, 7 (5-6): 205-207.

[73] Hyooma H, et al. Crystal structures of $La_3Li_5M_2O_{12}$ (M=Nb, Ta). Mater Res Bull, 1988, 23 (10): 1399-1407.

[74] Thangadurai V, et al. Crystal structure revision and identification of Li^+-ion migration pathways in the garnet-like $Li_5La_3M_2O_{12}$ (M=Nb, Ta) oxides. Chem Mater, 2004, 16 (16): 2998-3006.

[75] Cussen E J. The structure of lithium garnets: Cation disorder and clustering in a new family of fast Li^+ conductors. Chem Commun, 2006, (4): 412-413.

[76] O'Callaghan M P, et al. Structure and ionic-transport properties of lithium-containing garnets $Li_3Ln_3Te_2O_{12}$ (Ln=Y, Pr, Nd, Sm-Lu). Chem Mater, 2006, 18 (19): 4681-4689.

[77] van Wüllen L, et al. The mechanism of Li-ion transport in the garnet $Li_5La_3Nb_2O_{12}$. Phys Chem Chem Phys, 2007, 9 (25): 3298-3303.

[78] O'Callaghan M P, et al. Lithium dimer formation in the Li-conducting garnets $Li_{5+x}Ba_xLa_{3-x}Ta_2O_{12}$ ($0<x\leqslant 1.6$). Chem Commun, 2007 (20): 2048-2050.

[79] Xu M, et al. Mechanisms of Li^+ transport in garnet-type cubic $Li_{3+x}La_3M_2O_{12}$ (M = Te, Nb, Zr). Phys Rev B Condens Matter Mater Phys, 2012, 85 (5): 052301.

[80] Rangasamy E, et al. The role of Al and Li concentration on the formation of cubic garnet solid electrolyte of nominal composition $Li_7La_3Zr_2O_{12}$. Solid State Ionics, 2012, 206: 28-32.

[81] Düvel A, et al. Mechanosynthesis of solid electrolytes: Preparation, characterization, and li ion transport properties of garnet-type Al-doped $Li_7La_3Zr_2O_{12}$ crystallizing with cubic symmetry. J Phys Chem C, 2012, 116 (29): 15192-15202.

[82] Buschmann H, et al. Structure and dynamics of the fast lithium ion conductor "$Li_7La_3Zr_2O_{12}$". Phys Chem Chem Phys, 2011, 13 (43): 19378-19392.

[83] Geiger C A, et al. Crystal chemistry and stability of "$Li_7La_3Zr_2O_{12}$" garnet: A fast lithium-ion conductor. Inorg Chem, 2011, 50 (3): 1089-1097.

[84] Hubaud A A, et al. Low temperature stabilization of cubic ($Li_{7-x}Al_{x/3}$)$La_3Zr_2O_{12}$: Role of aluminum during formation. J Mater Chem A, 2013, 1 (31): 8813-8818.

[85] Li Y, et al. Ionic distribution and conductivity in lithium garnet $Li_7La_3Zr_2O_{12}$. J Power Sources, 2012, 209: 278-281.

[86] Rettenwander D, et al. DFT study of the role of Al^{3+} in the fast ion-conductor $Li_{7-3x}Al_{3+x}La_3Zr_2O_{12}$ garnet. Chem Mater, 2014, 26 (8): 2617-2623.

[87] Bernstein N, et al. Origin of the structural phase transition in $Li_7La_3Zr_2O_{12}$. Phys Rev Lett, 2012, 109 (20): 205702.

[88] Kotobuki M, et al. Fabrication of all-solid-state lithium battery with lithium metal anode using Al_2O_3-added $Li_7La_3Zr_2O_{12}$ solid electrolyte. J Power Sources, 2011, 196 (18): 7750-7754.

[89] Kumazaki S, et al. High lithium ion conductive $Li_7La_3Zr_2O_{12}$ by inclusion of both Al and Si. Electrochem Commun, 2011, 13 (5): 509-512.

[90] Ramakumar S, et al. Structure and Li^+ dynamics of Sb-doped $Li_7La_3Zr_2O_{12}$ fast lithium ion conductors. Phys Chem Chem Phys, 2013, 15 (27): 11327-11338.

[91] Ohta S, et al. High lithium ionic conductivity in the garnet-type oxide $Li_{7-x}La_3(Zr_{2-x}, Nb_x)O_{12}$ (x=0~2). J Power Sources, 2011, 196 (6): 3342-3345.

[92] Li Y, et al. Optimizing Li$^+$ conductivity in a garnet framework. J Mater Chem, 2012, 22 (30): 15357-15361.

[93] Deviannapoorani C, et al. Lithium ion transport properties of high conductive tellurium substituted $Li_7La_3Zr_2O_{12}$ cubic lithium garnets. J Power Sources, 2013, 240: 18-25.

[94] Wang D, et al. Toward understanding the lithium transport mechanism in garnet-type solid electrolytes: Li$^+$ ion exchanges and their mobility at octahedral/tetrahedral sites. Chem Mater, 2015, 27 (19): 6650-6659.

[95] Chen R J, et al. Effect of calcining and Al doping on structure and conductivity of $Li_7La_3Zr_2O_{12}$. Solid State Ionics, 2014, 265: 7-12.

[96] Inada R, et al. Synthesis and properties of Al-free $Li_{7-x}La_3Zr_{2-x}Ta_xO_{12}$ garnet related oxides. Solid State Ionics, 2014, 262: 568-572.

[97] Thompson T, et al. Tetragonal vs. cubic phase stability in Al-free Ta doped $Li_7La_3Zr_2O_{12}$ (LLZO). J Mater Chem A, 2014, 2 (33): 13431-13436.

[98] Kanno R, et al. Lithium ionic conductor thio-LISICON: the Li_2S-$GeS_{2-P}2S_5$ system. J Electrochem Soc, 2001, 148 (7): A742-A746.

[99] Kanno R, et al. Synthesis of a new lithium ionic conductor, thio-LISICON-lithium germanium sulfide system. Solid State Ionics, 2000, 130 (1): 97-104.

[100] Hayashi A, et al. Superionic glass-ceramic electrolytes for room-temperature rechargeable sodium batteries. Nat Commun, 2012, 3: 1843.

[101] Hayashi A, et al. Development of sulfide solid electrolytes and interface formation processes for bulk-type all-solid-state Li and Na batteries. Front Energy Res, 2016, 4: 00025

[102] Murayama M, et al. Synthesis of new lithium ionic conductor thio-LISICON - Lithium silicon sulfides system. J Solid State Chem, 2002, 168 (1): 140-148.

[103] Liu Z, et al. Anomalous high ionic conductivity of nanoporous β-Li_3PS_4. J Am Chem Soc, 2013, 135 (3): 975-978.

[104] Busche M R, et al. In situ monitoring of fast Li-ion conductor $Li_7P_3S_{11}$ crystallization inside a hot-press setup. Chem Mater, 2016, 28 (17): 6152-6165.

[105] Dietrich C, et al. Lithium ion conductivity in Li_2S-P_2S_5 glasses-building units and local structure evolution during the crystallization of superionic conductors Li_3PS_4, $Li_7P_3S_{11}$ and $Li_4P_2S_7$. J Mater Chem A, 2017, 5 (34): 18111-18119.

[106] Kato Y, et al. Discharge performance of all-solid-state battery using a lithium superionic conductor $Li_{10}GeP_2S_{12}$. Electrochem, 2012, 80 (10): 749-751.

[107] Wenzel S, et al. Direct observation of the interfacial instability of the fast ionic conductor $Li_{10}GeP_2S_{12}$ at the lithium metal anode. Chem Mater, 2016, 28 (7): 2400-2407.

[108] Kuhn A, et al. A new ultrafast superionic Li-conductor: Ion dynamics in $Li_{11}Si_2PS_{12}$ and comparison with other tetragonal LGPS-type electrolytes. Phys Chem Chem Phys, 2014, 16 (28): 14669-14674.

[109] Kamaya N, et al. A lithium superionic conductor. Nat Mater, 2011, 10 (9): 682-686.

[110] Adams S, et al. Structural requirements for fast lithium ion migration in $Li_{10}GeP_2S_{12}$. J Mater Chem, 2012, 22 (16): 7687-7691.

[111] Kuhn A, et al. Single-crystal X-ray structure analysis of the superionic conductor $Li_{10}GeP_2S_{12}$. Phys Chem Chem Phys, 2013, 15: 11620.

[112] Kato Y, et al. High-power all-solid-state batteries using sulfide superionic conductors. Nat Energy, 2016, 1 (4): 16030.

[113] Bron P, et al. $Li_{10}SnP_2S_{12}$: An affordable lithium superionic conductor. J Am Chem Soc, 2013, 135 (42): 15694-15697.

[114] Whiteley J M, et al. Empowering the lithium metal battery through a silicon-based superionic conductor. J Electrochem Soc, 2014, 161 (12): A1812-A1817.

[115] Kato Y, et al. Synthesis, structure and lithium ionic conductivity of solid solutions of $Li_{10}(Ge_{1-x}M_x)P_2S_{12}$ (M=Si, Sn). J Power Sources, 2014, 271: 60-64.

[116] Ong S P, et al. Phase stability, electrochemical stability and ionic conductivity of the $Li_{10\pm1}MP_2X_{12}$ (M=Ge, Si, Sn, Al or P, and X=O, S or Se) family of superionic conductors. Energy Environ Sci, 2013, 6 (1): 148-156.

[117] Sun Y, et al. Superionic conductors: $Li_{10+\delta}[Sn_ySi_{1-y}]_{1+\delta}P_{2-\delta}S_{12}$ with a $Li_{10}GeP_2S_{12}$-type structure in the Li_3PS_4-Li_4SnS_4-Li_4SiS_4 quasi-ternary system. Chem Mater, 2017, 29 (14): 5858-5864.

[118] Krauskopf T, et al. Bottleneck of diffusion and inductive effects in $Li_{10}Ge_{1-x}Sn_xP_2S_{12}$. Chem Mater, 2018, 30 (5): 1791-1798.

[119] Deiseroth H J, et al. Li_7PS_6 and Li_6PS_5X (X: Cl, Br, I): Possible three-dimensional diffusion pathways for lithium ions and temperature dependence of the ionic conductivity by impedance measurements. Z Anorg Allg Chem, 2011, 637 (10): 1287-1294.

[120] de Klerk N J J, et al. Diffusion mechanism of Li argyrodite solid electrolytes for Li-ion batteries and prediction of optimized halogen doping: the Effect of Li vacancies, halogens, and halogen disorder. Chem Mater, 2016, 28 (21): 7955-7963.

[121] Pan H, et al. Room-temperature stationary sodium-ion batteries for large-scale electric energy storage. Energy Environ Sci, 2013, 6 (8): 2338-2360.

[122] Kraft M A, et al. Influence of lattice polarizability on the ionic conductivity in the lithium superionic argyrodites Li_6PS_5X (X=Cl, Br, I). J Am Chem Soc, 2017, 139 (31): 10909-10918.

[123] Dawson J A, et al. Atomic-scale influence of grain boundaries on Li-ion conduction in solid electrolytes for all-solid-state batteries. J Am Chem Soc, 2018, 140 (1): 362-368.

[124] Sedlmaier S J, et al. Li_4PS_4I: A Li^+ superionic conductor synthesized by a solvent-based soft chemistry approach. Chem Mater, 2017, 29 (4): 1830-1835.

[125] Sicolo S, et al. Diffusion mechanism in the superionic conductor Li_4PS_4I studied by first-principles calculations. Solid State Ionics, 2018, 319: 83-91.

[126] Richards W D, et al. Design of $Li_{1+2x}XZn_{1-x}PS_4$, a new lithium ion conductor. Energy Environ Sci, 2016, 9 (10): 3272-3278.

[127] Kuhn A, et al. A facile wet chemistry approach towards unilamellar tin sulfide nanosheets from $Li_{4x}Sn_{1-x}S_2$ solid solutions. J Mater Chem A, 2014, 2 (17): 6100-6106.

[128] Brant J A, et al. Fast lithium ion conduction in Li_2SnS_3: Synthesis, physicochemical characterization, and electronic structure. Chem Mater, 2015, 27 (1): 189-196.

[129] Holzmann T, et al. $Li_{0.6}[Li_{0.2}Sn_{0.8}S_2]$-a layered lithium superionic conductor. Energy Environ Sci, 2016, 9 (8): 2578-2585.

[130] Manthiram A, et al. Lithium battery chemistries enabled by solid-state electrolytes. Nat Rev Mater, 2017, 2 (4): 16103.

[131] Li X, et al. Air-stable Li_3InCl_6 electrolyte with high voltage compatibility for all-solid-state batteries. Energy Environ Sci, 2019, 12 (9): 2665-2671.

[132] Li X, et al. Water-mediated synthesis of a superionic halide solid electrolyte. Angew Chem, 2019, 58 (46): 16427-16432.

[133] Braga M H, et al. Novel Li$_3$ClO based glasses with superionic properties for lithium batteries. J Mater Chem A, 2014, 2 (15): 5470-5480.

[134] Zhao Y, et al. Superionic conductivity in lithium-rich anti-perovskites. J Am Chem Soc, 2012, 134 (36): 15042-15047.

[135] Zhang Y, et al. Ab initio study of the stabilities of and mechanism of superionic transport in lithium-rich antiperovskites. Phys Rev B Condens, 2013, 87 (13): 93-96.

[136] Eml A, et al. Phase stability and transport mechanisms in antiperovskite Li$_3$OCl and Li$_3$OBr superionic conductors. Chem Mater, 2013, 25 (23): 4663-4670.

[137] Mouta R, et al. Concentration of charge carriers, migration, and stability in Li$_3$OCl solid electrolytes. Chem Mater, 2014, 26 (24): 7137-7144.

[138] Li Y, et al. Fluorine-doped antiperovskite electrolyte for all-solid-state lithium-ion batteries. Angew Chem Int Ed, 2016, 55 (34): 9965-9968.

[139] Braga M H, et al. Alternative strategy for a safe rechargeable battery. Energy Environ Sci, 2017, 10 (1): 331-336.

[140] Braga M H, et al. Glass-amorphous alkali-ion solid electrolytes and their performance in symmetrical cells. Energy Environ Sci, 2016, 9 (3): 948-954.

[141] Wang Y, et al. Design principles for solid-state lithium superionic conductors. Nat Mater, 2015, 14 (10): 1026-1031.

4
锂-空气电池

当今时代，电化学储能技术日新月异，出现了诸多新型高能电池体系，如锂离子电池、锂-硫电池和锂-空气电池等[1]。其中，锂-空气电池由于其极高的理论比能量（3500W·h/kg，基于放电产物过氧化锂），引起了学术界和产业界的广泛关注，并成为研究热点[2]。

4.1 锂-空气电池的组成

与所有电池体系类似，锂-空气电池主要由正极、电解质和负极三部分组成。电池工作时，负极发生锂金属的沉积/溶解反应；正极发生氧气/过氧化锂转换反应。负极金属锂具有很强的还原性，易与电解质发生反应；正极反应中间产物如超氧离子、超氧化锂具有很强的氧化性，能氧化电解质、正极材料等[3]。本节将介绍锂-空气电池的正极、电解质和负极。

4.1.1 正极

锂-空气电池正极一般是由导电基底、催化剂和黏结剂三部分组成。最近有研究报道，这三者之中的某一组分可以兼具其它组分的功能，从而替代该组分。例如：自支撑的电极结构可以免去黏结剂；具有一定催化性能的导电基底可以省去催化剂等[4]。

当电池放电时，空气中的氧气在正极表面被还原，生成过氧化锂。正极需充当氧气扩散通道并存储放电产物，所以正极基底多为具有一定比表面积和多孔结构的导电材料，如炭黑 Super-P 等[5]。电池的比容量与基底的表面积和孔径密切相关。表面积越大，相应的电化学活性位就越多，在放电过程中能更快、更多地生成产物，从而达到较大的电流密度和放电容量。但是表面积不是唯一的影响因素，多孔电极的孔径大小也很重要。较大的比表面积（$>1000m^2/g$）往往是由一些微孔提供的。然而当孔径小至微孔级时，也会导致一些问题，如电解质中的氧气和锂离子等传输会受限，孔的入口容易被放电产物堵塞，使得孔内的电化学活性位点无法被利用，成为无效的孔结构。反之，孔径太大也存在问题，如基底比表面积有限，难以提供足够的电化学反应位点，导致电池只能进行小倍率放电，电池的功率密度和能量密度都会降低。所以，只有控制合适的表面积和孔径，才能获得理想的比容量和放电倍率。目前，关于电极孔道结构缺乏系统性的研究，只有一些相关的模拟计算，对该问题的认知还不全面。当前，较优的方案是通过构建分级孔道结构来实现不通孔径孔道的合理分布，其中大孔负责反应物的快速传质过程，小孔负责提供比表面积和电化学活性位点[5]。

由于碳电极表面氧气还原和析出的反应动力学慢，易造成较大的过电势，锂-空气电池常常采用催化剂来降低过电势。目前所用催化剂一般分为两种：异相催化剂（例如 MnO_2、RuO_2、Pt 等）[6]和均相催化剂（例如 LiI、$RuBr_3$ 等氧化还原媒介体分子）[7]。过去十年间，大部分关于锂-空气电池的研究集中在催化剂的制备和应用方面，但是直至今日，对各类催化剂的性能表征还缺乏广泛认可的统一标准。目前，催化剂性能通过电池循环时的容量和过电位来描述。但是电池的容量、过电位和循环性能受到诸多因素影响，因此很难真正体现出催化剂的性能。与燃料电池相比，锂-空气电池中目前对于催化剂的机理研究相对较少，也缺乏关键实验证据，难以指导催化剂的性能表征。另外，催化剂种类繁多，其催化机制也有所不同，为研究带来困难。

黏结剂用来黏结基底和催化剂，常用的黏结剂包括聚四氟乙烯（PTFE）、聚偏氟乙烯（PVDF）、聚环氧乙烷（PEO）、羧甲基纤维素（CMC）等。在选用黏结剂时除了考虑其黏结效果外，还要注意其化学稳定性及电化学稳定性。近年来，有一些研究采用自支撑的电极结构（例如碳纤维构成的多孔电极等），可以不用黏结剂[8]。还有报道指出，在正极中加入导电聚合物（例如 PTMA 等），既可以充当黏结剂，又可以作为催化剂[9]。

4.1.2 负极

锂-空气电池一般采用金属锂作负极，因为锂电位相对最负 [$E_{Li^+/Li}$ = -3.04V (vs. NHE)]，密度小且比容量高（3860mA·h/kg）[10]。但金属锂的化学性质活泼，易与电解质中的溶剂和阴离子发生反应。金属锂和电解质接触时表面会自发反应生成 SEI 膜（solid electrolyte interface）[11]。在锂的沉积与溶解过程中，锂离子必须穿过 SEI 膜。电池充电时，锂离子从电解质透过 SEI 膜沉积在锂表面，锂电极会逐渐向 SEI 膜方向凸起，直至凸起突破 SEI 膜应变极限后，SEI 膜破裂。随后，SEI 膜缺口处新暴露的锂与电解质直接接触，并反应生成新的 SEI 膜弥补缺口。随着锂的不断沉积，SEI 膜断裂重新生长的过程也不断进行，从而形成如图 4-1 所示的锂枝晶。一方面，锂枝晶在放电过程中可能会从底部溶解，脱离负极基底形成"死锂"，造成负极材料和容量的损失。另一方面，锂枝晶还可能刺穿隔膜，造成电池内部短路并导致电池自燃等危险。电池放电时，锂离子从负极穿过 SEI 膜离开负极，会使得金属锂表面发生内凹。而金属锂内凹的程度与电流密度大小相关。低电流密度时，锂表面溶解少，所以锂的内凹程度较小，并不会造成 SEI 膜的断裂。但电流密度较大时，锂表面溶解量大，锂的内凹程度会达到 SEI 膜的应变极限，导致 SEI 膜断裂，断裂处的金属锂暴露在电解

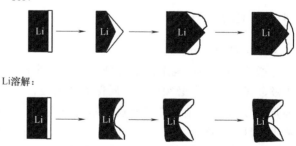

图 4-1 锂电极在沉积和溶解过程中的形变和衰变示意图

质中，发生副反应，形成新的 SEI 膜。

综上，在锂的沉积/溶解过程中，上述副反应会造成金属锂和电解质的损失和贫化，最终导致电池劣化。除此以外，锂电极上电流分布不均匀，不仅会导致锂枝晶生长从而引起电池内部短路，而且还会造成电极表面局部电流密度上升，引发电池热失控。所以，对负极锂的保护很重要，常用的手段是在锂表面覆盖一层较稳定的锂离子导体，例如可以使用一层固态电解质（如 LiPON）来保护负极金属锂[12]。

锂-空气电池正极使用氧气作为活性物质，而氧气可能透过隔膜到达锂负极，因此，正极反应也会对负极产生影响。和其它锂电池相比，锂-空气电池存在其特有的问题和挑战。如在锂-空气电池中，由于氧气穿过电解液到达负极，醚类电解液在锂负极上的还原分解反应，明显不同于在锂离子电池石墨负极表面的反应，生成有大量的 LiOH。通过 XRD 和 FTIR 技术对锂-空气电池的放电过程进行表征发现，这些 LiOH 主要的来源是 O_2 从正极穿梭至负极后，参与锂负极和电解液反应而生成的，只有极少部分是由电解液中含有的水分导致[13]。

集流体也与锂金属负极的性能密切相关，这类研究在锂离子电池的负极研究中已有基础，锂-空气电池可以借鉴。铜箔是目前广泛使用的负极集流体，因为它具有良好的延展性和导电性。但锂沉积在此类二维平面基底上时，倾向于不均匀分布，容易导致 SEI 的破裂和枝晶生长。对此，Yang 等通过自组装以及后续的脱水和还原反应，获得了一种具有亚微米纤维骨架和高表面积的 3D 铜基负极[14]。由于亚微米纤维上有许多突起的尖端，增加了用于成核和生长的反应位点，从而可以容纳足够的锂，并且在电流密度 $0.2mA/cm^2$ 条件下循环 600h 后，锂在铜箔上的沉积/溶解过程的过电压仍然保持在 50mV 以内。此外，Liu 等报告了一种多孔、柔性且电化学稳定的聚甲基丙烯酸甲酯涂层包覆的二氧化硅颗粒（SiO_2@PMMA）[15]。将这种核-壳纳米球作为锂金属上的保护层时，纳米球中的纳米孔道保证了循环过程中锂离子的输运，而且抑制了锂枝晶的生长。SEM 研究表明，在涂层之下的锂沉积均匀。由于 SiO_2 和 PMMA 的协同作用，电池的库仑效率和比容量都明显提高。Zhang 等通过磁控溅射技术在锂表面覆盖多孔碳涂层，发现多孔碳涂层可以有效抑制锂枝晶的生成，但是如果碳层太厚会致使锂离子传输受阻[16]。

当然，也可以用其它材料取代锂，如硅负极等。硅负极目前在锂离子电池中已取得广泛应用，但是在锂-空气电池中的研究不多，除了体积变化大，其稳定性也存在一定问题。在基础研究中，经常使用磷酸亚铁锂作为对极，其在氧气氛围下能稳定地脱嵌锂离子，不会像铂对极产生溶剂分解副反应。因此常用于半电池中氧气正极反应机理研究，可以在一定程度上规避锂负极保护的问题，但磷酸亚铁锂电位较高，不适合与空气正极组成全电池。

4.1.3 电解质

4.1.3.1 液态电解质

锂-空气电池中的电解液常常分为水系和非水系电解液。在水系电解液中，由于水会与负极金属锂反应，必须使用介质保护锂负极，例如：LiSICON、LATP、LAGP 等固态电解质[17]。由于目前固态电解质技术尚未成熟，还有很多问题尚未解决。同时采用固态电解质（目前厚度为 $100\sim150\mu m$），会大大提升电池成本并降低电池能量密度，因此较理想的情况是避免采用固态电解质和水系电解液。目前也有一些研究采用高浓度锂盐的电解液如盐包水，即通过降低水分子的活度来抑制水的反应，但是目前此类研究还处于初级阶段[18]。基于非质子溶剂的锂-空气电池的能量密度相对较高，所以，以下着重介绍非质子性电解液。

有机碳酸酯类电解液在锂离子电池中应用广泛、性能优异，所以锂-空气电池研究初期采用的也是碳酸酯类电解液，包括：碳酸丙烯酯（PC）、碳酸乙烯酯（EC）、碳酸二甲酯（DMC）等[19]。但后来通过对放电产物和电解液的研究发现，碳酸酯类电解液在放电时受到超氧化物中间体和过氧化物的进攻而严重分解，放电产物主要是碳酸锂和有机羧酸锂，而非预期产物过氧化锂[20]。产生的碳酸锂电导率低，比过氧化锂更难分解，其热力学分解电位高达 3.8V，实际分解电压也在 4V 以上，所以常常会导致充电过程极化大、动力学慢、库仑效率低和副反应严重等问题[2,3]。

取代碳酸酯类的电解液必须要有较宽的电化学窗口，对放电中间产物 O_2^-/LiO_2 以及放电产物 Li_2O_2 具有化学稳定性，并且不易挥发。据此，人们发现以醚类、（亚）砜类、酰胺和离子液体等为溶剂的电解液能较好地满足电解液稳定的条件，并且还能使放电产物 Li_2O_2 在充电时较高效地分解，从而使锂-空气电池的循环寿命得到提高[21]。随着研究的深入，研究人员发现供电数（donor number，DN）高的溶剂对中间产物超氧化物的溶剂化程度更高，对放电容量、放电功率和循环性都有帮助，但是更强的溶剂化也延长了超氧化物中间体的寿命，进而引起更多的副反应。而低供电数的溶剂则相反，所以如何能既提升电化学性能又能避免副反应是一个两难的困境，下文将会详细介绍。

随着电池循环，电解液不可避免地发生分解，程度也逐渐加剧。一旦电解液分解殆尽，或者电解液分解产生的碳酸锂等绝缘副产物在循环过程中不断积累在电极表面，导致电极钝化，就会使充放电无法再进行。除了放电过程中中间产物进攻电解液造成的副反应，充电过程也存在副反应。Wandt 等[22] 用原位电子顺磁共振谱（EPR）证明了在过氧化锂 Li_2O_2 分解时会生成单线态氧 $^1O_2$，而单线态氧是锂-空气电池中副反应的主要引发物，会加速电解液的分解。

综上，稳定性对锂-空气电池至关重要。目前的研究一方面集中于寻找更为稳定的电解液体系，包括改进现有电解液从而提高稳定性；另一方面则注重从各方面提高电解液体系的稳定性，例如降低中间产物的活性等。

4.1.3.2 固态电解质

锂-空气电池电解质研究要考虑四个问题：稳定性、锂离子电导率、界面相容性和安全性。固态电解质既能传导锂离子，又能充当隔膜有效隔绝空气中的 CO_2、H_2O 等对负极的腐蚀，对锂负极提供保护，同时本身具有阻燃性，所以能有效解决上述问题。近年来，固态电解质是锂离子电池研究领域的热点，相关的报道也很多，但是对于电解质的离子导电性、稳定性和界面相容性始终难以解决。此外，锂-空气电池中的固态电解质还必须对 O_2 还原中间产物超氧化物 O_2^-/LiO_2 具有电化学稳定性，对金属锂具有化学稳定性。但由于固态电解质与两极之间的浸润性差、接触界面阻抗大且锂离子电导率低，导致其能量效率和电流密度很低。早在 1987 年，Semkow 等就提出了半固态锂-空气电池，来解决界面相容性的问题[23]。

半固态锂-空气电池是在固态电解质与两极之间添加液态电解质作为缓冲层，一方面可以避免金属锂与固态电解质之间直接反应；另一方面解决浸润性差的问题，使得锂离子的传导率增大。一般半固态锂-空气电池基于两种传导机理：一种是在负极和固态电解质之间添加熔融盐层如 LiF、LiCl 和 Li_2O 三元熔盐[23]，此时 Li^+ 从负极传到熔盐层，O^{2-} 从正极经固态电解质传至熔盐层，与 Li^+ 结合生成最终产物 Li_2O；另一种是在固态电解质与两极之间分别添加缓冲层如聚环氧乙烷（PEO）、锂盐和 Li_2O 的混合物[24]，此时 Li^+ 从负极经缓冲层和固态电解质到达正极，在正极与 O_2 反应生成放电产物 Li_2O_2。Zhou 课题组提出了不使用缓冲层的全固态锂-空气电池，在正极制备时直接将正极和固态电解质 $Li_{1+x}Al_yGe_{2-y}(PO_4)_3$（LAGP）粉体混合并热压在一起，从而为复合正极提供足够的锂离子电导率[25]。不过，这样的简单热压处理难以避免充放电过程中正极体积变化导致的界面接触脱离问题。目前报道的固态锂-空气电池的电流密度不超过 $2mA/cm^2$，所以仍然需要进一步研究和创新[26]。

4.2 充放电反应机理

锂-空气电池根据电解液不同可以分为水系和非水系锂-空气电池。非水系锂-空气电池的理论比能量最大，相关研究最多。非水系锂-空气电池充放电过程基于氧气和过氧化锂之间的相互转化：放电时氧气被还原生成过氧化锂（即 ORR）；充电时过氧化锂被氧化成氧气（即 OER）。但鉴于副反应的发生（如电解液分解生成比 Li_2O_2 更难分解的 Li_2CO_3 等），所以实际情况较复杂，此处不做详细介绍，有兴趣的读者可参考 Peng 等关于锂-空气电池中 Li_2CO_3 的生成和分解的综述[3]。

4.2.1 放电

基于非质子溶剂体系的锂-空气电池充放电过程依靠的是 Li_2O_2 的可逆生成和分解。放电时，如图 4-2 中的路径 I 所示，O_2 从多孔正极通过扩散进入电解液，在正极表面得到 1 个电子生成吸附态超氧离子 $O_{2(ad)}^-$。$O_{2(ad)}^-$ 与电解液中的 Li^+ 结合生成中间产物 LiO_2，随后发生歧化或者进一步被电还原成 Li_2O_2。其中的一些细节取决于电解液组成和电极电位，例如：中间产物超氧离子和 LiO_2 是吸附态还是溶剂化的，歧化过程与第二步还原哪个占主导。虽然许多细节尚未明晰，但实验证据表明随着溶剂的 DN 值增大，Li^+ 溶剂化程度增大，那么最终放电产物主要为算珠状（toroid）的 Li_2O_2，该路径称为溶液相反应路径。在 DN 值较小的溶剂中，则 Li^+ 趋向于与吸附态 $O_{2(ad)}^-$ 直接在正极表面结合成 $LiO_{2(ad)}$，随后通过歧化反应或者电还原生成薄膜状的 Li_2O_2，称为表面反应路径。两条路径相互竞争，同时进行，难以完全避免其中之一。表面反应路径中，产生的 Li_2O_2 会不断在多孔正极表面沉积，形成薄膜状 Li_2O_2，并最终会钝化正极，并阻塞 O_2 扩散通道，使放电终止。而溶液相路径则避免了该弊端，可以实现较大的放电容量。所以，我们倾向寻找到高 DN 值的有机溶剂，通过提高 Li^+ 的溶剂化程度，使 Li_2O_2 通过溶液相路径生成。

近年来，醚类（如 DME、TEGDME）、亚砜类（DMSO）等溶剂在锂-空气电池中广泛使用。鉴于在高 DN 值的电解液中，高反应性的中间产物 LiO_2 寿命更长，所以高 DN 值的溶剂更易受 LiO_2 攻击而发生分解反应，影响电池的循环性能。最近有报道发现在

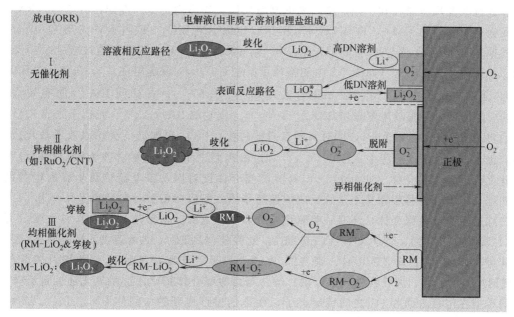

图 4-2 非质子溶剂锂-空气电池在三种条件下的放电机理示意图

LiO_2 歧化过程中会生成单线态氧气 $^1O_2$，单线态氧的反应性很强，易进攻电解液，使电解液分解[22,27]。因此，如果能减少超氧根的歧化，抑制单线态氧的生成，则可以进一步提升电池的稳定性[27]。

锂-空气电池的平衡电位在 2.96V，然而实际放电平台一般在 2.7V 左右，过电位接近 300mV。为了减少放电过程的过电位，研究者在正极引入了异相催化剂（如 RuO_2），如图 4-2 中的 II 所示。通过调控 O_2^- 在催化剂表面的吸附能，使它更易脱附扩散至溶液中，即形成 $O_{2(sol)}^-$，并在溶液中与 $Li_{(sol)}^+$ 结合形成 $Li_2O_{2(sol)}$[28]。此外，Xu 等发现在 CNT 的缺陷位上沉积固态催化剂时，能有效避免碳正极表面与电解液和放电产物 Li_2O_2 的直接接触，从而在一定程度上缓解了电解液分解导致的副反应[29]。

异相催化剂并不能改善中间产物 LiO_2 对电解液的破坏，且在循环过程中 LiO_2 等中间产物还会攻击异相催化剂，使其失活。目前由于异相催化剂的种类繁多，对于催化剂的反应机制研究还不深入，虽然对于反应机理有一些假设，但往往对于反应中间产物缺少关键实验证据。另外，不同催化剂可能具有不同的反应机理，都需要单独研究。目前对于催化剂性能的表征主要考察电池表观上的循环性能，包括放电容量、放电电位、充电电位、库仑效率等。然而，电池表观上的循环性能难以体现催化剂的真实催化能力。由于电池的实际循环性能受到诸多因素的影响，催化剂只是其中之一。尤其是充电催化剂还涉及过氧化锂和催化剂之间的固/固界面接触问题，除了催化剂本身的催化能力，实际的充电电流也还受到接触电阻、浸润性、分散度、黏结剂和导电剂组分比例优化、过氧化锂表面杂质等诸多因素的影响。甚至，在实际的电池充放电过程中，催化剂本身的催化能力可能并不是主要影响因素。所以，在异相催化剂表征方面还有许多系统研究工作需要完善。当前，亟需一套广泛认可的测试程序，使不同研究之间的催化剂能够进行横向比较。

除了异相催化剂，研究人员还可以使用均相催化剂，又称氧化还原媒介体（redox mediator，即 RM），来解决异相催化剂中最棘手的固/固界面问题[7]。放电过程中，RM

可以通过改变反应路径和中间产物，来抑制副反应，提高稳定性。例如，放电时，RM 先在正极表面还原为 RM^-，再与 Li^+ 和 O_2 结合生成 $RM-LiO_2$（或者 RM 先与 O_2 结合再被还原），$RM-LiO_2$ 作为一个新的反应中间体，取代了 LiO_2，其可以通过歧化反应或者第二步还原生成 Li_2O_2（如图 4-2 中的路径Ⅲ所示）。Owen 课题组在 0.3mol/L LiTFSI＋BMPTFSI 电解液中加入了 2m mol/L 乙基紫精（EtV^{2+}），并证明 EtV^{2+} 能有效促进 Li_2O_2 的形成，并将放电容量增加到 2~3 倍[30]。电池放电时，EtV^{2+} 先被还原成 EtV^+，然后再与 O_2 反应形成 LiO_2，同时实现自身的再生。LiO_2 再被进一步还原或者歧化成最终产物 Li_2O_2。在此过程中，EtV^+ 在 O_2 和电极表面之间来回穿梭并作为媒介传输电子，因此又称为穿梭媒介体（shuttle）。但是此类媒介体仅对第一步电荷转移步骤提供帮助，然而第一步电荷转移步骤并不是总反应的速控步骤，所以实际上对容量的提升有限。

除了这类穿梭媒介体，还有一些氧化还原媒介体 RM_{dis} 被报道，包括 2，5-二叔丁基-1，4-苯醌（DBBQ）、辅酶 Q10（CoQ 10）、酞菁铁（FePC）、2-苯基-4，4′，5，5′-四甲基咪唑啉-3-氧代-1-氧（PTIO）、聚（2，2，6，6-四甲基哌啶基氧基-4-甲基丙烯酸酯）（PTMA）、$RuBr_3$、原卟啉铁（血红素）等。与穿梭媒介体相比，这些氧化还原媒介体并非简单地在电极表面和 O_2 之间传递电子，而是通过形成新的中间体 $RM_{dis}-LiO_2$ 以替代原中间体 LiO_2 进行反应，从而促进放电性能的提高。Gao 等将 DBBQ 用作 RM_{dis} 时，能使容量增加 80~100 倍[31]。放电时，DBBQ 首先被还原成 LiDBBQ，然后再与 O_2 结合生成新的中间体 $LiDBBQO_2$，随后 $LiDBBQO_2$ 通过歧化或者与另一个 LiDBBQ 反应生成 Li_2O_2，同时实现自身再生。Peng 课题组证明了辅酶 Q10（CoQ 10），一种生物分子氧化还原媒介体，通过相似的机制，形成一种新的中间体 $LiCoQ_{10}O_2$，使得锂-空气电池的容量较之前提高 40~100 倍[32]。此外，PTIO 和 PTMA 作为稳定的自由基，能表现出与 DBBQ 类似的效果，也可以用作 RM。Xu 等报道了还原态的 PTIO 能和氧气结合形成配合物，该配合物进一步还原生成 Li_2O_2[33]。

这里需要注意穿梭媒介体与氧化还原媒介体的区别[7]。前者只充当电子的传递者，并不与 O_2 结合，中间产物依然是具有强攻击性的 LiO_2。因此，它仅催化了第一步电荷转移步骤，加快了 LiO_2 向 Li_2O_2 的转化，但是这一步通常并不是速控步骤。实际电池中发现，虽然穿梭媒介体减小了极化，在一定程度上增大了放电电流，但是后续反应的速度依然是瓶颈。同时，由于 LiO_2 寿命较短，大量的 LiO_2 来不及扩散离开电极表面，最终还是有部分 Li_2O_2 很快在正极表面成膜钝化正极，所以放电容量只有小幅提高。但氧化还原媒介体的反应机理完全不同，一方面，它能够通过与氧气分子结合形成新的中间体 $RM_{dis}-LiO_2$，而新的中间体 $RM_{dis}-LiO_2$ 比 LiO_2 更稳定，副反应相对较少；另一方面，它加快的是 O_2 向 $RM-LiO_2$ 的转化，同时减慢了 $RM-LiO_2$ 向 Li_2O_2 的转化，使得 $RM-LiO_2$ 有足够的时间扩散至远离电极表面，在溶液中形成 Li_2O_2 固体产物，减缓了 Li_2O_2 在电极表面的成膜钝化过程。整个放电过程中，反应界面不仅仅局限在电极表面的亥姆霍兹层，而是扩大到整个 RM_{dis} 扩散层，大大提升了放电反应的整体动力学速率。在该过程中，放电容量也提升了 1~2 个数量级，氧气的传输成为瓶颈。不过，$RM-LiO_2$ 向 Li_2O_2 的转化也不宜太慢，否则媒介体会在正负极之间穿梭，造成电池内部短路和自放电。所以，一个高效的氧化还原媒介体催化剂不仅需要满足稳定性的要求，还要能够与 O_2 结合形成新的中间产物 $RM-LiO_2$，并且中间产物的有效扩散距离适中。

4.2.2 充电

通过 SEM、PXRD 和 FTIR 检测技术可以证实,放电产物 Li_2O_2 在充电过程中分解消失了。Li_2O_2 在充电过程中的分解可能通过两种不同的途径进行:

$$Li_{2n}O_{2n} \longrightarrow Li^+ + e^- + Li_{2n-1}O_{2n} \tag{4-1}$$

$$2Li_{2n-1}O_{2n} \longrightarrow Li_{4n-2}O_{4n-2} + O_2 \tag{4-2}$$

或

$$Li_2O_2 \longrightarrow 2Li^+ + 2e^- + O_2 \tag{4-3}$$

第一种是单电子路径,即 Li_2O_2 先单电子氧化脱去锂离子生成 $Li_{2n-1}O_{2n}$[式(4-1)],类似于锂离子电池嵌入脱出材料的脱锂过程,随后亚稳态的 LiO_2($Li_{2n-1}O_{2n}$)歧化生成 O_2[式(4-2)]。第二种是两电子路径,Li_2O_2 直接通过电化学反应发生两电子分解[式(4-3)]。通过第一种路径分解时的过电势低于第二种路径。目前,充电过电势的具体来源尚不明确,但无论如何,Li_2O_2 的低电导率是一重要原因(电子电导率约 10^{-21} S/cm)[34]。所以与算珠状的 Li_2O_2 颗粒相比,Li_2O_2 膜与正极表面的固-固接触更好,接触电阻更小,有利于电子传输,从而被氧化。但随着反应的进行,Li_2O_2 与电极基底接触的地方会优先反应分解,使得固-固接触变差,以至于接触电阻和充电过电势增大,进而引发一系列副反应,如电解液分解、碳正极分解等。这些副反应会产生 Li_2CO_3 等沉积物,而 Li_2CO_3 的电导率比 Li_2O_2 低 2~3 个数量级,从而使充电过电势进一步增加,陷入电解液分解—副产物钝化电极—过电势增大的恶性循环中。近年来有一些原位电镜研究观测到了 Li_2O_2 的分解过程,但是大多是基于固态电解质和较高的充电电压(8~10V),高电压可能会引发一些平时不易发生的副反应,并且会改变一些竞争反应之间的关系,因而并不能代表真实体系中的充电过程[35]。

溶液中的 Li_2O_2(通常为算珠状)完全氧化分解会比较困难,反应动力学较慢,需要通过加入催化剂来解决这一问题。在充电时,若采用异相催化剂如 RuO_2/CNT,会发现在 CV 曲线上有至少三个部分重叠的氧化峰,其对应的电压值分别为 3.35V、3.72V 和 3.90V。其中 3.35V 可能对应 Li_2O_2 表面通过单电子转移生成了超氧化物 $Li_{2n-1}O_{2n}$[式(4-1)],3.72V 对应的是 Li_2O_2 内部通过单电子路径氧化生成 O_2[式(4-2)],而 3.90V 被认为是 Li_2O_2 的直接两电子转移过程[式(4-3)]。相比之下,纯 CNT 上 Li_2O_2 的两电子氧化电位高达 4.25V,比 RuO_2 催化剂下的最高氧化电位(3.90V)也要高不少,所以,RuO_2 被认为是一种有效的催化剂[28]。

除了 Li_2O_2 的氧化动力学慢,Li_2O_2 和电极表面之间的固-固接触电阻较大,对充电过电势也有很大的贡献,但具体的比例目前还未见详细报道。可以使用均相催化剂,即 RM_{char},在 Li_2O_2 和电极之间传递电子,从而有效地降低充电过电势[36]。RM_{char} 的反应机理如下:

$$RM_{char} - e^- \longrightarrow RM_{char}^+ \tag{4-4}$$

$$Li_{2n}O_{2n} + RM_{char}^+ \longrightarrow Li_{2n-1}O_{2n} + RM_{char} + Li^+ \tag{4-5}$$

$$Li_{2n-1}O_{2n} + RM_{char}^+ \longrightarrow Li_{2n-2}O_{2n-2} + RM_{char} + O_2 + Li^+ \tag{4-6}$$

首先,RM_{char} 在正极氧化为 RM_{char}^+[式(4-4)],随后 RM_{char}^+ 扩散到 Li_2O_2 表面,与之相接触并氧化 Li_2O_2,生成 O_2 和 RM_{char}[式(4-5)和式(4-6)]。在减小极化的同

时，实现了 RM_{char} 的再生，使其循环使用。在使用 RM_{char} 时，需要注意电池隔膜的性能优化，以阻止 RM_{char} 穿过隔膜。否则 RM_{char} 穿过隔膜后，抵达负极，会导致电池内部短路电流等问题。值得注意的是，虽然使用 RM_{char} 有效降低了充电过电势，不过，此时的充电平台只是代表 RM_{char} 到 RM_{char}^+ 的氧化反应，不能代表 Li_2O_2 的分解。真正的充电反应，即 Li_2O_2 的分解需要用其它手段（如 DEMS）来验证。也正是如此，充电平台的电位取决于 RM_{char} 的氧化电位，如果后续 RM_{char}^+ 氧化 Li_2O_2 的动力学快的话，会促进 RM_{char} 的氧化反应，因此，充电平台会略低于 RM_{char} 的氧化电位。总之，仅凭借充电曲线很难对 Li_2O_2 分解的动力学进行（半）定量的分析和比较。近期有报道通过测逼近曲线的方法测量 RM_{char}^+ 氧化 Li_2O_2 的反应动力学常数[37]。

目前对充电过程的机理的研究尚不深入，存在较多空白。因为充电时依赖不同的放电产物，放电产物不同则充电过程也就各不相同，所以这也是充电机理难以统一的最大原因，这也为催化剂的研发带来重重阻碍。

4.3 原位表面增强拉曼光谱（SERS）研究锂-空气电池反应原理

目前，关于锂-空气电池的放电充电反应机理，还有很多认识不足的地方。对于反应的中间体的鉴定，原位 SERS 是一个很好的工具。相比于原位 XRD 和原位 DEMS，原位 SERS 响应速度快、灵敏度高、受电解液影响小，可以原位实时地观察中间产物的生成和消失过程，对于反应机理的认识有很大帮助，是研究锂-空气电池基础化学必不可少的表征技术。

4.3.1 原位 SERS 简介

1928 年印度物理学家 Raman（拉曼）发现了光的非弹性散射现象，它可以用来探测分子的振动，并进一步提供分子水平丰富的结构信息，但是其灵敏度较低[38]。1974 年，Fleischmann 等观察到在粗糙的银电极上的表面增强效应[39]，随后研究人员发展了表面增强拉曼光谱技术（SERS），大大提高了检测灵敏度，克服了拉曼光谱固有的低灵敏度问题，可以实现单分子水平检测[40]。但拉曼信号的增强严重依赖于基底的特定形态和光学特性，只有当贵金属（Au、Ag 和 Cu）作为 SERS 活性基底时，拉曼信号才能表现出增强效应[41]。当表面形貌粗糙度在 10~200nm 范围内时，拉曼信号的增强效果达到最强[42]。与 FTIR 光谱相比，SERS 提供了尖锐的峰值信号，更容易识别。原位 SERS 能对电池运行过程中的各个界面进行无损检测，近年来在电池领域得到广泛应用。例如：SERS 能现场监测电极表面的反应过程和固态电解质膜（SEI）的结构特征及其形成过程。在锂-空气电池中，使用原位 SERS 可以清楚地识别出与 Li^+ 有相互作用和没有相互作用的超氧根离子[43]。

在锂-空气电池的原位 SERS 实验中，常常使用倒置共聚焦拉曼显微镜来聚焦激光束并收集拉曼散射信号。倒置显微镜在操作台上方提供了一个开放的工作空间，用于搭建各种自制装置和电池模具。倒置显微镜允许入射激光穿透光谱电化学池底部的光学窗口到达工作电极的表面（如图 4-3 所示），散射光也通过同一物镜收集。因此，物镜的收集效率（NA 值）很关键，NA 值越大，物镜效果越好。此外，也可以使用光纤拉曼光谱仪器，这类装置比倒置显微镜更灵活，也便于接入手套箱系统等特殊环境。然而，光纤拉曼的灵敏度和信号强度不如显微拉曼。同时，普通光纤不能提供电极表面的光学图像，因此很难将激光光斑聚焦在电极表面感兴趣的位置。SERS 原位测量通常使用基于三电极电池设计的玻璃电解池，便于清洗。电解池可以根据实际需要进行修改，通常，为了最大程度地减少对电极和参比电极对光谱信号的干扰，研究人员使用烧结多孔玻璃将对电极和参比电极与工作电极分开，避

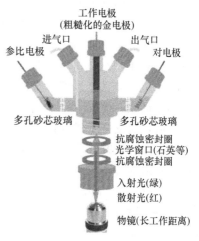

图 4-3 原位 SERS 实验装置示意图

免对电极产生的副产物对光谱信号的干扰。拉曼电池在手套箱内部组装，在手套箱外部开展谱学研究，因此需要采用耐有机溶剂密封圈（带特氟龙涂层的密封圈）保证装置气密性，同时防止某些腐蚀性溶剂（如二甲亚砜）对密封圈的腐蚀。工作电极尽量垂直安装，电极表面浸没于电解液内，电极表面与光学窗口（通常是蓝宝石和石英）之间尽可能留有间隙（>2mm），以免影响传质，具体的距离受限于物镜工作距离。激光光源的选择基于电极材料，如金电极通常采用 633nm 和 785nm 的激光源。高功率的激光可能会破坏中间体和产物，甚至改变电化学反应路径，因此，实际操作中通常降低功率激光并延长信号采集时间。

4.3.2 放电反应路径

非质子电解质中的 ORR 反应已经研究了数十年，然而，其中的电化学反应机理尚未完全明晰。通常，在放电时，锂-空气电池的正极会进行两电子还原反应：$O_2 + 2Li^+ + 2e^- \longrightarrow Li_2O_2$，此总反应包含以下几个步骤：

$$O_2 + e^- \longrightarrow O_2^- \tag{4-7}$$

$$O_2^- + Li^+ \longrightarrow LiO_2 \tag{4-8}$$

$$LiO_2 + Li^+ + e^- \longrightarrow Li_2O_2 \tag{4-9}$$

$$2LiO_2 \longrightarrow Li_2O_2 + O_2 \tag{4-10}$$

首先通过单电子过程将 O_2 还原为 O_2^- [式 (4-7)]，随后 O_2^- 与 Li^+ 结合形成 LiO_2 [式 (4-8)]。LiO_2 是不稳定中间体，寿命短且易歧化。LiO_2 可以被进一步还原 [式 (4-9)] 或自身歧化生成 Li_2O_2 [式 (4-10)]。这两者的竞争 [式 (4-9) 和式 (4-10)] 受到电解液和电极电势的影响。尽管传统的软硬酸碱（HSAB）理论可以部分解释上述 ORR 机理，但是缺乏 O_2^-/LiO_2 中间体的关键实验证据。另外，软硬酸碱的定义模糊，对 O_2^- 和 O_2^{2-} 的软硬度难以定量，也没有考虑溶剂对软硬度的影响，难以预测实验结果。

2011 年，Peng 等[43]报道了反应中间体的直接光谱学证据，使用原位 SERS 对乙腈电解液体系中锂-空气电池的放电机理进行了深入研究。他们通过控制工作电极电位，使

得氧气在不同的电位下还原,并记录不同时刻的 SERS 光谱,直接证实了中间产物 O_2^- 和 LiO_2 和最终产物 Li_2O_2。具体实验过程如下:首先,在开路电压下收集 SERS 光谱作为基线,以识别电解液相关谱峰;然后,控制电极电位至 2.2V(vs. Li^+/Li,以下提到的电位均为对 Li^+/Li),发生氧气还原反应(ORR),此时 SERS 光谱上在 1137cm^{-1} 和 808cm^{-1} 处出现两个新峰,分别对应于 LiO_2 和 Li_2O_2。LiO_2 的峰在维持了几分钟后逐渐减小并消失,而 Li_2O_2 的信号仍然存在。该结果证实 LiO_2 不稳定,会通过化学歧化进一步反应,这支持了式(4-7)、式(4-8)和式(4-10)的反应机理。

随后,有研究发现,LiO_2 既可以在电极表面形成,记为 LiO_2^*(*表示吸附状态),也可以在电解液中形成,记为 $LiO_{2(sol)}$,两者比例受到 Li^+ 和 O_2^- 在溶剂中的溶解度和溶剂供电数(donor number, DN)的影响。Bruce 等研究了不同 DN 值溶剂中的 ORR 机理[44]。通过选取 DN 值在 14~47 之间的四种溶剂(1-甲基咪唑,$DN=47$;DMSO,$DN=30$;DME,$DN=20$;CH_3CN,$DN=14$),研究了溶剂和电位两者对反应过程的影响。在 DMSO 和 1-甲基咪唑高供电数溶剂中,在较小过电势下,SERS 观察到了 O_2^{-*} 和 Li_2O_2,但未观察到 LiO_2^*(表面超氧化物种),在中高过电势下,O_2^{-*} 的峰在出现后的几分钟内逐渐降低,同时 Li_2O_2 的峰增高。这些结果表明,在高 DN 溶剂中,超氧化物中间体主要存在于溶液中[$LiO_{2(sol)}$],并非以吸附态的形式生成,超氧化物在溶液中进一步歧化为 Li_2O_2,所以将该路径称为溶液相路径。在低供电数溶剂(如乙腈)中,在 ORR 的起始电位下能同时检测到表面 LiO_2^* 和 $Li_2O_2^*$,但未能检测到 O_2^{-*}。并且,LiO_2^* 的峰出现后迅速消失,表明 LiO_2^* 迅速转化为 $Li_2O_2^*$。电位越低,LiO_2^* 转化为 $Li_2O_2^*$ 的速率越快,几分钟后仅能检测到 $Li_2O_2^*$。因主要反应在电极表面发生,所以该路径称为表面路径,而低 DN 溶剂的放电过程主要是通过表面路径进行。

综上所述,放电时,在高供电数溶剂中,在高电压(过电势较小)下,Li_2O_2 通过溶液相路径生成;在低电压(过电势较大)下,Li_2O_2 通过表面路径生成。而在低供电数溶剂中,表面路径主导整个放电过程。

4.3.3 充放电的反应位点

尽管非质子型锂-空气电池具有极高的理论比能量,但由于充电时的过电势大,能量效率很低。为了有效地减小充电中的过电势,了解 Li_2O_2 的充电分解反应机理至关重要,尤其是反应的活性位点的识别。例如:在充电时 Li_2O_2 的氧化分解究竟是发生在正极-Li_2O_2 界面还是在 Li_2O_2-电解质界面。

为此,Peng 等结合同位素标记技术进行了原位 SERS 测试[45]。在放电机理的研究中,原位 SERS(与同位素标记技术结合使用)既能提供化学信息又能提供反应位置信息。使用粗糙化 Au 电极,在 0.1mol/L $LiClO_4$ 的 $^{16}O_2$ 饱和 DMSO 电解质中,进行恒电流放电/充电循环(200$\mu A/cm^2$),收集不同电势下的 SERS 光谱。SERS 结果表明,$Li_2^{16}O_2$ 的 SERS 信号仅保持在充电的起始电位附近,随后消失。在氧化分解一半容量的 $Li_2^{16}O_2$ 后,电极又在 $^{18}O_2$ 氛围下接着恒电流放电沉积 $Li_2^{18}O_2$。在这个过程中,SERS 只观察到 $Li_2^{18}O_2$,而没有观察到 $Li_2^{16}O_2$,这证明了正极-Li_2O_2 界面是氧气析出反应(OER)的初始反应位点。该结论与 Li_2O_2 薄膜的直接电导率测量结果一致[46]。

此外，Peng 等还在 $^{18}O_2$ 环境下以 $100\mu A/cm^2$ 的电流密度将 Au 平板电极放电使其表面钝化覆盖一层 3.8nm 厚的 $Li_2^{18}O_2$ 薄膜[45]。放电结束时，用 $^{16}O_2$ 完全替换电解池中溶解的 $^{18}O_2$，然后将 Au 电极在 $^{16}O_2$ 气氛下继续放电。SERS 光谱显示，随着时间逐渐推移，电极表面缓慢生成 $Li_2^{16}O_2$，且拉曼信号逐渐增强，而 $Li_2^{18}O_2$ 信号逐渐减小。5h 后，$Li_2^{18}O_2$ 的光谱信号完全被 $Li_2^{16}O_2$ 取代。因为 SERS 对电极表面的物种比较敏感，而 Li_2O_2 膜厚度约为几个纳米，膜的外表面对 SERS 信号贡献很小。因此，SERS 信号主要来自于电极表面上的物种（即 Au 电极/Li_2O_2 界面），而不是 Li_2O_2 膜/电解液界面。因此，氧气还原反应（ORR）的反应位点在 Au 电极-Li_2O_2 界面处，Li^+ 和 O_2 缓慢地沿 Li_2O_2 膜缺陷输运到达反应界面。

4.4 锂-空气电池的进展和挑战

4.4.1 正极

锂-空气电池的空气正极具有较大空隙体积和多孔结构，以供 O_2 扩散和容纳放电产物。通常，空气正极是由碳和黏结剂组成的，并在此基础上负载催化剂。氧还原反应（ORR）和氧气析出反应（OER）都在此发生。虽然碳材料在 3.5V 以下相对稳定，但是活泼的 Li_2O_2 也会和碳与黏结剂发生一系列副反应。随着循环的进行，副产物积累，进而增大极化并导致容量迅速衰减。对此，研究人员采用了多种措施来优化正极结构以减小极化。

第一种是通过负载异相催化剂（例如各种纳米粒子）来降低充电过电势，常用的催化剂种类繁多，包括但不局限于贵金属或过渡金属及其氧化物、碳化物、氮化物、磷化物、钙钛矿和 MOFs 等。例如：2012 年，Nazar 课题组发现 Co_3O_4 能够通过减小 Li_xO_2 等在充放电过程中的结合能来促进其表面传输，进而使得充电电势降低到 3.8V 以下[47]。第二种是使用自支撑结构的金属电极，省去黏结剂和碳，这样就能规避碳正极和黏结剂分解的问题。其中最典型的就是 Bruce 等于 2012 年提出的纳米多孔金作为正极材料[48]。纳米多孔金孔道内的高指数晶面具有很好的催化效果，能降低充放电的过电势。第三种是在碳正极的表面上包覆一层惰性材料以实现碳正极的物理隔离，避免活性中间产物和电解液接触碳电极。与第一种方式不同的是，这里的隔离层自身并不起催化作用。例如：把 Al_2O_3 沉积在碳正极的缺陷上，从而阻止了四乙二醇二甲醚（TEGDME）与碳正极相接触，进而在一定程度上减小了电极的分解[49]。此外，Jung 等设计了一种导电 In_2O_3 涂层，并将其修饰自支撑碳正极，结果发现 In_2O_3 涂层不仅能抑制碳正极和 Li_2O_2 之间的副反应，还能为纳米线形貌的 Li_2O_2 提供许多成核位点[50]。当然，除了负载无机材料外，有机聚合物也可以作正极包覆材料，例如聚酰亚胺（PI），聚（3,4-乙撑二氧噻吩）（PEDOT）和聚苯胺（PANI）等。以 PI 为例，Lee 等将 PI 包裹在碳纳米管（CNT）电极上，SEM 和 FTIR 等表征发现，甲酸锂和乙酸锂等副产物被抑制[51]。而且，在 1mol/L LiTFSI/TEGDME 的电解液体系中以同等条件充放电，发现与无 PI 包覆的 CNT 相比，有 PI 包覆的 CNT 容量提高了两倍。但对于 PEDOT，虽然它也能发挥和 PI 相同的作用，但是它易受氧气反应中间体的攻击，从而分解形成砜基，使共轭链受损，降低电子传导性[52]。

除了以上三种方法，研究人员还进行了多种尝试。例如，引入光催化剂，在充电时进行光电协同催化，或者将锂离子电池的充放电过程和锂-空气电池的充放电过程串联等，提高电池的反应温度至150℃等。单从减小充电过电势考虑，可以尝试将放电产物改为饱受争议的 LiO_2，因为其充电电势较低，约 $3.5V$ [53]。

4.4.2 负极

锂-空气电池的负极是金属锂，金属锂负极的库仑效率和枝晶生长一直限制着其应用。而锂-空气电池中的氧气、微量的二氧化碳和水分会加剧锂的腐蚀[54]。此处着重介绍如何通过控制氧气的穿梭效应以减小金属锂的副反应。例如，可在空气正极端加一层透氧膜，该透氧膜可以阻隔空气中的二氧化碳和水分[54]。水的去除较为简单；但是二氧化碳的分子动力学半径比氧气小，通过尺寸效应来实现分离比较困难。虽然目前工业上有一些商用二氧化碳分离膜（例如纤维素膜），但是这类分离膜只适用于二氧化碳浓度较高的情况，对于空气环境中低浓度的二氧化碳难以实现分离。而高温氧离子导体分离膜难以适用于室温的锂-空气电池。对于进入电池内部参与反应的氧气，为了防止它扩散到负极，可以在负极表面加一个保护层或者形成一层高质量 SEI[55]，该保护层除了能隔绝氧气以外，还能阻隔氧化还原媒介体的穿梭效应，避免了电池的自放电和内部短路问题。

4.4.3 电解液

超氧离子具有强碱性、强亲核性和氧化性。对于常见的醚类电解液，超氧离子作为强碱会优先攻击电解液溶剂分子的 β-H，造成电解液的分解。所以为了增强醚类溶剂 β-H 对超氧离子的稳定性，Nazar 课题组通过甲基取代 DME 溶剂分子上的氢（β 位）合成了一种含醚的配合离子液体电解质（表示为 DMDMB）[56]。此外，他们发现 DMDMB 分子可以与双三氟甲基磺酰亚胺锂（LiTFSI）盐形成一种新型的单相配合物（[(DMDMB)$_2$Li] TFSI）。在这种配合物中，Li^+ 能与两个 DMDMB 分子的四个氧和 TFSI$^-$ 阴离子的一个氧牢固结合，类似于溶剂化的离子液体，使得副产物甲酸锂减少了 80% 以上。与 DME 电解液相比，DMDMB 电解液没有生成乙酸锂等典型的电解液分解产物。KO_2 与溶剂之间的化学反应也显示出 DMDMB 对 O_2^- 的稳定性高。此外，DEMS 结果显示，电解液分解主要副产物 CO_2 减少了 88%（DME 和 DMDMB 分别为 $0.872\mu mol$ 和 $0.101\mu mol$）。当 DMDMB 电解质与稳定的 TiC 正极组装锂-空气电池时发现，在 DMDMB 电解质中锂-空气电池的循环寿命增加了一倍。Feng 等设计了一类特殊的电解液，主要包括三种化合物：N-丁基-N, N, N-三甲基磺酰胺（BTMSA），N, N-二甲基-三氟甲磺酰胺（DMCF$_3$SA）和 N-丁基-N-甲基-三氟甲磺酰胺（BMCF$_3$SA）[57]。针对超氧根的强碱性、强亲核性和氧化性，在设计电解液时考虑避开：①容易发生脱氢反应的 C—H；②容易发生亲核反应的基团；③容易发生电化学氧化的结构。实验测得，在 DMCF$_3$SA 电解液中放电生成的 Li_2O_2 产率和在 TEGDME 电解液中相近。此外，通过对放电结束后的电解液进行 FTIR、^{1}H-NMR 等测试发现，电解液组分经过放电后没有明显的可溶性副产物生成，说明这三种电解液具有一定的抗氧化能力，在放电过程中具有较高的稳定性。另外，He 等发现电解液的浓度也会影响电解液的稳定性，将电解质浓度从 1mol/L 增加到3mol/L，可以保护DME电解质免受氧还原物质的攻击[58]。因为，在高浓度电解质中，溶剂的活度更低，溶质和溶剂之间的结合更加紧密，导致溶剂分子在结构上产生了很大不同，从而增大了C—H键破裂的活化能，也提高了溶剂分子对氧还原中间产物的抵抗能力。

选择电解液时，除了考虑氧气正极外，还需要考虑锂负极的可逆性。最近有研究报道，聚阴离子电解液在锂负极表面可以形成一层稳定的SEI，阻止氧气等物质与锂负极反应，延长电池的循环寿命[59]。Peng课题组采用了一种基于聚阴离子液体（PILs）的混合电解质，其中包含高度解离的LiFSI作为盐以及四乙二醇二甲醚（TEGDME）和聚［N，N-二甲基-N-［2-（甲基丙烯酰氧基）乙基］-N-［2-（2-甲氧基乙氧基）乙基］双（氟磺酰基）亚胺盐（P［$C_5O_2N_{MA,11}$］FSI）作为溶剂[59]。在Li|Li对称电池中，使用LiFSI-TEGDME和LiFSI/P［$C_5O_2N_{MA,11}$］FSI-TEGDM分别作为电解液，两个电池分别在Ar和O_2的气氛中以相同电流密度进行循环性能测试。在Ar气氛下，对称电池在两种电解质中表现相同。当转换为O_2气氛时，使用LiFSI-TEGDME电解液的电池在循环过程中极化增加，SEM中发现Li表面出现裂纹和粉化。而使用P［$C_5O_2N_{MA,11}$］FSI的电池在140圈循环后仍具有相当稳定的极化电压（小于0.03 V），Li表面均匀整洁。此外，在LiFSI-TEGDME中循环后的锂电极厚度从401.5μm降至298.5μm，而在聚阴离子电解液中循环后的锂厚度减少幅度更小（从401.5μm降至371.6μm）。同样，Li-Cu电池中锂沉积的库仑效率也从86.0%增加至94.6%，说明聚阴离子电解液中的副反应更少。综上，聚阴离子电解液的引入的确能够对负极锂起到保护作用，从而有效提高电池的循环性能。

未来在非质子电解液研究方面还有很大的发展空间，当然从固态电解质的角度去探索锂-空气电池新体系也大有可为。

4.5
总结与展望

锂-空气电池由于其极高的能量密度而备受关注，并展现了应用于电动车等大型用电设备和移动设备的巨大潜力。但由于一系列科学和技术问题，如：电解液分解、充电过电势大、容量衰减严重、循环性能差、空气中其它组分的不利影响等，使锂-空气电池离商品化还有很长一段距离。目前已出现了锂-空气电池原型单体电池，这给研究领域带来了信心和希望。这些原型电池虽然可以进行一定程度的充放电循环，有的具有很大的单体容量，甚至达到10A·h，有的展现出超高的比能量（例如600W·h/kg），有些能在高湿度的环境下运行数周等，但是这些电池很难同时实现其应有的优点，尤其是在循环寿命上表现较差。因为这类电池绝大多数是基于电解液和电极的优化，使电池能进行一定程度的充放电循环，但是并未从根本上解决电池内部副反应和这些副反应导致的电解液贫化及电极钝化。这样的策略只能对电池性能加以有限的改进，无法实现真正的提升。如2010年以前的锂-空气电池，使用的是碳酸酯类电解液，其充放电过程主要是基于电解液分解的反应。即便如此，在研究人员近10年的不懈努力下，基于碳酸酯类电解液的锂-空气电池依然能够通过各种优化实现几十圈，甚至上百圈的充放电循环。但是基于如此严重副反应的充放电电池发展空间有限，注定无望实现上千圈的循环。因此，造成大量的时间和资源被浪费。所以，要真正解决问题，就必须要正视问题，清楚认识到锂-空气电池的真实反应过程，一步步解决问题。电池性能的改善是研究人员努力的长期目标，对于新方法、新材料、新体系等，仅凭简单的充放电循环测试和材料表征，无法真实地评价电池的当前性能和可发展空间，之前的碳酸酯类电解液就是一个很好的例子。

目前，锂-空气电池存在很多问题没有解决，其中有些问题看似无解，例如：电解液分解、副反应造成的劣化、过氧化锂电导率低等。要解决这些问题，还需要对电池反应有更深入的理解，需要多维度、多尺度的创新，才能根本性地提升锂-空气电池的性能。在反应机理认识方面，研究初期，研究人员曾将锂-空气电池和锂离子电池对比，并借用锂离子电池研究中的经验。例如：根据充放电曲线和平台来判断电池反应，采用锂离子电池的电解液等。经过十几年的研究，人们发现无法简单套用锂离子电池的经验，因为在锂离子电池方面已经有前人从事了数十年机理研究，为后人打下了坚实的基础。而锂-空气电池的机理研究还很缺乏，由于一些细微差异，之前的经验可能会误导研究人员。为了深入地解析机理，需要直接的实验证据，而不能基于臆测的机理来推断反应过程。一方面，我们需要更先进的原位表征手段来提供直接的实验证据；另一方面，研究人员也需要更多的时间、耐心开展机理研究。只有深刻地认识反应的机理，如催化剂的机理，才能有目标地设计催化剂。例如，在异相催化剂的研究中，催化剂的工作机理始终不能明确。放电过程中，催化剂是如何催化过氧化锂生成，但又不被过氧化锂覆盖活性位，从而造成催化剂毒化失效的？充电过程中，催化剂的表面积有限，通常与过氧化锂颗粒没有直接接触，即使有，也是较弱的固-固接触，那它是如何催化那些与电极表面没有直接接触的过氧化锂颗粒分解的？这些问题的直接实验证据和解答，可以指导催化剂的设计工作，避免更多低效率的尝试。除了催化剂，其它材料方面也需要更多创新，包括但不限于：更稳定的电解液、固态电解质、电极材料基质、稳定的锂负极、能有效隔绝水分和二氧化碳的分离（膜）装置等。目前现有的商业电解液的体系都不够稳定，已有研究人员开展了许多工作，设计了更稳定的电解液，但是还需要做得更好。近年来，计算机运算能力迅速提升，可能会改变我们的思维方式和电池研究的范式。设想，如果多尺度计算模拟能用于电池过程的仿真，必然会产生全新的研究范式。同样，我们也需要拓展新思路，借鉴其它领域的进展，另辟蹊径，如锂-空气电池与植物光合作用结合，或许开发出新的电池结构等。当然最简单的结构可能也是最好的结构。

虽然，锂-空气电池的商业化还很遥远，应用场景也不十分明确，可能是特殊用途的一次电池，可能是适用于小装置或移动设备的二次电池，也可能是附加空气纯化系统的电动车电池等。但是，我们相信锂-空气电池这一高能体系具有显著的科学和现实意义。因为对于电能的储存，除了电能与物理能量（例如：核能、重力势能等）之间的转化，电能与化学能的转化是高效且易控制的。电池是一个联系电能与化学能之间的盒子，承担两者间的双向转化，而作为化学能的存储和释放，必须有化学键和化学元素。锂-空气电池基于（除了氢元素以外）最轻质的锂负极和用之不尽氧气，因此具有最高的理论比能量。颠覆性的科技从来都不是一蹴而就的，通往光明之路必经漫漫长夜和道路曲折，而这需要广大研究者的耐心、细心和恒心。

习　　题

1. 锂氧气电池的工作原理是什么？有哪些类型？

2. 锂空气电池包括锂氧电池和锂二氧化碳电池,它们之间的区别在哪里?
3. 锂空气电池的催化剂设计与氧还原/氧析出反应有何区别与联系?
4. 展望锂空气电池的未来应用。

参 考 文 献

[1] Bruce P G, et al. Li-O_2 and Li-S batteries with high energy storage. Nature Mater, 2012, 11 (2): 19-29.

[2] Aurbach D, et al. Advances in understanding mechanisms underpinning Lithium-air batteries. Nature Energy, 2016, 1: 1-11.

[3] Zhao Z W, et al. Achilles' heel of lithium-air batteries: Lithium carbonate. Angew Chem Int Ed, 2018, 57 (15): 3874-3886.

[4] Wang D H, et al. Ternary self-assembly of ordered metal oxide-graphene nanocomposites for electrochemical energy storage. ACS Nano, 2010, 4 (3): 1587-1595.

[5] Wen Z, et al. Air Electrode for the lithium-air batteries: Materials and structure designs. Chem Plus Chem, 2015, 80: 270-287.

[6] Black R, et al. The role of catalysts and peroxide oxidation in lithium-oxygen batteries. Angew Chem Int Ed, 2013, 52 (1): 392-396.

[7] Shen X, et al. Promoting Li-O_2 batteries with redox mediators. Chem Sus Chem, 2019, 12: 104-114.

[8] Li F, et al. Performance-improved Li-O_2 battery with Ru nanoparticles supported on binder-free multiwalled carbon nanotube paper as cathode. Energy Environ Sci, 2014, 7: 1648-1652.

[9] Zhang J, et al. A bi-functional organic redox catalyst for rechargeable lithium-oxygen batteries with enhanced performances. Adv Sci, 2016, 3: 1500285.

[10] Winter M, et al. Insertion electrode materials for rechargeable lithium batteries. Adv Mater, 1998, 10 (10): 725-763.

[11] Zhang S S, et al. Understanding solid electrolyte interface film formation on graphite electrodes. Electrochem Solid Stat Lett, 2001, 4 (12): A206-A208.

[12] Cheng X B, et al. A review of solid electrolyte interphases on lithium metal anode. Adv Sci, 2016, 3 (3): 1500213.

[13] Assary R S, et al. The effect of oxygen crossover on the anode of a Li-O_2 battery using an ether-based solvent: Insights from experimental and computational studies. Chem Sus Chem, 2013, 6 (1): 51-55.

[14] Yang C P, et al. Accommodating lithium into 3D current collectors with a submicron skeleton towards long-life lithium metal anodes. Nature Comm, 2015, 6: 8058.

[15] Liu W, et al. Core-shell nanoparticle coating as an interfacial layer for dendrite-free lithium metal anodes. ACS Central Sci, 2017, 3: 135-140.

[16] Zhang Y J, et al. Magnetron sputtering amorphous carbon coatings on metallic lithium: Towards promising anodes for lithium secondary batteries. J Power Sources, 2014, 266: 43-50.

[17] Song H, et al. Advances in lithium-containing anodes of aprotic Li-O_2 batteries: challenges and strategies for improvements. Small Methods, 2017, 1: 1700135.

[18] Suo L M, et al. "Water-in-salt" electrolyte enables high-voltage aqueous lithium-ion chemistries. Science, 2015, 350 (6263): 938-943.

[19] Adams B D, et al. Towards a stable organic electrolyte for the lithium oxygen battery. Adv Energy Mater, 2015, 5 (1): 1400867.

[20] Freunberger S A, et al. reactions in the rechargeable lithium-O_2 battery with alkylcarbonate electrolytes. J Am Chem Soc, 2011, 133: 8040-8047.

[21] Christy M, et al. Role of solvents on the oxygen reduction and evolution of rechargeable Li-O_2 battery. J Power Sources, 2017, 342: 825-835.

[22] Wandt J, et al. Singlet oxygen formation during the charging process of an aprotic lithium-oxygen battery. Angew Chem Int Ed, 2016, 55 (24): 6892-6895.

[23] Semkow K W, Sammells A F. A lithium oxygen secondary battery. J Electrochem Soc, 1987, 134 (8b): C412-C413.

[24] Kumar B, et al. A solid-state, rechargeable, long cycle life lithium-air battery. J Electrochem Soc, 2010, 157 (1): A50-A54.

[25] Kitaura H, et al. Electrochemical performance and reaction mechanism of all-solid-state lithium-air batteries composed of lithium, $Li_{1+x}Al_yGe_{2-y}(PO_4)_3$ solid electrolyte and carbon nanotube air electrode. Energy Environ Sci, 2012, 5 (10): 9077-9084.

[26] Zhu X B, et al. A high-rate and long cycle life solid-state lithium-air battery. Energy Environ Sci, 2015, 8 (12): 3745-3754.

[27] Mahne N, et al. Singlet oxygen generation as a major cause for parasitic reactions during cycling of aprotic lithium-oxygen batteries. Nature Energy, 2017, 2 (5): 17036.

[28] Yang Y, et al. Tuning the morphology and crystal structure of Li_2O_2: A graphene model electrode study for Li-O_2 battery. ACS Appl Mater Inter, 2016, 8 (33): 21350-21357.

[29] Xu J J, et al. Cathode surface-induced, solvation-mediated, micrometer-sized Li_2O_2 cycling for Li-O_2 batteries. Adv Mater, 2016, 28 (43): 9620.

[30] Lacey M J, et al. An electrochemical quartz crystal microbalance study of poly (acrylonitrile) deposition initiated by electrogenerated superoxide. Electrochim Acta, 2013, 96: 23-26.

[31] Gao X, et al. Promoting solution phase discharge in Li-O_2 batteries containing weakly solvating electrolyte solutions. Nature Mater, 2016, 15 (8): 882-888.

[32] Zhang Y, et al. High-capacity and high-Rate discharging of a coenzyme Q10-catalyzed Li-O_2 battery. Adv Mater, 2017, 30 (5): 1705571.

[33] Xu C, et al. bifunctional redox mediator supported by an anionic surfactant for long-cycle Li-O_2 batteries. ACS Energy Lett, 2017, 2: 2659-2666.

[34] Gerbig O, et al. Electron and ion transport in Li_2O_2. Adv Mater, 2013, 25 (29): 3129-3133.

[35] Zhong L, et al. In situ transmission electron microscopy observations of electrochemical oxidation of Li_2O_2. Nano Lett, 2013, 13: 2209-2214.

[36] Liang Z J, et al. Critical role of redox mediator in suppressing charging instabilities of lithium-oxygen batteries. J Am Chem Soc, 2016, 138 (24): 7574-7583.

[37] Chen Y, et al. kinetics of lithium peroxide oxidation by redox mediators and consequences for the lithium-oxygen cell. Nature Comm, 2018, 9 (1): 767.

[38] Raman C V, et al. A new type of secondary radiation. Current Science, 1998, 74 (4): 381.

[39] Fleischmann M, Hendra P J, McQuillan A J. Raman spectra of pyridine adsorbed at a silver electrode. Chem Phy Lett, 1974, 26 (2): 163-166.

[40] Campion A, et al. Surface-enhanced raman scattering. Chem Soc Rev, 1998, 27 (4): 241-250.

[41] Tian Z Q, et al. Surface-enhanced raman scattering: From noble to transition metals and from rough surfaces to ordered nanostructures. J Phys Chem B, 2002, 106 (37): 9463-9483.

[42] Schlucker S. Surface-enhanced Raman spectroscopy: Concepts and chemical applications. Angew Chem Int Ed, 2014, 53 (19): 4756-4795.

[43] Peng Z Q, et al. Oxygen reactions in a non-Aqueous Li^+ electrolyte. Angew Chem Int Ed, 2011, 50 (28): 6351-6355.

[44] Johnson L, et al. The role of LiO_2 solubility in O_2 reduction in aprotic solvents and its consequences for Li-O_2 batteries. Nature Chem, 2014, 6 (12): 1091-1099.

[45] Wang J W, et al. Identifying reactive sites and transport limitations of oxygen reactions in aprotic lithium-O_2 batteries at the stage of sdden death. Angew Chem Int Ed, 2016, 55 (17): 5201-5205.

[46] Zhang Y L, et al. Amorphous Li_2O_2: Chemical synthesis and electrochemical properties. Angew Chem Int Ed, 2016, 55 (36): 10717-10721.

[47] Black R, et al. The role of catalysts and peroxide oxidation in lithium-oxygen batteries. Angew Chem Int Ed, 2013, 52 (1): 392-396.

[48] Peng Z, et al. A reversible and higher-rate Li-O_2 battery. Science, 2012, 337 (6094): 563-566.

[49] Lu Y, et al. A nanostructured cathode architecture for low charge overpotential in lithium-oxygen Batteries. Nat Commun, 2013, 4: 2383.

[50] Jung J W, et al. Rational design of protective In_2O_3 layer-coated carbon nanopaper membrane: Toward stable cathode for long-cycle Li-O_2 batteries. Nano Energy, 2018, 46: 193-202.

[51] Lee C K, et al. Polyimide-wrapped carbon nanotube electrodes for long cycle Li-Air batteries. Chem Comm, 2015, 51 (7): 1210-1213.

[52] Arnanchulvu C V, et al. evaluation and stability of PEDOT polymer electrodes for Li-O_2 batteries. J Phys Chem Lett, 2016, 7 (19): 3770-3775.

[53] Lu J, et al. A lithium-oxygen battery based on lithium superoxide. Nature, 2016, 529 (7586): 377-382.

[54] Girishkumar G, et al. Lithium-air battery: Promise and challenges. J Phys Chem Lett, 2010, 1 (14): 2193-2203.

[55] Liu Q C, et al. Artificial protection film on lithium metal anode toward long-cycle-life lithium-oxygen batteries. Adv Mater, 2015, 27: 5241-5247.

[56] Adams B. Towards a stable organic electrolyte for the lithium oxygen battery. Adv Energy Mater, 2015, 5: 1400867.

[57] Feng S T, et al. Molecular design of stable sulfamide-and sulfonamide-based electrolytes for aprotic Li-O_2 batteries. Chem, 2019, 5 (10): 2630-2641.

[58] He M F, et al. Concentrated electrolyte for the sodium-oxygen battery: Solvation structure and improved cycle life. Angew Chem Int Ed, 2016, 55 (49): 15310-15314.

[59] Liu Z J, et al. Taming interfacial instability in lithium-oxygen batteries: A polymeric ionic liquid electrolyte solution. Adv Energy Mater, 2019, 9 (41): 1901967.

5

可充放锂硫电池

新能源与可再生能源正在取代日益枯竭的化石能源,已成为解决当今世界能源危机以及环境问题的有效手段之一。其中二次电池作为新能源领域中储能装置的重要组成部分,通过化学反应实现化学能与电能的转化,避开热力学第二定律中卡诺循环的限制,具有较高的能量转化效率,成为新能源的研究热点。以铅酸电池、镍氢电池和锂离子电池为代表的二次电池,作为一种便捷的可循环使用的储能装置,已经广泛应用于手机、笔记本电脑和电动车等领域。其中,锂离子电池是一种能量密度最高的电化学储能技术[1-4]。目前,商业化锂离子电池的能量密度已达到150~250W·h/kg,但受到 $LiCoO_2$、$LiMnO_4$ 和 $LiFeO_4$ 等传统正极材料和石墨负极材料自身理论容量的限制[2,5],即使进一步改进组成和工艺,也很难进一步提升其能量密度。为了进一步发展安全、低成本、高能量密度、高功率密度、长循环性能和环境友好的二次锂离子电池,人们开始关注和研究一些基于新化学原理的锂二次电池体系(比如锂硫电池、锂-空气电池和钠硫电池等),以及与此相关的高能量密度电极材料(比如多电子反应电极材料、高氧化还原电压电极材料)[6]。其中单质硫是一种具有高理论比容量的正极材料,具有较强的优越性。

单质硫具有无色无毒、价格低廉及环境友好等优点,是一种非常有前景的锂二次电池正极材料。采用单质硫为正极、金属锂为负极组装成的锂二次电池被称为锂硫二次电池(以下简称锂硫电池)。锂硫电池体系是基于硫与锂发生多电子氧化还原反应的能量存储装置,远高于传统的锂离子电池。硫的理论比容量为 $1675mA·h/g$,锂硫电池理论比能量为 $2600W·h/kg$,是目前锂离子电池理论比能量($500W·h/kg$)的5倍,被公认为下一代最具前景的锂二次电池[6,7]。与传统的插层式正极材料不同,硫在循环过程中会发生一系列的组分和结构变化,包括可溶性多硫化物和不可溶性硫化物,造成多种副反应与体积变化,导致锂硫电池正极活性物质利用率低、倍率性能差以及循环寿命短,这对保持电极结构稳定,实现高容量、长循环寿命和良好的系统效率提出了严峻的挑战。本章主要讨论锂硫电池的基本原理和基本问题,以及解决这些问题的材料和方法。

5.1 锂硫电池基本原理

常规的锂硫电池是由锂金属负极、添加了锂盐的有机醚类电解液、硫复合正极、多孔的绝缘聚合物隔膜组成，如图 5-1 所示。传统的锂离子电池正负极分别由嵌入型材料如 $LiCoO_2$ 和石墨组成，在充放电过程中利用锂离子的"摇椅式"运动实现化学能与电能之间的相互转换。锂硫电池的工作原理与传统锂离子二次电池的脱嵌式机理有所不同，它的充放电过程十分复杂，包括硫与锂结合的一系列可逆的氧化还原反应和歧化反应过程。在锂硫电池体系中，放电时，金属锂被氧化产生锂

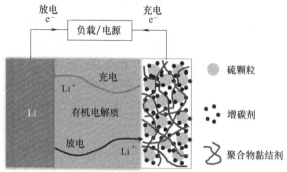

图 5-1 传统锂硫电池结构示意图[83]

离子和电子。锂离子通过电解质移动至正极，而电子通过外电路流动到达正极，从而产生电流。在有机醚类电解质体系的放电过程中，S_8 与 Li 发生反应，形成一系列可溶的中间产物（Li_2S_8，Li_2S_6，Li_2S_4 等），随着反应的进行，最终生成电绝缘的固体产物（Li_2S_2/Li_2S）。充电时，在外电压的作用下，锂离子和电子又以相反方向回到负极，将电能转化成化学能储存起来。

因为硫正极在电池装好的初始状态是充满电的无锂状态，所以第一个循环从放电步骤开始。发生的化学反应如下：

负极：氧化反应，失去电子

$$2Li \longrightarrow 2Li^+ + 2e^- \tag{5-1}$$

正极：还原反应，得到电子

$$S + 2Li^+ + 2e^- \longrightarrow Li_2S \tag{5-2}$$

总反应（放电）：

$$2Li + S \longrightarrow Li_2S \tag{5-3}$$

锂和硫的理论比容量分别为 3861mA·h/g 和 1672mA·h/g。因此，锂硫电池的理论比容量为 1169mA·h/g，即

$$2Li \quad + \quad S \quad \longrightarrow \quad Li_2S$$
（3861mA·h/g）　（1672mA·h/g）

0.259g/(A·h) + 0.598g/(A·h) = 0.857g/(A·h) 或者 1.169g/(A·h)

放电反应的平均电压为 2.15V。因此，理论比能量为：

比能量（W·h/g）= 2.15V × 1.169A·h/g = 2.513W·h/g 或 2513W·h/kg

充电过程中，电流作用于电池，导致正极的硫化锂氧化，负极的锂离子还原。

负极：还原反应，得到电子

$$2Li^+ + 2e^- \longrightarrow 2Li \tag{5-4}$$

正极：氧化反应，失去电子

$$Li_2S \longrightarrow S + 2Li^+ + 2e^- \tag{5-5}$$

总反应（充电）：

$$Li_2S \longrightarrow 2Li + S \tag{5-6}$$

硫原子在形成分子时有非常强的成环趋势，在室温下，硫分子一般呈现为环 S_8 分子，即 8 个硫原子组成一个环状的硫分子[8]。在理想状态下的放电过程中，第一步，硫分子会开环并且与锂结合形成可溶性长链多硫化锂 Li_2S_x（$4 \leqslant x \leqslant 8$）。随着放电反应进一步进行，多硫化锂会进一步和锂发生反应生成不溶性固态短链硫化锂 Li_2S_2 和 Li_2S[6]。环 S_8 经历了一系列的结构和形态变化，包括在液体电解质中形成可溶性多硫化物 Li_2S_x（$4 \leqslant x \leqslant 8$）和不溶性硫化物 Li_2S_2/Li_2S，如图 5-2 所示。

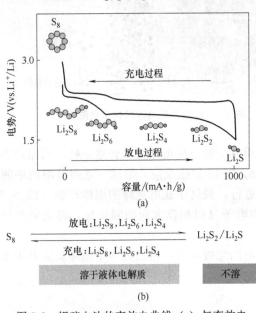

图 5-2 锂硫电池的充放电曲线（a）与充放电过程中溶解的多硫化锂（Li_2S_8，Li_2S_6 和 Li_2S_4）和不溶解的 Li_2S_2/Li_2S 的形成（b）[6]

从图 5-2 中可以看出，锂硫电池的放电过程由多个具有一定电化学可逆性的氧化还原反应组成，大致可以分为三个阶段。

① 第一个阶段为固-液两相反应过程，主要是固态硫反应生成长链的 Li_2S_8，对应的反应过程为 $S_8 + 2e^- \longrightarrow S_8^{2-}$，多硫化物形成后在电场的作用下逐渐溶解于电解液中，溶解的多硫化物阴离子渐渐向负极迁移，该阶段放电平台约为 2.4V；随即电压从 2.4V 急剧下降到 2.1V，主要是由于长链 Li_2S_8 反应生成短链 Li_2S_x（$4 \leqslant x \leqslant 8$），随着多硫化物链长的变短，放电电压逐渐降低，其对应的反应过程为：$3S_8^{2-} + 2e^- \longrightarrow 4S_6^{2-}$ 和 $2S_6^{2-} + 2e^- \longrightarrow 3S_4^{2-}$。在上述过程中，每摩尔硫原子可得到 0.5 摩尔电子。根据放电比容量计算公式，$q = nF/M$（式中，n 为每摩尔硫原子的得失电子数，单位为 mol^{-1}；硫的摩尔质量为 32g/mol；F 代表法拉第电量，是常数 26.8Ah），该阶段对应的理论放电容量为 419mA·h/g。长链多硫化锂是可溶性的，所以反应速率较快。

② 第二个阶段为液-固两相反应过程，主要是短链 Li_2S_4 反应生成不溶性 Li_2S_2 和 Li_2S 的过程，放电平台约为 2.1V，也是放电比容量最大的阶段，其对应的放电反应为：$S_4^{2-} + 2e^- \longrightarrow 2S_2^{2-}$ 和 $S_2^{2-} + 2e^- \longrightarrow 2S^{2-}$。

③ 第三个阶段是固-固单相反应过程，从不溶物 Li_2S_2 转变为不溶物 Li_2S 的过程，对应的反应为 $S_2^{2-} + 2e^- \longrightarrow 2S^{2-}$。

放电过程中，从第二个阶段开始到第三个阶段完成，每个硫原子平均可以得到 1.5 个电子，根据容量计算公式得出，阶段二和阶段三可以提供 1256mA·h/g 的理论放电容量，是第一阶段理论放电容量的 3 倍，所以由 Li_2S_4 到完全转变为 Li_2S 的过程是决定锂硫电池实际比容量高低的关键过程。

在接下来的充电过程中，Li_2S_2/Li_2S逐步被氧化为长链Li_2S_x（$4 \leq x \leq 8$），继而进一步氧化为单质硫S_8，形成可逆循环[9,10]。从图中可看出，充电过程中的电压平台高于放电过程，这主要是由正极中活性物质低的电子导电性引起的极化现象。另外，锂硫电池的充电容量高于放电容量，这是因为放电过程中的部分多硫化物溶解于电解液，进而扩散到锂负极一侧，并与锂负极发生了不可逆反应。总之，在锂硫电池充放电过程中，经历了固-液-固相转变，电子的传导、锂离子和多硫阴离子的传输与扩散都会严重影响电池的反应动力学过程，进而影响其倍率性能和循环寿命。

5.2 锂硫电池研究历史

20世纪60年代，Herbet和Ulam首次提出锂硫（Li-S）电池的概念[11]，以单质硫和金属锂分别作为正极和负极，以碱性高氯酸盐、碘化物和氯化物为锂盐溶解在脂肪胺中作为电解液，构建一次电池。1966年，Rao等以专利报道了高能量密度硫金属电池，并提供了更多Li-S电池的技术指标，如理论重量和体积能量密度[12]。该电池使用的电解液是碳酸丙烯酯、丁内酯、二甲基甲酰胺和二甲亚砜的混合物，开路电压在2.35~2.5V之间，略低于计算出的2.52V。在2000年之前，关于Li-S电池的研究主要集中在一次电池上[13-16]。在20世纪60~80年代有一个对锂硫电池非常重要的转变是电解液溶剂成分的探索与确定。从碱性高氯酸盐饱和脂肪胺溶液[11]，轻金属阳离子以及四氟硼酸阴离子碳酸丙烯酯溶液[12]，到高氯酸锂四氢呋喃-甲苯溶液[15]，再到二氧戊环溶剂[16,17]，二氧戊环一直到今天都是锂硫电池的电解液溶剂。液态电解液对于锂硫电池的电化学性能影响非常大，因为在充放电过程中的中间产物多硫化锂会溶解在电解液中。例如，在高氯酸锂四氢呋喃-甲苯电解液体系中，室温下硫的有效利用率为95%，但是这种电解液体系电阻较大，电流密度非常小，只有$10\mu A/cm^2$[15]。相比之下，二氧戊环溶剂电解液的离子电导率高于四氢呋喃-高氯酸盐电解液体系一个数量级[16]，但是在极低的放电倍率下，硫的利用率只有50%，并且电池的极化非常严重，其原因主要是锂负极材料上生成电导率很低的Li_2S_2。Peled等在锂硫电池中使用了富含二氧戊环的电解液[17]。另外，Rauh和Abraham等将$LiAsF_6$溶解在四氢呋喃中制备成1mol/L的溶液，作为锂硫电池的电解液[14]，在50℃的测试温度和$1mA/cm^2$电流密度下，硫的利用率接近100%；在$4mA/cm^2$电流密度下，硫的有效利用率达到75%。但是在10~20圈循环之后，循环效率开始大幅下降。

2000年之后，锂硫电池的发展非常迅速，相关研究呈指数级增长趋势[18]。其研究重点是更导电的硫-碳复合材料和固态电解质，高效的电极添加剂和电池结构，以及长循环锂硫电池的衰减机理和限制因素等。图5-3所示为Sion Power公司在2010年的电化学协会会议上作报告时展示的锂硫电池研究状况图。图中粗线圈为美国先进电池协会（Advanced Battery Consortium，USABC）针对锂硫电池提出的性能要求，虚线为锂硫电池目前研究已经达到的水平。从图中可以看出，能量密度、倍率性能、充放电时间基本达到要求，但是长循环寿命、高温性能远没有达到最低要求，而这些正是限制了锂硫电池商业化的重要因素。在2010年之后的研究已经逐渐解决了这些瓶颈问题，尤其是循环性能的提高。

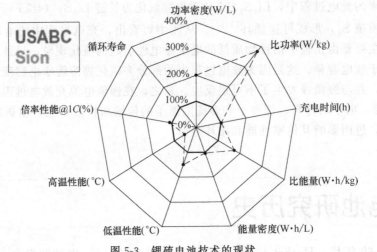

图 5-3 锂硫电池技术的现状

5.3 锂硫电池面临的主要问题

尽管锂硫电池在未来能源市场极具吸引力，但其发展和商业化进程仍面临很多挑战性的问题。

① 硫单质及其放电产物（Li_2S_2/Li_2S）的绝缘性质。首先，硫单质（电导率非常低，只有 10^{-30} S/cm）及其最终放电产物 Li_2S（电导率 $\approx 10^{-14}$ S/cm）都是电绝缘和离子绝缘的，在充放电过程中，不利于电子和离子的传输，导致电极中电化学反应受限，并大大降低了活性物质的利用效率，使得锂硫电池放电容量较低。此外，放电产物硫化锂可沉淀和覆盖电极表面形成绝缘钝化层，阻碍了硫进一步还原，从而降低了放电容量。

② 穿梭效应。在电化学循环过程中，环状 S_8 形成的一系列中间相多硫化锂（Li_2S_x，$4 \leqslant x \leqslant 8$）易溶于醚类电解液，并穿过隔膜[19,20]。在充电过程中，溶解的多硫化锂会在正负极之间自由迁移，导致所谓的穿梭效应，如图 5-4 所示。从根本上说，穿梭效应是导致锂硫电池库仑效率低的主要原因。低库仑效率是由充电过程中的多硫化物穿梭产生的。在浓度梯度的作用下，高阶多硫化物由正极向负极迁移，扩散到锂表面，与金属锂发生反应，还原为低阶多硫化物。随着以上扩散和还原过程的进行，低聚态聚硫离子在锂负极表面富集，最终在两电极间形成浓度差。在浓度差推动下，再迁移回正极，重新被氧化形成高阶多硫化物[21]。严重的穿梭行为将导致无

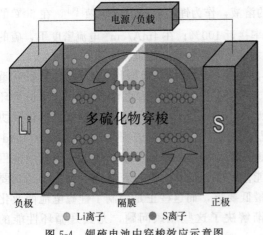

图 5-4 锂硫电池中穿梭效应示意图

限的充电和较差的充电效率。多硫离子的穿梭效应将导致电池不可逆容量的极大损失,同时在正负极表面沉积的不溶性 Li_2S_2/Li_2S 将进一步恶化电池的性能。

Mikhaylik 和 Akridge 等提出穿梭效应的动力学方程如下所示,方程描述了穿梭效应进行的程度,变量涉及充电电流和锂多硫化物的扩散系数[19]。

$$f_C = \frac{k_S q_{up}[S_{total}]}{I_C} \tag{5-7}$$

式中,f_C 是充电穿梭系数;I_C 是充电电流;k_S 是穿梭常数(多相反应常数);q_{up} 是硫在高平台放电的比容量;$[S_{total}]$ 是硫的浓度。q_{up} 的数值固定在 $419 mA·h/g$,是硫的理论能量密度的四分之一(每一个硫原子 0.5 个电子)[19,22]。

不同穿梭系数对应的锂硫电池充电平台示意图如图 5-5 所示。f_C 等于 0 的时候,表示外电路充电电流无限大,或者表示硫含量无限小,没有穿梭效应。当 f_C 大于 1 的时候,充电曲线变得水平,没有急速的电压上升,具有过充保护功能。然而,增多的穿梭效应会导致锂电极的腐蚀和电池循环寿命的大幅衰减[19,21,23]。在充电平台延长的阶段,多硫化物在正负极之间移动,能量在电池中被消耗,外电路充电能量并没有变成化学能储存在电池中,这样会导致低的充放电效率。

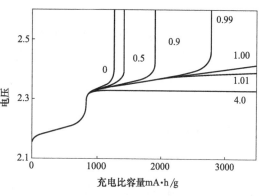

图 5-5 不同的充电穿梭系数得到的模拟充电电压曲线

式(5-7)假设了反应速率和活性物质浓度成正比,因此在高电压平台里高阶多硫化物的浓度可以用以下方程描述。

$$\frac{d[S_H]}{dt} = \frac{I_C}{q_{up}} - k_S[S_H] \tag{5-8}$$

$[S_H]$ 表示高阶多硫化物的浓度,上述方程可以推演为:

$$[S_H] = \frac{I_C}{k_S q_{up}}(1 - e^{-k_S t_C}) \tag{5-9}$$

式中,t_C 表示高电压平台的充电时间。对于慢充电反应,则 $k_S t_C \gg 1$,式(5-9)可以简化为:

$$[S_H] = \frac{I_C}{k_S q_{up}} \tag{5-10}$$

高电压平台位置的容量 Q_{up} 取决于高阶多硫化物的浓度和比容量,由此,

$$Q_{up} = [S_H] q_{up} = \frac{I_C}{k_S} \tag{5-11}$$

穿梭常数倒数用微分方程表示为:

$$\frac{dQ_{up}}{dI_C} = \frac{1}{k_S} \tag{5-12}$$

因此,在小充电电流的情况下,通过测量高电压平台的容量,可以得到穿梭常数 k_S。穿梭常数越低,穿梭效应越小。

③ 自放电。自放电特性是评价锂离子电池的重要参数。锂硫电池的自放电比较严重。

锂硫电池的自放电与镍氢和镍镉电池非常相像。在充放电过程中以及充电结束时，多硫化锂在有机电解液中都会发生溶解和自放电现象。电池在搁置状态下，长链的多硫化锂溶解在电解液中，通过浓差扩散的方式扩散到负极，在负极放电生成短链的多硫化锂，导致开路电压降低[19,24,25]。在电池组装后 30min 进行测试，电池有两个典型的放电平台，但是在搁置了一周之后，2.3V 左右的放电平台消失，只剩下 2V 左右的放电平台，并且电池的开路电压随着搁置时间的增加，逐渐降低。以此可以推断出，单质硫在搁置过程中也会溶解在电解液中，并且导致高电压平台消失。如果溶解之后的多硫化锂通过扩散的方式离开正极材料区域，就会导致活性物质的永久损失。

另外，自放电行为的程度可以通过穿梭方程来确定，反之亦然[19]。高电压平台的活性物质含量随搁置时间成指数降低。

$$[S_H]=[S_H^0]e^{-k_S/t_R} \tag{5-13}$$

式中，$[S_H^0]$ 代表活性物质的初始浓度；t_R 代表搁置时间。当同时存在穿梭效应时，考虑到电池系统的复杂性，最好是放电电流足够大以抑制多硫化物的穿梭。因此，容量只和活性物质的浓度有关。

$$Q_{up}=[S_H]q_{up}=Q_{up}^0 e^{-k_S/t_R} \tag{5-14}$$

式中，Q_{up}^0 代表高电压平台的初始容量。方程可改成：

$$\ln\frac{Q_{up}}{Q_{up}^0}=-k_S t_R \tag{5-15}$$

高电压平台容量、搁置时间和穿梭常数的关系可以表示为：

$$\frac{d\ln Q_{up}}{dt_R}=-k_S \tag{5-16}$$

式（5-16）证明了自放电行为仍然和穿梭常数紧密相关，这就意味着穿梭效应和自放电现象源于锂硫电池系统里活性物质的溶解。因此，电极结构和电池组成需要设计以避免这些问题。人们已经开发了很多方法来降低锂硫电池中的穿梭效应和提高活性物质的利用率。一些方法集中在合成具有纳米结构的复合材料上，它们可以提升容量保持率、循环稳定性和库仑效率[6,18]；还有一些方法集中在掺杂一些能够吸附多硫化物的物质；其它方法集中在新的电池组成上，如使用中间层、溶解多硫化物和高效电解液等[26-28]。

5.4
硫-碳复合正极材料

5.4.1 基于微/介孔碳的复合材料

人们把各种导电碳材料作为基底制备了硫-碳复合材料[29-39]。在电极里，石墨碳可以提供很好的电子传导路径。另外，高比表面的多孔碳基底可以吸附溶解的多硫化物，从而降低穿梭效应和容量衰减。溶解的多硫化物在转化过程中会优先沉积在碳材料中纳米尺寸的反应位点，这样它们的再利用得到提高[40]。通常来讲，带有两种孔结构的碳材料是容纳硫的最佳基底[31,33]。微孔负责容纳循环过程中的活性物质，介孔负责电解液的输运[33]。图 5-6 展示了具有两种孔结构的碳材料。研究表明，被硫部分填充的硫-碳复合材料相比于完全填充的材料具有更好的性能。原因在于，空隙对于传导锂离子起到至关重要的作用，因此也影响了电池的性能[41]。

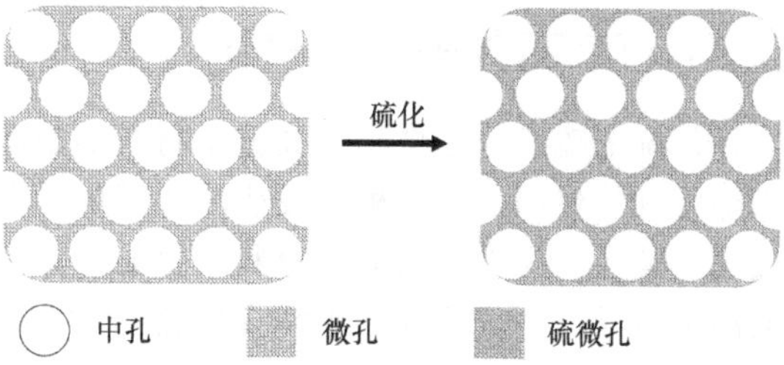

5.4.2 复合材料的合成方法

图 5-6 用于制备硫-碳复合材料的带有微/介孔的碳基底材料

○ 中孔　▪ 微孔　▪ 硫微孔

合成硫-碳复合材料有如下几种方法：球磨、熔融硫（melting）、溶液法沉积硫（solution-based deposition）、溶解-析出（dissolution-precipitation）和气相硫沉积（vapor-phase deposition）等[29,31,34,36,39,42-48]。熔融硫的方法比较常见，特别是对多孔碳基底。熔融的硫具有很低的黏度，液态的硫通过表面张力可以很容易渗入多孔碳的孔中[31,49]。溶液法沉积硫的方法可以通过硫代硫酸盐的还原反应，有酸的参与，生成单质硫。生成的复合材料组分和形貌受很多因素决定，如碳材料的比表面积、前驱体和酸的浓度，以及基底的形貌[34,39,50]。溶解-析出的方法是先将硫溶解在溶剂中，如二硫化碳、二甲基亚砜；然后通过饱和析出将硫沉积到碳基底上，形成复合材料[46,47]。气相硫沉积的方法是通过生成硫蒸气渗入多孔碳中[36]。和前面的方法相比，这种方法可能不易于控制硫含量。表 5-1 比较了这几种方法。

表 5-1 合成硫-碳复合材料的几种方法

方法	说明	反应物	参考文献
球磨	用碳和黏结剂与硫一起球磨	S_8,C,黏结剂	[42]
熔融硫	液态硫渗入多孔碳的孔中	液态硫,多孔碳	[29,31,44]
溶液法沉积硫	硫在分散溶液中的碳基体上非均匀成核	$S_2O_3^{2-}$,H^+,C	[39,45]
		S^{2-},SO_3^{2-},H^+,C	[34]
溶解-析出	硫从饱和硫溶液中析出	S_8,C,CS_2 或 DMSO 或 THF	[46,47]
气相硫沉积	硫气体分子与碳结合	气态 S,多孔碳	[36]

5.4.3 无黏结剂复合电极

日益增长的环境问题，让人们更加关注绿色合成。N-甲基吡咯烷酮是一种在传统锂离子电池电极制备过程中使用的溶剂，用于溶解黏结剂。它有毒，对环境有危害。因此，制备无黏结剂的硫-碳复合电极具有很重要的意义。它不仅可以消除该溶剂的使用，同时还可以消除电极中不导电的位点，提高硫在电池中的利用率。通常有两种方法来制备无黏结剂硫-碳复合电极。一是采用具有多孔结构的碳基底来容纳硫[51,52]，在 150℃ 将硫熔化渗入碳材料的孔中；二是通过碳纳米管或纳米线自编织的方法[45]。这些碳材料需要有曲度，并且具有很高的长径比[53,54]。经过抽滤，分散好的硫-碳复合材料就能形成一个自支撑的纸直接用于电池中。

5.4.4 硫-高分子杂化材料

在传统的硫复合电极里，高分子材料如聚四氟乙烯（PTFE）和聚偏氟乙烯（PVDF）用作黏结剂。然而，硫电极在发生转化反应时会有很大的体积变化，因此它们不能够保持电极的完整性。先进的高分子材料不仅能够提供黏结剂的功能，还能够有其它的功能，如协助离子传导、电子传导和束缚多硫化物。这样的高分子材料更适合锂硫电池。

聚乙二醇（PEG）已经被用在了硫-碳复合电极中。它可以提供一个化学梯度来阻碍多硫化物扩散出电极，从而提高电池性能[55,56]。Yang 等将导电高分子（PEDOT：PSS）包覆在介孔碳/硫复合材料上来提高电池性能[57]。导电高分子可以提高电极中的电子传导，然而它们不能够单独作为电子导体，因为它们的电导率低于碳材料。导电高分子的多样性有利于形貌控制和材料设计。例如，聚吡咯纳米颗粒放在硫复合电极里，可以保持电极的孔隙率，降低阻值和提高倍率性能[58]。一些策略已经被开发出来，利用导电高分子作为导电网络，并阻碍多硫化物。例如，人们制备了核-壳结构的硫-导电高分子（如聚噻吩和聚吡咯）[59-61]。这样的结构能够极大促进活性物质保留在高分子皮肤内，从而实现好的循环稳定性、效率和倍率性能。图 5-7 显示了一个 3D 交联、结构稳定的硫-聚苯胺（SPANI-NT）结构。其中高分子作为骨架被分子内和分子间的二硫键相连[62]。SPANI-NT 高分子骨架能够为硫和多硫化物提供很好的物理和化学限域作用，而柔软的高分子网络允许多硫化物的反复可逆沉积，从而实现了在 1C 倍率下循环 400 圈仍然保持 76% 的容量。

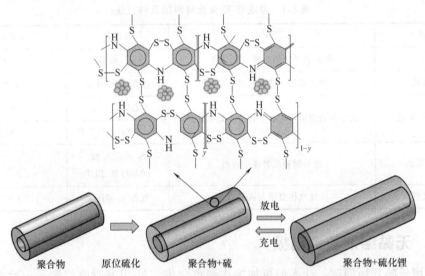

图 5-7　SPANI-NT/S 复合材料的结构和其在电池充放电过程中的变化[62]

人们还开发出了双功能导电高分子，不仅可以提高电子传导，也能够提高离子传导。例如，基于聚吡咯的混合离子-电子导体（MIEC）含有导电和导离子组分，它可以帮助提高电子和离子传导率，也可以阻碍多硫化物溶解，保持一个稳定但多孔的电极结构，从而提高电化学性能，它与硫的复合可以提供稳定的电池循环性能，如图 5-8[63]。另外，人们也开发了一种碳-高分子杂化复合材料，不仅利用了纳米多孔碳的限域作用，同时也利用了高分子包覆阻碍作用[57]。

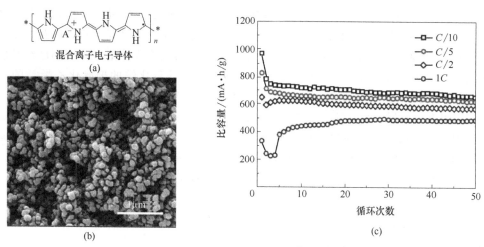

图 5-8 基于聚吡咯的混合离子-电子导体的结构（a），扫描电镜照片（b）及与硫复合后的电池循环性能（c）

5.5 电解质材料的选择

5.5.1 液态电解质

锂硫电池和锂离子电池类似，液态有机电解质是一个重要的选择。然而，与锂离子电池不同的是，基于碳酸酯类的电解质如乙烯碳酸酯（EC）、丙烯碳酸酯（PC）、二甲基碳酸酯（DMC）和二乙基碳酸酯（DEC）不适合锂硫电池。因为它们会和多硫化物反应，引起硫的不可逆反应[64]。基于醚类的电解液如1,3-二氧戊环（DOL）、二甲氧基乙烷（DME）和四（乙二醇）二甲醚（TEGDME）能够使得硫电极经历正常的电化学转化反应，而没有副反应发生[64-67]。使用混合的方法可以得到高离子传导率、低黏度的电解液[65-67]。基于醚类溶剂的化学结构如图5-9所示。

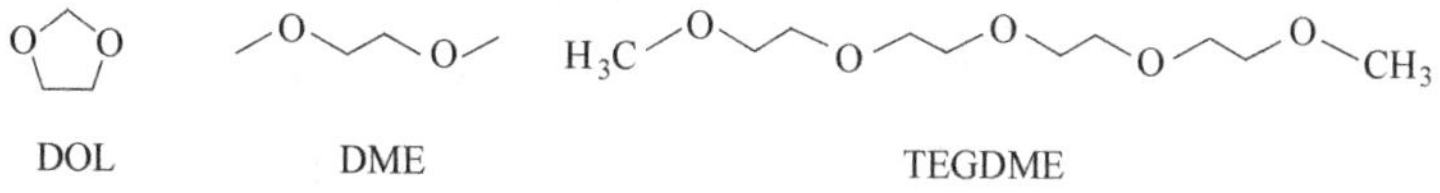

图 5-9 不同醚类溶剂的化学结构

硝酸锂（$LiNO_3$）是一种合适的电解液添加剂，可降低穿梭效应[68]。研究发现硝酸锂可以钝化锂负极，避免锂金属和多硫化物之间的副反应发生。含有硝酸锂的电解液可以使得锂硫电池效率接近100%。使用硝酸锂唯一的不足是当电池电压低于1.6V的时候，它会在硫电极侧被还原。如果硝酸锂不断损失，电池的穿梭效应会越来越严重。因此当使用硝酸锂电解液添加剂时，电池循环的最低截止电压要控制[69]。

5.5.2 固态电解质

硫正极需要匹配一个含有锂的负极，因此金属锂负极是一个最方便的选择。它的理论比容量为3861mA·h/g，极大地提高了锂硫电池的能量密度。然而，使用金属锂负极有几个问题，如它的可燃性带来的安全隐患，电化学沉积时带来的枝晶生长，以及上述参与的穿梭效应。因此，只允许锂离子传导的固态电解质非常适合锂硫电池。人们已经开展了一些工作，如Hassoun和Scrosati开发了含有纳米尺度的氧化锆的聚氧化乙烯类的高分子电解质，它可以显著提高电池的高温性能和库仑效率[28,70]。Hayashi等使用$Li_2S-P_2S_5$玻璃-陶瓷固态电解质，使得锂硫电池在室温下循环20圈，容量保持在650mA·h/g以上[71]。固态电解质的主要问题是它们的离子传导率低，影响电池的倍率性能。有些固态电解质具有很高的离子传导率（$\geqslant 0.5 \times 10^{-3}$S/cm），如含硅的高分子电解质[72,73]、石榴石型的锂离子氧化物[74-77]和LISICON型的离子导体[78,79]。

5.6 不同锂硫电池结构

5.6.1 碳中间层

锂硫电池的主要发展集中在合成具有不同结构的复合材料，如核-壳结构、硫-碳复合等[34,36,38,49,80,81]。然而，合成这些结构的材料通常需要在很特殊的条件下，因此它们面临着大批量生产困难和生产成本的问题。这对锂硫电池的商业化是一个障碍。

有一种电池结构是将功能化的碳纸作为硫正极和隔膜之间的中间层，这样单质硫电极可以直接使用[40,53]。碳纸具有柔软的结构，因此和硫电极表面具有很好的接触。另外，碳中间层需要具有孔结构或者大量的空隙，用来容纳穿梭的多硫化物。这样的碳中间层具有双功能，它可以作为处在硫正极的导电集流体，协助电子传导。另外，多孔碳纸可以存储多硫化物，避免活性物质流失和减弱穿梭效应。图5-10展示了含有碳中间层的锂硫电池结构，该结构已经被证明能够提高电池的循环性能和倍率性能[40,53]。另外，采用这样的结构，可以使得纯硫电极依然能够保持很好的电池性能。

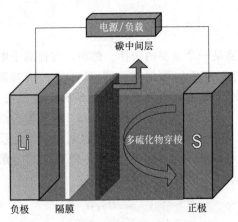

图5-10 含有碳中间层的锂硫电池结构

这样的电池结构避免了使用复杂的硫复合材料，因此具有商业化的潜力。

5.6.2 锂/溶解多硫化物电池

锂/溶解多硫化物电池最先由Rauh等研究[14]。虽然该电池体系具有较低的体积能量密度[82]，但是溶解的多硫化物Li_2S_n（$4 \leqslant n \leqslant 8$）相比于固态硫具有较高的反应活性。例如，首次放电可以实现1532mA·h/g的比容量[14]。张等在溶解多硫化物电解液中使用硝酸锂来钝化锂负极，提高库仑效率[27]。这种电池结构的主要问题是循环寿命有限，因为负极和正极的钝化严重[83]。付等利用无黏结剂的碳纳米管纸来作为溶解多硫化物的集流体，实现了循环 50 圈还能保持 1400mA·h/g 的比容量，如图 5-11 所示[84]。碳纳米管纸中的纳米结构可以降低正极的钝化，提供充电（多硫化锂和单质硫）和放电产物（硫化锂）的可逆形成。

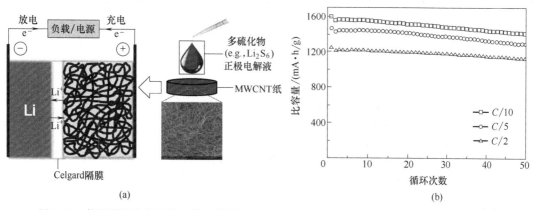

图 5-11　使用碳纳米管纸作为集流体的锂/溶解多硫化物电池 (a) 和它的循环性能 (b)[84]

锂/溶解多硫化物电池可以通过使用固态电解质来提高循环稳定性，这样可以完全消除多硫化物的穿梭效应。另外，该电池结构可以变为半流模式，如图 5-12 所示[83]。类似于传统的液流电池和正极流动的锂离子电池[85,86]，这种电池只允许正极电解液流动。通过控制充放电电压可以保证溶解的多硫化锂存在于正极电解液中，可能实现长循环寿命。杨等通过这种方法实现了 2000 圈的循环寿命[87]。这种半流锂硫电池可能成为用于大规模存储风能和电能的一种储能方式。

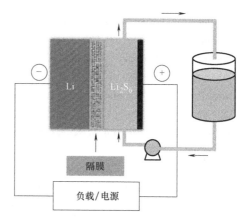

图 5-12　半流模式的锂/溶解多硫化物电池系统[83]

5.7
总结与展望

在过去的 20 年里，通过开发新的复合材料和电池结构，锂硫电池的性能得到了极大提高。然而，在保证能量密度的前提下不损失循环性能，还是锂硫电池面临的一个很大挑战。本章对于锂硫电池研究历史、技术壁垒、材料和电池结构作了一个简单的总结。

纳米结构的复合材料具有很好的电子和离子传导率，而且可以容纳多硫化物，因此得到了广泛关注。硫-碳纳米复合材料表现出了很好的电池性能，如具有很高的容量和倍率性能。硫-导电高分子复合材料具有很独特的材料设计和合成多样性。多功能高分子材料如 MIEC 已经表现出了特别的性质来提高电池性能。含有碳中间层的锂硫电池具有非常好的性能提升。锂/溶解多硫化物电池具有较低的体积能量密度，但是可以通过调控充放电电压和使用固态电解质来实现长循环。半流模式的锂/溶解多硫化物电池有望应用于大规模储能。具有高锂离子传导率、离子选择性以及和锂接触稳定的固态电解质是非常需要的，它们也适合用于锂硫电池。另外，开发更先进的材料和表征手段/方法，能够加深对锂硫电池中化学和物理过程的理解[88]。通过这些提高，可充放锂硫电池有望实现高能量密度，用于手持电子产品、交通和大规模储能方面的应用。

习　　题

1. 锂硫电池的工作原理是什么？有哪些类型？
2. 锂硫电池正极设计思路是什么？
3. 锂硫电池正极存在催化转化反应？如何设计催化？
4. 锂负极作为锂硫电池的重要组成部分，如何延长其寿命？
5. 展望锂硫电池的未来应用。

参 考 文 献

[1] Manthiram A, et al. Nanostructured materials for electrochemical energy storage and conversion. Energy Environ Sci, 2008, 1: 621-638.

[2] Manthiram A. Materials challenges and opportunities of lithium ion batteries. J Phys Chem Lett, 2011, 2: 176-184.

[3] Bruce P G, et al. Nanomaterials for rechargeable lithium batteries. Angew Chem Int Ed, 2008, 47: 2930-2946.

[4] Scrosati B, et al. Lithium batteries: Status, prospects and future. J Power Sources, 2010, 195: 2419-2430.

[5] Goodenough J B, et al. Challenges for rechargeable Li batteries. Chem Mater, 2010, 22: 587-603.

[6] Bruce P G, et al. Li-O_2 and Li-S batteries with high energy storage. Nat Mater, 2012, 11: 19-29.

[7] Mikhaylik Y V, et al. High energy rechargeable Li-S cells for EV application: Status, remaining problems and solutions. ECS Trans, 2010, 25: 23-24.

[8] Dahl C, et al. Metabolism of natural polymeric sulfur compounds. biopolymers online. Weinheim: Wiley-VCH, 2005, 35-40.

[9] Mikhaylik Y V, et al. Polysulfide shuttle study in the Li/S battery system. J Electrochem Soc, 2004, 151: A1969-A1976.

[10] Akridge J R, et al. Li/S fundamental chemistry and application to high-performance rechargeable batteries. Solid State Ionics, 2004, 175: 243-245.

[11] Herbert D, et al. Electric dry cells and storage batteries: US 3043896. 1962-07-10.

[12] Rao M L B. Organic electrolyte cells: US 3413154, 1966.

[13] Nole D A, et al. Battery employing lithium-sulfur electrodes with non-aqueous electrolyte: US 3532543, 1968.

[14] Rauh R D, et al. A lithium/dissolved sulfur battery with an organic electrolyte. J Electrochem Soc, 1979, 126: 523-527.

[15] Yamin H, et al. Electrochemistry of a nonaqueous lithium/sulfur cell. J Power Sources, 1983, 9: 281-287.

[16] Peled E, et al. Lithium-sulfur battery: evaluation of dioxolane-based electrolytes. J Electrochem Soc, 1989, 136: 1621-1625.

[17] Peled E, et al. Rechargeable lithium-sulfur battery. J Power Sources, 1989, 26: 269-271.

[18] Yang Y, et al. Nanostructured sulfur cathodes. Chem Soc Rev, 2013, 42: 3018-3032.

[19] Mikhaylik Y V, et al. Polysulfide shuttle study in the Li/S battery system. J Electrochem Soc, 2004, 151: A1969-A1976.

[20] Zhang S S. Liquid electrolyte lithium/sulfur battery: Fundamental chemistry, problems, and solutions. J Power Sources, 2013, 231: 153-162.

[21] Cheon S E, et al. Rechargeable lithium sulfur battery-I. Structural change of sulfur cathode during discharge and charge. J Electrochem Soc, 2003, 150: A796-A799.

[22] Barchasz C, et al. Lithium/sulfur cell discharge mechanism: An original approach for intermediate species identification. Anal Chem, 2012, 84: 3973-3980.

[23] Lee Y M, et al. Electrochemical performance of lithium/sulfur batteries with protected Li anodes. J Power Sources, 2003, 119: 964-972.

[24] Ryu H S, et al. Self-discharge of lithium-sulfur cells using stainless-steel current-collectors. J Power Sources, 2005, 140: 365-369.

[25] Ryu H S, et al. Self-discharge characteristics of lithium/sulfur batteries using TEGDME liquid electrolyte. Electrochim Acta, 2006, 52: 1563-1566.

[26] Su YS, et al. A new approach to improve cycle performance of rechargeable lithium-sulfur batteries by inserting a free-standing MWCNT interlayer. Chem Commun, 2012, 48: 8817-8819.

[27] Zhang S S, et al. A new direction for the performance improvement of rechargeable lithium/sulfur batteries. J Power Sources, 2012, 200: 77-82.

[28] Hassoun J, et al. Moving to a solid-state configuration: A valid approach to making lithium-sulfur batteries viable for practical applications. Adv Mater, 2010, 22: 5198-5201.

[29] Wang J L, et al. Sulfur-carbon nano-composite as cathode for rechargeable lithium battery based on gel electrolyte. Electrochem Commun, 2002, 4: 499-502.

[30] Zheng W, et al. Novel nanosized adsorbing sulfur composite cathode materials for the advanced secondary lithium batteries. Electrochim Acta, 2006, 51: 1330-1335.

[31] Ji X L, et al. A highly ordered nanostructured carbon-sulphur cathode for lithium-sulphur batteries. Nat Mater, 2009, 8: 500-506.

[32] Yuan L X, et al. Improvement of cycle property of sulfur-coated multi-walled carbon nanotubes composite cathode for lithium/sulfur batteries. J Power Sources, 2009, 189: 1141-1146.

[33] Liang C D, et al. Hierarchically structured sulfur/carbon nanocomposite material for high-energy lithium battery. Chem Mater, 2009, 21: 4724-4730.

[34] Wang C, et al. Preparation and performance of a core-shell carbon/sulfur material for lithium/sulfur battery. Electrochim Acta, 2010, 55: 7010-7015.

[35] Zhang B, et al. Enhancement of long stability of sulfur cathode by encapsulating sulfur into micropores of carbon spheres. Energy Environ Sci, 2010, 3: 1531-1537.

[36] Jayaprakash N, et al. Porous hollow carbon@sulfur composites for high-power lithium-sulfur batteries. Angew Chem Int Ed, 2011, 50: 5904-5908.

[37] Ji L W, et al. Graphene oxide as a sulfur immobilizer in high performance lithium/sulfur cells. J Am Chem Soc, 2011, 133: 18522-18525.

[38] Ji L W, et al. Porous carbon nanofiber-sulfur composite electrodes for lithium/sulfur cells. Energy Environ. Sci, 2011, 4: 5053-5059.

[39] Su Y-S, et al. A facile in situ sulfur deposition route to obtain carbon-wrapped sulfur composite cathodes for lithium-sulfur batteries. Electrochim Acta, 2012, 77: 272-278.

[40] Su Y-S, et al. Lithium-sulphur batteries with a microporous carbon paper as a bifunctional interlayer. Nat Commun, 2012, 3: 1166.

[41] Li X L, et al. Optimization of mesoporous carbon structures for lithium-sulfur battery applications. J Mater Chem, 2011, 21: 16603-16610.

[42] Jeon B H, et al. Preparation and electrochemical properties of lithium-sulfur polymer batteries. J Power Sources, 2002, 109: 89-97.

[43] Li N, et al. High-rate lithium-sulfur batteries promoted by reduced graphene oxide coating. Chem Commun, 2012, 48: 4106-4108.

[44] Zhang B, et al. Preparation and electrochemical properties of sulfur-acetylene black composites as cathode materials. Electrochim Acta, 2009, 54: 3708-3713.

[45] Su Y-S, et al. Self-weaving sulfur-carbon composite cathodes for high rate lithium-sulfur batteries. Phys Chem Chem Phys, 2012, 14: 14495-14499.

[46] Liu Y X, et al. Investigation of S/C composite synthesized by solvent exchange method. Electrochim Acta, 2012, 70: 241-247.

[47] Li K F, et al. Enhance electrochemical performance of lithium sulfur battery through a solution-based processing technique. J Power Sources, 2012, 202: 389-393.

[48] Yamin H, et al. Lithium sulfur battery - oxidation reduction-mechanisms of polysulfides in THF solutions. J Electrochem Soc, 1988, 135: 1045-1048.

[49] Guo J, et al. Sulfur-impregnated disordered carbon nanotubes cathode for lithium-sulfur batteries. Nano Lett, 2011, 11: 4288-4294.

[50] Fu Y Z, et al. Sulfur-carbon nanocomposite cathodes improved by an amphiphilic block copolymer for high-rate lithium-sulfur batteries. ACS Appl Mater Interfaces, 2012, 4: 6046-6052.

[51] Elazari R, et al. Sulfur-impregnated activated carbon fiber cloth as a binder-free cathode for rechargeable Li-S batteries. Adv Mater, 2011, 23: 5641-5644.

[52] Dorfler S, et al. High capacity vertical aligned carbon nanotube/sulfur composite cathodes for lithium-sulfur batteries. Chem Commun, 2012, 48: 4097-4099.

[53] Su Y-S, et al. A new approach to improve cycle performance of rechargeable lithium-sulfur batteries by inserting a free-standing MWCNT interlayer. Chem Commun, 2012, 48: 8817-8819.

[54] Chew S Y, et al. Flexible free-standing carbon nanotube films for model lithium-ion batteries. Carbon, 2009, 47: 2976-2983.

[55] Ji X, et al. A highly ordered nanostructured carbon-sulfur cathode for lithium-sulfur batteries. Nat. Mater, 2009, 8: 500-506.

[56] Wang H, et al. Graphene-wrapped sulfur particles as a rechargeable lithium-sulfur battery cathode material with high capacity and cycling stability. Nano Lett, 2011, 11: 2644-2647.

[57] Yang Y, et al. Improving the performance of lithium-sulfur batteries by conductive polymer coating. ACS Nano, 2011, 5: 9187-9193.

[58] Fu Y Z, et al. Sulfur-polypyrrole composite cathode materials for lithium-sulfur batteries. J Electrochem Soc, 2012, 159: A1420-A1424.

[59] Wu F, et al. Sulfur/polythiophene with a core/shell structure: Synthesis and electrochemical properties of the cathode for rechargeable lithium batteries. J Phys Chem C, 2011, 115: 6057-6063.

[60] Fu Y-Z, et al. Orthorhombic bipyramidal sulfur coated with stacked polypyrrole nanospheres as cathode materials for lithium-sulfur batteries. J Phys Chem C, 2012, 116: 8910-8915.

[61] Fu Y Z, et al. Core-shell structured sulfur-polypyrrole composite cathode materials for lithium-sulfur batteries. RSC Adv, 2012, 2: 5927-5929.

[62] Xiao L F, et al. A soft approach to encapsulate sulfur: Polyaniline nanotubes for lithium-sulfur batteries with long cycle life. Adv Mater, 2012, 24: 1176-1181.

[63] Fu Y Z, et al. Enhanced cyclability of lithium-sulfur batteries by a polymer acid-doped polypyrrole mixed ionic-electronic conductor. Chem Mater, 2012, 24: 3081-3087.

[64] Gao J, et al. Effects of liquid electrolytes on the charge-discharge performance of rechargeable lithium/sulfur batteries: Electrochemical and in-situ X-ray absorption spectroscopic studies. J Phys Chem C, 2011, 115: 25132-25137.

[65] Chang D R, et al. Binary electrolyte based on tetra (ethylene glycol) dimethyl ether and 1, 3-dioxolane for lithium-sulfur battery. J Power Sources, 2002, 112: 452-460.

[66] Choi J W, et al. Rechargeable lithium/sulfur battery with suitable mixed liquid electrolytes. Electrochim Acta, 2007, 52: 2075-2082.

[67] Wang W, et al. The electrochemical performance of lithium-sulfur batteries with $LiClO_4$ DOL/DME electrolyte. J Appl Electrochem, 2010, 40: 321-325.

[68] Aurbach D, et al. On the surface chemical aspects of very high energy density, rechargeable Li-sulfur batteries. J Electrochem Soc, 2009, 156: A694-A702.

[69] Zhang S S. Role of $LiNO_3$ in rechargeable lithium/sulfur battery. Electrochim Acta, 2012, 70: 344-348.

[70] Hassoun J, et al. A high-performance polymer tin sulfur lithium ion battery. Angew Chem Int Ed, 2010, 49: 2371-2374.

[71] Hayashi A, et al. All-solid-state Li/S batteries with highly conductive glass-ceramic electrolytes. Electrochem Commun, 2003, 5: 701-705.

[72] Rossi N A, West R. Silicon-containing liquid polymer electrolytes for application in lithium ion batteries. Polym Int, 2009, 58: 267-272.

[73] Chinnam P R, Wunder S L. Polyoctahedral silsesquioxane-nanoparticle electrolytes for lithium batteries: POSS-lithium salts and POSS-PEGs. Chem Mater, 2011, 23: 5111-5121.

[74] Murugan R, et al. Fast lithium ion conduction in garnet-type $Li_7La_3Zr_2O_{12}$. Angew Chem Int Ed, 2007, 46: 7778-7781.

[75] Ohta S, et al. High lithium ionic conductivity in the garnet-type oxide $Li_{7-x}La_3(Zr_{2-x},Nb_x)O_{12}$ (x=0~2). J Power Sources, 2011, 196: 3342-3345.

[76] Li Y, et al. High lithium ion conduction in garnet-type $Li_6La_3ZrTaO_{12}$. Electrochem Commun, 2011, 13: 1289-1292.

[77] Xie H, et al. NASICON-type $Li_{1+2x}Zr_{2-x}Ca_x(PO_4)_3$ with high ionic conductivity at room temperature. RSC Adv, 2011, 1: 1728-1731.

[78] Knauth P. Inorganic solid Li ion conductors: An overview. Solid State Ionics, 2009, 180: 911-916.

[79] Minami K, et al. Electrical and electrochemical properties of the $70Li_2S \cdot (30-x)P_2S_5 \cdot xP_2O_5$ glass-ceramic electrolytes. Solid State Ionics, 2008, 179: 1282-1285.

[80] Wu F, et al. Sulfur/polythiophene with a core/shell structure: Synthesis and electrochemical properties of the cathode for rechargeable lithium batteries. J Phys Chem C, 2011, 115: 6057-6063.

[81] Zheng G, et al. Hollow carbon nanofiber-encapsulated sulfur cathodes for high specific capacity rechargeable lithium batteries. Nano Lett, 2011, 11: 4462-4467.

[82] Ji X, Nazar L F. Advances in Li-S batteries. J Mater Chem, 2011, 20: 9821-9826.

[83] Manthiram A, et al. Challenges and prospects of lithium-sulfur batteries. Acc Chem Res, 2013, 46: 1125-1134.

[84] Fu Y-Z, et al. Highly reversible lithium/dissolved polysulfide batteries with carbon nanotube elec-

trodes. Angew Chem Int Ed, 2013, 52: 6930-6935.

[85] Leon C P, et al. Redox flow cells for energy conversion. J Power Sources, 2006, 160: 716-732.

[86] Lu Y, Goodenough J B. Rechargeable alkali-ion cathode-flow battery. J Mater Chem, 2011, 21: 10113-10117.

[87] Yang Y, et al. A membrane-free lithium/polysulfide semi-liquid battery for large-scale energy storage. Energy Environ Sci, 2013, 6: 1552-1558.

[88] Gao J, et al. Effects of liquid electrolytes on the charge-discharge performance of rechargeable lithium/sulfur batteries: Electrochemical and in-situ X-ray absorption spectroscopic studies. J Phys Chem C, 2011, 115: 25132-25137.

6 钠离子电池

能源危机已经严重地威胁到人类的生存与环境,这也促使人类对新型清洁自然资源(风能、太阳能、水能等)进行开发与利用,以实现人类社会与自然环境的协同发展。由于自然资源的间歇性、地域性等方面的限制,发展有效的能量转储装置成为该类能源发展的关键环节。高效的转储装置可以更加合理地运用自然资源,使得清洁能源得到多方面、大规模的有效利用。其中,目前较为成熟的锂离子电池体系已经广泛地运用于人们的日常生活中,主要包括移动性电子产品、电动汽车等领域。然而,锂资源的短缺致使锂电原料的价格节节攀升,使得人们开始探究新的电池体系。钠离子与锂离子都属于第一主族,具有相似的化学性质,钠元素与锂元素具有相似的物理化学特性(元素半径,电离能等),并且钠离子的地壳丰度是锂离子的1180倍,且相应的碳酸盐的价格要远小于碳酸锂(如图6-1)。因此,广大研究学者认为钠离子电池未来极有可能取代锂离子电池,成为规模化储能体系研究领域的新星[1-3]。

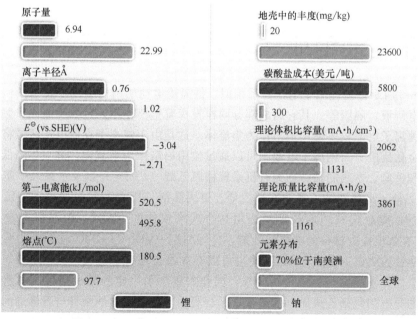

图 6-1 锂元素、钠元素物理化学特性参数对比柱状图

6.1 钠离子电池反应机理

类似于锂离子电池的原理，钠离子电池也被称为"摇椅式"电池[4-5]。其工作机理如图 6-2 所示：在充放电过程中，主要是通过钠离子在电解液中、正负极之间以及电子在外电路通过导线传输来形成一个闭合回路，电子的数量与钠离子数量保持电荷当量相等。充电阶段，正极化合物发生脱钠反应，处于贫钠态，负极化合物发生嵌钠反应，处于富钠态；为了实现两极的电荷平衡，伴随着钠离子的脱嵌过程，负极同时得到外电路传输过来的等电量的电子。放电阶段则是两极之间贫钠态、富钠态关系以及电子传输都反过来。

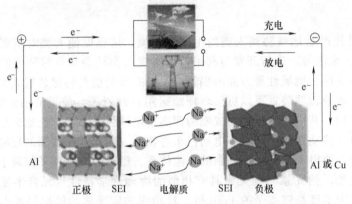

图 6-2 钠离子电池的工作原理示意图

6.2 钠离子电池组成

如图 6-3 所示，与锂离子电池体系相似，钠离子电池的结构组成主要包括：正负极电极材料、电解液、隔膜等。其它组成部分同样发挥着重要作用，例如集流体、黏结剂、导电剂等。锂离子电池较多使用铜箔作为集流体，这是由于锂离子在低电压区域将会与铝金属发生合金化反应。而钠离子电池则可以通过使用铝箔作为集流体，进一步降低钠离子电池的成本和重量。常用的黏结剂为有机系聚偏氟乙烯（PVDF）以及水系羟甲基纤维素钠（CMC）。另外，海藻酸钠、聚偏四氟乙烯、聚丙烯酸（PAA）等也取得了一定的研究进展[6]。目前，商业化黏结剂较多地选用黏合效果较佳的 PVDF。但是研究发现，水系 CMC 可以有效地提升材料的电化学性能。Ji 等利用 PVDF 与 CMC 对天然矿石二硫化钼进行电化学性能测试，证实 CMC 的使用可以有效维持循环稳定性[7,8]。此外，传统电极材料的导电性并不能满足电流传输要求，因此需要添加一定的导电剂构筑电池极片导电网，常见的导电剂包括乙炔黑、碳纳米管、石墨烯等。由于碳纳米管与石墨烯的合成以及分散的问题，目前商业化的导电剂用成本低廉、易于宏量合成、分散均匀的乙炔黑。目前

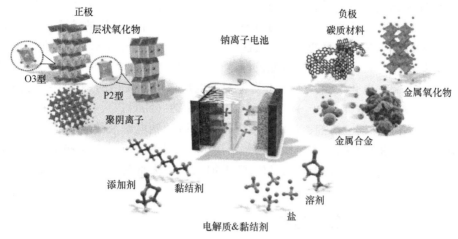

图 6-3 钠离子电池结构组成

的研究主要还是集中在正负极材料以及电解液方面。

6.2.1 钠离子电池正极材料

钠离子电池正极材料研究较早,与锂离子电池类似,理想的钠离子电池正极材料不仅要求材料本身是钠离子载体,同时应具有较好的可逆性、较高的容量和良好的稳定性。在钠离子嵌入和脱出的过程中,正极材料应表现出小的体积膨胀,以降低对其结构的影响,从而确保有较好的循环稳定性。目前,钠离子电池正极材料的容量通常在 80~225mA·h/g,工作电压一般为 2.2~4.0V,如图 6-4 所示。目前负极材料的容量一般都在 300mA·h/g。正极材料占锂离子电池总成本的 30%,鉴于此,正极材料将极大地影响钠离子电池的成本和能量密度。根据组成和结构特点,正极材料主要分为以下几类[9-14]。

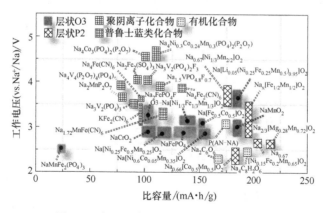

图 6-4 常见的钠离子电池正极材料容量

6.2.2 钠离子电池电解液

在钠离子电池循环过程中,电解液和正负极间的界面反应是影响固体电解质界面膜(SEI)的形成和电荷转移的关键因素。研究不同电解液的目的,在于确定增强电池材料电化学性能的最优电解液组成。对于钠离子电池,迄今还没有广泛使用的负极材料,系统的电解液研究还比较少。除了能提供稳定的界面,电解液还必须具有优良的离子导电性。离子导电性通常受载荷子的浓度(盐的溶解性)、离子迁移率(介质的黏度)、盐中离子的解离度(介质的介电常数)等的影响。当前研究最多的电解液是非水系电解液,它们都是以碳酸类有机物作为溶剂的,如碳酸亚乙酯(EC)、碳酸丙烯酯(PC),这主要是因为这类溶剂介电常数高、电化学窗口大、不易挥发。电解液中所使用的钠盐主要有高氯酸钠($NaClO_4$)、六氟磷酸钠($NaPF_6$)、三氟甲基亚磺酸钠(NaOTf)、双三氟甲烷磺酰亚胺钠(NaTFSI)等。在同一溶剂、相同浓度下,六氟磷酸钠电解液的离子导电性略高于双三氟甲烷磺酰亚胺钠电解液,高氯酸钠电解液居中。在电解液中加入某些添加剂,如氟代碳酸乙烯酯(FEC)等,可使形成的 SEI 膜更加稳定,从而在一定程度上改善电池的循环稳定性。

6.2.3 钠离子电池负极材料

作为钠离子电池材料的重要成员,负极材料的性能对于电池体系有着至关重要的影响。负极材料的选取需要具有结构稳定、反应平台电势较低(提升全电池体系能量密度)、来源广泛以及便于合成等特点。由于钠离子的半径较大,致使传统适用于锂离子电池的石墨材料并不能有效地运用于钠离子电池。寻找具有理想充放电比容量以及优异循环稳定性的新型电极材料,是目前负极材料发展的关键。由于钠离子和负极材料的反应机理与锂离子类似(如图 6-5),可以将钠离子电池负极分为嵌入型、合金型、转换型三种材料[15]。其中,嵌入型材料主要包括碳基材料、二氧化钛(TiO_2)、五氧化二钒(V_2O_5)、五氧化二铌(Nb_2O_5)等,其特点表现为具有较大的比表面积、大的层间距以及晶格间隙,利于钠离子的嵌入以及脱出[2,16]。合金型材料主要包括金属锡(Sn)、锑(Sb)、锗(Ge)、铋(Bi)及磷(P)等,该类材料在电化学反应过程中与钠离子反应生成合金型化合物[4]。而转换材料则来源广泛,种类多样,主要包括过渡金属基氧化物/硫化物/硒化物/磷化物等,也是目前研究的热点[17-22]。最近的研究发现,还存在混合型反应机理的材料,例如典型的过渡金属基层状化合物二硫化钼(MoS_2)、二硒化钼($MoSe_2$)等,为嵌入反

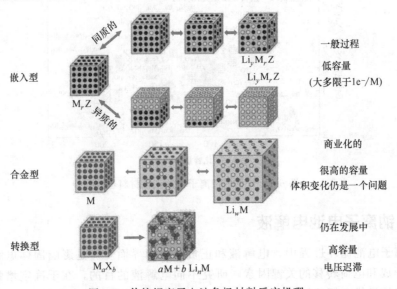

图 6-5 传统锂离子电池负极材料反应机理

应与转换反应共存的材料,而硫化锑(Sb_2S_3)、硫化铋(Bi_2S_3)等则表现为合金型/转换型机理[21]。不同储钠类型的电极材料都有着各自的优缺点,因此对于电极负极材料进行"扬长避短"是提升其电化学性能的关键[15]。

6.3 钠离子电池正极研究进展

6.3.1 钠基过渡金属氧化物

在正极材料中,钠基过渡金属氧化物最为典型,其分子通式为 Na_xMO_2(M=Ni, Co, Mn, Fe, Cr, V 等),一般都具有高的氧化还原电位和较大的能量密度,是研究得最早的一类材料。其中,研究最广泛最经典的属 Na_xCoO_2,根据钠离子所处的配位环境的差异性,该材料分为 O3、O2、P3 及 P2 四种相,如图 6-6 所示。Na_xCoO_2 材料最早在 20 世纪 80 年代被 Delmas 课题组首次提出作为理想的钠离子电池正极材料,并且首次发现 O3、O2、P3 三种相在储钠过程中结构不稳定导致循环性能不好,而 P2 相的材料表现出稳定的电化学循环性能和高达 260W·h/kg 的比容量。最近,Hamani 等报道 Na_xVO_2 [$Na_{0.7}VO_2$(P2) 和 $Na_{0.7}VO_2$(O3)] 作为钠离子正极,在 1.2~2.4V 的电压下 P2 与 O3 两相都允许 0.5 个钠离子可逆嵌入与脱出,但是 P2 相的 $Na_{0.7}VO_2$ 的极化程度远远低于 O3 相,同时也发现 P2 相的 $Na_{0.7}VO_2$ 导电性高于 O3 相。此外,正交晶系的 Na_xMnO_2 正极材料中的 $Na_{0.44}MnO_2$ 被认为是最有商业前景的,该材料中四价锰离子与三价锰离子占据八面体结构的 MnO_6 和四方锥形多面体 MnO_5 位置,构成了有利于钠离子脱嵌的隧道结构,避免了储钠过程中结构的坍塌。Hosono 等和 Qiao 等都先后报道了 $Na_{0.44}MnO_2$

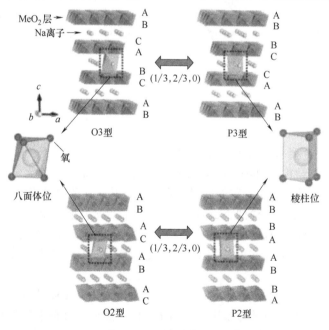

图 6-6 Na_xMO_2 正极材料的不同晶体结构图

拥有优良的储钠行为。总而言之，钠基过渡金属氧化物由于具有特殊的层状结构或隧道结构，展现出多样化的物理化学性质，P2 相的 Na_xCoO_2 拥有较好的离子扩散性。Na_xMnO_2 具备较高的比容量，$NaCrO_2$ 材料、$NaFeO_2$ 材料、$NaNiO_2$ 具有高的氧化还原电势等，此类型化合物被视为有前景的高能量密度与功率密度的钠离子正极材料。

6.3.2 聚阴离子化合物

目前研究的聚阴离子正极材料主要为磷酸盐系列，这是由于该类磷酸盐体系中 P—O 共价键具有很强的稳定性，特别是在高电压区域，材料稳定性优异。目前研究的体系包括 $NaFePO_4$ 体系，NASICON 型 $Na_3V_2(PO_4)_3$ 体系，焦磷酸盐类体系，氟化磷酸盐类体系等（如图 6-7）。

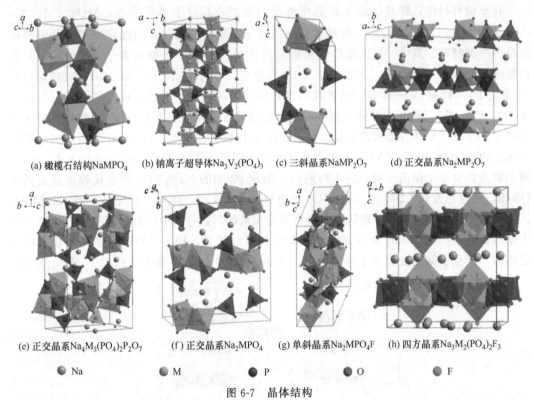

(a) 橄榄石结构NaMPO₄　(b) 钠离子超导体Na₃V₂(PO₄)₃　(c) 三斜晶系NaMP₂O₇　(d) 正交晶系Na₂MP₂O₇

(e) 正交晶系Na₄M₃(PO₄)₂P₂O₇　(f) 正交晶系Na₂MPO₄　(g) 单斜晶系Na₂MPO₄F　(h) 四方晶系Na₃M₂(PO₄)₂F₃

● Na　● M　● P　● O　● F

图 6-7　晶体结构

$NaFePO_4$ 材料主要包含无定形态、磷铁钠矿（Maricite-$NaFePO_4$）以及橄榄石矿（Olivine-$NaFePO_4$）结构。Maricite-$NaFePO_4$ 没有电化学活性，而无定形态 $NaFePO_4$ 虽然具有储钠能力，但是却没有完整的嵌脱平台，并且其氧化还原反应电势较低，因此目前研究主要集中在橄榄石矿结构的 $NaFePO_4$。传统的合成手段只能合成磷铁钠矿 $NaFePO_4$，Le Poul 等通过离子置换的方法，将 $LiFePO_4$ 中的锂元素置换为钠元素，从而获得橄榄石矿结构的 $NaFePO_4$，在电压为 2.75V 处，展现出了充放电平台以及一定的可逆容量。

钠离子超导体型 $Na_3V_2(PO_4)_3$ 具有稳定的三维大孔道晶体结构，成为目前 NASICON 型材料的研究热点，被誉为超快的钠离子导体。然而，材料本身的电子电导率较差，制约了该类材料的进一步发展。对于该类材料，目前主要采用杂原子掺杂、表界面修饰及内部大孔道设计进行改性。Li 等通过新型流变相方法,以柠檬酸为配位剂以及碳源,成功地宏量合成了双碳层结构包覆的 $Na_3V_2(PO_4)_3$,在 100C 的电流密度下,经过 10000 圈充放电循环以后,依然可以维持 $55mA·h/g$ 的容量[23]。

焦磷酸盐具有和磷酸盐相似的结构体系,含有的阴离子根为 $P_2O_7^{4-}$,其结构式主要为 $Na_2XP_2O_7$(X=Co,Mn,Fe)以及混合阴离子体系 $Na_4X_3(PO_4)_2P_2O_7$(X=Co,Fe)。近来,由于其特殊的晶体结构,使得该类材料通过简单的高温煅烧便可以获得电化学活性较好的铁基材料,因此焦磷酸盐类体系同样也受到了关注。但是由于 P_2O_7 的分子量较大,致使该类材料的分子量较大,理论比容量偏低。Zhang 等将 $Na_2FeP_2O_7$ 与碳基质进行复合,产生了优异的电化学循环稳定性,即使经过 300 圈循环以后,容量还可以维持 $65mA·h/g$[24]。

氟化磷酸盐为电负性最强的氟离子取代 $Na_3V_2(PO_4)_3$ 中的磷酸根。氟离子的引入可以有效地降低嵌钠能垒,增加有效脱钠数目。目前的研究主要包括 Na_2XPO_4F(X=Co,Mn,Fe)、$Na_3(VO)_2(PO_4)F$ 以及 $Na_3V_2(PO_4)_2F_3$。其中,$Na_3V_2(PO_4)_2F_3$ 具有稳健的 NASICON 型大孔道结构,被视为具有商业化潜力的正极材料[16]。Kang 等通过第一性原理计算证明,氟元素的取代可以有效地提升材料的工作平台,并且 30 圈循环以后的容量保持率接近 100%[25]。

6.3.3 普鲁士蓝及类普鲁士蓝结构

富钠正极材料的典型代表有普鲁士蓝及其衍生物和富钠层状氧化物,如图 6-8 所示。普鲁士蓝及其衍生物结构通式为 $A_xMM'(CN)_{6y}H_2O$(A 为 Na、K 等碱金属,M 和 M' 为 Fe、Co、Ni 等过渡金属氧化物 $0<x<1$),这类型化合物大都属于立方体结构,立方体的顶点被金属离子占据,氰基端的碳、氮原子连金属离子,整个结构具有大的间隙位点和开放的框架,适合钠离子的传输和存储。然而,大部分普鲁士蓝及其衍生物由于结晶水占据其空位,导致电池的库仑效率较低。因此,制备不含结晶水的普鲁士蓝及其衍生物是提高储钠性能的关键。最近,Goodenough 报道了脱水的 $Na_{2-x}Fe[Fe(CN)_6]$($0<x<1$)与硬碳负极组装成钠全电池,放电容量高达 $160mA·h/g$,放电平台在 3.15V 附近,同时钠半电池拥有的能量密度高达 $490W·h/kg$。富锂层状化合物具备较好的储锂性能,因而激发了人们对富钠层状化合物的探究。Sakai 团队首次报道了 O3 相的 $Na_{0.95}Li_{0.15}(Mn_{0.55}Co_{0.10}Ni_{0.15})O_2$ 可以达到 $238mA·h/g$ 的可逆容量。Jian 等制备了 $0.5Li_2MnO_3·0.5LiMn_{0.42}Ni_{0.42}Co_{0.16}O_2$ 富钠层状材料,设置电压区间为 1.7~4.5V,在 $50mA/g$ 的电流密度下放电比容量高达 $238mA·h/g$,同时拥有高达 $533W·h/kg$ 的能量密度。

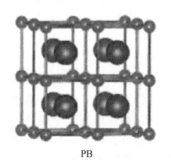

图 6-8 普鲁士蓝以及类普鲁士蓝晶体结构

6.3.4 正极材料所存在的问题以及改性研究

虽然各式各样的正极材料都具有自身独特的优点，但是他们却面临着各式各样的问题。例如，对于O3与P2层状材料，存在着一定的共性问题。随着充放电的进行，层状结构会不断膨胀和收缩，最终引起材料内部结构的坍塌，导致嵌钠功能丧失，使得容量快速降低。此外，值得注意的是，离子在层状材料中的扩散速率较慢，而且离子的电导率较低，致使倍率性能较差。同时，材料本身的电化学性质对于材料自身储能性能也有着重要的影响。例如，传统的层状材料合成方法很难将材料的容量完全发挥出来。在NASICON型材料的研究中，大部分材料都是根据锂电池所衍生出来的，纵然锂元素与钠元素处于同一个主族，但是元素之间存在较为明显的差异，致使相同体系的材料$NaFePO_4$并不具有类似于$LiFePO_4$的电化学性质。在NASICON型材料中，V基材料呈现出三维大孔道结构。同时，该类材料的结构稳定性突出，在大电流情况下，展现出优异的倍率性能。其中，V^{3+}/V^{4+}的价态变化提供了一定的可逆容量，但是，单价态的变化却限制了该类材料性能的进一步提升。其它正极材料面临着结构稳定等问题。目前，掺杂以及碳包覆是正极材料常用的改性手段。

掺杂的改性手段，主要是通过杂元素的引入来改变材料晶格内部，从而改变材料的物理化学特性，主要包括原子取代型掺杂以及空间支柱型掺杂。根据原子掺杂的种类，可分为单原子掺杂和多原子掺杂。根据离子的价态，可以分为阴离子掺杂、阳离子掺杂、阴阳离子双掺杂三种。如图6-9所示，通过四价Ti^{4+}元素对$P'2-Na_{0.67}[(Mn_{0.78}Fe_{0.22})_{0.9}Ti_{0.1}]O_2$进行调控型研究，发现$Ti^{4+}$的引入可有效地抑制材料循环过程中的多相转变，形成了典型的稳定的单相反应。在过渡金属层间所形成的Ti—O键具有强烈的化学键特性，能够有效地抑制Mn—O键以及Fe—O键的移动，从而确保材料内部结构的稳定性。在0.026A/g的电流密度下，所获电极材料再经过200圈循环以后，容量依然接近180mA·h/g。此外，通过第一性原理计算发现，Ti^{4+}的掺杂使材料的活性能量壁垒降低至约541meV。研究发现能量壁垒越低，材料的迁移阻力越小，倍率性能越优异。该材料在1.3A/g的电流密度下，容量依然可以维持约153mA·h/g的可逆比容量[26]。另外，利用钙元素对$NaCrO_2$中的钠元素进行取代，纵然钙元素与钠元素具有相同的离子半径，然而当钙元素取代钠原子之后，外层的电子可以有效地占据钠离子外层空位。研究发现，钙离子的取代可以促使材料的电压平台更加平缓，提升材料的循环稳定性。虽然材料的初始容量发生了部分损失，但是在500圈循环以后，所获杂原子掺杂的材料展现出优异的可逆比容量。$Na_{0.9}Ca_{0.05}CrO_2$材料在经过500圈循环后，比容量依然可以接近约100mA·h/g（远高于未经掺杂的材料约50mA·h/g）。同时，非原位XRD发现强烈的钙氧化学键可以有效地增加材料的结构稳定性[27]。

对于NASICON型材料，通过氟原子掺杂来取代$Na_3V_2(PO_4)_3$材料中的氧元素，可形成更加稳定的金属氟化键。氟原子具有较强的电负性，可诱导材料内部的电子分布发生变化，增大材料的电子迁移速率，从而提高材料的倍率性能。此外，氟离子的引入有效地增加了材料在充放电过程中的电压平台。该优点使材料在应用于全电池体系时，展现出了较大的电压差，使得材料具有较高的能量密度。如图6-10（a），（b）所示，Ji的团队通过简单的煅烧方法获得了$Na_3V_2(PO_4)_2F_3$电极材料，氟原子的进入以取代磷酸根的方式进

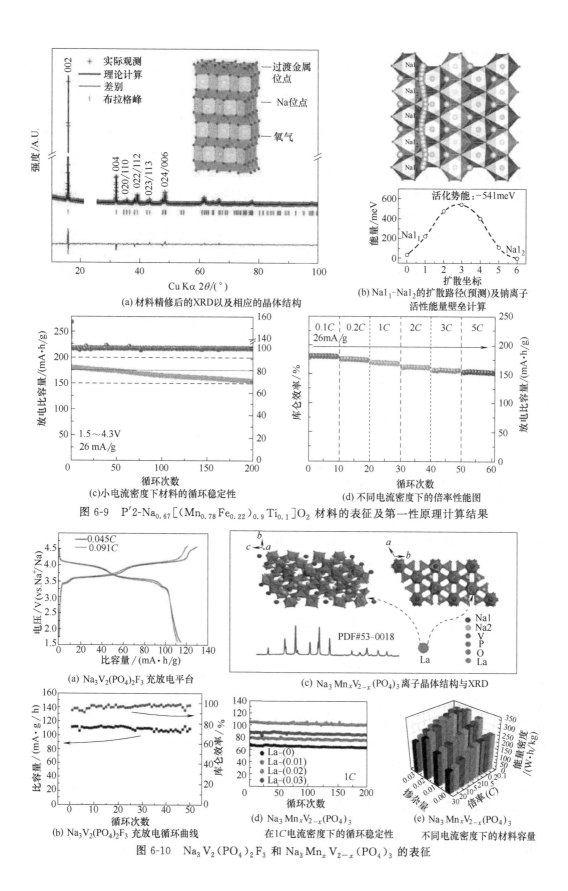

图 6-9 P′2-$Na_{0.67}[(Mn_{0.78}Fe_{0.22})_{0.9}Ti_{0.1}]O_2$ 材料的表征及第一性原理计算结果

图 6-10 $Na_3V_2(PO_4)_2F_3$ 和 $Na_3Mn_xV_{2-x}(PO_4)_3$ 的表征

行。当该类材料应用于钠离子电池正极材料时，以 0.09C（1C=128mA·h/g）的电流密度，在电压区间为 1.6～4.6V 的电压区间，首圈可逆容量达到 111.6mA·h/g，并且在经过 50 圈充放电循环以后，材料的容量依然可以维持在初始容量的 97.6%[28]。研究发现，该类材料的理论比容量得到了有效提升，然而循环寿命却明显降低。此外，材料的倍率性能表现不佳，这主要是由于 NASICON 型材料本身的电子电导率较低造成的。同时，金属元素 La（约 103.2pm）取代 $Na_3V_2(PO_4)_3$ 中的 V（约 0.64pm）元素。利用氟元素具有较大的原子半径的特点，使得材料的晶胞体积得到明显扩张。当然，少量金属元素取代并不能改变材料的理论比容量。如图 6-10（c），（d）所示，所获得的 $Na_3Mn_xV_{2-x}(PO_4)_3$ 材料展现出优异的电化学性能。在 0.2C（1C=117mA·h/g）的电流密度下，首圈的充放电容量可以达到 105.4mA·h/g。即使在超大电流 30C 的电流密度下，材料的可逆比容量依然可以维持在 92.6mA·h/g。同时，该类材料也展现出超强的循环稳定性，在 20C 的电流密度下，3000 圈循环以后，容量依然可以维持在 73.5mA·h/g。

普鲁士蓝以及类普鲁士蓝材料具有较为低廉的价格，且材料的大孔道结构为高效储钠结构提供了良好空间。该类材料的理论比容量可以达到 170mA·h/g。但是，该类材料中由于较多的结晶水，致使材料的循环稳定性不佳。Shu 的团队通过 Ni、Co、Mn 三种元素取代普鲁士蓝结构中的铁元素，三种元素的协同效应使材料内部的结晶水明显减少。Mn-CoNi-PB 材料在经过 500 圈循环以后，材料的充放电容量保持率为 81.1%[29]。同时，三种元素对普鲁士蓝结构的影响，也被详细地探究。分别将三种元素取代型引入类普鲁士蓝结构，可以看出，三种材料的尺寸形貌依次发生相应的变化。如图 6-11 所示，Co-PBs 展现出最小的颗粒尺寸，而 Ni-PBs 则展现出了最为均匀的颗粒尺寸以及较高的结晶度。这主要是由于镍元素的引入减少了材料内部的结晶水，并且形成"零应变"结构。在 1.0A/g 的电流密度下，比容量依然可以达到 81mA·h/g[30]。

包覆材料主要是针对碳包覆以及其它稳定或者高电导率材料进行的包覆。其中，碳材料具有最佳的独特的优势，包括优异的电子电导率、限域特性以及优异的柔韧特性。因此，目前研究得比较多的包覆材料主要集中在碳材料上。其中，NASICON 型材料普遍电子迁移速率过低，因此较多与碳材料进行复合。例如，Zhao 的团队首先通过杂原子掺杂对材料的本身特性进行提升，然后利用柠檬酸作为碳源，原位生成单层碳基，该碳层的存在有效地抑制了材料在脱嵌钠过程中所发生的极化现象，并且提升了材料的电子迁移速率[31]。在 400C（1C=117mA·h/g）的超大电流密度下，材料的充放电比容量依然可以达到 93.4mA·h/g。同样利用柠檬酸的配位效应，材料在经过多级煅烧以后，使得柠檬酸成功地衍生出双碳层体系。该类主体材料的直接外表面衍生出了无定形碳，而最外层则是石墨化程度较高的碳层。由于双碳层的强烈的协同效应，该类材料展现出优异的循环稳定性。在 200C 的超大电流密度下，材料经过 12000 圈循环以后，容量依然保持在原始容量的约 70%[23]。除了碳层的包覆以外，其它无机金属化合物也常常作为包覆层，来改善材料的电化学特性。如图 6-12（a）～（c）所示，通过 AlF_3 材料对 O3 型富镍 $Na[Ni_{0.65}Co_{0.08}Mn_{0.27}]O_2$ 进行包覆，发现该包覆层有效地抑制了材料被电解液侵蚀。此外，对于最外层电极材料的极化脱落也起到了很好的保护作用。在 0.5C 的电流密度下，材料在经过 50 圈循环以后，比容量可以保持在 168mA·h/g。通过非原位切面图，可以明显地看出，材料在没有 AlF_3 包覆层存在的情况下，材料在经过多圈循环以后，发生了

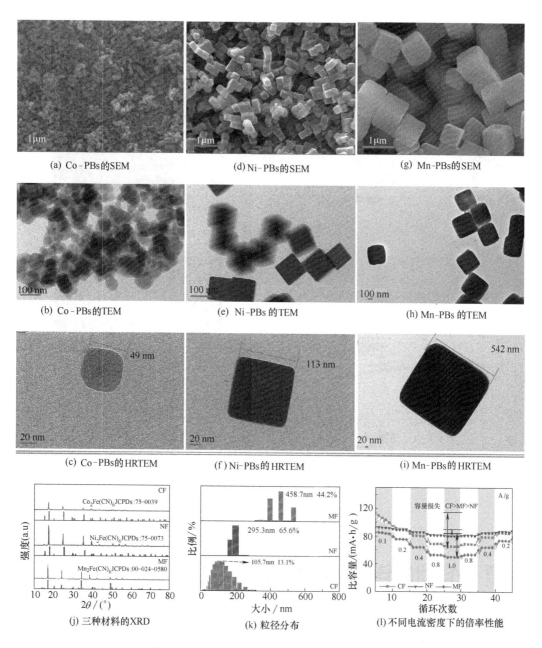

图 6-11 Ni-PBs、Co-PBs、Mn-PBs 材料的表征

明显的破碎现象，同时材料内部的晶体结构也发生了明显的变化，电化学性能恶化严重[32]。另外，近年来被广泛研究的导电有机聚合物也可作为包覆层，对正极材料进行改性[33]。如图 6-12（d）所示，通过简单的溶液法，对材料进行非原位包覆。其中，所形成的聚吡咯具有较高的导电性，对材料的导电性具有较大的提升作用。此外，致密的包覆层在外表面很好地避免了材料被电解液侵蚀。因此，该类材料展现出优异的循环稳定性以及倍率性能。

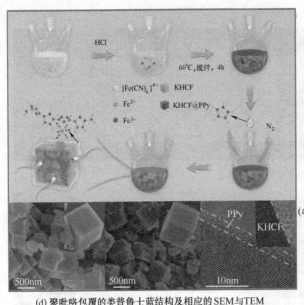

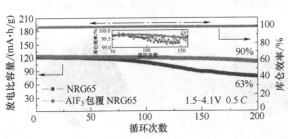
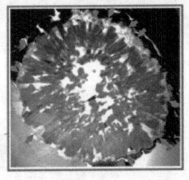

(a) 没有AlF$_3$包覆的电极材料Na[Ni$_{0.65}$Co$_{0.08}$Mn$_{0.27}$]O$_2$切面图

(d) 聚吡咯包覆的类普鲁士蓝结构及相应的SEM与TEM

(c) 所获材料的循环稳定性

(b) 具有AlF$_3$包覆的电极材料Na[Ni$_{0.65}$Co$_{0.08}$Mn$_{0.27}$]O$_2$切面图

图 6-12　材料包覆性能表征

6.4 钠离子电池电解液研究进展

　　电解液在钠离子电池中扮演着至关重要的角色，其主要用来控制两电极之间的电荷转移以及离子迁移。由于混合材料中特有的 LUMO 以及 HOMO 能量限制，电解液的改变会影响电化学窗口，同时对电池内部的热力学稳定产生重要影响。此外，值得注意的是，电解液/固体电解质中的钠离子浓度以及电解液的组成成分均与钠离子电池的动力学系数具有重要的关系。先前的研究发现，合适的电解液配比将会在电极材料表面形成一层恰当的 SEI 膜，可进一步提升电池的循环稳定性以及倍率性能。一般来讲，电解液将会影响该电池体系的能量密度、安全性、循环稳定性以及开路电压等。根据电解质溶剂的不同，大致可以分为五种，包括有机系电解液、离子液体电解液、水系电解液、固体电解质、凝胶型聚合物电解质。

6.4.1 有机系电解液

有机系电解液在很大程度上已经得到了优化，并且在锂离子电池体系中得到了广泛的应用及发展。但是，在利用该类别的电解液时，需要考虑一些必要的条件。首先，相应电解质需要具有较高的溶解度，这意味着介电常数较高的溶剂将确保电解液具有更高的离子电导率。其次，在宽的温度区间内展现出相对低的黏度。也就是说，离子传输阻力较小，并且溶剂在宽的温度范围内保持稳定的液态形式。该类电解液同时应该具有较高的电化学以及化学稳定性。其中，溶剂应该具有较高的电化学稳定性，并且能够匹配相应的电极材料，这是发展一个高能量密度电池的先决条件。

能够适用于锂电池的电解质主要包括两种碳酸酯，环状碳酸酯［碳酸丙烯酯（PC）及碳酸乙烯酯（EC）］以及线状碳酸酯［碳酸甲乙酯（EMC）、碳酸二甲酯（DMC）、碳酸二乙酯（DEC）］。没有单独的溶剂能够满足锂电池体系的需求，PC 与 EC 的混合型电解液是目前锂电池电解液体系的主流。该类混合型电解液展现出高的介电常数、稳定的化学及电化学性质，因此成为了钠离子电池体系的主要研究对象。然而，使用 PC 为主的电解液时，在负极材料的表面 PC 电解液将会逐渐分解，同时伴随着 SEI 膜的产生。研究人员为了该类电解液能够进一步应用，目前主要是通过其它添加剂的加入来控制其分解效应。此外，EC 溶剂也不适合单独地应用于电解液体系，这是因为 EC 溶剂的熔点为 36℃，不适合应用于常温钠离子电池。然而，EC 溶剂非常适合作为协同溶剂，其可以优化整个电解液体系，生成具有保护作用的 SEI 膜。这一点已经在锂钠电池体系中都得到了相应的证实。此外，目前常用的电解液添加剂主要为 FEC[34,35]。这主要是因为 FEC 材料在电化学反应中的分解平台为 0.7V（高于 PC 电解液），这有效地抑制了 PC 电解液的分解。如图 6-13 所示，Komaba 的团队通过硬碳以及 $NaNi_{1/2}Mn_{1/2}O_2$ 为正负极电极材料，组装成全电池体系，来测试电池电解液中 FEC 对于整个电池容量的影响。研究发现，FEC 材

(a) FEC 化学式

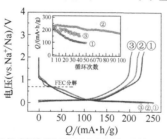

(b) 没有添加FEC的标准电解液、添加2.0%(体积分数)FEC的标准电解液及添加10.0%(体积分数)FEC的标准电解液的电化学平台对比图

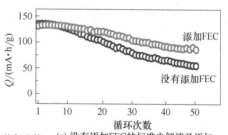

(c) 没有添加FEC的标准电解液及添加10.0%(体积分数)FEC的标准电解液的电化学循环性能对比图

(d) 没有添加FEC的标准电解液循环后扫描电镜图

(e) 添加2.0%(体积分数)FEC的标准电解液循环后扫描电镜图

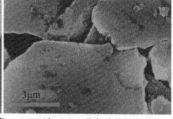

(f) 添加10.0%(体积分数)FEC的标准电解液的循环后扫描电镜图

图 6-13 FEC 性能表征

料的添加可以增加钠离子溶解与沉积的可逆性，这主要是因为该类 FEC 成功地抑制了电解液与钠金属之间的副反应[36]。

6.4.2 离子液体电解液

离子液体，又称为室温下的熔融盐，主要由一种有机阳离子以及另一种无机或者有机阴离子组成，在室温状态下呈现液体的形式。由于离子液体特殊的物理化学性质，包括蒸气压低、沸点高、电压窗口宽、热稳定性高，且便于设计，该类材料具有巨大的潜力。相比于传统的电解液，以离子液体为电解液所组成的全电池体系，展现出优异的电化学性能。然而，在过去的几年中，这种类型的电解液体系只被部分地进行了探究，主要是由于其相对较高的黏度、低的离子电导率，以及该类型电解液与电极材料表面的界面问题。如图 6-14 所示，目前所研究的离子液体主要包括吡咯烷铵（Pyr）、四氟硼酸盐、双（三氟甲磺酰基）亚胺（TFSI）和双（氟磺酰基）亚胺（FSI）等。

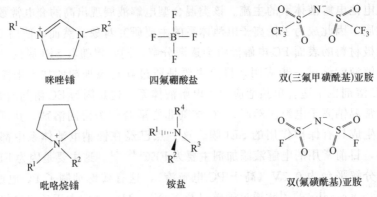

图 6-14　常运用于钠离子电池的阴阳离子

在 2010 年，Yamaki 课题组以 1-乙基-3-甲基咪唑四氟硼酸与 $NaBF_4$ 为电解液（EMI-BF_4），以磷酸钒钠为电极材料，进行全电池性能测试。相比于其它碳酸酯基化合物，该电池体系展现出优异的热稳定性以及循环稳定性。差热分析结果显示，在该类离子电解液中，磷酸钒钠材料在 400℃ 的情况下，依然可以保持稳定[37]。Monti 团队进一步探究双氟磺酰亚胺型电解液的协同效应（EMITFSI 和 BMITFSI）。该类电解液宏观性质、离子电导率以及黏度等都能和锂电池电解液的特性相互匹配。例如，$Na_{0.1}EMIm_{0.9}TFSI$ 电解液展现出的室温电导率可以达到 5.3mS/cm（图 6-15）。此外，该类电解液体系具有宽的热稳定性电压窗口（-86～150℃）。从分子层面出发，研究者认为钠离子迁移壁垒的改变主要是有助于离子电导率[38]。

6.4.3 水系电解液

水系电解液具有许多应用优势，包括较低的成本、高的内在安全性以及环境友好等特点。此外，鉴于钠资源丰富的储备量，与水系电解液组成相应的电池体系，非常具有大规模存储的发展潜力。在众多的水系钠离子电池研究体系中，不同浓度的硫酸钠溶液是目前研究最为广泛的，同时也是应用最多的电解液。2012 年，Whitacre 课题组就组装成了 80V、2.4kW 的电池体系，以 λ-MnO_2，活性炭为阳极与阴极与 1mol/L Na_2SO_4 为电解液[39]。其中，该电解液的 pH 值为自然数值。当然 pH 的改变将会明显地影响材料的氧

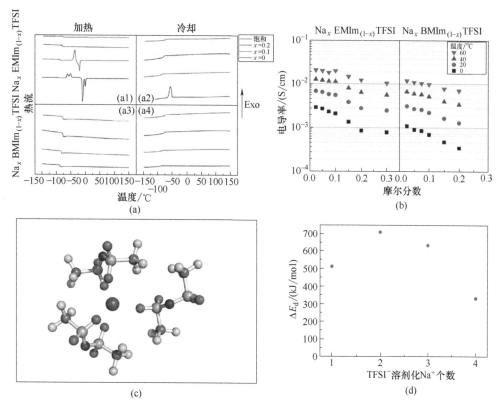

图 6-15 DSC 及相应冷却曲线（a），$Na_xEMIm_{(1-x)}$ TFSI 与 $Na_xBMIm_{(1-x)}$ TFSI，
$x=0.025,0.05,0.075,0.1,0.15,0.2$ 及饱和样品（b），$[Na(TFSI)_3]^{2-}$
的密度泛函理论模型（c）和钠离子结合能（d）

化还原电势以及氢还原电势。通过调节 pH，可以有效地控制水系电池中钠离子的嵌入与脱嵌过程。以 $Na_{0.66}[Mn_{0.66}Ti_{0.34}]O_2 | NaTi_2(PO_4)_3/C$ 为全电池体系，1mol/L Na_2SO_4 为电解液（pH=7），该类材料在此电解液中展现出了优异的电化学性能，在 10C 的电流密度下，材料的比容量可以保持在 54mA·h/g。该电池体系在 2C 情况下，经过 300 圈循环后，容量依然可以维持原始容量的 89%，如图 6-16 所示。同时，该课题组利用 Ti 进行元素取代，获得新型 Ti 掺杂的 $Na_{0.44}MnO_2$，在利用 pH=13.5 的硫酸钠电解液对该材料进行三电极测试，展现出优异的电化学性能。

6.4.4 固体电解质

在锂电池体系与钠电池体系中，使用液体电解液具有优异的电化学性能。然而液体电解液的使用也带来了相关问题，包括电解液的泄漏，枝晶的产生，以及副反应的发生。相对于锂离子电池，钠离子电池的安全性问题更加突出。这主要是因为金属钠与氧和空气具有更高的反应活性。目前的研究主要集中在固体导电聚合物电解质（SPEs），以及导电无机电解质。其中，SPEs 可塑性强、灵活性高、充放电过程中体积变化较小。此外，SPEs 的质量较小，成本低并且安全性高。然而，到目前为止，SPEs 的相关研究开展较少，这主要是由于其较差的电子电导率（$10^{-7}\sim10^{-5}$S/cm）。绝大多数 SPEs 需要在高温下运行才能维持一个较高的电子电导率。例如，根据先前的报道，聚环氧乙烯（PEO）在 60℃

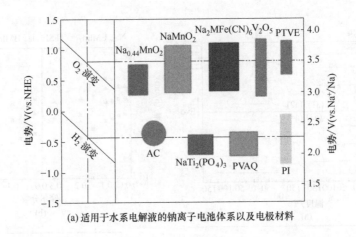

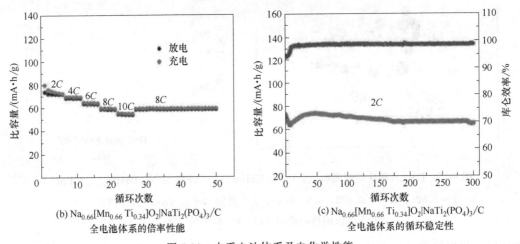

图 6-16 水系电池体系及电化学性能

以上才能展现出较高的离子电导率[40]。如图 6-17 所示，Armand 团队报道以 PEO 及聚乙二醇二甲醚（PEGDME）与功能化的二氧化硅微球为基础，合成了一种固体杂化电解质，SiO_2 的表面嫁接上钠盐的负离子或者 PEG，所获得的杂化电解质展现出了优异的离子电导率[41]。

相比于导电有机聚合物电解质材料来说，玻璃陶瓷类电解质具有更高的钠离子电导率。其中，硫化的该类型电解质展现出优异的电子电导率，以及卓越的力学性能，因此吸引了很多人的研究热情。该类材料通常情况下呈现出的电导率高于 10^{-4} S/cm。此外，玻璃陶瓷类电解质还具有良好的致密性以及在冷却的环境下，材料仍然具有良好的弹性。2012 年，Hayashi 课题组报道合成了立方晶相的 Na_3PS_4，并且首次作为钠离子电解质材料进行使用[42]。在 270℃ 的反应条件下，使得立方晶型的 Na_3PS_4 与玻璃陶瓷相互融为一体，室温的条件下电导率为 $2×10^{-4}$ S/cm。材料的活化能约为 27kJ/mol。此外，该类电解质电压窗口可以达到 5V，并且该类材料相对于钠金属的电化学性质更稳定。进一步组装固体电解质，以 Na-Sn 合金与 TiS_2 为对电极，可以发现，该全电池经过数十个圈循环后，容量依然保持稳定，如图 6-18 所示。该研究第一次证明了无机固态电解质在室温下工作的可能性。通过优化制备条件，Na_3PS_4 固体电解质的导电性可以进一步提升。通过

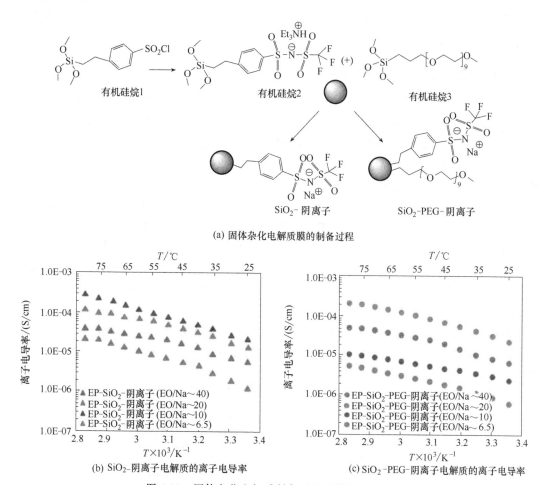

(a) 固体杂化电解质膜的制备过程

(b) SiO$_2$-阴离子电解质的离子电导率

(c) SiO$_2$-PEG-阴离子电解质的离子电导率

图 6-17 固体杂化电解质制备过程及其离子电导率

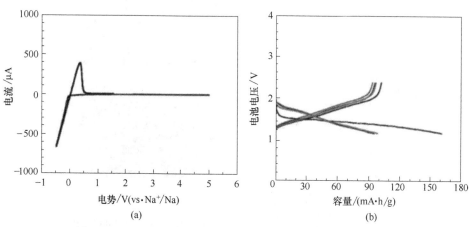

图 6-18 Na$_3$PS$_4$ 固体电解质的 CV 曲线（a）和 Na-Sn/Na$_3$PS$_4$ 玻璃陶瓷电解质/TiS$_2$ 相对应的充放电平台（b）

高能球磨1.5h直接将Na_2S材料沉积为Na_3PS_4玻璃陶瓷电解质。在270℃下加热1h之后，形成的固体电解质的电导率高达$4.6×10^{-4}$S/cm，接近于原始Na_3PS_4玻璃陶瓷电解质的两倍。当以NaSn/$NaCrO_2$材料为正负极材料组装成全固态电池时，经过15圈循环以后，$NaCrO_2$的容量依然可以保持在60mA·h/g[43]。

6.4.5 凝胶型聚合物电解质

区别于上述所研究的电解质，凝胶型聚合物电解质（GPE）是一种凝胶盐类混合物，同时包含液体的增塑性和溶剂的特性。该类型的材料在1975年首次被Feuillade提出。该课题组研究了碱金属凝胶协同质子溶液复合物的电化学性质。在一定程度上，GPE被认为是介于液体电解质与固体电解质之间的一种中间态，同时也具有二者独特的物理化学特性。由于质子的引入，GPE通过避免电解质的泄漏有效地提升了电解质的安全性，而且该类材料展现出优异的电导率（10^{-3}S/cm），远高于SPE材料。此外，由于凝胶的独特性质，相比于玻璃陶瓷型电解质，GPE具有优异的柔韧性以及可塑性。如图6-19所示，2010年，Hashmi等将聚甲基丙烯酸甲酯及SiO_2分散于1mol/L $NaClO_4$-EC/PC（体积比为1:1）中，成功地制备了凝胶型电解质纳米材料。在20℃的温度下，SiO_2的质量分数约为20%，该类材料展现出了较高的电导率（3.4mS/cm），高于EC-PC-$NaClO_4$＋PMMA电解液多个数量级[44]。研究发现，材料的无定形态以及二氧化硅表面的缺陷，使阴离子与固体颗粒之间建立了良好的链接，最终促进了材料电导率的提升。此外，将二氧化硅微球均匀地分散于凝胶材料之中，使得该类材料展现出优异的热力学、力学性能、电化学性质的稳定性。

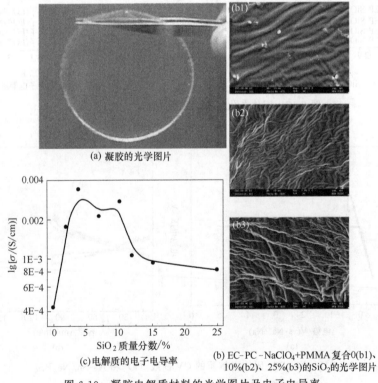

(a) 凝胶的光学图片
(c) 电解质的电子电导率
(b) EC-PC-$NaClO_4$+PMMA复合0(b1)、10%(b2)、25%(b3)的SiO_2的光学图片

图6-19 凝胶电解质材料的光学图片及电子电导率

6.4.6 电解液目前的需求及相应设计

合适的电解液对于钠离子电池来说具有至关重要的作用，可以使所获得的电池材料展现出高的能量密度、长效循环稳定性以及安全性等。因此，电解液性质的调控对于电池材料的电化学性能至关重要。首先，离子电导率是一项重要的指标来评价电解液的性质。对于水系电解液来讲，该类电解质往往具有较高的电子传输速率，这主要是由于该类电解液的溶剂黏度较低，溶解性较强，盐的浓度较大。相反，非水系电解液的电导率则较低，这是因为其溶剂展现出更高的黏度以及更低的溶解度。纯固态的电解质的电导率要差于上述两种电解质。因此，需要提升电极材料的反应速率，同时进一步提升电解液的电导率，主要考虑两点，即盐的影响以及溶剂的影响。此外，电解液的设计及开发，还需要考虑材料的电化学性质的稳定性，这不仅与电极材料的性质息息相关，还与材料之间的相互匹配有关。当然，在室温条件下，所用的电解液就展现出优异的电子传输速率，对于电极材料的设计也是尤为重要的。目前部分电解液的设计，只能在高温情况下材料才具有优异的电子传输特性，并不能适用于室温下的钠离子电池体系。

6.5
钠离子电池负极研究进展

6.5.1 嵌入型材料

从钠离子电池负极材料的反应机理上分析，负极电极材料主要可以分为三种类型，即嵌入型材料、转换性材料、合金型材料。

现今，被研究具有储钠容量的碳基材料主要包括硬碳、无定形碳、有缺陷结构的石墨烯和功能化的石墨化碳。早在 1993 年，Doeff 等[45] 就提出了碳基材料的储钠性能取决于其结构，指出碳基材料储钠过程难以形成 NaC_6，主要为 NaC_{70}、NaC_{30} 和 NaC_{15}。2000 年 Stevens 和 Dahn[46] 报道，由葡萄糖裂解得到的硬碳表现出高达 300mA·h/g 的可逆比容量，接近商业化石墨储锂的性能，使得硬碳被视为最有前景的碳基材料。同时，他们认为硬碳的两种储钠机理为：①钠离子嵌入在碳层的层间；②钠离子填充在碳材料本身的空隙中。该储钠机理被众多研究者所认可[47-50]，但是，部分研究者也认为不同类型的碳基材料，储钠机理包括电压平台和储钠方式，都不能一概而论。

最近，Yun[51] 和 Bommier[52] 等阐述了硬碳的储钠性能与其原子结构之间的关系，探究了不同煅烧温度得到的原子结构排序不同的碳材料。结构不同的碳材料表现出不同的放电曲线，对应于不同的储钠机理。800℃热解得到的多孔缺陷碳材料主要是通过物理化学吸附储钠；而同一条件下得到的石墨化结构的缺陷碳材料，则在 0.7V 的电压下既有吸附储钠方式也有嵌入储钠方式，裂解的温度越高，得到的碳产物石墨化程度越好，晶体结构越有序，其储钠方式由吸脱附机理为主转化成脱嵌机理为主。另外，Bommier[52] 认为放电曲线高电压斜坡区域的储钠比容量，与硬碳材料中的缺陷空隙相关，而低电压平台区域的储钠比容量与碳层之间的间距相关。因此，硬碳可通过制备缺陷多孔结构和扩大层间距以改善其储钠能力。

至今，多孔结构（空心碳球、中空碳纳米线、有序介孔碳、多孔纳米片等）的碳基材料都被报道表现出不错的储钠性能。如 Tang 等[53] 通过模板法制备的空心碳纳米球［如图 6-20（a）所示］，在电流密度为 50mA/g，充放电 100 圈后仍具有 160mA·h/g 的储钠比容量；Cao 等[49] 报道的中空碳纳米线表现出高达 251mA·h/g 的可逆储钠容量。Mitlin 等[54] 通过高温炭化泥煤苔与香蕉片，得到富含微纳孔结构的纳米片，首次储钠比容量高达 532mA·h/g，600 圈循环后具有 93% 的高容量保持率，表现出良好的循环稳定

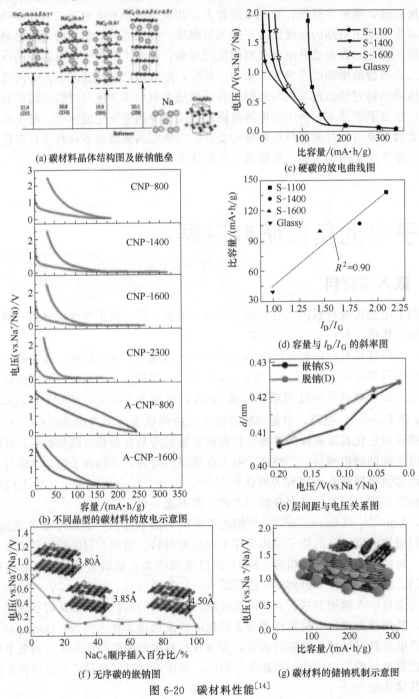

(a) 碳材料晶体结构图及嵌钠能垒
(b) 不同晶型的碳材料的放电示意图
(c) 硬碳的放电曲线图
(d) 容量与 I_D/I_G 的斜率图
(e) 层间距与电压关系图
(f) 无序碳的嵌钠图
(g) 碳材料的储钠机制示意图

图 6-20 碳材料性能[14]

性。2016 年,多孔碳纳米纤维被 Yu 团队[55] 借助静电纺丝技术制备,实现了碳基材料更持久的循环稳定性。这些多孔碳基材料不仅能够提供更多的储钠活性位点,提高吸附储钠容量,也能加快电解液的渗透率。同时,空心结构一方面扩大了材料的比表面积,促进了电解液与电极之间更好的接触和湿润;另一方面,缩小了钠离子在电极本体内部的运输路径。

另外,碳材料的电化学储钠性能的提高,也可通过元素掺杂方式有效地实现[56]。元素掺杂可提高电子传导率,改善碳基材料的倍率性能;同时,异原子引入能促进无定形碳材料结构的无序化,增加石墨化碳和石墨烯有序碳材料的层间距,缓解钠离子半径大引起的材料本体的结构破坏,也有益于钠离子在电极表面的快速传输。更重要的是,杂原子的修饰作用能使得电解液更好地润湿碳基材料表面,加快了电解液与电极之间的电极反应。比如,Jiang 课题组[57] 与 Huang 团队[58] 也先后报道了硫掺杂无序碳具有较高的储钠容量(低倍率条件下比容量突破 400mA·h/g),即使是在 1A/g 的大电流密度下充放电测试 1000 次后,仍然保持 85.9% 的容量剩余率,展现出极好的循环稳定性。除了关于硫掺杂提高了碳基材料的储钠容量、倍率性能和循环稳定性的研究之外,氮掺杂的碳基材料储钠性能也被大量报道。Zhang 等[59] 将氮掺杂的碳纳米片应用于钠离子电池中,在 50mA/g 的电流密度下有 349.7mA·h/g 的高比容量,充放电循环 260 圈后比容量仍维持在 155.2mA·h/g。Dai 等[60] 通过氮掺杂增加石墨烯的层间距,与氮引入诱导的缺陷协同作用,在 500mA/g 循环后比容量仍为 594mA·h/g。随后,Hou 等报道了磷掺杂的大面积碳纳米片储钠性能,在 5A/g 电流密度下循环 5000 圈,仍具有 149mA·h/g 的高可逆比容量,体现了异原子掺杂的碳片拥有极其优越的高倍率循环稳定性[61]。

近年来,二氧化钛作为另一种主要的嵌入型材料,同样受到广大研究者的关注。该类材料储量丰富,环境兼容性好,体积变化率较小,致使其在电池领域中展现出优异的循环稳定性以及倍率性能。此外,高于碳基材料的工作电压有效地抑制钠的沉积行为,大大地提升了材料的安全性。该类材料的晶型对于其电化学性能有着重要的影响,其主要为锐钛矿、金红石矿、锰钡矿、青铜矿等。目前,较多的研究集中到了晶型稳定、电化学活性较强的锐钛矿上[62]。为了进一步提升该类材料的电化学性能,目前对于该类材料的改性手段主要为结构设计、空位构建以及与高容量材料复合。Qiao 等设计合成了同时具有锐钛矿和青铜矿晶型的 TiO_2 微米管,展现出优异的储钠能力。在 8C、16C 以及 32C 的电流密度下,储钠比容量分别为 129mA·h/g、110mA·h/g、94mA·h/g [图 6-21 (a),(b)][63]。而 Ji 等通过奥斯瓦尔德熟化获取的 TiO_2 核-壳结构,有效增加了材料与电解液的接触面积,在 20C 的电流密度下,容量依然维持在 142.7mA·h/g [图 6-21 (c),(d)][64]。

6.5.2 转换型材料

大量的金属氧化物与金属硫化物均以转化反应机理完成,表现出较高的理论储钠容量,该类型储钠机理于 2002 年被 Tirado 团队[65] 首次提出,采用 X 光吸收精细结构谱分析,发现 $NiCo_2O_4$ 在储钠过程中与钠发生转化反应,形成 Co、Ni、Na_2O。随后,Fu 课题组[66] 发现,Sb_2O_4 氧化物在储钠过程中也是发生转化反应形成 Na_2O 和 Sb,同时新形成的 Sb 再进一步与钠金属发生合金反应,这类氧化物基于多电子反应过程而具有更高的储钠比容量(896mA·h/g)。Hariharan 等[67] 发现铁基氧化物(Fe_2O_3 与 Fe_3O_4)与

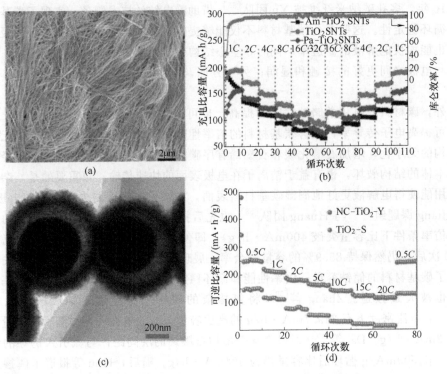

图 6-21 二氧化钛微米管的扫描电镜（a）及其倍率性能（b），
二氧化钛核-壳结构的透射电镜（c）及其倍率性能（d）

钼基氧化物（MoO_3）应用于钠离子电池中，充放电过程也表现为转化反应机理。一个钼基硫化物（MoS_2）与四个钠反应转化成 Na_2S 和 Mo 单质，理论比容量高达 670mA·h/g。基于上述研究，大量的金属氧化物与金属硫化物都相继被研究，均通过转化反应机理表现出极高的储钠容量。同时，根据该机理储钠过程的微小差别，将这类化合物分为两类。一类是含无储钠活性的金属元素（铁、钴、镍、铜、锰等）的氧化物和硫化物，这类化合物与钠反应转化成金属单质和氧化钠或硫化钠，储钠过程通过一步反应完成，目前这类化合物包括 CuO[68]、CuS[69]、Fe_2O_3[70]、Fe_3O_4[71,72]、FeS[69]、Co_3O_4[73]、Co_9S_8[74]、NiO[75]、Ni_3S_2[76]、$NiCo_2O_4$[65,77,78]、CoS_2[79]、$CuFe_2O_4$[80] 等；另一类是具有储钠活性的金属（锑、锡、锗等）形成的氧化物或硫化物，这类化合物发生转化反应后得到的金属单质进一步与钠发生合金化反应，储钠过程通过两步完成，即部分可逆的转化反应过程和可逆的合金化过程，该类型被报道的有 SnO_2[81]、SnS_2[82,83]、SnS[84]、Sb_2O_3[85]、Sb_2O_4[66]、Sb_2S_3[86]、GeO_2[87]。值得注意是 Shadike[88] 研究表明，FeS_2 在第一次放电过程中经过不可逆的转化反应变成硫化钠和铁单质后，接下来的充放电过程反应机理为 $Fe+2Na_2S \Longleftrightarrow Na_xFeS_2+(4-x)Na^++(4-x)e^-$ 的可逆过程。总之，这类反应机理的负极材料都表现出比较高的储钠容量和循环稳定性，但却存在电压滞后、首次库仑效率低和循环性能差等不足。常见的转换型材料主要包括过渡金属基第六主族化合物，以及磷化物等。磷化物的研究主要受限于原料的毒性以及制备方法的局限性。目前转换型材料的研究重点主要集中在过渡金属基氧/硫/硒化合物中，然而它们均存在各自的不足，材料的电化学性能还需要进一步提升。

金属氧化物作为主要的锂离子电池材料，得到了广泛的研究，但作为钠离子负极材料研究较少。当金属氧化物作为钠电电极材料参与反应时，会在表面形成一层致密的SEI膜，这层膜富有一定的微孔，可以使得锂离子自由穿梭，而钠离子半径较大，则不能有效地穿过SEI膜，导致电化学容量较差。目前对于该类材料的改性，主要是将金属氧化物密封到碳基质或者导电聚合物之中。其中，氧化铁的自然资源丰富及成本低廉，在锂电领域被广为研究。Komaba等首次报道了Fe_3O_4以及$\alpha\text{-}Fe_2O_3$的储钠，在1.5～4.0V或1.2～4.0V的电压区间下，仅可以产生170mA·h/g的比容量[89]。通过将$\gamma\text{-}Fe_2O_3$纳米颗粒均匀地密封到3D多孔碳之中，在0.2A/g的电流密度下，经过200圈循环以后，容量依然可以维持在740mA·h/g（如图6-22）[90]。研究认为，优异的电化学性能主要来源于：①碳材料良好的导电网络作用以及有效地缓解了材料的体积膨胀；②均匀的纳米颗粒有效地缩短了颗粒之间的扩散距离，增加了储钠活性位点分布。

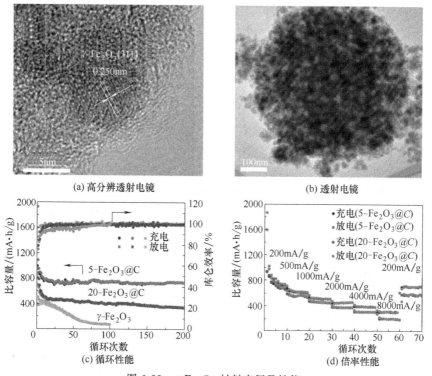

图 6-22 $\gamma\text{-}Fe_2O_3$ 材料表征及性能

金属硫化物作为重要的转换型材料，其理论容量较高，制备方法简单，在钠电储能领域得到了广泛研究。同样地，该类材料受限于体积膨胀，电导率较低，副产物多硫化物溶解等问题。为了进一步提升材料的电化学性能，结构设计、元素掺杂、碳基复合常常应用于材料的设计合成中。Chen等设计合成了一系列不同形貌的CoS_2，包括纳米颗粒、球状、空心球状、多面体结构。在1.0A/g的电流密度下，空心微球结构在经过800圈循环以后，容量依然可以维持到240mA·h/g[91]。Yu等成功地通过溶胶凝胶法将CoS_x纳米点固定到硫氮双掺杂的石墨烯上，杂元素的掺杂进一步提升了石墨烯网络的导电性以及缺陷分布，使得该材料的倍率性能得到了有效增强。在10.0A/g的超大电流密度下，材料容量可以维持在500mA·h/g[92]。Yang等通过模板法制备了MoS_2/C杂化纳米结构（如

图 6-23 所示),展现出优异的循环稳定性。在 2.0A/g 的电流密度下,经过 500 圈循环以后,容量可以维持在 484.9mA·h/g[93]。

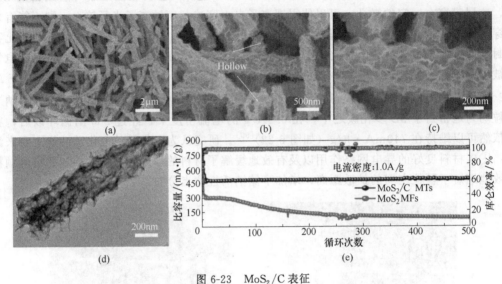

图 6-23 MoS_2/C 表征
(a)~(c) 扫描电镜;(d) 透射电镜;(e) 在 1.0A/g 电流密度下充放电长循环图

对于金属硒化物,硒元素(Se)拥有比硫元素(S)更大的离子半径(117pm),更高的电导率($1×10^{-5}$S/m),更低的电负性(2.4)[94]。上述特点使金属硒化物 MSe 在钠电领域展现出巨大的潜力。原子半径的增大使 M—Se 键长增加,有效地降低了钠离子转换反应所需要的能耗,增强了其倍率性能。由于金属 Se 元素较大,使得所合成的材料具有更多的活性位点以及晶面缺陷,诱导更多的钠离子快速地参与氧化还原反应。此外,金属硒的溶解性要弱于硫元素,使电化学反应中所生成的聚硒化物溶解性较差,有效地抑制了副产物的穿梭效应,延缓了电极的损坏。因此,金属硒化物引起了人们的研究兴趣。如图 6-24 所示,Zhang 等通过无表面活性剂的液相法成功地制备出单晶 SnSe 纳米片团簇,展现出极佳的倍率性能,即使在 40.0A/g 的情况下,依然可以保持高度的可逆性[95]。他们把此优异的电化学性能归因于以下三个主要方面:①3D 多级结构可以促进反应界面的离子快速传输,提高材料的电化学活性以及缓解材料的体积膨胀;②材料的纳米特性成功地俘获了合金型纳米颗粒 Sn,增强了材料的可逆特性;③电解液添加剂氟代碳酸乙烯酯(FEC)的加入,不仅抑制了电解液的分解,同时也防止了活性材料氧化。Huo 等通过离子置换方法,在氮掺杂的碳基质上生长出超薄 SnSe 纳米片,并且成功地建立了 Sn—C 键,该键的建立有效地提升了材料的结构稳定性,并且加快了电子的快速传输。在 20.0A/g 的电流密度下,经过 200 圈循环后,容量保持率为 82%。进一步通过第一性原理计算证明,所获得的 SnSe/NC 材料展现出更低的钠离子层间扩散壁垒(0.1 eV)以及更低的能量壁垒(0.14eV/uc)[96]。

另外,$SnSe_2$ 也得到了一定的研究。Alshareef 等通过水热法,将 $SnSe_2$ 六方纳米片固定到氧化石墨烯的表面。该材料在 0.1A/g 的电流密度下,容量依然可以保持 515mA·h/g[97]。此外,通过非原位 XRD 证明了材料的反应机理分为三个阶段:① $xNa^+ + SnSe_2 + xe^- \longrightarrow Na_xSnSe_2$;② $4Na^+ + SnSe_2 + 4e^- \longrightarrow 2Na_2Se + Sn$;③ $Sn + 3.75Na^+ + 3.75e^- \longrightarrow Na_{3.75}Sn$。

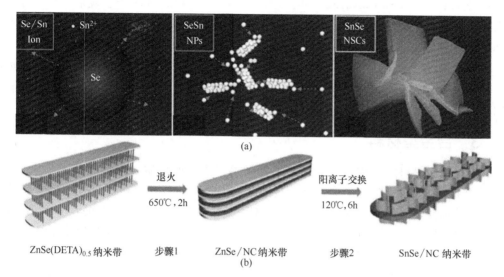

图 6-24 片状纳米簇 SnSe 的形成机理图（a）和 SnSe/NC 纳米片衍生机理图（b）

Sb_2Se_3 作为一种典型的半导体材料，在电子、光电、磁性等领域已经得到了广泛的研究。当运用于钠离子电池领域时，产生了 670mA·h/g 的理论比容量。Jiang 等通过高能球磨成功地制备了高度混合的 Sb_2Se_3/C 复合材料。得益于钠化后产生的 Na_2Se 基质的缓冲效应，该材料在 0.2A/g 的条件下经过 100 圈循环以后，依然具有 624mA·h/g 的储钠容量[98]。如图 6-25 所示，Yang 等通过水热自组装的方法将硒化锑纳米短棒与 rGO 进行复合，所得材料展现出优异的长效循环稳定性，经过 500 圈循环后，充放电比容量依然可以维持在 417.2mA·h/g，容量保持率为 90.2%。该组进一步通过原位 XRD 阐明 Sb_2Se_3/C 的电化学反应机理（$Sb_2Se_3 + xNa^+ + xe^- \longrightarrow Na_xSb_2Se_3$，$Na_xSb_2Se_3 +$（6−

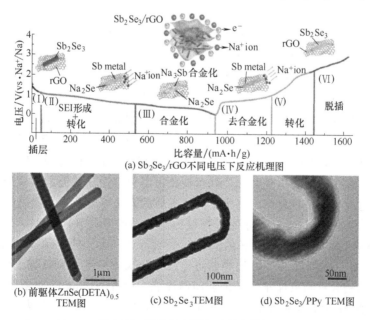

图 6-25 反应机理图与透射电镜图

$x)Na^+ +6xe^- \longrightarrow 2Sb+3Na_2Se$，$Sb+xNa^+ +xe^- \longrightarrow Na_xSb)^{[99]}$。随后，Lou 等通过模板法以及离子交换的方法，成功地制备出回形针结构的 Sb_2Se_3。经过原位包覆聚吡咯 (PPy) 以后展现出高达 613mA·h/g 的储钠容量[100]。

同时，Bi_2Se_3 也受到了一些研究者的关注，Zhou 等成功地制备出 Bi_2Se_3 与石墨烯的复合物，在 10.0A/g 的电流密度下，经过 1000 圈循环后，材料可以维持 183mA·h/g 的储钠比容量，该材料优异的储钠性能被归因于增强的界面特性以及赝电容储钠能力[101]。

6.5.3 合金型材料

合金化负极材料大多数来源于第四主族和第五主族的单质，包括 Si、Ge、Sn、Pb、P、As、Sb、Bi 元素等。这类单质极易与钠金属通过一步或者多步反应过程形成钠合金化合物，从而实现电化学储钠。Chevrier 和 Ceder 于 2011 年根据 DFT 的计算模型预测，Sn 的储钠过程需要经过 $NaSn_5$、NaSn、Na_9Sn_4 多个相转化过程，最终形成 $Na_{15}Sn_4$ 合金化合物，根据 $C_{理论}=Q/M$ 的关系可知，该材料的理论比容量高达 847mA·h/g[102]，如图 6-26 所示。随后，Komaba[103]、Liu[104] 和 Xu[105] 等经理论计算和实验相结合，均确定了锡多步合金化机理储钠过程。但同时也发现锡合金化过程存在非常大的体积变化 (420%)，如此大的体积膨胀引起的结构应力导致材料出现粉化现象，严重影响了电池的循环性能。研究者提出了一系列的策略用于解决这一问题，包括尺寸纳米化[106]，构建锡碳复合物[105,107]，制备锡基金属合金化合物[108,109]（如 Cu-Sn，Ni-Sn）等，这些方法能在一定程度上解决该类型储钠材料的缺陷，比如缓解体积膨胀，从而优化其电化学性能。此外，通过碳包覆可缓解 Sn 材料的体积膨胀，增加 Sn 材料的循环稳定性。例如，Pan 等通过水凝胶介入以及冷冻干燥的方法衍生 Sn 纳米点固定到碳基质上 [图 6-26 (b)~(d)]，发现在纳米工程以及碳层保护的协同效应下，材料展现出优异的电化学性能。循环稳定性可以延至 750 圈，在 $3mA/cm^2$ 的电流密度下，其容量依然可以保持在 $1.0mA·h/cm^2$[110]。

锑负极材料类似于锡负极材料的电化学储钠特性，锑钠合金化过程包括 NaSb、Na_3Sb 多相转化途径，该多电子合金化过程在 2012 年被 Qian 等[111] 基于循环伏安曲线中出现的阴阳极峰首次提出，随后被 Monconduit 课题组[112] 通过原位 XRD 分析验证，并发现锑在钠化过程中除了最终完全钠化的 Na_3Sb 相为高度结晶的六方晶型，中间过程的钠化合金 Na_xSb 相（$0<x\leqslant 1.5$）均为无定形晶型。与其它合金化负极材料一样，锑钠化过程同样存在严重的体积膨胀问题（290%），主要是由于合金产物 Na_3Sb 的单位原子体积（118.5Å^3，1Å=10^{-10}m）和摩尔体积（71.43cm^3/mol）接近于金属 Sb（单位原子体积 30Å^3；摩尔体积 18.17cm^3/mol）的六倍，巨大的体积变化破坏了活性材料的结构，引起充放电过程中材料出现粉化、剥落现象，电化学循环性能急剧衰退[113]。国内外研究表明，通过改善锡负极材料的电化学性能类似的方法可改善锑的储钠能力。Kovalenko 等[114] 研究发现 10~20nm 尺寸的锑颗粒拥有长循环寿命（100 圈循环后比容量仍然保持在 600mA·h/g 以上）和较好的高倍率性能（13.2A/g 的电流密度下比容量仍为 500mA·h/g）。Cao 课题组[115] 通过静电纺丝技术合成的纳米颗粒负载于纳米碳纤维上，实现了更高的储钠容量和更优异的电化学储钠性能。最近，Jiang 的课题组通过金属锂与 Sb 形成合金，然后根据金属锂的反应特性不同，将锂元素除去，成功地生成了系列的 0D、2D、3D 多级 Sb 结构，并进一步对 Sb 材料进行了电化学性能测试，Sb 纳米片展现

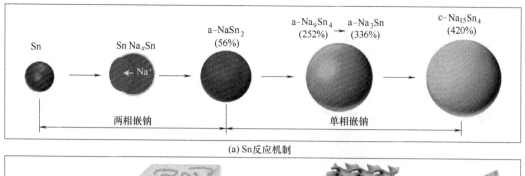

(a) Sn反应机制

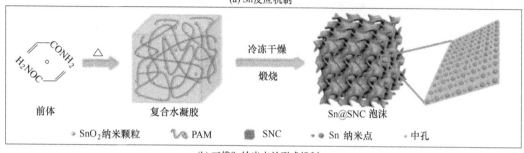

(b) 三维Sn纳米点的形成机制

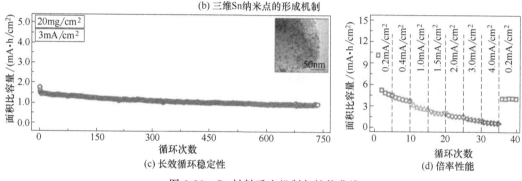

图 6-26　Sn 材料反应机制与性能曲线

出优异的电化学性能（图 6-27）。在 0.1A/g 的电流密度下，经过 100 圈循环以后，容量依然可以维持在 620mA·h/g[116]。

磷单质（30.97g/mol）相比于锑单质（121.76g/mol）、锡单质（118.71g/mol）拥有更小的摩尔质量，可同时与三个钠形成 Na_3P 合金化合物，理论比容量高达 2595mA·h/g，被誉为最有应用前景的钠离子电池负极材料[117]。磷单质分为红磷、白磷、黑磷三种同分异构体。其中，红磷早在 2013 年被 Kim 团队[118] 首次报道其高达 1890mA·h/g 的高储钠性能。之后，Qian 等[119] 进一步研究提出无定形红磷-碳复合材料比红磷和黑磷具有更稳定的循环性能，碳的引入不仅改善了红磷低电导率的缺陷，也缓解了红磷合金化过程高达 490%的体积膨胀。该现象后被 Chou 和 Dou 课题组[120] 合成的红磷/CNT 复合材料表现出高达 1675mA·h/g 的可逆比容量和 76.6%的循环保持率再次验证。白磷由于易燃、化学性质不稳定、剧毒等，不被建议作为钠离子电池负极材料。黑磷材料具有较低的质量密度（2.69g/cm^3）、较好的导电性（10^2 S/m^3）和较窄的能垒带隙（0.34eV），尤其是具有类似于石墨烯外观和性质的褶皱层状结构的红磷，具有更高的电子电导率和更宽的嵌钠层间距，具有磷-钠合金化反应和层间距嵌钠的双重储钠机理，有望实现更高的功率密度和能量密度[121,122]。唯一不足的是通过机械剥离方法获得的层状结构的黑磷，不仅

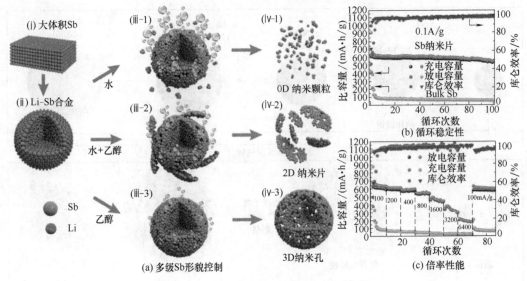

图 6-27 Sb 材料的形貌控制和电化学性能

成本高且产率低。因此,开发新方法实现低成本、高产量的层状结构黑磷是非常具有实际价值和意义的。最近,Sun 的课题组通过在空气中氧化红磷材料,详细地揭示了表面氧化对材料电化学性能的影响。所获得的最佳材料在 0.4A/g 的电流密度下,经过 200 圈循环以后,比容量依然可以维持在 1070mA·h/g。即使当电流密度增大到 3.2A/g 时,材料的比容量依然可以达到 479mA·h/g[123]。红磷表面氧化及钠化机理及性能见图 6-28。

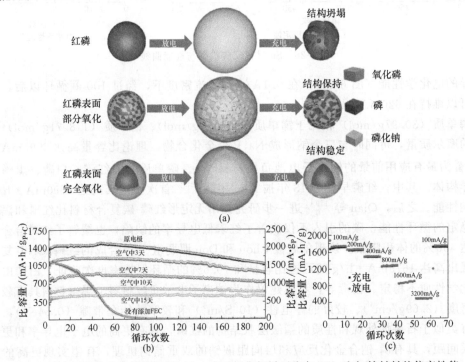

图 6-28 红磷表面氧化以及钠化机理 (a),表面氧化与循环稳定 (b) 和初始材料的倍率性能 (c)

硅材料，在锂离子电池中具有高达 4200mA·h/g 的理论比容量，1 个硅原子能够和 4.4 个锂原子发生合金化反应；而在钠离子电池中，1 个硅原子只与 1 个钠原子形成 NaSi 合金化化合物，其理论储钠比容量不及储锂比容量的四分之一，仅为 1000mA·h/g。此外，Ellis 等[124]报道纳米颗粒硅的实际储钠能力还远远低于理论计算值，只有 280mA·h/g 的可逆比容量。此外，如图 6-29 所示，Yang 的课题组通过蚀刻以及高温煅烧衍生 c-Si 纳米膜，展现出优异的电化学性能。在 0.1A/g 的电流密度下，经过 50 圈循环以后，材料的比容量依然可以保持 255mA·h/g。此外，特殊的形貌结构设计同样可以获得优异的倍率性能，在 0.1A/g、0.2A/g、0.5A/g、1.0A/g、2.0A/g 以及 5.0A/g 的电流密度下，材料的比容量依然分别维持在 300mA·h/g、240mA·h/g、178mA·h/g、128mA·h/g、95mA·h/g 与 72mA·h/g。详细的动力学数据研究发现，该类材料优异的电化学性能来源于其中的悬空键的存在[125]。

锗材料，一种高容量的储锂负极材料，Hwang 课题组[126]基于理论计算发现 1 个锗

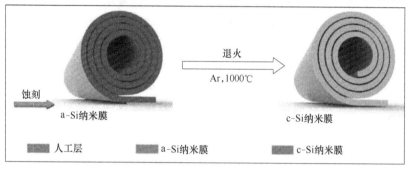

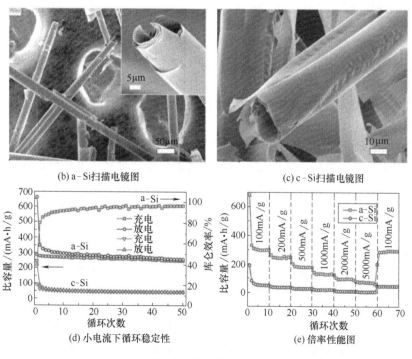

图 6-29 硅材料衍生膜及其电化学性能

原子也仅与1个钠原子形成合金化化合物，其理论储钠比容量也只有369mA·h/g。针对硅锗储钠容量不理想，国内外研究者多把研究重点集中锡、锑、磷等这类合金化机理的负极材料上。

6.5.4 钠离子材料的设计及改性

不同于其正极材料，钠离子负极材料种类繁多，大致可以分为嵌入型、转换型、合金型三个类型。其中，嵌入型材料展现出最为优异的循环稳定性，但是该类材料主要受限于其相对较低的理论比容量。例如，碳材料目前的主要改性手段主要为杂原子掺杂，例如利用B、N、S、P等非金属杂元素进行掺杂，期望能够增大材料石墨化区域的晶格间距，进一步扩大材料嵌入钠离子的能力。此外，也有通过金属元素进行掺杂的改性手段，期望提升材料的电子传输速率。而目前的转换型与合金型材料主要是受限于其本身巨大的体积膨胀。基于此，纳米结构工程以及表面包覆成为较常见的改性手段。通过纳米结构工程制备多级孔洞或者空腔结构，用来缓解材料在膨胀过程中的结构应力，起到缓解体积膨胀的作用；而碳层的包覆则是利用碳材料的限域特性，来缓解材料的体积膨胀，缓解材料的破碎，增加材料的循环结构稳定性。此外，转换基材料仍然面临着阴离子基副产物严重恶化电极的现象。例如，MoS_2材料在循环过程中，将会生成聚硫化物副产物，该类产物在正负极之间进行游移，进而恶化电极材料，使得该类电池体系的容量快速衰减。对此，将其它物质引入该体系之中形成混合物，以抑制材料的分解以及提升材料逆转换效率。

6.6 总结与展望

目前，钠离子电池的发展引起了人们的广泛关注。同时，得益于广大研究者的共同努力，钠离子电池也取得了一些长足的进步。本章概述了SIBs的电池内部结构、反应机理以及其中的三个重要组成成分正极、负极、电解液的种类、发展以及改性手段。但是，该体系仍然需要更多努力投入其中，解决其它几个方面的问题。相应的挑战以及可能的解决办法如下：

① 钠电池正极材料。该类材料的比容量较低，尚不能达到和负极材料形成1/1配比。现有的正极材料面临着优势不能兼具的问题，例如不能同时兼具循环稳定性和容量性能。目前，在保证材料循环稳定性的情况下，进一步提升材料的容量，是研究者努力的方向。较多的包覆材料被适用于正极材料，例如碳材料以及无机保护层。同时，杂原子掺杂也常用来拓宽材料的内部晶格空间，提升材料的储钠容量。

② 钠电池电解液。首先，应该考虑电解液的成分对于电解液的具体影响，以及每个基团之间应该遵循的规律。结合高通量筛选技术以及计算化学理论是一种有效选择手段，通过氧化还原电位、反应途径等分析数以千计的分子，进而获取具有最佳电化学性能的新型电解液。其次，详细地探究电解液与电极材料界面特性，发展具有多功能的电解液添加剂来保护主体电解液。同时，界面处的电化学及物理化学反应并不清晰，新型的原位实时检测技术需要进一步发展来解析类似的问题。同样，提升材料的安全特性也是未来电解液发展的重要方向，包括提升电解液的工作电压、热稳定性、充电深度等。

③ 钠电池负极材料。该类材料种类繁多，因此目前的改性方法也很多。负极材料的库仑效率较低，低库仑效率的负极材料将会影响全电池整体循环稳定性。此外，需要进一步提升材料的能量密度以及动力学性能。目前对于负极材料改性主要为杂元素引入、碳基质复合、纳米结构工程等。此外，部分材料的储钠机理目前研究并不清晰，原位技术，例如原位 XRD、EIS、TEM 应该进一步发展，以解析材料内部的电化学反应过程。

尽管目前 SIBs 的发展已经取得一定的进展，并且成功地组装了钠离子低速电动车。但是，需要认识到，完全实现 SIBs 材料商业化还需要一段时间。电池材料及电解液还需要进一步优化，以获得最佳性能的钠离子全电池。通过广大研究者的共同努力，相信未来在突破上述困难与问题以后，将成功地实现钠电池商业化。

习 题

1. 请简单介绍钠离子电池的发展历史。
2. 请介绍钠离子电池正极材料分类与特点。
3. 请介绍钠离子电池的负极类型与特点。
4. 钠离子电池电解液与锂离子电池电解液相比，有何不同？
5. 钠离子电池的未来应用前景如何？

参 考 文 献

[1] Dubal D P, et al. Towards flexible solid-state supercapacitors for smart and wearable electronics. Chem Soc Rev, 2018, 47 (6): 2065-2129.

[2] Hou H, et al. Carbon anode materials for advanced sodium-ion batteries. Adv Energy Mater, 2017, 7 (24): 1602898.

[3] Schmuch R, et al. Performance and cost of materials for lithium-based rechargeable automotive batteries. Nature Energy, 2018, 3 (4): 267-278.

[4] Lao M, et al. Alloy-based anode materials toward advanced sodium-ion batteries. Adv Mater, 2017: 29 (48): 1700622.

[5] Wu H B, Lou X W. Metal-organic frameworks and their derived materials for electrochemical energy storage and conversion: Promises and challenges. Sci Adv, 2017, 3 (12): 9252.

[6] Chen H, et al. Exploring chemical, mechanical, and electrical functionalities of binders for advanced energy-storage devices. Chem Rev, 2018, 118 (18): 8936-8982.

[7] Li S, et al. Electrochemical investigation of natural ore molybdenite (MoS_2) as a first-hand anode for lithium storages. ACS Appl Mater Interfaces, 2018, 10 (7): 6378-6389.

[8] Zhang Y, et al. Sodium titanate cuboid as advanced anode material for sodium ion batteries. J Power Sources, 2016, 305: 200-208.

[9] Islam M S, et al. Lithium and sodium battery cathode materials: computational insights into voltage, diffusion and nanostructural properties. Chem Soc Rev, 2014, 43 (1): 185-204.

[10] Xu Y, et al. Prussian blue and its derivatives as electrode materials for electrochemical energy storage. Energy Stor Mater, 2017, 9: 11-30.

[11] Kubota K, et al. Electrochemistry and solid-state chemistry of $NaMeO_2$ (Me=3d Transition Metals). Adv Energy Mater, 2018, 8 (17): 1703415.

[12] Qian J, et al. Prussian blue cathode materials for sodium-ion batteries and other ion batteries. Adv Energy Mater, 2018, 8 (17): 1702619.

[13] Chen S, et al. Challenges and perspectives for NASICON-type electrode materials for advanced sodium-ion batteries. Adv Mater, 2017, 29 (48): 1700431.

[14] Guo S, et al. Recent advances in titanium-based electrode materials for stationary sodium-ion batteries. Energy Environ Sci, 2016, 9 (10): 2978-3006.

[15] Hwang J-Y, et al. Sodium-ion batteries: present and future. Chem Soc Rev, 2017, 46 (12): 3529-3614.

[16] Wang Q, et al. Research progress on vanadium-based cathode materials for sodium ion batteries. J Mater Chem A, 2018, 6 (19): 8815-8838.

[17] Deng X, et al. Transition metal oxides based on conversion reaction for sodium-ion battery anodes. Mater Today Chem, 2018, 9: 114-132.

[18] Han X, et al. Promise and challenge of phosphorus in science, technology, and application. Adv Funct Mater, 2018, 28 (45): 1803471.

[19] Kim J, et al. Conversion-based cathode materials for rechargeable sodium batteries. Adv Energy Mater, 2018, 8 (17): 1702646.

[20] Wu C, et al. The state and challenges of anode materials based on conversion reactions for sodium storage. Small, 2018, 14 (22): 1703671.

[21] Wu F, et al. Multi-electron reaction materials for sodium-based batteries. Mater Today, 2018, 21 (9): 960-973.

[22] Xia D, et al. Molybdenum and tungsten disulfides-based nanocomposite films for energy storage and conversion: A review. Chem Eng J, 2018, 348: 908-928.

[23] Li S, et al. The electrochemical exploration of double carbon-wrapped $Na_3V_2(PO_4)_3$: Towards long-time cycling and superior rate sodium-ion battery cathode. J Power Sources, 2017, 366: 249-258.

[24] Chen X, et al. In-situ carbon-coated $Na_2FeP_2O_7$ anchored in three-dimensional reduced graphene oxide framework as a durable and high-rate sodium-ion battery cathode. J Power Sources, 2017, 357: 164-172.

[25] Shakoor R A, et al. A combined first principles and experimental study on $Na_3V_2(PO_4)(2)F_3$ for rechargeable Na batteries. J Materials Chem, 2012, 22 (38): 20535-20541.

[26] Park Y J, et al. A new strategy to build a high-performance P′2-type cathode material through titanium doping for sodium-ion batteries. Adv Funct Mater, 2019, 29 (28): 1901912.

[27] Zheng L T, et al. Stabilizing $NaCrO_2$ by sodium site doping with calcium. J Electrochem Soc, 2019, 166 (10): A2058-A2064.

[28] Song W, et al. Exploration of ion migration mechanism and diffusion capability for $Na_3V_2(PO4)_2F_3$ cathode utilized in rechargeable sodium-ion batteries. J Power Sources, 2014, 256: 258-263.

[29] Xie B, et al. Achieving long-life prussian blue analogue cathode for Na-ion batteries via triple-cation lattice substitution and coordinated water capture. Nano Energy, 2019, 61: 201-210.

[30] Ge P, et al. Ultrafast sodium full batteries derived from XFe (X=Co, Ni, Mn) prussian blue analogs. Adv mater, 2019, 31 (3): e1806092.

[31] Zhao L, et al. Superior high-rate and ultralong-lifespan $Na_3V_2(PO_4)(3)$@C cathode by enhancing the conductivity both in bulk and on surface. ACS Appl Mater Interfaces, 2018, 10 (42): 35963-35971.

[32] Sun H H, et al. Capacity degradation mechanism and cycling stability enhancement of AlF_3-coated

nanorod gradient Na[Ni$_{0.65}$Co$_{0.08}$Mn$_{0.27}$]O$_2$ cathode for sodium-ion batteries. ACS nano, 2018, 12 (12): 12912-12922.

[33] Xue Q, et al. Polypyrrole-modified Prussian blue cathode material for potassium ion batteries via in situ polymerization coating. ACS Appl Mater Interfaces, 2019, 11 (25): 22339-22345.

[34] Naji A, et al. Identification by TEM and EELS of the products formed at the surface of a carbon electrode during its reduction in MClO$_4$-EC and MBF4-EC electrolytes (M = Li, Na). Micron, 2000, 31 (4): 401-409.

[35] Thomas P, et al. Electrochemical insertion of sodium in pitch-based carbon fibres in comparison with graphite in NaClO$_4$-ethylene carbonate electrolyte. Electrochimica Acta, 1999, 45 (3): 423-430.

[36] Komaba S, et al. Fluorinated ethylene carbonate as electrolyte additive for rechargeable Na batteries. ACS Appl Mater Interfaces, 2011, 3 (11): 4165-4168.

[37] Plashnitsa L S, et al. Performance of NASICON symmetric cell with ionic liquid electrolyte. J Electrochem Soc, 2010, 157 (4): A536-A543.

[38] Monti D, et al. Ionic liquid based electrolytes for sodium-ion batteries: Na$^+$ solvation and ionic conductivity. J Power Sources, 2014, 245: 630-636.

[39] Whitacre J F, et al. An aqueous electrolyte, sodium ion functional, large format energy storage device for stationary applications. J Power Sources, 2012, 213: 255-264.

[40] Cao C, et al. Nafion membranes as electrolyte and separator for sodium-ion battery. International J Hydrogen Energy, 2014, 39 (28): 16110-16115.

[41] Villaluenga I, et al. Cation only conduction in new polymer-SiO$_2$ nanohybrids: Na$^+$ electrolytes. J Mater Chem A, 2013, 1 (29): 8348-8352.

[42] Hayashi A, et al. Superionic glass-ceramic electrolytes for room-temperature rechargeable sodium batteries. Nat Commun, 2012, 3: 856.

[43] Hayashi A, et al. High sodium ion conductivity of glass ceramic electrolytes with cubic Na$_3$PS$_4$. J Power Sources, 2014, 258: 420-423.

[44] Kumar D, et al. Ion transport and ion-filler-polymer interaction in poly (methyl methacrylate) -based, sodium ion conducting, gel polymer electrolytes dispersed with silica nanoparticles. J Power Sources, 2010, 195 (15): 5101-5108.

[45] Doeff M M, et al. Electrochemical insertion of sodium into carbon. J Electrochem Soc, 1993, 140 (12): L169-L170.

[46] Stevens D, et al. High capacity anode materials for rechargeable sodium-ion batteries. J Electrochem Soc, 2000, 147 (4): 1271-1273.

[47] Stevens D, et al. The mechanisms of lithium and sodium insertion in carbon materials. J Electrochem Soc, 2001, 148 (8): A803-A811.

[48] Wenzel S, et al. Room-temperature sodium-ion batteries: improving the rate capability of carbon anode materials by templating strategies. Energy Environ Sci, 2011, 4 (9): 3342-3345.

[49] Cao Y, et al. Sodium ion insertion in hollow carbon nanowires for battery applications. Nano Lett, 2012, 12 (7): 3783-3787.

[50] Ding J, et al. Carbon nanosheet frameworks derived from peat moss as high performance sodium ion battery anodes. ACS nano, 2013, 7 (12): 11004-11015.

[51] Yun Y S, et al. Sodium-ion storage in pyroprotein-based carbon nanoplates. Adv Mater, 2015, 27 (43): 6914-6921.

[52] Bommier C, et al. New mechanistic insights on Na-ion storage in nongraphitizable carbon. Nano Lett, 2015, 15: 5888-5892.

[53] Tang K, et al. Hollow carbon nanospheres with superior rate capability for sodium-based batteries. Adv Energy Mater, 2012, 2 (7): 873-877.

[54] Lotfabad E M, et al. High-density sodium and lithium ion battery anodes from banana peels. Acs Nano, 2014, 8 (7): 7115-7129.

[55] Wang M, et al. Superior sodium storage in 3D interconnected nitrogen and oxygen dual-doped carbon network. Small, 2016, 12 (19): 2559-2566.

[56] Paraknowitsch J P, et al. Doping carbons beyond nitrogen: an overview of advanced heteroatom doped carbons with boron, sulphur and phosphorus for energy applications. Energy Environ Sci, 2013, 6 (10): 2839-2855.

[57] Li W, et al. A high performance sulfur-doped disordered carbon anode for sodium ion batteries. Energy Environ Sci, 2015, 8 (10): 2916-2921.

[58] Qie L, et al. Sulfur-doped carbon with enlarged interlayer distance as a high-performance anode material for sodium-ion batteries. Adv Sci, 2015, 2 (12): 1500195.

[59] Wang H G, et al. Nitrogen-doped porous carbon nanosheets as low-cost, high-performance anode material for sodium-ion batteries. Chem Sus Chem, 2013, 6 (1): 56-60.

[60] Xu J, et al. High-performance sodium ion batteries based on a 3D anode from nitrogen-doped graphene foams. Adv Mater, 2015, 27 (12): 2042-2048.

[61] Hou H, et al. Large-area carbon nanosheets doped with phosphorus: A high-performance anode material for sodium-ion batteries. Adv Sci, 2017, 4 (1): 1600243.

[62] Mei Y, et al. Nanostructured Ti-based anode materials for Na-ion batteries. J Mater Chem A, 2016, 4 (31): 12001-12013.

[63] Chen B, et al. 1D sub-nanotubes with anatase/bronze TiO_2 nanocrystal wall for high-rate and long-life sodium-ion batteries. Adv Mater, 2018, 30 (46): 1804116.

[64] Zhang Y, et al. Nitrogen doped/carbon tuning yolk-like TiO_2 and its remarkable impact on sodium storage performances. Adv Energy Mater, 2017, 7 (4): 1600173.

[65] Alcántara R, et al. $NiCo_2O_4$ spinel: First report on a transition metal oxide for the negative electrode of sodium-ion batteries. Chem Mater, 2002, 14 (7): 2847-2848.

[66] Sun Q, et al. High capacity Sb_2O_4 thin film electrodes for rechargeable sodium battery. Electrochem Commun, 2011, 13 (12): 1462-1464.

[67] Hariharan S, et al. A rationally designed dual role anode material for lithium-ion and sodium-ion batteries: case study of eco-friendly Fe_3O_4. Phys Chem Chem Phys, 2013, 15 (8): 2945-2953.

[68] Yuan S, et al. Engraving copper foil to give large-scale binder-free porous CuO arrays for a high-performance sodium-ion battery anode. Adv Mater, 2014, 26 (14): 2273-2279.

[69] Li J, et al. Significantly improved sodium-ion storage performance of CuS nanosheets anchored into reduced graphene oxide with ether-based electrolyte. ACS Appl Mater Interfaces, 2017, 9 (3): 2309-2316.

[70] Koo B, et al. Intercalation of sodium ions into hollow iron oxide nanoparticles. Chem Mater, 2013, 25 (2): 245-252.

[71] Wang C, et al. Constructing Fe_3O_4@N-rich carbon core-shell microspheres as anode for lithium ion batteries with enhanced electrochemical performance. Electrochim Acta, 2014, 130: 679-688.

[72] Oh S M, et al. Advanced Na $Ni_{0.25}Fe_{0.5}Mn_{0.25}$ O-2/C-Fe_3O_4 sodium-ion batteries using EMS electrolyte for energy storage. Nano Lett, 2014, 14 (3): 1620-1626.

[73] Rahman M M, et al. Electrochemical investigation of sodium reactivity with nanostructured Co_3O_4 for sodium-ion batteries. Chem Commun, 2014, 50 (39): 5057-5060.

[74] Su Q, et al. In situ transmission electron microscopy observation of electrochemical sodiation of individual Co_9S_8-filled carbon nanotubes. ACS Nano, 2014, 8 (4): 3620-3627.

[75] Zou F, et al. Metal organic frameworks derived hierarchical hollow NiO/Ni/Graphene composites for lithium and sodium storage. ACS nano, 2015, 10 (1): 377-386.

[76] Ryu H-S, et al. Degradation mechanism of room temperature Na/Ni_3S_2 cells using Ni_3S_2 electrodes prepared by mechanical alloying. J Power Sources, 2013, 244: 764-770.

[77] Zhang X, et al. Facile synthesis of hollow urchin-like $NiCo_2O_4$ microspheres for high-performance sodium-ion batteries. J Mater Sci, 2016, 51 (20): 9296-9305.

[78] Zhu C, et al. Identifying the conversion mechanism of $NiCo_2O_4$ during sodiation-desodiation cycling by in situ TEM. Adv Funct Mater, 2017, 27 (17): 1606163.

[79] Shadike Z, et al. Improved electrochemical performance of CoS_2-MWCNT nanocomposites for sodium-ion batteries. Chem Commun, 2015, 51 (52): 10486-10489.

[80] Wu X, et al. Synthesis and electrochemical performance of rod-like $CuFe_2O_4$ as an anode material for Na-ion battery. Mater Lett, 2015, 138: 192-195.

[81] Gu M, et al. Probing the failure mechanism of SnO_2 nanowires for sodium-ion batteries. Nano Lett, 2013, 13 (11): 5203-5211.

[82] Zhou T, et al. Enhanced sodium-ion battery performance by structural phase transition from two-dimensional hexagonal-SnS_2 to orthorhombic-SnS. Acs Nano, 2014, 8 (8): 8323-8333.

[83] Qu B, et al. Layered SnS_2-reduced graphene oxide composite-A high-capacity, high-rate, and long-cycle life sodium-ion battery anode material. Adv Mater, 2014, 26 (23): 3854-3859.

[84] Zhu C, et al. A general strategy to fabricate carbon-coated 3D porous interconnected metal sulfides: Case study of SnS/C nanocomposite for high-performance lithium and sodium ion batteries. Adv Sci, 2015, 2 (12): 1500200.

[85] Hu M, et al. Reversible conversion-alloying of Sb_2O_3 as a high-capacity, high-rate, and durable anode for sodium ion batteries. ACS Appl Mater Interfaces, 2014, 6 (21): 19449-19455.

[86] Xiong X, et al. Enhancing sodium ion battery performance by strongly binding nanostructured Sb_2S_3 on sulfur-doped graphene sheets. ACS nano, 2016, 10 (12): 10953-10959.

[87] Qin W, et al. GeO_2 decorated reduced graphene oxide as anode material of sodium ion battery. Electrochim Acta, 2015, 173: 193-199.

[88] Shadike Z, et al. The new electrochemical reaction mechanism of Na/FeS_2 cell at ambient temperature. J Power Sources, 2014: 72-76.

[89] Komaba S, et al. Electrochemical insertion of Li and Na ions into nanocrystalline Fe_3O_4 and alpha-Fe_2O_3 for rechargeable batteries. J Electrochem Soc, 2010, 157 (1): A60-A65.

[90] Zhang N, et al. 3D porous gamma-Fe_2O_3@C nanocomposite as high-performance anode material of Na-ion batteries. Adv Energy Mater, 2015, 5 (5): 1401123.

[91] Liu X, et al. Facile synthesis and electrochemical sodium storage of CoS_2 micro/nano-structures. Nano Res, 2016, 9 (1): 198-206.

[92] Guo Q, et al. Cobalt sulfide quantum dot embedded N/S-doped carbon nanosheets with superior reversibility and rate capability for sodium-ion batteries. Acs Nano, 2017, 11 (12): 12658-12667.

[93] Pan Q, et al. Construction of MoS_2/C hierarchical tubular heterostructures for high-performance sodium ion batteries. Acs Nano, 2018, 12 (12): 12578-12586.

[94] Ge P, et al. Anions induced evolution of Co_3X_4 (X=O, S, Se) as sodium-ion anodes: The influences of electronic structure, morphology, electrochemical property. Nano Energy, 2018, 48: 617-629.

[95] Yuan S, et al. Surfactant-free aqueous synthesis of pure single-crystalline SnSe nanosheet clusters as anode for high energy- and power-density sodium-ion batteries. Adv Mater, 2017, 29 (4): 1602469.

[96] Ren X, et al. Sn-C bonding riveted SnSe nanoplates vertically grown on nitrogen-doped carbon nanobelts for high-performance sodium-ion battery anodes. Nano Energy, 2018, 54: 322-330.

[97] Zhang F, et al. $SnSe_2$ 2D anodes for advanced sodium ion batteries. Adv Energy Mater, 2016, 6 (22): 1601188.

[98] Li W, et al. Carbon-coated Sb_2Se_3 composite as anode material for sodium ion batteries. Electrochem Commun, 2015, 60: 74-77.

[99] Ou X, et al. A new rGO-overcoated Sb_2Se_3 nanorods anode for Na^+ battery: In situ X-ray diffraction study on a live sodiation/desodiation process. Adv Funct Mater, 2017, 27 (13): 1606242.

[100] Fang Y, et al. Formation of polypyrrole-coated Sb_2Se_3 microclips with enhanced sodium-storage properties. Angew Chem Int Ed Engl, 2018, 57 (31): 9859-9863.

[101] Li D, et al. Graphene-loaded Bi_2Se_3: A conversion-alloying-type anode material for ultrafast gravimetric and volumetric Na storage. ACS Appl Mater Interfaces, 2018, 10 (36): 30379-30387.

[102] Chevrier V, et al. Challenges for Na-ion negative electrodes. J Electrochem Soc, 2011, 158 (9): A1011-A1014.

[103] Komaba S, et al. Redox reaction of Sn-polyacrylate electrodes in aprotic Na cell. Electrochem Commun, 2012, 21: 65-68.

[104] Liu Y, et al. Tin-coated viral nanoforests as sodium-ion battery anodes. Acs Nano, 2013, 7 (4): 3627-3634.

[105] Xu Y, et al. Electrochemical performance of porous carbon/tin composite anodes for sodium-ion and lithium-ion batteries. Adv Energy Mater, 2013, 3 (1): 128-133.

[106] Liu Y, et al. Ultrasmall Sn nanoparticles embedded in carbon as high-performance anode for sodium-ion batteries. Adv Funct Mater, 2015, 25 (2): 214-220.

[107] Bresser D, et al. Embedding tin nanoparticles in micron-sized disordered carbon for lithium- and sodium-ion anodes. Electrochim Acta, 2014, 128: 163-171.

[108] Lin Y-M, et al. Sn-Cu nanocomposite anodes for rechargeable sodium-ion batteries. ACS Appl Mater Interfaces, 2013, 5 (17): 8273-8277.

[109] Liu J, et al. Facile synthesis of highly porous Ni-Sn intermetallic microcages with excellent electrochemical performance for lithium and sodium storage. Nano Lett, 2014, 14 (11): 6387-6392.

[110] Pan L, et al. Hydrogel-derived foams of nitrogen-doped carbon loaded with Sn nanodots for high-mass-loading Na-ion storage. Energy Stor Mater, 2019, 16: 519-526.

[111] Qian J, et al. High capacity Na-storage and superior cyclability of nanocomposite Sb/C anode for Na-ion batteries. Chem Commun, 2012, 48 (56): 7070-7072.

[112] Darwiche A, et al. Better cycling performances of bulk Sb in Na-ion batteries compared to Li-ion systems: An unexpected electrochemical mechanism. J Am Chem Soc, 2012, 134: 20805-20811.

[113] Darwiche A, et al. Better cycling performances of bulk Sb in Na-ion batteries compared to Li-ion systems: An unexpected electrochemical mechanism. J Am Chem Soc, 2012, 134 (51): 20805-20811.

[114] He M, et al. Monodisperse antimony nanocrystals for high-rate Li-ion and Na-ion battery anodes: nano versus bulk. Nano Lett, 2014, 14 (3): 1255-1262.

[115] Wu L, et al. Sb-C nanofibers with long cycle life as an anode material for high-performance sodium-ion batteries. Energy Environ Sci, 2014, 7 (1): 323-328.

[116] Li H, et al. Facile tailoring of multidimensional nanostructured Sb for sodium storage applica-

[117] Sangster J M. Na-P (sodium-phosphorus) system. J Phase Equilib Diffus, 2010, 31 (1): 62-67.

[118] Kim Y, et al. An amorphous red phosphorus/carbon composite as a promising anode material for sodium ion batteries. Adv Mater, 2013, 25 (22): 3045-3049.

[119] Qian J, et al. High capacity and rate capability of amorphous phosphorus for sodium ion batteries. Angew Chem, 2013, 125 (17): 4731-4734.

[120] Li W-J, et al. Simply mixed commercial red phosphorus and carbon nanotube composite with exceptionally reversible sodium-ion storage. Nano Lett, 2013, 13 (11): 5480-5484.

[121] Sun J, et al. phosphorene-graphene hybrid material as a high-capacity anode for sodium-ion batteries. Nat Nanotech, 2015, 10 (11): 980-985.

[122] Hembram K, et al. Unraveling the atomistic sodiation mechanism of black phosphorus for sodium ion batteries by first-principles calculations. J Phys Chem C, 2015, 119: 15041-15046.

[123] Xiao W, et al. Unveiling the interfacial instability of the phosphorus/carbon anode for sodium-ion batteries. ACS Appl Mater Interfaces, 2019, 11 (34): 30763-30773.

[124] Ellis B L, et al. Sodium and sodium-ion energy storage batteries. Curr Opin Solid State Mater Sci, 2012, 16 (4): 168-177.

[125] Huang S, et al. Efficient sodium storage in rolled-up amorphous Si nanomembranes. Adv mater, 2018, 30 (20): e1706637.

[126] Abel P R, et al. Nanocolumnar germanium thin films as a high-rate sodium-ion battery anode material. J Phys Chem C, 2013, 117 (37): 18885-18890.

7

钠硫电池

由于化石燃料（如煤、石油、天然气等）的供应有限、全球分布不均衡以及长期依赖使用所产生的环境问题（如二氧化碳排放使海洋酸化、全球变暖等），我们急需寻找可替代的可持续能源技术[1,2]。风能、太阳能、潮汐能、地热能等均属于可再生清洁能源，将成为未来主要的能源来源。虽然这些可再生能源能量总量大，但由于其低能量密度以及使用过程中具有随机性、间歇性等特点，目前仍难以满足人类生活中对于高效便捷能源的需求。在这种形势下，发展高效便捷的储能技术已经成为全世界的研究热点。相比于其它储能方式，电化学储能技术具有效率高、应用灵活等特点，非常符合当今能源的发展方向[3,4]。作为电化学储能技术的重要代表，锂离子电池因其能量密度高、电能存储和释放稳定等优点，受到了全世界广泛关注和研究。自20世纪90年代日本索尼公司成功制造出世界上第一块商业化锂离子电池（LIBs）后，LIBs已经被广泛应用于各类消费类电子产品以及电动汽车等[5-7]。然而，随着人们生活需求的不断提高，对LIBs的发展提出了更高的要求（如高能量密度、高安全性、绿色环保等）。特别是，在中/大型储能设备上（如电动汽车、储能电站等）的应用过程中，LIBs的研发以及应用技术仍需大幅度提升[8-10]。另外，为了寻求传统锂离子电池的替代者，其它可再充电电池也得到了迅速的发展，例如：锂-空气电池[11,12]、锂硫电池[13,14]、液流电池[15-17]、钠离子电池[18-20]、钾离子电池等[21,22]。几种重要可再充电电池与传统锂离子电池的能量密度对比如图7-1所示。其中，锂硫电池因其高理论比容量（1675mA·h/g）、高能量密度（2500W·h/kg、2800W·h/L）、活性物质硫储量丰富且廉价无毒等优越性而备受关注[23-28]。然而，锂硫电池虽然能满足当前对高能量密度的要求，但无法解决地壳中锂的储量低（0.0017%）、地域分布不均等根源问题[29,30]。面对当前锂资源匮乏和分布不均的形势，成本低、储量丰富（2.64%）、与锂同一主族的钠及其钠电化学存储技术得到了广泛的关注与研究（表7-1）。因此，探究钠硫电池体系能否作为传统锂离子电池的替代者是十分有必要的。

表 7-1 锂和钠元素物理参数等对比

元素	钠	锂
价格（碳酸盐）	150美元/吨	5000美元/吨
摩尔质量	23g/mol	6.9g/mol
$E^{\ominus}$(vs. SHE)/V	−2.71	−3.04
离子半径/pm	97	68

续表

元素	钠	锂
熔点/℃	97.7	180.5
元素丰度	2.64%	0.0017%
A-O 配位	八面体或三棱柱	八面体或四面体
回收	简单	困难

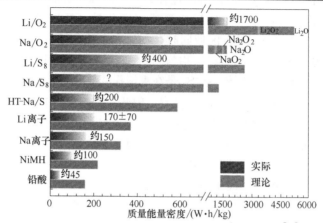

图 7-1　几种可充电电池的理论/实际能量密度对比[35]

来自：Beilstein-Institut Zur Forderung der Chemischen Wissenschaften，2015

1966 年，美国福特公司首次发明并公布了高温钠硫电池（HT-Na/S），HT-Na/S 使用高电导率的 β-$NaAl_{11}O_{17}$ 作为固态电解质和隔膜，熔融的单质硫和金属钠作为反应电极，运行温度维持在 300～350℃[31,32]。经过几十年的研发，HT-Na/S 技术已经取得了长足的发展，NSK 公司的 HT-Na/S 储能累计装机规模从 1998 年的 10 MW 增长到 2009 年的 300MW，现在已经达到 530MW。但这项技术优势与劣势并存，低成本、高能量/功率密度、高库仑效率、长循环寿命等优势使其在大规模储能和转化上得以商业化，但高的运行温度导致熔融态多硫化物腐蚀电极集流体，并使固态电解质在循环过程中变脆，有起火和爆炸的危险[33,34]，这些潜在的隐患阻碍了它的进一步发展和实际应用。除此之外，还会造成热损耗并增加运行成本和维护难度。为了克服 HT-Na/S 需要高温运行的困难，室温钠硫电池（RT-Na/S）的概念 2006 年被提出，已经进行了大量的研究。相比于商业化的 HT-Na/S(760W·h/kg)，RT-Na/S 不仅具有更低的工作温度（室温）而且具有更高的能量密度，如以 Na_2S 为放电最终产物，能量密度高达 1274W·h/kg。因此，RT-Na/S 相对于 HT-Na/S 更适合大型电网和运输动力设备。然而，RT-Na/S 仍面临着一些重大的科学与技术挑战，如多硫化物穿梭效应造成的自放电严重、可逆容量低、容量衰减快、钠枝晶生长、循环寿命短等。针对以上问题，研究人员主要从正极材料、负极材料、电解质、隔膜等方面着手，发展高效 RT-Na/S 体系。

7.1
钠硫电池基本构造与原理

从电池基本构造和工作机制上来看，钠硫电池与常规锂离子电池结构基本相似，由正极、负极、电解质、隔膜及外壳等基本结构组成,通过氧化还原电化学反应储存或释放电能。值得注意的是,如上所述,钠硫电池主要可以分为 HT-Na/S 和 RT-Na/S,它们在构造上略有不同。HT-Na/S 正负极都是熔融态,而 β-氧化铝陶瓷同时作为隔膜和电解质,由于其高离子迁移率和电子绝缘性,能够避免自放电,放电效率几乎达 100%,能量转化效率非常高,寿命也长达 15 年。放电过程如图 7-2(a)所示,当金属钠释放出一个电子时,钠离子迁移到硫容器中,与硫反应形成多硫化钠,具体过程如图 7-2(b)所示,Okuno 等认为在 2.075V 的电压平台区域同时存在硫和多硫化钠(Na_2S_5)两种不互溶的熔融相。当进一步放电反应后,S 和 Na_2S_5 均与 Na 反应形成单一相区(Na_2S_4),当电压达到 1.74V 时,Na_2S_3 开始生成。而固体 Na_2S_2 是在更深程度放电时形成的,会降低正极材料的导电性,从而严重阻碍更进一步的放电反应[37]。因此,商业化的 HT-Na/S 容量基本只能达到基于完全还原为 Na_2S 时的硫电极的理论容量(1672mA·h/g)的 1/3[40]。RT-Na/S 是使用固态的含硫或含硫复合材料作为正极,固态钠金属作为负极[图 7-2(c)]。RT-Na/S 使用的隔膜以聚丙烯和玻璃纤维为主,而电解液的选用主要分为四种:无机/聚合物固态电解质、醚类电解液、酯类电解液、离子液体电解液。不同于 HT-Na/S,RT-Na/S 组装成功后,直接将 RT-Na/S 放置于室温环境中即可工作。虽然工作温度不一样,但是 RT-Na/S 电化学反应机理与 HT-Na/S 基本一致,只存在细微的差别。在放电过程中,如图 7-2(d)所示,区域Ⅰ代表约 2.2V 的高压平台区域,对应固态硫转变为可溶解的长链多硫化

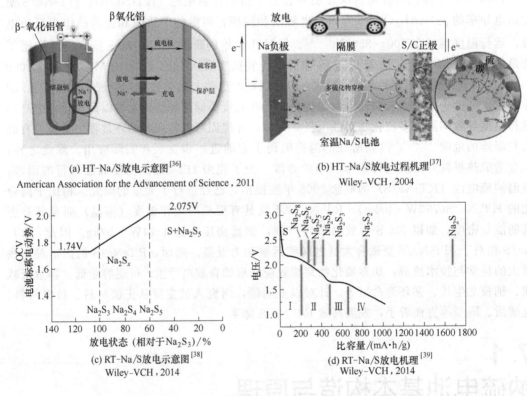

(a) HT-Na/S 放电示意图[36]
American Association for the Advancement of Science, 2011

(b) HT-Na/S 放电过程机理[37]
Wiley-VCH, 2004

(c) RT-Na/S 放电示意图[38]
Wiley-VCH, 2014

(d) RT-Na/S 放电机理[39]
Wiley-VCH, 2014

图 7-2 HT-Na/S 和 RT-Na/S 放电过程及机理

钠（$S_8+2Na^++2e^-$ === Na_2S_8）；区域Ⅱ是电压 2.2～1.65V 的区域，对应于可溶解的 Na_2S_8 到 Na_2S_4 的液-液反应（$Na_2S_8+2Na^++2e^-$ === $2Na_2S_4$）；区域Ⅲ是约 1.65V 的区域，对应可溶解的 Na_2S_4 到不溶的 Na_2S_3 或 Na_2S_2 的液-固反应（$Na_2S_4+2/3Na^++2/3e^-$ === $4/3Na_2S_3$；$Na_2S_4+2Na^++2e^-$ === $2Na_2S_2$；$Na_2S_4+6Na^++6e^-$ === $4Na_2S$）；区域Ⅳ是对应 1.65～1.20V 电压范围内的区域，对应于不溶的 Na_2S_2 至不溶的 Na_2S 的固-固反应（$Na_2S_2+2Na^++2e^-$ === $2Na_2S$）。在整个放电过程中，区域Ⅱ对应的氧化还原反应是最复杂的，主要受各组分多硫化物之间的浓度平衡的影响。由于 Na_2S_2 和 Na_2S 的非导电性质，区域Ⅳ是动力学最缓慢且可能遭受较高电压极化的过程[38]。目前 RT-Na/S 反应产物为 Na_2S 时理论容量高达约 1672mA·h/g，提供了有竞争力的能量密度和低成本大规模储能应用的前景。

7.2 高温钠硫电池

高温钠硫电池概念的提出，是基于美国福特公司在 1966 年发现固态 β-$NaAl_{11}O_{17}$ 在 300℃展现出可比拟液体电解液（H_2SO_4）的离子电导，因而将其作为电解质和隔膜应用于 HT-Na/S 中。由于超高的运行温度（300～350℃），这种电池又称为 HT-Na/S。从这种新型能源储存概念的提出，经历了短短几十年的发展，已经实现了在大型储能电站的商业化使用。直到 21 世纪早期，由于锂离子电池的迅猛发展占据了中/小型设备的市场，使 HT-Na/S 研究趋于缓慢。HT-Na/S 有着明显的优势：非常适用于大规模电化学储能应用，如可以使用廉价的原料（硫源和钠），能构建大型单个工业级电池单元（≥1200W·h），循环寿命长（超过 15 年，最多 4500 个周期），较高的质量能量密度和体积能量密度（222W·h/kg 和 367W·h/L）。但是从实际应用层面考虑，超高的运行温度会引起电解质变脆，从而导致起火和爆炸的危险，运行过程中造成的热损耗以及维护工作的难度和成本，都严重阻碍了它的进一步发展和实际应用。目前，HT-Na/S 所面临的挑战主要集中在探究合适的固态电解质上。电解质对电流（功率）密度、循环稳定性、电池安全性等方面起着非常重要的作用，它们的不断改进和创新对于电池的成功，起着至关重要的作用。HT-Na/S 的研究表明，由无机或聚合物固态电解质装配的全固态电池具有高热稳定性和可靠性，循环寿命长，几何设计形状灵活等优点，因而具有广阔的发展前景。此外，无机固态电解质（尤其是陶瓷和玻璃陶瓷电解质）也能够为电池减低成本。玻璃陶瓷对钠有较高的抵抗力，同时这些材料的热膨胀系数（TEC）可以根据 α-氧化铝和 β-氧化铝的比例进行调配，可以开发相关材料解决 HT-Na/S 中固态电解质变脆折断问题。Song 等研究以 TiO_2 为成核剂的硼硅酸盐玻璃，掺杂 Y_2O_3 来调节热膨胀系数，同时加入 CaF_2 以降低硼硅酸盐玻璃的黏度[41]。这样的密封材料抗热冲击性高，100 圈热循环后没有微裂纹出现。但是，相对较高的运行温度仍然是阻碍其发展的重要因素。因而，从降低运行温度角度考虑，开发合适的中温（150～200℃）和低温（25～150℃）的新钠硫电池电解质材料也是一个重要研究方向。

7.3 室温钠硫电池

7.3.1 存在的问题和解决方案

HT-Na/S 由于存在严重的自身安全问题、可靠性问题以及维修困难等问题，严重限制了其在动力汽车等中/大型设备中的应用。从 2006 年科学家首次提出室温钠硫电池（RT-Na/S）的概念起，经过十多年的发展，RT-Na/S 取得了长足的进步，但仍面临诸多挑战和问题。目前，RT-Na/S 存在的主要问题可以分为以下几点：①活性物质硫的利用率低；②电池循环容量衰减快；③钠枝晶生长安全问题等。导致这些问题的主要原因是硫的低电子导电性、中间产物聚硫化物的溶解穿梭效应，以及充放电过程中充放电产物的体积效应。为了解决上述问题，科研工作者从 RT-Na/S 的正极材料、负极材料、电解质、添加剂、隔膜等方面进行研究。

7.3.2 重要研究进展

7.3.2.1 正极材料

单质硫（S）的导电性差，并且充放电过程中生成的多硫化钠可溶解于有机电解液中，造成活性物质损失，因而不适合将单质硫直接作为 HT-Na/S 的正极材料。为了提高硫的导电性，并抑制循环过程中多硫化钠的穿梭效应，其中最简单有效的解决方案是将硫和导电基体（导电碳、聚合物、金属化合物等）进行复合，这一策略得到了广泛的证实。总结发现，将活性 S 主体材料复合到各种导电基体框架中，显著提高了电化学性能。使用该策略改性硫正极的方法具体可划分为：硫-碳复合材料、共价硫复合材料、硫等价正极材料以及其它硫复合材料（包括使用多硫化物作正极等）。

(1) 硫-碳复合材料

碳来源广泛，价格低廉，且易于设计，有较好的导电性，是最常用的导电基体材料之一。各种碳材料与硫经过合理设计复合后，可以达到显著提高材料的电子电导和抑制穿梭效应的效果，同时协同促进硫充分的氧化还原反应，并提高 RT-Na/S 整体的电化学性能。碳抑制多硫化物的穿梭效应主要通过以下几种方式实现：①将硫封装在碳微孔/介孔/大孔内；②碳基质表面活性位点锚定/吸附多硫化物；③利用以上两种策略，协同最大限度地固定多硫化物或硫单质。

介/大孔碳因为成熟的工艺过程、易于调控孔隙尺寸结构等，已广泛被用作负载硫的基体，并作为 RT-Na/S 正极材料。如图 7-3 (a) 和图 7-3 (b) 所示，Wang 等使用介孔中空碳纳米球复合硫单质作为 RT-Na/S 电池的正极材料[44]。该结构的碳骨架连续交错，提高了硫负载后的结构亲和度和材料的振实密度。其中空的纳米空隙不仅能容纳大量的硫，还可缓解钠化时巨大的体积膨胀变化，导电的碳层外壳也可作为高导电网络便于硫和电子的传输。基于独特的结构优势，该材料在 200 圈循环中实现了约 88.8% 的高容量保持率，并且具有优异的倍率性能，在 0.1A/g 和 5A/g 的电流密度下可逆比容量分别达到约 390mA·h/g 和 127mA·h/g。同样地，将小硫分子限制在微孔碳中，可以有效避免穿梭效应对电化学性能产生的不利影响,从而较大程度上优化材料电化学性能。Xin 等通过在碳纳米管上涂覆微孔碳层(约 0.5nm),成功将小硫分子($S_{2\sim4}$)限制在碳微孔中[42]。由于 $S_{2\sim4}$ 的高电化学活性和被成功地限制在微孔碳中,S/CNT@MPC 正极材料在锂硫电池中显示出优异的电化学性能。此外,他们也将该材料继续应用在 RT-Na/S 中,如图 7-3(c)所示,小硫分子($S_{2\sim4}$)同样可以很好地限制在碳微孔中(0.5 nm)。在电化

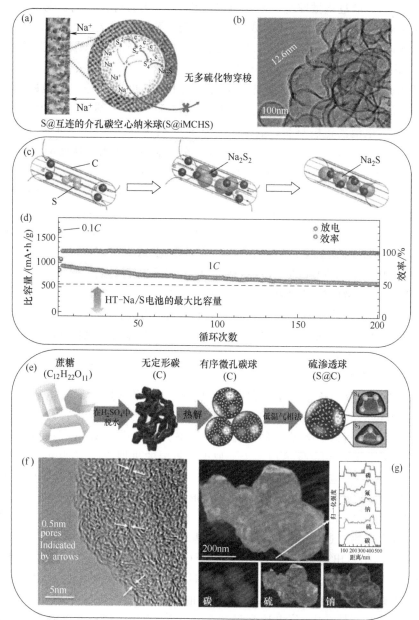

图 7-3 硫-碳复合材料机理与性能

(a)介孔中空碳纳米球复合硫材料的循环过程机理图;(b)介孔中空纳米碳球复合硫正极材料的 TEM 图谱(American Chemical Society,2016);(c)S/CNT@MPC 正极材料中 S 和 Na^+ 放电过程反应图;
(d)S/CNT@MPC 正极材料在 1C 电流密度下的循环性能图[42](Wiley-VCH,2014);
(e)微孔碳硫复合物的合成示意图;(f)高分辨透射电镜图;(g)各元素分布图[43](American Chemical Society)

学循环过程中，没有形成高度有序的多硫化钠，电池不再受穿梭效应的破坏，同时 Na 与 S 完全反应，生成 Na_2S，展现出较高的容量。如图 7-3（d）所示，该复合材料在 1C 下 200 圈循环后仍保持 500mA·h/g 的可逆比容量，在 2C 的高倍率下，容量可达 815mA·h/g。为了进一步降低生产成本，常采用一些低成本的前驱体通过高温煅烧等方式获得多孔碳结构的材料。例如，廉价易得的蔗糖可通过脱水和炭化的方法得到约 0.5nm 大小的微孔碳纳米球[43]。通过该微球与硫复合形成 RT-Na/S 正极材料，也表现出了优异的电化学性能。这主要归因于硫以小分子形式被限制在碳微孔中 [图 7-3（e）～（g）]，避免在钠化过程中形成多硫化钠，有效地防止了穿梭效应，在长循环中展现出优异的容量保持率（在 1C 下，循环 1500 圈，容量为 306mA·h/g）。

在碳基体表面活性位点上吸附/锚定硫或多硫化物，也是一种有效地减弱穿梭效应、提高循环性能的策略。Zeng 等设计了一种柔性 $S_{1-x}Se_x$@多孔碳纳米纤维（$x<0.1$）薄膜作为 RT-Na/S 电池的正极材料，表现出了优异的电化学性能[45]，主要通过 S 中的 Se 增强了硫的电子传导性，而且通过形成 Se—S 键来锚定多硫化物，从而抑制多硫化物的穿梭效应。另外，多孔碳纳米纤维基体材料不仅可以改善 $S_{1-x}Se_x$ 活性材料的导电性，也可以增强离子的迁移率。在 0.1A/g 的电流密度下循环 100 圈后，可逆容量保持在 762mA·h/g，库仑效率接近 100%。Saroja 等提出一种使用聚四氟乙烯为内衬的导电碳基板（TCS）作为支撑的正极材料[46]。这种材料可以有效地固定可溶性多硫化物迁移到负极，同时增强了多硫化物转化时的导电性。如图 7-4 所示，在使用 TCS 后，电极材料在 0.1C（1C=1672mA/g）下比容量为 800mA·h/g，较未使用 TCS 材料时容量提高了近 85%。当电极循环 300 圈后，容量保持率约为 93%，库仑效率接近 100%。电极材料稳定的循环性能主要是由于聚四氟乙烯的线型碳链完全被氟原子包围，可以作为锚定中心来固定中间体多硫化钠，抑制其穿梭。这项研究提供了一种简单的方法来抑制多硫化物的穿梭效应，有利于发展高能量密度的 RT-Na/S。

（2）共价硫复合材料

共价硫复合电极材料广泛用于其它可充电电池，较少使用在 Na/S 电池中。由于富含 S 的共价复合电极中，硫与骨架材料间具有很强的化学结合性，可以很好地将多硫化钠限制在正极中，该方法可以有效地抑制多硫化物溶解。2007 年，Wang 等首次开发出硫-导电聚合物复合材料用在 RT-Na/S 电池上，取得了重要的进展[47]。升华的硫在 300℃下作为脱氢剂与聚丙烯腈反应。在热处理过程中，由 π 共轭环结构共价键合 S 的 S-PAN 化合物，是通过 PAN 聚合物中的—CN 基团的环化形成的，其它 S 均匀地分散在复合材料中，循环 18 圈后仍可得到 500mA·h/g 的比容量。随后，Hwang 等将静电纺丝法制备的 S-PAN 纳米纤维混合物通过 450℃炭化处理后，电化学性能有了显著提升[48]。这主要归因于 S 可以与 PAN 衍生出的碳基质（C-PAN）反应，与 C 原子间有共价键合，形成结构稳定的 C-PAN@S 复合材料。2016 年，Fan 等通过热解硫粉和噻吩衍生物制备共价硫复合物[49]。研究发现，该复合材料在 2.0～2.2V 的放电过程中没有形成长链的多硫化物（Na_2S_n，$4≤n≤8$），且充电/放电比容量达 1000mA·h/g，经过 900 圈循环后，每圈容量衰减率为 0.053%。2017 年，Ghosh 等使用硫共聚物复合还原氧化石墨烯（CS90-rGO）作为 RT-Na/S 电池的正极材料[50]。在硫（CS90）的存在下利用热开环的方法聚合苯并噁嗪，随后与还原氧化石墨烯（rGO）进行复合。由于原位形成聚合物主链，使得硫可以更均匀地分布，主体材料硫质量分数高达 87%，可以更大程度地增加活性材料硫的负载

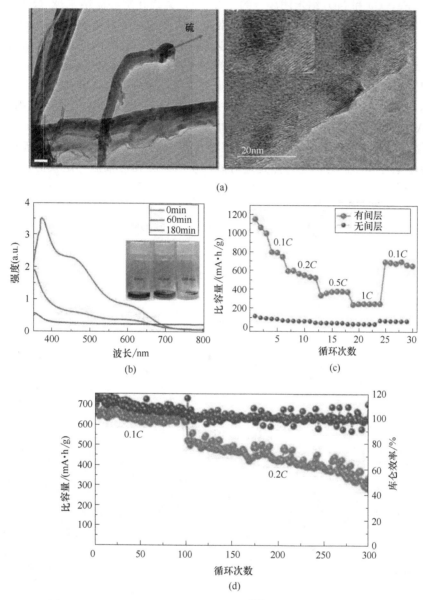

图 7-4 CNT@GNR/S 形貌结构及性能[46]（Wiley-VCH，2019）
(a) CNT@GNR/S 形貌结构图；(b) 聚四氟乙烯内衬的碳布在 Na_2S_6 溶液中不同时间间隔的变化情况；(c) CNT@GNR/S 在有 TCS 时的倍率性能；(d) 长循环性能图

量，同时还原氧化石墨烯也为活性材料提供了良好的导电网络。这种制备方法不仅有效解决了物理硫封装造成的负载量低、硫分布不均和导电性差的问题，而且也大大减少了高阶多硫化物的溶解和减轻不可逆沉积。2018 年，Zhou 等报道硫共价聚合物（S-PETEA）用于 RT-Na/S 电池的正极[51]。硫共价聚合物电极通过化学结合锚定硫，并抑制穿梭效应。原位形成的具有高离子电导率和增强安全性的聚合物电解质，成功地稳定了 Na 负极/电解质界面，同时固定了可溶性多硫化钠。所开发的准固态 Na/S 电池在 0.1mA/g 下具有 877mA·h/g 的高可逆比容量和稳定的循环性能。2019 年，Zhang 等制备了硫主体复合过渡金属（Fe，Cu和Ni）纳米团簇（约1.2 nm）缠绕在空心碳纳米球（S@M-HC）上的电极材料[52]。这些金属纳米团簇起着非常重要的作用，可以迅速减少Na_2S_4转化为短链硫化物，从而减缓穿梭效应。DFT表明金属纳米团簇和硫之间的化学偶联有助于硫的固定，并增强导电性和活性。在100mA/g的电流密度下，S@M-HC经过1000圈循环后仍有可逆比容量394mA·h/g，即使在5A/g的高电流密度下仍具有220mA·h/g的比容量。随后，如图7-5所示，Wu等制备出一种高硫含量（40.1%）的共价硫-碳复合物（SC-BDSA）[53]。其中—SO_3H（BDSA）和SO_4^{2-}作为硫源。硫主要以O—S/C—S键（短链/长链）的形式存在，这样既确保了足够的界面接触，又使得硫-碳正极保持了较高的离子/电子电导率。同时，通过热处理盐浴产生的碳介孔可限制一定量的硫，并局部锚

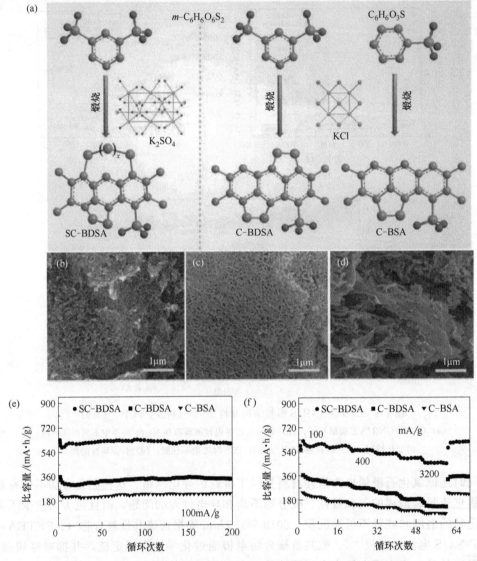

图7-5 共价硫-碳复合物的制备与性能[48,53]（Wiley-VCH，2019）
(a) 共价硫-碳复合物制备示意图；(b) SC-BDSA形貌图；(c) C-BDSA形貌图；
(d) C-BSA形貌图；(e) 长循环性能图；(f) 倍率性能图

定多硫化物。此外，在较低电位[<0.6V(vs·Na$^+$/Na)]下，C—S$_x$—C键桥会发生电化学断裂，并贡献一部分容量。R-SO单体可以锚定最初产生的S$_x^{2-}$，并形成不溶性表面束缚中间体。因此，SC-BDSA在2500mA/g的电流密度下仍有696mA·h/g的比容量，并且经过1000圈循环，每圈循环仅有0.035%的容量衰减，展现出优异的循环稳定性。综上所述，共价硫复合材料，可以较大限度地减少多硫化物的溶解，这将增强电池的循环性能、库仑效率和硫的利用率，提供了一种制备高效稳定的RT-Na/S电池正极材料的良好方案。

（3）硫等价正极材料

如上所述，与RT-Na/S相关的许多问题基本上都源于其可溶性多硫化物的产生。虽然许多研究主要集中在使用各种功能复合正极材料来束缚或捕获多硫化物，但目前很少有策略可以完全解决或避免这一长期存在的问题。2017年，Ye等提出了硫等价正极材料的概念。例如，硫等价材料代表含硫元素，不含单质硫或硫分子，但应用于RT-Na/S时具有相当的电化学性能，且不产生多硫化物的化合物，并且他们证明了非晶MoS$_3$作为RT-Na/S电池材料的巨大潜力[54]。无定形链状MoS$_3$具有高硫含量和一维链结构，可以促进Na$^+$快速扩散，拥有更多的活性位点便于离子存储。通过Operando X射线吸收光谱（XAS）实验跟踪MoS$_3$的结构演变，证明其在电池循环过程中基本上保留了链状结构，而不会产生任何游离态的多硫化物中间体。该材料展现出460mA·h/g的初始放电比容量，即使在0.45A/g的电流密度下循环1000圈后，其放电比容量仍可保持在180mA·h/g，库仑效率基本保持在100%。这种硫等价正极材料策略有效解决了多硫化物在RT-Na/S电池中的溶解问题，是对传统方法解决多硫化物溶解问题的很好的补充。

（4）其它硫复合材料

除了上述几种硫基材料被用作RT-Na/S正极材料，其它硫复合材料同样值得关注。例如，Fan等通过高温浇筑-低温退火法成功合成了Na$_2$S/Na$_3$PS$_4$/C复合材料[56]。当其用于钠硫全固态电池正极时，表现出优异的动力学性能和良好的循环性能。这种浇筑-退火方法原位生成的Na$_2$S/Na$_3$PS$_4$/C复合材料有效地将活性物质和固态电解质的接触转换为面接触，因此大幅降低了其界面阻抗。另外，原位沉积出的Na$_2$S为放电产物，在之后的循环过程中不会产生因体积膨胀造成的应力。在50mA/g的电流密度下，电压区间0.5～3.0V，复合材料具有800mA·h/g比容量；经过50圈循环后，全固态钠硫电池依然能保持650mA·h/g的可逆比容量。近来，Wang等开发出一种简便且可扩展的方法，合成空心硫化钠（Na$_2$S）纳米球嵌入高度分层的海绵状导电碳基质中[55]。如图7-6所示，将这种类珊瑚状的独特结构用于RT-Na/S正极材料时，展现出巨大的电化学潜力。由于空心结构缩短了Na$^+$扩散路径以及碳基质的高导电性，材料的电化学活性得到了提高，因而在1.4A/g和2.1A/g的高电流密度下，初始放电比容量分别为980mA·h/g和790mA·h/g，经过100圈循环后，可逆比容量仍稳定在600mA·h/g和400mA·h/g。同样地，作为概念验证，将这种空心Na$_2$S正极与锡基负极进行匹配也获得了实验上的成功。这项工作对于材料的合理设计提供了指导，对于实现RT-Na/S的高倍率性能具有重要意义。

7.3.2.2 负极材料

除了正极材料S的导电性差、多硫化物溶解等问题，如何优化Na金属负极也是Na金属电池发展中亟待解决的重要问题。与钠金属相关的问题主要包括：Na金属与电解质

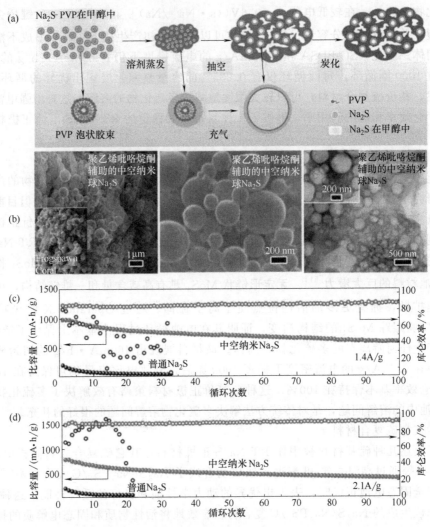

图 7-6 中空硫化钠材料及其电化学性能[55]（Wiley-VCH，2019）
(a) 材料合成示意图；(b) 形貌结构图；(c) 1.4A/g 电流密度下的长循环图；
(d) 2.1A/g 电流密度下的长循环图

间的界面负反应、钠枝晶的形成、钠金属在电池工作过程中的体积膨胀等。这些问题不仅会导致电池性能下降，也会产生严重的安全问题。为此，提出了很多解决策略，主要可归纳为以下三个方面：①构建"原位"或"非原位"固体电解质界面膜（SEI）保护层；②构筑导电集流体骨架；③合成钠合金材料。

(1) 构建"原位"或"非原位"SEI 保护层

理想的 SEI 膜应具有离子电导率高，密度合适，厚度小并且机械上可以抑制 Na 枝晶生长的特点。在电化学循环中，SEI 膜的主要组分来源于有机电解液中溶剂和盐的还原产物。为构建优异的钠金属表面保护层（SEI 膜），解决钠金属表面的高活性问题，电解液（包含有机溶剂、钠盐、添加剂等）选择至关重要。据报道，高浓度的双氟磺酰基亚胺钠（NaFSI，≥4mol/L）基电解液，通过钝化反应可以在 Na 金属表面形成一层致密的 $Na_2S/NaOH$ 钝化层，但电解液会变得黏度高且润湿性差[57]。为了克服这些缺点，如

图 7-7 所示,通过引入"惰性稀释剂"[bis(2,2,2-)三氟乙基醚]进入 NaFSI 基电解液,开发出一种具有局部浓度高但总体浓度低的新型电解液[58]。这种稀释剂不仅保持局部 Na^+-FSI-DME 溶剂化结构,也增强了钠金属负极的界面反应动力学和界面稳定性。因此,使用该电解液的钠金属负极实现了高库仑效率(>99%)和高倍率性能(20mA/g),且无枝晶沉积,可稳定循环达 40000 圈。除了调节电解液的浓度,引入功能性添加剂在 Na 金属上形成稳定的保护界面也是一种有效的解决方案。$NaPF_6$ 可以在钠金属表面诱导产生均匀的 SEI 膜(包含 Na_2O 和 NaF)来抑制钠枝晶的产生,从而提高库仑效率。FEC 也是一种较为常用的电解液添加剂,可以较大程度上抑制钠金属的不可逆沉积[59,60]。此外,双添加剂的混合使用也有较好的稳定界面的效果。例如,Na_2S/P_2S_5 混合物添加剂在电解液中与多硫化物反应,反应物在钠金属表面形成复杂的保护层,可以有效地避免金属表面的腐蚀[61]。因此,电池的性能得到了进一步的提高,表现出较高的放电比容量(980mA·h/g),循环 1000 圈后仍有 200mA·h/g 的比容量。最近,Shi 等首次引入双(三氟甲基磺酰基)亚胺钾(KTFSI)作为双功能电解液添加剂,来稳定 Na 金属电极[62]。其中 $TFSI^-$ 阴离子可分解成氮化锂和氮氧化物,产生较合适的 SEI 膜,使得 K^+ 可以优先吸附在 Na 突起上,并提供静电屏蔽来抑制钠枝晶形成。这种双功能型添加剂通

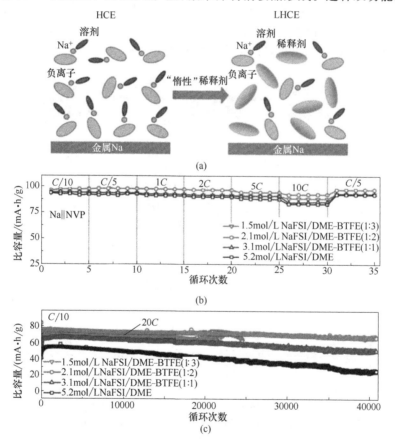

图 7-7 HCE 到 LHCE 的惰化稀释流程图(a),不同浓度电解液对应的倍率性能(b)和长循环性能图(c)[58]

来自:American Chemical Society,2018

过阳离子和阴离子的协同作用，使得 Na 金属电极以 10mA·h/cm² 的高容量可以持续循环几百个小时。与构建"原位"SEI 膜相比，在钠金属表面构筑人造"非原位"SEI 膜，可以精确地形成稳定的钝化层，避免高活性钠与电解液的界面副反应，从而提高循环可逆性。目前主要通过化学（原子沉积[63,64]，分子沉积[65,66]，电聚合等[67]）或物理方法（辊压[68]）在钠负极表面产生有机或无机人造 SEI 膜。例如，Luo 等通过低温等离子体增强原子层沉积（ALD），在钠金属表面涂覆薄层的 Al_2O_3 层，可明显钝化金属电极，提高其电化学的循环稳定性。在恒电流下循环超过 450h（900 圈循环），电压仍呈现较小的波动，而没有 Al_2O_3 层修饰的裸 Na 金属电极，最终电池失效。

(2) 构筑导电集流体骨架

构筑有效的导电集流体骨架，在 Na 金属沉积时可通过调节局部电流密度，抑制枝晶的形成，缓解电池循环过程中电极的体积变化。最近，采用新型三维（3D）导电框架来支撑 Na 金属的方法，也引起了研究人员的关注。通过将 Na 镀/剥离限制在孔隙中，同时提供物理限域来抑制枝晶形成并有效克服体积变化。3D 支架为钠沉积提供更大的导电表面，降低局部电流密度，并调节 Na 沉积，使其更均匀。碳材料具有多功能性和易调控孔隙等诸多特点，是一种理想 3D 支架基体材料。如图 7-8 所示，首先将木材直接炭化成多孔碳，然后利用 Na 浸渍后形成 Na/C 复合材料[69]。这种具有高比表面积和大孔体积的多孔碳有效地降低了 Na 沉积时的局部电流密度，使得 Na 均匀沉积并同时缓冲循环时的体积变化。该 Na/C 负极显示出优异的倍率性能和良好的稳定性。除了碳材料，3D 金属框

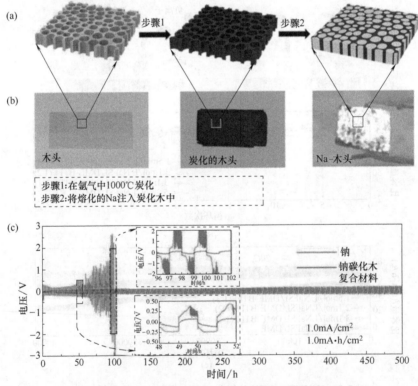

图 7-8 炭化和浸钠流程示意图（a），炭化和钠化前后材料颜色对比图（b）和 2h 的电镀和剥落循环图[69]

来自：American Chemical Society, 2017

架也被开发为 Na 金属的支架[70,71]。例如，通过电沉积制备的蜂窝状 3D 多孔 Ni@Cu 基底可用作 Na 金属的主体框架[72]。在这种材料上，Na 可以均匀地沉积在蜂窝状的孔隙中，最终形成没有枝晶的扁平 Na 金属表面。

（3）合成钠合金材料

除了直接使用钠金属作为负极外，与其它可存储钠离子的金属形成合金材料，可在较大程度上减弱金属钠的高活性，抑制钠枝晶的形成。在这些材料上存储 Na^+，枝晶生长问题在很大程度上得到缓解。例如，与 Na 金属形成合金的 Si-C 或 Sn-C 复合材料，因其高容量而极具吸引力[73-76]。特别是，Sn-C 复合材料进行预钠化处理后再用于 RT-Na/S[77]。这种 Na-Sn-C 合金的比容量为 180mA·h/g，且对应电位为 3.0V（vs. Na^+/Na），可以循环使用 120h。将其与 S/碳纳米球复合物负极材料搭配，组装成 RT-Na/S 全电池，其放电比容量为 550mA·h/g，平均输出电压为 1.0V。

7.3.2.3 电解质

电解质在 RT-Na/S 工作过程中扮演着非常重要的角色。RT-Na/S 的电解质主要包括：固态/聚合物电解质、醚类电解质、碳酸酯类电解质和离子液体类电解质。每种类型的电解质各有优缺点。固态/聚合物类电解质最大优点是安全，而醚类电解质是离子电导性强。碳酸酯类和离子液体类电解质虽然仍处于研究的早期阶段，但其性能优于固态及醚类电解质。

（1）固态/聚合物电解质

在研究的早期阶段，由于固态电解质的安全性能高，研究人员开发了许多固态电解质，包括聚环氧乙烷、SiO_2-聚亚乙烯基等[78-81]。但因为固态电解质在电极和电解质间的界面电阻，最终电池显示出容量低和循环性能差等问题[82]。近几年，许多新型的固态/聚合物电解质被研究出来用以解决上述问题。2017 年，Yue 等人报道了纳米复合材料 Na_3PS_4-Na_2S-C 可以同时用作 Na/S 电池的正极和电解质[83]。当其用作电解质时，炭在其中的均匀分散确保了 Na_3PS_4-Na_2S-C 具有混合型的高离子迁移率和高电子电导率，以及界面间的有效接触。室温时，Na_3PS_4 的活化能为 0.45eV，离子电导率为 1.09×10^{-4}S/cm。Na/S 电池的电化学性能测试显示，首次放电比容量高达 869.2mA·h/g（60℃，50mA/g）。无机全固态 RT-Na/S 因其具有高安全性和高能量，并随着电极设计优化的进步而得到有力发展。Kim 等研究了一种 β-氧化铝和 1mol/L $NaCF_3SO_3$ 溶于四甘醇乙二醇四甲基乙醚（TEGDME）的混合型电解质[84]。β-氧化铝和 TEGDME 复合的电解质不仅易于商业化，并且稳定性好，优化 TEGDME 的比例可以抑制穿梭效应和多硫化钠的形成。这种复合电解质具有较大的工作电压窗口（1~3V）。室温下该钠硫电池的初次放电比容量是 855mA·h/g（1/64C），104 圈循环后放电容量仍有 521mA·h/g。但是低电导率和厚的固态电解质膜等问题仍需要进一步研究改进。如图 7-9 所示，Zhou 等在其准固态 RT-Na/S 的研究工作中使用 PETEA-THEICTA 基聚合物作为电解质，该电解质具有高的离子电导率（在 25℃时能达到 3.85×10^{-3}S/cm）和循环稳定性，使得电池在 0.1C 时可逆比容量高达 877mA·h/g[51]。

（2）醚类电解质

作为最有前途的备选电解质之一，各种醚类溶剂在锂硫电池中被广泛研究[85-88]，尤其长链型醚类，因其具有高沸/闪点、不燃性、高电位稳定性等优点，显示出良好的电化

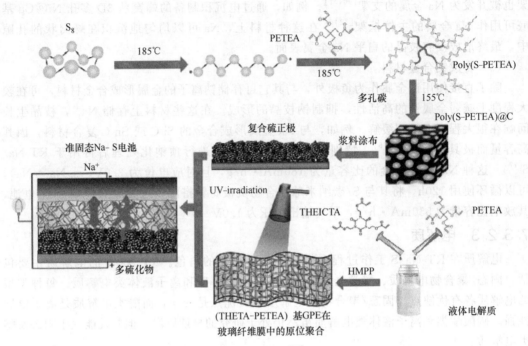

图 7-9　固态 RT-Na/S 制备示意图[51]（Wiley-VCH，2018）

学性能。因此，在 RT-Na/S 的研究工作中，EC/DMC、PC 和 TEGDME 等醚类电解质也得到广泛地研究和应用[29,89]。醚类溶剂对多硫钠盐有着较高的溶解性而导致了"穿梭效应"，即多硫化物更易于从正极脱出，并溶于电解液，进而穿梭到负极，并参与负极上的氧化还原反应。这一现象直接导致了活性物质的损失、钠负极的腐蚀，以及循环性能的下降。Ryu 等报道，与聚合物电解质相比，使用 TEGDME 作电解液时其导电性能明显提升，但 10 圈循环后放电比容量有严重的衰减，从 538mA·h/g 减少到 240mA·h/g[90]。为了解决醚类电解质的穿梭效应，Carter 等提出以多孔碳作为宿主，硫以 $S_{2\sim4}$ 小分子形式储存在多孔碳中，在充放电过程中成功地避免了多硫化物的穿梭效应[43]。把 $NaPF_6$ 溶于乙二醇二甲醚中作为电解液，可以有效提升硫的利用率，同时避免电解液中多硫化物的形成。该电解液不仅使得 RT-Na/S 的循环稳定性得到提升，并具有较宽的电压窗口（0.5～2.7V）。而 Di Lecce 等首次采用 $NaCF_3SO_3$-TREGDME 作为电解液用于 RT-Na/S[91]。研究结果显示，当正极由多壁碳纳米管和硫组成时，电池整体运行良好，首圈循环比容量达到 500mA·h/g，并且 10 圈循环后库仑效率能保持在接近 100%。对于抑制多硫化物穿梭问题，多孔碳复合电解质提供了一种新的解决方案。

（3）碳酸酯类电解质

碳酸酯类溶剂一般具有高离子电导、电化学稳定性好等特点。但在锂硫电池的应用中发现，首次放电过程中，碳酸酯会和多硫化物反应，造成电解液失效、硫失去活性、电池容量意外降低等结果[92,93]。但是，当硫被宿主材料或聚合物完全密封或共价束缚住时，锂硫电池中应用碳酸酯类电解液取得了成功[94-98]。$NaClO_4$ 溶于 EC/DMC，或 $NaClO_4$ 溶于 EC/PC 作为电解液常被用于 RT-Na/S 的研究[42,47,99,100]。例如，Zheng 等报道了 $NaClO_4$ 溶于 PC/EC 和 FEC 作为电解液，载硫多孔碳作为正极的 RT-Na/S 的研究[101]。

结果显示，在 0.03mA/g 充放电时，首圈比容量达到 1000mA·h/g。而 Wang 等的研究显示，硫复合在 PAN 基正极材料和 $NaClO_4$-EC/DMC 电解液更匹配[47]。该电解液有助于硫匹配复合电极，显示出卓越的可逆电化学性能，同时解决了钠枝晶问题。该 S-PAN 正极材料显示出较为稳定的电化学性能，在循环过程中没有明显的充放电电压平台，且电压持续下降，平均充放电电压在 1.4～1.8V，主要容量出现在 1.5V 电压以下。这些现象的出现，显示出酯类电解质具有和醚类电解质不同的反应机理。同时，Xin 等也研究了 EC/PC 电解液和载硫微孔碳匹配的 RT-Na/S 的电化学性能[42]。近期，Wei 等利用离子液体和酯类电解液提出一种复合电解质，匹配载硫微孔碳作为正极，展现出优异的电化学性能[102]。该工作为研究 RT-Na/S 电解质提出一种新的思路和方向。Xu 等采用了"鸡尾酒优化法"设计出新型的碳酸酯电解液，成功应用于 RT-Na/S 体系[103]。该工作利用碳酸丙烯酯/碳酸亚乙酯（PC）和氟代碳酸乙烯酯/氟代碳酸亚乙酯（FEC）作为共溶剂，高浓度钠盐（NaTFSI）作为溶质，三碘化铟（InI_3）作为添加剂，构筑"鸡尾酒优化"电解质体系，获得了具有优异电化学性能和高安全性的室温 Na/S 电池。实验与计算表明，FEC 和高浓度钠盐不仅大大降低了多硫化钠在电解液中的溶解度，而且在钠金属负极上形成了坚固的 SEI 层。InI_3 作为氧化还原介体，增强了正极上硫化钠的动力学转化过程，并在负极形成铟金属钝化层，以防止其被多硫化物腐蚀。这种室温 Na/S 电池表现出高放电容量和长循环稳定性。最近，Wu 等报道了高浓度钠盐（NaTFSI）溶入 TMP/FEC 中用作电解质[104]。该电解质具有不燃性，在 Na/S 电池充放电过程中不仅实现了钠金属表面无钠枝晶形成，并且以 1mA/g 循环 300 圈后，可逆比容量高达 788mA·h/g，每圈循环容量衰减小于 0.04%，具有优异的循环稳定性和可逆性。通过计算其分子动力学和表面分析发现，电解质中引入 FEC 可以使形成的 SEI 膜中富含 NaF，进而减少界面阻力。如图 7-10 所示，富含 NaF 的 SEI 膜可以有效抑制钠枝晶的生长，同时改善 RT-Na/S 的电化学性能。该工作为钠枝晶的形成及电解液易燃问题的解决提供了新的思路。

（4）离子液体类电解质

离子液体（ILs）具有低挥发性、低可燃性、热稳定性、高导电性，以及宽的电化学电压窗口等优点[105-107]。锂硫电池的研究工作中离子液体的这些优点得到了体现和发展[108-110]。到目前为止，把离子液体应用于 RT-Na/S 的研究报道较少。Wei 等报道了一种新型电解质，即用甲基氯酸盐-离子液体-氧化硅纳米颗粒（SiO_2-IL-ClO_4）添加到碳酸酯类电解液中（1mol/L $NaClO_4$ 溶入 EC/PC），使得 RT-Na/S 的电化学稳定性得到提升[102]。该添加剂（SiO_2-IL-ClO_4）会诱导钠负极表面形成粗糙而稳定的 SEI 膜，从而阻止钠负极与电解液进一步反应。另外，SiO_2 颗粒连接的 ClO_4 阴离子不仅支撑电解质，而且通过阴离子减弱了电解液中的电场[111,112]。如图 7-11 所示，在放电过程中，在负极侧，金属钠失去电子成为钠离子；在正极侧，钠离子扩散到负极，并和负极反应，生成 Na_2S。电化学测试结果显示，在 0.5mA/g 倍率时，循环稳定性较好，可逆比容量高达 600mA·h/g。最近，Kumar 等报道了一种新型离子液体类电解质，PVDF-HFP 溶入 EMITF（1-乙基 3-甲基三氟甲基磺酸盐），在 RT-Na/S 的研究中，其电化学电压窗口高达 4.8V，电导率为 5.7×10^{-3} S/cm[113]。

综上所述，电解液的选取对解决 RT-Na/S 的"穿梭效应"起关键作用。多硫化物易溶解于 TEGDME 基电解液，但不溶于 EC/PC 基电解液；固态/聚合物电解质显示出优越的安全性能，但是容量低及循环性能差等问题仍有待解决。同时，上述研究进展也指出，

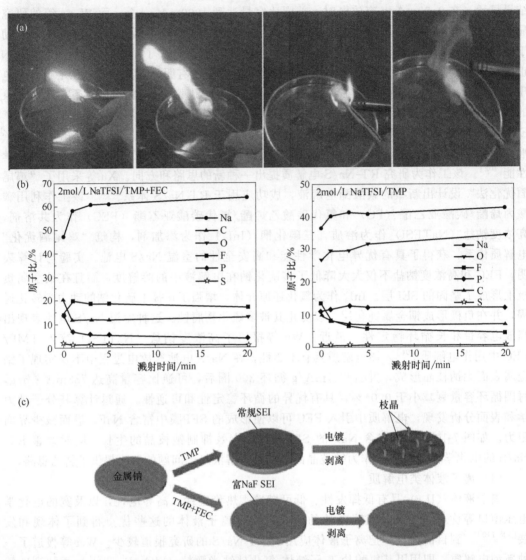

图 7-10 碳酸酯类电解液的性能[104] （Elsevier，2019）

(a) 2mol/L NaTFSI/EC+DEC（1∶1，体积比）和 2mol/L NaTFSI/TMP+FEC 电解液的燃烧对比；
(b) 2mol/L NaTFSI/TMP+FEC 和 2mol/L NaTFSI/TMP 两种电解液在 1C 倍率下循环
100 圈过程中所形成的 SEI 膜各元素原子比例；(c) 富含 NaF 的 SEI 膜对钠金属负极稳定性影响示意图

在未来的研究中，复合型电解液将会是很好地解决容量及倍率性能等问题的方案。

7.3.2.4 隔膜

隔膜的主要作用是确保钠离子传输和抑制多硫化物的穿梭，防止其迁移到负极并在其表面产生非活性物质，从而影响电池的循环性能。最开始，β-氧化铝固态电解质在 HT-Na/S 中同时用作电解质和隔膜。但由于 β-氧化铝不能阻止多硫化物的穿梭，限制了它的进一步发展。现今，最广泛使用的隔膜是聚丙烯和玻璃纤维。但是，聚丙烯和玻璃纤维隔膜都不能同时满足利于钠离子迁移和抑制多硫化物穿梭的要求。为了提高容量和循环稳定性，很多研究人员着眼于表面修饰，使用功能化膜以期达到提高性能的效果。

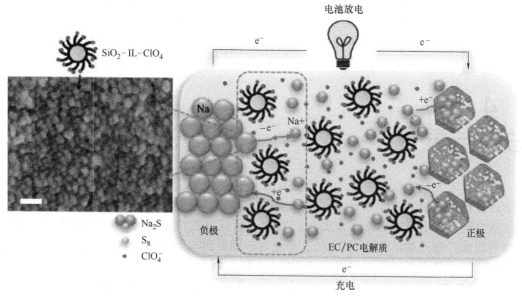

图 7-11 Na/S 电池放电过程中 SiO_2-IL-ClO_4 添加剂作用及正负极反应示意图[102]
(Nature Publishing Group，2016)

在 2014 年，Bauer 等首次报道经过表面涂覆修饰 Nafion 的多孔聚丙烯膜有足够的钠离子导电性，并且减少了多硫化物的穿梭[89]。实验表明，与未修饰的聚丙烯膜相比，循环 20 圈后，放电比容量为 350mA·h/g。2015 年，Yu 等展示了一种具有离子选择性的钠化 Nafion 膜，并将其成功应用于 RT-Na/S 体系中[114]。研究发现，无孔钠化的 Nafion 膜具有良好的钠离子传导能力，并有效减少多硫化钠渗透和溶解。经过多硫化物溶解测试发现，钠化 Nafion 膜可以有效地阻挡多硫化物的扩散，测试 5h 后，TEGDME 溶剂颜色仍然保持不变。另外，经过修饰的 Nafion 膜的离子电导率可以达到 2.7×10^{-5} S/cm，循环 100 圈后，可逆比容量保持在 550mA·h/g。这种设计显著提高了材料的能量密度和循环稳定性，为大规模、低成本的能量储存应用提供了有竞争力的技术。2016 年，Yu 等提出先进的膜-电极-组件（MEA）的 RT-Na/S 系统概念，其包括碳涂覆预钠化的 Nafion 膜（Na-Nafion）和硫化钠（Na_2S）正极[115]。如图 7-12 所示，Na-Nafion 膜提供了可行的 Na^+ 传导通道，并用作阳离子选择性膜以防止多硫化物迁移到负极。同时 Na-Nafion 上的

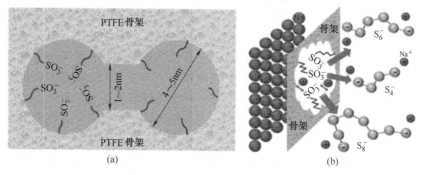

图 7-12 全氟磺酸膜的构造（a）和全氟磺酸膜的离子选择性示意图（b）[115]
来自：American Chemical Society，2016

碳涂层起到了上层集流体的作用，用以提高活性材料 Na_2S 的电化学利用率。采用 Na_2S 作为正极，提供了开发具有无钠金属负极的 RT-Na/S 电池的途径。与具有传统电解质-隔板配置的 Na/S 电池相比，具有上述 MEA 的 RT-Na/S 电池显著增强了容量和循环性能。机理研究表明，Na-Nafion 通过尺寸和电子效应，可以有效地抑制多硫化物迁移。

7.4 总结与展望

目前，RT-Na/S 已经引起了广泛研究者的兴趣，并且开发出了一系列具有优异电化学性能的电极材料。本章比较了 HT-Na/S 和 RT-Na/S 的工作原理以及构造上的差别。从实际应用层面考虑，超高的运行温度、运行过程中造成的热损耗以及维护工作难度和成本，都严重阻碍了 HT-Na/S 的进一步发展和实际应用。目前，HT-Na/S 所面临的挑战主要集中在探究合适的无机固态电解质上。因此，开发合适的中温（150～200℃）和低温（25～150℃）的新钠硫电池电解质材料是一个重要研究方向。在发展中低温新型钠硫电池的过程中，RT-Na/S 因具有更低的室温工作温度、更高能量密度且适合大型电网和运输动力设备等优点而得到了广泛的关注。但是，RT-Na/S 仍面临着一些重大的科学与技术挑战。究其根源，Na/S 电池存在的主要问题是硫的低电子导电性、中间聚硫化物的溶解和穿梭效应、充放电过程中充放电产物的体积效应，以及循环使用中钠枝晶的安全隐患。本章概述了 RT-Na/S 未来的几个主要的研究方向，并提出以下观点。

① 开发先进的电极材料。就正极材料而言，以硫为主体材料，和碳、金属化合物（如 MOF、金属氮化物、金属硫化物和金属氧化物等）复合的电极材料可能是一个很好的选择，它不仅可以消除不必要的容量衰减，还可以提高电导率，增强其电化学性能。同时，硫等价正极材料（如 MoS_3 等）也将是未来 Na/S 电池的发展趋势之一，可有效解决或避免多硫化物在 RT-Na/S 电池中的溶解问题。此外，含硫共聚物电极也具有很大的发展潜力，这类电极中的硫具有很强的化学结合性，使用聚合物骨架可以很好地将多硫化钠限制在正极中，从而可以有效地抑制多硫化物的溶解。对于负极材料，开发安全性更高的材料势在必行，主要集中在探索替代钠的 Na-M（M=金属）合金材料，可以适当地降低金属钠的表面活性，从而有效地抑制钠枝晶的产生。

② 电解液优化。电解液是影响 Na/S 电池性能的关键因素，合适的电解液可以抑制穿梭效应和多硫化钠的溶解。碳酸酯基电解液虽然处于研究的初期阶段，但其性能优于醚类电解液，展现出相对较高的容量；合理搭配离子液体和碳酸酯基电解液组合成复合型电解质或将是更好的选择；研究高钠盐浓度体系的电解液，不仅可大大降低多硫化钠在电解液中的溶解度，而且可在钠金属负极上形成稳定的固态电解质界面层，可以提高电池的高循环稳定性；添加剂的合理使用，可增强正极上硫化钠的动力学过程，并在负极形成稳定的钝化层，以防止其被多硫化物腐蚀。

③ 电池安全。隔膜的表面修饰以使其功能化，可以有效提高 Na^+ 迁移速率或选择性排斥多硫化物。当然，固态电解质和准固态电解质可降低内部短路和热失控的风险，也是未来发展的大趋势。

习 题

1. 钠硫电池的工作原理是什么？有哪些优点与缺点。
2. 请简单介绍钠硫电池正极材料的发展现状。
3. 请介绍钠硫电池的发展历史。
4. 请简单介绍钠硫电池负极材料的类型与发展现状。

参 考 文 献

[1] Turner J A. Sustainable hydrogen production. Sci，2004，305 (5686)：972-974.

[2] Chu S, et al. Opportunities and challenges for a sustainable energy future. Nature，2012，488 (7411)：294-303.

[3] Whittingham M S. Electrical energy storage and intercalation chemistry. Sci，1976，192 (4244)：1126-1127.

[4] Dahn J R，et al. Mechanisms for lithium insertion in carbonaceous materials. Sci，1995，270 (5236)：590-593.

[5] Tarascon J M，et al. Issues and challenges facing rechargeable lithium batteries. Nat，2001，414 (6861)：359-367.

[6] Manthiram A. Materials challenges and opportunities of lithium ion batteries. J Phys Chem Letter，2011，2 (3)：176-184.

[7] Goodenough J B, et al. The Li-ion rechargeable battery：a perspective. J Am Chem Soc，2013，135 (4)：1167-1176.

[8] Scrosati B, et al. Lithium batteries：Status, prospects and future. J Power Sources，2010，195 (9)：2419-2430.

[9] Etacheri V，et al. Challenges in the development of advanced Li-ion batteries：a review. Energy Environ Sci，2011，4 (9)：3243-3262.

[10] Nitta N，et al. Li-ion battery materials：present and future. Mater Today，2015，18 (5)：252-264.

[11] Peng Z，et al. A reversible and higher-rate Li-O_2 battery. Sci，2012，337 (6094)：563-566.

[12] Larcher D，et al. Towards greener and more sustainable batteries for electrical energy storage. Nat Chem，2015，7 (1)：19.

[13] Rosenman A，et al. Review on Li-sulfur battery systems：An integral perspective. Adv Energy Mater，2015，5 (16)：1500212.

[14] Xu R，et al. Progress in mechanistic understanding and characterization techniques of Li-S batteries. Adv Energy Mater，2015，5 (16)：1500408.

[15] Li X，et al. Ion exchange membranes for vanadium redox flow battery (VRB) applications. Energy Environ Sci，2011，4 (4)：1147-1160.

[16] Weber A Z，et al. Redox flow batteries：a review. J Appl Electrochem，2011，41 (10)：1137-1164.

[17] Wang W，et al. Recent progress in redox flow battery research and development. Adv Funct Mater，2013，23 (8)：970-986.

[18] Palomares V，et al. Na-ion batteries，recent advances and present challenges to become low cost energy storage systems. Energy Environ Sci，2012，5 (3)：5884-5901.

[19] Yabuuchi N，et al. Research development on sodium-ion batteries. Chem Rev，2014，114 (23)：

11636-11682.

[20] Han M H, et al. A comprehensive review of sodium layered oxides: powerful cathodes for Na-ion batteries. Energy Environ Sci, 2015, 8 (1): 81-102.

[21] Kim H, et al. Recent progress and perspective in electrode materials for K-ion batteries. Adv Energy Materi, 2018, 8 (9): 1702384.

[22] Zhang W, et al. Approaching high-performance potassium-ion batteries via advanced design strategies and engineering. Sci Adv, 2019, 5 (5): 7412.

[23] Bruce P G, et al. Li-O_2 and Li-S batteries with high energy storage. Nat mater, 2012, 11 (1): 19-29.

[24] Evers S, et al. New approaches for high energy density lithium-sulfur battery cathodes. Accounts Chem Res, 2012, 46 (5): 1135-1143.

[25] Yin Y X, et al. Lithium-sulfur batteries: electrochemistry, materials, and prospects. Angew Chem Int Edit, 2013, 52 (50): 13186-13200.

[26] Manthiram A, et al. Rechargeable lithium-sulfur batteries. Chem rev, 2014, 114 (23): 11751-11787.

[27] Ma L, et al. Nanomaterials: Science and applications in the lithium-sulfur battery. Nano Today, 2015, 10 (3): 315-338.

[28] Yang Y, et al. Nanostructured sulfur cathodes. Chem Soc Rev, 2013, 42 (7): 3018-3032.

[29] Adelhelm P, et al. From lithium to sodium: cell chemistry of room temperature sodium-air and sodium-sulfur batteries. Beilstein J Nanotechnol, 2015, 6 (1): 1016-1055.

[30] Hueso K B, et al. High temperature sodium batteries: status, challenges and future trends. Energy Environ Sci, 2013, 6 (3): 734-749.

[31] Day D E. Mixed alkali glasses—their properties and uses. J Non-Cryst Solids, 1976, 21 (3): 343-372.

[32] Yang Z, et al. Electrochemical energy storage for green grid. Chem Revi, 2011, 111 (5): 3577-3613.

[33] Lu X, et al. Advanced intermediate-temperature Na-S battery. Energy Environ Sci, 2013, 6 (1): 299-306.

[34] Sullivan J L, et al. Status of life cycle inventories for batteries. Energy Conv Manag, 2012, 58: 134-148.

[35] Adelhelm P, et al. From lithium to sodium: cell chemistry of room temperature sodium-air and sodium-sulfur batteries. Beilstein J Nanotechnol, 2015, 6: 1016-1055.

[36] Dunn B, et al. Electrical energy storage for the grid: a battery of choices. Sci, 2011, 334 (6058): 928-935.

[37] Oshima T, et al. Development of sodium-sulfur batteries. Int J Appl Ceram Technol, 2004, 1 (3): 269-276.

[38] Yu X, et al. Capacity enhancement and discharge mechanisms of room-temperature sodium-sulfur batteries. Chem Electro Chem, 2014, 1 (8): 1275-1280.

[39] Manthiram A, Yu X. Ambient temperature sodium-sulfur batteries. Small, 2015, 11 (18): 2108-2114.

[40] Ellis B L, et al. Sodium and sodium-ion energy storage batteries. Curr Opin Solid State Mat Sci, 2012, 16 (4): 168-177.

[41] Song S, et al. New glass-ceramic sealants for Na/S battery. J Solid State Electrochem, 2010, 14 (9): 1735-1740.

[42] Xin S, et al. A high-energy room-temperature sodium-sulfur battery. Adv Mater, 2014, 26 (8): 1261-1265.

[43] Carter R, et al. A sugar-derived room-temperature sodium sulfur battery with long term cycling stability. Nano letter, 2017, 17 (3): 1863-1869.

[44] Wang Y-X, et al. Achieving high-performance room-temperature sodium-sulfur batteries with S@in-

terconnected mesoporous carbon hollow nanospheres. J Am Chem Soc, 2016, 138 (51): 16576-16579.

[45] Zeng L, et al. A flexible $S_{1-x}Se_x$@porous carbon nanofibers ($x \leqslant 0.1$) thin film with high performance for Li-S batteries and room-temperature Na-S batteries. Energy Stor Mater, 2016, 5: 50-57.

[46] Saroja A P V K, et al. Strong surface bonding of polysulfides by teflonized carbon matrix for enhanced performance in room temperature sodium-sulfur battery. Adv Mater Int, 2019, 6 (7): 1801873.

[47] Wang J, et al. Room temperature Na/S batteries with sulfur composite cathode materials. Electrochem Commun, 2007, 9 (1): 31-34.

[48] Hwang T H, et al. One-dimensional carbon-sulfur composite fibers for Na-S rechargeable batteries operating at room temperature. Nano letter, 2013, 13 (9): 4532-4538.

[49] Fan L, et al. Covalent sulfur for advanced room temperature sodium-sulfur batteries. Nano Energy, 2016, 28: 304-310.

[50] Ghosh A, et al. Sulfur copolymer: A new cathode structure for room-temperature sodium-sulfur Batteries. ACS Energy Letter, 2017, 2 (10): 2478-2485.

[51] Zhou D, et al. A stable quasi-solid-state sodium-sulfur battery. Angew Chem Int Edit, 2018, 57 (32): 10168-10172.

[52] Zhang B-W, et al. Long-life room-temperature sodium-sulfur batteries by virtue of transition-metal-nanocluster-sulfur interactions. Ange Chem, 2019, 131 (5): 1498-1502.

[53] Wu T, et al. Controllable chain-length for covalent sulfur-carbon materials enabling stable and high-capacity sodium storage. Adv Energy Mater, 2019, 9 (9): 1803478.

[54] Ye H, et al. Amorphous MoS_3 as the sulfur-equivalent cathode material for room-temperature Li-S and Na-S batteries. P Natl Acad Sci, 2017, 114 (50): 13091-13096.

[55] Wang C, et al. Frogspawn-coral-like hollow sodium sulfide nanostructured cathode for high-rate performance sodium-sulfur batteries. Adv Energy Mater, 2019, 9 (5): 1803251.

[56] Fan X, et al. High-performance all-solid-state Na-S battery enabled by casting-annealing technology. ACS nano, 2018, 12 (4): 3360-3368.

[57] Cao R, et al. Enabling room temperature sodium metal batteries. Nano Energy, 2016, 30: 825-830.

[58] Zheng J, et al. Extremely stable sodium metal batteries enabled by localized high-concentration electrolytes. ACS Energy Letter, 2018, 3 (2): 315-321.

[59] Lee Y, et al. Fluoroethylene carbonate-based electrolyte with 1 M sodium bis (fluorosulfonyl) imide enables high-performance sodium metal electrodes. ACS Appl Mater Interfaces, 2018, 10 (17): 15270-15280.

[60] Dugas R, et al. Na reactivity toward carbonate-based electrolytes: The effect of FEC as additive. J Electrochem Soc, 2016, 163 (10): A2333-A2339.

[61] Kohl M, et al. Hard carbon anodes and novel electrolytes for long-cycle-life room temperature sodium-sulfur full cell batteries. Advanced Energy Mater, 2016, 6 (6): 1502185.

[62] Shi Q, et al. High-performance sodium metal anodes enabled by a bifunctional potassium salt. Ange Chem, 2018, 130 (29): 9207-9210.

[63] Luo W, et al. Ultrathin surface coating enables the stable sodium metal anode. Adv Energy Mater, 2017, 7 (2): 1601526.

[64] Zhao Y, et al. Superior stable and long life sodium metal anodes achieved by atomic layer deposition. Advanced. Mater, 2017, 29 (18): 1606663.

[65] Zhao Y, et al. Inorganic-organic coating via molecular layer deposition enables long life sodium metal

anode. Nano letter, 2017, 17 (9): 5653-5659.

[66] Choudhury S, et al. Designing solid-liquid interphases for sodium batteries. Nat Commun, 2017, 8 (1): 898.

[67] Wei S, et al. Highly stable sodium batteries enabled by functional ionic polymer membranes. Adv Mater, 2017, 29 (12): 1605512.

[68] Kim Y-J, et al. Enhancing the cycling stability of sodium metal electrodes by building an inorganic——Organic composite protective layer. ACS Appl Mater Interfaces, 2017, 9 (7): 6000-6006.

[69] Luo W, et al. Encapsulation of metallic Na in an electrically conductive host with porous channels as a highly stable Na metal anode. Nano letter, 2017, 17 (6): 3792-3797.

[70] Liu S, et al. Porous Al current collector for dendrite-free Na metal anodes. Nano Letter, 2017, 17 (9): 5862-5868.

[71] Lu Y, et al. Stable Na plating/stripping electrochemistry realized by a 3D Cu current collector with thin nanowires. Chem Comm, 2017, 53 (96): 12910-12913.

[72] Xu Y, et al. Honeycomb-like porous 3D nickel electrodeposition for stable Li and Na metal anodes. Energy Stor Mater, 2018, 12: 69-78.

[73] Winter M, et al. Electrochemical lithiation of tin and tin-based intermetallics and composites. Electrochim Acta, 1999, 45 (1-2): 31-50.

[74] Hassoun J, et al. Metal alloy electrode configurations for advanced Lithium-ion batteries. Fuel Cells, 2009, 9 (3): 277-283.

[75] Komaba S, et al. Redox reaction of Sn-polyacrylate electrodes in aprotic Na cell. Electrochem Commun, 2012, 21: 65-68.

[76] Wang J W, et al. Microstructural evolution of tin nanoparticles during in situ sodium insertion and extraction. Nano letter, 2012, 12 (11): 5897-5902.

[77] Lee D J, et al. Alternative materials for sodium ion-sulphur batteries. J Mater Chem A, 2013, 1 (17): 5256-5261.

[78] Park C W, et al. Room-temperature solid-state sodiumture solid-sulfur battery. Electrochem and Solid-State Lett, 2006, 9 (3): A123-A125.

[79] Park C W, et al. Discharge properties of all-solid sodium-sulfur battery using poly (ethylene oxide) electrolyte. J Power Sources, 2007, 165 (1): 450-454.

[80] Kim J-S, et al. The short-term cycling properties of Na/PVdF/S battery at ambient temperature. J Solid State Electrochem, 2008, 12 (7-8): 861-865.

[81] Kumar D, et al. Studies on poly (vinylidene fluoride-co-hexafluoropropylene) based gel electrolyte nanocomposite for sodium-sulfur batteries. Solid State Ion, 2011, 202 (1): 45-53.

[82] Wen Z, et al. Research on sodium sulfur battery for energy storage. Solid State Ion, 2008, 179 (27-32): 1697-1701.

[83] Yue J, et al. High-performance All-inorganic solid-state sodium-sulfur battery. ACS Nano, 2017, 11 (5): 4885-4891.

[84] Kim I, et al. A room temperature Na/S battery using a β'' alumina solid electrolyte separator, tetraethylene glycol dimethyl ether electrolyte, and a S/C composite cathode. J Power Sources, 2016, 301: 332-337.

[85] Ryu H-S, et al. Discharge behavior of lithium/sulfur cell with TEGDME based electrolyte at low temperature. J Power Sources, 2006, 163 (1): 201-206.

[86] Wang Y-X, et al. The electrochemical properties of high-capacity sulfur/reduced graphene oxide with different electrolyte systems. J Power Sources, 2013, 244: 240-245.

[87] Cheon S-E, et al. Rechargeable lithium sulfur battery I. Structural change of sulfur cathode during discharge and charge. J Electrochem. Soc, 2003, 150 (6): A796-A799.

[88] Barchasz C, et al. Electrochemical properties of ether-based electrolytes for lithium/sulfur rechargeable batteries. Electrochim Acta, 2013, 89: 737-743.

[89] Bauer I, et al. Shuttle suppression in room temperature sodium-sulfur batteries using ion selective polymer membranes. Chem Commun, 2014, 50 (24): 3208-3210.

[90] Ryu H, et al. Discharge reaction mechanism of room-temperature sodium-sulfur battery with tetra ethylene glycol dimethyl ether liquid electrolyte. J Power Sources, 2011, 196 (11): 5186-5190.

[91] Lecce D D, et al. Triglyme-based electrolyte for sodium-ion and sodium-sulfur batteries. Ionics, 2019, 25 (7): 3129-3141.

[92] Gao J, et al. Effects of liquid electrolytes on the charge-discharge performance of rechargeable lithium/sulfur batteries: electrochemical and in-situ X-ray absorption spectroscopic studies. J Phys Chem C, 2011, 115 (50): 25132-25137.

[93] Yim T, et al. Effect of chemical reactivity of polysulfide toward carbonate-based electrolyte on the electrochemical performance of Li-S batteries. Electrochim Acta, 2013, 107: 454-460.

[94] Zhang Z, et al. 3D interconnected porous carbon aerogels as sulfur immobilizers for sulfur impregnation for lithium-sulfur batteries with high rate capability and cycling stability. Adv Funct Mater, 2014, 24 (17): 2500-2509.

[95] Wu H B, et al. Embedding sulfur in MOF-derived microporous carbon polyhedrons for lithium-sulfur batteries. Chem Eur J, 2013, 19 (33): 10804-10808.

[96] Zheng S, et al. In situ formed lithium sulfide/microporous carbon cathodes for lithium-ion batteries. ACS nano, 2013, 7 (12): 10995-11003.

[97] Yin L, et al. Polyacrylonitrile/graphene composite as a precursor to a sulfur-based cathode material for high-rate rechargeable Li-S batteries. Energy Environ Sci, 2012, 5 (5): 6966-6972.

[98] Konarov A, et al. Simple, scalable, and economical preparation of sulfur-PAN composite cathodes for Li/S batteries. J. Power Sources, 2014, 259: 183-187.

[99] Xin S, et al. Smaller sulfur molecules promise better lithium-sulfur batteries. J Am Chem Soc, 2012, 134 (45): 18510-18513.

[100] Yun Y S, et al. Effects of sulfur doping on graphene-based nanosheets for use as anode materials in lithium-ion batteries. J Power Sources, 2014, 262: 79-85.

[101] Zheng S, et al. Nano-copper-assisted immobilization of sulfur in high-surface-area mesoporous carbon cathodes for room temperature Na-S batteries. Adv Energy Mater, 2014, 4 (12): 1400226.

[102] Wei S, et al. A stable room-temperature sodium-sulfur battery. Nat commun, 2016, 7: 11722.

[103] Xu X, et al. A room-temperature sodium-sulfur battery with high capacity and stable cycling performance. Nat Commun, 2018, 9 (1): 3870.

[104] Wu J, et al. Non-flammable electrolyte for dendrite-free sodium-sulfur battery. Energy Stor Mater, 2019, 23: 8-16.

[105] Angulakshmi N, et al. Efficient electrolytes for lithium-sulfur batteries. Frontiers in Energy Res, 2015, 3: 17.

[106] Guo B, et al. Highly dispersed sulfur in a porous aromatic framework as a cathode for lithium-sulfur batteries. Chem. Commun, 2013, 49 (43): 4905-4907.

[107] Zhang C, et al. Chelate effects in glyme/lithium bis (trifluoromethanesulfonyl) amide solvate ionic liquids. I. Stability of solvate cations and correlation with electrolyte properties. J Phys Chem B, 2014, 118 (19): 5144-5153.

［108］ Huang J-Q, et al. Permselective graphene oxide membrane for highly stable and anti-self-discharge lithium-sulfur batteries. Acs Nano, 2015, 9 (3): 3002-3011.

［109］ Pan Y, et al. Introducing ion-transport-regulating nanochannels to lithium-sulfur batteries. Nano Energy, 2017, 33: 205-212.

［110］ Su Y-S, et al. Lithium-sulphur batteries with a microporous carbon paper as a bifunctional interlayer. Nat Commun, 2012, 3: 1166.

［111］ Tikekar M D, et al. Stability analysis of electrodeposition across a structured electrolyte with immobilized anions. J Electrochem Soc, 2014, 161 (6): A847-A855.

［112］ Tu Z, et al. Nanostructured electrolytes for stable lithium electrodeposition in secondary batteries. Accounts Chem Res, 2015, 48 (11): 2947-2956.

［113］ Kumar D, et al. Dielectric and electrochemical studies on carbonate free Na-ion conducting electrolytes for sodium-sulfur batteries. J Energy Stor, 2019, 22: 44-49.

［114］ Yu X, et al. Ambient-temperature sodium-sulfur batteries with a sodiated nafion membrane and a carbon nanofiber-activated carbon composite electrode. Adv Energy Mater, 2015, 5 (12): 1500350.

［115］ Yu X, et al. Performance enhancement and mechanistic studies of room-temperature sodium-sulfur batteries with a carbon-coated functional nafion separator and a Na_2S/activated carbon nanofiber cathode. Chem Mater, 2016, 28 (3): 896-905.

8 锌-空气电池

当今时代，为实现我国经济持续增长、构建和谐社会，可持续能源技术发展正面临着重大技术挑战。作为新型环保型能源技术，金属-空气电池具有很高的理论能量密度，可以作为下一代电化学储能装置。在各种金属-空气电池技术中，锌-空气电池因其高能量密度、低成本、高安全性和环保性而得到广泛关注。锌-空气电池的阴极活性物质来源于大气，是取之不尽的资源，并且可以在室外存储直到电池放电为止。目前，锌-空气电池是为数不多的可应用于低电流电器的设备，例如助听器、航标灯等。

在过去的十年中，许多低成本、大容量、高活性的可充电锌-空气电池电极材料得到了大力开发，特别是新型双功能催化剂空气阴极被深入报道。与传统形式的能量存储相比，它们的最大优势之一是可以缩小为小尺寸，这是便携式电子设备所必不可少的。电动汽车（EV）有望在未来几年内取代内燃机汽车，它是电池有潜力成为主要储能形式的另一行业。然而，许多人认为，由于对汽车续航里程的担忧和高昂的前期成本问题，消费者广泛采用电动汽车可能仍需要数十年的时间[1]。如今，大多数电动汽车都使用锂离子电池。自20世纪90年代后期问世以来，锂离子电池一直主导着可充电电池市场。锂离子电池的主要缺点是成本高，对安全性以及锂和钴（后者最常用于正极）供应的担忧。它们的能量密度也受到电极材料容量的限制。这些因素使可充电电池技术研究不断深入。随着材料研究的不断发展，虽然锌-空气电池的可充电性取得了长足的进步，但是距离大规模商业化应用仍具有很多改进空间，其中空气电极和锌电极面临着许多技术问题[2]。

早在19世纪初，空气电极就有报道。但直到1878年，镀铂炭电极的出现意味着第一个空气电池的真正制成。1932年，海斯（Heise）和舒梅歇尔（Schumacher）制成了碱性锌-空气电池。它以汞齐化锌作为负极，经石蜡防水处理的多孔碳作为正极，20%的氢氧化钠水溶液作为电解质，使电池的放电电流大幅提高。20世纪60年代，由于燃料电池兴起，高性能气体扩散电极研制成功。该气体扩散电极具有良好的气/液/固三相结构，使高功率锌-空气电池得以实现。1977年，小型高性能的扣式锌-空气电池已成功进行商业化生产，并广泛用作助听器的电源。最显著的特点是提供了1300~1400W·h/L[3]的体积能量密度。近年来，随着气体扩散电极理论不断完善，双功能催化剂研究不断深入，气体电极制造工艺不断发展，电极性能进一步提高，特别是对锌-空气电池气体管理的研究（如水、二氧化碳等），锌-空气电池的环境适应能力得到了提高，为大功率锌-空气电池的产品化开发提供了技术保障，同时也使各种锌-空气电池体系逐渐走向商品化。当前，移动通信的快速发展和可持续发展的环保要求，使空气电池再次成为人们研究的热点，长寿命可充锌-空气电池的性能进一步提高。

根据化学反应是否可逆，锌-空气电池可分为以下三种类型。

(1) 一次电池

电池经一次放电使用后就失去使用价值而废弃的电池称为一次电池。大多数早先的锌-空气电池都属于一次电池，在低放电电流密度应用方面已经比较经久耐用。一次电池具有价格低廉、储存寿命长、体积小、重量轻等特点。

(2) 二次电池

电池经一次放电使用后，可由反向通电使其功能恢复的电池称为二次电池。与常规的二次铅酸或镍锡电池不同，二次锌空电池具有无限容量的空气电极，当充电时，空气电极向大气中释放氧气，因此操作十分安全可靠。

(3) 机械再充式电池

"机械再充式电池"又可称为"可更换电极电池"，当电池放电完毕，使用过且已经氧化的金属电极遗弃不用，换上一个新的金属电极。同时，也可以补充新鲜电解液，但是主要部件空气电极不会用尽，仍可以长久使用。

8.1 化学原理

锌-空气电池是以空气中氧气为正极活性物质，金属锌为负极活性物质的一种化学电源。通常由四个主要组成部分组成：空气电极［该空气电极包括涂有催化剂的气体扩散层(GDL)］，碱性电解质，隔膜和锌电极，其原理如图8-1。

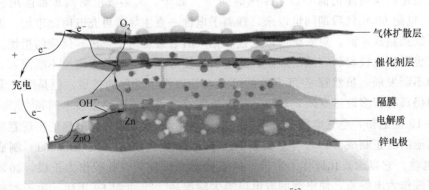

图 8-1 锌-空气电池原理示意图[2]

锌-空气电池电极反应如下[4]：

负极：
$$Zn+4OH^- -2e^- \longrightarrow Zn(OH)_4^{2-} ; E^\ominus=1.25V(vs. SHE)$$

正极：
$$O_2+2H_2O+4e^- \longrightarrow 4OH^- ; E^\ominus=0.401V(vs. SHE)$$

总反应：
$$O_2 + 2Zn \longrightarrow 2ZnO; E^\ominus = 1.65V \text{ (vs. SHE)}$$

锌-空气电池电动势：
$$E = \varphi^\ominus_{O_2/OH^-} - \varphi^\ominus_{Zn/Zn(OH)_4^{2-}} + \frac{0.059}{2} \lg p_{O_2}^{\frac{1}{2}}$$
$$= 1.646 + \frac{0.059}{2} \lg p_{O_2}^{\frac{1}{2}}$$

式中 $\varphi^\ominus_{O_2/OH^-}$ ——氧电极的标准电极电位，其值为+0.401V；

$\varphi^\ominus_{Zn/Zn(OH)_4^{2-}}$ ——锌电极的标准电极电位，其值为-1.245V。

电动势与氧的分压有关，在常压下，空气中氧分压约为大气压的20%。锌-空气电池的理论开路电压为1.65V，实际放电过程中，工作电压小于1.2V，充电电压大于2.0V，充放电电压差是源于阴极中氧还原（ORR）过电势。

锌-空气电池负极是锌电极，一般由锌粉、锌板、锌箔或泡沫锌等材料组成。正极为空气电极，一般由扩散层、集流体和催化层组成。对于锌-空气电池来说，充放电过程中空气电极发生的氧析出反应（OER）和氧还原反应（ORR）相对于负极锌更难进行，氧气在水中溶解度低（10^{-6} mol/L），在空气电极表面吸附困难，且氧氧键的键能很大（498 kJ/mol），很难断裂，从而造成正极动力学过程相对缓慢。相同电流密度下过电势更大，电压损失主要来自正极，这也是制约锌-空气电池性能的主要因素之一[5]。此外，空气中的二氧化碳（CO_2）会与碱性电解质发生碳酸化反应，从而改变了电池内部的反应环境。碳酸盐副产物可能会堵塞GDL的孔，从而限制空气通道。对于隔膜，寻找一种在碱性环境中坚固但又允许氢氧根离子流动，同时阻止锌离子的材料具有挑战性。对于锌金属电极，难以控制锌的不均匀溶解和沉积，这是枝晶形成和形状改变的主要原因[6,7]。

传统的锌-空气电池是平面布置的，这种配置比螺旋缠绕设计更受青睐，以最大程度地利用露天空间[8]。较大的多电池一次锌-空气电池（以前用于铁路信号、水下导航和电子围栏）采用棱柱形结构，如图8-2所示。除了形状外，这种结构与纽扣电池有所不同，除正极和负极的外部接线片外，还包括塑料外壳内的导电集电器。棱柱形设计也是可再充电锌-空气电池研究中最常用的配置。

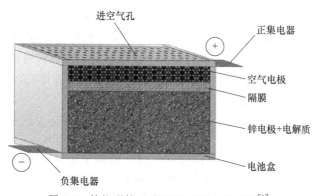

图8-2 棱柱形锌-空气电池配置的示意图[9]

图8-3展示了带有循环电解液的锌-空气流通电池，该电解液以平面结构流过电极，这种结构类似于混合流动电池，例如锌-溴电池，主要区别在于锌-空气流通电池仅使用一

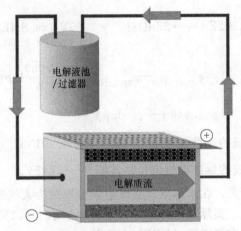

图 8-3 锌-空气流通电池配置的示意图[12]

个电解液通道。流动电解质的设计有助于减轻有关锌电极和空气电极的性能和降解问题。对于锌电极，大量循环电解液可通过改电流分布并减小浓度梯度来避免枝晶形成、形状变化和钝化的问题[10,11]。

8.2 锌电极

8.2.1 反应机理

在实际应用中，锌-空气电池能量密度可达 220~300W·h/kg，远远低于理论值(1086W·h/kg)，其发展潜力巨大。锌的利用率低是造成理论能量密度和实际能量密度之间差异的重要原因之一。碱性水溶液中锌阳极的典型氧化还原反应可描述如下：

$$Zn(s)+4OH^- \rightleftharpoons Zn(OH)_4^{2-}(aq)+2e^-$$

$$Zn(OH)_4^{2-} \rightleftharpoons ZnO(s)+2OH^-+H_2O$$

在碱性电解质中，锌的利用率低主要是因钝化所致。钝化是指在锌-空气电池放电中，ZnO 在碱性电解液中过饱和而沉积在锌电极表面，形成致密绝缘层的现象。钝化形成的绝缘层会阻塞电极表面，降低反应速率，影响电化学进程，降低锌电极的利用率和电池容量。同时，钝化还会阻止金属 Zn 的反向转化，影响电池的可充电性。目前对锌负极钝化机制的研究较少，具体工作仍需深入展开。

8.2.2 锌电极限制性能的因素

锌电极的性能受到锌-空气电池运行过程中发生的四个主要现象的限制：①枝晶生长[图 8-4 (a)]，②形状变化 [图 8-4 (b)]，③钝化和内阻 [图 8-4 (c)]，④氢气逸出 [图 8-4 (d)]。

8.2.2.1 枝晶生长

锌枝晶被定义为尖锐的针状金属凸起，在某些条件下会在电沉积过程中形成[14,15]。

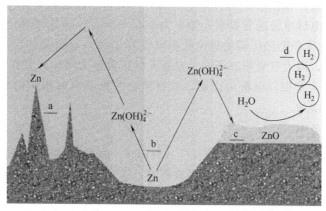

图 8-4 锌电极上可能出现的限制性能的现象示意图[13]
a：枝晶生长；b：形状变化；c：钝化；d：析氢

在碱性锌基电池中，锌枝晶可能在充电过程中形成并可能破裂，并与电极断开连接（导致容量损失），更严重的会刺穿隔膜并与正极接触（导致短路）。浓度受控的锌电沉积的结果是出现了树枝状形态，从而根据距锌电极表面的距离确定 $Zn(OH)_4^{2-}$ 离子的正斜率浓度梯度。

8.2.2.2 形状变化

在放电过程中将锌溶解在电解质中，然后在充电过程中沉积在锌电极上的不同位置，在锌-空气和其它碱性锌电池中会观察到这种现象。在许多充放电循环中，这会导致电极致密化和可用容量的损失[16-18]。通常，建模和机械研究中将形状变化归因于锌电极内电流分布和反应区不均[19,20]。在图 8-5 中可以看到，传统的电池中最常用的 KOH 电解质使该问题更加恶化。

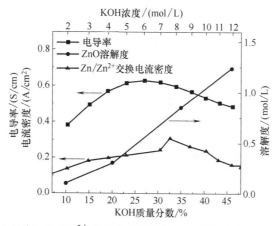

图 8-5 电解质电导率，Zn/Zn^{2+} 交换电流密度和 ZnO 溶解度与 KOH 浓度的关系[21]

8.2.2.3 钝化和内阻

钝化是一个术语，用于描述由于在其表面上形成绝缘膜而阻止放电或由于 OH^- 迁移而不能进一步放电的现象。当锌电极放电并且 $Zn(OH)_4^{2-}$ 放电产物达到其溶解度极限时，ZnO 会沉淀在电极表面。在锌电极多孔的情况下，钝化之前由于 ZnO 的沉淀（比锌吸收更多的体积）而导致孔径减小，最后排出的 Zn(OH)$_4^{2-}$ 远远高于钝化后发生[22]。这可以解释为什么可充电锌电极通常要求孔隙率为 60%～75%（金属或带电形式），而物理上容纳从锌到 ZnO 的体积膨胀所需的理论孔隙率仅为 37%。众所周知，增加电极厚度会导致钝化较早地开始，因为氢氧根离子通过电极孔的扩散阻力增加，更有利于 ZnO 的形成。ZnO 的非导电性也会增加锌电极的内阻，这自然会导致放电过程中的电压损失，从而使得充电过程中电压增加。

8.2.2.4 氢气逸出

Zn/ZnO 标准还原电位低于氢析出反应（HER）。因此，随着时间的推移，氢析出在热力学上是有利的，并且静止的锌电极将被腐蚀，这在电池环境中称为自放电。这也意味着锌电极不能以 100% 的库仑效率充电，因为 HER 将消耗在充电过程中提供给锌电极的一些电子。但是，实际的氢气释放速率由其在锌电极表面上的交换电流密度和 Tafel 斜率决定，在 6mol/L KOH 中分别测量为 8.5×10^{-10} mA/cm^2 和 0.124mV/decade[23]。然而，在 ZnO 表面上的氢演化过电势显著降低[24]。这意味着自放电率应随着在放电锌电极上形成的 ZnO 而增加。因此需要降低氢析出速率（即增加发生大量氢析出的过电位），以提高充电效率，并降低锌电极的自放电速率。

典型的锌电极电位-电流曲线如图 8-6 所示。当电位从开路电位向更负值扫过时，锌沉积最初控制还原反应，直到电位达到氢析出开始的区域。因此，当电位上升到正值时，由锌溶解产生的电流呈指数增加并最终达到峰值，之后在一定的窄电位范围内急剧下降，表明锌电极钝化的发生。之后，电流略有增加，然后达到稳定水平[25]。随着锌的继续溶解，即使在相对低的电流下，ZnO 也开始沉积。最初的 ZnO 沉积物通常是松散的，但随后它们倾向于随时间聚集和变稠，最终形成致密层，导致电极表面的导电性问题。

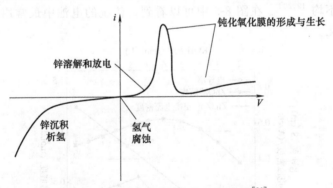

图 8-6 锌电极典型的电位-电流曲线[26]

8.3 氧电极

锌-空气电池的阴极类似于碱性质子交换膜燃料电池（PEMFC）的阴极，由气体扩散层、集流体、催化反应层三部分组成，工作时发生氧气的还原反应（ORR），即氧气接近电极表面然后发生吸附分解，包括氧气扩散及氧气化学吸附分解，涉及 O=O 键（498

kJ/mol）的断裂与加氢还原等步骤，是个动力学较缓慢的阴极反应，是整个电池电化学反应的速控步骤[27]。

在酸性和中性介质中，空气电极活性较差，并且电极材料和催化剂在酸性介质中容易腐蚀，所以当前应用较广的是工作在碱性介质中的空气电极。

在碱性介质中氧的电化学还原总反应为：

$$O_2+2H_2O+4e^-\longrightarrow 4OH^-$$

氧气还原有两种不同的途径，分别为四电子过程和两电子过程。四电子过程就是氧分子直接得到4个电子，反应如下：

碱性溶液中：$O_2+2H_2O+4e^-\longrightarrow 4OH^-$

酸性溶液中：$O_2+4H^++4e^-\longrightarrow 2H_2O$

两电子过程就是氧分子首先得到两个电子形成中间体，然后再进一步还原，反应如下：

碱性溶液中：$O_2+H_2O+2e^-\longrightarrow OH^-+HO_2^-$

$HO_2^-+H_2O+2e^-\longrightarrow 3OH^-$

酸性溶液中：$O_2+2H^++2e^-\longrightarrow H_2O_2$

$H_2O_2+2H^++2e^-\longrightarrow 2H_2O$

当氧还原按四电子路径反应时，氧分子被还原成氢氧根离子；当按两电子路径反应时，产物中除有氢氧根离子外，还有大量过氧化物生成。过氧化物会降低氧还原反应效率，同时它还具有强氧化作用，会损坏电池隔膜而影响循环寿命。因此四电子路径是实现高效氧还原反应的主要路径。

上述反应具体按照哪种路径进行，与氧气在催化剂表面的吸附有关。一般氧分子的吸附有3种：端基式、桥基式和侧基式。对于桥基式和侧基式吸附，两个氧原子都吸附在催化剂表面，当活性位与氧原子间作用力较强时，O吸附，键就会发生断裂，发生四电子反应；对于端基式吸附，仅有一个氧原子与活性位作用，通常发生两电子反应。因此在设计氧还原催化剂时，应考虑氧分子吸附的影响，使反应尽可能朝四电子路径进行。

8.4 空气电极

空气电极的研究始于一次金属-空气电池，当时的空气电极只是起到了氧还原反应的作用，仅由ORR催化剂、石墨粉和活性炭组成的催化层与疏水剂构成的扩散层组成。随着空气电极的进一步发展，尤其是电化学可充电二次金属-空气电池的发展，对双功能空气电极的研究就显得尤为重要。

空气电极最初是以炭作为载体。氧气在碱性溶液中溶解度很小，靠溶解的氧气吸附在炭电极表面进行电化学反应，氧气用完后反应就不能按照原速度进行了。因此，为了在炭电极上获得较大的电流密度，必须加速氧的输送速度。该任务可由气体扩散电极来完成。图8-7为多孔空气电极示意图。

气体扩散电极的反应机理比较复杂。通常，它包含以下几个步骤：气体的溶解—扩散—吸附—电化学反应—反应物离去并进入溶液。气体扩散电极通常是将电极的一侧面向气体，另一侧面向溶液。三相界面的液体在毛细管里形成弯月面，并贴在电极面上呈极薄的薄膜，气体在液体中的可溶性和扩散性都很弱，但由于液膜极薄，氧可以正常速度穿过薄膜到达电极，在电极内部气-液-固三相界面区发生反应，反应得失的电子通过电极中的导电网与外线路进行传递。

气体扩散电极一般分为三层结构，包括气体扩散层、集流体层和催化层，也可称之为疏水层、导流体层和亲水层。气体扩散层的主要作用是让反应气体顺利地通过，并且为反应活性层输送相应的反应所需要的气体。同时，气体扩散层必须要防止因电解液的迁移导致气体扩散通道被淹没的状况发生，所以气体扩散层一般需要具有透气憎水性。集流体层主要作用是收集电子并起到导流的作用，同时还起到支撑的作用。催化层是氧气发生还原反应的场所，从气体扩散层输送过来的气体在这一层与该层的催化剂、电解液一起形成电化学反应活化点，进而将反应气体还原，所以该层应该具有一定的亲水性。

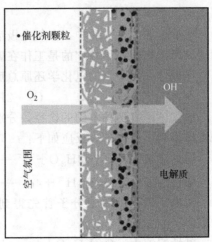

图 8-7　多孔空气电极示意图[28]

目前，报道的空气电极结构主要分为 3 种。第一种是由含有双功能催化剂的催化层和空气扩散层构成，该层既能进行 ORR 过程，又能进行 OER 过程，该结构中的空气扩散层提供氧气扩散通道，催化层提供 OH⁻ 通道，在催化剂表面发生气-液-固三相反应；第二种电极含有两个催化层，分别进行氧还原反应和析氧反应过程，这种结构的空气电极属于三电极结构，该结构避开了 OER 反应生成的新生态的氧气对 ORR 催化剂的破坏作用，极大地提高了电池的使用寿命，同时实现了 ORR 和 OER 在物理上的解耦，可以使电催化剂的优化和制备过程更加简单；第三种的结构中 ORR 反应层在最外层，直接靠近空气，同时作为氧气扩散通道，OER 反应层靠近电解液，同时作为 OH⁻ 的扩散通道，利用 OER 亲水性特点，引导水分子进入 ORR 层并参与反应，利用 ORR 层疏水性特征，利于新生态氧气扩散出去，同时阻止了电解液的渗漏。

8.5 隔膜

在电池中，隔膜的基本功能是充当物理屏障，在防止两个电极物理接触的同时允许离子流过。尽管它是锌-空气电池的组成部分，但与电池的其它部分相比，隔膜并未受到应有的重视。到目前为止，大多数使用中的隔膜并不是专门为锌-空气电池设计的[29]。

隔膜应该是非常好的电绝缘体，并且能够通过其固有的离子电导率或浸泡电解质来传导离子，从而最大限度地减少对电池的电化学能量效率产生不利影响的任何过程。除了在防止电短路和进行离子传输方面发挥重要作用外，隔膜还可作为电解槽中的物理屏障，例如阻止负电极的固体副产物移动到正电极,反之亦然[30]。此外,隔膜还有助于保持邻近电极反应区本体电解质的浓度梯度。与电极材料和电解质的研究工作相比,在开发和表征用于金属电镀的电池和电解电池的新分离器方面进行的工作很少。此外,需要进一步研究和开发反映隔膜电阻、厚度、孔径、收缩率、曲折度和机械强度对电化学电池最终性能和安全性影响的数学模型。在传统的镀锌系统中,琼脂分选聚合物膜通常用于防止由锌枝晶的快速生长和捕获ZnO颗粒引起的电短路。

8.6 电解质

与电极材料相比,电解质在锌-空气电池中的作用被低估了。电解质会在很多方面影响电池性能,例如容量保持率、倍率性能和循环效率。随着人们对高性能、耐用、灵活和可充电的锌-空气电池的兴趣日益浓厚,电解质的开发面临着巨大的挑战和机遇。到目前为止,碱性水电解质仍然是锌-空气电池中最受欢迎的电解质,这主要是由于它们在离子电导率和界面特性方面的出色表现。然而,碱性电解质易受周围大气(例如,CO_2和相对湿度)的影响,导致电解质降解,从而抑制了其长时间的使用。作为水性电解质的替代品,非水性电解质包括固态离子导电介质和室温离子液体。本节深入介绍了碱性水电解质和可充电锌-空气电池的非水系统的现状。

8.6.1 水系电解质

尽管中性和酸性电解质可以最大程度地减少锌枝晶的形成,并防止碳化,但碱性电解质还是非常受青睐的,因为它具有更好的耐锌腐蚀性、更高的氧反应动力学和更广泛的催化剂材料。对于锌-空气电池,氢氧化钾、氢氧化钠和氢氧化锂溶液是最常用的碱性电解质[31]。其中,浓的KOH溶液显示出最高的离子电导率和最低的黏度,因其优异的电化学动力学和质量传输而被广泛使用在锌-空气电池中[32]。为了获得优异的离子电导率和动力学性能,通常使用KOH浓度为20%~40%的电解质。在室温下,质量分数为30%的KOH溶液具有最大的电导率(约640mS/cm)[33],在最大的交换电流下,锌反应动力学快[34]。尽管高溶解度可以抑制锌表面的钝化并增加容量,但它通常会产生过饱和的$Zn(OH)_4^{2-}$物质;$Zn(OH)_4^{2-}$与锌枝晶的形成密切相关,被认为对电池循环寿命有害。解决这些问题的有效策略是优化电解质的组成以及添加添加剂,以减少锌阳极极化,并提高阳极反应的法拉第效率。

8.6.2 固态电解质

固态电解质因具有固体的力学性能和液体的离子传导而备受关注。由于这种双重特性,使用这些电解质的锌-空气电池将比普通的碱性电解质具有更长的电池寿命。它们的扩展应用包括便携式、柔性和形状各异的锌-空气电池[35,36]。在固态配置中,如何改善固态电解质和对电极(特别是高表面积空气电极)之间的界面特性仍然需要深入研究。

如图8-8,在水性系统中,空气电极处的高表面积催化剂可以完全进入电解质,从而促进了一个三相反应区域,该区域由固体(催化剂)、液体(电解质)、气体(氧气)组

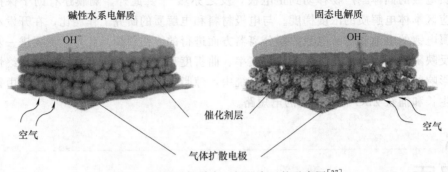

图 8-8 不同电解质中三相反应区的示意图[37]

成。相反,在固态结构中,由于"固定"电解质的润湿性差,三相界面反应受到严格限制。因此,对在催化剂表面上传输的氢氧根离子的界面抵抗力明显高于水性体系。高的界面电阻将导致电池运行期间不良的低电流效率和高过电势。

8.6.3 离子液体电解质

室温离子液体(RTIL)是低于100于液的液态熔融盐,由大型有机阳离子和有机/无机阴离子组成,基本上,RTIL可以被分为质子性或非质子性[38]。由于它们的电化学窗口宽和不易燃,RTIL作为锂-空气电池的电解质长期以来一直引起较多的关注[39]。然而,RTIL在锌-空气电池中作为电解质的应用仍是一个相对较新的研究领域[40]。常规的水性锌-空气电池可能会因改用低挥发性和无水/无金属的RTIL而获得较大改进,因为可以避免水性系统通常面临的例如电解质蒸发、锌自腐蚀和碳酸化等问题。由于其具有高的热稳定性,使用RTIL的锌-空气电池能在中等温度和高温下运行,实现了较低的热力学势垒和更好的反应动力学。事实证明,可逆的锌电化学反应可以通过选择一些非质子RTIL中的阴离子来与锌阳离子配合[41]。利用这些非质子RTIL,也证明了无枝晶锌沉积是可行的。然而,非质子RTIL通常不能与氧电化学反应良好,这取决于氢氧根离子或质子的存在。相比之下,能够离解质子的质子RTIL更有利于通过两电子转移过程支持氧电化学反应,从而促进过氧化氢的形成。一些研究人员进一步研究了各种质子添加剂(例如水和乙二醇)在RTIL中的作用,并得出结论,高质子可用性有助于促进四电子氧还原过程[42]。

8.7 锌-空电池催化剂

8.7.1 OER 催化剂

由于复杂的四电子氧化过程,OER具有比氢析出更显著的超电势[43]。用于降低水分解的OER过电位的有效催化剂主要是Ru和Ir基催化剂。Ru和Ir基催化剂的OER活性顺序为Ru>Ir≈RuO_2>IrO_2,起始电势分别为120mV、127mV、135mV和147mV。但是,催化剂的溶解度顺序为IrO_2≪RuO_2≪Ir≪Ru,金属溶解度比相应的氧化物高2~3个数量级。与其它贵金属一样,Ru和Ir基催化剂的价格和稀缺性阻碍了它们的大规模应用。为了降低成本、减少 Ir（Ru）的用量，研究人员开发了许多种催化剂，Ni 和 Co 基材料被认为是有前景的 OER 催化剂。

8.7.1.1 钴基 OER 催化剂

钴基催化剂包括含钴的金属氧化物、氢（氧）氧化物、钙钛矿、硫化物、氮化物和磷酸盐。CoS_x、CoN_x 和 CoP_x 材料不仅表现出优异的 HER 电催化活性，而且由于它们出色的 3d 电子结构，也在 OER 应用方面引起极大关注。

Switzer 等通过电化学方法在镀金玻璃板上沉积了微锥结构的 $Co(OH)_2$，该材料氧化成 CoOOH 后，通过热分解转化为 Co_3O_4。钴具有多种钴价的氧化物，丰富多样的 d 轨道赋予 Co_3O_4 相更多的电催化水分解活性位点。因此 Co_3O_4 表现出比 $Co(OH)_2$ 和 CoOOH 前体更好的 OER 活性，Tafel 斜率为 60mV/dec。

目前，研究人员可以通过电化学和化学途径制备纳米颗粒、纳米棒、纳米片和多孔纳米结构，钴氧化物的纳米结构和晶相应该是影响其性能的关键因素。Li 等通过水热法并结合热处理合成了具有纳米立方体、纳米带和纳米片形状的 Co_3O_4（图 8-9），具有不同微观结构的 Co_3O_4 暴露于不同的平面，即纳米片中的 [112]，纳米带中的 [011] 和纳米立方体中的 [001]。图 8-9（d）~（g）为尖晶石型钴氧化物，Co_3O_4 具有规则的立方和八面体形态。

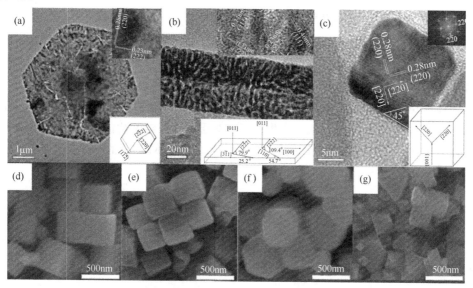

图 8-9 Co_3O_4 典型结构形态[44]

(a) 纳米片；(b) 纳米带；(c) 纳米立方体；(d) 立方体；(e) 截断尖角的
立方体；(f) 立方体-八面体过渡体；(g) 八面体

8.7.1.2 镍基 OER 催化剂

镍基催化剂具有成本低、储量丰富的优点，镍的氧化物和氢氧化物是 OER 最有效的镍基催化剂。近年，磷化物、硫化物和硒化物也引起了相当大的关注。

镍的氧化物和氢氧化物可以通过化学或电化学方法获得。如图 8-10 所示，将金属镍浸入碱性介质中时，可以自发形成含水的 α-$Ni(OH)_2$。在碱中或在真空环境中进行老化可转化为无水 β-$Ni(OH)_2$。此外，在高阳极电位下，α-$Ni(OH)_2$ 和 β-$Ni(OH)_2$ 可以分别

氧化为 γ-NiOOH 和 β-NiOOH，然后 β-NiOOH 可以在 600mV 以上的电势下进一步转化为 γ-NiOOH。通常 β-NiOOH 显示出更好的电催化活性，比 γ-NiOOH 高。

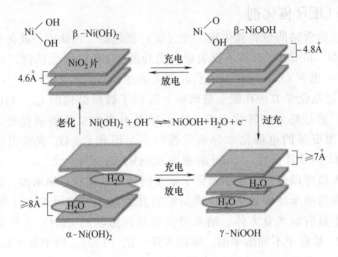

图 8-10　Ni(OH)$_2$/NiOOH 的氧化还原转化示意图[45]

8.7.1.3　LDH 基 OER 催化剂

属于类水滑石化合物的层状双金属氢氧化物是一大类二维阴离子黏土材料，其化学式可由以下通式表示：$[M^{2+}_{1-x}M^{3+}_{x}(OH)_2]^{x+}[A_{x/n}]_n \cdot mH_2O$。LDH 是由水镁石状八面体层堆叠而成的，其中 M^{2+} 阳离子（Ni^{2+}，Co^{2+}，Cu^{2+}，Fe^{2+}，Mg^{2+} 或 Zn^{2+} 等）通过羟基八面体配位，但是一部分二价金属阳离子是被 M^{3+} 阳离子（Fe^{3+}，Al^{3+}，Mn^{3+}，Cr^{3+}，In^{3+}，Ga^{3+} 等）同构取代，产生的正电荷层和补偿溶剂化的阴离子（A^{n-}）。x 的值通常在 0.2～0.33 的范围内，该值等于 M^{3+}：($M^{2+}+M^{3+}$) 的摩尔比。典型的 LDH 结构如图 8-11。

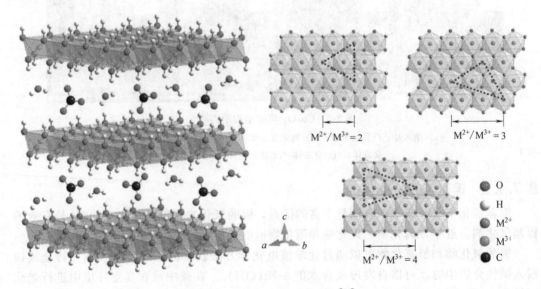

图 8-11　典型 LDH 结构模型[46]

过渡金属阳离子可增强材料的电荷传输。电荷传输过程如下：由于 M^{2+} 和 M^{3+} 对内部氧化还原反应以及各层内部阴离子的迁移以补偿正的额外电荷，沿着各层发生"电子跳跃"。大量用于电催化剂的 LDH 被报道。例如二元 MgAl、NiAl、ZnAl、CoAl、MgGa、NiGa、ZnGa、ZnCo、CoCo、CoFe、NiCo、NiFe、LiFe 和三元 FeNiCo、NiFeMn 等。

含有铁的 LDH 材料对 OER 具有良好的活性，有研究显示，NiFe-LDH 纳米片性能优异，其起始过电位 230mV，过电位 250mV@10mA/cm^2，Tafel 斜率为 50mV/dec。

8.7.2 双功能催化剂

8.7.2.1 不含金属的双功能电催化剂

碳材料化学性质稳定，且具有高效的催化活性和优良的性价比特性，被认为是最有潜力的无金属催化剂的材料之一[47]。然而碳材料通常被用作单功能 ORR 催化剂，因为它们的 OER 催化活性通常很差。通过杂原子（N、S、P 或 B）掺杂或结构设计调整来提高催化活性，是目前最有效的改性方法。通过杂原子掺杂，碳材料可以通过四电子过程促进氢氧根离子的形成，从而促进 ORR 的发生。

研究表明，通过在碳材料中掺杂杂原子可提高 OER 活性，使其表现出优异的双功能催化活性和稳定性。例如，Cui 等用熔融盐辅助法制备了氮掺杂石墨烯（图 8-12）[48]。

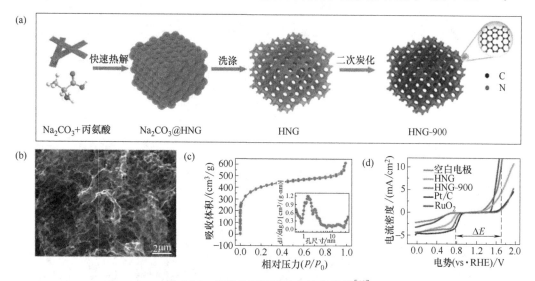

图 8-12 氮掺杂石墨烯的方法与性能[48]

(a) 3D 多孔 N 掺杂石墨烯 (HNG) 的制造方法示意图；(b) HNG-900 SEM 图；(c) HNG-900 的 N_2 吸附-解吸等温线（插图是孔分布曲线）；(d) 在 0.1mol/L KOH 中不同催化剂 LSV 曲线

密度泛函理论（DFT）计算表明，扶手椅形氮和锯齿状吡啶氮分别对 ORR 和 OER 有利。由于 N 催化活性位点合理，材料比表面积大，加之特殊的分层多孔结构，该催化剂具有良好的双功能催化活性。

提高碳基材料中氮含量和氮分布会得到更优异的催化性能。例如，石墨碳氮化物（g-C_3N_4）是另一种有前途的不含金属的双功能催化剂，因为它具有很高的氮含量［理论上高达 60%（质量分数）］和可调节的结构。g-C_3N_4 含有大量的石墨和吡啶 N 类物质，可促进 ORR 和 OER 的发生。但是导电性差是用作氧催化剂的主要缺点。杂原子掺杂可以改变其表面极性和电子性能,从而提高电导率并进一步增强催化活性。此外,合理的结构设计可以增加比表面积、加速电子转移并提高化学稳定性。

Shinde 等通过氨基胍聚合和热解开发磷硫共掺杂的氮化碳海绵(P,S-CNS)。获得具有双功能电催化活性的稳定的碳氮材料,并在锌-空气电池中表现出优异的充放电性能。DFT 计算表明,杂原子诱导的电荷和自旋密度极化,影响和修正了富氮和富缺陷位点反应中间体的吸附自由能,从而促进了 ORR 和 OER 活性。

在实际应用中,特别是在高压下,无序的孔隙特征和不稳定的结构往往会限制催化剂的化学行为。共价有机骨架(COF)由于其相对有序的多孔和 π 共轭结构而逐渐进入人们的视野。尤其是碳氮基 COF 因其具有稳定的孔特性、可调节的电子/化学功能、牢固的共价键以及超高的交联密度,而备受关注,该材料极大地提高了材料的结构稳定性和柔韧性,可进一步促进双功能催化活性的提高。Shinde 等通过氯代苯胺酸的胺化和聚合反应,提出了分级 3D 硫调节的多孔 S-C$_2$N 气凝胶(图 8-13)。

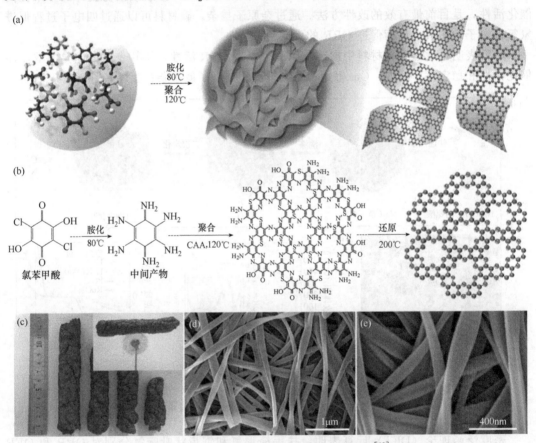

图 8-13　3D 多孔 S-C$_2$N 气凝胶的机理与性能[49]
(a)3D 多孔 S-C$_2$N 气凝胶双功能催化剂制备的示意图;(b)反应机理;(c)3D 多孔 S-C$_2$N 气凝胶
(插图显示了悬浮在蒲公英上的超轻气凝胶);(d)、(e)S-C$_2$N 气凝胶催化剂的 SEM 图[49]

气凝胶和 COFs 结合成连续且有序多孔结构具有重要意义。得益于连续且有序的多孔结构,硫掺杂的碳氮结构和超高表面积,S-C$_2$N 气凝胶在电流密度、超电势和稳定性方面具有出色的双功能催化活性。DFT 计算表明,双功能催化活性源自双重掺杂和有效的质荷转移。

有学者提出一种通过热解根植于碳布上的新型珍珠状 ZIF-67/聚吡咯纳米纤维网络，将原位 Co_4N 与缠结的 N-C 纤维原位偶联的策略。由于 Co_4N 和 Co-N-C 的协同效应以及稳定的3D互连导电网络结构[50]，所获得的自立且高度柔性的双功能氧电极在低超电势方面对 OER 和 ORR 均具有出色的电催化活性和稳定性[51,52]。对于 OER，在 $10mA/cm^2$ 时为 310mV，对于 ORR 为正半波电势（0.8V），并且在至少 20h 内保持稳定的电流密度，尤其是所获得的锌-空气电池表现出了低放电-充电电压间隙（在 $50mA/cm^2$ 时为 1.09V）和长循环寿命（最多 408 圈循环）。此外，柔性锌-空气电池具有完美的可弯曲、可扭曲和可充电特性，使其成为潜在的便携式和可穿戴电子设备电源，如图 8-14 所示。

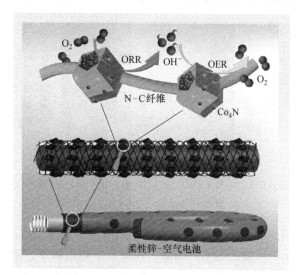

图 8-14 珍珠状 ZIF-67/聚吡咯纳米纤维网络示意图[50]

8.7.2.2 含金属的双功能电催化剂

目前，ORR/OER 常用的电催化剂是贵金属基材料，例如用于 ORR 的 Pt 及其合金和用于 OER 的 RuO_2/IrO_2。然而，高成本、低储量和较差的耐久性大大阻碍了它们的大规模应用。因此，寻找非贵金属作为双功能催化剂已成为当务之急。

与贵金属相比，过渡金属相对便宜，地球上含量丰富。由于具有多个价态，过渡金属可以形成具有不同晶体结构的各种氧化物，从而赋予过渡金属氧化物以活性的电化学反应特性[53]。含金属的双功能催化剂可分为三种类型，即金属-碳复合材料、金属氧化物-碳复合材料以及金属-有机骨架（MOF）衍生的材料。

(1) 金属-碳复合材料

金属-碳复合材料作为常见的 ORR 和 OER 双功能催化剂，该材料中过渡金属粒子和碳的结合不仅可以提高碳化过程中碳材料的石墨化程度，还可以促进电子的传递。包覆在表面的碳材料可以有效地防止金属被酸氧化或腐蚀，还可以防止金属团聚，以确保分散。碳基体中氮的加入不仅调整了相邻碳原子的电子结构，而且利于金属（$M-N_x-C$）成键，从而大大提高了催化剂的催化活性。金属-碳复合材料一般由金属盐和含碳化学品在高温下热解而成，例如通过明胶化支链淀粉、三聚氰胺和硝酸钴的直接炭化反应。Co 作为有效的氧电催化剂已被广泛研究。

Li 等在金属盐和二氧化硅纳米粒子的协助下, 开发了一种 FeCo-N_x-CN 材料 (图 8-15)。Fe 和 Co 与 N 掺杂的结合可以调节催化剂的电子性质和表面极性, 从而提高催化剂的活性。FeCo-N_x-CN 具有丰富的孔道结构、丰富的氧催化中心以及单个金属原子或极小金属团簇的均匀分散, 显示出优异的双功能催化活性, 优于贵金属性能。

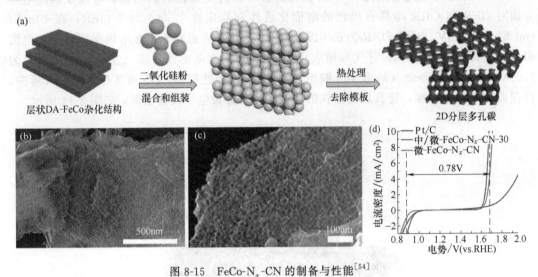

图 8-15 FeCo-N_x-CN 的制备与性能[54]

(a) 活性盐/二氧化硅模板法制备 2D 中/微 FeCo-N_x-CN 的图解; (b)、(c) 中/微 FeCo-N_x-CN-30 的 SEM 图像; (d) 微和中/微 FeCo-N_x-CN 的 E_{gap} 差异

Han 等通过调整预先设计的双金属 Zn/Co 沸石咪唑骨架 (ZnCo-ZIFs) 中的锌掺杂剂含量, 实现钴物种在原子尺度上的空间隔离, 并完成了纳米粒子、原子团簇的合成, 合成了 N 掺杂多孔碳上的单原子 Co 催化剂 (图 8-16)[55]。与其它衍生物和贵金属 Pt/C+RuO_2 相比, 单原子 Co 催化剂在锌-空气电池中显示出优异的双功能 ORR/OER 活性、耐久性和可逆性。

有研究报道了基于 $NiCo_2S_4$/石墨氮化碳/碳纳米管 ($NiCo_2S_4$@ g-C_3N_4-CNT) 的集成柔性电极的设计与制造 (图 8-17)。研究证明, 电子从双金属 Ni/Co 活性位转移到潜在的 g-C_3N_4 中丰富的吡啶-N 上, 并与耦合导电 CNT 协同作用, 促进可逆性氧电催化。理论计算表明, 吡啶金属-N 对双金属 Ni/Co 原子具有独特的共激活作用, 同时降低了它们的 d 带中心位置, 并有利于氧中间体的吸附/解吸, 从而加速了反应动力学[56]。

(2) 金属氧化物-碳复合材料

过渡金属由于其丰富的储量、低成本、易于制备、环境友好以及在碱性电解质中的化学活性, 而被认为是贵金属催化剂的有效替代品之一。由于过渡金属的化合价态不同, 氧化物可以具有不同晶体结构。而过渡金属的电催化活性取决于不同价态之间的转化、化学组成、氧化态、织构、形态和晶体结构。

在金属氧化物中, 钙钛矿和烧绿石是有前途的候选电催化剂。特别是由 A 位处的稀土或碱金属和 B 位处的过渡金属组成的 ABO_3 型钙钛矿氧化物已经用作空气电池的催化剂。通过取代 A 位或 B 位的阳离子可以调节钙钛矿氧化物的性能, 以实现特殊的结构、氧含量和电催化能力。例如, 阳离子掺杂、表面优化、纳米结构和复合材料均可提高 ORR/OER 的催化性能。

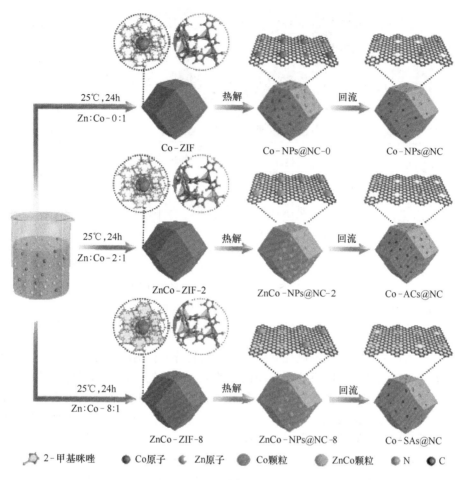

图 8-16 制备好的 Co-NPs @ NC，Co-ACs @ NC 和 Co-SAs @ NC 催化剂[55]

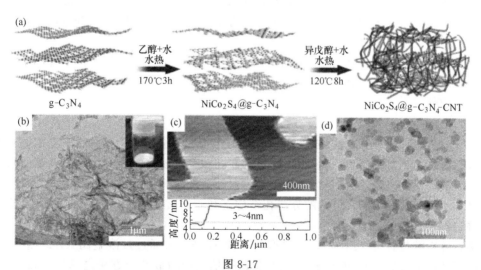

图 8-17
(a) $NiCo_2S_4$ @ $g-C_3N_4$-CNT 复合物的制备过程；(b)、(c) $g-C_3N_4$ 的 TEM 和 AFM 图像
[(b) 中的插图为 $g-C_3N_4$ 粉末的照片]；(d) $NiCo_2S_4$ @ $g-C_3N_4$ 的 TEM 图；

8 锌-空气电池 **209**

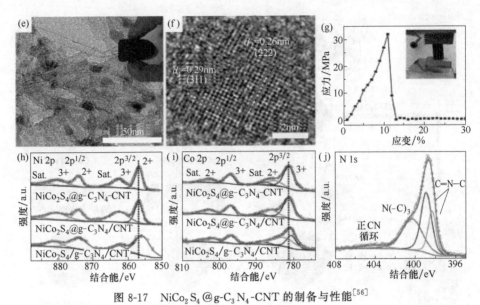

图 8-17 $NiCo_2S_4@g-C_3N_4$-CNT 的制备与性能[56]

(e) $NiCo_2S_4@g-C_3N_4$-CNT 的 TEM 图（插图为 $NiCo_2S_4@g-C_3N_4$-CNT 杂化膜的照片）；(f) HRTEM 图像；(g) $NiCo_2S_4@g-C_3N_4$-CNT 的典型应力-应变曲线

金属氧化物纳米粒子的低导电性和团聚仍然限制着催化剂的活性和稳定性。过渡金属氧化物与碳基材料的结合是解决这些问题的有效途径。首先，石墨化碳材料具有良好的导电性，可以弥补金属氧化物的低导电性。其次，金属氧化物被各种形式的碳基材料负载或包裹，有效地避免了直接接触，从而减少了团聚的可能性。当然，双金属氧化物同样具有较差的导电性。Wei 等报道的非晶态双金属氧化物 $Fe_{0.5}Co_{0.5}O_x$ 纳米粒子，在 N 掺杂的氧化石墨烯上控制纳米粒子的元素组成、大小和结晶度[57]。研究结果显示，Tafel 斜率为 30.1mV/dec 时具有很好的 OER 活性，电流密度为 $10mA/cm^2$ 时超电位为 257mV，同时具备出色的 ORR 活性，在 0.6V 下，极限电流密度为 $-5.25mA/cm^2$，使用这些催化剂制造的锌-空气电池可以实现 756mA·h/g 的比容量，峰值功率密度为 $86mW/cm^2$。该材料的制备与性能见图 8-18。

此外，过渡金属氧化物和碳的协同作用会增加催化活性。与纯尖晶石相比，Co_3O_4 与碳材料的协同耦合作用对于 Co_3O_4 和氮掺杂石墨烯/碳纳米管，有助于改善双功能催化性能和稳定性。

(3) MOF 衍生材料

MOF 是由金属离子和有机连接基组成的无机-有机微孔混合杂化材料，它们通过配位键形成三维结构。MOF 衍生材料因其固有的高孔隙率、较大的表面积和可调整的结构而吸引了人们的研究兴趣。MOF 衍生材料作为双功能催化剂具有以下优点：大的表面积有助于暴露更多的活性位点；可调的分层孔结构有利于物质的转运；金属中心/掺杂原子具有多种选择性。

沸石咪唑酸盐骨架（ZIF）是最典型的一种 MOF，其通过过渡金属（Zn^{2+} 或 Co^{2+}）与咪唑配体配位合成。MOF 的热解是制备此类催化剂的最常用方法之一。Guan 等结合了钴基 MOF 前驱体的碳化和氧化途径，报道了由不规则的空心 Co_3O_4 纳米球组成的分级催化剂，该纳米球封装在 N 掺杂的碳纳米壁阵列中，对 OER 和 ORR 均具有有效的催

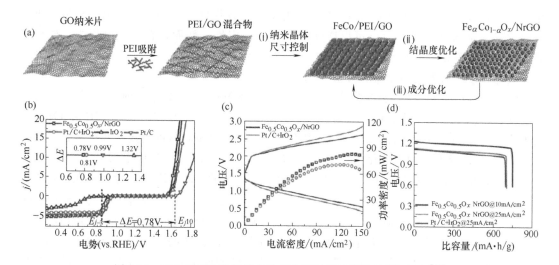

图 8-18 双金属氧化物氮掺杂的氧化石墨烯材料的制备与性能[57]

(a) $Fe_aCo_{1-a}O_x/NrGO$ 制备示意图；(b) $Fe_{0.5}Co_{0.5}O_x/NrGO$，Pt/C 和 IrO_2 催化剂的极化曲线；(c)、(d) $Fe_{0.5}Co_{0.5}O_x/NrGO$ 和商业 $Pt/C+IrO_2$ 催化剂作为可充电锌-空气电池的双功能空气电极比较；(d) 一次锌-空气电池的恒电流放电曲线

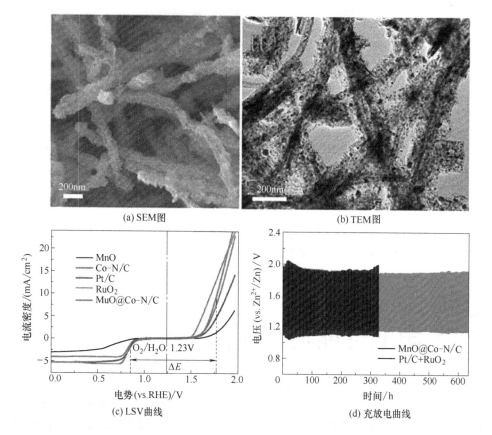

图 8-19 MnO@Co-N/C 的 SEM 和 TEM 图像，ORR 和 OER 不同催化剂的 LSV 曲线以及 $5mA/cm^2$ 电流密度下自制锌-空气电池充放电曲线[58]

化活性。具有大量纳米颗粒的空心 Co_3O_4 纳米球可以提供足够的具有短离子扩散长度的活性位点，而 N 掺杂碳覆盖层可以增强导电性和稳定性。然而，在碳化过程中，碳骨架易于自聚集而阻塞某些孔结构，并影响电解质与孔之间的接触。一维（1D）纳米材料可以有效地防止碳骨架的自聚集，并具有高电导率。

Chen 等以 MnO_2 空心纳米线为模板制备了一维 MnO_2@ZIF-67 前驱体[58]。经过后续的热解，成功获得了多孔的 MnO@Co-N/C 纳米材料（图 8-19），对 ORR 和 OER 表现出优异的双功能催化活性。在相同的实验条件下，所制备材料的稳定性和耐久性甚至优于 Pt/C。其优异的双功能催化活性归因于 MnO 和多孔 Co-N/C 的协同作用。

Zhu 等开发了一种核尺寸小、分散度高和金属负载量大的 $NiFe_2$ 合金纳米颗粒，该颗粒包裹在碳笼中[59]。在低温下，NiFe-MIL（MIL-88b）的 MOF 基用于封装金属离子；在高温下，使用三聚氰胺 MOF 分解后可作为 N 源和软模板，在过渡金属表面形成石墨碳笼，以防止金属粒子进一步不受控制地生长。通过优化合适的金属核的电子调节效果，NiFe@NC_x 催化剂显示出高耐久性和活性，ORR 的起始电势为 1.03V，OER 的起始电势 $10mA/cm^2$ 时为 0.23V，明显优于商业 Pt/C 和 IrO_2 催化剂。TMS@NC_x 复合材料合成示意图及其性能见图 8-20。

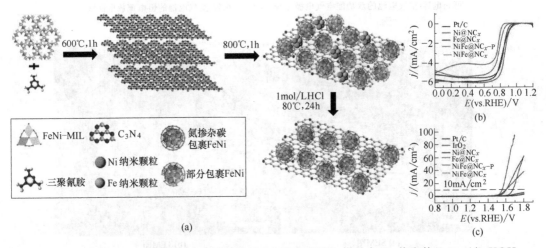

图 8-20　TMS@NC_x 复合材料合成示意图（a），TMS@NC_x 样品在 O_2 饱和的 0.1mol/L KOH 中的 ORR 极化曲线（b）和 TMS@NC_x、IrO_2、Pt/C 催化剂的 OER 极化曲线（c）[59]

8.8
锌-空气电池性能与限制因素

锌-空气电池距离大规模应用仍然面临着如下问题：

① 锌在碱性溶液中是热力学不稳定的，会发生自腐蚀现象，金属锌在此过程中会发生溶解和沉淀，导致其利用率降低。因此在锌-空气电池的电解液中添加一些缓蚀抑制剂或者在金属电极中添加一些合金元素，可降低阳极腐蚀速率[60]。

② 锌-空气电池在实际工作时，实际电压远达不到电池的理论电压（1.65V），实际

效率也达不到理论值。这是因为在电池放电时存在不可逆的极化损失[61]，主要包括活化极化、欧姆极化和传质极化。当放电电流较低时，活化极化损失占主导地位；当电流增大，欧姆极化损失所占的比例逐渐增大；电流继续增大，传质极化损失所占比例增大。

③ 空气电极中的催化剂有待改进。空气电极主要由防水透气层、活性催化层以及集流体组成。正极材料通常采用吸附性能很好的活性炭为载体，聚四氟乙烯为憎水剂，由于氧电极的电化学极化很大，若不用催化剂，电池的工作电压会很低，不能满足其使用要求。因此，活性催化层是空气电极的核心组成部分，选择具有高活性的催化剂是获得高性能空气电极的前提。

④ 电池密封问题。锌-空气电池产生能量需要有氧气的参与，若没有氧气，此电池便没有氧气来源，就失去了产生电流的能力。空气的湿度、干燥度对于空气电池的正极影响是很大的，如果要实现它的广泛使用，必须克服它对于环境的依赖。锌-空气电池在反应过程中，电解液容易吸收空气中的二氧化碳，形成碳酸，导致电池的导电性能下降，内阻增加，进而也会导致正极的性能下降，不仅影响了电池的放电性能，还将影响电池的使用寿命。

⑤ 锌电极的充电反应过程主要受液相传质过程控制，在锌电极表面附近反应活性物质的浓度很低，形成较大的浓差极化，于是电解液主体中的反应活性物质更容易扩散到电极表面凸起处发生反应，电极上电流分布不均，最终形成枝晶，当生成的枝晶生长到一定的程度之后，便会刺破电池隔膜，造成电池短路，降低电池的性能[62]。目前人们主要从添加剂和使用隔膜等方式来解决枝晶问题。添加剂主要通过使电极表面电流分布更加均匀来抑制枝晶的生长，而隔膜则是通过物理阻断作用来抑制枝晶生长。

习　题

1. 请介绍锌-空气电池的概念、分类与工作原理。
2. 如何设计锌-空气电池的负极结构？
3. 锌-空气电池的电解液有哪些类型？各有什么特点？
4. 锌-空气电池的空气电极包括什么？如何设计？
5. 请展望锌-空气电池的未来应用潜力。

参 考 文 献

[1] Egbue O, Long S. Barriers to widespread adoption of electric vehicles: An analysis of consumer attitudes and perceptions [J]. Energy Policy, 2012, 48: 717.
[2] Fu J, Cano Z P, Park M G, et al. Electrically rechargeable zinc-air batteries: Progress, challenges, and perspectives [J]. Adv Mater, 2016, 29: 1604685.
[3] Reddy T. Lindes's handbook of batteries [M]. 4th ed. New York: McGraw-Hill Education, 2010.
[4] 许可, 王保国. 锌-空气电池空气电极研究进展 [J]. 储能科学与技术, 2017, 6 (005): 924-940.
[5] Wang X Y, Sebastian P J, Smit M A, et al. Studies on the oxygen reduction catalyst for zinc-air battery electrode [J]. J Power Source, 2003, 124: 278.
[6] LI Y G, Dai H J. Recent advances in zinc-air batteries [J]. Chem Soc Rev, 2014, 43: 5257.
[7] Pei P, Wang K, Ma Z. Technologies for extending zinc-air battery's cyclelife: a review [J]. Appl Energy, 2014, 128: 315.

[8] Garcia W A, Wilkins H F (ZAF Energy Systems Inc). Metal-air battery with reduced gas diffusion layer: US8871994 B1, 2014.

[9] a) Ross P N J. The 21st intersociety energy conversion engineering conf. Vol 2. American Chemical Society. Washington DC, USA, 1986: 1066-1072.
b) Ross P N J. Zinc electrode and rechargeable zinc-air battery: US4842963A [P]. 1989.

[10] Farmer E D, Webb A H. Zinc passivation and the effect of mass transfer in flowing electrolyte [J]. Appl Electrochem, 1972, 2: 123

[11] Iacovangelo C D, Will F G. The electrochemical society, find out more parametric study of zinc deposition on porous carbon in a flowing electrolyte cel [J]. J Electrochem Soc, 1985, 132: 851.

[12] Cheng J, Zhang L, Yang Y S, et al. Preliminary study of single flow zinc-nickel battery [J]. Electrochem Commun, 2007, 9: 2639.

[13] Amendola S, Binder M, Black P J, et al. A safe, portable, hydrogen gas generator using aqueous borohydride solution and Ru catalyst [J]. Hydrogen Energy, 2000, 25 (10): 969-975.

[14] Despić A R, Purenović M M. The electrochemical society, find out more critical overpotential and induction time of dendritic growth [J]. J Electrochem, Soc, 1974, 121: 329.

[15] Wang R Y, Kirk D W, Zhang G X. The electrochemical society, find out more effects of deposition conditions on the morphology of zinc deposits from alkaline zincate solutions [J]. J Electrochem Soc, 2006, 153: C357.

[16] McBreen J. Zinc electrode shape change in secondary cells [J]. J Electrochem Soc, 1972, 119: 1620.

[17] McLarnon F R, Cairns E J. The secondary alkaline zinc electrode [J]. J Electrochem Soc, 1991, 138: 645.

[18] Shen Y W, Kordesch K. The mechanism of capacity fade of rechargeable alkaline manganese dioxide zinc cells [J]. J Power Sources, 2000, 87: 162-166.

[19] Deiss E, Holzer F, Haas O. Modeling of an electrically rechargeable alkaline Zn-air battery [J]. Electrochim Acta, 2002, 47: 3995-4010.

[20] Sunu W G, Bennion D. Transient and failure analyses of the porous zinc electrode. Ⅰ Theoretical. Ⅱ-Experimental [J]. J Electrochem Soc, 1980, 127: 2007-2025.

[21] Dirkse T P, Hampson N A. The Zn (Ⅱ)/Zn exchange reaction in KOH solution-Ⅱ. Exchange current density measurements using the double-impulse method [J]. Electrochim Acta, 1972, 17: 383-386.

[22] Jung C Y, Kim T H, Kim W J, et al. Computational analysis of the zinc utilization in the primary zinc-air batteries [J]. Energy, 2016, 102: 694.

[23] Lee T S. Hydrogen over potential on pure metals in alkaline solution [J]. J Electrochem Soc, 1971, 188: 1278.

[24] Lee C W, Eom S W, Sathiyanarayanan K, et al. Preliminary comparative studies of zinc and zinc oxide electrodes on corrosinon reaction and reversible reaction for zinc/air fuel cells [J]. Electrochim Acta, 2006, 52: 1588-1591.

[25] Zhu A L, et al. Zinc regeneration in recharge zinc-air fuel-a riew. J Energy Stor, 2016, 8: 35-50.

[26] Zhu A, Wilkinson D, Zhang X, et al. Zinc regeneration in rechargeable zinc-air fuel cells: a review [J]. J Energy Storage, 2016, 8: 35-50.

[27] Gu P, Zheng M, Zhao Q, et al. Rechargeable zinc-air batteries: a promising way to green energy [J]. J Mater Chem A, 2017, 10: 1039.

[28] Li Y, Dai H. Recent advances in zinc-air batteries [J]. Chem Soc Rev, 2014, 43: 5257-5275.

[29] Jun-Ichi Yamaki, Shin-Ichi Tobishima. Rechargeable lithium anodes [M]. New Jersey: John Wiley & Sons Ltd, 2011.

[30] Zhang X G. Secondary batteries-zinc systems | Zinc Electrodes: Overview-ScienceDirect [J]. Encyclopedia of Electrochem Power Sources, 2009, 15: 454-468.

[31] Lee J S, Kim S T, Cao R, et al. Metal-air batteries with high energy density: Li-air versus Zn-air [J]. Adv Energy Mater, 2011, 1: 34-50.

[32] Chakkaravarthy C, Waheed A K A, Udupa H V K. Zinc-air alkaline batteries——a review [J]. J Power Sources, 1981, 6: 203-228.

[33] See D M, White R E. Temperature and concentration dependence of the specific conductivity of concentrated solutions of potassium hydroxide [J]. J Chem Eng Data, 1997, 42: 1266-1268.

[34] Dyer C K, Moseley P T, Ogumi Z, et al. Encyclopedia of electrochemical power sources [M]. Amsterdam: Elsevier Science, 2009.

[35] Park J, Park M, Nam G, et al. All-solid-state cable-type flexible zinc-air battery [J]. Adv Mater, 2015, 27: 1396-1401.

[36] Wang Y J, Qiao J, Bakerb R, et al. Alkaline polymer electrolyte membranes for fuel cell applications [J]. Chem Soc Rev, 2013, 42: 5768.

[37] Lee D U, Choi J Y, Feng K, et al. Advanced extremely durable 3d bifunctional air electrodes for rechargeable zinc-air batteries [J]. Adv Energy Mater, 2014, 4: 1301389.

[38] Armand M, Endres F, MacFarlane D R, et al. Ionic-liquid materials for the electrochemical challenges of the future [J]. Nat Mater, 2009, 8: 621-629.

[39] a) Girishkumar G, McCloskey B, Luntz A C, et al. Lithium-air battery: promise and challenges [J]. J Phys Chem Lett, 2010, 1: 2193
b) Balaish M, Kraytsberg A, Ein-Eli Y. A critical review on lithium-air battery electrolytes [J]. Phys Chem Chem Phys, 2014, 16: 2801.

[40] Kar M, Simons T J, Forsythac M, et al. Ionic liquid electrolytes as a platform for rechargeable metal-air batteries: a perspective [J]. Phys Chem Chem Phys, 2014, 16: 18658.

[41] a) Deng M J, Chen P Y, Leong T I, et al. Dicyanamide anion based ionic liquids for electrodeposition of metals [J]. Electrochem Commun, 2008, 10: 213.
b) Deng M J, Lin P C, Chang J K, et al. Electrochemistry of Zn(II)/Zn on Mg alloy from the n-butyl-n-methylpyrrolidinium dicyanamide ionic liquid [J]. Electrochim Acta, 2011, 56: 6071
c) Simons T J, Howlett P C, Torriero A A J, et al. Electrochemical, transport, and spectroscopic properties of 1-ethyl-3-methylimidazolium ionic liquid electrolytes containing zinc dicyanamide [J]. J Phys Chem C, 2013, 117: 2662.
d) Xu M, Ivey D G, Xie Z, et al. Electrochemical behavior of Zn/Zn(II) couples in aprotic ionic liquids based on pyrrolidinium and imidazolium cations and bis (trifluoromethanesulfonyl) imide and dicyanamide anions [J]. Electrochim Acta, 2013, 89: 756.
e) Kar M, Jensen B W, Forsyth M, et al. Chelating ionic liquids for reversible zinc electrochemistry [J]. Phys Chem Chem Phys, 2013, 15: 7191.

[42] C P G, Virgilio C, Yang Y J, et al. Enhanced performance of phosphonium based ionic liquids towards 4 electrons oxygen reduction reaction upon addition of a weak proton source [J]. Electrochem Commun, 2014, 38: 24-27.

[43] Cao R, Lee J S, Liu M L, et al. Recent progress in non-precious catalysts for metal-air batteries [J]. Adv Energy Mater, 2000, 2: 816-829.

[44] Hu L H, Peng Q, Li Y D. Selective synthesis of Co_3O_4 nanocrystal with different shape and crystal

plane effect on catalytic property for methane combustion [J]. J Am Chem Soc, 2008, 130: 16136-16137.

[45] Klaus S, Cai Y, Louie M M, et al. Effects of Fe electrolyte impurities on Ni (OH)$_2$/NiOOH structure and oxygen evolution activity [J]. J Phys Chem C, 2015, 119: 7243-7254.

[46] Fan G, Li F, Evans D G, et al. Catalytic applications of layered double hydroxides: Recent advances and perspectives [J]. Chem Soc Rev, 2014, 45: 7040-7066.

[47] a) Chang S T, Wang C H, Du H Y, et al. Vitalizing fuel cells with vitamins: Pyrolyzed vitamin B$_{12}$ as a non-precious catalyst for enhanced oxygen reduction reaction of polymetr electrolyte fuel cells [J]. Energy Environ Sci, 2012, 5: 5305-5314.
b) Trotochaud L, Young S L, Ranney J K, et al. Nickel-iron oxyhydroxide oxygen-evolution electrocatalysts: The role of intentional and incidental iron incorporation [J]. J Am Chem Soc, 2014, 136: 6744-6753.
c) Takeguchi T, Yamanaka T, Takahashi H, et al. Layered perovskite oxide: A reversible air electrode for oxygen evolution/reduction in rechargeable metal-air batteries [J]. J Am Chem Soc, 2013, 135: 11125.
d) Reier T, Oezaslan M, Strasser P. Electrocatalytic oxygen evolution reaction (OER) on Ru, Ir, and Pt catalysts: A comparative study of nanoparticles and bulk materials [J]. ACS Catal, 2012, 2: 1765-1772.

[48] Cui H J, Jiao M G, Chen Y N, et al. Molten-salt-assisted synthesis of 3D holeyN-doped graphene as bifunctional electrocatalysts for rechargeable Zn-air [J]. Small Methods, 2018, 2: 1800144.

[49] Shinde S S, Lee C H, Yu J Y, et al. Hierarchically designed 3D holey C$_2$N aerogels as bifunctional oxygen electrodes for flexible and rechargeable Zn-air batteries [J]. Acs Nano, 2018, 12: 596-608.

[50] a) He W H, Jiang C H, Wang J B, et al. High-rate oxygen electroreduction over graphitic-n species exposed on 3d hierarchically porous nitrogen-doped carbons [J]. Angew Chem Int Ed, 2014, 53: 9503-9507.
b) Cheon J Y, Kim J H, Kim J H, et al. Intrinsic relationship between enhanced oxygen reduction reaction activity and nanoscale work function of doped carbons [J]. J Am Chem Soc, 2014, 136: 8875-8878.
c) Fominykh K, Feckl J M, Sicklinger J, et al. Ultrasmall dispersible crystalline nickel oxide nanoparticles as high-performance catalysts for electrochemical water splitting [J]. Adv Funct Mater, 2014, 24: 3123-3129.

[51] a) Cao B F, Veith G M, Neuefeind J C, et al. Mixed close-packed cobalt molybdenum nitrides as non-noble metal electrocatalysts for the hydrogen evolution reaction [J]. J Am Chem Soc, 2013, 135: 19186-19192.
b) Sun T, Wu Q, Che R, et al. Alloyed Co-Mo nitride as high-performance electrocatalyst for oxygen reduction in acidic medium [J]. ACS Catal, 2015, 5: 1857-1862.
c) Ito K, Harada K, Toko K, et al. Epitaxial growth and magentic characterization of ferromagnetic Co$_4$N thin films on SrTiO$_3$ (001) substrates by molecular beam epitaxy [J]. J Cryst Growth, 2011, 336: 40-43.

[52] a) Bezerra C W, Zhang L, Lee K, et al. A review of Fe-N/C and Co-N/C catalysts for the oxygen reduction reaction [J]. J Electrochim Acta, 2008, 53: 4937-4951.
b) Niu K X, Yang B P, Cui J F, et al. Graphene-based non-noble-metal Co/N/C catalyst for oxygen reduction reactiion in alkaline solution [J]. J Power Sources, 2013, 243: 65-71.

c) Zhang R Z, He S J, Lu Y Z, et al. N-functionalized carbon nanotubes in situ grown on 3D porous N-doped carbon foams as a noble metal-free catalyst for oxygen reduction [J]. J Mater Chem A, 2015, 3: 3559-3567.

d) Liang H W, Wei W, Wu Z S, et al. Mesoporous metal-nitrogen-doped carbon electrocatalysts for highly efficient oxygen reduction reaction [J]. J Am Chem Soc, 2013, 135: 16002-16005.

[53] Hang X P, Wu X Y, Deng Y D, et al. Electrocatalysis: Ultrafine Pt nanoparticle-decorated pyrite-type CoS_2 nanosheet arrays coated on carbon cloth as a bifunctional electrode for overall water splitting [J]. Adv Energy Mater, 2018, 8: 1870110.

[54] Li S, Chong C, Zhao X J, et al. Active salt/silica-templated 2D mesoporous $FeCo-N_x$-carbon as bifunctional oxygen electrodes for zinc-air batteries [J]. Angew Chem Int Ed, 2018, 57: 1856-1862.

[55] Hang X P, Ling X F, Wang Y, et al. Generation of nanoparticle, atomic-cluster, and single-atom cobalt catalysts from zeolific imidazole frameworks by spatial isolation and their use in Zinc-air batteries [J]. Angew Chem Int Ed, 2019, 131: 5413-5418.

[56] Han X P, Zhang W, Ma X Y, et al. Identifying the activation of bimetallic sites in $NiCo_2S_4$@g-C_2N_4-CNT hybrid electrocatalysts for synergistic oxygen reduction and evolution [J]. Adv Mater, 2019, 31: 1808281.

[57] Wei L, Karahan H E, Zhai S L, et al. Amorphous bimetallic oxide-graphene hybrids as bifunctional oxygen electrocatalysts for rechargeable Zn-air batteries [J]. Adv Mater, 2017, 29: 1701410.

[58] Chen Y N, Guo Y B, Cui H J, et al. Bifunctional electrocatalysts of Mof-derived Co-NC on bamboo-like MnO nanowires for high-performance liquid and solid-state-Zn-air batteries [J]. J Mater Chem A, 2018, 6: 9716-9722.

[59] Zhu J, Xiao M, Zhang Y, et al. Metal-organic framework-induced synthesis of ultrasmall encased NiFe nanoparticels coupling with graphene as an efficient oxygen electrode for a rechargeable Zn-air battery [J]. ACS Catal, 2016, 6: 6335-6342.

[60] 洪为臣, 雷青, 马洪运, 等. 锌空气电池锌负极研究进展 [J]. 化工进展, 2016, 35 (02): 445-452.

[61] 崔益顺. 聚磷酸铵制备及性能研究 [J]. 化工矿物与加工, 2011 (07): 20-22.

[62] 胡拉, 陈志林, 詹满军. 磷酸铵盐阻燃处理桉树胶合板的研究 [C]. 2012年中国阻燃学术年会论文集, 2012.

9
铝-空气电池

铝-空气电池因能量密度大，质量轻，材料来源丰富，无污染，可靠性强，使用安全等优点，被誉为下一代绿色新能源。铝-空气电池的优势在于铝具有很高的理论能量密度（8100W·h/kg），而且铝是地球上丰度最高的金属元素，成本低廉。铝-空气电池运行安全，使用过程不产生任何有毒有害物质。此外，铝-空气电池的电解液还可以回收利用，进一步降低成本。因此铝-空气电池应用前景广泛。

9.1 铝-空气电池概述

9.1.1 铝资源

铝原子序数为13，位于ⅢA族，熔点660℃，沸点2327℃，其原子量为26.98，相对密度2.70，重量轻，为银白色轻金属，有较好的延展性，易于加工。铝是活泼金属，表面极易形成致密的氧化膜。铝易溶于稀硫酸、稀硝酸、盐酸、氢氧化钠和氢氧化钾溶液，不溶于水，但可以和热水缓慢地反应生成氢氧化铝。铝元素是1825年由丹麦物理学家H. C. 奥尔斯德（H. C. Oersted）使用钾汞齐与氯化铝作用先获得铝汞齐，然后用蒸馏法去除汞，第一次制得金属铝。金属铝的生产，初期采用的是化学法，即1854年法国科学家 H. 仙克列尔戴维里（H. Sainte Claire Diwill）创立的钠法化学法和1865年俄国物理化学家 H. H. 别凯托夫（Н. Н. Бекетов）创立的镁法化学法。法国于1855年采用化学法开始工业生产铝，是世界上最早生产铝的国家。铝土矿的发现（1821年）早于铝元素，当时误认为是一种新矿物。从铝土矿生产铝，首先需制取氧化铝，然后再电解制取铝。铝土矿的开采始于1873年的法国，由铝土矿生产氧化铝始于1894年，采用的是拜耳法，生产规模仅每日1吨多。随着现代工业的发展铝工业得到了迅猛发展，铝作为金属和合金应用到航空和军事工业，随后又扩大到民用工业，到2018年，全世界原铝（电解铝）产量已经达到了6434万吨，是仅次于钢铁的第二重要金属。

全球铝土矿成矿带主要分布在非洲、大洋洲、南美及东南亚。从国家分布来看，铝土矿主要分布在几内亚、澳大利亚、巴西、牙买加、越南、印度尼西亚,其中几内亚(储量74亿吨)、澳大利亚(储量62亿吨)和巴西(储量26亿吨)、牙买加(20亿吨)四国已探明铝土矿储量约占全球铝土矿总储量280亿吨的65%。中国铝土矿资源丰度属中等水平,产地约310处,分布于19个省(区),总保有储量矿石22.7亿吨,居世界第7位。山西铝资源最多,保有储量占全国储量41%;贵州、广西、河南次之,各占17%左右。目前我国铝厂原铝生产均采用熔盐电解法,电解铝是高能耗产品,平均每吨铝耗电约1.38万kW·h,2016年全国电解铝耗电占全社会用电量的7.5%。

9.1.2 铝-空气电池工作原理

铝-空气电池的化学反应,以空气中的氧作为正极活性物质,金属铝作为负极活性物质,常用氢氧化钠或氯化钠水溶液为电解液,空气中的氧气可源源不断地通过正极扩散到达电化学反应界面,与金属铝反应而放出电能,其工作原理如图9-1所示。在电池放电时产生电化学反应,铝和氧作用转化为氢氧化铝。

依据电解质分类,可以分为中性铝-空气电池和碱性铝-空气电池。

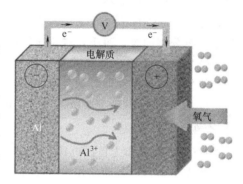

图 9-1 铝-空气电池工作原理示意图

在中性条件下,化学反应式如下:

阳极: $Al+3OH^- \longrightarrow Al(OH)_3+3e^-$ (9-1)

阴极: $O_2+2H_2O+4e^- \longrightarrow 4OH^-$ (9-2)

总反应: $4Al+3O_2+6H_2O \longrightarrow 4Al(OH)_3$ (9-3)

在碱性条件下:

阳极: $Al+4OH^- \longrightarrow Al(OH)_4^-+3e^-$ (9-4)

阴极: $O_2+2H_2O+4e^- \rightarrow 4OH^-$ (9-5)

总反应: $4Al+3O_2+6H_2O+4OH^- \longrightarrow 4Al(OH)_4^-$ (9-6)

两种条件下都会发生析氢副反应: $2Al+6H_2O \longrightarrow 2Al(OH)_3+3H_2\uparrow$ (9-7)

9.1.3 铝-空气电池应用

铝-空气电池在动力驱动、电信系统后备动力电源和便携式电源等军事和民用领域具有巨大的应用前景。此外,金属-空气电池已被国家列入《"十三五"国家战略性新兴产业发展规划》,同时还被国家发展改革委、国家能源局列入《能源技术革命创新行动计划(2016—2030年)》,显示出广阔的应用前景。

9.1.3.1 新能源汽车动力电池

铝-空气电池在新能源电动汽车领域具有十分广阔的市场空间。当前制约电动车产业发展的主要因素不是电动车本身,而是其动力系统,更确切地说是电池。当前铝-空气电池实际能量密度可达600~800W·h/kg,约为锂离子电池的3~4倍。铝-空气电池可以采取更换铝电极的方式进行机械式"充电",充电速度快。

9.1.3.2 海上能源

铝-空气电池作为动力系统，可被用于多种无人和有人水面航行器来支持海上工业活动，包括海洋勘查船、近海石油开发、海上救助、海上水上浮标等。Altek 公司的铝-空气电池最新研究成果表明，负极铝的利用率可以达到 90%，大于氢氧燃料电池的能量转换效率。此外，铝是很轻的金属，它的重量小于氢及氢能源装置的总重量。因而整个能源系统的重量和体积将会减小，即提高了能源系统的能量密度，从而延长了舰艇的一次航行里程。

9.1.3.3 水下机器人动力电源

挪威的 HUGIN3000 水下机器人采用铝-过氧化氢电池作动力。该电池的氧电极使用由过氧化氢分解的氧。每千克过氧化氢可以生成 0.471kg 的氧。当用于铝氧电池工作时，它可以产生 2～2.4kW·h 的电能。电池每次放完电后，铝负极和电解液重新更换，同时要补充过氧化氢，电池即可快速重新供电。HUGIN3000 水下机器人的排水量为 $2.4m^3$，下潜深度达到水下 600～3000m，在 900W 额定负荷条件下可以连续工作 48h。

9.1.3.4 备用电源

铝-空气电池可作为备用电源，用于电信设备、医院、高校、机房等重要场所，也可作为大型重要精密设备的备用电源，保证其不间断工作。铝-空气电池作为备用电源可长期存放（10 年以上）。

9.1.3.5 应急救灾电源

我国是个自然灾害多发的国家，应急救灾物品的需求潜力巨大。铝-空气电池无需充电，即可独立长时间发电，可随身携带，供电时间长。

9.2 铝-空气电池阳极

9.2.1 铝阳极的研究进展

纯铝不是一种理想的铝-空气电池负极材料，因为纯铝在反应过程中容易生成致密的氧化膜，产生高的过电位；且纯铝在反应过程中极易发生自腐蚀反应，不仅降低电极利用率，还产生大量的气体和热量，给空气电池的储存和使用稳定性造成一定的障碍。将铝与特定元素合金化可改善铝阳极的电化学性能。铝合金化的目的是通过破坏铝阳极表面致密的钝化膜来提高铝的电化学活性，减少氢氧化物在铝表面的堆积，降低铝-空气电池内阻，同时增加铝阳极的析氢过电位，抑制自腐蚀反应的进行[1]。铜、铁和硅等杂质会加重自腐蚀，这些杂质元素会与铝形成局部原电池，使得铝作为阳极位点，加速析氢反应的进行，因此在铝合金阳极材料的研究中，应该采用纯度大于 99.99%（质量比）的高纯铝作为合金的原料。此外，热处理工艺可以改变合金元素在铝合金中的分布，减少和消除偏析、位错、应力等缺陷，优化铝合金的组织，也是影响铝合金阳极材料电化学性能的重要因素。挤压、轧制等加工手段也可以改变铝合金阳极微观结构及析出相的分布，获得特定的变形织构，进而对铝阳极的耐蚀性和电化学活性产生显著的影响[1,2]。

9.2.1.1 铝阳极合金化研究

铝阳极合金化研究主要集中在 Mg、Zn、Pb、Sn、Ga、In、Mn、Hg 和 Tl 等合金元素。铝阳极合金化元素应具有以下性质：①熔点低于铝的熔化温度（657℃）；②在铝基体中具有良好的固溶度；③高的析氢过电位；④在碱性电解质中具有良好的溶解性。合金元素的熔化温度应低于纯铝的熔化温度，以利于其通过固溶热处理在铝基体中扩散，形成固溶体合金。只有当合金元素与铝基体形成固溶体时，才会对铝起到明显的活化作用，当合金元素以析出相形式存在时会产生更高的腐蚀电流。

目前通常用于铝-空气电池的典型铝合金体系有 Al-Mg，Al-Zn，Al-In，Al-Ga 和 Al-Sn。Al-Sn 二元合金的溶解行为受 Sn 的存在方式、浓度以及电解液温度的影响。用于铝-空气电池的二元铝合金中 Sn 浓度上限为 0.12%（质量分数）。在铝的三元及四元合金中，锡在铝合金中的最高溶解度会发生变化，因此在铝合金三元或四元合金中，需要以较低浓度的锡来确保可以获得固溶体。对于 Al-Ga 二元合金，在 25℃ 的碱性电解液中，镓含量达到 0.055%（质量分数）或更高时可以增强铝阳极放电电流[3]。用于铝-空气电池的二元铝合金中，铟浓度的上限为 0.16%，接近于 640℃ 热处理温度下铝中铟的固溶度极限。随着铟浓度的提高，铝合金阳极行为没有进一步改善，表明极化行为完全由固溶体中存在的铟而不是第二相颗粒控制。

Ma 等[4]制备了四种 Al-Mg-Sn 阳极材料，分别研究了其在 2mol/L NaCl 和 4mol/L NaOH 溶液中的腐蚀行为和电化学性能，结果表明，Al-0.5Mg-0.1Sn-0.02Ga-0.1Si 合金在 2mol/L NaCl 溶液中显示出更好的电化学性能，而 Al-0.5Mg-0.1Sn-0.02 In-0.1 Si 合金在 4mol/L NaOH 溶液中具有更好的电化学性能，向 Al-0.5Mg-0.1Sn 基合金中添加 Si 可以有效降低合金的自腐蚀速率，并提高阳极利用率。Jung-Gu Kim 等[5]报道了 Zn 和 In 元素对铝阳极材料电池性能的影响。Al-Zn 阳极中添加 In 可以显著减少合金中钝化膜形成，改善铝-空气电池放电性能。Al-Zn-Ga 以及 Al-In-Ga 在中性电解液中显示出较负的开路电位，开路电位的值分别为 $-1.38V$ 及 $-1.73V$（vs.SCE），Ga 含量相同的情况下，Al-In-Ga 的析氢速率要高于 Al-Zn-Ga。

9.2.1.2 铝阳极热处理工艺研究

大多数合金元素都是固溶在铝基体中才能发挥活化或缓蚀作用。如果合金元素析出形成第二相偏聚在晶界，将对铝负极的电化学性能产生不良影响。热处理可以调整合金元素在铝合金中的分布状态，减少和消除偏析。

M. Srinivas[6]等研究了 Al-0.5Mg-0.08Sn-0.08Ga 阳极在 400~550℃ 不同固溶温度下的微观组织及腐蚀行为。热分析结果表明，Sn 在该温度范围内可溶于 Al 合金。微观组织观察结果显示，Sn 在高于 450℃ 时显示出最大的溶解度。450℃ 下固溶的铝阳极在 3.5% NaCl（质量分数）和 9mol/L NaOH 溶液中显示较低的腐蚀速率和析氢速率。在较高的固溶温度下，由于 Ga 的偏析，阳极腐蚀速率有一定提高。实验证明，以固溶体形式存在的 Sn 可以有效降低腐蚀速率，并且 Sn 的分布在 Al-Mg-Sn-Ga 合金的腐蚀行为中起主要作用。Gao 等研究了热处理对 Al-0.2Mg-0.2Ga-0.4In-0.15Sn 阳极电化学性能和腐蚀行为的影响[7]。研究结果表明，在 4mol/L KOH 溶液中，铸态铝合金阳极放电电压高于（平均约 300mV）纯 Al 的放电电压。随着热处理温度和时间的增加，铝阳极的电化学性能得到改善。铝阳极材料在 550℃ 热处理 12h 下可以获得高能量密度（约 3180W·h/kg）

和高的电池电压（约 1.62V）。文久巴[8]等对 Al-0.1In-0.7Mg-0.05Sn 合金阳极在 450～540℃下进行保温 4h 的固溶处理，通过比较铸态及固溶态合金的组织及电化学性能，研究了固溶处理对该阳极合金组织和性能的影响。结果表明，固溶态合金性能优于铸态，固溶处理减少了合金的析出相，在提高合金电化学活性的同时有效改善了合金的腐蚀性能。经过 510℃固溶，合金的工作电压提升且具有高的稳定性，腐蚀形貌均匀，综合性能较好。

9.2.1.3 铝阳极成型方式研究

铝合金成型方式可以改变铝阳极材料的微观组织及析出相分布，减少缺陷，也是改善铝合金阳极电化学性能的重要途径。当前关于铝阳极成型方式及加工工艺研究还不够深入。

Yu 等[9]研究了铸态和轧制的 Al-0.5Mg-0.1Sn-0.05Ga-0.05In 铝合金阳极材料的微观结构、腐蚀性能和放电性能。与铸态铝合金阳极相比，采用轧制铝合金阳极在碱性和中性铝-空气电池中具有更高的电池电压、阳极效率和能量密度。轧制后的合金阳极产生更多的分散偏析相和更多的晶界，因此轧制变形的合金阳极表现出更好的放电性能。Yu[10]等采用 3D 打印激光烧结方法制备了铝合金阳极材料，结果表明激光烧结能有效去除浆料中的有机溶剂，并可以显著降低铝阳极的电阻，通过应用红外激光烧结改善了铝纳米粒子之间的导电性和铝-空气电池的电化学性能。Zhang[11]等研究了轧制过程中变形量对 Al-Mg-Bi-Sn-Ga-In 合金阳极的微观结构、耐腐蚀性和电化学活性的影响。结果表明，在 40%的变形量下，铝合金通过动态再结晶实现了均匀的微观结构，铝合金阳极材料具有最低的析氢速率，大大提升了电化学性能。

9.2.1.4 铝阳极表面修饰和晶粒尺寸研究

铝阳极材料的表面修饰、晶粒取向以及晶粒大小等也可以在一定程度上改变铝阳极表面活性，改善铝阳极材料的电池性能。

Pino 等[12]发现将碳沉积到铝合金表面可以避免铝酸盐在阳极表面的凝胶化，从而显著提升铝-空气电池的放电性能。将表面碳沉积的商业铝合金（1085 和 7475）作为阳极进行电池性能测试，电池的比容量可达 1.2A·h/g，未处理的铝合金只有 0.5A·h/g；研究评估了炭黑、石墨烯和热分解石墨等不同的碳材料作为覆盖层对铝阳极处理效果的影响。图 9-2 为采用碳处理和不经碳处理的中性铝-空气电池中氢氧化物的积累示意图。Lu 等[13]研究了单晶铝在 4mol/L NaOH 和 KOH 溶液中的电化学性能。研究表明铝在碱性电解液中的电化学性质与铝的晶体取向密切相关。（001）单晶铝具有良好的耐腐蚀性，（110）单晶铝在碱性电解液中腐蚀更为敏感。铝（001）单晶具有较高的阳极效率和容量密度，控制铝阳极的晶体学取向是提高碱性电解液中铝-空气电池性能的另一种有效方式。Lu 等[14]采用等径角挤压技术，在室温下制备了不同晶粒尺寸的铝阳极，研究表明铝阳极的电化学性能与晶粒尺寸有关，晶粒细化的阳极组织可以有效抑制氢的析出，提高电化学活性和阳极利用率。

9.2.2 铝阳极的制备

原材料为商用纯铝、镁、锌、铅、锡、镓、铟、锰、汞和铊等。铝阳极材料制备以铝为基体材料，其它合金元素根据合金成分的要求选择。将原料锭切割、干燥、称重至所需

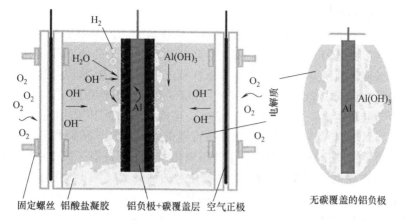

图 9-2 采用碳处理和不经碳处理的中性铝-空气电池中氢氧化物积累的示意图

量,并在 500~800℃ 的氩气气氛下在熔炼炉中熔化。将熔融合金倒入预热的铸铁或者石墨坩埚中。再根据铝-空气电池的大小及形状要求,进行热处理和轧制加工成各种不同尺寸的铝合金阳极板。

9.3 铝-空气电池阴极

在铝-空气电池中,空气阴极发生的是氧气的还原反应。空气电极是一种透气、不透液、能导电、有催化活性的薄膜,由疏水层、催化层和集流体组成,电池的电化学反应是发生在气-液-固三相界面处,通常情况下,阴极氧气的电化学反应较为缓慢,这直接限制了铝-空气电池的功率密度[15]。因此要提高铝-空气电池的功率密度,需从两方面进行考虑:一是提高空气电极的空气扩散能力,即提高透气性;二是提高气-液-固三相界面的电化学反应活性[16,17]。而提高气-液-固三相界面的电化学反应活性的核心问题就是开发高效的氧气电催化剂[18]。

9.3.1 氧气还原催化剂

近些年来,氧气还原反应(ORR)催化剂得到了广泛研究,阴极催化剂很大程度上决定了能量转化效率和整个铝-空气电池的成本,许多材料被应用于阴极催化剂,从贵金属及其合金到碳材料、过渡金属氧化物或硫化物以及金属有机大环化合物,目前对电催化剂的研究主要集中在四个方面:铂及铂合金、银、过渡金属氧化物、金属有机大环化合物、单原子以及碳材料等[19]。Pt 基贵金属是公认性能优异的催化剂,Pt 具有空的 d 轨道,能够与很多带电物种发生吸附作用,并且强度适中,形成活性物质而促进反应的进行。此外,Pt 等贵金属具有良好的抗氧化、抗腐蚀、耐高温等特点,能适应恶劣的反应条件。Pt 作为电催化剂具有非常良好的活性,但 Pt 容易发生中毒,尤其是硫化物容易使催化剂永久性失活。同时,Pt 昂贵、成本太高,难以商品化,从而限制了其规模应用。因此,发展非贵金属氧气还原催化剂势在必行。

9.3.1.1 贵金属及合金

贵金属（例如 Pt）作为 ORR 催化剂已经被广泛研究，但至今还吸引着许多研究者对此进行研究，这主要是因为 Pt 等贵金属具有高的稳定性和超高的电催化活性。此外，目前许多非贵金属催化剂研究都以 Pt 作为基准材料进行比较。Pt 资源稀缺，价格高，因此有必要减少铂基催化剂中 Pt 的用量，相较于传统铂基催化剂使用纯 Pt，制备纳米 Pt 并将其负载在其它导电基体上，不仅可以提升活性，还能大大降低 Pt 的用量[20]。另一种可行的办法就是将金属 Pt 与其它金属合金化，亦可降低铂的用量，从而在降低成本的同时提高催化活性。铂合金催化剂已逐渐取代了纯铂催化剂，不仅提高了铂的利用率，还降低了电极成本；而且在相同表面积下，Pt 合金催化剂的活性要比纯 Pt 催化剂更高，因为 Pt 合金中相邻 Pt-Pt 间的距离减小，有利于氧的吸附。Stamenkovic 等报道了 Pt_3Ni 合金催化剂的反应活性是 Pt 活性的十倍[21]；Tamizhammi 等研究发现 Pt-Cr-Cu 催化剂的活性是纯 Pt 的 2 倍；其它 Pt 基合金催化剂如 Pt-Co、Pt-Fe 等催化性能也大幅提升[22-24]。Lim 等采用 L-抗坏血酸还原 K_2PtCl_4 来合成 Pd-Pt 双金属纳米枝晶，如图 9-3 所示，在 Pd 纳米晶上均匀负载 Pt 纳米枝晶，具有相对较大的表面积，其电化学活性是 Pt/C 催化剂的 2.5 倍，是第一代无载体铂黑催化剂的 5 倍[23]。

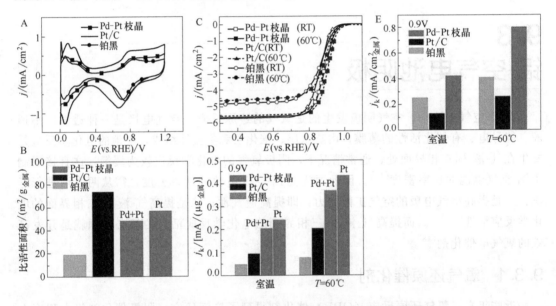

图 9-3　Pd-Pt 纳米枝晶、Pt/C 催化剂与铂黑的电催化性能比较

ORR 的稳定性与 Pt 金属 d 空轨道的数量、合金程度和晶格缺陷相关。除了合金成分的影响，铂基合金的结构对催化剂活性和稳定性方面也表现出较大的影响。此外，Pt 与 Au 合金也是比较常见的合金催化剂。尽管 Pt 合金的出现很大程度上降低了成本，但其成本还是偏高，不利于大规模商业推广，因而需要开发新的可替代 Pt 催化剂的非贵金属催化剂。

9.3.1.2 过渡金属氧化物

过渡金属氧化物以及过渡金属硫化物、氮化物、碳化物都可以作为贵金属催化剂的替代品，具有成本低、储量丰富和对环境无污染等优点。尽管部分过渡金属氧化物在酸性介质中缺乏足够的稳定性,但是在碱性电解质中具有相当的稳定性,可用于铝-空气电池氧还原催化。

过渡金属,特别是Ⅶ和Ⅷ族元素,(例如,Mn,Fe,Co和Ni)具有多个化合价,容易形成多种氧化物、硫化物和碳化物。其中,锰氧化物具有良好的氧还原和过氧化氢分解催化活性,其价格低廉,丰富易得,很早就被作为催化剂加以研究。锰的氧化物十分丰富,从MnO、Mn_3O_4到Mn_2O_3和MnO_2[25],这些过渡金属氧化物不同的价态和晶体结构与其催化性能密切相关。如MnO_2基催化剂,不同晶型的活性顺序为:α>β>γ,这主要是由于内在孔道尺寸和导电性能的综合影响。对于相同相的MnO_2催化剂,纳米结构的性能明显要优于微米尺寸粒子,这是因为小尺寸具有更高的比表面积[26]。

与简单氧化物不同的是,含2个或2个以上不同阳离子的氧化物被称为复合氧化物,如尖晶石和钙钛矿。尖晶石的化学分子式可以用XY_2O_4表示,以$AlMn_2O_4$尖晶石为例,其晶体结构属于立方晶系。尖晶石型氧化物因其优良的导电性和电催化活性而备受关注。在$AlMn_2O_4$尖晶石结构中Mn^{2+}占据由O^{2-}形成的立方密排结构的四面体空隙,而Al^{3+}和Mn^{3+}分别占据八面体空隙。当部分Al^{3+}的位置被Ni^{2+}取代后,在这种结构中有两个价态的锰离子位于八面体空隙中,与氧离子配位时有相同的离子环境,在两个价态的锰离子之间容易发生电子跃迁,从而增加晶体导电性能和催化性能。钙钛矿型结构分子式可以用ABO_3表示(其中A代表La、Ca、Sr、Ba,B代表Co、Fe、Mn)。外来的金属M可以部分取代ABO_3中的A和B而形成$A_{1-x}M_xBO_{3-\delta}$或$AB_{1-x}M_xO_{3-\delta}$,如果M价态与A或B不同,那么维持晶体的电中性可能出现晶格缺陷,正是这种晶格缺陷使得钙钛矿氧化物具有非常好的导电性能和优异的催化活性[27]。Yang Shao-Horn等采用稀土和碱土金属硝酸盐与过渡金属硝酸盐共沉淀的方法,制备出了不同钙钛矿型氧化物,并证实了其ORR催化活性主要取决于反键轨道空位和B位过渡金属与氧的共价键程度(如图9-4所示)。研究结果表明,反键轨道和金属与氧之间的共价键在O_2^{2-}/OH^-移动和OH^-再生之间的竞争起着非常大的作用,因为ORR是决速步骤,因而控制氧化物活性的电子结构很重要[28]。

9.3.1.3 金属有机大环化合物

金属有机大环配合物是以金属离子为中心,以卟啉、酞菁类大环化合物为配体的螯合物[29-31]。卟啉、酞菁类化合物是N_4大环化合物与大多数金属离子形成各种稳定性程度不同的螯合物[31,32]。在电化学过程中,O_2和中心离子d轨道相互作用,形成有利于O_2吸附和活化的化学键,从而降低反应活化能。电子还可通过大环π轨道和中心离子空轨道转移,从而具有许多特殊性能。

在螯合物结构中,一定有一个或多个多齿配体提供多对电子与中心体形成配位键。一些螯合物是生命必需的物质,如血红蛋白和叶绿素中卟啉环上的4个氮原子把金属原子(血红蛋白含Fe^{2+},叶绿素含Mg^{2+})固定在环中心[33]。酞菁铁相较于酞菁铜具有更高的活性和电流密度。金属酞菁或金属卟啉及其改性衍生物对过氧化氢的分解速度有很大的促进作用,有利于提高电池工作电压。这些螯合物的中心金属原子通常为Co、Fe、Ni和Mn,其中Co的螯合物由于具有更高的活性,被广泛研究[31,34]。

9.3.1.4 单原子催化剂

单原子催化是多相催化领域一个新兴的研究热点,是指催化剂中活性组分完全以孤立

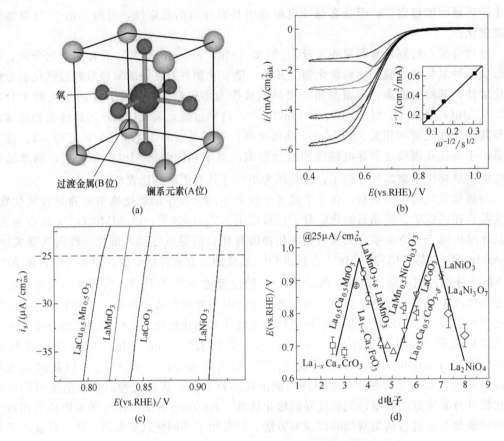

图 9-4 钙钛矿结构及不同钙钛矿型氧化物的电化学性能

(a) 钙钛矿结构示意图；(b) $LaCu_{0.5}Mn_{0.5}O_3$ 在 0.1mol/L KOH 溶液中的氧还原性能；(c) 过渡金属钙钛矿氧化物 $LaCu_{0.5}Mn_{0.5}O_3$、$LaMnO_3$、$LaCoO_3$ 和 $LaNiO_3$ 氧还原催化活性比较；(d) 钙钛矿氧化物在氧还原电流密度 $25\mu A/cm^2$ 时的电位跟 d 轨道电子数量的关系图

的单个原子形式存在，并通过与载体作用或与第二种金属形成合金得以稳定[35,36]。中国科学院大连化学物理研究所张涛院士团队采用共沉淀法合成了单原子铂催化剂 Pt_1/FeO_x，结果显示在 CO 氧化以及 PROX 反应中展示出优异的催化性能（如图 9-5 所示）。相较于纳米催化剂，单原子催化剂具有诸多优势：①金属（特别是贵金属）原子利用率高；②活性位点的组成和结构单一，可显著提高目标产物的选择性；③单原子催化剂兼具高活性、高选择性和可循环使用的优点，有望成为连接均相催化与非均相催化的桥梁。

金属单原子催化剂由于在氧还原反应中表现出优异的性能而备受关注。构建高分散性金属单原子催化剂体系，有助于从原子尺度认识催化反应，阐明催化新机理，推进新型催化剂的开发。

9.3.1.5 碳材料

碳材料具有良好的导电性，可以作为电化学反应中的催化剂或者电催化剂的载体。碳材料主要有石墨、富勒烯、石墨烯、碳纳米管等，不同碳材料在电子、光学以及电化学性

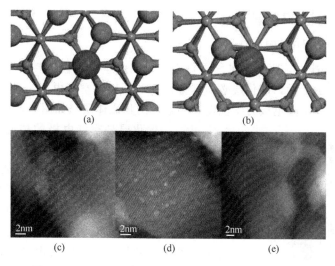

图 9-5 Pt_1/FeO_x 催化剂的原子结构示意图（a）、（b）
和 Pt_1/FeO_x 催化剂的球差电镜照片（c）～（e）

能等方面亦不同。王双印团队[37]利用扫描电化学显微镜等直观地观察到石墨材料催化氧还原反应的活性位点。Gong 等[38]制备了垂直排列的含氮碳纳米管（VA-NCNT），作为一种无金属催化剂（如图 9-6 所示），在共轭碳纳米管引入氮原子比相邻碳原子具有更高的活性和循环稳定性。目前许多研究者对杂原子（比如 S、P、N）掺杂碳进行了广泛研究。氮可以以吡啶和吡咯形式掺入石墨的网络中，氮原子的掺杂增加了缺陷的程度和在石墨碳材料的边面活性位点。功能化碳材料通过改性或掺杂等可以显著提高 ORR 催化剂的性能。

图 9-6 VA-NCNT 阵列的横截面 SEM 图、TEM 图和实物照片

9.3.2 空气电极的制备

9.3.2.1 空气电极的结构

在金属-空气电池中，阴极的氧气来自空气，因此空气电极应具备很好的透气性，空气电极要提高反应的活性，催化层必须具备很高的活性。空气电极一般由三层结构构成：催化层、疏水层以及增加电极力学性能和导电性的集流体层（如图 9-7 所示）。

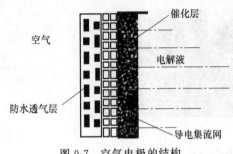

图 9-7 空气电极的结构

催化层是空气电极的核心部分，是氧还原过程的反应场所，通常由导电剂、黏结剂和催化剂组成。常见的导电剂有 Vulcan XC-72、科琴黑、石墨、碳纳米管、石墨烯等。常用的黏结剂主要是聚四氟乙烯，聚四氟乙烯具有很好的疏水性能，可以增加透气性。不同亲水性的物质相互掺杂，可实现电解液局部润湿和局部不润湿，形成连续和不连续的气孔与液孔，产生大量的三相界面，即电化学反应活性位点。

气体扩散层也是空气电极的重要组成部分，它不仅是氧气进入电极内部到达三相界面的通道，而且还具有阻止电解液泄漏的作用。因此，疏水层也被叫作防水透气层。气体扩散层由强憎水物质聚四氟乙烯等黏结剂制备而成，其中含有大量毛细孔。空气电极的集流体需要满足三个条件：①优良的导电性能；②良好的耐腐蚀性，在电极工作过程中不参与反应；③低廉的价格。因此，空气电极集流体通常使用镍网或者价格更加廉价的镀镍铜网和不锈钢网。

9.3.2.2 空气电极的制备工艺

制备空气电极的方法主要有热平压法、滚压法、溅射法和丝网印刷法，常用的方法主要是热平压法和滚压法，空气电极制备方法如图 9-8 所示。

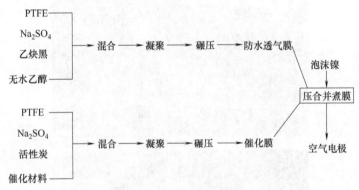

图 9-8 空气电极制备方法

其主要制作步骤如下：

① 将导电剂和黏结剂加入无水乙醇中搅拌分散均匀，然后使用辊压机反复滚压成膜，采用同样的方法制备出疏水层；

② 将制备好的疏水层、催化层和集流体按照"三明治"方式进行叠放，采用热平压法或者滚压法制备得到空气电极；

③ 将制备好的空气电极进行后处理,采用焙烧法或煮膜的方法提高膜的强度和性能。

9.4 铝-空气电池电解液

9.4.1 缓蚀剂

铝-空气电池应用研究中常见的电解液是碱性介质,因为碱性铝-空气电池具有更高的放电电压和更好的电池性能。然而,在碱性电解液中铝阳极极易发生析氢自腐蚀反应,这是碱性铝-空气电池面临的主要问题之一。通过选择合适的电解液可以有效减缓铝的自腐蚀,常用方法是在电解质中加入腐蚀抑制剂,即缓蚀剂。缓蚀剂的主要机理是通过缓蚀剂吸附到金属表面,从而有效地将自腐蚀反应降低到可控的范围。铝-空气电池缓蚀剂根据成分可以划分为无机缓蚀剂和有机缓蚀剂等,它们之间可以复合,产生一定的协同作用。

9.4.1.1 无机缓蚀剂

锡酸盐是一种常见的缓蚀剂,其对铝合金腐蚀的保护及阳极溶解的作用取决于其用量。研究证明,在50℃的4mol/L NaOH 溶液中,1×10^{-3} mol/L Na_2SnO_3 表现出最佳的腐蚀抑制作用,铝合金放电效率提高至95%。SnO_3^{2-} 在反应过程中被还原成金属锡附着在铝金属表面,可以抑制析氢反应的进行。但是锡酸盐会干扰电解液的管理,锡容易在不溶性氧化物中析出,使电解液难以维持所需浓度。Na_2SnO_3 还可以减缓氢氧化铝晶体的生长。

添加 $In(OH)_3$ 有利于增强铝阳极的放电性能,铝阳极在浓度为 1×10^{-2} mol/L 的 $In(OH)_3$ 碱性电解液中显示出最负的电极电位。铟可以从电解质中析出附着在铝阳极表面,有助于表面氢氧化物层的分离,促进底层铝的溶解,因此将导致负面抑制作用和低放电效率。不同的缓蚀剂复配使用具有一定的协同效应。如将具有腐蚀抑制作用的 Na_2SnO_3 与具有促进阳极溶解作用的 $In(OH)_3$ 混合,铝阳极在开路时显示出高的抑制效率和高的放电效率,且该复合缓蚀剂可以使铝阳极的电位负移。

9.4.1.2 有机缓蚀剂

有机化合物已被广泛用作铝及其合金的缓蚀剂,因为它们含有的几种杂原子(N、S、O 和 P)可以作为吸附中心。图9-9 是常见的铝-空气电池电解液有机缓蚀剂[39]。Princey 和 Nagarajan 等[40]研究表明在30℃下,3-羟基黄酮在1mol/L NaOH 溶液中的腐蚀抑制效率可以达到99.59%。抑制效果随着有机物浓度的增加而增加,但随着温度的升高而降低。继续添加季铵溴化物和碘化物盐可以进一步提高抑制效果。Abdel-Gaber[41]等研究显示十六烷基三甲基溴化铵(CTAB)在2mol/L NaOH 溶液中对铝的腐蚀抑制效率可达99.68%;抑制效果随着化合物浓度的增加而增加,在 CTAB 临界胶束浓度附近,可获得最

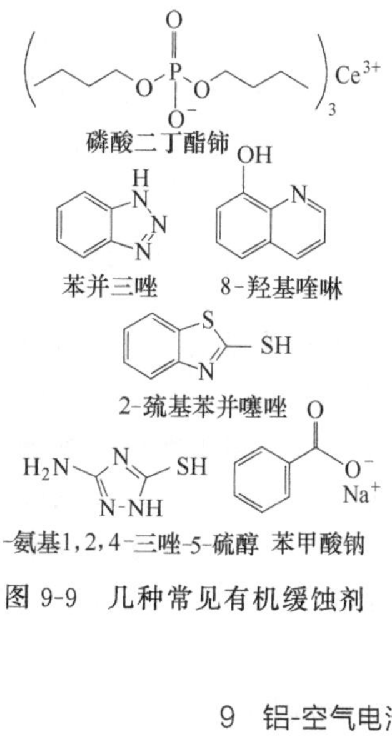

图 9-9 几种常见有机缓蚀剂

佳的抑制效果。CTAB浓度的进一步增加将会导致腐蚀电流的降低。Lakshmi[42]等报道了二异丙基硫脲（DISOTU）也可以作为一种有效的缓蚀剂，缓蚀效果随着DISOTU浓度的增加而增加，其缓蚀效率可以达到98.25%。

有机缓蚀剂不仅可以有效抑制铝的腐蚀，在提高电池性能方面也显示出极大的优势。Liu等[43]等研究表明，CMC和ZnO的复合能有效地阻止铝合金在4mol/L NaOH溶液中的自腐蚀，因为CMC和Zn^{2+}在铝合金表面相互作用形成一层复合膜，吸附在铝表面上的羧基使保护膜更稳定，因而大幅度提升了放电性能，其作用机理如图9-10所示。Nie等[44]等将Na_2SnO_3和酪蛋白复合，作为一种新型缓蚀剂应用于碱性铝-空气电池，结果表明腐蚀速率降低了约一个数量级，腐蚀抑制作用主要归因于对阴极反应过程的抑制。此外，

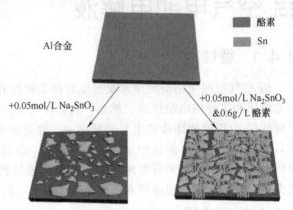

图9-10 复合缓蚀剂（CMC-ZnO）的作用机理

对铝表面的形态和组成的分析表明，由于酪蛋白中极性官能团的强吸附，酪蛋白可以极大地促进锡的沉积，从而在铝表面形成均匀且稳定的沉淀层。

9.4.1.3 植物提取物

化学抑制剂的使用越来越受环境法规限制，目前植物提取物作为一种潜在的环保型有机缓蚀剂受到越来越多的关注。植物提取物具有环保和可再生的优点，可通过简单化学方法进行提取，成本较低，绿色环保。植物提取物已经被证明可以在各种化学环境下对不同金属实现有效保护。植物提取物通过将其分子吸附在腐蚀金属表面产生缓蚀作用，缓蚀效果取决于在特定条件下吸附层的机械结构和化学特性。

Halambek等[45,46]采用失重法和极化法，对从狭叶薰衣草中提取的植物油以及月桂油对铝合金的缓蚀性能进行了研究，结果表明，这两种缓蚀剂可以对铝合金提供良好的保护和防止铝合金表面发生点蚀。Abiola和Otaigbe[47]研究发现叶下珠叶提取物在2mol/L NaOH溶液中对铝自腐蚀的抑制效率达到76%。此外，他们还研究了陆地棉叶子（GLE）和种子（GSE）提取物碱性电解液对铝的缓蚀效果[48]，结果表明，GLE比GSE更有效，两种提取物的缓蚀效率分别为97%和94%。此外，三叶草[49]和羽扇豆种子提取物[50]等在碱性溶液中对铝合金也有很高的缓蚀效率，而且缓蚀效率随着温度增加而降低，随着提取物浓度增加而升高。

9.4.2 固态电解质

电解质是铝-空气电池的重要组成部分，用于分隔电池正负极以防止短路，同时在正负极之间传输离子以维持电化学反应的持续进行，现有的金属-空气电池普遍采用液态电解液。液态电解液电导率很高，但是其流动性强，容易造成空气电极淹没，降低三相界面位点，不利于氧气还原反应。

近年来，采用亲水性聚合物凝胶为金属-空气电池电解质开辟了新的研究方向，这种固态聚合物凝胶电解质从根本上解决了电解液流动性强的问题。在水系电解液中添加凝胶

类聚合物如聚乙烯醇（PVA）、聚丙烯酸（PAA）等，可以制备出固态电解质薄膜[51]，这类固态电解质不仅具有很好的机械强度以及较好的电导率，同时 PVA、PAA 也可用作缓蚀剂，降低金属腐蚀速率。此外 Zhang 等在 PAA 溶液中加入交联剂，将 PAA 聚合物链结合成三维网络结构，将电解质水溶液固定在聚合物网络中，形成自支撑式的固态聚合物凝胶电解质（PGE），兼顾电导率和机械强度的要求[52]。Zhang 等采用简单的聚合方法制备 PAA 碱性凝胶电解质，即将 AA 单体聚合先形成聚合物长链，然后加入交联剂（MBA）提高电解质的网络结构和储水特性（图 9-11）。AA 单体浓度的增加可以提高 PAA 的分子量和凝胶机械强度，交联剂含量会影响凝胶电解质的机械强度和柔韧性，制备的凝胶电解质的电导率达到 460mS/cm，接近水性电解质，将其应用在全固态铝-空气电池上，测试结果表明该电池的最高能量密度达 1230mW·h/g[53]。

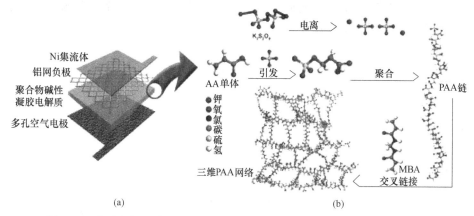

图 9-11 全固态铝-空气电池示意图（a）和 PAA 凝胶电解质制备过程（b）

9.5
铝-空气电池存在的问题及展望

铝-空气电池发展到今天已处在一个关键时期，一方面是社会对新能源的迫切需求寄予了铝-空气电池厚望；另一方面，铝-空气电池的大规模商业化还有一定的挑战。当前国内外研究学者对铝-空气电池展开了广泛的研究。阳极方面，通过设计新型铝合金阳极可以较好地抑制析氢自腐蚀，大幅度提升阳极利用率，虽然还未达到令人满意的程度，但是从技术方面已经不影响规模化应用。阴极方面，各种高性能的氧还原催化剂不断地被开发和制备出来。从催化活性角度看，已有不少催化性能优于铂的催化剂问世，但是难以大规模制备，影响其商业化应用。纳米二氧化锰等催化剂已基本能实现宏量制备，催化性能虽不及铂，但基本能够满足铝-空气电池组的运行需求。但铝-空气电池在商业化的进程上，还有以下问题需要考虑和研究，需要科学家和工程师的共同努力。

① 空气电极的稳定性需要进一步提升。铝-空气电池在长时间放电后，空气电极表面会出现裂缝，导致电极疏水性下降，集流体会出现一定程度的腐蚀；同时催化剂活性也会出现一定程度的下降，而且反应产物可能会附着在催化剂表面，这些都大大影响了空气电极的稳定性及功率密度。理想情况下，需要空气电极能稳定运行五年以上。

② 完善电池构造技术。当前在铝-空气电池结构上的设计研究相对较少，阴阳极之间的距离及电解池大小等都会影响铝-空气电池的性能。只要电极和电解液接触，铝-空气电池就会一直放电，如何通过设计电池结构，实现停止放电也很关键。而且，铝-空气电池具有不同的使用场景，不同的使用环境下，其结构也可能会差别很大。

③ 由于铝-空气电池单体提供的电压和电流有限，实际应用中要使用大量的单体进行串联和并联，在进行机械充电时，如何实现快速更换铝阳极和电解液，在铝-空气动力电池领域至关重要。

另外，要想使铝-空气电池真正具有实用意义，成本是必须考虑的一个问题。铝-空气电池虽然先天具有低成本的优势，但是目前缺乏对铝-空气电池运行过程中系统的成本分析，对其实际成本还缺乏数据支撑。

因此，进一步降低铝-空气电池成本，提高铝空气电池功率，完善电池结构等是未来铝-空气电池商业化发展的工作重点。

习　题

1. 请介绍铝-空气电池工作原理、结构与优点。
2. 如何选择铝-空气电池的阴极催化剂？
3. 如何构筑铝-空气电池的正极结构？
4. 请展望铝-空气电池的未来应用潜力。

参 考 文 献

[1] Mokhtar M, et al. Recent developments in materials for aluminum-air batteries: A review. J Ind Eng Chem, 2015, 32: 1-20.

[2] Hu Y et al. Recent progress and future trends of aluminum batteries. Energy Technol, 2019, 7 (1): 86-106.

[3] Cho Y J, et al. Aluminum anode for aluminum-air battery - Part Ⅰ: Influence of aluminum purity. J Power Sources, 2015, 277: 370-378.

[4] Ma J, et al. Electrochemical performance of melt-spinning Al-Mg-Sn based anode alloys. Int J Hydrog Energy, 2017, 42 (16): 11654-11661.

[5] Park I J, et al. Aluminum anode for aluminum-air battery——Part Ⅱ: Influence of In addition on the electrochemical characteristics of Al-Zn alloy in alkaline solution. J Power Sources, 2017, 357: 47-55.

[6] Srinivas M, et al. Solubility effects of Sn and Ga on the microstructure and corrosion behavior of Al-Mg-Sn-Ga alloy anodes. J Alloys Compd, 2016, 683: 647-653.

[7] Gao X, et al. TMS Annual Meeting & Exhibition. Springer, 2018: 99-108.

[8] 张乃方，等. 固溶处理对 Al-In-Mg-Sn 阳极合金组织和电化学性能的影响. 材料热处理学报，2016, 37 (5): 162-167.

[9] Yin X, et al. Influence of rolling processing on discharge performance of Al-0.5 Mg-0.1 Sn-0.05 Ga-0.05 In alloy as anode for Al-air battery. Int J Electrochem Sci, 2017, 12 (5): 4150-4163.

[10] Yu Y, et al. Laser sintering of printed anodes for Al-air batteries. J Electrochem Soc, 2018, 165 (3): A584-A592.

[11] Zhang Y, et al. Effect of pass deformation on microstructure, corrosion and electrochemical properties of aluminum alloy anodes for alkaline aluminum fuel cell applications. Met Mater Int, 2013, 19 (3): 555-561.

[12] Pino M, et al. Carbon treated commercial aluminium alloys as anodes for aluminium-air batteries in sodium chloride electrolyte. J Power Sources, 2016, 326: 296-302.

[13] Fan L, et al. The effect of crystal orientation on the aluminum anodes of the aluminum-air batteries in alkaline electrolytes. J Power Sources, 2015, 299: 66-69.

[14] Fan L, et al. The effect of grain size on aluminum anodes for Al-air batteries in alkaline electrolytes. J Power Sources, 2015, 284: 409-415.

[15] Lee J S, et al. Metal-air batteries with high energy density: Li-air versus Zn-air. Adv Energy Mater, 2011, 1 (1): 34-50.

[16] Kowalczk I, et al. Li-air batteries: A classic example of limitations owing to solubilities. Pure Appl Chem, 2007, 79 (5): 851-860.

[17] McCloskey B D, et al. Solvents' critical role in nonaqueous lithium-oxygen battery electrochemistry. The Journal of Physical Chemistry Letters, 2011, 2 (10): 1161-1166.

[18] 赵辉, 等. 空气电池氧电极催化剂的发展及研究现状. 电源技术, 2013, 37 (9): 1690-1692.

[19] Cheng F, et al. Metal-air batteries: From oxygen reduction electrochemistry to cathode catalysts. Chem Soc Rev, 2012, 41 (6): 2172-2192.

[20] Zhang J, et al. Controlling the catalytic activity of platinum - monolayer electrocatalysts for oxygen reduction with different substrates. Angew Chem Int Edit, 2005, 44 (14): 2132-2135.

[21] Stamenkovic V R, et al. Improved oxygen reduction activity on Pt_3Ni (111) via increased surface site availability. Science, 2007, 315 (5811): 493-497.

[22] Yamamoto K, et al. Size-specific catalytic activity of platinum clusters enhances oxygen reduction reactions. Nat Chem, 2009, 1 (5): 397.

[23] Lim B, et al. Pd-Pt bimetallic nanodendrites with high activity for oxygen reduction. Science, 2009, 324 (5932): 1302-1305.

[24] Stamenkovic V R, et al. Trends in electrocatalysis on extended and nanoscale Pt-bimetallic alloy surfaces. Nat Mater, 2007, 6 (3): 241.

[25] Lim B, et al. Nucleation and growth mechanisms for Pd-Pt bimetallic nanodendrites and their electrocatalytic properties. Nano Res, 2010, 3: 69-80.

[26] Cheng F, et al. Selective synthesis of manganese oxide nanostructures for electrocatalytic oxygen reduction. ACS Appl Mater Interfaces, 2009, 1 (2): 460-466.

[27] Miyazaki K, et al. Single-step synthesis of nano-sized perovskite-type oxide/carbon nanotube composites and their electrocatalytic oxygen-reduction activities. J Mater Chem, 2011, 21 (6): 1913-1917.

[28] Suntivich J, et al. Design principles for oxygen-reduction activity on perovskite oxide catalysts for fuel cells and metal-air batteries. Nat Chem, 2011, 3 (7): 546-550.

[29] Chen Z, et al. A review on non-precious metal electrocatalysts for PEM fuel cells. Energy Environ Sci, 2011, 4 (9): 3167-3192.

[30] Tributsch H. Multi-electron transfer catalysis for energy conversion based on abundant transition metals. Electrochim Acta, 2007, 52 (6): 2302-2316.

[31] Bezerra C W, et al. A review of Fe-N/C and Co-N/C catalysts for the oxygen reduction reaction. Electrochim Acta, 2008, 53 (15): 4937-4951.

[32] Lefevre M, et al. Molecular oxygen reduction in PEM fuel cell conditions: ToF-SIMS analysis of

Co-based electrocatalysts. J Phys Chem B, 2005, 109 (35): 16718-16724.

[33] Guo C C, et al. Study on synthesis, characterization and biological activity of some new nitrogen heterocycle porphyrins. Bioorg Med Chem, 2003, 11 (8): 1745-1751.

[34] Dong G, et al. Iron phthalocyanine coated on single-walled carbon nanotubes composite for the oxygen reduction reaction in alkaline media. Phys Chem Chem Phys, 2012, 14 (8): 2557-2559.

[35] Shi Y, et al. Single-atom catalysis in mesoporous photovoltaics: The principle of utility maximization. Adv Mater, 2014, 26 (48): 8147-8153.

[36] Qiao B, et al. Single-atom catalysis of CO oxidation using Pt_1/FeO_x. Nat Chem, 2011, 3 (8): 634.

[37] Shen A, et al. Oxygen reduction reaction in a droplet on graphite: Direct evidence that the edge is more active than the basal plane. Angewandte Chemie, 2014, 126 (40): 10980-10984.

[38] Gong K, et al. Nitrogen-doped carbon nanotube arrays with high electrocatalytic activity for oxygen reduction. Science, 2009, 323 (5915): 760-764.

[39] Xhanari K, et al. Organic corrosion inhibitors for aluminum and its alloys in chloride and alkaline solutions: a review. Arab J Chem, 2016, 12 (8): 4646-4663.

[40] Princey J M, et al. Corrosion inhibition of aluminium using 3-Hydroxy flavone in the presence of quarternary ammonium salts in NaOH medium. Journal of the Korean Chemical Society, 2012, 56 (2): 201-206.

[41] Abdel-Gaber A M, et al. Novel package for inhibition of aluminium corrosion in alkaline solutions. Mater Chem Phys, 2010, 124 (1): 773-779.

[42] Lakshmi N V, et al. The corrosion inhibition of aluminium in 3.5% NaCl by diisopropyl thiourea. International Journal of Chemtech Research, 2013, 5 (4): 1959-1963.

[43] Liu J, et al. Synergistic effects of carboxymethyl cellulose and ZnO as alkaline electrolyte additives for aluminium anodes with a view towards Al-air batteries. J Power Sources, 2016, 335: 1-11.

[44] Nie Y, et al. An effective hybrid organic/inorganic inhibitor for alkaline aluminum-air fuel cells. Electrochim Acta, 2017, 248: 478-485.

[45] Halambek J, et al. Laurus nobilis L. oil as green corrosion inhibitor for aluminium and AA5754 aluminium alloy in 3% NaCl solution. Mater Chem Phys, 2013, 137 (3): 788-795.

[46] Halambek J, et al. The influence of Lavandula angustifolia L. oil on corrosion of Al-3Mg alloy. Corrosion Sci, 2010, 52 (12): 3978-3983.

[47] Abiola O K, et al. The effects of Phyllanthus amarus extract on corrosion and kinetics of corrosion process of aluminum in alkaline solution. Corros Sci, 2009, 51 (11): 2790-2793.

[48] Abiola O K, et al. Gossipium hirsutum L. Extracts as green corrosion inhibitor for aluminum in NaOH solution. Corros Sci, 2009, 51 (8): 1879-1881.

[49] Geetha S, et al. Solanum trilobatum as a green inhibitor for aluminium corrosion in alkaline medium. Journal of Chemical and Pharmaceutical Research, 2013, 5 (5): 195-204.

[50] Irshedat M K, et al. Investigations of the inhibition of aluminum corrosion in 1 M NaOH solution by Lupinus varius l. Extract. Portugaliae Electrochimica Acta, 2013, 31 (1): 1-10.

[51] Zhu H, et al. Flaky polyacrylic acid/aluminium composite particles prepared using in-situ polymerization. Dyes Pigment, 2010, 86 (2): 155-160.

[52] Zhang G, et al. MnO_2/MCMB electrocatalyst for all solid-state alkaline zinc-air cells. Electrochim Acta, 2004, 49 (6): 873-877.

[53] Zhang Z, et al. All-solid-state Al-air batteries with polymer alkaline gel electrolyte. J Power Sources, 2014, 251: 470-475.

10 质子交换膜燃料电池阴极催化剂的设计与调控

进入 21 世纪后，化石能源短缺问题和伴随而来的环境污染问题一直困扰着学术界、工业界以及各国政府部门。除了工业领域，交通运输业已经成为第二大消耗化石能源的领域。随着电动汽车产业的蓬勃发展，大量的目光聚焦在发展燃料电池来作为非常有前景的电动汽车动力电源。燃料电池是一类将化学能直接转换为电能的装置。由于不受卡诺循环的限制，燃料电池具有极高的转换效率。同时，燃料电池以氢气（清洁能源）和空气（氧气）分别作为燃料和氧化剂，仅排出副产物水，因而被认为是新一代非常有前途的清洁能源技术。

10.1 燃料电池概述

10.1.1 燃料电池历史

早在 1838 年，德裔瑞士科学家 C. Schönbein 就阐述了燃料电池的工作原理。随后，英国科学家 W. Grove 首次发现在硫酸溶液中电解产生的氢气和氧气能够在铂电极上放电。1889 年，L. Mond 和 C. Langer 采用浸有电解质的多孔材料为隔膜，以铂黑为两极的电催化剂，组装成了一个实际的燃料电池，并首次赋予其"燃料电池"的名称。此后，W. Ostwald 对燃料电池各部分的作用和原理进行了详细阐述，奠定了燃料电池的理论基础。

然而，与此同时，内燃机得到了快速的发展并被迅速推广到各行各业，使得人们对燃料电池的研究兴趣下降。尽管如此，仍有一些科学家持续关注燃料电池的发展。1923 年，A. Schmid 创造性地提出了多孔气体扩散电极的概念；1959 年，F. Bacon 提出了双孔结构电极的概念，并成功开发出第一个 5 千瓦级的中温（200℃）碱性燃料电池；同年，H. Ihrig 开发了 15 千瓦功率的燃料电池驱动的牵引车。作为燃料电池历史上的里程碑事件，碱性燃料电池被用于"阿波罗"登月飞船的主电源，为人类首次登上月球做出了重大贡献。

基于燃料电池在航天领域的成功应用，以及中东战争后石油危机的出现，对于燃料电池的研究在 20 世纪 70 年代达到一个高潮。美国和日本等国都制定了关于燃料电池的长期发展规划。重要的是，对燃料电池研究的重点也从航天、航空等领域的应用向民用、地面等应用领域转变。在这一时期，各国研究和发展的重点是以磷酸为电解质的磷酸燃料电池。随后由于在电能和热能方面的高效率，20世纪80年代的熔融碳酸盐燃料电池和90年代的固体氧化物燃料电池都受到了广泛关注，并得到了快速发展。尤其是进入20世纪90年代以来，随着高性能催化剂和聚合物膜的发展，以及电极结构改进，质子交换膜燃料电池的发展取得重大突破，已经在电动交通工具、便携式电源等方面表现出巨大的潜力。21世纪以来，已经有燃料电池汽车被成功推向市场（比如丰田汽车公司的Mirai燃料电池汽车），自此拉开了燃料电池大规模商业化、实用化的序幕。

10.1.2 燃料电池基本工作原理

燃料电池本质上是电化学能量转换装置，将化学能转换成电能，这与其它电池（batteries）技术相似。燃料电池基本结构和其它电池相似，主要由阴极、阳极、电解质以及其它辅助部件组成。其工作原理是通过阴阳极的电化学反应，将燃料和氧化剂中存储的化学能直接转换为电能。燃料电池工作时，阳极通入燃料（通常是氢气或甲烷等碳氢化合物），发生氧化反应；阴极通入氧气或空气，发生还原反应；在阳极、阴极之间的电解质可以传递离子，实现离子在燃料电池内部的迁移；在外电路，电子流动形成电流，从而实现化学能向电能的转换。理论上讲，只要外部持续提供反应物质，燃料电池便可以源源不断地向外部输电，所以燃料电池可以被看作是一种"发电技术"。

作为一种新的发电技术，燃料电池又与其它电池存在很大差别。这主要表现在其它电池的活性物质直接作为电池自身的组成部分，也就是反应物存储在电池内部，因此这些电池本质上是一种能量存储装置，所能获得的最大能量取决于电池本身所含的活性物质量，这就是为什么这一类电池强调能量密度和功率密度的原因。同时，在工作过程中，其它电池电极的活性物质不断消耗变化，其性能难以保持稳定，无论一次放电寿命还是循环寿命都很有限。而燃料电池在本质上是一种能量转换装置，或者说是发电装置，其燃料和氧化剂存储在电池外部，理论上只要不间断地向电池内部提供燃料和氧化剂并同时排出反应产物，燃料电池就可以连续产生电能。而且燃料电池的电极主要起催化剂的作用，理论上在工作过程中并不发生变化，原则上电池性能非常稳定，寿命是无限的。当然，在实际情况中，由于电池组成部件的老化失效，燃料电池的使用寿命也有一定限制。

10.1.3 燃料电池的特点和优势

燃料电池具有几个突出的特点和优势。

① 污染小。采用氢气和氧气作为燃料和氧化剂，燃料电池的副产物仅为水，并不产生二氧化碳温室气体和硫氧化物、氮氧化物等污染物，因此是一种清洁能源。考虑到经济效益，燃料电池采用重整气作为燃料，尽管在该过程中会产生二氧化碳，但这一过程产生的二氧化碳量比热机发电的排放量要减少30%以上。因此，燃料电池的污染可以忽略不计。

② 效率高。燃料电池将燃料和氧化剂中的化学能等温地转换为电能，不受卡诺循环限制。在工作中，燃料电池的实际效率约为40%～60%；若采用热电联供的方式，燃料电池的能量转换效率可达80%以上。另外，一般的汽油、柴油发动机在低于额定负载条件下运行时，由于机械损失和热损失增加，其实际效率会下降；然而在低于额定负载条件下，燃料电池的各种极化会减小，因此整体效率会提高。

③ 噪声低。一般热机工作过程中有大量运动部件，因此产生大量噪声。燃料电池不存在运动的机械部件，因此工作时更为安静，不产生噪声污染。

④ 响应速度快。由于不存在机械能的转换，燃料电池对负载变化的响应速度很快。小型燃料电池可在微秒范围实现对负载的匹配；兆瓦级燃料电池电站也可在数秒内实现对负载变化的响应。这样的响应速度是热机无法实现的。

⑤ 易于建设和维护。燃料电池通常不需要庞大的配套建设，占地面积不大。燃料电池安静、清洁，因此可以在人群密集区建设，例如居民区、景区等，可作为电源使用。同时，燃料电池易于模块化，可以方便地组装、拆卸、运输，易于维护。

10.1.4 燃料电池主要类型

迄今，已经有多种燃料电池被发明。按照电解质的种类、工作温度、燃料来源等可将燃料电池进行分类。例如，按照工作温度可将燃料电池分为低温、中温、高温；按照燃料来源，可将燃料电池分为直接型、间接型和再生型。直接型燃料电池指燃料不经过任何处理，直接通入燃料电池，例如前面提到的氢氧质子交换膜燃料电池；间接型燃料电池指燃料在进入燃料电池前需要经过处理转化，例如将甲醇重整产生的含氢混合气用作燃料；再生型燃料电池指产生的水等产物通过某种方式裂解成燃料，如光解水、电解水等技术，再用于燃料电池发电。

目前比较常见的燃料电池分类方法是按照电解质来进行分类，如表10-1所示。质子交换膜燃料电池采用固态高分子Nafion膜作为电解质，工作温度通常较低，在40~80℃之间。由于工作温度较低，质子交换膜燃料电池非常适用于交通领域，如电动汽车电源。进入21世纪，已经有很多公司尝试开发质子交换膜燃料电池汽车。如日本丰田已经成功地推出了Mirai系列电动汽车，并投放市场。由于其工作温度较低，为了维持一定的工作性能，质子交换膜燃料电池通常需要高活性的Pt基贵金属作为催化剂。然而，在低温范围即便是痕量的一氧化碳也会对Pt基贵金属的活性造成极大伤害（催化剂中毒失活），因此质子交换膜燃料电池对于燃料的纯度要求极高。同时需要指出，由于使用Pt基贵金属，质子交换膜燃料电池的价格也成为制约其发展的阻碍。尽管近年来涌现出多种性能优异的非贵金属催化剂，但其距离大规模商业化应用还有一定差距。

表10-1 几种常见的燃料电池

类型	质子交换膜燃料电池（PEMFC）	碱性燃料电池（AFC）	磷酸燃料电池（PAFC）	熔融碳酸盐燃料电池（MCFC）	固体氧化物燃料电池（SOFC）
燃料	氢气	氢气	氢气	氢气/一氧化碳	氢气/一氧化碳
氧化剂	氧气/空气	氧气/空气	氧气/空气	氧气/空气/二氧化碳	氧气/空气
电解质	固态高分子膜	碱溶液	磷酸	熔融碳酸盐	固态氧化物
工作温度	40~80℃	50~120℃	150~220℃	600~700℃	600~1000℃
效率	60%	60%	40%	50%~60%	50%~60%
应用	备用电源/便携式电源/分布式电站/交通领域	军用/空间探测用电源	分布式电站	分布式电站	分布式电站
存在的挑战	催化剂昂贵/燃料纯度要求高	电解质要求高	启动时间长	材料高温稳定性和热相容性要求高/启动时间长	材料高温稳定性和热相容性要求高/启动时间长

碱性燃料电池采用碱溶液作为电解质，工作温度稍高。碱性燃料电池是发展最充分、最成熟可靠的一类燃料电池。早在20世纪60年代，美国NASA就将碱性燃料电池用于航天器的能量来源。非贵金属催化剂在碱性下的活性和稳定性都好于Pt基催化剂，因此碱性燃料电池的成本要比质子交换膜燃料电池低。然而碱性电解质对于空气中的二氧化碳非常敏感，因此对于碱性燃料电池的密封性和气体纯度提出了很高的要求，这又大大提高了成本。鉴于此，碱性燃料电池常用于军事用途或空间探测装置。

磷酸燃料电池采用磷酸作为电解质，是商业化发展最快的一类燃料电池。其工作温度较质子交换膜燃料电池和碱性燃料电池高，因此催化剂对毒化物种的耐受性较强。然而其效率不高，同时由于工作温度属于中温范围，余热利用率也不高，启动时间比质子交换膜燃料电池和碱性燃料电池更长。

熔融碳酸盐燃料电池采用熔融碳酸盐作为电解质，工作温度属于高温范围，因此对燃料的纯度要求不高，同时不需要昂贵的贵金属作为催化剂，具有较高的热电联供效率。但是在高温下熔融态的电解质难以管理，极易造成电解液渗漏等问题。同时高温对电池材料的热稳定性以及各个组件之间的热相容性提出了更高的要求。

固体氧化物燃料电池也属于高温燃料电池的一种。与熔融碳酸盐燃料电池一样，固体氧化物燃料电池对催化剂、燃料的要求不高，热电联供效率高。尽管在高温下固体氧化物燃料电池不存在液态成分，电解质易于管理，但固态氧化物的机械强度、热相容性受到了更高的挑战，其启动时间也较长。

与中高温燃料电池（磷酸燃料电池、熔融碳酸盐燃料电池、固体氧化物燃料电池等）相比，低温燃料电池如质子交换膜燃料电池更接近实用化应用，如分布式电站、便携式电源、交通运输等领域。其特点是使用高分子膜作电解质，需要使用高活性的电催化剂促进阴阳两极电化学反应发生等。因此，质子交换膜燃料电池是最具有应用前景的一类燃料电池。

10.2
质子交换膜燃料电池的工作原理和结构

质子交换膜燃料电池（PEMFC）通常是以全氟磺酸型固体聚合物为电解质，因此也称为聚合物电解质燃料电池或固体聚合物电解质燃料电池等。早在20世纪60年代，通用电气公司就为美国宇航局开发了质子交换膜燃料电池，期望应用于美国"双子星座"航天器。但当时采用的电解质膜是聚苯乙烯磺酸膜，在质子交换膜燃料电池工作过程中会发生分解，不仅缩短了电池寿命，还污染了水。因此最终美国宇航局采用了碱性燃料电池。质子交换膜燃料电池的研究陷入低潮。到80年代中期，在加拿大国防部资助下，巴拉德动力公司开展了质子交换膜燃料电池的研究工作，此后在美加两国科学家的努力下，通过改进电解质膜，采用了更轻薄的全氟磺酸膜，以及改进催化剂制备工艺和电极制造工艺，质子交换膜燃料电池的性能得以大幅度提高，成本大幅度降低，更加接近实用化。

除了一般燃料电池的优势，如能量转换效率高等特点外，质子交换膜燃料电池还具有低温快速启动、无电解液流失和腐蚀性、寿命长、比能量和比功率高、设计简单、制造方便等优点。这些优势使得质子交换膜燃料电池非常适合可移动、便携式能源系统，是电动车和便携式设备的理想能源之一。然而，质子交换膜燃料电池的劣势在于贵金属催化剂易受一氧化碳毒化，因此难以采用经济的重整气作为燃料，需要对燃料进行净化提纯后方可使用。质子交换膜燃料电池的余热几乎不能有效利用。此外，质子交换膜燃料电池采用贵金属催化剂，成本高，其它组件如电解质膜、双极板等成本也居高不下，这些都制约了质子交换膜燃料电池的商业化进程。

典型的质子交换膜燃料电池以全氟磺酸型固体聚合物为电解质（全氟磺酸膜本质上是一种酸性电解质，传导的离子为质子），以铂或铂合金作为阴阳极的催化剂，采用氢气或净化重整气为燃料，空气或纯氧气为氧化剂。其工作原理如图 10-1 所示。

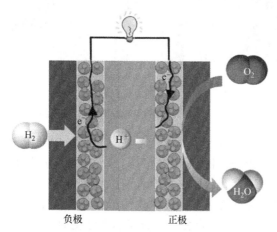

图 10-1　质子交换膜燃料电池工作原理示意图[1]

在阳极，氢气在催化剂的作用下发生分解生成质子和电子：

$$2H_2 \longrightarrow 4H^+ + 4e^-$$

所产生的质子通过质子交换膜传递到阴极，而电子则通过外电路到达阴极。在阴极，氧气与阳极传递来的质子和电子反应生成水：

$$O_2 + 4H^+ + 4e^- \longrightarrow 2H_2O$$

因此总电极反应为

$$2H_2 + O_2 \longrightarrow 2H_2O$$

为了实现上述工作过程，需要满足电子、质子、反应物粒子同时到达活性位发生反应，因此人们设计了三明治结构的气体扩散电极，作为质子交换膜燃料电池的电极。如图 10-2 所示，质子交换膜分别被阴阳极催化层覆盖，再向外被气体扩散层覆盖，这一结构被称为膜电极。膜电极中扩散层的作用主要是支撑催化层，并为电化学反应提供电子通道、气体通道和排水通道，而催化层则是发生电化学反应的区域，是质子交换膜燃料电池的核心。膜电极进而被带有流场的双极板夹紧，双极板一方面提供流动的气体反应物，一方面实现集流体的作用。

作为质子交换膜燃料电池的核心，电催化剂在其性能和寿命方面都起着决定性的作用。由图 10-1 所示，质子交换膜燃料电池本质上由氢气氧化（hydrogen oxidation reaction，HOR）和氧气还原（oxygen reduction reaction，ORR）两个半电池反应构成，而 HOR 和 ORR 的动力学速度很慢，通常需要催化剂（比如 Pt 基材料）加快反应速度，实现质子交换膜燃料电池的高性能。催化剂是质子交换膜燃料电池必不可少的组成部分。然而，一方面 Pt 族金属储量稀少，昂贵，因此质子交换膜燃料电池的价格居高不下；另一

图 10-2　质子交换膜燃料电池电极结构示意图[2]

方面，ORR 相比于 HOR 的动力学速度要低数个数量级，因此 Pt 族金属催化剂主要消耗在阴极，阳极催化层所用 Pt 材料的含量并不高，并不会成为制约质子交换膜燃料电池的最主要因素。为了解决该问题，科研人员投入了大量精力研究 Pt 基 ORR 贵金属催化剂，期望提高单个活性位的本征活性，从而开发高性能质子交换膜燃料电池；同时也致力于开发非贵金属 ORR 催化剂，以期完全替代贵金属阴极催化剂。

10.3 质子交换膜燃料电池贵金属催化剂

目前最广泛使用的催化剂是 Pt 基贵金属材料。为了提高 Pt 的利用率、降低载量，Pt 及 Pt 合金均以纳米颗粒的形式（通常 2～5nm）高度分散在碳载体上[3]。碳载体以炭黑或乙炔黑为主（如炭黑 Vulcan XC-72R，其平均粒径为 30nm，比表面积达 250m^2/g）。

10.3.1　贵金属催化剂的活性

以 Pt 为代表的贵金属催化剂表面 ORR 的活性与贵金属纳米颗粒的粒径分布[4]、元素组成[5]和形貌（优势晶面）[6]等参数有关。因此，通过调节 Pt 纳米颗粒的各种参数、合金化等可以实现对表面 ORR 本征活性的调节。总体来讲，因为贵金属纳米颗粒的生长总是趋向于能量最低的方向，所以贵金属纳米颗粒的粒径分布和优势晶面的可控调节需要采取特殊的制备手段。

10.3.1.1　Pt 基纳米颗粒粒径分布的调控

在电催化过程中，尺寸大的纳米颗粒通常意味着低的比表面积和更少的电催化活性位；反之，过小的纳米颗粒容易发生团聚、熟化或溶解等，造成稳定性下降。因此，纳米颗粒粒径分布对于平衡活性位密度和稳定性十分重要。

为了调控粒径分布，首先要了解在金属纳米颗粒的制备过程中有两个主要的接续步骤：贵金属成核，以及晶核的生长。通常来说，增加成核速度、降低晶核生长速度有利于生成更小的纳米颗粒。

目前多元醇法是最广泛采用的制备贵金属及其合金纳米颗粒催化剂的方法。以乙二醇法为例[7,8]，升温可以使乙二醇发生氧化，电子转移到贵金属前驱体并使其还原形成纳米颗粒，此过程中形成的中间物如乙醇酸等会对形成的纳米颗粒起到稳定作用。然而，这一类物质对粒径的限制作用相对有限，很多研究工作采用高分子或聚合物电解质，实现更高效的粒径控制或限制[9-15]。以聚二烯丙基二甲基氯化铵［poly (dimethyl diallyl ammonium chloride), PDDA］为例，在 Pt 纳米颗粒的形成过程中，PDDA 首先水解成带正电的链结构和游离的氯离子，如图 10-3 所示，加入的氯铂酸前驱体会迅速与氯离子发生交换反应，吸附在长链结构上（步骤Ⅰ）[16,17]。这样，Pt 前驱体被 PDDA 长链结构保护，形成纳米反应器。当加入还原剂后，形成大量的 Pt 晶种（步骤Ⅱ）。此后晶种会逐渐长大，但 PDDA 纳米反应器会限制 Pt 纳米颗粒过度生长（步骤Ⅲ）。最后，这些 Pt 纳米颗粒粒径可以被成功地限制在 2~3nm[7,17]，同时展现出优异的活性，这主要得益于 PDDA 的含氮官能团对 Pt 电子结构产生的调控作用[16-18]。除了金属单质，聚电解质对于制备 Pt 基合金纳米颗粒，如 PtAu 合金[19]，也有很好的效果。

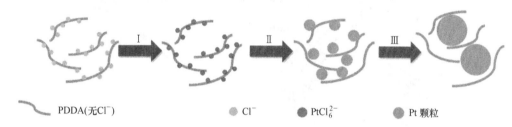

图 10-3　聚电解质保护下 Pt 纳米颗粒生长的示意图

10.3.1.2　Pt 基纳米颗粒优势晶面的调控

含有不同晶面的 Pt 及 Pt 合金的表面原子配位数不同，因此其本征活性也有较大差异。例如，Pt 有（110）、（100）和（111）三种低指数晶面，不同的晶面上同一电催化反应的活性是不同的：在硫酸体系中，Pt（110）晶面的 ORR 活性最高，Pt（111）最低［硫酸根吸附在 Pt（111）晶面上］[20]；而在高氯酸体系中，Pt（111）和 Pt（110）活性类似，远高于 Pt（100）晶面[21]。对于 Pt 纳米晶，其形貌和优势晶面有一定的对应关系：Pt 立方体主要由 Pt（100）晶面构成，八面体由 Pt（111）晶面构成等[22]。因此，控制晶面生长具有很高的科学意义和实用价值。

在纳米颗粒制备过程中引入形貌控制剂是一种常用的有效方法[23,24]。1997 年，EI-Sayed 等[25]利用聚丙烯酸钠（sodium polyacrylate）作为形貌控制剂，氢气作为还原剂，得到多分散的 Pt 纳米晶，包含立方体、截角立方体、八面体等多种形貌（图 10-4）。此后，大量的工作开始关注特殊形貌 Pt 纳米颗粒的制备，采用的形貌控制剂主要是大分子

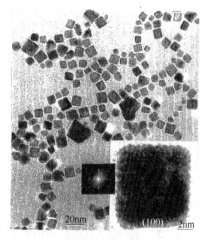

图 10-4　EI-Sayed 利用聚丙烯酸钠作为形貌控制剂成功合成了具有不同形貌的 Pt 纳米晶[25]

或高分子,例如溴化十六烷基三甲铵(cetyltrimethylammonium bromide,CTAB)[26]、油酸(oleic acid,OA)[27]、聚乙烯吡咯烷酮(polyvinyl pyrrolidone,PVP)[8,28]等,带负电或正电的离子例如Br^-[28]、I^-[29],羰基化合物如$Fe(CO)_5$[30-32],以及痕量金属如Co[33,34]。

在催化剂制备过程中,尽管上述形貌控制剂可以高效地实现对晶面的调控,但有一个重要的问题不可忽视,即形貌控制剂在催化剂表面的残留。仅仅通过溶剂清洗,强吸附的形貌控制剂不能被全部清除,会在一定程度上影响活性。有研究表明,热处理对于残留的形貌控制剂的去除效果最好[35]。然而,高温热处理可能造成金属纳米颗粒的团聚,降低电化学活性面积。一种可能的避免该问题的方法是利用一些高耐热的、热稳定性良好的物质保护金属颗粒,该物质还应易于在热处理后除去,例如MgO[36]等。另外,发展易于去除的形貌控制剂也是一种重要的手段。例如,采用甲酸作为形貌控制剂可以成功制备沿<111>方向生长的Pt纳米线(图10-5)[37,38]。在此过程中甲酸还充当还原剂。该方法简单有效,同时避免了强吸附的形貌控制剂残留。

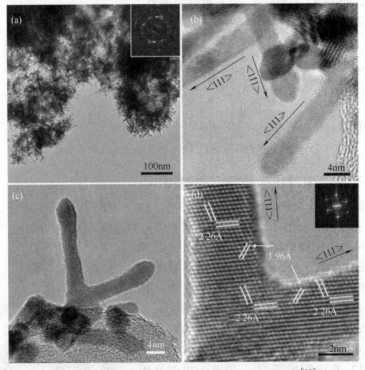

图10-5 甲酸作为形貌控制剂成功制备Pt纳米线[37]

除了上面提到的化学法,厦门大学孙世刚教授课题组创造性地提出了电化学方波法制备具有高指数晶面Pt纳米颗粒[39],即Pt的二十四面体。该方法可以在碳载体表面制备粒径可控的高指数Pt晶面,这对于高效电催化剂的制备具有引领作用。

10.3.2 贵金属催化剂的稳定性

除了上面提到的本征活性,越来越多的工作开始关注贵金属催化剂的稳定性,因为催化剂的稳定性决定了燃料电池的寿命,而燃料电池的寿命是制约其实用化的最主要瓶颈之一。Pt 催化剂的衰减机制包括溶解、奥斯瓦尔德熟化（Ostwald ripening）、颗粒团聚、催化剂颗粒脱落以及载体腐蚀等（如图 10-6 所示）[40]。需要指出的是，纳米颗粒的衰减与载体腐蚀耦合在一起，如载体腐蚀会减弱载体-纳米颗粒的相互作用，加速贵金属纳米颗粒衰减；而贵金属纳米颗粒会在一定程度上加速碳载体的衰减。因此，一方面要大力发展具有更高稳定性的 Pt 及其合金颗粒；另一方面要加强高稳定载体的研究。

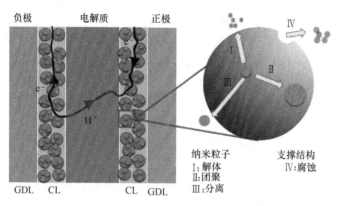

图 10-6　MEA 及电催化剂衰减示意图[40]

10.3.2.1　高稳定的 Pt 基贵金属纳米颗粒

通常 Pt 及其合金纳米颗粒是面心立方结构，这一结构相对无序，易发生金属元素的溶解，造成性能衰减。通过发展高度有序的 Pt 及其合金颗粒可以有效地缓解这一问题。最近研究发现，通过高温热处理，可以实现高度有序的 Pt 基金属间化合物的合成。如图 10-7 所示，该有序的具有 $L1_0$ 结构的 PtCo 纳米颗粒展现了优异的稳定性，在 3×10^4 圈循环后质量活性衰减远低于美国能源部的目标[41]。

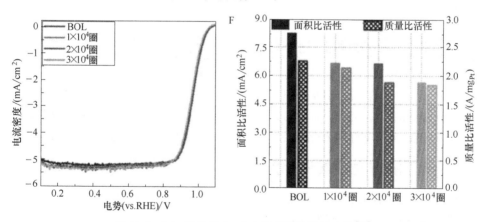

图 10-7　$L1_0$ 结构 PtCo 合金纳米颗粒的稳定性[41]

还有一类有效的方法减缓 Pt 及其合金材料的衰减，即采用碳壳保护纳米颗粒。例如采用原位生长的碳壳，一方面可以限制 Pt 纳米颗粒的过度生长、团聚；另一方面可以实现高稳定性[41,42]。需要注意的是，过厚的碳壳会限制传质过程，造成活性下降。因此，碳壳的厚度应该控制在一定范围。前面提到的有序 Pt 基颗粒通常需要高温热处理才能实现，也会造成颗粒过度生长的问题。这里的原位生长碳壳的方法是一类有效限制过度生长的方法。

10.3.2.2 高稳定的载体材料

有研究表明，在 1.2V 极化 400h 后，Pt/C 催化剂的厚度显著降低，造成孔结构损失[43]。这一厚度减小一方面由碳载体腐蚀造成；另一方面也与催化层的压实有关。因此载体腐蚀与纳米颗粒的衰减有关，还会造成传质问题。此外，碳腐蚀使得催化层更加亲水，可能造成质子交换膜燃料电池水淹的问题。

发展新型碳载体可以有效增强其稳定性，如碳纳米管[44,45]、3D 石墨烯[46]和高度有序多孔碳[47,48]等。事实上，高石墨化的碳材料通常展现出较高的稳定性。然而，其表面缺陷很少，可能会减少纳米颗粒的担载位点，造成削弱的载体-纳米颗粒相互作用。为解决此问题，通过表面处理/修饰来引入官能团和缺陷位是可行的办法，如非共价功能化[44,45]、强氧化处理[49]或杂原子掺杂等[50,51]。

碳材料本身的特性决定了其稳定性的提高程度是有限的，因此，还有一部分研究工作集中在非碳载体的研究，例如氧化物（如二氧化钛[52,53]等）、碳化物[54,55]、氮化物[56]、氮氧化物[57]、硼化物[58]和导电高分子[59]等。其中二氧化钛的化学和电化学稳定性比较理想。然而，非碳载体最大的挑战是其较低的导电性，造成质子交换膜燃料电池欧姆极化加剧。有研究表明，非化学计量比的钛氧化物可以展现出较高的导电性[60]。据此，掺杂或混合的二氧化钛基载体也被发展。如 Nb 掺杂 TiO_2 的导电性与碳材料相当[61-63]。此外，将不导电的氧化物（SiO_2[64,65]和 TiO_2[66]）与导电氧化物 RuO_2 等相结合，也可以同时提高稳定性和导电性。在现阶段，非碳材料还不能作为载体应用于实际的质子交换膜燃料电池。因此，一些碳-金属氧化物的复合载体材料也得到了广泛研究，因为可以兼具碳和金属氧化物的优势。

10.4 质子交换膜燃料电池非贵金属催化剂

经过多年发展，尽管贵金属催化剂得以大幅度提升，但贵金属本身储量极低，贵金属催化剂的价格居高不下。因此，非贵金属 ORR 催化剂开始得到大力发展。目前，非贵金属催化剂已经表现出了良好的催化活性，成为研究的热点和未来重要的发展方向。

10.4.1 典型的非贵金属催化剂

迄今为止，最具有实用化潜力的非贵金属催化剂是过渡金属（transition metal, TM）-氮-碳基催化剂。其设计思路来源于过渡金属大环化合物。早期研究发现过渡金属有机大环化合物具有一定的 ORR 催化活性，但是催化活性低、稳定性差。进一步研究发现，将一些大环有机化合物高温热解，可得到具有更高活性的过渡金属-氮-碳型（M-N_x-C）催化剂。随后，过渡金属-氮-碳催化剂的氧还原活性不断取得突破性进展。比较典型的两个开创性工作分别由 Dodelet 教授（加拿大 Institut National de la Recherche Scientifique，INRS）和 Zelenay 博士（美国 Los Alamos National Laboratory，LANL）课题组完成。Dodelet[67]等用乙酸亚铁、BP2000 作为铁和碳的前驱体，邻二氮杂菲作为填充剂，

获得了高活性的 $Fe/N_x/C_y$ 催化剂，0.8V 电压（无内阻）下催化剂体积比活性大大提高，达 99A/cm³；Zelenay[68]等将聚苯胺、铁/钴盐混合通过热处理获得了氧还原催化剂，在电池中测试，0.4V 下获得 0.347A/cm² 的性能。

上述两个工作引发了非贵金属 ORR 催化剂的研究热潮[69,70]。近年来报道了一系列创新研究。2011 年，Dodelet 教授课题组采用金属有机化合物骨架材料（MOF）ZIF-8 代替炭黑前驱体，分别在氩气和氨气环境中热处理，制备了可和 Pt/C 性能媲美的非贵金属催化剂，催化剂体积比活性提高到 230A/cm³（图 10-8，称为 NC_Ar+NH₃ 催化剂）[71]。

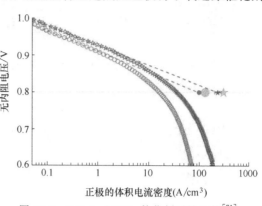

图 10-8　NC_Ar+NH₃ 催化剂活性比较[71]

10.4.1.1　核-壳结构 Fe/N/C 催化剂

大连理工大学宋玉江教授课题组与孙书会教授团队合作，使用热处理的方法合成了核-壳结构非贵金属催化剂[72]。选取 FeTMPPCl 作为前驱体基于如下几个原因。首先，FeTMPPCl 和炭黑都具有疏水表面，因此 FeTMPPCl 更容易在碳表面分散；其次，FeTMPPCl 包含 FeN_4 结构，对于 ORR 具有一定活性；最后，FeTMPPCl 便宜，容易获取。如图 10-9（a）所示，首先，将酸处理的炭黑分散在包含 FeTMPPCl 的氯仿中；然后，缓慢地使氯仿蒸发，促进 FeTMPPCl 和炭黑的自组装；再将 FeTMPPCl-C 复合前驱体热处理形成催化剂；最后，通过酸处理将暴露的非活性含 Fe 颗粒和其它杂质除去。引入 FeTMPPCl 前后，炭黑的结构没有发生明显变化［图 10-9（b）和（c）］，FeTMPPCl 也没有发生明显的团聚。热处理后，类石墨烯的结构包覆在炭黑表面，石墨烯层厚大约 1~2nm［图 10-9（d）］。酸处理后，含铁颗粒被成功除去，形成了核-壳结构［图 10-9（e）］。随后的电化学测试表明，该催化剂在碱溶液［图 10-9（f）和（g）］和酸溶液［图 10-9（h）和（i）］中都展现了良好的 ORR 活性。值得注意的是，前驱体中 FeTMPPCl 的载量与活性存在一定关系。在碱溶液中，33.3%（质量分数）载量的情况下，可以得到最高的 ORR 活性，增加或减少 FeTMPPCl 载量都会造成活性的下降。在低于 33.3%载量的情况下，活性位密度较少，因此活性下降；高于 33.3%，活性位可能被多余的物质覆盖，从而不能完全发挥出活性。在酸溶液中，FeTMPPCl 载量与活性的关系与碱溶液中稍有不同：随着 FeTMPPCl 载量增加至 50%，ORR 活性增加；FeTMPPCl 载量增加至 60%，活性不变，出现平台期；继续增加 FeTMPPCl 载量，活性下降。

10.4.1.2　3D 多孔球形 Fe/N/C 催化剂

在非贵金属催化剂中，碳材料担载着活性位，因此碳材料对于 ORR 活性也会起到重要的作用。球形材料可以实现高体积密度，因此采用球形的酚醛树脂微胶粒（phenolic resol-F127 monomicelles，SPRMs）作为载体，与乙酸铁和邻二氮杂菲混合作为前驱体，继而在氩气和氨气中热处理，制备了非贵金属 Fe/N/C 催化剂[73]。通过系统地研究乙酸铁含量、热处理温度、热处理时间等参数，该催化剂得以优化，展现了优异的 ORR 活性。催化剂的比表面积、孔结构对于 ORR 活性有很大的影响。如图 10-10 所示，随着乙

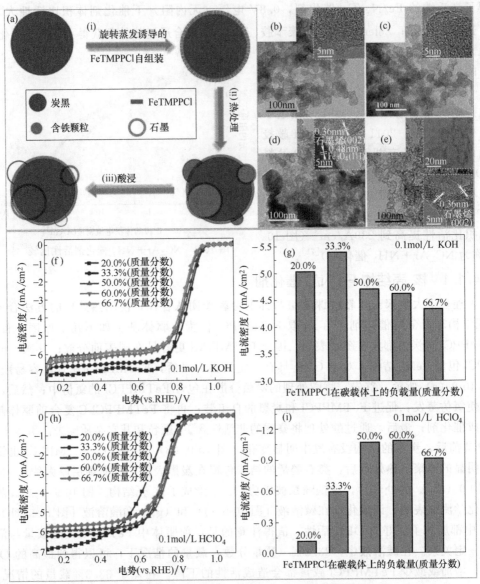

图10-9 催化剂制备示意图（a），不同阶段材料的TEM照片（b）~（e），碱性条件（f）、（g）和酸性条件（h）、（i）下催化剂的活性[72]

酸铁含量的增加，材料的表面积增加；增加氨气处理时间，碳损失增加，表面积降低；优化的铁含量（质量分数）在5.5%~8%之间[图10-10（a）]；优化的微孔面积是450m²/g[图10-10（b）]；随着中孔增加，ORR活性增加[图10-10（c）]；优化的微孔/中孔比例约为4~5[图10-10（d）]。

10.4.1.3 荔枝状多孔Fe/N/C催化剂

基于对孔结构与ORR活性关系的深入理解，发展了一种多孔荔枝状Fe/N/C催化剂。如图10-11左上示意图所示，在制备过程中加入硫元素可以形成孔结构，这一方面得益于氩气处理阶段，加入的硫增加了碳载体的表面积，均匀分散FeN_x活性中心，同时减

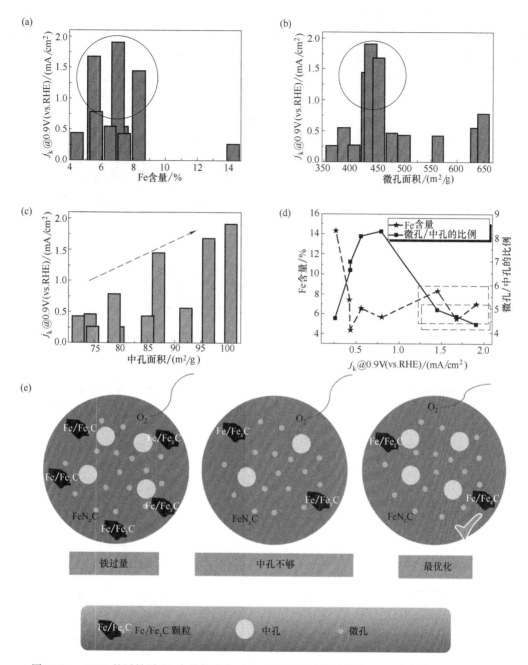

图 10-10 ORR 的活性随 Fe 含量的变化 (a), ORR 的活性随微孔 (b) 和中孔 (c) 的变化, 铁含量、微孔/中孔比例与 ORR 活性的关系 (d) 和优化的微观结构示意图 (e)[73]

缓了碳球颗粒结构的坍塌;另一方面氨气处理阶段硫和氨气的反应 $3S+2NH_3 \Longrightarrow 3H_2S+N_2$,产生的气体有利于形成大量孔结构[74]。从图 10-11 (a~f) 比较可以得知,是否加入硫对于是否形成荔枝状多孔催化剂的作用是决定性的。从催化剂的表面化学情况来看,氨气处理对于催化剂的表面有很大的影响。如图 10-11 (g,h) 的 XPS 图谱可示,在氨气处理后,氧元素信号大幅度降低,这是由于含氧官能团被氨气除去;氨气处理之前，大量的 S 信号说明 S 成功掺入碳源中，而氨气处理后 S 信号消失，说明氨气不仅起到活化 Fe/N/C 催化剂和扩孔的作用，也起到了消除 S 的作用。随后的电化学表征证明硫处理的 Fe/N/C 催化剂具有更高的电化学双层电容，即具有更高的电化学活性面积［图 10-11（i）］。硫处理的 Fe/N/C 催化剂具有更高的极限扩散电流，说明其传质性能得以加强，其 ORR 活性也较 Pt/C 大幅度提升，证明荔枝状 Fe/N/C 具有实用化前景。

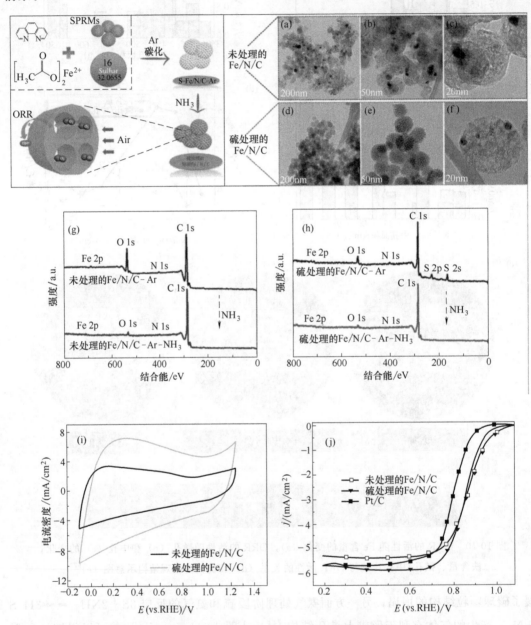

图 10-11　荔枝状 Fe/N/C 催化剂的制备与性能

荔枝状 Fe/N/C 催化剂的制备示意图（左上）；(a~c) 未处理的和 (d~f) 硫处理的 Fe/N/C 催化剂的 TEM 图；氨气处理前后的 (g) 未处理和 (h) 硫处理的 Fe/N/C 催化剂的 XPS 谱；(i) 硫处理和未处理 Fe/N/C 催化剂的 CV 曲线；(j) 硫处理和未处理 Fe/N/C 催化剂与 Pt/C 的 ORR 活性比较

10.4.2 非贵金属催化剂稳定性研究

尽管 TM/N/C 催化剂的活性得到了长足发展,但其稳定性却还未充分解决。因此,提高非贵金属催化剂的稳定性是未来研究的重要方向之一。基于典型 NC_Ar+NH$_3$ 催化剂[71],开展了一系列的开创性工作,来解释 Fe/N/C 催化剂在燃料电池中的衰减机理。

10.4.2.1 Fe/N/C 催化剂中不同活性位的电化学行为

由图 10-12 可知,在 0.6V 恒电压条件下,NC_Ar+NH$_3$ 催化剂膜电极的燃料电池性能衰减包含两个部分:15h 内的快速衰减以及随后的缓慢衰减。Fe/N/C 催化剂中可能存在的活性位包括 FeN$_x$ 和 CN$_x$,由于 Fe/N/C 催化剂成分的复杂性,这两类活性位的衰减耦合在一起,难以区分。因此,为了研究 Fe/N/C 催化剂的电化学行为,需要将 FeN$_x$ 和 CN$_x$ 两类活性位对质子交换膜燃料电池性能(酸性介质)的贡献予以区分。

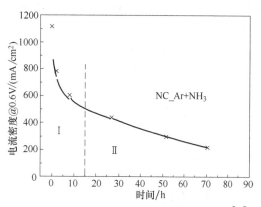

图 10-12 NC_Ar+NH$_3$ 催化剂的衰减曲线[75]

为了实现对活性位的区分,一方面可通过降低铁的含量,另一方面可在不加入任何铁的前驱体情况下,通过调节氨气热处理的时间 (t) 得到了不同 Fe 含量的 MOF_Ar+NH$_3$(t) 催化剂,继而通过外推法可以得到不同电压下 CN$_x$ 活性位对应的电流密度。这一组数据可以作为 CN$_x$ 活性位催化剂 MOF_CN$_x$_Ar+NH$_3$ 的极化曲线。因此,FeN$_x$ 活性位催化剂 MOF_FeN$_x$_Ar+NH$_3$ 的极化曲线可以由 NC_Ar+NH$_3$ 减去 MOF_CN$_x$_Ar+NH$_3$ 得到。图 10-13(a)给出了 NC_Ar+NH$_3$ 催化剂的极化曲线,以及两种活性位的贡献。总体来看,FeN$_x$ 对整体性能的贡献远大于 CN$_x$,也就是说,在酸性介质的质子交换膜燃料电池中,FeN$_x$ 是主要活性位点;在不同的电压下,CN$_x$ 和 FeN$_x$ 对于总性能的贡献比例是变化的。高电压下,

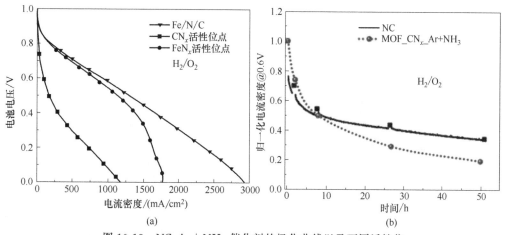

图 10-13 NC_Ar+NH$_3$ 催化剂的极化曲线以及不同活性位的贡献比例(a)[75]和 CN$_x$ 活性位的稳定性衰减行为[76]

FeN_x 做出了主要的贡献。然而，这些活性位主要存在于微孔中，因此当电流密度增加时，FeN_x 受到传质影响。在 0V 附近，FeN_x 的贡献占比下降，而 CN_x 的贡献一直随着电压降低而增加。

以此为基础，可以得到 CN_x 活性位的衰减行为，如图 10-13 (b) 所示。可见，FeN_x 和 CN_x 两类活性位的衰减规律是不同的[76]。

10.4.2.2 FeN_x 快速衰减机理

在 25℃ 和 80℃ 两个工作温度下，可以得到在 0.2~0.8V 不同电压下的衰减曲线，如图 10-14 (a, b) 所示。无论电压和温度如何变化，衰减曲线都可以分成第一阶段快速衰减和随后的缓慢衰减：快速衰减的半衰期始终保持一致，在 83 min 和 192 min 之间；而缓慢衰减的半衰期差别巨大。

通过 Mossbauer 和中子活化分析（neutron activation analysis, NAA）可以确认 Fe 元素的损失 [图 10-14 (c)]，更主要的是，Fe 的损失趋势和电流密度的快速衰减趋势一致。因此，可以认为 FeN_x 的去金属化是 NC_Ar+NH_3 催化剂快速衰减的主要原因。通过热力学计算模拟知道，FeN_x 活性位在热力学上是稳定的。然而，NC_Ar+NH_3 催化剂中存在大量、互通、开放的微孔，水（包含 H^+ 和 O_2）在这些 ≥0.7nm 的微孔中可以快速地流动。在这样的动态环境下，根据 Le Chatelier 原理，进出 FeN_x 活性位的铁离子的化学平衡被打破，游离的铁离子被流动的水迅速带走，FeN_x 不再稳定。

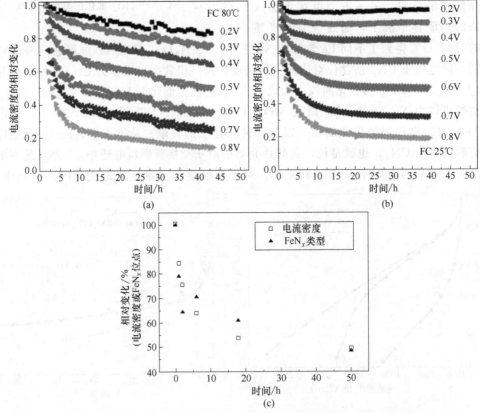

图 10-14　80℃ (a) 和 25℃ (b) 下，不同电压燃料电池的电流密度衰减曲线和 FeN_x 活性位数量以及电流密度随时间的变化 (c)[77]

10.4.2.3 Fe/N/C 催化剂的衰减模型

最近，Sun 教授团队和法国 Clermont Auvergne 大学的 Dubois 教授团队合作，采用氟化的方法，在极短的时间内（2min）就可以轻易地使 NC_Ar+NH$_3$ 催化剂中的含 Fe 活性位完全失活，其衰减行为与 MOF_CN$_x$_Ar+NH$_3$ 一致。通过一系列在氩气中的后期热处理，成功地去除了活性位上的氟，催化剂的活性也相应地恢复（catalyst reactivation），说明氟化的催化剂中 Fe 活性位点失活，这时其主要的活性位是 CN$_x$[76]。该催化剂提供了一种更加准确的模型来研究 Fe/N/C 催化剂的稳定性。

基于两个指数衰减（快速衰减和缓慢衰减），提出了双指数模型（INRS 模型）来描述 Fe/N/C 催化剂的衰减：

$$J = J_{0,快} \exp[-(k_{快} t)] + J_{0,慢} \exp[-(k_{慢} t)]$$

快速衰减由微孔中 FeN$_x$ 的去金属化造成；而缓慢衰减的真正原因还有待考证，可能的原因主要有介孔中的 FeN$_x$ 活性位去金属化，和/或过氧化氢参与反应。

与此同时，基于过氧化氢及其产生的自由基攻击活性位造成衰减，美国洛斯阿拉莫斯国家实验室 Zelenay 课题组提出了 Logistic 衰减模型[78]。

基于上述两个衰减模型，对实验数据进行拟合分析，如图 10-15 所示。显然，INRS 衰减模型适用于含 FeN$_x$ 活性位的情况；而洛斯阿拉莫斯国家实验室 Logistic 衰减模型更适用于不含 FeN$_x$ 活性位的情况（比如以 CN$_x$ 活性位为主）。

非贵金属催化剂的活性位以及稳定性有待更深入的研究；INRS 和 Los Alamos 提出的非贵金属催化剂稳定性的模型也会随之进一步完善。

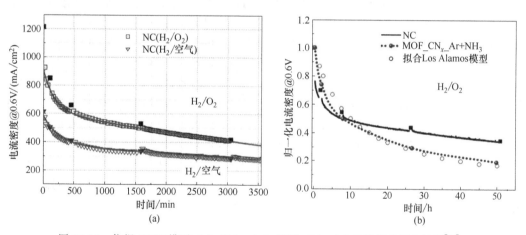

图 10-15 依据 INRS 模型（a）和 Logistic 模型（b）对实验数据的拟合结果[76]

10.5
总结与展望

质子交换膜燃料电池以其较高的效率、较低的工作温度在众多类型燃料电池中脱颖而出，成为电动汽车最具有应用前景的动力能源之一。尽管质子交换膜燃料电池汽车已经推向市场，但是仍然受到高价格的制约。为了降低质子交换膜燃料电池的成本，从最重要的核心组件——阴极催化剂入手，一方面进一步降低贵金属催化剂的用量，另一方面大力发展高活性和高稳定性的非贵金属催化剂，是可行的两个解决方案。

贵金属阴极氧还原催化剂以碳载体担载的 Pt 及其合金催化剂为主。提高催化剂的活性，可以通过调控贵金属颗粒的粒径、组成、优势晶面来实现，目前已有大量研究报道。事实上，这一领域的研究已经比较成熟。目前最大的问题是贵金属催化剂如何将其活性最大化地在质子交换膜燃料电池中表达出来，这也是未来贵金属催化剂的主要发展方向。除此之外，贵金属催化剂在强氧化环境下工作，性能容易发生衰减，即稳定性还有待提高。为了解决稳定性问题，高度有序的贵金属纳米颗粒具有更稳定的晶格结构，但制备过程中的高温热处理可能造成颗粒长大。另一个需要考虑的稳定性影响因素是碳载体，这是因为碳材料在氧还原的工况下容易发生腐蚀，从而造成性能衰减。高度石墨化的碳载体以及非碳载体都是目前的研究热点。理想载体材料的开发和利用，是解决质子交换膜燃料电池贵金属催化剂稳定性差的关键。

非贵金属催化剂以过渡金属-碳-氮（$M/N_x/C$）这一类复合物为主，尤其是 Fe/N/C。目前，以 NC_Ar+NH_3 催化剂[71]为代表，Fe/N/C 催化剂的性能已经达到了一定的实用化水平。通过设计形貌、控制孔结构和活性位密度，Fe/N/C 催化剂的活性有望得到进一步提升。然而，目前 Fe/N/C 催化剂的最大问题是稳定性较差。研究表明，典型的 NC_Ar+NH_3 催化剂中主要包含 CN_x 和 FeN_x 两类活性位，二者对于燃料电池性能的贡献随工作条件不同而变化。研究表明，微孔中 FeN_x 活性位的去金属化是活性快速衰减（比如在恒压测试稳定性的前十几个小时）的主要原因。目前，世界各国研究小组对非贵金属催化剂的活性以及稳定性的研究投入了很大的精力，一旦在提高其稳定性方面有重大突破，非贵金属催化剂燃料电池非常有望代替贵金属催化剂进入电动汽车领域。

非贵金属催化剂在碱性燃料电池中也可能有广阔的应用前景。碱性燃料电池以氢氧化钠或氢氧化钾等碱性溶液为电解质，以氢气为燃料，以纯氧气或者脱除微量二氧化碳的空气为氧化剂。非贵金属 ORR 催化剂在碱性条件下的性能通常优于酸性条件，这一特性有利于非贵金属催化剂在碱性燃料电池中的应用。如在实际的碱性燃料电池中，已有报道证实非贵金属催化剂的性能超过了 Pt 催化剂[79]。目前碱性燃料电池最大的挑战是碱性电解质膜。与质子交换膜燃料电池不同，碱性燃料电池中的电解质膜需要极高的氢氧根阴离子传输速率。最近，兼具高机械稳定性、化学/电化学稳定性、高氢氧根电导率的阴离子交换膜已有所进展，但还不像质子交换膜那样成熟，还没有大规模商业化。随着阴离子交换膜技术的提高，碱性燃料电池必然会在未来的燃料电池领域占据重要地位[80]。

习 题

1. 请简单介绍燃料电池发展历史、未来发展趋势。
2. 请简单介绍燃料电池工作原理、分类与结构设计。
3. 请简单阐述质子交换膜燃料电池的工作原理与结构。
4. 请简单阐述质子交换膜燃料电池的催化剂分类、要求及发展趋势。

参 考 文 献

[1] Du L, et al. Metal-organic framework derived carbon materials for electrocatalytic oxygen reactions:

recent progress and future perspectives. Carbon, 2019, 156: 77-92.

[2] Pourcelly G. Membranes for low and medium temperature fuel cells. State-of-the-art and new trends. Pet Chem, 2011, 51 (7): 480-491.

[3] Du L, et al. Metal-organic coordination networks: Prussian blue and its synergy with Pt nanoparticles to enhance oxygen reduction kinetics. ACS Appl Mater Interfaces, 2016, 8 (24): 15250-15257.

[4] Cherstiouk O V, et al. Model approach to evaluate particle size effects in electrocatalysis: Preparation and properties of Pt nanoparticles supported on GC and HOPG. Electrochim Acta, 2003, 48 (25-26): 3851-3860.

[5] Choi S I, et al. Synthesis and characterization of 9 nm Pt-Ni octahedra with a record high activity of 3.3 A/mg (Pt) for the oxygen reduction reaction. Nano Lett, 2013, 13 (7): 3420-3425.

[6] Kang Y, et al. Design of Pt-Pd binary superlattices exploiting shape effects and synergistic effects for oxygen reduction reactions. J Am Chem Soc, 2013, 135 (1): 42-45.

[7] Bock C, et al. size-selected synthesis of PtRu nano-catalysts: Reaction and size control mechanism. J Am Chem Soc, 2004, 126 (25): 8028-8037.

[8] Dahal N, et al. Beneficial effects of microwave-assisted heatingversus conventional heating in noble metal nanoparticle synthesis. ACS Nano, 2012, 6 (11): 9433-9446.

[9] Santos K D O, et al. Synthesis and catalytic properties of silver nanoparticle-linear polyethylene imine colloidal systems. J Phys Chem C, 2012, 116 (7): 4594-4604.

[10] Li D, et al. Gold nanoparticle-catalysed photosensitized water reduction for hydrogen generation. J Mater Chem A, 2015, 3 (9): 5176-5182.

[11] Guo G, et al. Synthesis of platinum nanoparticles supported on poly (acrylic acid) grafted MWNTs and their hydrogenation of citral. Chem Mater, 2008, 20 (6): 2291-2297.

[12] Wang S, et al. Tuning the electrocatalytic activity of Pt nanoparticles on carbon nanotubes via surface functionalization. Electrochem Commun, 2010, 12 (11): 1646-1649.

[13] Mayavan S, et al. Enhancing the catalytic activity of Pt nanoparticles using poly sodium styrene sulfonate stabilized graphene supports for methanol oxidation. J Mater Chem. A, 2013, 1 (10): 3489.

[14] Park D K, et al. Effect of polymeric stabilizers on the catalytic activity of Pt nanoparticles synthesized by laser ablation. Chem Phys Lett, 2010, 484 (4-6): 254-257.

[15] Ahn K, et al. Fabrication of low-methanol-permeability sulfonated poly (phenylene oxide) membranes with hollow glass microspheres for direct methanol fuel cells. J Power Sources, 2015, 276: 309-319.

[16] Jiang S P, et al. Synthesis and characterization of PDDA-stabilized Pt nanoparticles for direct methanol fuel cells. Electrochim Acta, 2006, 51 (26): 5721-5730.

[17] Tian Z Q, et al. Polyelectrolyte-stabilized Pt nanoparticles as new electrocatalysts for low temperature fuel cells. Electrochem Commun, 2007, 9 (7): 1613-1618.

[18] Chen H, et al. An effective hydrothermal route for the synthesis of multiple PDDA-protected noble-metal nanostructures. Inorg Chem, 2007, 46 (25): 10587-10593.

[19] Zhang S, et al. Graphene decorated with PtAu alloy nanoparticles: Facile synthesis and promising application for formic acid oxidation. Chem Mater, 2011, 23 (5): 1079-1081.

[20] Markovic N M, et al. Oxygen reduction on platinum low-index single-crystal surfaces in sulfuric acid solution: Rotating ring-Pt (hkl) disk Studies. J Phys Chem, 1995, 99 (11): 3411-3415.

[21] Markovic N, et al. Kinetics of oxygen reduction on Pt (hkl) electrodes: Implications for the crystallite size effect with supported Pt electrocatalysts. J Electrochem Soc, 1997, 144 (5):

1591-1597.

[22] Chen J, et al. Shape-controlled synthesis of platinum nanocrystals for catalytic and electrocatalytic applications. Nano Today, 2009, 4 (1): 81-95.

[23] Du L, et al. A review of applications of poly (diallyldimethyl ammonium chloride) in polymer membrane fuel cells: From nanoparticles to support materials. Chin J Catal, 2016, 37 (7): 1025-1036.

[24] Du L, et al. Polyelectrolyte assisted synthesis and enhanced oxygen reduction activity of Pt nanocrystals with controllable shape and size. ACS Appl Mater Interfaces, 2014, 6 (16): 14043-14049.

[25] Ahmadi T S, et al. Shape-controlled synthesis of colloidal platinum nanoparticles. Science, 1996, 272 (5270): 1924-1926.

[26] Yang W, et al. Carbon nanotubes decorated with Pt nanocubes by a noncovalent functionalization method and their role in oxygen reduction. Adv Mater, 2008, 20 (13): 2579-2587.

[27] Zhou W, et al. Highly uniform platinum icosahedra made by hot injection-assisted GRAILS method. Nano Letters, 2013, 13 (6): 2870-2874.

[28] Tsung C K, et al. Sub-10 nm platinum nanocrystals with size and shape control: Catalytic study for ethylene and pyrrole hydrogenation. J Am Chem Soc, 2009, 131 (16): 5816-5822.

[29] Miyake M, et al. Shape and size controlled Pt nanocrystals as novel model catalysts. Catal Surv Asia, 2011, 16 (1): 1-13.

[30] Kim C, et al. In situ shaping of Pt nanoparticles directly overgrown on carbon supports. Chem Commun, 2012, 51: 6396-6398.

[31] Wang C, et al. Synthesis of monodisperse Pt nanocubes and their enhanced catalysis for oxygen reduction. J Am Chem Soc, 2007, 129 (22): 6974-6975.

[32] Wang C, et al. A general approach to the size- and shape-controlled synthesis of platinum nanoparticles and their catalytic reduction of oxygen. Angew Chem, 2008, 120 (19): 3644-3647.

[33] Lim S I, et al. Synthesis of platinum cubes, polypods, cuboctahedrons, and raspberries assisted by cobalt nanocrystals. Nano Lett, 2010, 10 (3): 964-973.

[34] Lim S I, et al. Exploring the limitations of the use of competing reducers to control the morphology and composition of Pt and PtCo nanocrystals. Chem Mater, 2010, 22 (15): 4495-4504.

[35] Li D, et al. Surfactant removal for colloidal nanoparticles from solution synthesis: The effect on catalytic performance. ACS Catal, 2012, 2 (7): 1358-1362.

[36] Li Q, et al. New approach to fully ordered fct-FePt nanoparticles for much enhanced electrocatalysis in acid. Nano Lett, 2015, 15 (4): 2468-2473.

[37] Sun S, et al. Controlled growth of Pt nanowires on carbon nanospheres and their enhanced performance as electrocatalysts in PEM fuel Cells. Adv Mater, 2008, 20 (20): 3900-3904.

[38] Sun S, et al. A highly durable platinum nanocatalyst for proton exchange membrane fuel cells: Multiarmed starlike nanowire single crystal. Angew Chem Int Ed, 2011, 50 (2): 422-426.

[39] Tian N, et al. Synthesis of tetrahexahedral platinum nanocrystals with high-index facets and high electro-oxidation activity. Science, 2007, 316 (5825): 732-735.

[40] Du L, et al. Advanced catalyst supports for PEM fuel cell cathodes. Nano Energy, 2016, 29: 314-322.

[41] Li J, et al. Hard-magnet $L1_0$-CoPt nanoparticles advance fuel cell catalysis. Joule, 2019, 3 (1): 124-135.

[42] Tong X, et al. Ultrathin carbon-coated Pt/carbon nanotubes: A highly durable electrocatalyst for oxygen reduction. Chem Mater, 2017, 29 (21): 9579-9587.

[43] Borup R. Durability improvements through degradation mechanism studies. DOE 2014 Annual Merit

Review Meeting, 2014.

[44] Zhang S, et al. Self-assembly of Pt nanoparticles on highly graphitized carbon nanotubes as an excellent oxygen-reduction catalyst. Appl Catal B, 2011, 102 (3-4): 372-377.

[45] Zhang S, et al. Carbon nanotubes decorated with Pt nanoparticles via electrostatic self-assembly: A highly active oxygen reduction electrocatalyst. J Mater Chem, 2010, 20 (14): 2826-2830.

[46] Zhao S L, et al. Three dimensional N-doped graphene/PtRu nanoparticle hybrids as high performance anode for direct methanol fuel cells. J Mater Chem A, 2014, 2 (11): 3719-3724.

[47] Joo S H, et al. Ordered nanoporous arrays of carbon supporting high dispersions of platinum nanoparticles. Nature, 2001, 412 (6843): 169-172.

[48] Fang B Z, et al. Ordered hierarchical nanostructured carbon as a highly efficient cathode catalyst support in proton exchange membrane fuel cell. Chem Mater, 2009, 21 (5): 789-796.

[49] Geng H Z, et al. Effect of acid treatment on carbon nanotube-based flexible transparent conducting films. J Am Chem Soc, 2007, 129 (25): 7758-7759.

[50] Wang X, et al. Size-controlled large-diameter and few-walled carbon nanotube catalysts for oxygen reduction. Nanoscale, 2015, 7 (47): 20290-20298.

[51] Li Q, et al. Metal-organic framework-derived bamboo-like nitrogen-doped graphene tubes as an active matrix for hybrid oxygen-reduction electrocatalysts. Small, 2015, 11 (12): 1443-1452.

[52] Wu G, et al. Titanium dioxide-supported non-precious metal oxygen reduction electrocatalyst. Chem Commun, 2010, 46 (40): 7489-7491.

[53] Huang S Y, et al. Development of a titanium dioxide-supported platinum catalyst with ultrahigh stability for polymer electrolyte membrane fuel cell applications. J Am Chem Soc, 2009, 131 (39): 13898-13899.

[54] Fuentes R E, et al. Pt-Ir/TiC electrocatalysts for PEM fuel cell/electrolyzer process. J Electrochem Soc, 2013, 161 (1): F77-F82.

[55] Stamatin S N, et al. Electrochemical stability and postmortem studies of Pt/SiC catalysts for polymer electrolyte membrane fuel cells. ACS Appl Mater Interfaces, 2015, 7 (11): 6153-6161.

[56] Avasarala B, et al. Titanium nitride nanoparticles based electrocatalysts for proton exchange membrane fuel cells. J Mater Chem, 2009, 19 (13): 1803-1805.

[57] Seifitokaldani A, et al. Electrochemically stable titanium oxy-nitride support for platinum electrocatalyst for PEM fuel cell Applications. Electrochim Acta, 2015, 167: 237-245.

[58] Yin S, et al. A highly stable catalyst for PEM fuel cell based on durable titanium diboride support and polymer stabilization. Appl Catal B, 2010, 93 (3-4): 233-240.

[59] Chen Z, et al. Polyaniline nanofibre supported platinum nanoelectrocatalysts for direct methanol fuel cells. Nanotechnology, 2006, 17 (20): 5254-5259.

[60] Ioroi T, et al. Stability of corrosion-resistant magne li-Phase Ti_4O_7-supported PEMFC catalysts at high potentials. J Electrochem Soc, 2008, 155 (4): B321-B326.

[61] Huang S Y, et al. Electrocatalytic activity and stability of niobium-doped titanium oxide supported platinum catalyst for polymer electrolyte membrane fuel cells. Appl Catal B, 2010, 96 (1-2): 224-231.

[62] Wang Y J, et al. Ta and Nb co-doped TiO_2 and its carbon-hybrid materials for supporting Pt-Pd alloy electrocatalysts for PEM fuel cell oxygen reduction reaction. J Mater Chem A, 2014, 2 (32): 12681-12685.

[63] Sun S, et al. Highly stable and active Pt/Nb-TiO_2 carbon-free electrocatalyst for proton exchange membrane fuel cells. J Nanotechnol, 2012, 13-15 (2012): 1-8.

[64] Kumar A, et al. RuO₂ - SiO₂ mixed oxides as corrosion-resistant catalyst supports for polymer electrolyte fuel cells. Appl Catal B, 2013, 138-139: 43-50.

[65] Lo C P, et al. SiO₂-RuO₂: A stable electrocatalyst support. ACS Appl Mater Interfaces, 2012, 4 (11): 6109-6116.

[66] Parrondo J, et al. Platinum supported on titanium-ruthenium oxide is a remarkably stable electrocatayst for hydrogen fuel cell vehicles. Proc Natl Acad Sci USA, 2014, 111 (1): 45-50.

[67] Lefevre M, et al. Iron-based catalysts with improved oxygen reduction activity in polymer electrolyte fuel cells. Science, 2009, 324 (5923): 71-74.

[68] Wu G, et al. High-performance electrocatalysts for oxygen reduction derived from polyaniline, iron, and cobalt. Science, 2011, 332 (6028): 443-447.

[69] Sun W, et al. Engineering of nitrogen coordinated single cobalt atom moieties for oxygen electroreduction. ACS Appl Mater Interfaces, 2019, 11 (44): 41258-41266.

[70] Wang D, et al. Dual-nitrogen-source engineered Fe-N$_x$ moieties as a booster to oxygen electroreduction. J Mater Chem A, 2019, 7 (18): 11007-11015.

[71] Proietti E, et al. Iron-based cathode catalyst with enhanced power density in polymer electrolyte membrane fuel cells. Nat Commun, 2011, 2: 416.

[72] Li J, et al. Pyrolysis of self-assembled iron porphyrin on carbon black as core/shell structured electrocatalysts for highly efficient oxygen reduction in both alkaline and acidic medium. Adv Funct Mater, 2017, 27 (3): 1604356.

[73] Wei Q, et al. 3D porous Fe/N/C spherical nanostructures as high-performance electrocatalysts for oxygen reduction in both alkaline and acidic media. ACS Appl Mater Interfaces, 2017, 9 (42): 36944-36954.

[74] Wei Q, et al. Litchi-like porous Fe/N/C spheres with atomically dispersed FeN$_x$ promoted by sulfur as high-efficient oxygen electrocatalysts for Zn-air batteries. J Mater Chem A, 2018, 6: 4605-4610.

[75] Zhang G, et al. Is iron involved in the lack of stability of Fe/N/C electrocatalysts used to reduce oxygen at the cathode of PEM fuel cells. Nano Energy, 2016, 29: 111-125.

[76] Zhang G, et al. Non-PGM electrocatalysts for PEM fuel cells: Effect of fluorination on the activity and the stability of a highly active NC_Ar+NH₃ catalyst. Energy Environ Sci, 2019, 12 (10): 3015-3037.

[77] Chenitz R, et al. A specific demetalation of Fe-N₄ catalytic sites in the micropores of NC_Ar+NH₃ is at the origin of the initial activity loss of this highly active Fe/N/C catalyst used for the reduction of oxygen in PEM fuel cells. Energy Environ Sci, 2018, 2: 365-382.

[78] Yin X, et al. Kinetic models for the degradation mechanisms of PGM-free ORR catalysts. ECS Trans, 2018, 85 (13): 1239-1250.

[79] Wang Y, et al. Synergistic Mn-Co catalyst outperforms Pt on high-rate oxygen reduction for alkaline polymer electrolyte fuel cells. Nat Commun, 2019, 10 (1): 1506.

[80] Dekel D R. Review of cell performance in anion exchange membrane fuel cells. J Power Sources, 2018, 375: 158-169.

11

太阳电池

随着全球经济的快速发展和人口的不断增长，能源的需求也随之大幅度上升。传统的化石能源已不能满足人类日常生活的需求，而且其燃烧会排放温室气体，使全球变暖。太阳能取之不尽、用之不竭，清洁无污染，不受地点限制，具有广泛的应用前景。据估算，太阳向宇宙空间辐射功率大约为 3.8×10^{23} kW，有 20 亿分之一到达地球大气层，大约三分之一到达地球表面，功率约为 6×10^{13} kW，太阳一小时的能量就足够为全球人口提供一年的电能[1]。太阳能的利用被视为解决能源危机和环境问题的最佳途径。太阳电池就是把太阳辐照的光能量转化为电能，是近几十年来发展最快、最具活力的研究热点之一。

太阳电池的发展历史可以追溯到 1839 年，法国物理学家贝克勒尔（Alexandre-Edmond Becquerel）首先发现光伏效应：将氯化银放在酸性溶液中，用两片浸入电解质溶液的金属铂作为电极，发现在阳光照射下两个电极间会产生额外的电压，该现象称为光生伏特效应或贝克勒尔效应。1883 年美国发明家查尔斯·弗瑞兹（Charles Fritts）制作了第一块硒太阳能电池：首次在硒表面镀上一层薄金，制成金属-半导体结光生伏特电池，转换效率为 1%。1954 年美国贝尔实验室的科学家恰宾（D. Chapin）、富勒（C. Fuller）和皮尔松（G. Pearson）首次制成效率达到 6% 的单晶太阳电池，开启了太阳能转换为电能的实用光伏发电技术新纪元。太阳电池结构相对简单，使用方便，起初便应用于人造卫星、航标灯等航空航天领域。随着科技的发展以及环境污染、能源危机日益加剧，太阳电池受到广泛的关注，世界各国研究者投入大量资金及人员去研制、开发各种太阳电池，期望制备出低成本、高转换效率、具有长期稳定性的可商业化应用的太阳电池。我国从 1958 年起开始研制太阳电池，目前应用领域涉及人造卫星、通信、交通、邮电、农牧业及家庭用电等。

太阳电池主要分为三类：第一代太阳电池——晶硅太阳电池；第二代太阳电池——薄膜太阳电池；第三代太阳电池——新型薄膜太阳电池。晶硅太阳电池主要指单晶硅和多晶硅；薄膜型太阳电池包括薄膜硅类如非晶硅、微晶硅和堆叠硅型，及化合物薄膜类如碲化镉、铜铟镓硒等，薄膜厚度都是微米级别；第三代太阳电池是指以提高电池转换效率、简化制备工艺和流程以及降低制备成本为目的而研发的新型薄膜太阳电池，如有机太阳电池、染料敏化太阳电池、钙钛矿太阳电池等，薄膜厚度一般是纳米级（几百纳米厚度），可以展现出柔性、半透明性等优异特性。各类型太阳电池的最高转换效率见图 11-1。

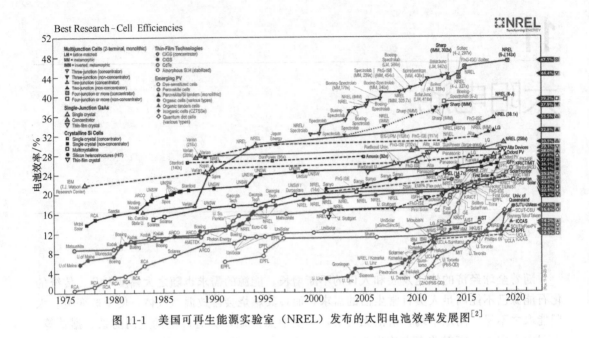

图 11-1　美国可再生能源实验室（NREL）发布的太阳电池效率发展图[2]

11.1 硅太阳电池

硅太阳电池，即以硅作为半导体材料的太阳电池。硅是一种良好的半导体材料，其分布广、储量丰富，地壳中硅元素含量约为 27.6%，仅次于氧元素。硅的化学性质稳定、无毒，是硅太阳电池研发与应用的主体材料。1954 年，美国贝尔实验室首次制成了实用的单晶硅太阳电池[3]，标志着太阳能转换为电能的实用光伏发电技术的诞生，制备出的硅太阳电池也被称为第一代太阳电池。

硅太阳电池的发展可分为三个阶段：1954～1960 年为第一发展阶段，自美国贝尔实验室开发出效率为 6% 的单晶硅太阳电池之后，硅太阳电池得以快速发展，由于硅材料的制备工艺日趋完善，硅材料的质量不断提高，使得电池效率稳步上升，效率提升至 15%。1972～1985 年是第二个发展阶段，这一期间，背电场电池技术、"浅结"结构、绒面技术、密栅金属化等一系列技术相继被开发并使用，使得硅太阳电池的成本显著下降，与此同时电池效率提高到 17%。1985 年以后是硅太阳电池发展的第三阶段，随着研究的不断深入，许多制备硅电池的新技术，如金属吸杂、表面及体钝化、减反射膜（双层）、选择性发射区、细化金属栅电极等相继出现，并应用在电池的生产工艺中。另外，金属化材料和多样化的电池结构也不断被探索，电池的光电转换效率大幅度提高。同时，硅基薄膜太阳电池的开发与利用发展迅速。此外，制备硅太阳电池的技术、材料和设备逐渐从实验室规模转向产业化生产中，硅太阳电池的应用进一步扩大。

目前，硅太阳电池制备工艺成熟，应用广泛，在国防和民用中均有着很重要的利用价值。据统计分析显示，硅太阳电池约占太阳电池总产量的 98%，以硅为主体材料的太阳电池在太阳电池总产量中依然保持着主导地位。

11.1.1 硅太阳电池结构及工作原理

硅太阳电池的典型结构为：下电极/p 型硅/n 型硅/减反层/上电极，如图 11-2（a）所示。一般地，在硅晶体中掺入三价杂质元素如硼原子等，可形成 p 型半导体，掺入五价杂质元素如磷原子等可形成 n 型半导体。p 型半导体中含有较多的空穴，而 n 型半导体中含有较多的电子。

硅太阳电池工作原理是基于 p-n 结的光生伏特效应，将光能转化为电能[4]，其工作原理如图 11-2（b）所示。当 p 型硅和 n 型硅结合在一起时，由于 p 型半导体多空穴，n 型半导体多自由电子，出现浓度差。p 区的空穴会自发扩散到 n 区，n 区的电子会自发扩散到 p 区，使得原来呈现电中性的 p 型半导体在界面附近富集负电荷，n 型半导体在界面附近富集正电荷，形成了一个由 n 指向 p 的内建电场，从而阻止电子和空穴扩散的进行。达到平衡后，就产生一个特殊薄层，形成 p-n 结。当太阳光照射到硅太阳电池表面时，在 p-n 结中，n 型半导体的空穴往 p 型区移动，而 p 型区中的电子往 n 型区移动，在 p-n 结中形成电势差，从而形成从 n 型区到 p 型区的电流。当接上负载后，电流通过外部电路，从而实现光能向电能的转化。

根据硅片结晶形态及厚度，可将硅太阳电池分为晶硅太阳电池和薄膜硅太阳电池两大类。下文主要论述以下几种硅太阳电池：单晶硅太阳电池、多晶硅太阳电池、多晶硅薄膜太阳电池和非晶硅薄膜太阳电池。

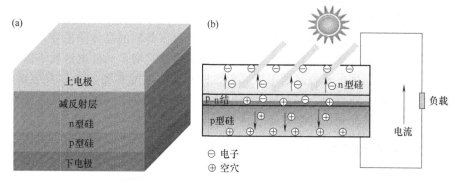

图 11-2 典型硅太阳电池的结构示意图（a）和工作原理图（b）

11.1.2 晶硅太阳电池

晶硅太阳电池可分为单晶硅电池和多晶硅电池两类。

单晶硅是指硅材料整体结晶为单晶形式，是目前普遍使用的光伏发电材料，单晶硅太阳电池也是开发得最快的一种太阳电池。一般地，单晶硅电池以纯度高达 99.999% 的单晶硅棒为原料。为了节省成本，目前地面应用的单晶硅太阳电池对材料性能指标有所放宽，部分采用了半导体器件加工的头尾料以及废次单晶硅材料，或者经过复拉制成太阳电池专用的单晶硅棒。

硅系列太阳电池中，单晶硅太阳电池是研究及应用最早的电池，生产工艺更为成熟。此外，由于使用高质量的单晶硅作为基体材料，光电转换效率也比其它类型的硅太阳电池高，因而在产业化应用中占据着主导地位。研究初期主要应用在航空航天领域，之后逐步扩大到地面应用。单晶硅太阳电池主要分为平面电池、刻槽埋栅电极电池。在制备单晶硅太阳电池过程中，分区掺杂、表面织构化、氧化膜钝化、发射区钝化、减反射膜、背表面场以及金属化电极等技术被开发，并被广泛用于高转换效率电池的制备。刻槽埋栅、陷光理论、双层减反射膜技术和倒金字塔技术等不断精细化，是促进高效晶硅电池发展的主要因素。当前，单晶硅电池转换效率达到 26.7%[5]。

虽然单晶硅太阳电池的光电转换效率很高，但其自身也有一定的缺点。比如生产过程需要使用大量高纯度的单晶硅，而高纯度的单晶硅材料的提纯工序复杂、能耗大，导致生产单晶硅太阳电池的成本很高。目前，大幅降低单晶硅电池成本仍较困难。此外，由于晶体硅的短缺及硅价格的不断上涨，研究者把目光转向了成本较低的多晶硅太阳电池，以期降低生产成本，拓宽生产原料。

多晶硅是单质硅的一种常见形态。在过冷状态下，熔融态单质硅凝固时，硅原子形成金刚石形晶核，并逐渐生长成晶粒，当晶面取向相异的多个晶粒聚合在一起时，其结晶产物为多晶硅。多晶硅结晶速度较快，熔融过程也比单晶硅的提炼工艺简单许多，因而多晶硅的生产能力也更强。此外，多晶硅的生产过程中能耗也低于单晶硅的提炼过程，原料的利用率也相对较高。可选用单晶硅处理技术，如绒面技术、金属吸杂技术、表面及体钝化技术、细化金属栅电极技术等，使其成为硅太阳电池的主要原料之一。电池制备方法也多样化，如定向凝固法、西门子法、硅烷法、钠还原法、流化床法等。另外，在多晶硅电池的生产过程中，也可以根据不同的需求，使用等级较低的多晶硅，或直接采用为硅太阳电池而生产的多晶硅材料，从而实质性地降低了多晶硅太阳电池的生产成本。

但是，多晶硅也有很多不足。例如，在凝固过程中，晶粒的生长速度很快，使得生产出的多晶硅存在明显的晶界，杂质、缺陷浓度高，导致多晶硅的晶体质量较差。多晶硅晶粒具有各向异性，采用化学腐蚀难以产生有效绒面，因此早期多晶硅电池效率远远低于单晶硅。近年来，随着晶体生长技术的不断完善，以及太阳电池制备技术如双层减反射膜、钝化、陷光技术等的不断发展，多晶硅太阳电池光电转换效率不断提高，逐渐接近单晶硅电池。当前，多晶硅电池光电转换效率已达 22.8%[2]。

11.1.3 薄膜硅太阳电池

薄膜硅太阳电池主要包含多晶硅薄膜电池和非晶硅薄膜电池。

一般地，晶硅太阳电池采用 350~450μm 的高质量硅制备而成。考虑到硅材料昂贵的成本，减少硅的用量是降低硅太阳电池成本最直接的手段。另外，从吸收太阳光能量的角度来看，通常很薄的半导体膜便可吸收大部分的太阳光。例如，太阳光谱峰值 500~600nm 附近，硅材料光吸收系数达到 10^4/cm，因此几微米的硅薄膜便能吸收绝大部分的太阳光。鉴于此，研究者开发了多晶硅薄膜太阳电池。

多晶硅薄膜太阳电池使用相对较薄的晶体硅层作为光吸收层，可利用成本低廉的衬底。在保持晶硅太阳电池高稳定性、高转换效率及无毒等优点的同时，大幅度降低硅材料的用量，从而使得多晶硅薄膜电池的成本明显降低。多晶硅薄膜电池不仅迁移率高、吸光范围广，且无光致衰退效应，使用寿命长。同时，多晶硅太阳电池制备工艺相对简单，成本较低，能够大面积制备，因此多晶硅薄膜电池受到产业界的广泛关注。

目前主要用两种技术路线来制备多晶硅薄膜：一是直接沉积法，利用化学气相沉积和磁控溅射等制备薄膜的相关技术，直接在衬底上沉积多晶硅薄膜；二是两步工艺法，在衬底上先沉积一层非晶硅薄膜，然后通过再结晶技术，如固相晶化、激光晶化和快速热退火等，使其形成多晶硅薄膜。相比较而言，前者制备工艺简单、操作方便，但其相对较高的沉积温度对异质衬底要求较高。而后者被广泛采用，因为具有成本低、易于大规模生产、能够在较低的温度下晶化等一系列优点，但缺点是其晶粒尺寸较小。

另外，非晶硅薄膜太阳电池也吸引了研究者的兴趣。1976 年，第一块非晶硅薄膜太阳电池问世，80 年代曾达到生产高潮。非晶硅为直接带隙半导体，是一种光吸收系数高达 $10^5/cm$ 的硅氢合金。非晶硅薄膜太阳电池因其沉积温度低，可以使用玻璃、不锈钢、陶瓷、柔性塑料片等作为衬底；薄膜的制备兼容于卷对卷工艺，可大面积规模化生产。非晶硅薄膜太阳能电池的制备方法多样，主要有高频辉光放电、反应溅射法、低压及等离子体增强化学气相沉积法等。除此之外，非晶硅太阳电池具有成本低、弱光效应好、高温性好、能量返回期短且易于大规模产业化生产等优势，研究初期也备受商业界人士的青睐。

但是，非晶硅材料的缺陷较多，载流子的扩散长度小，电池的寿命短，导致非晶硅太阳电池的光电转换效率低于单晶硅。同时，非晶硅的禁带宽约为 1.7eV，导致其对太阳辐射光谱长波区敏感性低，这是限制非晶硅电池效率的重要因素。除此之外，非晶硅太阳电池光致衰退效应显著，随着光照时间的延长，非晶硅太阳电池光电转换效率快速衰减，从而进一步限制了非晶硅薄膜太阳电池的发展与使用。叠层太阳电池，即于已制备的 p-i-n 单结太阳电池上沉积一个或者多个 p-i-n 子电池，是解决以上问题的有效方法。此外，将非晶硅薄膜电池与微晶硅结合，制成非晶硅/微晶硅异质结太阳电池，也可以有效地减小光致衰退效应。

11.1.4 硅太阳电池的应用

目前，硅太阳电池广泛应用于航天航空领域（如卫星、航天器等）、军事领域（如士兵 GPS 供电、航母及航标灯等）、通信领域（如载波电话光伏系统、光缆维护站及小型通信机等）、交通领域（如高空障碍灯、交通信号灯及高速公路无线电话亭等）、工农业（如光伏电站、风光互补电站、海水淡化设备供电、灌溉）等领域。此外，硅太阳电池也普遍应用于民用生活中，例如家庭屋顶并网发电系统、光伏水泵和小型电源等。图 11-3 展示了硅太阳电池在这些方面的一些应用实例。

图 11-3 硅太阳电池在航天航空、军事、商业及工农业等方面的应用实例

11.1.5 总结与展望

在太阳电池中，硅太阳电池是开发最早，应用范围最广的一类太阳电池。硅太阳电池的研发及利用，在缓解能源危机、减轻环境污染等方面都发挥着非常重要的作用。目前，硅材料的生产和硅太阳电池的制备工艺都非常成熟，因此硅太阳电池在整个光伏市场一直占据着重要地位。但就生产成本而言，晶硅电池尤其是单晶硅电池的生产成本依旧还是十分昂贵，想要降低成本，必须研发出方便易行的硅材料提纯技术。为了提高硅的利用率，减少硅的用量，扩大生产及使用范围，研究者开发出了硅基薄膜太阳电池。此后，硅基薄膜太阳电池以其易集成、成本低、衬底廉价及可柔性制备等优势，已经成为工业生产的一个重要组成部分。

11.2 铜铟镓硒太阳电池

铜铟镓硒（$CuIn_{1-x}Ga_xSe_2$，简写为 CIGS）太阳电池是 20 世纪 80 年代基于铜铟硒（CIS）太阳电池发展起来的一种新型太阳电池，在 CIS 电池的基础上，通过掺杂 Ga 元素，使 Ga 部分取代同族的 In 原子，从而制备出 CIGS 太阳电池。CIGS 电池属于多晶化合物半导体异质结太阳电池。但太阳光最佳禁带宽度为 1.45eV，比 CIS 材料的带隙略大，因而在 CIS 基础上掺杂同族 In 原子，调整 In/Ga 比例，可以使制备出来的 CIGS 薄膜的带隙宽度覆盖 1.04～1.68eV，从而改善电池的转换效率。1975 年，Shay 等基于 n 型硫化镉（CdS）和 p 型铜铟硒（$CuInSe_2$）制备出光电转换效率达 12% 的太阳电池[6]，这为后期 CIGS 太阳电池的研究奠定了基础。

CIGS 太阳电池具有生产成本低、污染小、不衰退、弱光性能好等特点。自 CIGS 太阳电池被开发之后，因其优越的综合性能，受到研究者的广泛关注。薄膜的制备技术得到不断发展。目前，CIGS 太阳电池光电转换效率已达 23.4%[2]，接近晶体硅太阳电池，而成本则是晶体硅电池的三分之一。CIGS 太阳电池兼容于柔性衬底，具有柔和、均匀的黑色外观，是对外观有较高要求场所的理想选择，如大型建筑物的玻璃幕墙等，在现代化高层建筑等领域有很大市场。因此，国际上曾称之为"下一时代非常有前途的新型薄膜太阳电池"。

11.2.1 铜铟镓硒太阳电池结构及特点

CIGS 薄膜太阳电池具有多层膜结构，典型结构自上而下为：金属栅极层（Al）/窗口层（ZnO）/缓冲层（CdS）/光吸收层（CIGS）/背电极层（Mo）/玻璃基底，如图 11-4（a）所示。光吸收层 CIGS 是由四种元素（Cu、In、Ga 和 Se）组成的具有黄铜矿结构的化合物半导体，是薄膜电池的关键材料，通常将薄膜厚度为 1～2μm 的 CIGS 光吸收层沉积在涂有钼的玻璃基板上，然后沉积 n 型 CdS 缓冲层（薄膜厚度约 50nm，通常使用化学浴沉积法来沉积），随后溅射沉积 ZnO（通常厚度为 40～70nm）作为窗口层。

CIGS 太阳电池的工作原理是基于 p-n 结的光生伏特效应[7]，如图 11-4（b）所示，当太阳光照射到半导体器件的 p-n 结时，在 p-n 结电场作用下，电子由 p 型区流向 n 型区;与此同时,空穴由 n 型区流向 p 型区,分别导致 n 型区电子过剩和 p 型区空穴过剩,建立以 n 型区为负、p 型区为正的光生电压,接入负载后,电流通过负载,实现光能向电能的转换。

CIGS 是直接带隙半导体材料,具有优异的光学性能,光吸收系数大,光谱响应范围宽。CIGS 太阳电池材料具有来源广泛、生产成本低、污染小、无光致衰退效应、弱光性能好等特点,电池的光电转换效率也比较高,接近晶硅太阳电池,而成本大约只是晶硅电池的三分之一。此外,CIGS 太阳电池兼容于柔性基底,如图 11-4(c)所示,大大扩宽了其应用范围,还可用于光伏建筑一体化,如我国碧桂园潼湖科技小镇已经成功实现 CIGS 薄膜建筑光伏一体化应用,如图 11-4(d)所示,因而潜在市场前景广阔。

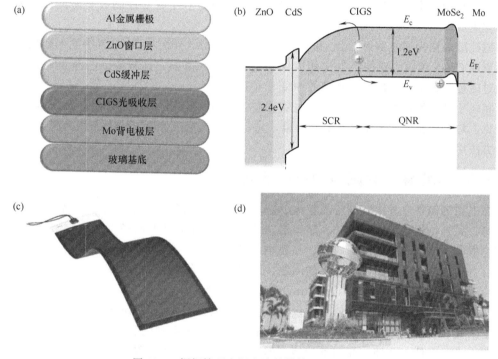

图 11-4 铜铟镓硒太阳电池的结构、原理与应用

(a) 铜铟镓硒太阳电池典型结构示意图;(b) 铜铟镓硒太阳电池能带结构及简明工作原理图[7];
(c) 铜铟镓硒太阳电池在柔性基底上的实物图;(d) 铜铟镓硒薄膜建筑光伏一体化示范建筑图

相比于其它薄膜电池,CIGS 太阳电池的优点有:①通过掺入适量 Ga 替代部分同族的 In,可以调节 CIGS 的禁带能隙,调整范围为 1.04~1.68eV,非常适合制备最佳带隙的半导体化合物材料;②CIGS 材料的光吸收系数高,达到 $10^5/cm$,同时还具有较大范围的太阳光谱响应特性;③利用 CdS 作为缓冲层(具有闪锌矿结构),和具有黄铜矿结构 CIGS 吸收层可以形成良好的晶格匹配,失配率不到 2%;④弱光效应好,在太阳辐射强度不太理想的地区,CIGS 薄膜电池的累计发电量要远高于其它类型的电池;⑤CIGS 半导体可直接调节其化学组成而得到 p 型或 n 型不同的导电形式,不必借助外加杂质,不会产生光致衰退效应,使用寿命可以长达 30 年以上;⑥CIGS 薄膜的制备过程具有一定的环境宽容性,使得 CIGS 太阳电池在选择衬底时,具有较大的选择空间。

11.2.2 铜铟镓硒薄膜的制备方法

CIGS 太阳电池中，制备高质量的 CIGS 薄膜是决定 CIGS 太阳电池性能的关键。CIGS 薄膜的制备方法主要有共蒸发法、磁控溅射法和电镀法，最常用的方法是共蒸发法和磁控溅射法。这两种方法制备的 CIGS 薄膜的均匀性与薄膜面积的大小有着直接联系，而薄膜的均匀性是影响电池转换效率的重要因素之一。一般而言，实验室小面积制备的 CIGS 薄膜太阳电池中，使用共蒸发法制备的电池效率普遍高一些；而对于在生产线上生产的电池而言，磁控溅射法生产的电池具有更高的光电转换效率。

共蒸发法包括两种：一是共蒸发 Cu、In、Ga 三种合金，然后硒化；二是共蒸发 Cu、In、Ga、Se，从而得到 CIGS 薄膜。共蒸发的优点是薄膜质量好，容易实现元素的梯度分布，电池转换效率高；缺点是对设备要求严格，蒸发过程不容易控制，不易实现连续化、规模化生产。

磁控溅射法先通过溅射 CuIn 和 CuGa 得到 CuInGa，然后在 Se 气氛中发生硒化反应，从而形成 CIGS 薄膜。磁控溅射法能大面积制备 CIGS 薄膜，且制备出的薄膜均匀性好，但通过磁控溅射法制备的电池转换效率低于共蒸发法。

相较于共蒸发法及磁控溅射法，电镀法制备 CIGS 薄膜的条件更苛刻，要获得具有理想定比、均匀致密的 CIGS 薄膜十分困难，尤其是想要生产出均匀的大面积薄膜更难，故这种方法用得比较少。

11.2.3 铜铟镓硒太阳电池存在的问题

在电池的制备过程中，制备晶粒大、应尽量提高电池器件短路电流、开路电压、填充因子等。另外，优化缓冲层 CdS、窗口层 ZnO 以及 Mo 电极的制备工艺，调节各层接触电阻构成等，减小因电池内部缺陷、晶粒小、晶界过多、晶粒排列不紧密、层间晶格不匹配、复合中心多而引起的效率低下的问题。同时，需要尽可能提高原料的利用率。

由于 CIGS 是多元化合物（Cu、In、Ga 和 Se）半导体，CIGS 薄膜制备过程中的原子配比及晶格匹配性很大程度上依赖于设备条件及工艺参数，其多元晶格结构、多层界面结构的复杂性以及薄膜制备过程中缺陷、杂质的可控性等一系列问题，导致 CIGS 薄膜的重复性差，成品率低。此外，在制备功能层时，CIGS 与 Mo 之间附着性差、工艺的兼容性等问题，也严重影响电池的转换效率。另外，基于共蒸发法制备 CIS 和 CIGS 薄膜的过程中，原料的利用率低，对于贵金属来说浪费大，成本较高，这也进一步限制了其在工业上的应用。

11.2.4 总结与展望

CIGS 薄膜弱光性能好、衰退性低且污染小。CIGS 电池具有稳定性好、抗辐射能力强、生产成本低等特点，其光电转换效率在薄膜太阳电池中较高。除了制备成平板电池之外，CIGS 薄膜电池具有可弯折性，可以制备成非平面构造，应用于建筑光伏一体化，从而大大拓宽了应用范围，高效率和柔性化是 CIGS 薄膜电池的发展趋势，在实现大面积柔性化 CIGS 太阳电池的商业化应用进程中，仍有许多问题亟待解决。首先，在 CIGS 薄膜的大面积制备过程中，需保证 CIGS 薄膜的均匀性，主要是控制 CIGS 吸收层的化学成分比，制备晶粒大、排列紧密、表面平整的吸收层，避免杂质、缺陷引起的复合；其次，提高 CIGS 电池组件的效率，解决柔性 CIGS 电池的防潮问题；最后，利用不含重金属镉的环境友好型材料来替换缓冲层中使用的 CdS。

11.3 碲化镉太阳电池

碲化镉（CdTe）薄膜太阳电池是利用 CdTe 作为吸收层的一类太阳电池。CdTe 太阳电池以 p 型 CdTe 和 n 型硫化镉（CdS）的异质结为基础。1959 年，RCA 实验室的研究者在 p 型的 CdTe 中扩散 In 从而制备出了世界上第一块 CdTe 单晶同质结太阳电池，其光电转换效率为 2.1%[8]。1963 年，Cusano 等研制出以 CdTe 为 n 型和硫化亚铜为 p 型结构的电池[9]，成为了 CdTe 电池的开端。随后，CdTe 异质结电池也应运而生。1982 年，Kodak 实验室用化学沉积法在 p 型的 CdTe 上制备一层超薄的 CdS，制备了效率超过 10% 的异质结 p-CdTe/n-CdS 薄膜太阳电池[10]，这是现阶段 CdTe 薄膜太阳电池的原型。1993 年，美国科研人员采用近空间升华法，将 CdTe 薄膜太阳电池的转换效率提升至 15.8%[11]。此后的研究过程中，通过采用不同的制备工艺，CdTe 太阳电池的光电转换效率大幅度提升。目前，CdTe 太阳电池的转换效率已达 22.1%[2]。

11.3.1 碲化镉太阳电池特点

CdTe 太阳电池的典型结构如图 11-5（a）所示，由玻璃衬底/透明导电氧化物（TCO）/CdS/CdTe//背接触层/背电极组成。其中，TCO 透明导电氧化层作为前电极，一般需具有透过率高、电阻率低、稳定性好等特性，主要实现透光和导电的作用。CdS 称为窗口层，为 n 型半导体，CdS 吸收边在 520nm 左右，具有很好的可见光吸收性能。薄膜的厚度一般为 50~100nm，与 p 型 CdTe 构成 p-n 结。CdTe 作为光吸收层，禁带宽度为 1.45eV，与太阳光谱匹配度好。CdTe 薄膜厚度为 2~5μm，与 n 型 CdS 窗口层形成 p-n 结，构成电池最核心部分。背接触层、背电极与 CdTe 光吸收层连接，从而降低金属电极和 CdTe 吸收层间接触势垒，形成欧姆接触，以最大限度引出电流。

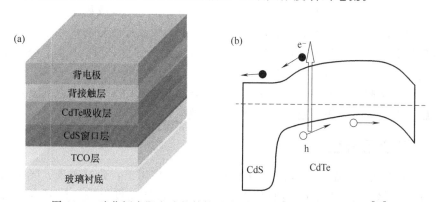

图 11-5 碲化镉太阳电池的结构示意图（a）和工作原理图（b）[12]

CdTe 太阳电池基于 p-n 结的光伏效应工作[12]。p 型 CdTe 与 n 型 CdS 组成 p-n 结，由载流子扩散形成扩建电荷区，形成一个由 n 型指向 p 型半导体的内建电场，光生载流子在内建电池作用下发生漂移。当太阳光照射到 CdTe 电池上后，CdTe 层吸收太阳光，使得 CdTe 价带中的获得足够能量的电子跃迁到导带，同时在价带中产生空穴，在 p-n 结附近形成电子-空穴对。接着，电子-空穴对在内建电场作用下分离。自由电子经由 CdS 层，传输到 TCO 前电极；同时，空穴由 CdTe 层向背电极传输，产生电动势，连接上负载后，形成光生电流。图 11-5（b）为 CdTe 太阳电池简要的工作原理图。

CdTe 太阳电池的优点有：①具有理想的禁带宽度（1.45eV），光谱响应与太阳光谱非常匹配；②CdTe 光吸收系数高，在可见光范围高达 10^5/cm，95％的光子可在 $1\mu m$ 厚的吸收层内被吸收；③CdTe 材料弱光效应好，且功率温度系数低，适于沙漠、高温等复杂的地理环境，及清晨、阴天等弱光环境下发电；④转换效率高，理论光电转换效率约为 28％；⑤CdTe 太阳电池抗辐射能力强、稳定性好，寿命设计一般为 20 年；⑥电池结构简单，薄膜制备方式多样化，成本相对低廉，容易实现规模化生产。

11.3.2 碲化镉薄膜制备方法

CdTe 容易沉积成大面积的薄膜，沉积速率也高。CdTe 薄膜的制备方法主要采用以下 4 种：物理气相沉积法、近空间升华法、气相传输沉积法和溅射法。此外，还有金属-有机物化学气相沉积法、电化学沉积法、丝网印刷法和喷涂热分解法等制备方法。物理气相沉积法可以控制 CdTe 沉积速率、薄膜的组分以及掺杂浓度，但生产成本较高，工艺也相对复杂。近空间升华法以高纯 CdTe 薄片或粉料作源，利用 CdTe 升华特性进行沉积，沉积速度主要取决于源温度和反应室气压，一般大于 $1\mu m/min$。该方法具有原材料利用率高、生产成本低、制备的膜质好、晶粒大等优点，是制备 CdTe 薄膜最主要的方法。气相传输沉积法是利用适当的载流气体如 H_2 或 He，将气相 Cd 和 Te 输运至热衬底上直接化合沉积生长 CdTe，薄膜均匀性高，组分可精确控制，产量大，材料利用率高，沉积速度快，易于衬底表面原位清洗及控制掺杂剂的浓度和分布。溅射法设备投入少、易调控、产品成本低、集成程度好。

11.3.3 背接触层及背电极

背电极是决定 CdTe 太阳电池效率高低的重要因素之一。背电极主要是与 CdTe 吸收层相连接，由于 CdTe 具有高的功函，与大多数金属都不易形成欧姆接触，因而，背电极与吸收层之间一般会制备一个缓冲层，用以解决 CdTe 吸收层的高功函问题，使得电流能够顺利地到达金属层。目前主要有两种背电极制备工艺：①在 CdTe 薄膜上叠加重金属掺杂层，降低过渡层及金属间肖特基势垒，使隧道电流作为电荷主要输运方式，形成欧姆接触；②采用强氧化剂（如 H_3PO_4 和 HNO_3）混合液侵蚀 CdTe 表面，得到富碲薄层，接着涂覆金属盐电极膏，经烧结制得 p 型重掺杂过渡层。

11.3.4 总结与展望

CdTe 太阳电池功率温度系数低，弱光效应好，结构简单，容易制备，光电转换效率高，可实现规模化、柔性化、半透明化生产，因而其发展速度很快。但其也有自身的缺陷，如模块与基材材料成本较高，Cd 的毒性及稀有金属 Te 的稀缺性等。而完善生产工艺，进一步降低成本、提高电池效率，是 CdTe 太阳电池发展的必然要求。主要可以从以下几方面着手：①优化电池结构，找到各功能层的最优制备方式，如适当减薄窗口层 CdS

的厚度，以减少入射光的损失，从而增加电池短波响应以提高短路电流密度；②进一步降低生产成本，如使用价格相对廉价的钠钙玻璃衬底，同时采用其它高效可行办法来沉积金属背电极，降低各功能层沉积温度等，如将 CdTe 的沉积温度降到 550℃ 以下；③研究新型的背电极材料，提高其稳定性；④提高电池效率的同时，经过组件以及生产模式的设计、研究和优化过程，实现大面积规模化生产；⑤针对 Cd 的污染问题和 Te 的稀有性，回收利用生产废料、不合格及已达到使用寿命的电池中的 Cd 和 Te。

11.4 有机太阳电池

1958 年，Kearns 和 Calvin 等采用酞菁镁有机材料作为活性层，制备了第一个有机太阳电池，从此开启了有机太阳电池的研究历程。但由于采用了简单的器件结构，即有机活性层直接夹在两个功函数不同的电极之间，激子的解离效率很低，器件性能很差[13]。1986 年，C. W. Tang 等独创性地提出了给体、受体异质结的双层结构，将器件的能量转换效率提升到 0.95%，从而将有机太阳电池带入了一个新的纪元[14]。1995 年，Yu 等将电子给体 MEH-PPV 和电子受体 C_{60} 充分混合并形成共混活性层，从而首次制备了体相异质结器件，并将器件效率进一步提升至 2.9%，实现了有机太阳电池的又一重大突破[15]。目前，高性能的有机太阳电池也是由此结构发展而来的。随着富勒烯及其衍生物的不断发展，三元富勒烯有机太阳电池的认证效率也已经达到 16.42%[16]。但由于富勒烯等受体材料具有较低的消光系数，能级难以调节等缺点，具有较高吸收系数的非富勒烯受体材料不断被研发出来。2015 年，Zhan 等率先报道了基于稠环结构的小分子受体材料 ITIC[17]。此类电子受体材料具有较强的光吸收能力，而且具有"给电子"和"拉电子"单元，从而实现了分子内的电荷转移。与 PTB7-Th 给体材料进行混合，得到了当时非富勒烯有机太阳电池的最高能量转换效率 6.8%。此后，非富勒烯有机太阳电池飞速发展。2016 年，基于宽带隙给体材料 PBDB-T 和非富勒烯受体材料 ITIC 的有机太阳电池能量转换效率达到 11.21%[18]。随后，Hou 等通过在 ITIC 中引入缺电子元素（F 或 Cl 等），合成了 IT-4F 和 IT-4Cl 等，并有效降低了材料的 HOMO、LUMO 能级，最终将器件性能提升至 14% 以上[19,20]。2019 年，Zou 等合成了新的受体材料 Y6，通过与聚合物给体 PM6 混合，实现了 15.7% 的能量转换效率[21]。与此同时，Li 等以 PTQ10：Y6 为活性层体系，得到了目前单结二元有机太阳电池的最高效率 16.53%[22]。此外，Cao 等基于 P2F-EHp：BTPTT-4F 材料体系，也获得了 16% 以上的能量转换效率[23]。

有机半导体材料对特定波长范围内的太阳光吸收效率较高，但其能隙相对较宽，导致吸收光谱的范围相对狭窄。为弥补这一缺点，人们设计出全有机叠层器件，从而极大地扩大了光谱吸收范围。Chen 等通过 PBDB-T：F-M 和 PTB7-Th：O6T-4F：$PC_{71}BM$ 两个混合活性层制备了叠层器件，从而将效率提升至 17.3%[24]。但叠层器件制备过程复杂，生产成本较高，限制了其商业化。为提升活性层的吸光能力，在二元有机太阳电池的基础上进一步添加第三组分，从而开发出了三元有机太阳电池。这极大地提升了器件性能，且可以保持相同的器件结构和简便的制备工艺。目前，三元有机太阳电池的能量转换效率已突破 17%[25]，认证的效率也已达 16.42%[16]，为有机太阳电池的应用打下了坚实的基础。

11.4.1 有机太阳电池结构及工作原理

有机太阳电池结构主要包括单质结、双层异质结、体异质结和叠层结构，如图11-6所示。其中，单质结有机太阳电池通过单一组分的有机材料直接夹层于正、负电极之间而形成，主要发展于实验早期。由于采用了单一组分，器件的吸收光谱范围较窄，且不能形成有效的激子解离及电荷传输，因此能量转换效率往往较低。双层异质结太阳电池通过给体材料和受体材料层状堆叠于正、负电极及缓冲层之间而形成。由于采用了两种有机活性材料，器件的光吸收能力得到很大提升。但由于光生激子的扩散长度有限（一般小于20nm）[26]，只有界面处的激子能够得到有效解离，因而抑制了双层异质结电池性能的提升。体异质结结构主要通过将受体材料和给体材料直接混合而形成。体异质结有机太阳电池中，受体材料和给体材料可以形成互穿的网络结构，保证了光生激子的有效解离，也给电荷的传输提供了良好通道。因此，体异质结结构在目前有机太阳电池中得到了广泛应用。叠层有机太阳电池包含两个或多个活性层，不同子电池通过连接层形成有效串联。叠层电池可以采用吸收互补的两个子电池对太阳光进行有效利用，可提升光生载流子数量，但器件制备过程相对复杂，且需要匹配好每个子电池的电流密度。

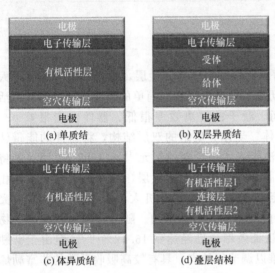

图11-6 有机太阳电池器件结构

此外，根据空穴传输层和电子传输层的相对位置，有机太阳电池又可分为传统正置结构和倒置结构。但无论何种结构，相邻功能层都必须采用正交溶剂或蒸镀法来制备，从而避免后沉积的功能层所采用的溶剂对前一层薄膜的损害。

有机太阳电池的工作原理和无机太阳电池有较大不同，这主要由材料自身性质所致。相比于无机半导体材料有着比较固定的晶格结构，有机分子往往比较杂乱地结合在一起，无固定的晶格结构，且分子间作用力比较弱，这也往往导致了有机半导体材料能带窄、能隙宽的特性。同时，无机材料的固定晶格结构有利于载流子的迁移，而有机半导体载流子通常定域在单个分子上，从而导致有机材料的载流子迁移率相对较低，并最终影响器件的电荷抽取能力。此外，有机半导体材料中产生的光生激子（Frenkel激子）有着较小的半径。由于受库仑力作用，产生的电子空穴对有着较强的结合力，不能依靠热运动而发生有效解离。为保证高效的激子解离效率，并减少器件的能量损失，给体和受体之间要存在适当的能级差，并形成合适的内建电场。

有机太阳电池的光伏过程一般包含以下四个阶段：①激子的产生；②激子的扩散；③激子的解离；④载流子的输运与收集，如图11-7所示。当入射光的能量大于有机半导体材料的光学带隙时，处于基态的电子将被激发到激发态，并形成电子空穴对。但由于较强的库仑相互作用，有机材料中的光生激子不能自发解离，而是通过扩散作用输运到给体和受体的界面。在给体和受体界面处，由于给体和受体能极差的存在，给体受体的能级会发生弯曲，并形成内建电场。在内建电场的作用下，给体的电子转移到受体上，而空穴仍然留在给体材料上。最终，激子经过电荷转移态后解离形成自由电荷。受体上激子解离的过程与此类似，只是受体上的空穴在能级差的驱动力作用下转移到给体上，而电子仍留在受体上，如图 11-7（b）所示。激子解离后，自由运动的电子和空穴在浓度梯度和阴极、阳极形成的内建电场作用下，分别通过电子传输通道（受体材料形成）和空穴传输通道（给体材料形成）进行传输，并最终被各自的电极收集。需要指出的是，由于有机半导体的激子扩散长度有限，给体和受体之间要形成适当的相分离，从而避免光生激子的复合，同时保证电子、空穴的有效输运。此外，给体和受体材料需保持适当的能级差。若能级差太小，则不能使得激子得到有效解离，影响器件的短路电流。反之，若能级差太大，则激子在解离过程中能量损失会增加，影响器件的开路电压。

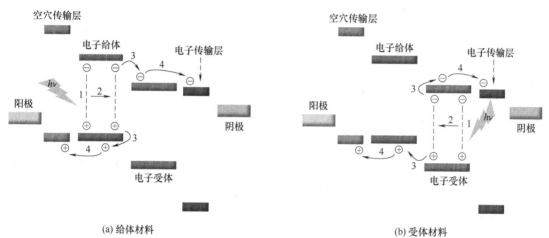

图 11-7　给体材料（a）和受体材料（b）中的激子产生、扩散、解离和载流子输运与收集过程的示意图

11.4.2　有机太阳电池优势与存在的问题

尽管相对于硅基太阳电池，有机太阳电池的能量转换效率仍然较低，难以形成有力竞争，但有机太阳电池可以通过溶液法制备，包括刮涂和狭缝涂布等印刷方式。目前，基于刮涂和狭缝涂布方式制备的有机太阳电池已经分别实现 13.6% 和 13.5% 的能量转换效率[27,28]。同时，有机太阳电池容易实现大面积拓展。例如，Hou 等采用刮涂的方式在 1cm² 有效面积的有机太阳电池上得到了 13.2% 的效率[29]。基于 PBDB-TF：IT-4F 材料体系，12.6cm² 有效面积的有机太阳电池模组效率已经高达 10.21%[27]。基于狭缝涂布制备的 30cm² 有机太阳电池组件也已获得 8.6% 的效率[28]。此外，Chen 等基于 PBDB-T：ITIC 材料体系制备的柔性有机太阳电池模组也已经实现效率 8.90% 的突破[30]。与此同时，柔性有机电池在节能建筑一体化、室内光伏和可穿戴设备等方面亦具有巨大的应用潜力。随着器件结构的演变及新型有机材料的开发，有机太阳电池的能量转换效率在逐步提升，从而引起了学术界及工业界越加广泛的关注。

整体来看，有机太阳电池在能量转换效率、稳定性方面还有待提高，其中有机材料的选择是决定电池性能好坏的关键。而有机材料本身主要面临以下不足：①有机半导体材料的迁移率一般都较低 [$\mu=10^{-6}\sim10^{-1}$cm²/(V·s)]，影响了电荷的输运，抑制了有机活性层厚度的增加；②有机半导体材料禁带宽度一般偏大，尽管人们在不断开发低带隙的材料,但有机材料的吸光能力仍有待提高;③由于电子空穴对结合力强,室温下光生载流子不能直接通过吸收光子产生,而是先产生激子,然后再通过激子在给体-受体的界面处离解产生自由电荷,增加了载流子的复合概率,影响器件的光电流。

11.4.3 总结与展望

有机太阳电池在近几年得到快速发展,这主要得益于新材料的开发及新型器件结构的制备。就目前而言,提高电池的能量转换效率仍是发展有机太阳电池的首要任务,也是实现其产业化的关键。制备出高效率、低成本以及重复性好的可溶液加工活性材料,采用最优化的制备工艺,是提高能量转换效率的基础。有机太阳电池研究主要可从以下几个方面继续开展:针对电池的工作机理、材料和制备工艺,对光诱导电荷转移过程和复合机制进行研究,以指导材料的设计合成;对现有的材料体系进行复合优化,以取得最佳器件性能;对电池的制备工艺进一步探索,得到优化的器件结构;发展大面积、高效率有机太阳电池制备方法,推进有机太阳电池逐渐从实验室走向产业化。

11.5 染料敏化太阳电池

早在20世纪60年代,Gerischer和Spitler等就发现吸附染料的ZnO和TiO_2在光照下可以形成电流,但相应的器件效率始终没有突破1%[31-33]。直到1991年,Grätzel课题组率先将纳米多孔的TiO_2薄膜引入染料敏化太阳电池(dye-sensitizedsolarcells,DSSC)中,并取得7.1%的能量转换效率,才引发了染料敏化太阳电池的研究热潮[34]。1998年,Grätzel团队采用固体有机空穴传输材料替代液体电解质,从而研制出全固态电池,同时得到了33%的单色光能量转换效率[35]。伴随着新染料的开发,染料敏化太阳电池的光伏性能也在不断提升。例如,锌卟啉染料和Co(Ⅱ/Ⅲ)三(联吡啶基)氧化还原电解质相结合,已获得12.3%的能量转换效率[36]。采用卟啉类染料的DSSC体系,也已经显示出13%的效率[37]。基于三芳基胺(TPA)敏化剂的染料敏化太阳电池已经获得超过14%的能量转换效率[38]。与此同时,DSSC具有制作过程简单、成本低廉等优点,因此具有很大的潜力和应用空间。

11.5.1 染料敏化太阳电池基本结构及工作原理

染料敏化太阳电池主要由导电基底、光阳极、染料敏化剂、氧化还原电解质和对电极等几部分组成[39],如图11-8(a)所示。其中,导电基底主要为FTO、ITO、导电聚合物基底等。光阳极一般为纳米晶氧化物材料,例如TiO_2、SnO_2和ZnO,用来负载染料分子并传输光生电子。染料敏化剂是DSSC中的核心元件,捕获光子后产生光生载流子。氧化还原电解质和对电极则主要采用的是I_3^-/I^-和金属铂。

DSSC的工作原理大致可以分为以下几个过程,如图11-8(b)所示。

① 染料分子(D)吸收入射光子,染料分子的电子从基态跃迁到激发态(D^*):$D+h\nu \longrightarrow D^*$。

② 激发态染料分子将电子快速注入TiO_2导带,自身则变成氧化态(D^+):$D^* \longrightarrow$

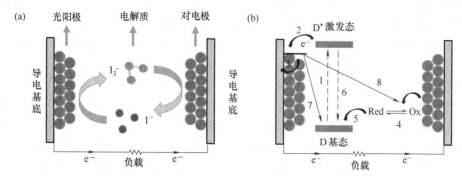

图 11-8 染料敏化太阳电池基本结构示意图（a）及工作原理图（b）

$D^+ + e^- (TiO_2)$。

③ TiO_2 导带中的电子传输到导电基底上，并通过外电路导入对电极。

④ 经对电极的催化，电解液中的氧化态电对（Ox）得到电子，并转化为还原态（Red）：$Ox + e^- \longrightarrow Red$。

⑤ D^+ 被电解液中的 Red 还原再生，Red 失去电子后被氧化为 Ox：$D^+ + Red \longrightarrow D + Ox$。

此时形成了一个完整的回路，光能被直接转换成了电能。然而，实际的器件内部有可能经历以下过程，并对光电转换过程产生不利影响。

① 当激发态染料分子没有及时将电子注入 TiO_2 的导带时，D^* 则有可能通过荧光发射、振动弛豫等方式回到基态。

② 注入 TiO_2 中的电子没有及时传输到导电基底和外电路时，有可能和氧化态染料分子发生复合：$D^+ + e^- (TiO_2) \longrightarrow D$。

③ TiO_2 导带中的电子也有可能和电解液中的氧化态电对产生复合：$Ox + e^- (TiO_2) \longrightarrow Red$。

11.5.2 染料敏化太阳电池研究重点

目前染料敏化太阳电池研究重点涉及光阳极材料、敏化染料、电解质、对电极等。

多孔半导体光阳极是染料敏化太阳电池的重要组成部分，它是染料分子的载体，也起着分离、传输电荷的作用。DSSC 体系中的光阳极应具备以下条件：①大的比表面积，从而能够最大程度地吸附染料分子；②同染料分子相匹配的能级结构；③较高的电子迁移率，从而能够有效地传输电子。目前，常用的光阳极材料有 TiO_2、ZnO、SnO_2、Nb_2O_5 等。其中，锐钛矿型 TiO_2 在染料吸附、电荷传输、电池效率和稳定性方面都有着优异的表现。

TiO_2 光阳极可以通过多种方式制备，包括旋涂、刮涂、丝网印刷和电化学沉积等。同时，TiO_2 有着优异的稳定性和抗酸碱能力，对电池的稳定性至关重要。但是，无序堆积的 TiO_2 结构阻碍了电子在多孔薄膜中的传输，也增大了载流子复合概率。因此，TiO_2 光阳极的研究主要集中在制备方法、调控纳米结构和形貌、表面改性和掺杂等方面。同时，具有有序结构的纳米材料，如纳米线、纳米片、纳米棒和纳米管等，因其有利于载流子的传输和分离，同时能够有效调控电子的传输路径，也吸引了人们的广泛关注。

敏化染料分子被称为染料敏化太阳电池中的光子马达，是电子的生成和注入的关键因素，正是它对光子的响应才驱动了整个光伏电池的运作。理想的染料应具备以下条件：① 较宽的光谱吸收范围和较大的消光系数，从而实现对入射光的有效利用；② 能够和氧化物半导体材料形成牢固的化学键，从而稳固地吸附在光阳极表面；③ 与光阳极材料能级相匹配，从而保证光生电子能够有效且快速地注入光阳极；④ 稳定性好，从而保证 DSSC 较长的使用寿命；⑤ 基态与氧化还原电对的能斯特电位相匹配，以保证染料分子的还原再生。

在 DSSC 体系中，染料敏化剂主要有金属配合物染料、有机染料和量子点吸光材料。其中，钌吡啶金属配合物染料，如常见的 N3 染料、N719 染料和 Z907 染料等，因具有较宽的吸收光谱、较好的光化学稳定性和理想的氧化还原特性而被人们广泛利用。作为提升 DSSC 光伏性能的关键，如何合成、选取、构建新型高性能染料敏化剂，成为科研人员关注的热点问题之一。

氧化还原电解质在电池中起着还原染料正离子及传输电荷的作用，是 DSSC 的重要组成部分。高效率的电解质应当具有与染料 HOMO 轨道相匹配的能级结构以及快速的空穴传输能力。根据其形态特征，可分为液态、准固态和固态电解质。目前，应用最为广泛的仍然是液态电解质，如含有 I_3^-/I^- 的乙腈溶液和含有 Co^{3+}/Co^{2+} 的乙腈溶液[36,40]。这主要是因为，I_3^-/I^- 和 Co^{3+}/Co^{2+} 具有很好的溶解性和高的电导率，同时能够和氧化态染料分子快速有效地进行还原再生反应。此外，$Co(dbbip)_2^{2+/3+}$、Br_3^-/Br^- 和离子液体电解质等也受到人们的关注，并有望进一步提升器件性能[41-43]。

尽管采用液态电解质能够获得较高的能量转换效率，但其易泄漏、易挥发、耐热性低等问题使得 DSSC 的稳定性大打折扣，因此有必要进一步开发准固态和固态电解质。通过在液态电解质中添加凝胶剂，形成三维空间网络、微观液态、宏观固态的结构，可以获得准固态电解质，且同时具备高迁移率和优异的长期稳定性。此外，固态电解质由于不存在易泄漏、易挥发等问题，也成为 DSSC 体系的研究热点，其中包括无机空穴传输材料、有机空穴传输材料、固态离子导体等。

对电极又称为光阴极或反电极，它起着收集外电路电子和催化还原 I_3^- 的作用，在很大程度上决定着 DSSC 的光伏性能。优异的对电极需要具备以下性质：优异的催化活性、高比表面积和电导率、耐化学腐蚀性强等。目前采用最广泛的对电极材料为铂电极。尽管铂电极有着优异的催化及导电性能，但其地球储量有限，且面临着被电解液腐蚀的问题，阻碍了染料敏化太阳电池的实际应用。因此，碳材料对电极、无机化合物材料对电极、导电聚合物对电极以及复合材料对电极也成为研究热点。

碳材料来源广泛且种类丰富，包含活性炭、炭黑和多孔碳等。其中，石墨烯和碳纳米管是碳材料的研究热点。这些碳材料具有较好的催化活性和耐腐蚀性，因而被广泛应用于 DSSC 中。例如，Cenian 等通过喷印技术制备了双壁碳纳米管对电极，并获得了 4.59% 的能量转换效率[44]。Qiu 等采用 N、P 双掺杂石墨烯对电极，取得了高达 8.57% 的效率[45]。但碳材料也存在一些缺点，包括与导电基底的结合力差、透明度低等，仍然需要进一步的探索。

11.5.3 染料敏化太阳电池存在的问题

结合 DSSC 的结构及各组分的功能来看，染料敏化太阳电池存在的问题主要有：普遍采用的仍然是液态电解质，常用的 Pt 对电极成本高昂，柔性光伏器件有待开发，能量转换效率偏低等。尽管目前普遍采用液态电解质的染料敏化太阳电池效率相对较高，但也存在一些缺点,如易挥发、易泄漏、对环境可能产生危害、对电极的腐蚀等。因此,固态、准固态电解质急需进一步探索。此外,Pt是常用的对电极材料,但Pt成本昂贵,储量很少,容易被电解液腐蚀,因而限制了DSSC的商业化应用。同时,染料敏化太阳电池一般采用硬质平板基底如导电玻璃等,面临着容易破碎、硬度高等问题。尽管在DSSC领域中,基于柔性基底的复合光阳极已经有所研究,但整体的柔性染料敏化光伏器件及性能仍有待进一步改善。更重要的是,常用的染料,如N3和N719等,对太阳光的吸收主要集中在可见光区域,而紫外光及红外光却很少被吸收,限制了光电转换效率的进一步提升。而器件内部较多的载流子复合通道及复合方式,也很大程度上影响了DSSC的光伏性能。就目前来看,相比于其它体系的太阳电池,如单晶硅、多晶硅和钙钛矿等,DSSC仍难形成有效竞争力,需要进一步研究探索。

11.5.4 总结与展望

染料敏化太阳电池由于生产简单、成本低、原料丰富等特点受到科研界的广泛关注。随着研究的不断深入,对组成染料敏化太阳电池的光阳极、对电极、电解质、敏化染料等各部分的研究也取得很好的进展,器件性能得到不断提高。一些新的材料和工艺也相继被应用于染料敏化太阳电池中,但染料敏化太阳电池本身仍然面临着许多问题,器件性能同商业化生产之间还有一定差距。因此需要研究者不断开发新工艺、新材料,从而进一步提升器件性能及稳定性,以期达到理想性能,成为潜在的商业化太阳电池之一。

11.6 钙钛矿太阳电池

钙钛矿太阳电池是指钙钛矿材料作为光吸收层的新型太阳电池,自2009年首次被日本科学家提出以来[46],发展迅速,并于2013年被Science列为十大科学突破之一。目前,认证的钙钛矿太阳电池实验室能量转换效率高达25.2%,超过CdTe、CIGS和多晶硅等众多太阳电池,可与单晶硅电池相媲美[2]。此外,钙钛矿电池不仅具备优异的光电性能,也有着可溶液法加工、制备工艺简单、成本低等诸多优势。有效面积超过800cm^{2}的钙钛矿组件也获得了16.1%的认证效率[47],从而得到了交叉学科领域科研工作者以及产业界的广泛关注。

11.6.1 钙钛矿太阳电池结构及工作原理

钙钛矿通式为ABX_3,其中A一般指$CH_3NH_3^+$、$HC(NH_2)_2^+$等有机阳离子或碱金属离子Cs^+;B为Pb^{2+}、Sn^{2+}及Cu^{2+}等金属阳离子;X为Cl^-、Br^-及I^-等卤素离子。其晶体结构一般为立方体或八面体,其中A位离子占据立方体顶点,B位离子占据体心位置,X位离子则占据面心位置[48]。钙钛矿电池分为两大类:介孔结构和平面异质结结构。介孔结构一般为:FTO/TiO_2致密层/TiO_2介孔层/钙钛矿层/空穴传输层/金属电极。平面异质结结构则去除了介孔传输层,利用平面型的薄膜充当电子或空穴传输层。此外,根据电子传输层和空穴传输层的相对位置,钙钛矿太阳电池也可以分为正置和倒置等结构,如图11-9所示。

钙钛矿电池的工作原理为：钙钛矿吸收一定能量的光子后，产生光生载流子（电子和空穴），光生载流子在内建电场的作用下做定向运动，经电子传输层或空穴传输层后最终被对应的电极收集，形成闭合的回路，从而实现光能向电能转换［图 11-9（c）］。

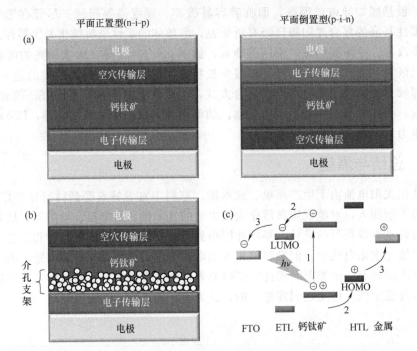

图 11-9　钙钛矿太阳电池结构中典型的平面型（a）及介孔型
（b）结构示意图和钙钛矿太阳电池工作原理图（c）

11.6.2　钙钛矿太阳电池发展概况

有机-无机杂化钙钛矿材料具有长的载流子扩散长度（>175μm）、高吸光系数（10^5/cm），且为直接带隙半导体材料，具有双极性传输特点，制备简单，成本低廉[49]。此外，通过对钙钛矿材料组分进行调节，可以有效调控钙钛矿薄膜致密度、晶粒尺寸、吸光度、禁带宽度、缺陷态密度等特性[50]。通过掺杂碱金属离子（K^+、Rb^+、Na^+等）、有机小分子（甲胺、二甲基硫醚、碘化辛铵等）的方式[51,52]，也可以有效提升钙钛矿太阳电池的光伏性能及稳定性。目前，相对于纯无机钙钛矿电池，有机-无机杂化钙钛矿电池表现出更高的能量转换效率，从而吸引了科研工作者的关注。

虽然有机-无机杂化钙钛矿太阳电池有着较高的能量转换效率，但该类材料在水汽、氧气、持续光照、加热等条件下面临着分解和相变等问题。为提升器件的稳定性，人们制备出了基于 $CsPb_{1-x}Sn_xI_{3-y}Br_y$、$Cs_2AgBiBr_6$ 等材料的全无机钙钛矿电池[53]。相比于有机-无机杂化钙钛矿，全无机钙钛矿材料有着更好的热稳定性，能够承受住 300℃ 以上的高温[54]。但由于其禁带宽度较宽，全无机钙钛矿太阳电池的最高认证效率仅为 18.4%[55]，明显低于有机-无机杂化钙钛矿电池。同时，黑相的 α-$CsPbI_3$ 在大气环境下容易相变为无光伏响应的黄相 $CsPbI_3$，致使全无机钙钛矿电池面临更加严峻的湿度稳定性和相稳定性问题[56,57]。

目前常用的钙钛矿材料都含有重金属元素 Pb,钙钛矿光伏组件一旦破损或发生泄漏,会对人体、土地及生态环境造成很大危害。因此,随着钙钛矿电池的发展,人们也开始寻找新的钙钛矿材料,如 $Cs_2AgBiBr_6$ 及其衍生物,来减少铅的使用[58]。此外,利用 Sn^{2+} 及 Cu^{2+} 部分或全部代替钙钛矿材料中的 Pb^{2+} 也是降低其毒性的有效方法。部分锡替代不仅能够有效降低钙钛矿材料的禁带宽度,进一步提升其理论极限效率,而且为钙钛矿/钙钛矿叠层电池提供了有力支撑。基于低带隙 $MA_{0.3}FA_{0.7}Pb_{0.5}Sn_{0.5}I_3$ 的单质结钙钛矿太阳电池已经获得 21% 以上的效率,基于 $MA_{0.3}FA_{0.7}Pb_{0.5}Sn_{0.5}I_3/Cs_{0.2}FA_{0.8}PbI_{1.8}Br_{1.2}$ 全钙钛矿叠层电池效率也已达 24.8%[59],柔性全钙钛矿叠层器件也已获得 21.3% 的效率[60]。但是,锡基钙钛矿太阳电池都面临着 Sn^{2+} 容易被氧化成 Sn^{4+} 的问题,这会导致严重的 p 型掺杂,从而影响器件性能[59,61]。

11.6.3 存在的问题及解决办法

钙钛矿电池在短短的十年间便取得了快速的发展,其能量转换效率增长迅速,目前甚至可以与晶硅电池相提并论。但是从产业化、大规模生产的角度来看,钙钛矿太阳电池依然存在许多问题亟待解决。

① 稳定性。任何一种太阳电池要想实现真正的商业化应用,优异的长期稳定性都是其必不可少的条件。因此在产业化过程中,稳定性问题仍然是钙钛矿太阳电池面临的最严峻的挑战。目前,通过调节钙钛矿组分、界面修饰、封装等方法,能够在一定程度上保证钙钛矿材料自身的稳定性及器件的长期稳定性。同时在传输层方面,使用无机材料、疏水性材料作为电子/空穴传输层也是提高钙钛矿电池稳定性的一个有效途径。

② 大面积。实际的产业化过程中,只有采用大面积制备的方法才能保证商业化应用。目前基于刮涂、狭缝涂布等印刷手段和碳基结构的钙钛矿光伏组件已有报道,但相应的器件性能仍有待提高(图 11-10)。通过优化生产工艺,从而制备出均匀、致密的钙钛矿薄膜及相应的传输层,是大面积、规模化生产的基础及关键所在。

图 11-10 基于刚性 (a) 和柔性 (b) 基底的钙钛矿小型组件[62,63] 和钙钛矿光伏系统 (c)[64]

③ 铅污染问题。尽管钙钛矿太阳电池面临着重金属污染的问题，但使用 Sn^{2+}、Cu^{2+} 及其它元素部分或全部代替 Pb^{2+}，不仅可以保证电池效率，而且可以使得铅污染问题得以解决。另外，做好严格的防护、回收工作，使得废弃的钙钛矿电池能够得到及时、有效的处理，也能使上述问题得到有效解决。

11.6.4 总结与展望

钙钛矿电池作为第三代新型太阳电池，其光电转换效率突飞猛进。基于钙钛矿原材料成本低、易于加工制备、与卷对卷工艺兼容、器件效率高等优势，钙钛矿太阳电池的商业化应用也已经成了广大科研工作者及产业界人士的共同目标。在器件效率不断提升的同时，钙钛矿太阳电池在稳定性及大面积制备方面也取得了很大的进步。相信在不久的将来，钙钛矿电池能够实现商业化应用，从而成为能源短缺及日益严重的环境污染问题的有效解决方案之一。

习　题

1. 请简单介绍硅太阳电池结构、工作原理、分类及应用。
2. 请介绍铜铟镓硒太阳电池结构、特点及大规模应用前景。
3. 请介绍有机太阳电池的工作原理、发展历史及优点。
4. 请简单介绍染料敏化太阳电池基本结构及工作原理。
5. 请介绍钙钛矿（太阳）电池结构、工作原理、发展历史及应用优势。

参 考 文 献

[1] NASA. http：//eosweb. larc. nasa. gov.
[2] National Renewable Energy Laboratory (NREL). Research cell efficiency records. (2019-11-06) https：//www. nrel. gov/pv/cell-efficiency. html.
[3] Chapin D M, et al. A new silicon p-n junction photocell for converting solar radiation into electrical power. J Appl Phys, 1954, 25 (5)：676-677.
[4] Green M A. Solar cells：operating principles, technology, and system applications. New Jersey：Prentice-Hall, 1982：288.
[5] Green M A, et al. Solar cell efficiency tables (Version 55). Progress in Photovoltaics：Research and Applications, 2020, 28 (1)：3-15.
[6] Shay J L, et al. Efficient $CuInSe_2$/CdS solar cells. Appl Phys Lett, 1975, 27 (2)：89-90.
[7] Azimi H, et al. Towards low-cost, environmentally friendly printed chalcopyrite and kesterite solar cells. Energy Environ Sci, 2014, 7：1829-1849.
[8] Rappaport P. The photovoltaic effect and its utilization. The photovoltaic effect and its utilization. Solar Energy, 1959, 3 (4)：8-18.
[9] Cusano D A. CdTe solar cells and photovoltaic heterojunctions in Ⅱ - Ⅵ Compounds. Solid-State Electron, 1963, 6 (3)：217-232.
[10] Tyan Y S, et al. Efficient thin film CdS/CdTe solar cell. New York：Electrical and Electronics Engineers, 1982：794-800.
[11] Ferekides C, et al. High efficiency CdTe solar cells by close spaced sublimation. Piscataway：

IEEE,1993:389-393.
[12] 冯晓东,陈文超. 碲化镉太阳能电池的研究进展. 南京工业大学学报(自然科学版),2016,38:123-128.
[13] Kearns D, et al. Photovoltaic effect and photoconductivity in laminated organic systems. J Chem Phys,1958,29(4):950-951.
[14] Tang C W. Two-layer organic photovoltaic cell. Appl Phys Lett,1986,48(2):183-185.
[15] Yu G, et al. Polymer photovoltaic cells: Enhanced efficiencies via a network of internal donor-acceptor heterojunctions. Science,1995,270(5243):1789-1791.
[16] Jiang K, et al. Alkyl chain tuning of small molecule acceptors for efficient organic solar cells. Joule,2019,3(12):1-14.
[17] Lin Y Z, et al. An electron acceptor challenging fullerenes for efficient polymer solar cells. Adv Mater,2015,27(7):1170-1174.
[18] Zhao W C, et al. Fullerene-free polymer solar cells with over 11% efficiency and excellent thermal stability. Adv Mater,2016,28(23):4734-4739.
[19] Zhao W C, et al. molecular optimization enables over 13% efficiency in organic solar cells. J Am Chem Soc,2017,139(21):7148-7151.
[20] Zhang H, et al. Over 14% efficiency in organic solar cells enabled by chlorinated nonfullerene small-molecule acceptors. adv Mater,2018,30(28):1800613.
[21] Yuan J. et al. Single-junction organic solar cell with over 15% efficiency using fused-ring acceptor with electron-deficient core. Joule,2019,3(4):1-12.
[22] Wu Y, et al. Rationally pairing photoactive materials for high-performance polymer solar cells with efficiency of 16.53%. Sci China Chem,2019,63(2):1-7.
[23] Fan B B, et al. Achieving over 16% efficiency for single-junction organic solar cells. Sci China Chem,2019,62(6):746-752.
[24] Meng L X, et al. Organic and solution-processed tandem solar cells with 17.3% efficiency. Science,2018,361(6407):1094-1098.
[25] Lin Y B, et al. 17% efficient organic solar cells based on liquid exfoliated WS_2 as replacement to PEDOT:PSS. Adv Mater,2019,31(46):1902965.
[26] Markov D E, et al. Simultaneous enhancement of charge transport and exciton diffusion in poly (p-phenylene vinylene) derivatives. Phys Rev B,2005,72(4):045217.
[27] Zhao W C, et al. Vacuum-assisted annealing method for high efficiency printable large-area polymer solar cell modules. J Mater Chem C,2019,7(11):3206-3211.
[28] Lee J, et al. Slot-die and roll-to-roll processed single junction organic photovoltaic cells with the highest efficiency. Adv Energy Mater,2019,9(36):1901805.
[29] Kang Q, et al. A printable organic cathode interlayer enables over 13% efficiency for 1-cm^2 organic solar cells. Joule,2019,3(1):227-239.
[30] Meng X C, et al. A general approach for lab-to-manufacturing translation on flexible organic solar cells. Adv Mater,2019,31(41):1903649.
[31] Namba S, et al. Color sensitization of zinc oxide with cyanine dyes. J Phys Chem,1965,69(3):774-779.
[32] Gerischer H, et al. Sensitization of charge injection into semiconductors with large band gap. Electrochim Acta,1968,13(6):1509-1515.
[33] Spitler M T, et al. Electron transfer at sensitized TiO_2 electrodes. J Chem Phys,1977,66(10):4294-4305.

[34] O'Regan B, et al. A low-cost, high-efficiency solar cell based on dye-sensitized colloidal TiO$_2$ films. Nature, 1991, 353 (6346): 737-740.

[35] Bach U, et al. Solid-state dye-sensitized mesoporous TiO$_2$ solar cells with high photon-to-electron conversion efficiencies. Nature, 1998, 395 (6702): 583-585.

[36] Yella A, et al. Porphyrin-sensitized solar cells with cobalt (Ⅱ/Ⅲ)-based redox electrolyte exceed 12 percent efficiency. Science, 2011, 334 (6056): 629-634.

[37] Mathew S, et al. Dye-sensitized solar cells with 13% efficiency achieved through the molecular engineering of porphyrin sensitizers. Nature Chem, 2014, 6 (3): 242-247.

[38] Wang J Y, et al. Triarylamine: Versatile platform for organic, dye-sensitized, and perovskite solar cells. Chem Rev, 2016, 116 (23): 14675-14725.

[39] Li B, et al. Review of recent progress in solid-state dye-sensitized solar cells. Sol Energ Mat Sol C, 2006, 90 (5): 549-573.

[40] Syrrokostas G, et al. Electrochemical properties and long-term stability of molybdenum disulfide and platinum counter electrodes for solar cells: A comparative study. Electrochim Acta, 2018, 267: 110-121.

[41] Nusbaumer H, et al. Co^{Ⅱ} (dbbip)$_2^{2+}$ complex rivals tri-iodide/iodide redox mediator in dye-sensitized photovoltaic cells. J Phys Chem B, 2001, 105 (43): 10461-10464.

[42] Teng C, et al. Tuning the HOMO energy levels of organic dyes for dye-sensitized solar cells based on Br$^-$/Br$_3^-$ electrolytes. Chem Eur J, 2010, 16 (44): 13127-13138.

[43] Li F, et al. Influence of ionic liquid on recombination and regeneration kinetics in dye-sensitized solar cells. J Phys Chem C, 2014, 118 (30): 17153-17159.

[44] Siuzdak K, et al. Spray-deposited carbon-nanotube counter-electrodes for dye-sensitized solar cells. Phys Status Solidi A, 2015, 213 (5): 1157-1164.

[45] Yu C, et al. Nitrogen and phosphorus dual-doped graphene as a metal-free high-efficiency electrocatalyst for triiodide reduction. Nanoscale, 2016, 8 (40): 17458-17464.

[46] Kojima A, et al. Organometal halide perovskites as visible-light sensitizers for photovoltaic cells. J Am Chem Soc, 2009, 131 (17): 6050-6051.

[47] Green M A, et al. The emergence of perovskite solar cells. Nature Photon, 2014, 8 (7): 506-514.

[48] National Renewable Energy Laboratory (NREL). Champion photovoltaic module efficiency chart. https://www.nrel.gov/pv/module-efficiency.html.

[49] Zhou H P, et al. Interface engineering of highly efficient perovskite solar cells. Science, 2014, 345 (6196): 542-546.

[50] Xiao J W, et al. The emergence of the mixed perovskites and their applications as solar cells. Adv Energy Mater, 2017, 7 (20): 1700491.

[51] Wang K, et al. Metal cations in efficient perovskite solar cells: Progress and perspective. Adv Mater, 2019, 31 (50): 1902037.

[52] Zhang F, et al. Additive engineering for efficient and stable perovskite solar cells. Adv Energy Mater, 2019, 10 (13): 1902579.

[53] Liang J, et al. All-inorganic perovskite solar cells. J Am Chem Soc, 2016, 138 (49): 15829-15832.

[54] Gao Y X, et al. Highly efficient, solution-processed CsPbI$_2$Br planar heterojunction perovskite solar cells via flash annealing. ACS Photonics, 2018, 5 (10): 4104-4110.

[55] Wang Y, et al. Thermodynamically stabilized β-CsPbI$_3$-based perovskite solar cells with efficiencies >18%. Science, 2019, 365 (6453): 591-595.

[56] Ye Q F, et al. Cesium lead inorganic solar cell with efficiency beyond 18% via reduced charge recombination. Adv Mater, 2019, 31 (49): 1905143.

[57] Wang Y, et al. The role of dimethylammonium iodide in $CsPbI_3$ perovskite fabrication: Additive or dopant? Angew Chem Int Ed, 2019, 58 (46): 16691-16696.

[58] Noel N K, et al. Lead-free organic-inorganic tin halide perovskites for photovoltaic applications. Energy Environ Sci, 2014, 7 (9): 3061-3068.

[59] Lin R X, et al. Monolithic all-perovskite tandem solar cells with 24.8% efficiency exploiting comproportionation to suppress Sn (Ⅱ) oxidation in precursor ink. Nat Energy, 2019, 4 (10): 864-873.

[60] Palmstrom A F, et al. Enabling flexible all-perovskite tandem solar cells. Joule, 2019, 3 (9): 2193-2204.

[61] Konstantakou M, et al. A critical review on tin halide perovskite solar cells. J Mater Chem A, 2017, 5 (23): 11518-11549.

[62] Bu T L, et al. A novel quadruple-cation absorber for universal hysteresis elimination for high efficiency and stable perovskite solar cells. Energy Environ Sci, 2018, 10 (12): 2509-2515.

[63] Bu T L, et al. Universal passivation strategy to slot-die printed SnO_2 for hysteresis-free efficient flexible perovskite solar module. Nat Commun, 2018, 9 (1): 1-10.

[64] Rong Y G, et al. Challenges for commercializing perovskite solar cells. Science, 2018, 361 (6408): 8235.

12
双离子电池

传统摇椅式锂离子电池（LIBs）已广泛应用于消费类电子产品和电动汽车中，使得目前世界范围内的化石燃料和环境污染问题得到一定程度的缓解。然而，鉴于人们对纯电动车和电网规模的蓄能电站需求的爆发式增长，要求更加苛刻、使用条件更加严格是当前LIBs面临的主要问题，加之锂和钴资源短缺和全球性分布不均，成本的不断上升加速了新型高效低成本可充电电池系统的开发。与传统的摇椅式锂电池相比，阴阳离子均参与电化学氧化还原反应的双离子电池（DIBs），具有工作电压高、安全性好、环境友好等优点，是目前最有希望满足高效低成本商业应用需求的电池之一。但是，我们也应该清楚地认识到，DIBs技术仍然处于基础研究阶段，需要做出更大的努力来进一步提高能量密度和循环寿命等。本章将详细回顾DIBs的发展历史和现状，讨论DIBs涉及的反应动力学，包括电池正负极和电解液，如正极的阴离子插层机理，负极的插层、合金化等动力学反应机理，从而探讨低成本高性能DIBs的发展道路与前景。

12.1 双离子电池发展

12.1.1 传统锂离子电池的局限和研究现状

众所周知，太阳能、潮汐能、风能、地热能、生物质能等可再生能源可以转化为电能，但这些可再生能源的间断性和分散性使其难以直接利用，这就需要开发高效的储能和转换站[1-6]。其中，传统的摇椅式可充电锂离子电池（LIBs）作为一种广泛应用的储能系统，为各种消费类电子产品、电动车（EVs）和储能站（ESSs）提供动力和设备，很大程度上促进了可持续发展能源战略的实现。因此，在过去的几十年中受到了广泛而空前的关注[2,7-11]。特别是当前，许多国家都提出了大力发展电动车的国家战略并制定具体指标，如中国制造2025、美国Battery500等，一些国家甚至制定了禁止燃油车进入市场的时间表等。这些因素都导致锂资源需求量在全球范围内急剧增加，预计到2050年，锂的总消耗量将达到陆地上锂总储量的1/3以上［图12-1（a）］[12]。

为了提高能量密度和安全性，从1991年第一个商用LIBs推出以来，研究人员一直通过各种手段对LIBs进行优化和改善[13,14]。从最初的钴酸锂（LiCoO$_2$：LCO），到磷酸铁锂（LiFePO$_4$：LFP），再到三元（LiNi$_{1-2x}$Co$_x$Mn$_x$O$_2$：NCM）正极材料。然而，目前锂离子电池的电极材料几乎达到了理论能量极限，在兼顾安全性的同时，几乎很难满足电池电芯能量密度达到350W·h/kg以上，或功率能量密度比（$P:E$）超过3以上[7,15-20]。同时，为了取得与传统化石燃料汽车的竞争优势，如图12-1（b）所示，预计到2030年，电池电芯的成本必须达到小于电动车总成本的20%[21]。但当前备受关注的三元（NCM）正极材料中，钴的价格在2017年就上涨了145%[22]，本来丰度就相对较少的镍元素［图12-1（c）］难以满足需求的快速增长，面临资源枯竭的危险[23]。因此，低成本、高性能的可充电电池自然成为以满足其刚性要求的下一代电池的主要课题。

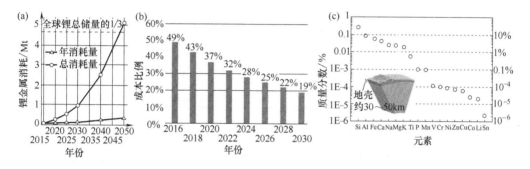

图12-1　未来锂的供应短缺示意图（a），电池成本占2016~2030年大型电动汽车总成本的比例（b）和地壳中的元素储量（c）

为实现低成本、高性能这一目标，当前，在开发下一代可充电电池的研究中，非钴非镍的正极材料成为研究的热点[7]。同时，由于钠和钾元素在地壳中储量丰富［钠约2.7%，钾约2.4%，锂约0.002%，如图12-1（c）］[23,24]，与锂具有相似的性质（如表12-1所示），非锂的钠离子[23,25-28]、钾离子[29-32]等电池得到了快速发展。此外，其它新型电池，如：锂-硫（Li-S）[33-37]、碱金属-空气（Li-O$_2$）[38,39]、锌-空气（Zn-O$_2$）[40,41]和双离子电池（DIBs）[19,42-45]等同样被认为是LIBs有力的候补选项。其中DIBs具有成本低廉、环境友好、工作电压高等特点（如表12-2所示），尤其是近几年，铝石墨等新型双离子电池的兴起，使得DIBs的研究引起了全世界范围的关注[19,42,43,45-47]。通常情况下LiFePO$_4$/石墨型锂离子电池，其正极材料的成本占总成本的1/3，在DIBs中用石墨材料代替LiFePO$_4$将降低正极材料成本的70%。非锂DIBs（例如Na和K，表12-1）的成本明显低于LIBs。迄今为止，DIBs研究取得了一系列令人振奋的进展。然而，到目前为止，针对DLBs电化学机理、反应动力学和设计策略等的介绍，以及以低成本和高性能的DIBs的详细介绍仍然很少。因此，本章总结了DIBs当前的研究现状和面临的主要挑战，分析了DIBs和LIBs反应机理的区别，阐述了对DIBs的电化学过程的新理解，为提高活性电极中的离子输运，改善低成本DIBs的电化学性能，提出了一些有潜力和发展前景的策略。

表 12-1 Li^+、Na^+、K^+、Ca^{2+}、Al^{3+} 用于摇椅式电池时，相应的金属、离子性能，以及六氟磷酸盐价格的比较[23,27,30]

比较项目	Li^+	Na^+	K^+	Ca^{2+}	Al^{3+}
原子量	6.94	23	39.10	40.08	26.98
配位数	6	6	6	8	6
离子半径/Å	0.76	1.02	1.38	1.12	0.535
标准电极电势(vs. SHE)/V	−3.04	−2.71	−2.93	−2.87	−1.66
熔点/℃	180.5	97.7	63.4	1115	933
理论质量比容量/(mA·h/g)	3860	1166	685	1337	2980
理论体积比容量/(mA·h/cm³)	2062	1131	591	2072	8046
金属价格/(元/250g)	600	140	190	290	3.5
六氟磷酸盐价格/(元/100g)	850	480	62	—	—

表 12-2 铅酸蓄电池、LFP/GLIB、不同类型 DIBs 的能量密度、成本估算、工作电压/温度、安全回收等综合性能比较

电池种类	能量密度/(W·h/kg)	价格/(元/kW·h)	工作温度/℃	工作电压/V	安全性	回收
铅酸电池	30～70	460	15～45	2	高	酸碱污染
磷酸铁锂/石墨 LIBs	100～160	670	−10～45	3.3～3.7	较低	酸处理，废气废水污染
铝石墨双离子($LiPF_6$)	100～200	483	−10～60	4.0～4.5	高	物理分选，环保，低污染
铝石墨或双碳 $Na/K-PF_6$ 双离子	100～180	276	−10～60	4.0～5.0	高	物理分选，环保，低污染

12.1.2 双离子电池的工作原理及特点

DIBs 电池的化学性质与传统 LIBs 有显著差异。对于传统锂电池，负极通常由石墨材料构成，正极通常由含锂过渡金属氧化物构成（LCO，LFP，NCM 等）。LIBs 的充放电过程如图 12-2（a）所示，在充电过程中，锂离子从含锂过渡金属氧化物正极中脱出，通

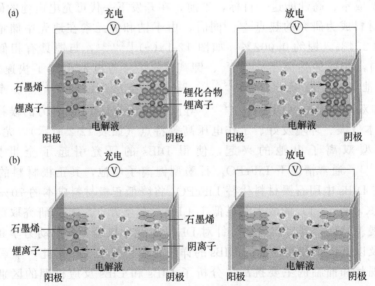

图 12-2 传统的 LIBs（a）和 DIBs（b）的充放电机理示意图
假设负极和正极都由 DIBs 中的石墨材料组成

过电解液插入石墨负极夹层中,将电能转化为化学能。而在放电过程中,锂离子从石墨负极脱出,再插入含有锂的过渡金属氧化物正极中,将化学能转化为电能。假设正极和负极材料分别为 $LiCoO_2$ 和石墨,则电池反应为[48]:

负极反应: $$xLi^+ + xe^- + C = Li_xC \tag{12-1}$$

正极反应: $$LiCoO_2 = Li_{1-x}CoO_2 + xLi^+ + xe^- \tag{12-2}$$

全电池反应: $$LiCoO_2 + xC = Li_{1-x}CoO_2 + Li_xC \tag{12-3}$$

然而,对于DIBs,正极被阴离子插入材料所取代,而电解质中的盐同时提供了储存在电极中的阳离子和阴离子[18,19,49]。图12-2(b)清楚地说明了石墨同时作为正极和正极材料的DIBs的充放电机理。在充电过程中,正离子(如Li^+)插入石墨负极,同时负离子(如PF_6^-)插入石墨正极。而在放电过程中,插入的阳离子和阴离子会扩散回电解液中。基于石墨电极的DIBs的电池反应为[18]:

负极反应: $$C + xLi^+ + xe^- = Li_xC \tag{12-4}$$

正极反应: $$C + xA^- = A_xC + xe^- \tag{12-5}$$

全电池反应: $$xLi^+ + xA^- + 2C = Li_xC + A_xC \tag{12-6}$$

式中,A^-代表电解质中的阴离子。石墨正极上的负离子插入/脱插可使截止电压高达5V[50],这有利于提高其能量密度。此外,利用石墨作为正极,而不是高成本的含锂过渡金属氧化物,可以有效地降低整体成本,减少潜在的环境污染。由此可见,DIBs与LIBs相比,具有工作电压高、安全环保、成本低等优点。

假设DIBs电池反应过程中所有参与插层的Li^+和A^-的离子总数为n,则通过外部电路传输的电子的相应数量也是n。所以,整个电池电位可以表示为[18]:

$$n(\mu_{Li} - \mu_{Li^+}) + n(\mu_A - \mu_{A^-}) \tag{12-7}$$

式中,μ_{Li}表示锂插入负极的化学电势;μ_{Li^+}表示Li^+在电解液中的化学电势;μ_A表示A插入正极的化学电势;μ_{A^-}表示A^-在电解液中的化学电势。由能斯特方程可得:

$$\mu_{Li^+} = \mu_{Li^+}^0 + kT\ln[Li^+] \tag{12-8}$$

$$\mu_{A^-} = \mu_{A^-}^0 + kT\ln[A^-] \tag{12-9}$$

式中,μ^0是指离子浓度为1mol/L时所对应的化学电势;$[Li^+]$和$[A^-]$分别代表Li^+和A^-在电解液中的浓度。综合式(12-7)、式(12-8)和式(12-9),假设电解液整体呈中性,可以导出电池电位为:

$$\mu_{Li} + \mu_A - \mu_{Li^+}^0 - \mu_{A^-}^0 - 2kT\ln[Li^+] \tag{12-10}$$

通过比较DIBs和LIBs不同的电池电位定义[42],我们不难得出,电解质中阴/阳离子的化学电势直接取决于电解质所使用的溶剂。而对于DIBs而言,$\mu_{A^-}^0$和μ_A则取决于其所使用的阴离子。也就是说,与LIBs不同,DIBs不仅对溶剂要求很高,阴离子种类也尤其重要,电解液溶质也属于活性材料。由式(12-10)可知,电解液浓度的变化可能导致DIBs电位的变化。由于这种影响,不同电解液浓度的DIBs也将呈现出不同的电位与kT的函数。因此,在DIBs中电解液和电解液的浓度是决定电池整体性能的决定性因素。

如图12-3所示,为了提高DIBs的保液能力,通常情况下,双离子电池体系中所选隔膜一般气孔率较高[图12-3(a)、(b)],且隔膜厚度也较LIBs等传统摇椅式电池厚一些,以保证电池整个生命周期内电解液充足。同时,为保证有效且持续不断的阴离子供应,适当的高浓度电解液有利于减少隔膜厚度，并提高电池稳定性［图12-3（c）］[51]。

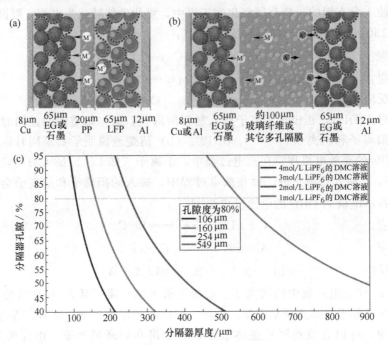

图12-3 典型的摇椅式LIBs等电池的电池结构截面图（a），典型的双碳/石墨双离子电池的电池结构截面图（b）和在典型双石墨双离子电池（DGBs）中隔膜厚度和隔膜气孔率在不同电解液浓度下的关系图（电解液为$LiPF_6$溶于DMC，20%过量）（c）

另外，从电池的整个生命周期来考虑，活性物质在电池反应过程中的变化是导致电池容量衰减的主要原因，而DIBs和LIBs容量衰减的主要原因虽然仍存在争议，但当前研究表明，对于LIBs，在放电状态中活性锂主要储存在正极材料中，在电池不断地充放电反应过程中，电极材料表面SEI膜的形成与不断变化，以及其它副反应的发生，导致锂离子不断消耗，如图12-4（a）所示，最终LIBs不断地能量衰减，且是不可逆的。对于DIBs，主要由两方面的可能因素导致其能量衰减：其一，负极上的电子消耗反应将导致石墨正极上不可逆的阴离子插入。因此，随着充放电循环的进行，负离子在充电过程中的自由空间减小，如图12-4（b）中箭头所示，导致容量衰减。其二，如果正极的供电子反应高于负极的电子消耗反应，阳离子将不可逆地存于正极材料中，导致阳离子可移动的空间减少，从而产生能量衰减。简而言之，在初始放电状态，几乎所有的阴/阳离子活性物质都储存在电解液中，在充放电反应过程中，阴离子插入/脱出正极，阳离子插入/脱出负极，然而，不可逆的插层反应使得阴/阳离子无法全部脱出返回到电解液中去，阴/阳离子数量的减少导致DIBs能量衰减[51,52]。

综上所述，结合电池反应原理和材料选择，我们可以把DIBs与LIBs的不同归纳为以下几点：①阴/阳离子同时参与电池反应，阴离子正极插层反应导致高的电压平台，有利于提高能量密度。②由于阴离子也参与电化学反应，电解液溶质也是电池的活性物质之一，并且对电解液依赖性更强。③电解液溶质作为活性物质导致对电池隔膜要求高，对隔膜气孔率和保液能力要求高。④不可逆的插层反应是导致其能量衰减的重要原因。⑤使用石墨和其它廉价金属作为负极，使得电池全生命周期更加安全环保，成本低廉。

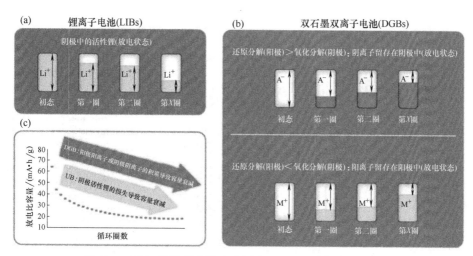

图 12-4 LIBs 能量衰减原理示意图（a），DIBs 能量衰减原理示意图（b）和 LIBs 和 DIBs 能量衰减原理比较（c）

12.1.3 双离子电池的发展历程

DIBs 作为一种新型的储能器件，同样经历了一个漫长的发展过程[19,42,44,46,51,53]。图 12-5 对 DIBs 的发展历程进行了简要总结[50,54-64]。DIBs 的概念是由 DGBs 以及双碳双离子电池（DCBs）发展而来的，是源于石墨插层化合物（GICs）的初步研究[42,44,46,51,53]。GICs 是一种单晶石墨薄片，于 1841 年首次被 Schafhäutl 发现，他在硫酸溶液中分析石墨晶片时制备了 GICs，并首次发现负离子插入石墨的现象[65,66]。1938 年，Rüdorff 和 Hofmann 首次演示了 HSO_4^- 阴离子可逆插入石墨的过程，并以浓硫酸溶液为电解质研制出了第一个石墨电极电池[56]。此后，Li^+ 被发现能够可逆地插层进入石墨材料中，使得对于 LIBs 的研究越来越多，石墨这一现象的发现也被称为"锂离子电池商业化的临门一脚"[67,68]。直到 1989 年，可以称作 DIBs 发展进程中的里程碑的是，McCullough 等[69] 申请了第一个 DGBs 电池专利，并首次提出"双插层"用以解释这一电池的反应过程。1994 年 Carlin 等报道了一种以室温离子液体为电解质的 DGBs，实现了负离子插层石墨作为正极的应用[70]。

此后，对双插层体系的进一步研究主要集中在各种阴离子的插层机理[60,71-73]，常见阴离子[45,62,74-76] 以及不同溶剂和电解质对 DIBs 性能的改善[43,55,61,77-83]。其中，Seel 等对 PF_6^- 电化学插层石墨进行了实际深入的研究[18]。2009 年，Sutto 等利用 X 射线衍射（XRD）技术首次对 DGBs 中各种阴离子插层/脱插层行为进行了综合比较和深入研究[84]。然而，由于负离子插层石墨所需要的高电位 [5V（vs. Li^+/Li）] 使得电解液分解，以及反复插层反应引起的石墨层剥落，导致 DGBs 以及 DCBs 充放电可逆性很不理想。因此，当时开发 DIBs 的主要问题是找到合适的电解质和能够进行稳定插层反应的电极材料。2012 年，Placke 等首次使用"DIBs"这一概念[59]，他们用离子液体电解质来解决这些问题，并构建了锂-石墨 DIBs，开启了金属-石墨 DIBs 研究的大门。但是，考虑到成本和锂资源的短缺，还需要开发低成本的电解质和负极材料。2014 年，Read 等首次实现了基于氟化溶剂和添加剂的高压（5.2V）电解液，使 PF_6^-/Li^+ 在双石墨正极/负极材料中分离

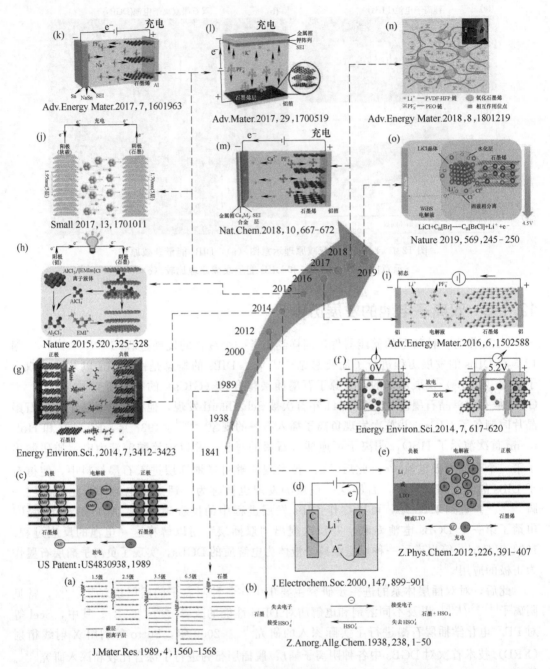

图 12-5 DIBs 发展简史

(a) Schafhäutl 首先发现阴离子插层现象；(b) Rüdorff 等证明了 HSO_4^- 阴离子在浓硫酸中可逆插入石墨，并开发首个双石墨电池（DGBs）；(c) McCullough 等发展并申请首个 DGBs 专利；(d) Seel 等报道首个实用性双碳电池（DCBs）；(e) Placke 等构建第一个锂金属-石墨双离子电池；(f) Read 等首次研究适用于 DGBs 的高电压电解液；(g) Rothermel 等首次报道 Li^+/$TFSI^-$ 基 DGBs；(h) 林等首次报道 $Al/AlCl_4^-$-DIBs；(i) 首次报道铝-石墨 DIBs；(j) K^+ 基 DIBs 首次报道；(k) Na^+ 基 DIBs 首次报道；(l) K^+ 基锡-石墨 DIBs 首次报道；(m) Ca^+ 基 DIBs 首次报道；(n) 有机固态 DIBs 首次报道；(o) 卤素（Cl、Br）水系 DIBs 首次报道

调节成为可能[50]。随后，Rothermel 等首先研究了 DGBs 中使用含 2%亚硫酸盐的 $Pyr_{14}TFSI$-LiTFSI 离子液体电解质。2015 年，林的团队首次报道了一种超快可充电铝离子电池[61]。该电池主要是铝在负极的电化学沉积和溶解，以及氯铝酸盐阴离子（$AlCl_4^-$）在石墨正极的插层/去插层反应，可视为金属-石墨 DIBs 的一种。2016 年，唐等[43] 首次报道了使用 EMC 电解液制备铝-石墨 DIBs。铝负极和石墨正极的使用使电池成本降低了约 30%。为了进一步降低 DIBs 的成本，近年来也报道了基于 Na^+、K^+、Ca^{2+}、Al^{3+} 等其它低成本阳离子的完全非锂体系[44,45,53,83]。此外，考虑到未来对储能设备的要求，如高安全性、灵活性、耐久性等，新型 DIBs 应与柔性、全固态、有机电池等电池相结合。2018 年，唐等[63] 已经开展了基于固态聚合物电解质的探索性研究。同时，开发水系以及其它新型 DIBs 也是人们关注的重点[63]。2019 年，王等首次报道了利用转化反应带来的高于多数目前商用正极材料的能量密度，和插层反应带来的良好可逆性的水系卤素双离子电池[64]。

总的来说，与 LIBs 相比，必须清楚地认识到，目前 DIBs 仍处于初级阶段。为了进一步了解它们的基本机理，探索提高其电化学性能的策略，克服所面临的问题与挑战，还需要做出更多的努力。接下来的几节中，我们将详细讨论 DIBs 所涉及的部分电化学反应和反应机理，电解液选择，正极的各种阴离子插层机理，以及负极的反应机理，包括插层、合金化等，探索实现高性能、低成本 DIBs 的有效途径。

12.1.4 双离子电池电解液的发展

DIBs 的电解液与 LIBs 类似，可以是晶体固体、离子液体、聚合物或液体[11,85,86]。对于固体电极，液体或聚合物电解液是首选，因为它们都能使得电解质和电极之间的接触更加亲密[48,87]。如图 12-6 所示，在电解液中，最低未占据分子轨道（LUMO）对应还原电位，最高占据分子轨道（HOMO）对应氧化电位，两者的差值决定了电解液的能隙，也被定义为电解液的电压窗口[48]。在一个稳定的电池中，负极（μ_u）和正极（μ_o）的电化学势应该与其电解液的 LUMO 和 HOMO 相互匹配。例如，一般情况下，μ_u（即负极的费米能级）应处于比 LUMO 更低的位置，否则电解液就会被还原；μ_o（即正极的费米能级）应处于比 HOMO 更高的位置，以防止电解液的氧化。简而言之，电池正常工作的电压范围应该在电解液的电压窗口以内。虽然当电池电化学反应进行时，固体电解质界面膜（SEI）这类保护膜在电极形成，会使得电池电压范围在超过 HOMO 或 LUMO 决定的电压窗口下，也能正常工作，但在 DIBs 中，阴离子插入发生在相当高的电位。因此，寻找合适的电解液，使其在高电位下能够稳定运行，具有重要的意义。

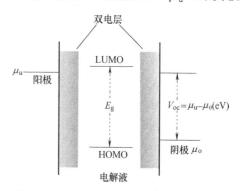

图 12-6 电解液的潜在电压窗口以及电池正极（μ_o）和负极（μ_u）的电极电位示意图

电池电压为：$V_{oc}=\mu_u-\mu_o$

12.1.4.1 有机电解液

有机电解液是 LIBs 中应用最广泛的电解质类型，其在 DIBs 中的潜在应用也被进行了系统性的研究[76,88-91]。例如，Noel 等[76] 研究了不同溶剂对以聚丙烯-石墨为电极的单价离子物种插层/脱插层效率的影响。表 12-3 和表 12-4 列出了在不同溶剂下聚丙烯-石墨电池中不同阳离子和阴离子插层和脱插层过程中的循环伏安法（CV）数据。其中电解液为：二甲基亚砜（DMSO）、碳酸丙烯酯（PC）、乙二醇二甲醚（DME）、乙腈（AN）和甲醇（MeOH）。阴/阳离子分别是：ClO_4^-、BF_4^-、Li^+、Na^+、K^+、TBA^+。结果表明，DMSO等高施主数的溶剂对所有一价阳离子都具有良好的溶剂作用。同时PC等高受体数的溶剂有利于ClO_4^-以及BF_4^-阴离子的插入。最近，Wang等[88-90]报道了溶剂化对石墨中BF_4^-和PF_6^-插入行为的影响。研究中，通过非原位（XRD，拉曼，电化学测试）和原位（XRD，拉曼，电化学石英晶体微天平）等技术手段，采用五种不同的溶剂，包括：EC、PC、丁内酯（GBL）、环丁砜（SL）、EMC作为实验变量。结果表明，PC和EMC中少量的分子可以与BF_4^-和PF_6^-结合，共插入石墨，有利于阴离子的插入。而EC、GBL和SL对BF_4^-和PF_6^-表现出更强的亲和力，抑制了BF_4^-和PF_6^-在石墨中的高效插层。

Dahn等[18]研究了PF_6^-在不同浓度有机溶剂，如乙基甲基砜（EMS）和碳酸乙烯/碳酸二乙酯（EC/DEC）作为电解液时，在石墨中的电化学插层现象，如图12-7。结果表明，在PF_6^-插入石墨的过程中，不同容量的峰［图12-7（a）、（b）］与两阶段共存有关。5.13V处的峰值对应于阶段3～阶段2的跃迁，峰间的谷表示形成了各种纯阶段$(PF_6)_xC$。此外，图12-7（a）、（b）中峰谷位置在相同电压下出现，说明即使在高截止电压下，EMS在负离子插入过程中也是相当稳定的。但是，图12-7（c）中的dQ/dV值与图12-7（d）中的dQ/dV值不一致，说明EC和DEC可能分解，或者在插入PF_6^-的过程中石墨结构被破坏。利用Li-石墨测试电池，以C/7的倍率获得了相对稳定的比容量。当使用LiF、PC和五氟苯硫硼酸盐（TPFPB），或LiF、PC和六氟异丙基硼酸盐（THFIPB）的混合电解液时，TPFPB和THFIPB作为阴离子受体，West等[92]研究了共插层对氟化物的阴离子受体的影响。以TPFPB和THFIPB为负离子受体时，Li-石墨半电池的放电比容量分别达到60mA·h/g和80mA·h/g。

表12-3 不同溶剂对聚丙烯-石墨电池中阳离子插层/脱插层过程的CV数据

阳离子	溶剂	DPP /V	E_{th} /V	Q_{di} /(mC/cm²)	Q_{in} /(mC/cm²)	Q_{di}/Q_{in}
Li^+	DMSO	−1.14	−1.70	169.68	102.52	0.60
	PC	−1.54	−1.92	57.46	24.68	0.43
	DMF	−1.70	−1.94	99.05	37.07	0.38
Na^+	DMSO					
	PC	−0.96	−1.72	337.25	236.85	0.70
	DMF					
K^+	DMSO					
	PC	−1.08	−1.72	431.27	234.23	0.54
	DMF					
TBA^+	DMSO	−1.26	−1.62	99.41	73.32	0.74
	PC	−1.40	−1.72	112.80	68.40	0.61
	DMF	−1.30	−1.82	80.95	40.13	0.50

注：DPP、E_{th}、Q_{di}、Q_{in}、Q_{di}/Q_{in}分别是指插层峰值电位、插层电位、脱插层电荷、插层电荷、脱插层/插层效率。电解液浓度为0.25mol/L，扫描速率为40mV/s。

表 12-4　不同溶剂条件下聚丙烯-石墨电池中阴离子插层/脱插层过程 CV 数据

阴离子	溶剂	DPP/V	E_{th}/V	Q_{di}/(mC/cm²)	Q_{in}/(mC/cm²)	Q_{di}/Q_{in}
ClO_4^- a	PC	1.19	1.90	194.43	143.88	0.74
	AN	1.28	1.94	373.70	261.59	0.70
	MeOH	1.25	1.86	856.80	505.51	0.59
ClO_4^-	PC	1.20	1.70	262.60	91.91	0.35
	AN	1.26	1.80	684.20	212.10	0.31
	MeOH	1.50	1.82	909.00	63.63	0.07
BF_4^-	PC	1.21	1.92	315.80	236.85	0.75
	AN	1.60	1.95	576.03	391.70	0.68
	MeOH	1.50	1.90	169.80	21.25	0.13

注：a 代表锂盐，电解液浓度为 0.25mol/L，扫描速率为 40mV/s。

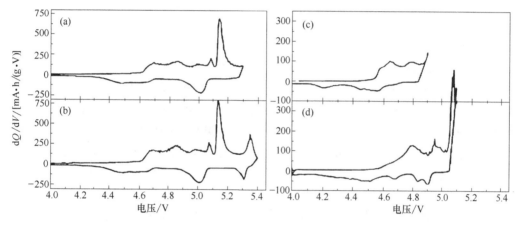

图 12-7　dQ/dV 性能

(a) 电压达到 5.13V 时，石墨在 2mol/L $LiPF_6$/EMS 中的循环（早期循环）；(b) 电压达到 5.4V 时石墨在 2mol/L $LiPF_6$/EMS 的循环（后期循环）；(c) 电压达到 4.9V 时，1mol/L $LiPF_6$/EC 和 DEC 循环（早期循环）；(d) 电压达到 5.31V 时，1mol/L $LiPF_6$/EC 和 DEC 循环（后期循环）

12.1.4.2　离子液体电解液

离子液体具有易燃性低、挥发性低、热稳定性高、电化学窗口宽等优点，在 LIBs 中的应用前景十分广阔[93-95]。1994 年，Carlin 等报道了各种室温离子液体作为电解质在双石墨电池中的成功应用[70]。通过改变 EMI^+、$DMPI^+$ 等正离子种类和 $AlCl_4^-$、BF_4^-、PF_6^-、$CF_3SO_3^-$、$C_6H_5CO_2^-$ 等负离子种类，构建了基于双离子插层/脱插层的不同电池。以 DMPI($AlCl_4$) 为电解液，电池开路电压为 3.5V，循环效率为 85%。Sutto 等[84]通过电化学表征和 X 射线衍射光谱相结合，以离子液体为电解质，研究了各种阳离子和阴离子在石墨中的插入和脱插入反应。在他们的研究中，两种不同类型的咪唑啉阳离子（即二取代咪唑啉和三取代咪唑啉）与以下阴离子配对：BF_4^-、PF_6^-、$TFSI^-$、双（全氟乙烷磺酰基）酰亚胺（$PFESI^-$）、硝酸盐和硫酸氢根。表 12-5 为不同离子液体的充放电效率。三取代咪唑烷具有较强的插层化学性质。然而，许多阴离子表现出较差的充放电效率，表明这些阴离子很难插入石墨中。只有亚胺基阴离子具有较高的充放电效率，并形成了清晰的石墨插层阶段（XRD表征，这里没有显示），这意味着亚胺基阴离子有望应用于 DIBs 中。

表 12-5 不同离子液体的阳离子和阴离子充放电效率

离子液体	阳离子效率/%	阴离子效率/%
EMIBF$_4$	21	19
BMIBF$_4$	55	25
MMPIBF$_4$	91	21
MMPIPF$_4$	89	55
MMPITFSI	90	64
MMPIPFESI	91	71
BMINO$_3$	51	7
BMIHSO$_4$	49	23
(1.0mol/L) Li/BMIBF$_4$	33	14
(1.0mol/L) Li/MMPIPF$_6$	63	51
(1.0mol/L) Li/MMPITFSI	71	67

最近，Rothermel 等[60]报道了一种新型离子液体电解质，该电解质由正丁基-N-甲基吡咯烷双（三氟甲烷磺酰）亚胺-双（三氟甲烷磺酰）亚胺锂（Pyr$_{14}$TFSI-LiTFSI）和乙烯亚硫酸盐（ES）组成，分别用于可逆 Li$^+$ 和 TFSI$^-$ 插层和脱插层石墨电极。图 12-8（a，b）为纯离子液体电解质和 ES 添加剂锂-石墨半电池第 50 圈循环的放电容量和库仑效率。含 ES 的电解液电池放电比容量为 97mA·h/g，而纯离子液体电解质的电池放电比容量仅为 50mA·h/g 左右。库仑效率在开始几个循环时相对较低，这可能是由于在开始几个循环时发生了一些"生成反应"，如 SEI 膜，然后库仑效率提高到 99% 左右。图 12-8（c）展示了双石墨电池在选定周期（第 1、2、49 和 50 圈）的电池电压（虚线，左 y 轴）以及正极和负极电位（vs. Li$^+$/Li）（点画曲线，右 y 轴）。与接下来的循环相比，前两个循环的负极电位相对较高，说明石墨负极没有完全被锂离子插入，即观察到第 2 阶段（LiC$_{12}$）[96]。同时，根据负极电位的行为，正极电位在前两个周期上升到 5.21V（vs. Li$^+$/Li），然后下降到 5.14V（vs. Li$^+$/Li），很可能是由于电池电阻的增加。综上所述，锂离子与 TFSI$^-$ 阴离子在 Pyr$_{14}$TFSI 中均发生了可逆的插层与脱插层作用，加入 LiTFSI 盐和 ES 添加剂，显示了该离子液体电解液的潜在应用前景。随后，他们还研究了 TFSI$^-$ 在含钠盐离子液体中向石墨的电化学插层/脱插层，与锂离子基 DIBs 相比，表现出较差的容量[97]。

由于大多数阴离子的半径都大于石墨的层间距，一些研究人员提出，半径较小的阴离子更容易可逆地插入石墨中[98]。Meister 等研究了不对称氟磺酰亚胺（三氟甲烷磺酰亚胺）插入石墨正极用于 DIBs 的电化学过程。FTFSI$^-$ 阴离子长度（0.65nm）小于 TFSI$^-$（0.8nm），与相同充电端电位的 TFSI$^-$ 电解液相比，FTFSI$^-$ 具有更高的放电容量。通过原位 X 射线衍射（XRD）表征，可以详细研究石墨与 FTFSI$^-$ 的插层/脱插层行为[99]。然而，在最近报道中，研究人员发现，阴离子吸收的起始电位主要来源于电解液的作用，如离子对的形成和自聚集，而不是阴离子的大小[100]。在这项工作中，研究了不同尺寸的亚胺基离子

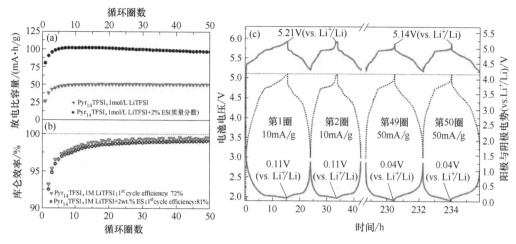

图 12-8 锂-石墨半电池和双碳电池性能曲线

锂-石墨半电池循环 50 圈在不同的电解液（截止电位分别为 3.0V 和 5.0V vs. Li/Li$^+$ 和
电流密度为 50mA/g）条件下的放电比容量（a）和库仑效率（b）曲线；（c）双碳电池在充放电过程中，时间与
电池电压（虚线）和负极、正极电位分布（实线）曲线（电流密度分别为 10mA/g 和 50mA/g 时第 1～3 圈
以及 49 圈和 50 圈。电池电压范围从 3.0V 到 5.1V）

液体对石墨正极的插入行为［图 12-9（a）］，包括 BETI$^-$，FSI$^-$，FTFSI$^-$，TFSI$^-$，FSI$^-$/TFSI$^-$。如图 12-9（b）所示，除最大的阴离子 BETI$^-$ 外，所有亚胺基离子液体中都观察到与阴离子在石墨中插入/脱插入相对应的几个电流峰值。第二大阴离子 TFSI$^-$ 的起始电位最低，第三大阴离子 FTFSI$^-$ 的起始电位略高于 TFSI$^-$ 系统［4.44V（vs. Li$^+$/Li）］，为 4.48V。然而，FSI$^-$ 阴离子，最小的一个，显示了最高的开始电位的阴离子插入［4.53V（vs. Li$^+$/Li）］。两种不同阴离子的混合也会影响插层/脱插层行为［图 12-9（c）］。阴离子插入起始电位为 TFSI$^-$/FSI$^-$［4.42V（vs. Li$^+$/Li）］＜TFSI$^-$［4.44V（vs. Li$^+$/Li）］＜FSI$^-$/TFSI$^-$［4.46V（vs. Li$^+$/Li）］＜FSI$^-$［4.53V（vs. Li$^+$/Li）］。此外，不同的电解质体系也导致了阴离子插层和脱层电流峰值的明显变化［图 12-9（b）］，说明了不同阴离子之间的相互作用对其插层和脱层行为的影响。

在 DIBs 中，电解质是正极和负极插层/脱插层过程的离子源，是一种重要的活性物质。因此，电解质浓度及其离子电导率在充放电过程中发生变化，导致电池内浓度梯度，进而产生扩散阻力[101,102]。Balabajew 等系统研究了电解质浓度梯度对离子液体 Pyr$_{14}$TFSI 和 1mol/L LiTFSI 中电池性能的影响[102]。图 12-10（a）为不同 LiTFSI 用量下 Pyr$_{14}$TFSI 的离子电导率。随着 LiTFSI 摩尔分数的增加，电解液的电导率显著降低，这主要是由于［Li(TFSI)$_n$]$^{(n-1)-}$ 簇的形成[102-104]。随着 LiTFSI 浓度的增加，［Li(TFSI)$_n$]$^{(n-1)-}$ 簇的数量增加，导致黏度增加，电导率降低。DIBs 的电解液电阻以及锂-石墨半电池充放电时的电解液电阻如图 12-10（b，c）所示。由于在充电过程中从电解质中提取了 LiTFSI，DIBs 的电解质电阻（在双电极装置中测量）随着电极电位的增加而下降。在三电极体系中，锂电极和参比电极之间的电阻下降了约 12Ω，而石墨电极和参比电极之间的电阻增加了大约 3Ω，表明 LiTFSI 的摩尔分数与锂-石墨半电池反向变化。而放电过程中，电解液电阻的变化则相反，且增加明显（总体阻力：增加了 12Ω，与锂对比：增加了 16Ω，与石墨对比：减少了 4Ω）。图 12-10（d）为第一次充电结束时 Li$^+$、Pyr$^+$、

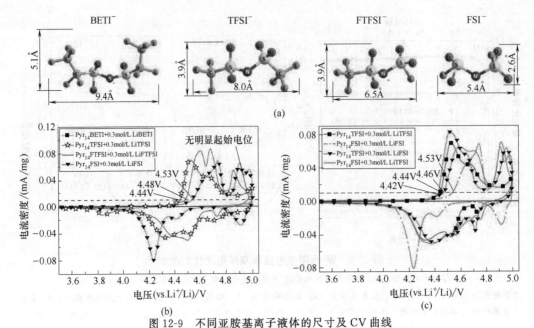

图 12-9　不同亚胺基离子液体的尺寸及 CV 曲线

(a) 一系列亚胺基离子液体的估计尺寸示意图；(b) 不同亚胺基离子液体电解质
(BETI、TFSI、FTFSI 和 FSI 阴离子)、金属锂负极和参考电极以及石墨正极对不同双离子电池的 CV 曲线；
(c) 采用一系列三元（TFSI 和 FSI）和四元（TFSI/FSI 和 FSI/TFSI）亚胺基离子液体电解质、
金属锂负极和参考电极以及石墨正极，得到不同双离子电池的 CV 曲线

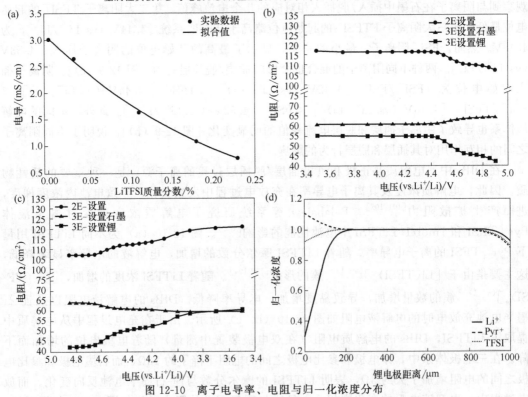

图 12-10　离子电导率、电阻与归一化浓度分布

(a) 不同量 LiTFSI 在 $Pyr_{14}TFSI$ 中的离子电导率；整体电解液电阻，以及在第二周期时，锂-石墨半电池的电阻；
(b) 充电，(c) 放电；(d) 第一次充电结束时三种离子的归一化浓度分布的模拟结果

TFSI⁻的归一化浓度分布与锂电极距离的模拟结果。由于锂离子在充电过程中被镀在锂电极上，锂离子浓度下降，导致锂电极附近产生负电荷。因此，带正电荷的离子向电极移动，带负电荷的离子离开电极，以补偿浓度差。此外，由于Li^+是移动最慢的，电荷补偿主要通过传输速度较快的$TFSI^-$和Pyr^+来实现[图12-10(d)]。基于相同的机理，在石墨中插入$TFSI^-$导致了Pyr^+和Li^+浓度的下降[102]。

12.2 双离子电池的反应机理

12.2.1 正极的反应机理

在DIBs中，阴离子的插层是最重要的反应。因此，深入了解阴离子插入正极（特别是石墨正极）的机理，对提高阴离子的插入动力学具有重要意义[105]。石墨具有独特的ABA型六方碳环构成的石墨烯面堆叠的层状结构，可以容纳电化学反应过程的阴离子。电化学反应中，作为受主化合物，石墨插层化合物（GICs）具有较大的层间距，层间相互作用较弱。因此，阴离子插层进入石墨层间的结构顺序主要取决于插入阴离子本身复杂的相互作用。同时，阴离子间复杂的静电和弹性相互作用也会影响后续阴离子的插层动力学及其存储能力。在充电过程中，阴离子嵌入石墨正极中，两个相邻插入离子层内的石墨烯层数与比容量成正比，可以由相邻插入离子层之间石墨烯的层数来描述[65]。此处，用"阶段"（stage）来定义在无缺陷石墨晶格中形成连续GIC相的状态[106]。不同阶段数的阴离子石墨正极插层结构，如图12-11所示[49]。周期性重复距离（I_c），层间高度（d_i）和层间膨胀（Δd）由下式确定[59,107]：

$$I_c = d_i + (n-1) \times 3.35 \text{Å} = \Delta d + n \times 3.35 \text{Å} = Id_{obs} \tag{12-11}$$

式中，I是在堆叠方向上取向的（001）面的指数；d_{obs}是两个相邻的面间距。

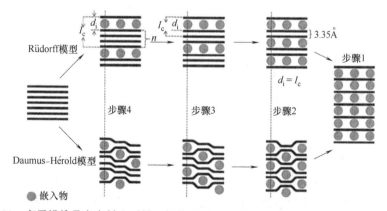

图12-11 离子沿堆叠方向插入石墨正极的Rüdorff和Daumas-Herold模型的阶段机理图

此时GIC中，各个阶段平面，如（00n）和（00$n+x$）面可由其间的布拉格角关系来确定。例如，（00n）面的间距d_{00n}可由下式给出[18,108]：

$$d_{00n} = I_c/n = \lambda/(2\sin\theta_{00n}) \tag{12-12}$$

式中，λ 是 X 射线波长。对于两个不同的平面（$00n$）和（$00n+x$），求解 d_{00n} 和 d_{00n+x}（x 是整数）的方程组，n 可以表示如下：

$$n = x/[(\sin\theta_{00n} + x/\sin\theta_{00n+x}) - 1] \tag{12-13}$$

对于某个 X 射线衍射（XRD）峰，相应的 n 可以从 2θ 处的峰导出。另外，Solin 等[65]提出与此最接近的层模型，还给出了 E_{2g} 的拉曼双峰的相对强度的阶段依赖性，其中 GICs 的定量阶段信息（$n \geqslant 2$）由下式给出：

$$I_i/I_b = (\sigma_i/\sigma_b)[(n-2)/2] \tag{12-14}$$

式中，I_i 和 I_b 分别表示 E_{2g2}（i）和 E_{2g2}（b）模式的强度；σ_i/σ_b 是与阶段无关的值，并且表示其内部和边界碳层的拉曼散射截面的比率。

关于阴离子插入石墨正极的阶段机理已经有很多研究[65,79,90,109,110]。这些研究涉及不同的阴离子，如：六氟磷酸盐（PF_6^-）[18,83,111]，四氯铝酸盐（$AlCl_4^-$）[79,112]，双（三氟甲磺酰基）亚胺（$TFSI^-$）[60,100,113]，氟磺酰基（三氟甲磺酰基）亚胺（$FTFSI^-$）[99,100]，高氯酸盐（ClO_4^-）[71,114]，双（氟磺酰基）亚胺（FSI^-）[100,115]，四氟硼酸盐（BF_4^-）[88]，三（五氟乙基）三氟磷酸盐 [$(C_2F_5)_3PF_3^-$][116]，双（全氟乙基磺酰基）亚胺（$BETI^-$）[100]，三氟甲磺酸（$CF_3SO_3^-$）[116]，二氟（草酸）硼酸盐（$DFOB^-$）[115]，四氟铝酸盐（AlF_4^-）[117]，如图 12-12 所示。其中，前三种是最常见的插层阴离子，下面会详细介绍。

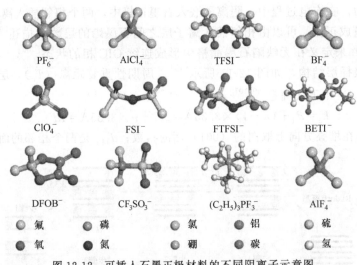

图 12-12 可插入石墨正极材料的不同阴离子示意图

12.2.1.1 PF_6^- 的插层机理

以 PF_6^- 为电解质的电解液广泛应用于 DIBs 中。Seel 等[18]通过原位 XRD 发现在充电/放电过程中，PF_6^- 在石墨中的电化学插层/脱插层这一过程发生了一系列可逆的阶段转换。Read 等[108]观察了高定向热解石墨（HOPG）在发生 PF_6^- 插入过程中的相变和晶格膨胀。如图 12-13（a），（b）所示，采用原位 XRD 和膨胀测定法，观察阴离子插层过程中的形成和转变如下：$C_{24}PF_6$（阶段 4）→$C_{24}PF_6$（阶段 3）→$C_{24}PF_6$（阶段 2）→$C_{20}PF_6$（阶段 2）→$C_{24}PF_6$（阶段 1）→$C_{20}PF_6$（阶段 1）。李等[118]利用原位光学平台实时监测石墨正极在充电/放电过程中的厚度演变，发现石墨正极的厚度最初呈现出相当大的不可逆变化，这与被捕获的插入阴离子和化学成分的不可逆分解直接相关。Miyoshi 等[54]通过理论结合实验验证的方式，研究了 PF_6^- 插层进入石墨中的扩散特性，图 12-13（c）给出了其插入石墨层中的优化几何形状，从而得出 PF_6^- 扩散的理论活化能约为 0.23eV［图 12-13（d）］。考虑到大的离子尺寸，PF_6^- 优先沿〈100〉方向扩散。在较大尺寸下，PF_6^- 通常优先沿着〈100〉方向扩散，同时，随着 PF_6^- 的阶段水平增加，其扩散常数降低。另外，Ishihara 等[111]研究发现，PF_6^- 以较高电位插层进入石墨的行为不仅与阴离子嵌入阶段结构有关，而且还与纳米泡状结构的形成有关。其中，Liao 等发现[119]，PF_6^- 插入中间相炭微球正极可以形成倾斜的八面体结构。

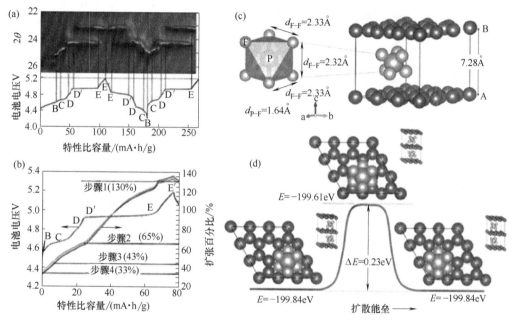

图 12-13　阴离子插层过程中的相变、晶格膨胀与电化学性能
（a）原位 XRD 光谱及其电压-比容量曲线；（b）原位膨胀测量曲线；
（c）PF_6^- 嵌入石墨碳的第 1 阶段的优化几何形状；（d）沿＜100＞方向的扩散能垒的 CI-NEB 计算结果

12.2.1.2　$AlCl_4^-$ 的插层机理

$AlCl_4^-$ 是另一种有效的插入石墨正极的阴离子。戴等[79]通过实验表征结合理论计算的方法，研究了阴离子在石墨正极中的插层行为。图 12-14（a）中的原位拉曼光谱，揭示了充放电过程中 $AlCl_4^-$ 嵌入天然石墨过程中出现的 G 峰分裂和 E_{2g2}(i) 蓝移。如图 12-14（b），（c）所示，在第一个过程中，由于阴离子的插入，与相邻和不相邻的碳原子间产生的不同振动就会诱发 E_{2g2}(i) 模式（1586cm^{-1}）和 E_{2g2}(b) 模式（1607cm^{-1}）的偶极双峰出现[110]。石墨的这一分裂行为，究其原因是界面层正电荷重排，其中界面层正电荷必须足够多[112]。在这一过程中，随着电荷的积累，石墨烯层电荷密度越来越大，强电子-声子耦合，从而导致绝热波恩-奥本海默近似的崩溃，最终使得 E_{2g2}(b) 峰出现蓝移[110]。在充电过程中，图 12-14（c）中（002）峰分裂为两个新峰，意味着 $AlCl_4^-$ 嵌入天然石墨中。放电过程，这两个 XRD 峰逐渐合并，并恢复为在约 26.6°的单峰。第一性原理 DFT 计算表明，由于石墨层的压力，嵌入其中的四面体 $AlCl_4^-$ 的结构发生畸变，其四个键角从自由态的 109.5°变为 107.8°、106.8°、110.1°和 107.6°且处于扭曲状态。因此，$AlCl_4^-$ 的尺寸从 4.88Å 降低到约 4.79Å［图 12-14（d）］[112]。

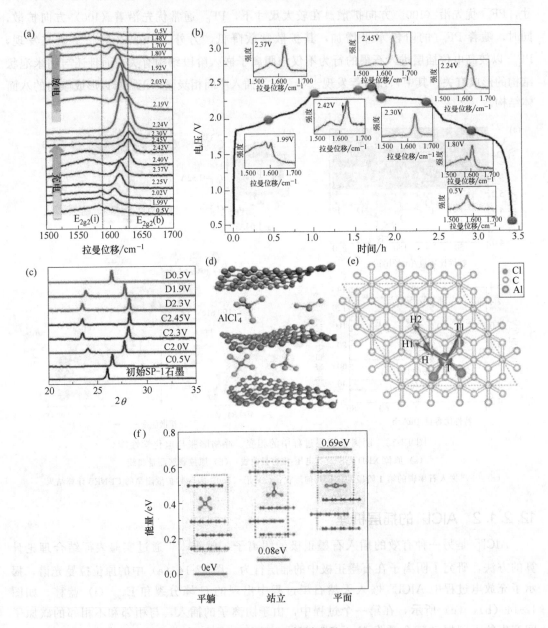

图 12-14 $AlCl_4^-$ 插层过程

(a) 石墨正极在不同充放电状态下的拉曼光谱图；(b) 原位拉曼记录的石墨正极不同充电-放电状态示意图；
(c) 石墨正极在充电电压 0.5V、1.9V 和 2.3V 以及放电电压为 2.45V、2.3V、2.0V 和 0.5V 时的非原位 XRD 图谱；
(d) $AlCl_4^-$ 嵌入石墨层中的示意图；(e) 石墨中的中性 $AlCl_4^-$ 的四个基本扩散路径；
(f) 在阶段 4 过程中 $AlCl_4^-$ 插入后 GICs 的原子结构和总能量，包括平面和四面体（平躺和站立）几何结构

吴等[120]通过进一步的理论计算发现，在$AlCl_4^-$嵌入石墨正极的过程中，平面四边几何形状比四面体的$AlCl_4$团簇结构更有利于插层反应的进行。Jung等[121]提出，$AlCl_4^-$的存储涉及石墨烯薄片之间形成双叠层离子层。另外，Gao等研究表明，$AlCl_4^-$优先选择总能量较低的石墨层之间的单层四面体几何形状。其中$AlCl_4^-$的几何结构分为：四面体站立型，一个氯指向上，三个氯指向下；单层平躺型，两个氯指向上，两个氯指向下。两者相比之下，双层站立型总能量比单层平躺型高 0.69eV，在正常条件下，双层叠层四面体结构比单层平躺四面体结构更不稳定。因此，总能量最低的是"单层平躺型"的四面体$AlCl_4^-$[图 12-14（d）]。进一步，通过比较发现，由四面体站立型转变为单层平躺型的结构转变能垒，远远高于四面体站立型的扩散能垒。随着$AlCl_4^-$在石墨中扩散途径的不同，计算得到的能量势垒非常小，范围从 0.012eV 到 0.029eV。其中，$AlCl_4^-$的扩散常数估计在$10^{-4}cm^2/s$的数量级，可通过下式求得：

$$D = 1/6 l^2 \nu_0 \exp[-E_d/(k_b T)] \tag{12-15}$$

式中，l表示沿某一路径的初始和最终位置之间的扩散距离；ν_0表示施加的频率（1013Hz）；E_d表示阴离子扩散的能垒；k_b表示玻尔兹曼常数；T表示热力学温度。

12.2.1.3 TFSI⁻的插层机理

离子液体电解质因其独特的优点而受到关注，例如蒸气压低、化学稳定性好、可燃性低、电化学窗口宽、离子电导率高，溶剂分解和共插层进入正极无关等[110]。Placke等[59]利用离子液体电解质将负离子插入石墨正极，对$TFSI^-$在石墨正极中的插入机理进行了详细的研究[60,107]。发现$TFSI^-$插入后，受操作温度和截止电压的影响，出现了分级现象。如图 12-15 所示，通过原位 XRD 结合循环伏安法（CV）揭示了 GICs 的特定阶段相转变。在充电放电过程中，观察到 XRD 峰出现分裂和移位行为。$TFSI^-$插层的面平均间距d_i和相应的间距变化Δd为（7.96±0.05）Å 和（4.61±0.05）Å，表明其体积膨胀约为137%。在20℃下，$TFSI^-$嵌入石墨的最大化学计量约（TFSI）C_{26}，而在60℃下，则为（TFSI）C_{20}。

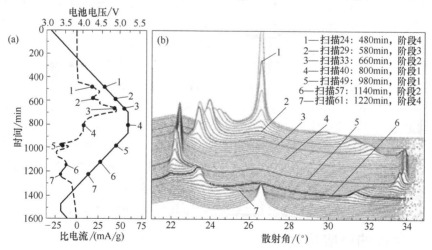

图 12-15　原位 XRD 结合循环伏安法揭示 GICs 的特定阶段相转变
(a) 循环伏安法，(第 1 次循环) 电池电压与时间（实线）和比电流与时间的关系（虚线）曲线；
(b) 双离子电池的金属锂/KS6L 的原位 XRD 图谱，电解液：Pyr_{14}TFSI-1mol/L LiTFSI+2%
（质量分数）ES，扫描速度：$50\mu V/s$

Balabajew 等[110] 在原位拉曼技术的基础上，进一步阐述了 $TFSI^-$ 插入石墨的行为。同样，由于 $TFSI^-$ 插入，原位拉曼光谱有两个显著的变化，包括 G 带的分裂和双峰 E_{2g} 的蓝移。在阶段 2 或阶段 1 时，所有的边界石墨层都与插入的阴离子相邻，因此在拉曼光谱中只能清楚地观察到 $E_{2g2}(b)$ 模式。这表明，在放电过程中，低级数在较宽的组成范围内保持稳定，$TFSI^-$ 插入时石墨正极出现缺陷。

12.2.1.4 其它类型阴离子及其插层动力学

考虑到不同阴离子可能存在不同的插层效应，Placke 等[59] 系统地比较了包括 PF_6^-、BF_4^-、$TFSI^-$ 和 $FTFSI^-$ 等的石墨插层行为，结果发现这些阴离子插层过程中都会出现前述的阶段形成机制，并伴有类似的体积膨胀（138%～139%）。而 Beltrop 等[100] 则详细地研究了一系列亚胺基离子液体电解质在 DIBs 中插入石墨正极的行为，阐明了电化学性能与阴离子大小的关系。其中，阴离子插层石墨的初始电位有如下关系：$BETI^->FSI^->FTFSI^->FSI^-/TFSI^->TFSI^->TFSI^-/FSI^-$。20℃时，离子电导率随着离子尺寸的减小而增加：$BETI^-<TFSI^-<TFSI^-/FSI^-<FTFSI^-<FSI^-/TFSI^-<FSI^-$，这意味着离子对形成和自聚集效应主导了阴离子的电化学扩散过程。此外，Tasaki 等的研究表明，插层能与石墨和插层剂（如 PF_6^- 和 ClO_4^-）之间的电子转移密切相关，因此，插层的电离势或电子亲和力与插入剂的尺寸信息，可以很好地用来测量所得到 GICs 的稳定性。Wang 等正是基于此，利用复合阴离子（PF_6^- 和 AlF_4^-）插层/脱插层的协同效应，设计了一种新型的铝-石墨电池。该电池在 100mA/g 条件下比容量稳定为 120mA·h/g，循环超过 300 圈，库仑效率接近 95%，表现出优异的电化学性能，具有良好的倍率能力，反应动力学明显增强。

值得注意的是，电解质在 DIBs 中作为活性物质的一部分，其作用比传统摇椅式的 LIBs 更加显著[105]。因此，DIBs 中电解质具备良好的负极稳定性，是促进阴离子插层的先决条件[59]。Dahn 等[58] 通过实验证明，在双石墨电池中，$(PF_6)C_{16}$ 形成的阶段 2 直到电压达到 5V（vs. Li^+/Li）才能够实现。不合适的电解液溶剂会在高电压下分解，甚至共嵌入石墨层中（或导致石墨在循环中破坏脱落）[122]，导致电池库仑效率低下，容量衰减迅速[18,82]。为了解决上述问题，可以在电解液中加入离子液体，使其电压窗口达到或高于 5V，且不发生共插层现象[84,95,122-125]。Placke 等[19,101] 利用这一策略，使得 DIBs 的库仑效率提高到超过 99%。然而，离子液体的高成本成为 DIBs 进一步发展的主要障碍。为此，Read 等[50] 采用了一种含氟添加剂的单氟乙烯碳酸酯（FEC）基电解质，该电解质可在双石墨电池中实现 Li^+ 和 PF_6^- 的可逆插层化学反应，最高电压可达 5.2V，效率高达 97%，可与离子液体基电解质相媲美。这是由于电解质中键能相对较高的氟化组分控制了氧化电位，从而提高了稳定性。此外，溶剂化效应在阴离子插入动力学中也是一个不可忽视的因素[88]。Gao 等[114] 研究了不同有机电解质中氯离子插入石墨正极的方式。结果表明，氯离子的插入行为对电解液中的溶剂有较强的依赖性。

12.2.2 负极的反应机理

负极的反应动力学对 DIBs 的电化学性质具有重要影响。负极材料的反应机理与 LIBs 中的相似，包括插层、合金化、转化和剥离/沉积等。由于插层与合金化机理是大多数 DIBs 负极最主要的两种反应机理，本节重点介绍这两种机理。

12.2.2.1 插层机理

考虑到石墨作为 DIBs 插层负极材料的广泛应用，现以石墨为例阐述插层机理。以石墨为负极的 DIBs，锂离子 Li^+ 插层反应如下：

$$Li^+ + 6C + e^- \rightleftharpoons LiC_6 \tag{12-16}$$

反应最显著的特征是分级现象，其类似阴离子嵌入石墨正极。在分级过程中，通过实验和理论建立了 GICs 的插层势图。对于 Li_xC_6 ($0<x<1$) 观察到两个明显的平台：一个范围从 $x=0.25\sim0.5$，表示阶段 2GICs 中 LiC_{12} 的形成；另一个范围从 $x=0.5\sim0.9$，表示阶段 1GICs 中 LiC_6 的形成；而当 $x<0.25$ 时没有发现明显平台 [图 12-16（a）中点画线][126]。通过 DFT 理论计算，结合范德瓦尔斯近似模拟，可以得出更详细的信息：阶段 4 是 $x\leqslant 1/6$ 中最稳定的阶段，然后在 $1/6<x<1/3$ 时转变为阶段 3、-2 和-1 的混合物，进而，在 $1/3<x<1/2$ 时转变为阶段 2 和阶段 1 的混合物，最后在 $x>1/2$ 时完全转变为阶段 1 [图 12-16（a）中阶梯状实线][127]。反应动力学本质上影响 DIBs 的电化学性能。DFT 计算结果表明，锂在石墨晶体 ab 平面上的迁移比在 c 方向上的迁移更为有利[128]。在 ab 平面上，有两种可能的迁移路径 [如图 12-16（b）]：①Bridge（B）型迁移路径，Li 通过一个后续层的碳原子矩形扩散；②Top（T）型迁移路径，Li 通过两个一致的碳原子之间。

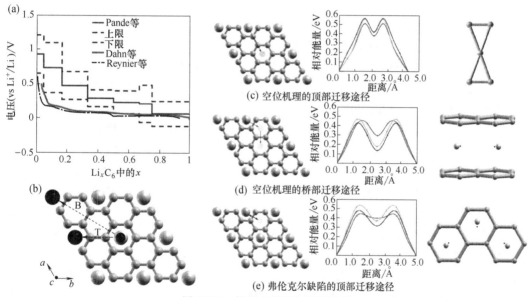

图 12-16 插层电势图与迁移途径

(a) Li_xC_6 中 x 的函数的稳定相的嵌入/相变电位，黑色虚线表示 DFT 计算结果与电势相关性，最下方两条实线为实验测试得到的插层电势图[136]；(b) LiC_6 中 Li^+ 在平面内两种可能迁移路径，Bridge（B）和 Top（T）路径；通过空位机制比较 T（c）和 B（d）路径，通过弗伦克尔机制比较 B（e）路径。(c)~(e) 中依次给出了结构示意图、能量分布图和中间结构

B 型迁移路径可能存在空位和弗兰克尔机制，而 T 型迁移路径仅存在弗伦克尔机制，如图 12-16（c）~(e)。Li^+ 在 LiC_6 中沿 B 型和 T 型路径扩散的能垒分别为 0.42eV（空位机制和 Frenkel 机制）和 0.51eV（Frenkel 机制）。通过利用核磁共振（NMR）和准弹性中子散射（QENS）技术，对扩散势垒进行了实验测量，测量值为 0.55~1.0eV[129-132]。扩散系数是影响反应动力学的另一个重要参数。通常 Li^+ 在不同类型石墨电极中的扩散系

数为 $10^{-16} \sim 10^{-6} cm^2/s$。扩散系数数据的多样性是由于 Li^+ 在石墨中沿不同方向的各向异性扩散系数造成的，如：同样是石墨电极，垂直于 HOPG 石墨烯平面方向的扩散系数值为 $8.7×10^{-12} cm^2/s$，平行于石墨烯平面方向的值为 $4.4×10^{-12} cm^2/s$。另外，结构的差异（表面积、形貌、结晶度、尺寸、晶体取向、缺陷等）同样能造成数值的差异[133,134]。Li^+ 在石墨中进行分阶段插层时，体积膨胀是不可避免的。XRD 技术测定表明，第一阶段晶体 c 方向的最大扩展量为 10.7%，而平面应变要小得多（1.2%）[135]。相对较小的体积变化有利于结构在长周期内保持稳定性。由于其低成本、高导电性和良好的循环稳定性，碳基材料（特别是高结晶度石墨碳）被广泛应用于 DIBs 的负极材料[45,50,58,60,113]。但其理论比容量相对较低（LiC_6 为 372mA·h/g），反应动力学不足，阻碍了高能量密度、高倍率性能 DIBs 的发展。

12.2.2.2 合金化机理

合金材料（例如 Al、Sn、Si、Zn、Bi 等）由于其高理论容量、相对低的成本、环境友好和操作安全等优点，是极具发展前景的负极材料[133,137]。特别是铝和锡已成功地应用于 DIBs 负极材料。然而，体积的急剧变化限制了基于合金负极的 DIBs 的发展[43-45,53,61,97,138-141]。为了揭示其失效机理，本节将对铝负极和锡负极的合金化反应机理进行系统讨论。

(1) 铝金属合金化机理

Al 作为 DIBs 的负极材料主要具有以下几个优点：①高理论比容量（LiAl 约为 993mA·h/g）；②平坦和宽电压平台可提供稳定的功率输出；③低成本和作为回收材料的广泛可用性[142]。根据 Li-Al 二元相图，室温下锂铝合金可以形成三种稳定的金属间化合物，如 LiAl、Li_3Al_2 和 Li_9Al_4。在 Li_9Al_4 情况下[143]，其理论比容量可以高达 2235mA·h/g，也就是说理论上每个 Al 原子最多吸收 2.25 个锂。然而，由于大的体积膨胀，Al 负极的粉碎仍然是一个巨大的挑战。早期研究中就探讨了在高温条件下 Li-Al 合金的电化学反应。如图 12-17（a）所示，Wen 等[144] 在 432℃ 条件下测得了 Li-Al 系统的库仑滴定曲线。其中，两相三个区域（α+β，β+γ，γ+L）形成在嵌锂的三个不同的平台。三个倾斜的区域也观察到相应的三个单相区域（α，β，γ）。此处，α 相是指铝-锂的饱和固溶体，β 相是金属化合物 LiAl，γ 相是另一个金属化合物 Li_3Al_2，L 相是指饱和液体铝-锂。形成的金属间化合物与锂铝二元平衡相图吻合良好[143]。然而，在室温下，Li-Al 系统的电压剖面仅在第一次锂化过程中表现出 0.26V 的一个宽平台［图 12-17（b）][145]。初始电压区域Ⅰ（2~0.26V）与铝电极顶部氧化层的存在有关。电压平台（区域Ⅱ）被指定为 LiAl 相的形成，产生包括 Al 和 LiAl 的两相区域。区域Ⅲ（0.26~0.01V）的倾斜特征表明没有形成其它富锂相（如 Li_9Al_4）。

此外，在第一个充放电周期内还观察到较大的不可逆容量损失。这可能是由于铝电极在一个完整的周期后出现微裂纹，这得到了相关研究人员的验证[146,147]。其中，唐等[44]认为，铝箔作为负极的 DIBs，其负极最终产物属于 AlLi 相。为了更好地了解反应动力学，他们对锂在 AlLi 相中的化学扩散进行了实验研究。由于在测量中使用的电极的首选方向不同，锂在 AlLi 相中的化学扩散系数在 $10^{-12} \sim 10^{-9} cm^2/s$ 之间变化[145,148,149]。例如，使用火法冶金得到的 AlLi 合金作为各向异性的负极材料（β-LiAl），在 (24±2)℃ 的条件下，Li^+ 在其中的扩散系数约为 $(7±3)×10^{-9} cm^2/s$[150]。Kumagai 等[151] 选用

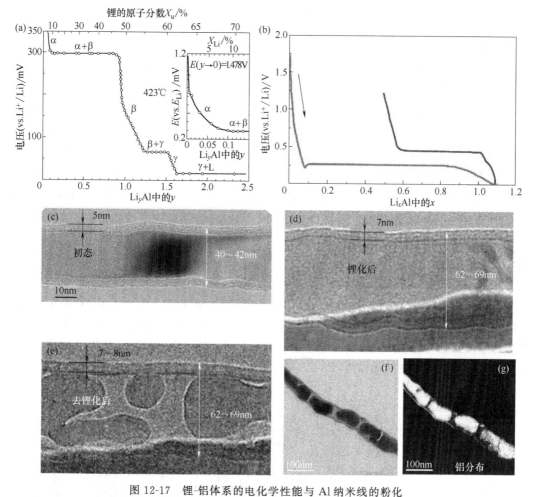

图 12-17 锂-铝体系的电化学性能与 Al 纳米线的粉化

(a) 锂-铝体系在 423℃ 的库仑滴定曲线;(b) 铝薄膜的恒电流图;(c) 原始 Al 纳米线;(d) 完全锂化的纳米线;(e) 第一次脱锂后的纳米线;(f) 三次电化学循环后的零损耗图像;(g) Al 经过三次循环以后的 EELS 图

(100) 面择优取向的 β-LiAl 作为负极,得到的扩散系数值为 10^{-10} cm^2/s。在 20℃ 条件下[150],无择优取向的非晶态 LiAl 相的化学扩散系数约为 6×10^{-12} cm^2/s。因此,扩散系数的差异也可能是不同的有效表面积和表征方法造成的。

为了直观地揭示铝纳米线的粉碎机理,刘等[142] 对铝纳米线的粉碎过程进行了原位透射电子显微镜 (in-situ TEM) 观察,如图 12-17 (c) 所示。原始 Al 纳米线的直径约为 40nm,表面 Al$_2$O$_3$ 层约为 5nm。锂化后,纳米线径向膨胀至 62nm,体积膨胀超过 100% [图 12-17 (d)]。在第一次脱锂反应后,分离的纳米颗粒形成了微孔使其逐渐粉碎 [图 12-17 (e)]。进一步,通过 Al 的零损耗图像 [图 12-17 (f)] 和电子损失能谱 (EELS) [图 12-17 (g)],进一步证实了粉化过程。铝纳米线的直径没有恢复到最初的尺寸 [图 12-17 (e)],这说明在锂化过程中体积膨胀导致了塑性变形。在随后的脱锂过程中,铝原子难以通过体扩散来填补脱锂所留下的原子空位,原子空位聚集形成微孔,最终形成孤立的纳米颗粒,即粉末。因此,铝原子的大塑性变形和相对较低的扩散动力学是导致反应过程中粉化的主要原因。如果将变形限制在弹性范围内,或减小塑性变形的程度,循环性能将显著提高。

(2) 锡金属合金化机理

Sn 比 Al 更具吸引力，因为它表现出更高的活性，可与低成本阳离子反应形成合金，如 Na^+，K^+，甚至 Ca^{2+}[44,53]。为了更好地了解 Sn 负极，下面简要介绍 Na-Sn、K-Sn 和 Ca-Sn 体系的电化学反应机理。

① Na-Sn 体系：室温下 Na-Sn 平衡相图可以形成七个中间相，即：$NaSn_6$，$NaSn_4$，$NaSn_3$，$NaSn_2$，Na_9Sn_4，Na_3Sn 和 $Na_{15}Sn_4$[152]。这也说明 Na-Sn 体系的反应将会相当复杂。如图 12-18（a）所示，在 120℃时，可以观察到三种 Na-Sn 合金：Na_xSn-Ⅰ（$1.0 \leqslant x \leqslant 1.25$），$Na_xSn$-Ⅱ（$2.25 \leqslant x \leqslant 2.5$）和 Na_xSn-Ⅲ（$3.5 \leqslant x \leqslant 3.75$）。这些实验结果与 DFT 计算结果完全一致 [图 12-18（a）中虚线]，但 $NaSn_5$ 阶段超出了 Crouch-Baker 等[153,154]所给出的成分范围。在 30℃条件下[155]，虽然得到的电压与 DFT 结果吻合较好，但前三个平台末端形成的化合物与 Na-Sn 相图中已知的相并不相同 [图 12-18（a）中的实线和点画线]。其中，Komaba 等[156]通过实验证明，在第四个平台末期形成的化合物是 $Na_{15}Sn_4$。通过溅射 Sn 膜作为电极参与电池反应，通过 Na-Sn 平衡相图可以得到 Na_5Sn_4 合金相，且此相为亚稳相[157]。但根据唐等[45]的报道，在 Na 基 DIBs 中其最终产物被鉴定为 NaSn 相 [图 12-18（a）]。并且，在该 DIBs 中，虽然 NaSn 相的形成使 Sn 负极的体积膨胀（约 120%）比 $Na_{15}Sn_4$（约 420%）小得多，但由于结构不稳定，循环稳定性被限制在 400 圈循环以内。

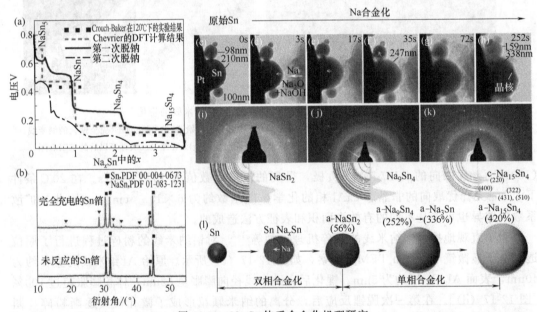

图 12-18 Na-Sn 体系合金化机理研究

(a) 30℃下，溅射得到的锡在第一次脱钠和第二次脱钠时的时间-电压曲线与 DFT 理论计算结果的对比，以及在 120℃条件下 Crouch-Baker 等实验测得的结果（黑色方块曲线）；(b) Na 基 DIBs 中，未反应和完全充电的 Sn 箔的 XRD 谱图；(c)~(h) 在电化学处理期间，Sn-NPs 的形态演变 TEM 图；(i) 当反应前缘扫过整个 Sn-NPs 时，第一个 a-Na_xSn 相的 EDP，模拟 EDP 结果表明，a-Na_xSn 第一相与 $NaSn_2$ 相组分相似；(j) 与模拟的 a-Na_9Sn_4 相匹配的第二个 a-Na_xSn 阶段的 EDP；(k) 第 3 个 a-Na_xSn 相的 EDP，其基于体积膨胀被鉴定为 a-Na_3Sn 相；(l) 嵌钠期间 Sn-NPs 的结构演变示意图

原位透射电子显微镜（in-situ TEM）可以分析纳米过程中 Sn 纳米颗粒（NPs）的微观结构演变，评估结构稳定性[158]。图 12-18（c）~（h）为钠化过程中 Sn-NPs 的形态演变过程。原始状态下 Sn-NPs 呈不同直径的球形 [图 12-18（c）]。在钠化的第一阶段，在反应前缘一个剧烈的移动反应（如图中箭头所示）表明"两相"反应机理的存在，此阶段体积膨胀相对较小，约为 60%。在第二阶段，由于没有明显的反应前缘，反应机理转变为单相反应。该阶段体积膨胀明显，达到 420% 左右。通过电子衍射图谱（EDP）确定反应产物为 $NaSn_2$、Na_9Sn_4 和 $Na_{15}Sn_4$ 的中间相 [图 12-18（i）~（k）]。图 12-18（l）给出了 Sn-NPs 在嵌钠过程中的结构演变。

② K-Sn 体系：在室温下，K-Sn 平衡相图中呈现五个中间相，即 K_4Sn_{23}、KSn_2、K_2Sn_3、KSn 和 K_2Sn[159]。Sultana 等[160] 在 KIBs 中采用 Sn-碳复合负极，实验证实了 Sn 与 K 的合金化反应机理。在充分放电后，通过 XRD 分析，产物被鉴定为 K_2Sn_5（一种类似于已知锂锡合金的相）和 K_4Sn_{23}。虽然 K_2Sn_5 的形成目前还没有相关报道，需要进一步仔细鉴定。但 KSn 合金相已被多个研究小组证明是 KIBs 的最终产物[161-163]。并且，在 K 基 DIBs 中，可观察到不同的合金产品[53]。在这一 DIBs 中，Sn 箔和膨胀石墨分别用作负极和正极。与新鲜的 Sn 箔相比，完全充电的 Sn 箔的 XRD 出现明显的 K_2Sn 相峰 [图 12-19（a）]。如图 12-19（b）所示，K_2Sn 相是最富 K 相，最高的理论比容量为 452mA·h/g。然而，相对较大的体积膨胀率（约 360%），使得其循环稳定性较差，在电流密度为 50mA/g 条件下，仅达到 300 圈。

为了研究其容量衰减机理，Wang 等[162] 对钾离子电池中的 Sn-NPs 进行了 in-situ TEM 表征。整个反应过程分为两个步骤：第一步，如图 12-19（c）~（e），是一个典型的前缘剧烈移动的"两相"反应机理；第二步，如图 12-19（f）~（h），是没有明显反应边界的"单相"反应。在第一步中，体积膨胀率约为 113%，完全嵌钾后，体积膨胀率约为 197%。通过电子衍射分析，最终确定钾化产物为 KSn 相。通过对测量值和理论体积膨胀值的比较，将第一步末的非晶态产物视为 K_4Sn_9 相。在脱钾过程期间 [（图 12-19（i）~（k）]，在 KSn 相内观察到纳米孔，随着脱钾的继续，纳米孔逐渐变大。由于纳米孔的重复形成，经过几个循环后发生了严重的粉碎。图 12-19（o）给出了 KIBs 中 Sn 纳米颗粒的反应机理图。

为了进一步研究其力学稳定性，在钾化/去钾过程中对 Sn 膜电极的应力演化进行了监测[161]。如图 12-19（p）所示，在初始钾化过程中形成了压应力，然后由于塑性变形或机械退化（如断裂）而变平。在随后的脱钾过程中，应力向拉应力方向逆转。脱钾过程中出现了短应力展平现象，这可能与钾-锡中间相的形成有关。第一次脱钾结束时，面内应力达到正值约 40mPa，进一步说明了在脱钾过程中发生了严重的塑性变形。在第二次钾化过程中，K 插层电位前形成的压应力主要是 SEI 膜的形成所致。SEI 膜形成后应力突然释放，表明 SEI 膜的形成导致了机械完整性的严重损失。锡膜的 SEM 形貌表明结构严重退化，如图 12-19（q）~（r）。

③ Ca-Sn 体系：在室温下，Ca-Sn 平衡相图中可以形成七种不同的 Ca-Sn 中间相，包括 $CaSn_3$，$CaSn$，Ca_7Sn_6，$Ca_{31}Sn_{20}$，$Ca_{36}Sn_{23}$，Ca_5Sn_3 和 Ca_2Sn[164]。到目前为止，对于 Ca-Sn 体系的电化学反应机理还鲜有报道。2015 年，Lipson 等[165] 报道了一种以六氰酸锰为正极，锡为负极的钙离子电池，但并没有涉及负极的具体反应机理。2018 年，唐等[44] 报道了 Sn 箔为负极、石墨为正极的 Ca 离子 DIBs，系统分析了 Ca-Sn 体系的电化学反应机理，证

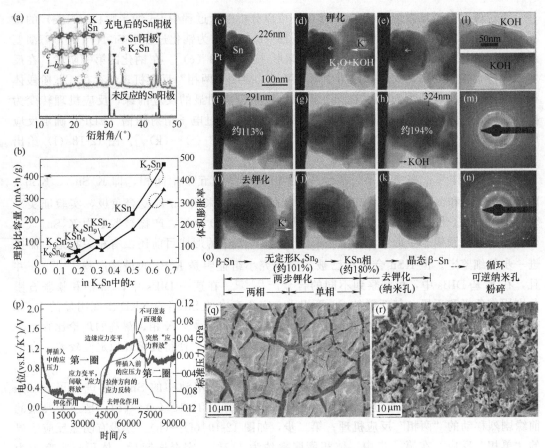

图 12-19 K-Sn 体系合金化机理研究

(a) 在 K 离子基 DIBs 中，未反应锡箔负极和经过 200 圈循环后锡负极的 XRD 对比图谱；(b) Sn 在 K-Sn 相上的理论比容量和体积膨胀率；(c) 原始 Sn-NPs 的形态；(d)、(e) 钾化第一步的 TEM 图，箭头表示相界面传播方向；(f)~(h) 钾化过程第二步；(i)~(k) Sn-NPs 中脱钾后诱导所致的纳米孔；(l) 在钾化纳米粒子的表面上观察到的 (10nm) KOH 层；(m) 完全钾化的纳米颗粒的 EDP 图，可以表征为 KSn 和 KOH 相；(n) 完全脱钾后的纳米颗粒的 EDP 图；(o) KIBs 中 Sn-NPs 的完整反应机理；(p) 在 K 半电池中，耦合电池电压和"标称应力"曲线图；(q) 第一次钾化和 (r) 第二次钾化半周期后在 K 半电池中获得的 1μm 厚的 Sn 膜的 SEM 图像

明此电化学反应器最终产物为 Ca_7Sn_6 相。首先，通过非原位 XRD 研究了 Sn 负极的合金化反应机理，如图 12-20 (a)~(c) 所示。在充电期间 [图 12-20 (c)]，4.0V 时 Ca_7Sn_6 的 (201) 峰出现在 22.8°附近，然后，峰值强度随充电过程逐渐增加，并在充电结束时 (5.0V) 达到最大值。在随后的放电过程中，峰值强度逐渐降低，在 3.0V 时消失，表明合金化过程具有良好的可逆性。DFT 计算不同环境下 Ca_7Sn_6 晶格中，Ca-Sn 键的形成能量值均为负值 [图 12-20 (d)]，表明 Ca_7Sn_6 相热力学形成的可行性。另外，在充电/放电期间对 Sn 负极进行原位应力测量。如图 12-20 (e) 所示，随着 Ca-Sn 合金化过程的进行，所形成的压应力在 4.34V 之前缓慢增加到 -9.4MPa，然后迅速增加到 -48.13MPa。在放电过程中，压应力随 Ca-Sn 去合金化而逐渐降低。在放电过程中，随着钙锡合金的去合金化，压缩应力逐渐减小。放电结束时，残余拉应力较小 (2.7MPa)，说明合金化过程中锡负极存在轻微的塑性变形。应力主导电压范围 (3.5~5.0V) 与电压平台一致，说明应力变化主要是由合金化/去合金化引起的。

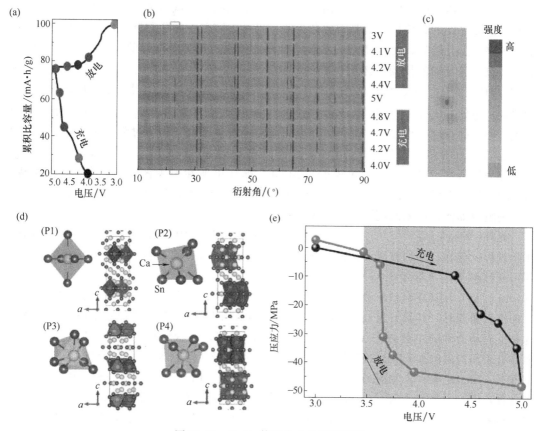

图 12-20 Ca-Sn 体系合金化机理研究

(a) 钙离子电池的恒电流充放电曲线；(b) 循环到不同的电荷状态的 Sn 负极的 XRD 曲线；(c) 中的盒装区域的详细视图；(d) Ca_7Sn_6 合金中 Ca 和 Sn 的四种不同键合情况；(e) 在第一次循环充电-放电期间的 Sn 负极的原位应力测量

12.3 阴离子反应动力学的改进

DIBs 正极材料存在比容量有限、倍率能力差等关键问题，这与正极中活性位点数量有限、插入剂阴离子尺寸较大与石墨结构致密不匹配有关。因此，为了提高 DIBs 正极的性能，目前主要有两种策略：①对碳质正极进行改性；②开发新型正极材料。前者主要是不同结构碳质正极的开发，石墨的纳米结构改性，石墨正极的掺杂和无缺陷设计。后者的目标是打破特定容量的瓶颈，开发更具潜力的阴离子宿主材料，重点是低成本、高性能且种类丰富的有机材料。

12.3.1 正极结构设计和改性

12.3.1.1 不同形式的碳质材料

碳质正极的石墨化程度和结晶度影响离子扩散的结构稳定性、电子传导性、能垒，与电极中阴离子的脱插动力学密切相关。Heckmann 等[166,167] 研究发现，$TFSI^-$ 阴离子的插层反应属于前述的阶段性反应机制，即使在石墨化程度较低的碳材料中也能进行，甚至与材料中非晶碳的碳畴尺寸和是否掺杂无关。另外，随着石墨化程度的提高，库仑效率和电压效率呈上升趋势，使得 TFSI$^-$ 阴离子插层起始电位显著降低，阴离子存储能力增强，表明其放电容量强烈依赖于碳质材料的石墨化程度，却几乎与晶化尺寸大小无关，同时 (002) 面间距 d_{002} 也被视为与容量直接相关的参数。这一结论也得到了 Ishihara 等[168]的验证，他们在研究 PF$_6^-$ 阴离子插层时发现，其可逆比容量随着 d_{002} 面的面间距减小而增大，和结晶程度密切相关。此外，石墨化程度的提高降低了极化过程中充放电步长之间的电压滞后。Märkle 等[82]研究了不同 SFG 石墨类型对不同溶剂型电解质高电位下 PF$_6^-$ 插入行为的影响。对于石墨颗粒较小的 SFG6，循环可逆性很大程度上取决于溶剂组成。对于相对较大石墨颗粒的热处理 SFG44HT，即使在电位高达 5.5V（vs. Li$^+$/Li）时，不管溶剂组成如何，也未发现阴离子的可逆插层行为。

此外，Placke 等[101,113]系统地研究了 TFSI$^-$ 在 DIBs 中插入各种形态石墨正极的电化学过程，包括石墨的粒度、比表面积和颗粒形貌等。所有的石墨正极在 500 圈循环后循环可逆性都很好，容量保持率在 99% 以上，在 20℃ 时，在电位范围为 3.40V～5.00V（vs. Li$^+$/Li）时其库仑效率高达 99%。结果表明，当石墨正极具有相对较小的粒径和最大的比表面积时，其具有最高的放电比容量。同时，阴离子插层过程而不是脱嵌过程被认为是反应动力学的主要限制因素。考虑到石墨的形貌，片状结构有利于 TFSI$^-$ 的插入。而具有表面涂层的 MCMB 在插入 TFSI$^-$ 等大型阴离子时受到限制[101]。在不包覆表面的情况下，Zhang 等[122]利用含锂盐离子液体（1.5mol/LLiTFSI/Pyr$_{14}$TFSI）和 10%（质量分数）FEC 添加剂，设计了 DIBs 的 MCMB 正极。在充放电过程中 (002) 峰的分裂和移动显示了 TFSI$^-$ 插入/脱插入 MCMB 结构中。然而，经过 100 圈循环后，MCMB 正极的结构和表面形貌并没有明显的变化，表明其结构稳定性良好。当此 DIBs 在高截止电压为 4.8V 时，循环稳定性较好，即使在 0.5C 时循环 300 圈，比容量（98mA·h/g）也没有明显下降。研究还表明了阴离子插入动力学对界面性能的依赖关系。为了进一步了解 MCMB 正极的电化学储能机理，Han 等[169]研究了基于 MCMB 正极的 DIBs 中 PF$_6^-$ 的插层行为，揭示了 MCMB 正极的电荷存储机制与表面有限电容和扩散控制插层容量有关，说明了一种协同或者说赝电容存储机制的存在。

12.3.1.2 纳米结构设计

众所周知，纳米材料可以在较短扩散长度的电极材料中提供较大的比表面积和提高离子导电性。因此，石墨正极的纳米结构改性有望提高阴离子在石墨正极中的活性位点和增强插入动力学，从而改善石墨正极的电化学性能[170,171]。Zhang 等通过自模板生长方法，为钠基 DIBs 设计了三维多孔微晶碳正极。这种纳米结构的正极具有插层/吸附阴离子的混合机理。因此，即使倍率性能仍有待进一步提高，但在 300mA/g 的电流密度下，其比容量仍高达 168mA·h/g。Jin 等[172]报道了一种通过简单的电化学石墨化（非晶态碳的正极极化）工艺制备的纳米片状多孔石墨正极（EGN 石墨）[图 12-21(a)]。与工业石墨纳米片和石墨粉相比，EGN 石墨具有更可逆的插入 TFSI 离子的性能。因为独特的纳米薄片构造的多孔结构可提供大的比表面积，有效地缓冲了由阴离子嵌入引起的可能的体积膨胀，EGN 石墨的比容量和倍率能力明显优于其它两种石墨材料[图 12-21(b)，(c)]。

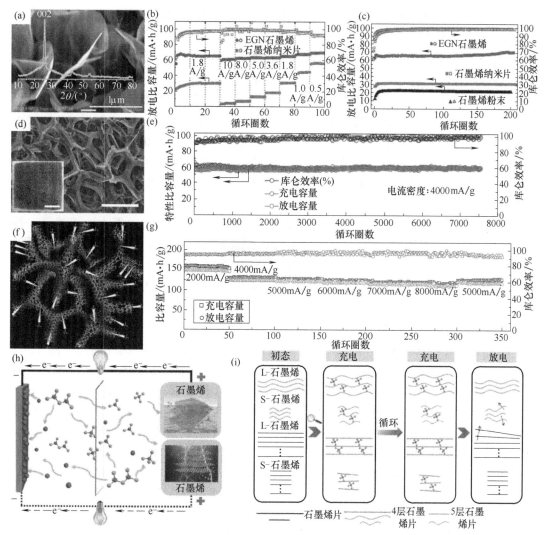

图 12-21 正极材料的纳米结构设计和阴离子的插层动力学研究

(a) EGN 石墨纳米薄片的 SEM 图像；(b) 倍率性能 [2.25～5.0V (vs. Li$^+$/Li)]；(c) 200 圈的循环性能和库仑效率图 [1800mA/g，2.5～5～5.0V (vs. Li$^+$/Li)]；(d) 开放框架结构的石墨泡沫的 SEM 图像（插图为其光学照片）；(e) Al-石墨泡沫袋电池的长循环测试图，电流密度 4000mA/g，长循环 7500 圈；(f) 高孔隙 3D 石墨烯纳米带中 AlCl$_4^-$ 嵌入/脱嵌的示意图；(g) 不同电流密度下，软包电池充电和放电的倍率性能；(h) Al-石墨烯和 Al-石墨电池的示意图（左），石墨烯和石墨电极的照片（右）；(i) 石墨烯和石墨电极中 AlCl$_4^-$ 嵌入过程的示意图

纳米结构正极材料可以增强离子插入正极的动力学，也有望提供高倍率性能和优越的循环可逆性。Wu 等[173] 报道了一种由排列整齐的低缺陷或低氧基团的几层石墨烯片组成的 3DGF。此 3DGF 中的石墨烯层垂直于玻碳集流体，并在 DIBs 中作为正极。该电池在电流密度高达 12000mA/g 的情况下，放电比容量约为 60mA·h/g，循环可逆性好，循环次数超过 4000 圈，库仑效率接近 100%，充电快放电慢。Lin 等[61] 比较研究了 AlCl$_4^-$ 插入石墨正极的行为，包括热解石墨（PG）和三维石墨泡沫（3DGF）[图 12-21 (d)]。与 PG 相比，尽管 PG 具有良好的循环可逆性，但多孔的 3DGF 显著缩短了插入 AlCl$_4^-$ 的扩散长度，有利于电池更快地运行。因此，相应的电池表现出了优越的倍率能力

[图 12-21 (f)]，而在 4000mA/g 的循环可逆性良好，经过 7500 圈循环后容量没有衰减，库仑效率达到 97% [图 12-21 (e)]。一方面，具有高比表面积的多孔石墨结构可以增强 $AlCl_4^-$ 的插入动力学；另一方面，3DGF 垂直方向允许石墨烯层与电解质直接充分接触，减小了阴离子插入的扩散距离[173]。结果表明，由于多层石墨烯（少于五层）的高弹性，为促进 $AlCl_4^-$ 扩散提供了更大的自由空间，从而使 $AlCl_4^-$ 的扩散率突然增加[121]。因此，低层石墨烯具有超高的倍率性能。无独有偶，Zhang 等[71]使用 $1mol/L\ Al(ClO_4)_3$/PC-FEC 电解质研究了 3DGF 和纳米石墨正极铝离子 DIBs。与纳米石墨相比，3DGF 基电池在电流密度为 2000mA/g 时，比容量为 101mA·h/g，库仑效率为 80%，循环可逆性长，超过 400 圈，电化学性能优越。理论计算表明，插入的氯离子具有平面四边形的几何形状。同时，氯离子的插入伴随着氯离子的分解和 C—O 键和 C=O 键的形成。

为了提高比容量，同时降低电荷截止电压，防止电解质分解，Yu 等[174]开发了一种由等离子体蚀刻石墨烯纳米带（GNHPG）组成的多孔 3DGF 正极 [图 12-21 (f)]。通过理论计算阐述了在石墨烯结构中形成的纳米带和纳米孔可以引入纳米空隙。由于丰富的纳米空隙为整个 GNHPG 提供了丰富的阴离子运输通道，这些可插层的纳米空隙，一方面促进了 $AlCl_4^-$ 的插入/脱插动力学，降低了电荷截止电压；另一方面，生成了更活跃的场所容纳 $AlCl_4^-$，以提高石墨正极的比容量。因此，该电池提供了一个低的充电电压平台，截止电压为 2.3V（vs. Al^{3+}/Al），高放电电压平台接近 2V，在 5000mA/g [图 12-21 (g)] 时，相对较高的比容量为 123mA·h/g，库仑效率超过 98%。此外，该电池还具有良好的循环寿命（10000 圈以上）、高倍率、快速充电、慢放电、耐高温等性能。

为了解释阴离子在纳米石墨材料中的插层方向是否依赖于 ab 平面和 c 轴方向，Zhang 等[175]通过控制变量 ab 平面和 c 轴方向，研究了石墨正极在离子液体（三氯化铝/[PMIm] Cl）中的电化学性能，如图 12-21 (h) 所示。四种石墨材料（大尺寸石墨和石墨烯（L-石墨和 L-石墨烯）、小尺寸石墨和石墨烯（S-石墨和 S-石墨烯）的石墨化程度除 S-石墨烯外几乎达到 100%。与其它三种石墨材料相比，L-石墨烯具有最优越的倍率性能，原因如下。第一是比石墨正极具有较大的活化能，需要扩大层间间距，它阻碍了阴离子插入石墨正极的动力学。第二是 L-石墨烯缺陷较少，有利于 $AlCl_4^-$ 的扩散。第三是在 c 轴方向减小的尺寸，有效地增强了结构灵活性，能够更好地适应 $AlCl_4^-$ 在插层/脱插过程中产生的机械应力，并降低脱插过程中的活化能垒，这些都显著地增强了 L-石墨烯的阴离子插层动力学，并提高了其倍率性能。相反，对于小型石墨材料，由于边缘羧基或羟基的富集而引起的结构缺陷，会对 $AlCl_4^-$ 产生额外的斥力，从而需要更高的活化能才能将其插入通道中。此外，研究还揭示了 $AlCl_4^-$ 插入不同尺寸石墨正极的过程。如图 12-21 (i) 所示，在充电过程结束时，这些石墨材料中除了 S-石墨外，还形成了第 4 阶段的 GICs。L-石墨烯和 S-石墨在循环前后却可以保持稳定的结构。而另外两种则表现出结构变形，这与阴离子插入/脱插导致石墨烯层剥落有关。因此，c 轴方向尺寸的急剧减小可以显著增强阴离子的动力学，ab 平面尺寸的增大可以增强石墨材料的循环稳定性。

12.3.1.3 缺陷调控与掺杂设计

碳质正极材料的比容量是由能容纳插入阴离子的活性位点的数量决定的，而阴离子在层间的扩散行为也与活性和非活性位点有很大关系。一方面，增加活性位点的数量可以提高碳质正极的比容量，而减少甚至消除活性位点会削弱它们对阴离子扩散的阻碍作用。另一方面，正极材料中的缺陷和掺杂物质对其电导率起着至关重要的作用，这与正极基体中阴离子的反应动力学密切相关。因此，增加缺陷的数量可以产生更多的活性位点，但这将不可避免地导致更高的阴离子扩散能量屏障，从而阻碍阴离子插入动力学。同样，掺杂物质越多，通常可以引入更多的活性位点来提高比容量，这可能是阴离子插入动力学的一种折中。因此，缺陷调控和掺杂设计是提高阴离子插入碳质正极动力学的重要策略。

如图 12-22 所示，陈等[176]制备了一种 3000℃（GA3000）退火、高度结晶和无缺陷少层石墨烯气凝胶（GA）正极。GA3000 的无缺陷多孔结构，与具有丰富缺陷的 rGA 相比，GA3000 正极在 50℃时能够提供高而稳定的放电比容量，约为 100mA·h/g，充放电持续时间仅为 72s，并具备良好的倍率性能，即使在 25000 圈循环以后，仍能保持 97% 的容量，库仑效率超过 98%。图 12-22（b）中 GA2000 的拉曼光谱表明，$AlCl_4^-$ 在电化学插层/脱插层过程中几乎没有缺陷。GA3000 的这些惊人的电化学性能可以归因于其独特的无缺陷多孔结构，为其提供了一个低的能量势垒，促进了 $AlCl_4^-$ 的快速插入动力学和电子的传输。出乎意料的是，对比研究表明，缺陷部位不能作为容纳嵌入的 $AlCl_4^-$ 的活性位点。因为，缺陷的存在会阻碍 $AlCl_4^-$ 的插层/脱插层，降低石墨正极的电导率，从而导致电化学性能下降。因此对于石墨烯正极材料的设计，应该遵循的原则是：缺陷越少，电化学性能越好。陈等[177]设计了一种"三高三连续"型石墨烯薄膜（GF-HC）正极[图 12-22（c）]（3H3C：高质量，高取向，高通道；石墨烯基质的连续电子导体，通道网络的连续电解质/离子渗透方式，以及少量石墨烯骨架的连续活性材料）。3H3C 结构使正极能够具有较强的电子和阴离子的电化学反应动力学特征。因此，铝-石墨烯电池具有比容量高、超高速、循环可逆性好、循环可逆性可达 25 万圈且无明显降解、耐高温等优点。相对较高的比容量与 GF-HC（第 3 阶段）的级位增强有关，其明显优于通道较少的第 4 阶段石墨烯正极插层。结果表明，在 GF-HC 正极的电化学过程中，以超快插入氧化还原反应为主，而不是以物理吸附为主的电双层电容机理。这说明，3H3C 设计有利于阴离子插入石墨烯正极，有利于增加活性位点，提高插入级水平。因此，一个理想的碳基正极材料要满足以下四个基本要求[177]：①无缺陷石墨烯晶格，具有高结晶性，可作为阴离子的活性插入位点，具有较大的可逆容量；②提供大电流传输通道和内部极化缓解的连续电子导电矩阵；③高机械强度和杨氏模量，防止材料因反复阴离子插层/脱插层引起的坍塌或崩解；④相互连接的通道有助于提高电解质的渗透性和离子扩散，并进一步促进电解质与活性物质之间的氧化还原反应。

另外，许多研究者认为，引入适量的掺杂剂是提高电极电化学性能的一个有利因素。氮掺杂能够产生更多的活性位点，促进硬碳离子动力学[178]。Lu 等[179]对低成本正极材料微孔硬碳进行了氮掺杂改性研究，以避免反复阴离子插层/脱插层可能导致的石墨层剥落。研究指出，多孔硬碳的电化学充放电过程涉及对 PF_6^- 的吸附/解吸，多孔结构在充放电过程中能够承受较大的体积膨胀。因此，氮掺杂微孔硬碳（NPHC）在充放电循环前后可以保持相对稳定结构，如图 12-22（d）所示。此外，NPHC 正极也有利于增强阴离子的吸附/解吸动力学，如改善倍率性能，提高比容量等。结果表明，PF_6^- 的吸附/解吸与 $N+PF_6$ 化合物的形成/离解有关。基于 NPHC 的半电池在 1000mA/g、2000mA/g 和 5000mA/g 时的可逆比容量分别为 197mA·h/g、141mA·h/g 和 68mA·h/g，库仑效率约为 100%。即使在 1000 圈循环后，其半电池在 5000mA/g 的电流密度下，仍然保持了 100mA·h/g 的可逆比容量。基于 NPHC 的双离子全电池也具有良好的循环稳定性。

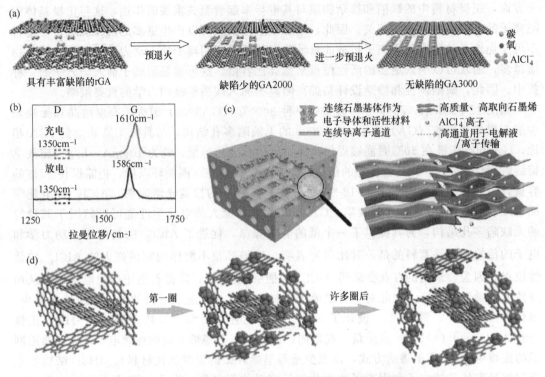

图 12-22 碳质正极的电化学反应的无缺陷和掺杂依赖性
(a) 无缺陷设计的示意图；(b) 充电和放电过程中，GA2000 的拉曼光谱；
(c) 石墨烯正极的 3H3C 的设计示意图；(d) 氮掺杂 NPHC 的 PF_6^- 反应模拟图

如表 12-6 所示，纳米结构设计和无缺陷设计均能显著提高铝基 DIBs 的电化学性能，特别是反应动力学。前者具有较高的比容量和良好的循环稳定性。后者使这些 DIBs 具有高的比容量和超快的充放电特性。这些研究有助于深入了解阴离子插入正极材料的机理。然而，纳米结构的设计还处于实验室阶段，制造工艺复杂，难以大规模生产。在无缺陷设计方面，无缺陷正极的应用仍然受到加工温度过高的限制。今后有必要进一步简化合成过程。

表 12-6 采用纳米结构和/或无缺陷设计的石墨正极改性铝基 DIBs 的电化学性能

改性策略	正负极配置	工作电压/V	比容量/(mA·h/g)	循环圈数和容量保持率	倍率性能
纳米结构设计	铝箔/泡沫石墨	2 (0.4～2.45)	65 (66mA/g 时)	7500 /约 100%	60mA·h/g (5A/g 时)
	铝箔/多孔 3D 泡沫石墨	2 (0.5～2.3)	148 (2000mA/g 时)	10000 /约 100%	111mA·h/g (8A/g 时)
	铝箔/大尺寸少层石墨烯	2 (0.5～2.45)	85 (60mA/g 时)	10000 /约 100%	76.5mA·h/g (4.8A/g 时)
无缺陷设计	铝箔/无缺陷石墨烯	1.95 (0.7～2.51)	100 (5A/g 时)	25000 /97%	约 100mA·h/g (50A/g 时)
	铝箔/石墨烯薄膜	2 (0.7～2.5)	120 (400A/g 时)	250000 /91.7%	120mA·h/g (200A/g 时)

12.3.2 新型正极材料

新型正极材料（例如：有机材料和石墨烯基复合材料）是低成本、储量丰富且极具潜力的材料。有机材料因其丰富、灵活、轻便、环保，特别是结构多样和易于功能化，为低成本正极材料提供了一种很有前途的解决方案。而石墨烯基复合材料能够增强阴离子嵌入动力学和改善正极材料的电化学性能。不同的有机材料作为正极材料在 DIBs 中已经得到了广泛的应用[180,181]。Zhu 等[182] 实现了一种以聚对甲苯（C_6H_4）$_n$ 同时作为活性正极和负极材料的全有机锂基 DIBs。在充电过程中，(C_6H_4)$_n$ 正极被 p 掺杂失去电子，并伴有 PF_6^- 插入。(C_6H_4)$_n$ 作为正极，在 4.3V/4.0V 时充放电电位稳定，初始放电比容量为 80mA·h/g，100 圈循环后比容量缓慢衰减至 70mA·h/g。由此得到的电池在 40mA/g 时，初始放电比容量（基于负极质量）约为 153mA·h/g。Rodríguez-Pérez 等[183] 报道了晕苯结构分子固体的多环芳烃（PAH）正极 [图 12-23（a）]，具有高度可逆的阴离子存储特性，在 4.1V/4.0V 电压下进行充放电过程。在插层反应过程中（002）和（111）双峰同时出现向低角度移动，诱发材料体积膨胀，从而降低了 PAH 正极材料的结晶度。在放电过程中，双峰回复到原来位置且强度降低，表明结构变形几乎可以回复到原来的状态。Deunf 等[184] 报道了一种层状芳香胺（Li_2DAnT）用于有机 DIBs 中可逆阴离子插入。可逆阴离子插入过程强烈依赖于连接在对苯二甲酸根骨架上的中性仲氨基的电化学活

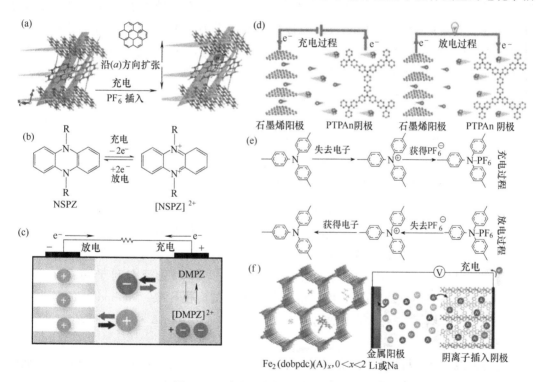

图 12-23 有机正极材料及其反应机理

（a）在加入晕苯正极时 PF_6^- 可能位点的示意图；（b）NSPZ 的化学结构和氧化还原机理；（c）DMPZ 作为 p 型正极的 DIBs 中的能量存储示意图；（d）PTPAn 正极｜KPF_6｜石墨负极的电池构造的 DIBs 的反应机理；
（e）充电-放电过程中，PTPAn 分子的电子交换；（f）Fe_2（dobpdc）的结构框架和 Fe_2（dobpdc）的储能示意图

性。在单电子反应过程的基础上，Li_2DAnT 正极经过 20 圈循环后，循环可逆性较好，保留容量较好。基于 Li_2DAnT 正极组装的双离子半电池，在约 0.2C 的初始比容量为 $73mA·h/g$，平均工作电压为 3.22V。

为了在 p 型正极中获得更高的比容量，Lee 等[185] 开发了一类基于氮-氮二取代吩嗪（NSPZ）衍生物的新型多电子 p 型有机正极［图 12-23（b）］。由于 5，10-二氢-5，10-二甲基苯吩嗪（DMPZ）是 NSPZ 最简单的形式，具有多电子氧化还原能力，其电化学反应机理与两个连续的单电子转移反应有关［图 12-23（c）］。结果表明，DMPZ 正极的比容量和氧化还原电位与电解质中盐和溶剂的结合程度有关。DMPZ 正极在低施主数溶剂和高施主数溶剂的电解液中具有良好的循环可逆性，初始充放电比容量分别为 $217mA·h/g$ 和 $191mA·h/g$。分析表明，重氮丁二烯的主体结构在 DMPZ 的阴离子插层反应中起着重要作用，较大的阴离子与 $[DMPZ]^+$ 之间的静电相互作用较弱，空间效应较强，导致 $[DMPZ]^+$-阴离子配合物结构畸变较大，带来更高的电压。

如前所述，开发无锂体系是低成本 DIBs 的重要策略。Ji 等[186] 报道了一种基于钠离子的 DIBs，其中多环芳烃（晕苯）同时作为正极和负极。在范德华力的作用下，晕苯烯烃晶体堆积起来的正极，促进了大体积阴离子的插入。此 DIBs 具有良好的循环可逆性，即使在 5000 圈循环后仍保持 80% 的容量，工作温度范围为 20～40℃。Deng 等[187] 也开发了一种以聚三苯胺（PTPAn）为正极的全有机钠离子 DIBs。在充放电过程中，PF_6^- 在 PTPAn 正极中的嵌入/脱嵌过程与三苯胺基阳离子之间的可逆氧化还原过程有关。此 DIBs 在 1C 条件下的比容量为 $88mA·h/g$，在 8C 时表现出优异的循环可逆性，经过 500 多圈循环后，容量保持率为 85%，库仑效率为 99%。Fan 等[188] 则将有机 PTPAn 作为钾基 DIBs 的正极。发现，对于 PTPAn 正极，充电后，PF_6^- 插入并与 N^+ 位点相互作用，产生了 $N+PF_6$ 的亚稳态键合［图 12-23（d），（e）][188]。此 DIBs 在 $50mA/g$ 时放电比容量为 $60mA·h/g$，循环可逆性优于 500 圈循环，容量保持率为 75.5%，中等放电电压相对较高，为 3.23V。金属-有机框架材料（MOFs）由于其独特的多孔结构而受到关注，其阴离子迁移通道宽、路径短，理论上有利于增强阴离子插入动力学[189]。Aubrey 等[190] 报道了一种 MOFs 正极 $[Fe_2(dobpdc)]$，反应中通过阴离子氧化来实现插层。$Fe_2(dobpdc)$ 有一个独特的六角形通道框架，五配位的 Fe^{2+} 排列在无限的边共享方金字塔一维链的顶点上。在该框架中，存在大量结晶孔隙，使得其在中心处包含大量空隙空间［图 12-23（f）][190]。大孔径有利于阴离子在 $Fe_2(dobpdc)$ 中的快速插入。另外，由于溶剂与铁离子的配位，$Fe_2(dobpdc)$ 的氧化插层反应受溶剂的影响较大。所得的钠离子基 DIBs 比容量为 $90mA·h/g$，循环 50 圈，库仑效率超过 99%。

总的来说，有机材料在不同的 DIBs 中被成功地用作正极（表 12-7）。与石墨正极相比，使用有机正极的钠基 DIBs 具有与其相当的容量和循环稳定性。然而，钾基 DIBs 的有机材料当前产能明显不足。因此，如表 12-7 所示，这些有机正极材料还需要进一步优化，以获得先进的 DIBs，但其制备工艺相对简单，前驱体资源丰富，使得有机材料具有广阔的商业应用前景。

表 12-7 基于有机正极材料的 DIBs 电化学性能比较

DIBs 种类	正负极配置	工作电压/V	比容量/(mA·h/g)	循环圈数和容量保持率	倍率性能
钠基 DIBs	锡/石墨[17b]	4.1 (2.0~4.8)	74 (140mA/g 时)	400/94%	61mA·h/g (350mA/g 时)
	钠/Fe$_2$(dobpdc)[105]	约 3.0 (2.0~3.65)	约 90 (140mA/g 时)	50/90%	78mA·h/g (280mA/g 时)
	Na$_2$Ti$_3$O$_7$/Coronene[106]	3.2 (1.5~3.5)	160 (50mA/g 时)	5000/80%	60mA·h/g (1A/g 时)
钾基 DIBs	锡/石墨[18]	4.2 (3.0~5.0)	66 (50mA/g 时)	300/93%	52mA·h/g (300mA/g 时)
	MCMB/石墨[34g]	4.5 (3.0~5.2)	61 (100mA/g 时)	100/100%	52mA·h/g (300mA/g 时)
	石墨/PTPAn[104]	3.23 (1.0~4.0)	49 (100mA/g 时)	500/75.5%	28mA·h/g (300mA/g 时)

12.4 阳离子反应动力学的改进

DIBs 负极材料仍存在理论容量低、插层负极材料反应动力学缓慢、合金负极材料体积膨胀等关键问题。值得注意的是，这些问题与锂电池负极材料所涉及的问题相似，因为插层和合金化材料也在锂电池负极中普遍存在[191]。一些优秀的研究已经讨论了各种策略[19,42-46,51,191]。本节仅重点阐述近年来在 DIBs 中成功应用的插层和合金化负极材料的研究进展，并针对上述问题提出改进措施。

12.4.1 负极材料的插层

（1）多孔设计

插层负极理论容量低、反应动力学不足，限制了其能量密度和速率性能的发展。为了解决这些关键问题，开发了多孔结构设计，其优点如下[192-194]：

① 电解质充分进入电极表面；
② 大表面积促进电极/电解质界面上的电荷转移；
③ 减少离子扩散长度；
④ 在电极中提供快速电子通路；
⑤ 提供空隙空间来适应体积变化，从而减小活性材料粉碎的压力。

基于上述多孔结构的优点，合成多孔软碳（SC）作为负极，通过 TEM 鉴定为多孔结构，其特征是分离的脊骨之间存在交联条纹 [图 12-24（a）][62]。获得更大的层间距离（SC 为 0.39nm，而石墨为 0.34nm）[图 12-24（b）]，有利于 Na^+ 的插层，并提高倍率性能。此外，氮气吸附/解吸等温线进一步证实了其多孔结构 [图 12-24（c）]。介孔结构的存在是由连续的 N_2 摄取低于 0.9（p/p_0）所证实的。在 0.9 以上快速增加 N_2 吸收率

（p/p_0），也可以识别出大介孔或大孔结构的形成。孔隙大小分布［图 12-24（c）插图］证实其结构中存在中孔（3～12nm）和大孔（>80nm）。原则上，交联多孔结构将为电解液提供良好的进入 SC 表面的通道，并能适应钠化过程中的体积变化。同时，脊椎骨架结构将提供一个稳定的框架和快速的电子传输途径。此外，条纹厚度约为 30～60nm，有利于缩短 Na^+ 扩散长度。采用该多孔 SC 作为钠离子基 DIBs 负极，可获得良好的电化学性能。即使在 2000mA/g 的高电流密度下，比容量仍然保持在 40mA·h/g 左右。此外，在 1000mA/g 的高电流密度下，800 圈循环可获得 81.8% 的高容量保持率。

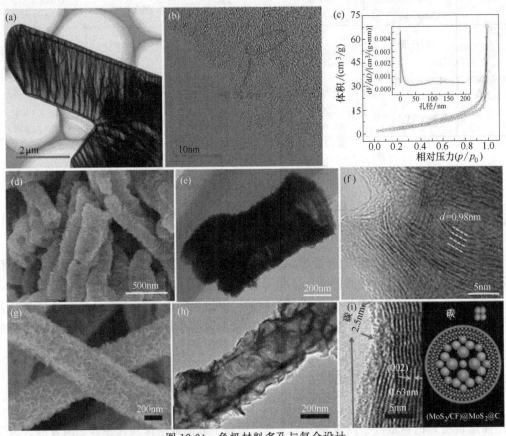

图 12-24　负极材料多孔与复合设计

(a) 软碳的 TEM 图像；(b) 软碳的 HRTEM 图像；(c) N_2 吸附/脱附的等温线（插图为孔径分布）；
(d)、(e) 不同放大率退火后的 MoS_2/C 纳米管的 SEM 图像；(f) 退火后 MoS_2/C 纳米管的 HRTEM 图像；
(g) $(MoS_2/CF)@MoS_2@C$ SEM 图像；(h) $(MoS_2/CF)@MoS_2@C$ 的 TEM 图像；
(i) HRTEM 图像的选定区域和 $(MoS_2/CF)@MoS_2@C$ 的示意图

(2) 复合材料设计

除了多孔结构设计外，碳涂层复合材料设计也成功用于 DIBs 中的嵌入负极材料[195,196]。该复合设计的优点包括[197-201]：

① 改善离子或电子传导性；
② 促进固态界面（SEI）薄膜的形成；
③ 提高结构稳定性。

例如，二硫化钼（MoS_2）具有 670mA·h/g 的理论比容量，作为钠离子基 DIBs 的插层负极材料，具有广阔的应用前景[202]。然而，MoS_2的导电性差，阻碍了其应用。如上所述，通过碳层包覆可有效提高导电性，有助于降低电荷转移电阻。Zhu等[195]开发了一种通心粉状MoS_2/C纳米复合材料，作为钠离子基DIBs的负极。所制备的MoS_2/C纳米复合材料为一维纳米管结构，内部为空心，外部为波纹状[图12-24（d）～（e）]。此纳米管的平均长度、内部直径和壁厚分别为1.5μm、200nm和100nm。同时，层间距离约为0.98nm[图12-24（f）]，比石墨（0.34nm）大得多，这有利于Na^+的插层/脱插层。采用通心粉状MoS_2/C纳米复合材料为负极，石墨为正极，制备了一种基于钠离子的DIBs（MoS_2/C-GDIBs）。该DIBs的放电比容量（10C时为35mA·h/g）远高于MoS_2-GDIBs（10C时为11mA·h/g）。

为了进一步提高基于MoS_2的DIBs的循环稳定性，Cui等[196]开发了一种由3D碳纤维支撑并涂覆碳层的MoS_2负极。在碳纤维（CF）中嵌入超薄的MoS_2纳米板，形成MoS_2/CF复合材料。然后在MoS_2/CF表面引入片状MoS_2，形成（MoS_2/CF）@MoS_2复合材料。最后，在（MoS_2/CF）@MoS_2表面覆盖一层约2.5nm的薄碳层[图12-24（i）]，形成（MoS_2/CF）@MoS_2@C复合材料[图12-24（g）,（h）]。得益于最外层高导电性的保护碳层和3D交联框架结构，在0.5A/g下500圈循环后，仅有0.031%的小容量衰减，实现了良好的循环稳定性。此外，在2A/g的高电流密度下，仍获得了63.6mA·h/g的比容量，倍率性能优异。

如上所述，多孔结构和碳包覆复合材料的结构设计，有效地提高了钠离子基DIBs的倍率性能和循环性能。虽然这些策略需要较高的温度（700～900℃），不利于DIBs的低成本应用，但这些策略为DIBs的实际应用提供了可能。值得注意的是，尽管复杂的3D（MoS_2/CF）@MoS_2@C复合设计显著提高了电化学性能，但多孔软碳作为钠离子DIBs的负极优于MoS_2（表12-8）。

表12-8 不同策略对DIBs负极材料电化学性能的影响比较

DIBs种类	负极材料	正极材料	比容量/(mA·h/g)	工作电压/V	循环圈数与容量保持率	倍率性能
钠基DIBs	多孔软碳[203]	石墨	103（200mA/g时）	3.585	800/81.8%	40mA·h/g（2000mA/g时）
	通心粉状MoS_2/C[110a]	膨胀石墨	65（2C时）	约2.5	200/85%	35mA·h/g（10C时）
	3D(MoS_2/CF)@MoS_2@C复合材料[110b]	石墨	110.3（200mA/g时）	约2.5	500/84.5%	63.6mA·h/g（2000mA/g时）
锂基DIBs	多孔铝膜[66b]	天然石墨	120.6（1C时）	4.1	1500/61%	116.1mA·h/g（120C时）
	碳包覆多孔铝箔[66e]	天然石墨	104（2C时）	约4.2	1000/9.4%	102mA·h/g（10C时）
	三维多孔聚合物修饰铝负极[113]	石墨	110（1C时）	约4.2	1000/2.4%	88.8mA·h/g（10C时）
	碳包覆空心铝纳米微球改性负极[66c]	石墨	106（1C时）	约4.2	1500/99%	85mA·h/g（10C时）
	碳涂覆铝团簇[114]	石墨	105（2C时）	4.2	1000/89%	100mA·h/g（10C时）

12.4.2 合金化负极材料

由于体积膨胀过大，循环不良和速率性能差是负极材料合金化的主要挑战。

例如，张等开发了一种以铝箔作为负极的 Li 基 DIBs，在 2C 条件下循环 200 圈后容量保持率约 88%。同时，倍率性能也有待改善，5C 条件下容量保持率仅为 75%。除此之外，以其它低价阳离子（Na^+、K^+、Ca^{2+} 等）为基础的 DIBs[44,45,53]，其电化学性能也不尽如人意。例如，Sheng 等[45] 报道了一种基于钠离子的 DIBs，使用锡箔作为负极循环 400 圈（容量保持率 94%），在 5℃ 时比容量保持为 61mA·h/g。利用锡作负极的钾离子和钙离子基 DIBs 的循环寿命也都小于 400 圈[45,53]。因此，要实现低成本、高性能的 DIBs 的开发，必须首先解决体积膨胀的问题。然而，对负极材料（如 Sn）进行改性，使其能够与低成本阳离子（Na^+、K^+、Ca^{2+} 等）可逆合金化，并应用于 DIBs 中的研究鲜有报道。本节介绍了合金负极材料（例如 Al）用于基于锂离子的 DIBs 的策略，例如多孔结构设计、碳涂层复合材料、界面改性、纳米结构设计等。这些策略还提供了可行的途径，以增强基于低成本阳离子用于 DIBs 的合金化负极材料（例如 Sn）的电化学性能。

12.4.2.1 多孔结构设计与碳包覆复合材料

最近，唐等[138] 报道了一种基于锂离子的 DIBs 一体化结构设计。在本设计中 [图 12-25（a）]，在三维多孔玻璃纤维隔膜一侧直接沉积 Al 膜，构建多孔结构。采用天然石墨作为正极，负极加载在隔膜的另一侧，沉积在隔膜上的铝膜同时也作为集流体 [图 12-25（b）]。

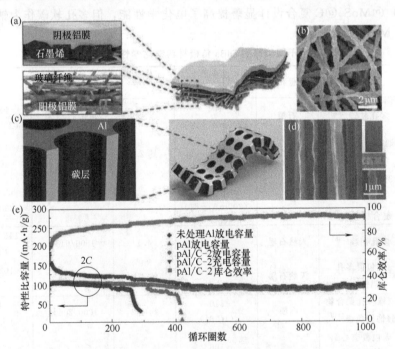

图 12-25 多孔结构设计与碳包覆材料

(a) 多孔铝膜为负极和集流体的双离子电池示意图；(b) 负极 Al 膜的 SEM 图像；
(c) 碳涂覆的多孔 Al（pAl/C）负极的示意图；(d) 碳涂覆的 pAl 的横截面 SEM 图像；
(e) 在 2C 条件下，pAl/C GDIBs 的循环性能对比图

在铝锂合金化过程中，多孔结构能够适应体积膨胀。同时，在刚性玻璃纤维上涂覆铝膜，可以提供一个坚固的支架，保证机械完整性。此外，多孔结构将提供大量的微孔来容纳电解质，这将增加铝负极与电解质之间的接触面积，促进电荷转移。这种一体化集成结构的DIBs，显示出优异的长期循环稳定性，在60C高电流条件下1500圈循环以后仍有约61%容量保持率。在循环以后，多孔铝负极结构的完整性仍然保持良好，没有明显粉碎，表明多孔结构有效地控制了其体积变化。此外，其还具备120C的超快充能力。

另外，碳包覆结构也是提高电极材料电化学性能的另一种有效策略。Tong 等[141] 将多孔结构与碳包覆复合材料设计相结合，开发了一种用于锂离子DIBs的碳包覆多孔铝箔（pAl/C）负极。pAl/C负极示意图见图12-25（c），得到了碳层均匀涂覆的毛孔状结构（直径约1μm，长度约20μm）[图12-25（d）]。理论上，碳包覆多孔结构的设计可以通过缓冲体积膨胀有效地提高结构的稳定性。此外，由于多孔结构中离子扩散长度减小，还可以提高速率性能。与预期一样，在2C下循环1000圈后，放电比容量仍然高达93mA·h/g，高容量保持率为89.4%，库仑效率为93.1%。同时达到了20C的高倍率性能，比容量保持在85mA·h/g（2C时为104mA·h/g）。

12.4.2.2 界面改性

电极界面性质（组成、结构、形貌等）在电化学反应中起着重要作用。Zhang 等[204] 设计了一种三维多孔聚合物层修饰的铝负极。紧密的界面接触可以防止铝负极在反复的合金化和去合金过程中发生严重的粉化和表面裂纹。此外，三维多孔聚合物层具有较高的电解质吸收率和优异的离子导电性。在电流密度为2C时，锂离子基DIBs具有良好的循环稳定性，经1000圈循环后，容量保持率为92.4%，在10C时保持率为80.7%。此外，Qin 等[139] 开发了一种新型铝负极，通过加载由碳包覆中空铝纳米球构建的泡沫片状层来修饰。将铝膜沉积在聚苯乙烯（PS）纳米球上，通过炭化分解得到空心铝纳米球。在碳化过程中，铝纳米球表面形成了一层碳层，成功获得包碳的铝纳米球。该设计能有效地通过空心结构释放应力，缓冲合金过程中保护碳层的体积膨胀。其长期循环寿命达到1500次以上，高容量保持率99%。

通过多孔结构、碳包覆复合材料的设计以及界面改性，可以有效地解决体积膨胀问题。其中，碳包覆空心铝纳米球的界面改性对提高铝负极的结构稳定性效果最好。通过对多孔铝膜负极设计的研究，证明了多孔铝膜负极设计提高铝膜负极性能的可行性。但从实际应用来看，多孔聚合物层界面改性具有设计简单、原料成本低、易于大规模生产等优点，具有广阔的应用前景。

12.4.2.3 纳米结构设计

与正极材料相似，纳米结构设计对负极材料也显示出很大的有效性。例如，为了进一步提高锂离子基DIBs在高速率下的循环稳定性，开发了碳包覆铝纳米球（nAl@C）作为负极[205]。铝纳米球（直径50~100nm）被一层约5nm的薄碳层覆盖［图12-26（a）~（c）］。当采用nAl@C作为DIBs负极时，在15C时放电比容量在1000圈循环后仍保持88mA·h/g的高倍率和循环稳定性［图12-26（d）］。这说明，碳包覆纳米球能够有效地适应充/放电过程中的机械应变和应力。

12.4.3 新型负极材料

除了上述负极材料的结构设计和改进外，开发新型负极材料也是一种有前景的研究策

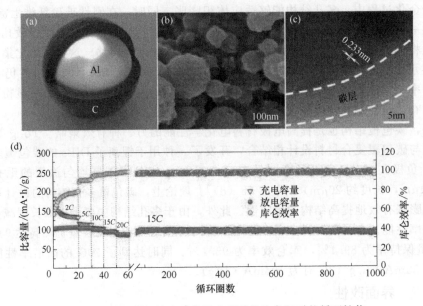

图 12-26 碳包覆铝纳米球的形态及其作为负极时的循环性能
(a) Al 纳米球（nAl）；(b) 碳包覆 Al 纳米球（nAl@C）的 SEM 形态；
(c) nAl@C 的 HRTEM 图像；(d) nAl@C DIBs 在 15C 下的循环性能图

略，如过渡金属氧化物（TiO_2、MoO_3、Nb_2O_5 等）[206-208]、过渡金属盐（$FePO_4$）[209]、二维层状金属硫属元素化物、MOFs[210-212]、MXenes（Ti_3C_2、Ti_2C、V_2C、Nb_2C、Ti_3CN 等)[213] 和其它新型碳基负极材料[214] 等。

12.4.3.1 过渡金属氧化物及其盐

Yoshio 等报道了一系列无锂过渡金属氧化物，如 TiO_2、MoO_3、Nb_2O_5 作为 DIBs 的负极材料[206-208]。特别是采用 Nb_2O_5 负极的 DIBs 电化学性能较好，在 50 圈循环以上的容量保持率仍在 90% 左右[207]。Li 等[215] 开发了用于钾离子 DIBs 的 T-Nb_2O_5 负极，表现出良好的循环稳定性，在 20C 条件下 1000 圈循环后，容量保持率为 86.2%，即使在 30C 时，容量保持率也高达 91%，为 81mA·h/g。

除了过渡金属氧化物以外，过渡金属盐也具有作为 DIBs 负极材料的巨大潜力。例如，Dong 等[186] 制备了一种新型的涂覆还原石墨烯氧化物 $Na_2Ti_3O_7$ 负极材料（NTO@G）。NTO@G 由宽 50~200nm、长几微米的 NTO 纳米线和层间距为 0.84nm 的半透明石墨烯层混合而成。采用 NTO@G 作为钠离子 DIBs 负极，经过 5000 圈循环，循环稳定性良好，保留 80% 的容量。受这些结果的启发，有必要对这些过渡金属氧化物和盐进行进一步的研究，以深入和全面地了解反应动力学，从而提高电化学性能。

12.4.3.2 2D 层状材料

除了过渡金属氧化物/盐，各种层状二维材料也具有很大的吸引力。例如，金属硫族化合物，如 SnS_2、WS_2、CoS_2、WS_2[216-218] 和 2D MOFs，如 Mn-2D MOF、Ni-2D MOF、Co-2D MOF 纳米薄片[219-221]，已经应用于 LIBs 和/或 KIBs。尤其是 MXenes，作为 2D 过渡金属碳化物和碳氮化物，在被 Gogotsi 等[222,223] 发现以后获得了广泛关注。

由于其独特的结构，可调节的层间距等，使得其理论比容量在 LIBs、NIBs、KIBs 中分别可以达到 447.8mA·h/g、351.8mA·h/g、191.8mA·h/g[224-226]。因此，它也是一种潜在的 DIBs 负极材料。例如，Lian 等[213] 分别合成了两种形貌不同的 Ti_3C_2 MXenes 纳米薄片（MNSs）和纳米带（MNRs）。与 MNSs 相比，具有三维开放多孔网状结构的 MNRs 在比容量、倍率性能和循环稳定性方面在 KIBs 和 NIBs 中都展现出更优异的性能。虽然这些 MXenes 的电化学性能还需要通过结构改性、电解质优化等进一步提高，但报道的结果表明，将其应用于高性能低成本 DIBs 具有较高的可行性。

12.5 总结与展望

DIBs 作为一种超越了传统摇椅式电池的新型电池系统，近年来受到了广泛关注。本章概述了 DIBs 的电池结构、发展历程、反应机理，分析了 DIBs 中涉及的反应动力学，包括正极的阴离子嵌入机理、阳离子嵌入，负极的合金化动力学等。然而，含锂电解液面临着锂资源短缺、地域分布不均、成本上升等问题。为了降低这种电池系统的价格，成本低、地壳丰度高的金属离子（如 Na^+、K^+、Ca^{2+}、Al^{3+} 等）基 DIBs 正在迅速发展。针对这一问题，从电极材料的结构设计、改性以及新型电极材料的开发等方面，论述了近年来低成本高性能 DIBs 的研究进展和策略。尽管近年来取得了非凡的进展，但仍需做出巨大努力，提高能源储备系统的竞争力。面临的挑战和相应的可能解决办法如下。

（1）比容量和能量密度不够理想

阴离子的离子半径大（$TFSI^-$ 为 3.9Å，PF_6^- 为 4.36Å，$AlCl_4^-$ 为 5.28Å），间隙位置不足，导致理论比容量低（$C_{20}PF_6$ 为 112mA·h/g），能量密度不理想。因此，进一步提高正极的比容量和提高 DIBs 的能量密度是首要任务。可能的提升策略是：①开发合适的高比容量的碳质材料；②探索具有分层结构的替代材料，如二维分层材料，有可能突破 DIBs 比容量低的瓶颈；③引入其它高比容量正极，例如主链联苯胺聚合物（165mA·h/g）、四硫富戊烯衍生物（196mA·h/g）及抗芳香卟啉类化合物（200mA·h/g）等[180]；④探索适用于插层/脱插层的多价阴离子，因为理论比容量不仅取决于插层数，还取决于负离子携带的电荷数。

（2）非锂阳离子的反应动力学相对较差

DIBs 的电化学性能，尤其是倍率性能，依赖于阳离子的反应动力学，而非锂离子的大离子半径（Na^+ 为 1.02Å，K^+ 为 1.38Å，Ca^{2+} 为 1.00Å）严重限制了其电化学性能的发挥[58]。虽然研究人员已经采用了各种策略来改善锂基 DIBs 的合金负极材料（如 Al）的电化学性能，但对非锂正离子的合金负极材料（如 Sn）的改性却鲜有报道。因此，采取有效措施改善负极与非锂阳离子可逆合金化的反应动力学，是非常必要的，这对于开发高性能、低成本 DIBs 具有重要意义。可能的解决方案包括：①负极材料的结构设计和改进；②开发新型高容量负极材料；③利用新的反应机理和吸附/解吸反应等。

（3）低成本电解质盐有限的溶解度

作为 DIBs 中活性材料的一部分，电解质是活性阴离子的唯一来源。然而，非锂盐（$NaPF_6$、KPF_6、$Ca(PF_6)_2$ 等）在工业溶剂中的溶解度相对较低。因此，开发适当高浓度的电解液,保证阴离子供应充足,对提高 DIBs 的电化学性能至关重要。开发高浓度电解液是解决该问题的可行方法。可能的策略如下:①开发高溶解度电解质盐;②探索合适的溶剂以促进电解质盐的溶解;③利用助溶剂来改善电解质盐的溶解性;④探索高浓度的含水系统。

(4) 库仑效率相对较低

DIBs 的另一个关键挑战是在前几个循环中相对较低的库仑效率。这主要可以归因于以下几个方面:其一,由于阴离子体积较大,在阴离子插入反应过程中会发生部分不可逆过程,从而产生俘获效应;其二,插层电压高于电解质氧化电位极限,导致插层/脱插层过程中电解质不断分解;其三,在电极上形成不稳定的 SEI 膜,尤其是合金负极材料,部分导致了相对较低的库仑效率。可能的改进策略如下:①开发稳定、电压窗口宽的离子液体电解质和高浓度电解质等;②寻找电解质添加剂,增加电解质的分解电压,并提高 SEI 薄膜的稳定性[226];③电极的表面改性,如构建人工 SEI 膜;④开发新型低工作电位负极。

(5) 缺乏对反应动力学的深入理解

作为一种新型电池系统,DIBs 有着与传统摇椅式电池不同的反应机理,以及不同的电极反应、副反应和界面化学[227]。尽管 DIBs 的研究已经取得了相当大的进展,但仍有许多基础科学问题需要深入研究。目前,DIBs 研究的大多数表征方法是非原位技术,不可能实时检测电化学过程中物理性质和化学性质的变化。因此,迫切需要各种原位分析工具,如原位同步辐射技术(X 射线吸收光谱、同步 X 射线衍射)、原位中子衍射、原位 TEM、原位应力测试等各种技术去探究 DIBs 中电极的离子扩散、电极反应、界面现象和结构稳定性。

最后,尽管 DIBs 已经取得了令人鼓舞的进展,但我们必须清楚地认识到,DIBs 商业化还有很长的路要走,并且需要付出相当大的努力来进一步优化电化学性能和降低 DIBs 的成本。可以预见,通过克服这些关键技术障碍,实现技术突破,DIBs 的实际应用很有希望在不久的将来能够实现。

习 题

1. 请简单阐述双离子电池的定义、结构、特征及优点。
2. 与商业锂离子电池相比,双离子电池有哪些优点与缺点?
3. 如何理解阴离子、碱金属离子插层石墨化学?
4. 电解质阴离子插层石墨正极的动力学受制于哪些因素?
5. 请展望双离子电池在未来的应用前景。

参 考 文 献

[1] Hwang J Y, et al. Sodium-ion batteries: present and future. Chem Soc Rev, 2017, 46 (12): 3529-3614.

[2] Shchukina E M, et al. Nanoencapsulation of phase change materials for advanced thermal energy storage systems. Chem Soc Rev, 2018, 47 (11): 4156-4175.

[3] Nayak P K, et al. From lithium-ion to sodium-ion batteries: Advantages, Challenges, and surpri-

ses. Angew Chem Int Edit, 2018, 57 (1): 102-120.

[4] Huang S P. COMMENTARY: Geothermal energy in China. Nat Clim Change, 2012, 2 (8): 557-560.

[5] Wu H B, et al. Metal-organic frameworks and their derived materials for electrochemical energy storage and conversion: Promises and challenges. Sci Adv, 2017, 3 (12): 9252.

[6] Dunn B, et al. Electrical energy storage for the grid: a battery of choices. Science, 2011, 334 (6058): 928-935.

[7] Schmuch R, et al. Performance and cost of materials for lithium-based rechargeable automotive batteries. Nat Energy, 2018, 3 (4): 267-278.

[8] Albertus P, et al. Status and challenges in enabling the lithium metal electrode for high-energy and low-cost rechargeable batteries. Nat Energy, 2018, 3 (1): 16-21.

[9] Whittingham M S. Introduction: Batteries. Chem Rev, 2014, 114 (23): 11413.

[10] Assat G, et al. Fundamental understanding and practical challenges of anionic redox activity in Li-ion batteries. Nat Energy, 2018, 3 (5): 373-386.

[11] Xu K. Electrolytes and interphases in Li-ion batteries and beyond. Chem Rev, 2014, 114 (23): 11503-11618.

[12] Yang S, et al. Lithium metal extraction from seawater. Joule, 2018, 2 (9): 1648-1651.

[13] Ozawa K. Lithium-ion rechargeable batteries with $LiCoO_2$ and carbon electrodes: The $LiCoO_2$/C system. Solid State Ion, 1994, 69 (3-4): 212-221.

[14] Chen X, et al. The origin of the reduced reductive stability of ion-solvent complexes on alkali and alkaline earth metal anodes. Angewandte Chemie, 2018, 130 (51): 16885-16889.

[15] Turcheniuk K, et al. Ten years left to redesign lithium-ion batteries. Nature, 2018, 559: 467-470.

[16] Meister P, et al. Best practice: Performance and cost evaluation of lithium ion battery active materials with special emphasis on energy efficiency. Chem Mater, 2016, 28 (20): 7203-7217.

[17] Placke T, et al. Lithium ion, lithium metal, and alternative rechargeable battery technologies: the odyssey for high energy density. J Solid State Electrochem, 2017, 21 (7): 1939-1964.

[18] Seel J, et al. Electrochemical intercalation of PF_6 into graphite. J Electrochem Soc, 2000, 147 (3): 892-898.

[19] Placke T, et al. Reversible intercalation of bis (trifluoromethanesulfonyl) imide anions from an ionic liquid electrolyte into graphite for high performance dual-ion cells. J Electrochem Soc, 2012, 159 (11): A1755-A1765.

[20] Zhang C. China considers end to petrol and diesel cars. https://www.chinadialogue.net/blog/10061-China-considers-end-to-petrol-and-diesel-cars/en, 2017.

[21] Statista. Projected battery costs as a share of large battery electric vehicle costs from 2016 to 2030. https://www.statista.com/statistics/797638/battery-share-of-large-electric-vehicle-cost/, 2018.

[22] GGII. 2018Q1 China's lithium battery industry's four major materials output value of 16.2 billion yuan, an increase of 49%. https://zhuanlan.zhihu.com/p/36740345, 2018.

[23] Yabuuchi N, et al. Research development on sodium-ion batteries. Chem Rev, 2014, 114 (23): 11636-11682.

[24] Benson T R, et al. Lithium enrichment in intracontinental rhyolite magmas leads to Li deposits in caldera basins. Nat Commun, 2017, 8 (1): 1-9.

[25] Hou H S, et al. Carbon anode materials for advanced sodium-ion batteries. Adv Energy Mater, 2017, 7 (24): 1602898.

[26] Luo W, et al. Na-ion battery anodes: Materials and electrochemistry. Acc Chem Res, 2016, 49

(2): 231-240.

[27] Berthelot R, et al. Electrochemical investigation of the P_2-$Na_x CoO_2$ phase diagram. Nat Mater, 2011, 10 (1): 74-80.

[28] Yang X M, et al. Carbon-supported nickel selenide hollow nanowires as advanced anode materials for sodium-ion batteries. Small, 2018, 14 (7): 1702669.

[29] Zhao J, et al. Electrochemical intercalation of potassium into graphite. Adv Funct Mater, 2016, 26 (44): 8103-8110.

[30] Xue L G, et al. Liquid K-Na alloy anode enables dendrite-free potassium batteries. Adv Mater, 2016, 28 (43): 9608-9612.

[31] Eftekhari A, et al. Potassium secondary batteries. Acs Appl Mater Inter, 2017, 9 (5): 4404-4419.

[32] Xue L G, et al. Low-cost high-energy potassium cathode. J Am Chem Soc, 2017, 139 (6): 2164-2167.

[33] Yang Y, et al. Nanostructured sulfur cathodes. Chem Soc Rev, 2013, 42 (7): 3018-3032.

[34] Ji X L, et al. A highly ordered nanostructured carbon-sulphur cathode for lithium-sulphur batteries. Nat Mater, 2009, 8 (6): 500-506.

[35] Liu X, et al. Nanostructured metal oxides and sulfides for lithium-sulfur batteries. Adv Mater, 2017, 29 (20): 1601759.

[36] Bruce P G, et al. Li-O-2 and Li-S batteries with high energy storage. Nat Mater, 2012, 11 (2): 19-29.

[37] Fang R P, et al. More reliable lithium-sulfur batteries: Status, solutions and prospects. Adv Mater, 2017, 29 (48): 1606823.

[38] Lyu Z Y, et al. Recent advances in understanding of the mechanism and control of $Li_2 O_2$ formation in aprotic Li-O-2 batteries. Chem Soc Rev, 2017, 46 (19): 6046-6072.

[39] Zhang P, et al. Functional and stability orientation synthesis of materials and structures in aprotic Li-O-2 batteries. Chem Soc Rev, 2018, 47 (8): 2921-3004.

[40] Li Y G, et al. Recent advances in zinc-air batteries. Chem Soc Rev, 2014, 43 (15): 5257-5275.

[41] Niu W H, et al. Apically dominant mechanism for improving catalytic activities of N-doped carbon nanotube arrays in rechargeable zinc-air battery. Adv Energy Mater, 2018, 8 (20): 1800480.

[42] Wang M, et al. A review on the features and progress of dual-ion batteries. Adv Energy Mater, 2018, 8 (19): 1703320.

[43] Zhang X L, et al. A novel aluminum-graphite dual-ion battery. Adv Energy Mater, 2016, 6 (11): 1502588.

[44] Wang M, et al. Reversible calcium alloying enables a practical room-temperature rechargeable calcium-ion battery with a high discharge voltage. Nat Chem, 2018, 10 (6): 667-672.

[45] Sheng M H, et al. A novel tin-graphite dual-ion battery based on sodium-ion electrolyte with high energy density. Adv Energy Mater, 2017, 7 (7): 1601963.

[46] Zhang M, et al. Rechargeable batteries based on anion intercalation graphite cathodes. Energ Storage Mater, 2019, 16: 65-84.

[47] Rodríguez-Pérez I A, et al. Anion hosting cathodes in dual-ion batteries. ACS Energy Let, 2017, 2 (8): 1762-1770.

[48] Goodenough J B. Evolution of strategies for modern rechargeable batteries. Accounts Chem Res, 2012, 46 (5): 1053-1061.

[49] Xu J, et al. Recent progress in graphite intercalation compounds for rechargeable metal (Li, Na, K, Al) -ion batteries. Adv Sci, 2017, 4 (10): 1700146.

[50] Read J A, et al. Dual-graphite chemistry enabled by a high voltage electrolyte. Energy Environ Sci, 2014, 7 (2): 617-620.

[51] Placke T, et al. Perspective on performance, cost, and technical challenges for practical dual-ion batteries. Joule, 2018, 2 (12): 2528-2550.

[52] Holtstiege F, et al. Running out of lithium? A route to differentiate between capacity losses and active lithium losses in lithium-ion batteries. Phys Chem Chem Phys, 2017, 19 (38): 25905-25918.

[53] Ji B, et al. A novel potassium-ion-based dual-ion battery. Adv Mater, 2017, 29 (19): 1700519.

[54] Miyoshi S, et al. Fast diffusivity of PF_6^- anions in graphitic carbon for a dual-carbon rechargeable battery with superior rate property. J Phys Chem C, 2016, 120 (40): 22887-22894.

[55] Heckmann A, et al. Towards high-performance dual-graphite batteries using highly concentrated organic electrolytes. Electrochim Acta, 2018, 260: 514-525.

[56] Rüdorff W, et al. Über graphitsalze. Z Anorg Allg Chem, 1938, 238 (1): 1-50.

[57] Argauer R J, et al. Crystalline zeolite ZSM-5 and method of preparing the same: US3702886DA. 1972-11-14.

[58] Dahn J, et al. Energy and capacity projections for practical dual-graphite cells. J Electrochem Soc, 2000, 147 (3): 899-901.

[59] Placke T, et al. In situ X-ray diffraction studies of cation and anion intercalation into graphitic carbons for electrochemical energy storage applications. Z Anorg Allg Chem, 2014, 640 (10): 1996-2006.

[60] Rothermel S, et al. Dual-graphite cells based on the reversible intercalation of bis (trifluoromethanesulfonyl) imide anions from an ionic liquid electrolyte. Energy Environ Sci, 2014, 7 (10): 3412-3423.

[61] Lin M C, et al. An ultrafast rechargeable aluminium-ion battery. Nature, 2015, 520 (7547): 325-328.

[62] Fan L, et al. Potassium-based dual ion battery with dual-graphite electrode. Small, 2017, 13 (30): 1701011.

[63] Chen G, et al. A flexible dual-ion battery based on PVDF-HFP-modified gel polymer Electrolyte with excellent cycling performance and superior rate capability. Adv Energy Mater, 2018, 8 (25): 1801219.

[64] Yang C, et al. Aqueous Li-ion battery enabled by halogen conversion-intercalation chemistry in graphite. Nature, 2019, 569 (7755): 245.

[65] Zabel H, et al. Graphite intercalation compounds I: structure and dynamics. Berlin: Springer-Verlag, 1990.

[66] Inagaki M. Applications of graphite-intercalation compounds. J Mater Res, 1989, 4 (6): 1560-1568.

[67] Salman M, et al. Antifertility agents. 38. Effect of the side chain and its position on the activity of 3, 4-diarylchromans. J Med Chem, 1983, 26 (4): 592-595.

[68] Scrosati B. Lithium rocking chair batteries: An old concept? J Electrochem Soc, 1992, 139 (10): 2776-2781.

[69] McCullough F P, et al. Electrode for use in secondary electrical energy storage devices——avoids any substantial change in dimension during repeated electrical charge and discharge cycles, 1989.

[70] Carlin R T, et al. Dual intercalating molten electrolyte batteries. J Electrochem Soc, 1994, 141 (7): L73-L76.

[71] Zhang E, et al. A novel aluminum dual-ion battery. Energ Storage Mater, 2018, 11: 91-99.

[72] Santhanam R, et al. Electrochemical intercalation of ionic species of tetrabutylammonium perchlo-

[72] rate on graphite electrodes. A potential dual-intercalation battery system. J Power Sources, 1995, 56 (1): 101-105.

[73] Özmen-Monkul B, et al. The first graphite intercalation compounds containing tris (pentafluoroethyl) trifluorophosphate. Carbon, 2010, 48 (11): 3205-3210.

[74] Wang S, et al. A novel dual-graphite aluminum-ion battery. Energ Storage Mater, 2018, 12: 119-127.

[75] Zhang Z, et al. Aqueous rechargeable dual-ion battery based on fluoride ion and sodium ion electrochemistry. J Mater Chem A, 2018, 6 (18): 8244-8250.

[76] Santhanam R, et al. Effect of solvents on the intercalation/de-intercalation behaviour of monovalent ionic species from non-aqueous solvents on polypropylene-graphite composite electrode. J Power Sources, 1997, 66 (1): 47-54.

[77] Elia G A, et al. Insights into the reversibility of aluminum graphite batteries. J Mater Chem A, 2017, 5 (20): 9682-9690.

[78] Kravchyk K V, et al. Efficient aluminum chloride-natural graphite battery. Chem Mater, 2017, 29 (10): 4484-4492.

[79] Wang D Y, et al. Advanced rechargeable aluminium ion battery with a high-quality natural graphite cathode. Nat Commun, 2017, 8 (1): 14283.

[80] Tian S, et al. Difluoro (oxalato) borate anion intercalation into graphite electrode from ethylene carbonate. Solid State Ion, 2016, 291: 42-46.

[81] Fan H, et al. Hexafluorophosphate anion intercalation into graphite electrode from sulfolane/ethylmethyl carbonate solutions. Electrochim Acta, 2016, 189: 9-15.

[82] Märkle W, et al. The influence of electrolyte and graphite type on the PF_6^- intercalation behaviour at high potentials. Carbon, 2009, 47 (11): 2727-2732.

[83] Ji B, et al. A dual-carbon battery based on potassium-ion electrolyte. Adv Energy Mater, 2017, 7 (20): 1700920.

[84] Sutto T E, et al. X-ray diffraction studies of electrochemical graphite intercalation compounds of ionic liquids. Electrochim Acta, 2009, 54 (24): 5648-5655.

[85] Xu K. Nonaqueous liquid electrolytes for lithium-based rechargeable batteries. Chem Rev, 2004, 104 (10): 4303-4418.

[86] Quartarone E, et al. Electrolytes for solid-state lithium rechargeable batteries: recent advances and perspectives. Chem Soc Rev, 2011, 40 (5): 2525-2540.

[87] Goodenough J B, et al. The Li-ion rechargeable battery: a perspective. J Am Chem Soc, 2013, 135 (4): 1167-1176.

[88] Gao J, et al. Solvation effect on intercalation behaviour of tetrafluoroborate into graphite electrode. J Power Sources, 2015, 278: 452-457.

[89] Gao J, et al. Hexafluorophosphate intercalation into graphite electrode from gamma-butyrolactone solutions in activated carbon/graphite capacitors. J Power Sources, 2015, 297: 121-126.

[90] Märkle W, et al. In situ X-ray diffraction study of different graphites in a propylene carbonate based electrolyte at very positive potentials. Electrochim Acta, 2010, 55 (17): 4964-4969.

[91] Fan H, et al. Hexafluorophosphate anion intercalation into graphite electrode from methyl propionate. Solid State Ion, 2017, 300: 169-174.

[92] West W C, et al. Reversible intercalation of fluoride-anion receptor complexes in graphite. J Electrochem Soc, 2007, 154 (10): A929.

[93] Liao Y, et al. Anti-thermal shrinkage nanoparticles/polymer and ionic liquid based gel polymer e-

[94] Hayes R, et al. Structure and nanostructure in ionic liquids. Chem Rev, 2015, 115 (13): 6357-6426.

[95] Xiang J, et al. High voltage and safe electrolytes based on ionic liquid and sulfone for lithium-ion batteries. J Power Sources, 2013, 233: 115-120.

[96] Martin W, et al. Insertion electrode materials for rechargeable lithium batteries. Adv Mater, 1998, 10 (10): 725-763.

[97] Meister P, et al. Sodium-based vs. lithium-based dual-ion cells: Electrochemical study of anion intercalation/de-intercalation into/from graphite and metal plating/dissolution behavior. Electrochim Acta, 2017, 228: 18-27.

[98] Meister P, et al. Dual-ion cells based on the electrochemical intercalation of asymmetric fluorosulfonyl- (trifluoromethanesulfonyl) imide anions into graphite. Electrochim Acta, 2014, 130: 625-633.

[99] Meister P, et al. New insights into the uptake/release of $FTFSI^-$ anions into graphite by means of in situ powder X-ray diffraction. Electrochem Commun, 2016, 71: 52-55.

[100] Beltrop K, et al. Does size really matter? New insights into the intercalation behavior of anions into a graphite-based positive electrode for dual-ion batteries. Electrochim Acta, 2016, 209: 44-55.

[101] Placke T, et al. Electrochemical intercalation of bis (trifluoromethanesulfonyl) imide anion into various graphites for dual-ion cells. ECS Transactions, 2013, 50 (24): 59-68.

[102] Balabajew M, et al. Ion-transport processes in dual-ion cells utilizing a pyr1, 4TFSI/LiTFSI mixture as the electrolyte. Chem Electro Chem, 2015, 2 (12): 1991-2000.

[103] Umebayashi Y, et al. Lithium ion solvation in room-temperature ionic liquids involving bis (trifluoromethanesulfonyl) imide anion studied by Raman spectroscopy and DFT calculations. J Phys Chem B, 2007, 111 (45): 13028-13032.

[104] Mendez-Morales T, et al. MD simulations of the formation of stable clusters in mixtures of alkaline salts and imidazolium-based ionic liquids. J Phys Chem B, 2013, 117 (11): 3207-3220.

[105] Yang Q, et al. Ionic liquids and derived materials for lithium and sodium batteries. Chem Soc Rev, 2018, 47 (6): 2020-2064.

[106] Noel M, et al. Electrochemistry of graphite intercalation compounds. J Power Sources, 1998, 72 (1): 53-65.

[107] Schmuelling G, et al. X-ray diffraction studies of the electrochemical intercalation of bis (trifluoromethanesulfonyl) imide anions into graphite for dual-ion cells. J Power Sources, 2013, 239: 563-571.

[108] Read J A. In-situ studies on the electrochemical intercalation of hexafluorophosphate anion in graphite with selective cointercalation of solvent. J Phys Chem C, 2015, 119 (16): 8438-8446.

[109] Tripathi A M, et al. In situ analytical techniques for battery interface analysis. Chem Soc Rev, 2018, 47 (3): 736-851.

[110] Balabajew M, et al. In-situ raman study of the intercalation of bis (trifluoromethylsulfonyl) imid ions into graphite inside a dual-ion cell. Electrochim Acta, 2016, 211: 679-688.

[111] Ishihara T, et al. Intercalation of PF_6^- anion into graphitic carbon with nano pore for dual carbon cell with high capacity. J Power Sources, 2011, 196 (16): 6956-6959.

[112] Angell M, et al. High Coulombic efficiency aluminum-ion battery using an $AlCl_3$-urea ionic liquid analog electrolyte. Proc Nat Acad Sci U S, 2017, 114 (5): 834.

[113] Placke T, et al. Influence of graphite characteristics on the electrochemical intercalation of bis (trifluoromethanesulfonyl) imide anions into a graphite-based cathode. J Electrochem Soc, 2013,

160 (11): A1979-A1991.

[114] Gao J C, et al. Intercalation manners of perchlorate anion into graphite electrode from organic solutions. Electrochim Acta, 2015, 176: 22-27.

[115] Beltrop K, et al. Enabling bis (fluorosulfonyl) imide-based ionic liquid electrolytes for application in dual-ion batteries. J Power Sources, 2018, 373: 193-202.

[116] Carlin R T, et al. Dual intercalating molten electrolyte batteries. J Electrochem Soc, 1995, 393 (7): L73-L76.

[117] Li Z, et al. Graphite cathode and anode becoming graphene structures after cycling based on graphite-based dual ion battery using PP 14 NTF 2. Carbon, 2018, 138: 52-60.

[118] Li N, et al. Thickness evolution of graphite-based cathodes in the dual ion batteries via in operando optical observation. J Energy Chem, 2019, 29: 122-128.

[119] Liao H J, et al. Freestanding cathode electrode design for high-performance sodium dual-ion battery. J Phys Chem C, 2017, 121 (44): 24463-24469.

[120] Wu M S, et al. Geometry and fast diffusion of $AlCl_4$ cluster intercalated in graphite. Electrochim Acta, 2016, 195: 158-165.

[121] Jung S C, et al. Flexible few-layered graphene for the ultrafast rechargeable aluminum-ion battery. J Phys Chem C, 2016, 120 (25): 13384-13389.

[122] Zhang F, et al. A dual-ion battery constructed with aluminum foil anode and mesocarbon microbead cathode via an alloying/intercalation process in an ionic liquid electrolyte. Adv Mater Interfaces, 2016, 3 (23): 1600605.

[123] Rani J V, et al. Fluorinated natural graphite cathode for rechargeable ionic liquid based aluminum-ion battery. J Electrochem Soc, 2013, 160 (10): A1781-A1784.

[124] Shi X, et al. (EMIm) + (PF_6) -ionic liquid unlocks optimum energy/power density for architecture of nanocarbon-based dual-ion battery. Adv Energy Mater, 2016, 6 (24): 1601378.

[125] Fan J, et al. An excellent rechargeable PP14TFSI ionic liquid dual-ion battery. Chem Commun, 2017, 53 (51): 6891-6894.

[126] Reynier Y, et al. The entropy and enthalpy of lithium intercalation into graphite. J Power Sources, 2003, 119-121: 850-855.

[127] Pande V, et al. Thermodynamics of lithium intercalation into graphite studied using density functional theory calculations incorporating van der Waals correlation and uncertainty estimation, 2016.

[128] Thinius S, et al. Theoretical study of Li migration in lithium-graphite intercalation compounds with dispersion-corrected DFT methods. J Phys Chem C, 2014, 118 (5): 2273-2280.

[129] Freiländer P, et al. Diffusion processes in LiC_6 studied by β-NMR. Z Phys Chem, 1987, 151 (1-2): 93-101.

[130] Langer J, et al. Lithium motion in the anode material LiC_6 as seen via time-domain 7Li NMR. Phys Rev B, 2013, 88 (9): 094304.

[131] Magerl A, et al. In-plane jump diffusion of Li in LiC_6. Phys Rev Lett, 1985, 55 (2): 222.

[132] Schirmer A, et al. Diffusive motion in stage-1 and stage-2 Li-graphite intercalation compounds-results of beta-NMR and quasi-elastic neutron-scattering. Z Naturforsch A Phy Sci, 1995, 50 (7): 643-652.

[133] Palacin M R. Recent advances in rechargeable battery materials: a chemist's perspective. Chem Soc Rev, 2009, 38 (9): 2565-2575.

[134] Persson K, et al. Lithium diffusion in graphitic carbon. J Phys Chem Lett, 2010, 1 (8): 1176-1180.

[135] Ohzuku T, et al. Formation of lithium - graphite intercalation compounds in nonaqueous electrolytes and their application as a negative electrode for a lithium ion (shuttlecock) cell. J Electrochem Soc, 1993, 140 (9): 2490-2498.

[136] Dahn J R. Phase diagram of Li_xC_6. Phys Rev B, 1991, 44 (17): 9170-9177.

[137] Zhang W J. Lithium insertion/extraction mechanism in alloy anodes for lithium-ion batteries. J Power Sources, 2011, 196 (3): 877-885.

[138] Jiang C, et al. Integrated configuration design for ultrafast rechargeable dual-ion battery. Adv Mater Interfaces, 2017, 7 (19): 1700913.

[139] Qin P, et al. Bubble-sheet-like interface design with an ultrastable solid electrolyte layer for high-performance dual-ion batteries. Adv Mater, 2017, 29 (17): 1606805.

[140] Li C, et al. Preparation of Si-graphite dual-ion batteries by tailoring the voltage window of pre-treated Si-anodes. Mater Today Energy, 2018, 8: 174-181.

[141] Tong X, et al. Carbon-coated porous aluminum foil anode for high-rate, long-term cycling stability, and high energy density dual-ion batteries. Adv Mater, 2016, 28 (45): 9979-9985.

[142] Liu Y, et al. In situ transmission electron microscopy observation of pulverization of aluminum nanowires and evolution of the thin surface Al_2O_3 layers during lithiation-delithiation cycles. Nano Lett, 2011, 11 (10): 4188-4194.

[143] McAlister A. The Al-Li (aluminum-lithium) system. Bull Alloy Phase Diagr, 1982, 3 (2): 177-183.

[144] Wen C J, et al. Thermodynamic and mass-transport properties of liAl. J Electrochem Soc, 1979, 126 (12): 2258-2266.

[145] Hamon Y, et al. Aluminum negative electrode in lithium ion batteries. J Power Sources, 2001, 97: 185-187.

[146] Kuksenko S P. Aluminum foil as anode material of lithium-ion batteries: Effect of electrolyte compositions on cycling parameters. Russ J Electrochem, 2013, 49 (1): 67-75.

[147] Hudak N S, et al. Size effects in the electrochemical alloying and cycling of electrodeposited aluminum with lithium. J Electrochem Soc, 2012, 159 (5): A688.

[148] Pollak E, et al. A study of lithium transport in aluminum membranes. Electrochem Commun, 2010, 12 (2): 198-201.

[149] Wen C J, et al. Electrochemical investigtion of solubility and chemical diffusion of lithium in aluminum. Metall Trans B, 1980, 11 (1): 131-137.

[150] Jow T R, et al. Lithium-aluminum electrodes at ambient-temperatures. J Electrochem Soc, 1982, 129 (7): 1429-1434.

[151] Kumagai N, et al. Electrochemical investigation of the diffusion of lithium in β-LiAl alloy at room temperature. J Appl Electrochem, 1992, 22 (8): 728-732.

[152] Hume-Rothery W. CXXV. The system sodium-tin. Journal of the Chemical Society (Resumed), 1928: 947-963.

[153] Crouch Baker S, et al. Materials considerations related to sodium-based rechargeable cells for use above room-temperature. Solid State Ion, 1990, 42 (1-2): 109-115.

[154] Chevrier V L, et al. Challenges for Na-ion negative electrodes. J Electrochem Soc, 2011, 158 (9): A1011-A1014.

[155] Ellis L D, et al. Reversible insertion of sodium in tin. J Electrochem Soc, 2012, 159 (11): A1801-A1805.

[156] Komaba S, et al. Redox reaction of Sn-polyacrylate electrodes in aprotic Na cell. Electrochem

Commun, 2012, 21: 65-68.

[157] Baggetto L, et al. Characterization of sodium ion electrochemical reaction with tin anodes: Experiment and theory. J Power Sources, 2013, 234: 48-59.

[158] Wang J W, et al. Microstructural evolution of tin nanoparticles during in situ sodium insertion and extraction. Nano Lett, 2012, 12 (11): 5897-5902.

[159] Sangster J, et al. The K-Sn (potassium-tin) system. J Phase Equilib, 1998, 19 (1): 67-69.

[160] Sultana I, et al. Tin-based composite anodes for potassium-ion batteries. Chem Commun, 2016, 52 (59): 9279-9282.

[161] Ramireddy T, et al. Insights into electrochemical behavior, phase evolution and stability of Sn upon K-alloying/de-alloying via in situ studies. J Electrochem Soc, 2017, 164 (12): A2360-A2367.

[162] Wang Q, et al. Reaction and capacity-fading mechanisms of tin nanoparticles in potassium-ion batteries. J Phys Chem C, 2017, 121 (23): 12652-12657.

[163] Zhang W, et al. Phosphorus-based alloy materials for advanced potassium-ion battery anode. J Am Chem Soc, 2017, 139 (9): 3316-3319.

[164] Ohno M, et al. Thermodynamic modeling of the Ca-Sn system based on finite temperature quantities from first-principles and experiment. Acta Mater, 2006, 54 (18): 4939-4951.

[165] Lipson A L, et al. Rechargeable Ca-ion batteries: A new energy storage system. Chem Mater, 2015, 27 (24): 8442-8447.

[166] Heckmann A, et al. New insights into electrochemical anion intercalation into carbonaceous materials for dual-ion batteries: Impact of the graphitization degree. Carbon, 2018, 131: 201-212.

[167] Heckmann A, et al. Synthesis of spherical graphite particles and their application as cathode material in dual-ion cells. Ecs Transactions, 2015, 66 (11): 1-12.

[168] Ishihara T, et al. Electrochemical intercalation of hexafluorophosphate anion into various carbons for cathode of dual-carbon rechargeable battery. Electrochem Solid-State Lett, 2007, 10 (3): A74.

[169] Han P, et al. Mesocarbon microbead based dual-carbon batteries towards low cost energy storage devices. J Power Sources, 2018, 393: 145-151.

[170] Tang Y, et al. Rational material design for ultrafast rechargeable lithium-ion batteries. Chem Soc Rev, 2015, 44 (17): 5926-5940.

[171] Chen K, et al. Structural design of graphene for use in electrochemical energy storage devices. Chem Soc Rev, 2015, 44 (17): 6230-6257.

[172] Peng J, et al. Electrochemically driven transformation of amorphous carbons to crystalline graphite nanoflakes: a facile and mild graphitization method. Angewandte Chemie, 2017, 129 (7): 1777-1781.

[173] Wu Y, et al. 3D graphitic foams derived from chloroaluminate anion intercalation for ultrafast aluminum-ion battery. Adv Mater, 2016, 28 (41): 9218-9222.

[174] Yu X, et al. Graphene nanoribbons on highly porous 3D graphene for high-capacity and ultrastable Al-ion batteries. Adv Mater, 2017, 29 (4): 1604118.

[175] Zhang L, et al. Large-sized few-layer graphene enables an ultrafast and long-life aluminum-ion battery. Adv Energy Mater, 2017, 7 (15): 1700034.

[176] Chen H, et al. A defect-free principle for advanced graphene cathode of aluminum-ion battery. Adv Mater, 2017, 29 (12): 1605958.

[177] Chen H, et al. Ultrafast all-climate aluminum-graphene battery with quarter-million cycle life.

Sci Adv, 2017, 3 (12): eaao7233.

[178] Yang Y, et al. The role of geometric sites in 2D materials for energy storage. Joule, 2018, 2 (6): 1075-1094.

[179] Chen S, et al. An ultrafast rechargeable hybrid sodium-based dual-ion capacitor based on hard carbon cathodes. Adv Energy Mater, 2018, 8 (18): 1800140.

[180] Schon T B, et al. The rise of organic electrode materials for energy storage. Chem Soc Rev, 2016, 45 (22): 6345-6404.

[181] Song Z, et al. Towards sustainable and versatile energy storage devices: an overview of organic electrode materials. Energ Environ Sci, 2013, 6 (8): 2280.

[182] Zhu L M, et al. An all-organic rechargeable battery using bipolar polyparaphenylene as a redox-active cathode and anode. Chem Commun, 2013, 49 (6): 567-569.

[183] Rodríguez-Pérez I A, et al. A hydrocarbon cathode for dual-ion batteries. ACS Energy Let, 2016, 1 (4): 719-723.

[184] Deunf É, et al. Reversible anion intercalation in a layered aromatic amine: a high-voltage host structure for organic batteries. J Mater Chem A, 2016, 4 (16): 6131-6139.

[185] Lee M, et al. Multi-electron redox phenazine for ready-to-charge organic batteries. Green Chem, 2017, 19 (13): 2980-2985.

[186] Dong S, et al. A novel coronene//$Na_2Ti_3O_7$ dual-ion battery. Nano Energy, 2017, 40: 233-239.

[187] Deng W, et al. A low cost, all-organic Na-ion battery based on polymeric cathode and anode. Sci Rep, 2013, 3: 2671.

[188] Fan L, et al. An organic cathode for potassium dual-ion full battery. ACS Energy Let, 2017, 2 (7): 1614-1620.

[189] Cao X, et al. Hybrid micro-/nano-structures derived from metal – organic frameworks: preparation and applications in energy storage and conversion. Chem Soc Rev, 2017, 46 (10): 2660-2677.

[190] Aubrey M L, et al. A dual-ion battery cathode via oxidative insertion of anions in a metal-organic framework. J Am Chem Soc, 2015, 137 (42): 13594-13602.

[191] Obrovac M N, et al. Alloy negative electrodes for Li-ion batteries. Chem Rev, 2014, 114 (23): 11444-11502.

[192] García R E, et al. Spatially resolved modeling of microstructurally complex battery architectures. J Electrochem Soc, 2007, 154 (9): A856-A864.

[193] Vu A, et al. Porous electrode materials for lithium-ion batteries——How to prepare them and what makes them special. Adv Energy Mater, 2012, 2 (9): 1056-1085.

[194] Zhang H, et al. Three-dimensional bicontinuous ultrafast-charge and-discharge bulk battery electrodes. Nat Nanotechnol, 2011, 6 (5): 277.

[195] Zhu H, et al. Penne-like MoS_2/carbon nanocomposite as anode for sodium-ion-based dual-ion battery. Small, 2018, 14 (13): 1703951.

[196] Cui C, et al. Three-dimensional carbon frameworks enabling MoS2 as anode for dual ion batteries with superior sodium storage properties. Energy Storage Materials, 2018, 15: 22-30.

[197] Liu C, et al. Advanced materials for energy storage. Adv Mater, 2010, 22 (8): E28-E62.

[198] Fu L, et al. Surface modifications of electrode materials for lithium ion batteries. Solid State Sci, 2006, 8 (2): 113-128.

[199] Li C, et al. Cathode materials modified by surface coating for lithium ion batteries. Electrochim Acta, 2006, 51 (19): 3872-3883.

[200] Li H, et al. Enhancing the performances of Li-ion batteries by carbon-coating: present and future. Chem Commun, 2012, 48 (9): 1201-1217.

[201] Myung S T, et al. Surface modification of cathode materials from nano-to microscale for rechargeable lithium-ion batteries. J Mater Chem, 2010, 20 (34): 7074-7095.

[202] Hu X, et al. Nanostructured Mo-based electrode materials for electrochemical energy storage. Chem Soc Rev, 2015, 44 (8): 2376-2404.

[203] Fan L, et al. Soft carbon as anode for high-performance sodium-based dual ion full battery. Adv Energy Mater, 2017, 7 (14): 1602778.

[204] Zhang S, et al. Multifunctional electrode design consisting of 3D porous separator modulated with patterned anode for high-performance dual-ion batteries. Adv Funct Mater, 2017, 27 (39): 1703035.

[205] Tong X, et al. Core-shell aluminum@ carbon nanospheres for dual-ion batteries with excellent cycling performance under high rates. Adv Energy Mater, 2018, 8 (6): 1701967.

[206] Gunawardhana N, et al. Constructing a novel and safer energy storing system using a graphite cathode and a MoO_3 anode. J Power Sources, 2011, 196: 7886-7890.

[207] Park G, et al. Development of a novel and safer energy storage system using a graphite cathode and Nb_2O_5 anode. J Power Sources, 2013, 236: 145-150.

[208] Thapa A K, et al. Novel graphite/TiO_2 electrochemical cells as a safe electric energy storage system. Electrochim Acta, 2010, 55 (24): 7305-7309.

[209] Li C, et al. $FePO_4$ as an anode material to obtain high-performance sodium-based dual-ion batteries. Chem Commun, 2018, 54 (34): 4349-4352.

[210] Zhao M, et al. Two-dimensional metal－organic framework nanosheets: synthesis and applications. Chem Soc Rev, 2018, 47 (16): 6267-6295.

[211] Tan C, et al. Ultrathin two-dimensional multinary layered metal chalcogenide nanomaterials. Adv Mater, 2017, 29 (37): 1701392.

[212] Tan C, et al. Recent advances in ultrathin two-dimensional nanomaterials. Chem Rev, 2017, 117 (9): 6225-6331.

[213] Lian P C, et al. Alkalized Ti_3C_2 MXene nanoribbons with expanded interlayer spacing for high-capacity sodium and potassium ion batteries. Nano Energy, 2017, 40: 1-8.

[214] Wang X, et al. Commercial carbon molecular sieves as a Na^+-storage anode material in dual-ion batteries. J Electrochem Soc, 2017, 164 (14): A3649-A3656.

[215] Li N, et al. Hierarchical T-Nb_2O_5 nanostructure with hybrid mechanisms of intercalation and pseudocapacitance for potassium storage and high-performance potassium dual-ion battery. J Mater Chem A, 2018, 6: 17889-17895.

[216] Zai J, et al. High stability and superior rate capability of three-dimensional hierarchical SnS_2 microspheres as anode material in lithium ion batteries. J Power Sources, 2011, 196 (7): 3650-3654.

[217] Sen U K, et al. High-rate and high-energy-density lithium-ion battery anode containing 2D MoS_2 nanowall and cellulose binder. Acs Appl Mater Inter, 2013, 5 (4): 1240-1247.

[218] Jin R, et al. Hierarchical worm-like CoS_2 composed of ultrathin nanosheets as an anode material for lithium-ion batteries. J Mater Chem A, 2015, 3 (20): 10677-10680.

[219] Li C, et al. Ultrathin manganese-based metal-organic framework nanosheets: low-cost and energy-dense lithium storage anodes with the coexistence of metal and ligand redox activities. Acs Appl Mater Inter, 2017, 9 (35): 29829-29838.

[220] Li C, et al. Cobalt (II) dicarboxylate-based metal-organic framework for long-cycling and high-rate potassium-ion battery anode. Electrochim Acta, 2017, 253: 439-444.

[221] Ning Y, et al. Ultrathin cobalt-based metal-organic framework nanosheets with both metal and ligand redox activities for superior lithium storage. Chem-Eur J, 2017, 23 (63): 15984-15990.

[222] Mashtalir O, et al. Intercalation and delamination of layered carbides and carbonitrides. Nat Commun, 2013, 4: 1716.

[223] Anasori B, et al. 2D metal carbides and nitrides (MXenes) for energy storage. Nat Rev Mater, 2017, 2 (2): 16098.

[224] Luo J, et al. Sn^{4+} ion decorated highly conductive Ti_3C_2 MXene: promising lithium-ion anodes with enhanced volumetric capacity and cyclic performance. ACS nano, 2016, 10 (2): 2491-2499.

[225] Er D, et al. Ti_3C_2 MXene as a high capacity electrode material for metal (Li, Na, K, Ca) ion batteries. Acs Appl Mater Inter, 2014, 6 (14): 11173-11179.

[226] Haregewoin A M, et al. Electrolyte additives for lithium ion battery electrodes: progress and perspectives. Energ Environ Sci, 2016, 9 (6): 1955-1988.

[227] Xu K, et al. Toward reliable values of electrochemical stability limits for electrolytes. J Electrochem Soc, 1999, 146 (11): 4172-4178.

13 纤维状电池

随着可穿戴电子产品市场的不断扩展，柔性和可穿戴式储能器件越来越受到人们的广泛关注。其中，纤维状电池由于其独特的一维结构而表现出优异的柔软性、可延展性、便携性和变形适应性的特点，非常适合与传统纺织工业相结合而应用于可穿戴电子供能领域。近年来，在纤维状电池领域的研究前沿中，除了实现更高的电化学性能外，多功能化、可扩展化和集成化系统的开发也是重要的研究课题。然而，纤维状电池的发展仍然存在着许多困难，其中包括封装困难、电池内阻高、耐性差等问题。

可穿戴智能电子产品，由于其巨大的便利性和无限的可能性，将逐渐成为我们未来生活中不可或缺的一部分[1-3]。在其发展过程中，迫切需要研发出高性能、小体积，以及使用过程中能适应频繁变形的柔性电源系统。大量的研究焦点通常集中在具有夹层结构的平面柔性电池上，例如高柔性集流体[4-6]、凝胶电解质[7-10]、超薄弹性薄膜基底[11,12]，以及纳米级活性物质[13,14]已经被制造出来。与传统的平面结构电池相比，一维（1D）纤维状电池具有许多有趣的特性和潜在的优势：

① 纤维状电池与当前纺织工业具有很高的兼容性。纱线是当前织物的基本元素，纤维状电池可以被视为功能性纱线，可通过梭织/针织制作成储能织物。

② 由纤维状电池制备的织物电池具有良好的透气性，能解决大多数类皮革状的平面结构电池不透气的问题。

③ 纤维状电池可用于制造各种柔性电源，具有无与伦比的灵活性、兼容性和小型化潜力，提供无限的可能性。

然而，这种纤维形状也会导致一些不利因素：

① 高内阻。纤维状电池的细长结构往往导致其具有非常高的内阻，特别是一块储能织物可能会用到几百米长的纤维状电池进行编织。

② 制备困难。在制造过程中，采用长而薄的电极就必须非常小心地避免短路发生。

③ 隔膜设置困难。目前报道的纤维状电池大多使用凝胶电解质作为隔膜。然而，考虑到实际应用，有时会不可避免地需要使用特定的隔膜材料。在两个细长电极之间设置隔膜要比在两个平面结构电极之间设置要困难得多。

④ 封装困难。虽然目前大多数报道的纤维状电池都没有深入探讨封装的问题，但要为一个细长的器件进行封装显然是非常困难的。

⑤ 厚度难以最小化。电池是一种带有电解质、分离器和两个电极的电化学装置。由于这种复杂的结构，目前的纤维状电池通常比普通的纱线厚得多。

⑥ 电池直径太大。电池是一种由电解质、隔膜和两个电极组成的电化学器件。由于这种复杂的结构，目前的纤维状电池通常比普通的纱线厚得多。

⑦ 力学性能不足以进行机器纺织。纤维状电池的拉伸强度和表面摩擦与传统纱线有很大的不同。

⑧ 难以实现纱线质地。无论有无封装，纤维状电池都仅有塑料线的质地，而不是柔软的纱线质地。这些问题将在第 13.5 小节中进一步详细讨论。

早期的纤维状电池大概出现在十年前，然后很快就激发了学术界的研究兴趣[15-17]。在积累了平面电池或超级电容器的研发经验和组装原理的基础上，人们致力于开发越来越多的电池系统，以扩大纤维状储能器件的实际应用范围。迄今为止，纤维状锂离子电池（LIBs）已蓬勃发展，其它类型的高性能电池系统，如锂-硫（Li-S）电池、钠基电池（SBs）、水性锌电池（AZBs）和金属-空气电池（MABs），在短短几年内陆续被发明出来。近年来，已被深入研究材料的新型纤维状电池系统，包括基于金属有机框架（MOF）和液态金属电池，已开始成为主流，为新一代可穿戴电力系统的发展带来了令人振奋的机遇。

除了更高的电化学性能外，多功能化、集成化和可扩展性等方面的研究进展也是近年来纤维状电池研究领域的主要课题。在多功能化方面，一般指的是一种纤维状电池器件，它不仅具有储能的固有特性，而且还能够结合其它特定功能，如在防水/防火能力方面的环境适应性[18-20]，以及对外部刺激的响应性（如自愈合和形状记忆）[21-25]。为了稳定、高效地实现功能化和良好的电化学性能，需要对功能性材料、电池结构和制造工艺进行精确的设计[26]。在集成化方面，最近，许多研究工作致力于将纤维状电池与超级电容器或能量转换装置等系统相结合，实现集成化系统，使得一个综合器件能同时实现高能量密度和功率密度，或通过收集转换环境能源的自供电功能，为更高效的能源管理和进一步的多功能化建设铺平道路[27-29]。在可扩展性方面，串联/并联的电池组可以显著提高其工作电压和输出功率。由于 1D 纤维结构尺寸小，非常适合将适量的纤维状电池作为天然纱线，通过纺织制备出功率更大的储能纺织品，从而为可穿戴电子产品提供动力，展示出巨大的应用前景[30,31]。多功能化、集成化和可扩展性可能为下一代可穿戴器件提供了一种新的策略，但同时也可能从基本原理设计和实际实施两个方面带来巨大的挑战。因此，需要总结这一新兴研究领域取得的关键进展，以期对今后的研究方向有所启发。

本章首先介绍了纤维状电池的设计原理，包括电极、电解质、器件构型和相应的制备方法。然后，详细讨论了不同纤维状电池系统的材料制备、电池组装、电化学性能和柔性评价等方面的前沿研究，并简要介绍了各个阶段的关键性成果。还重点介绍了多功能性、可扩展性以及与其它储能/转换系统的集成化方面的前瞻性探索方向。最后，讨论了纤维状电池在未来可穿戴应用中面临的主要挑战，为改进和发展提供可能的解决方案与策略。

13.1
纤维状电池的设计原理

与平面电池相比，组装这种一维结构的纤维状电池难度更大。首先，电极、电解质和隔膜材料需要做成柔性的纤维状结构,并且各部分间能够相互兼容;其次,组装好的电池在保证良好的电化学性能的前提下同时需要有很好的机械稳定性,使其能适应各种反复变形(如弯曲、拉伸、扭曲等);再次,在电池工作和变形过程中,应避免短路和电解液泄漏等情况发生;最后,高能量密度和长期性能稳定性的实现在很大程度上取决于活性物质的使用效率和柔性器件的结构设计。迄今为止,科研界对纤维状电池每个组件的制作和配置都经历了一个漫长的探索开发过程,并逐渐积累了大量的经验。本节总结和讨论了纤维状电池常用的电极和电解质设计、器件构型和生产技术,并简单介绍纤维状电池的制备过程。

13.1.1 电极

与平面电池的配置类似,电极也是纤维状电池的关键部件之一,其通常由两部分组成:导电基底/集流体和活性物质。实现理想的柔性纤维状电极需要以下物理化学方面的协同作用:

① 集流体和活性物质之间具有强界面黏附力;
② 集流体上的活性物质具有较高的负载量,以保证电池的高能量密度;
③ 纤维状集流体具有优异的导电性,以满足电子在全电池中的快速迁移。

因此,选择合适的纤维状集流体非常重要。一般来说,金属线具有很高的导电性,但其刚性太大且厚重,而纤维状聚合基底弹性高且轻,但导电性较差[见图13-1(a)][32]。相比之下,近年发展起来的碳基纳米材料,包括碳纳米管(CNT)和具有特殊微观结构的石墨烯材料,由于其良好的导电性能、较强的耐腐蚀性和机械耐久性,广泛用作纤维状储能器件的集流体或活性物质[见图13-1(b),(c)][17,33,34]。为了获得轻质耐用的纤维状导电基底,研究者采用化学沉积、电沉积和涂抹等方法将金属层均匀地覆盖在商品化棉/碳纳米管纱线的表面,制备出了金属涂层纱线/纤维集流体,这些材料具有高导电性、低制造成本和优良的电化学性能[见图13-1(d)~(f)][35-37]。另外,Kou等[38]提出了一种同轴湿纺制备具有芯鞘结构的聚电解质涂层纳米碳材料(如石墨烯和碳纳米管)纤维的方法,该方法可直接用作可编织的纤维状电极[见图13-1(g)]。一般来说,采用特殊的加工工艺往往能制备出性能优良的特殊纤维状导电基底。例如,Li等[39]采用旋压和热拉伸法合成了聚乙烯醇/石墨烯复合纳米纤维,其中聚乙烯醇基体增强了纳米纤维的力学性能[见图13-1(h)]。此外,共纺导电棉纤维与聚氨酯弹性纤维是一种潜在的机械强度优化策略,其中聚氨酯弹性纤维通常作为纱线的芯部,导电棉纤维缠绕在芯部周围[见图13-1(i)][40,41]。用高导电性的不锈钢纱线紧紧地缠绕碳基纱线(称为混纺纱线),可以提高整个纤维骨架的导电性和机械强度[见图13-1(j)][42]。上述导电纤维基底均可用作纤维状集流体,在制备纤维状电池方面具有广阔的应用前景。

电极的制备是设计纤维状电池的另一个重要环节,需要认真考虑如何防止在电池重复变形过程中活性材料从导电纤维基底表面脱落等问题。根据目前的研究,基本有以下三种制备方法。

① 直接在纤维状基底上包覆活性材料。浸涂法是一种广泛应用于多种活性物质和导电添加剂的经济有效的方法[43,44]。这种表面涂覆方法的一个主要缺点是活性物质层和纤维状基底的曲面之间的黏合力有限,这可能导致电池在变形过程中产生不稳定的电化学反应。此外,还影响了电解质对纤维状复合物的浸润性,导致部分活性物质浪费。

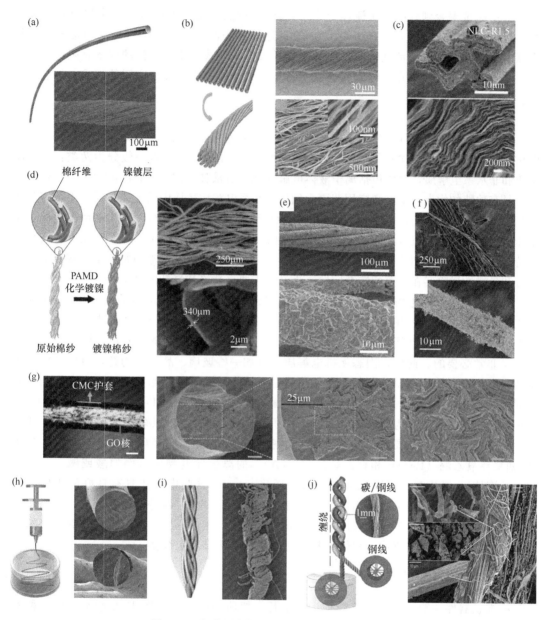

图13-1 各种纤维状集流体示意图和扫描电镜图

(a) 金属纱线[32]；(b) 定向碳纳米管纤维[17]；(c) 还原氧化石墨烯（rGO）纤维[34]；
(d) 化学沉积镀镍纱线[35]；(e) 电沉积镀锌的碳纳米管纱线[36]；(f) 浸染后的金属/棉线复合纱线[37]；
(g) 同轴湿纺法制备芯鞘Go@CMC纤维[38]；(h) 凝胶纺丝制备PVA/rGO复合纤维[39]；
(i) 聚氨酯弹性纤维包芯纱[40]；(j) 由碳基纱线与高导电性不锈钢纱缠绕而成的混纺纱线[42]

② 利用纺丝技术将活性物质［如聚合物、CNT、氧化石墨烯（GO）和金属氧化物胶体等］与纤维状基底相结合，以实现具有本征电化学性能的混合纤维状电极[45]。该策略去除了活性物质和基底之间的界面，从而避免了因接触问题产生的性能下降。然而，这些纺丝复合物纤维的机械强度和导电性往往很低，需要进一步改善。

③ 在纤维状基底表面原位生长/聚合活性物质。例如，聚苯胺（PANI）可以在前聚

体溶液中原位聚合到纤维状集流体上[46,47]。电沉积法也是一种适合过渡金属氧化物和金属阳极材料原位生长的简便方法[48,49]。通过这种方法，电沉积材料可以均匀地分布在纤维状基底表面上，但其活性物质的负载量通常较低，导致电化学器件的容量有限。

上述方法各有优缺点，纤维状电极制备方法的选择取决于实际应用的需求。

13.1.2 电解质

电解质是纤维状电池的另一个重要组成部分，因为它们与电化学稳定电位窗口以及发生电化学反应时的离子传输有关[50,51]。目前，用于储能器件的电解质一般分为两类：水系电解质和非水系电解质，后者包括离子液体电解质和有机液体/非质子性电解质[52-54]。这些电解质具有独特的优点、缺点和应用范围。例如，水系电解质环境中的电化学反应不可避免地受到水裂解反应的制约，包括析氧反应（OER）和析氢反应（HER），因此水系电池的工作电压几乎不能超过有机电池或者离子液体电池的工作电压[55]。然而，水系电池也有其自身独特的优点，如易于制造、操作安全以及生产成本低，而非水系电池通常由于电解质中有毒成分和易燃性风险存在严重的安全问题，生产时需要更严格和复杂的制造工艺[56]。

从形态上来看，电解质还可以分为三类：液体、凝胶和固态电解质[57]。在柔性纤维状电池的制造过程中，往电池里填充液态电解质是比较困难的，当这些纤维状电池发生各种变形时，泄漏和短路问题变得尤为突出。在这种情况下，坚固而柔软的隔膜以及有效的封装是非常必要的。此外，固态无机电解质，例如一些玻璃、晶体和陶瓷，可以有效地防止两个电极之间的不良短路，并能避免液体电解质常见的泄漏问题。然而，力学性能差以及固态电解质和电极接触不良所导致的高界面电阻等问题仍然是巨大的挑战。一般来说，采用凝胶聚合物基质作为离子导电添加剂的机械载体（即凝胶电解质），已经成为一种能满足纤维状电池电解质要求的主流策略。凝胶电解质基本上是溶解于准固态聚合物基质［例如聚环氧乙烷（PEO）和聚乙烯醇（PVA）］的离子导电物质（例如酸或碱、金属盐和离子液体），其中离子可以在凝胶中自由迁移[58,59]。这些电解质具有良好的机械柔韧性和稳定性，从而简化了电池组装的注液和密封工艺，减少了器件体积。此外，在涂覆于纤维状电极表面上后，凝胶电解质不仅可以作为防止短路的隔膜，还可以起到保护层的作用，以防止活性物质在弯曲、扭转和拉伸过程中从纤维基底上脱落。

13.1.3 器件构型

纤维状器件一般具有以下三种构型：平行、扭曲和同轴，如图 13-2 所示。第一种构型是通过将两个纤维状电极平行地夹在隔膜中间配置而成的。如果电解质是液体，则该器件需要严格的封装工艺以防止泄漏。第二种构型是通过旋转平移装置将两个纤维状电极扭转在一起获得的，通常需要在每个电极的表面预涂固态电解质以防止短路。这种扭曲的构型显示出类似于织物纤维的结构。因此，扭曲型纤维状电池似乎非常适用于可穿戴应用，并且可以编织成很大的储能纺织品。第三种构型是同轴结构。同轴型纤维状电池通常是通过一层一层的组装过程来实现的，一般其中一个纤维状电极会被用作芯体，然后依次包裹隔膜或凝胶电解质，再在最外层缠绕另一个电极所得。整个设备显示出一种轴承-外壳结构，所有部件都共享一个中心轴。在某种程度上，这种构型类似于平面器件的夹层结构。

与同轴型构型相比，平行和扭曲两种构型具有制作方便、直径可调等优点，具有较大的生产潜力。然而，两个纤维状电极之间的界面面积和活性物质的负载量相对较低，从而

图 13-2 三种纤维状电池构型的示意图

影响了其能量密度和功率密度。此外，同轴型构型似乎能提供更大范围、更近以及更有效的电极间界面区域，有利于提高活性物质的负载量，其结构更稳定，可承受重复的变形。然而，如何精确地控制这种多层纤维状电池的长度/直径比仍然是一个巨大的问题，过大的长度/直径比会极大地影响柔性电池弯曲的灵活性，从而严重限制了电池的可纺织性。对于这三种构型，优化每个组件间的适应性和保持器件的长期稳定性是开发高电化学性能的柔性和耐磨纤维状电池的两个重要前提。

13.2
纤维状电池概述

纤维状电池的发展演变过程如图 13-3 的时间线所示。2012 年，首次报道了由锂金属

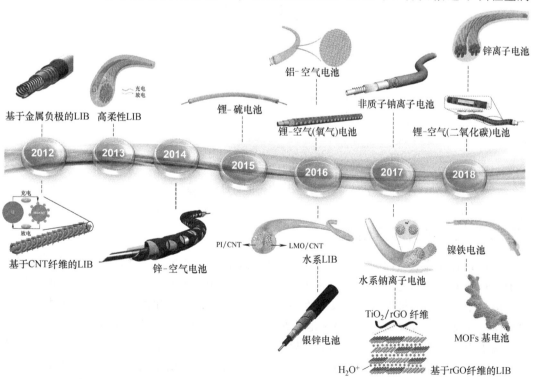

图 13-3 纤维状电池的发展时间线[15-17,36,60-71]

线作负极的一维纤维状锂离子电池。随后，研究者通过排列碳纳米管纤维对金属电极进行了优化。2015年，研制出一种柔性和可纺织的纤维状锂离子电池，并展示了其在可穿戴方面的应用前景，这极大地引起了学术界和工业界对纤维状电池的研究兴趣。随着机理研究和制造技术的成熟，越来越多传统的平面电池系统如空气电池、钠离子电池、水系锌离子电池等被转化为一维纤维状结构，并具有良好电化学性能和机械柔韧性，极大地扩展了在可穿戴和生物医学电子领域的应用范围。在2018年，大量的新型纤维状电池系统开发出来，如纤维形状的锂-二氧化碳（Li-CO_2）空气电池和基于金属-有机框架材料（MOF）的电池，并被认为是下一代高性能储能器件的热门候选系统。

图13-4为功率密度与对应能量密度的对数关系图，总结了代表性纤维状电池的功率密度和能量密度（计算基于电池内活性物质的总体积）。与纤维状锌基电池相比，纤维状锂离子电池具有更高的能量密度，但其功率密度相对较低，这些差异性归因于不同电池系统的固有特性和相应的电化学反应。此外，近期新开发的纤维状镍铁电池和基于金属有机框架材料（MOF）的电池由于其混合电极材料的高比表面积、高导电性和独特的缺陷工程，呈现出了极佳的功率密度与能量密度。本节全面总结了最先进的各种纤维状电池系统，包括锂离子电池、锂硫电池、钠离子电池、锌离子电池、空气电池等系统，并简要讨论了它们的制造工艺、结构设计、电池性能和机械柔性等。

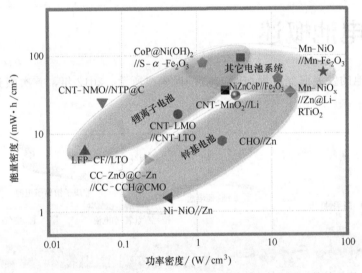

图 13-4 代表性纤维状电池的功率密度与对应能量密度的对数关系图

13.2.1 纤维状锂基电池

开发具有纤维状结构的锂基电池，能有效地提高其能量密度。此外，非质子型锂离子电池是目前最热门的电池系统，因为非质子型电解质能使柔性锂基电池具有更高的电压窗口。但其中易燃的有机电解质的安全性问题仍然有待解决。相比之下，尽管水系电解质的电压窗口非常有限（1.23V，水系电池系统输出的低工作电压实际一般小于1.5V），但可以从根本上解决非质子型电解质的潜在风险。自2012年首次报道以来，纤维状的非质子锂基电池由于其重量轻、输出电压高、长期稳定等优点，吸引了大量研究者的兴趣。受启发于技术成熟的纤维状非质子锂离子电池，研究者采用相似的工作原理和结构，相继构建了纤维状水系锂离子电池、纤维状锂硫电池和锂-空气系统（锂-空气电池将在纤维状空气电池部分进行深入讨论）。

13.2.1.1 纤维状锂离子电池

非质子型锂离子电池具有能量密度高、寿命长、工作电压高等特点，已成为各种便携式电子产品最常用的商业化电源之一[72-74]。新型电极材料的积极研发，以及器件结构的优化设计有助于高性能纤维状锂离子电池的实现和发展。目前的纤维状锂离子电池一般是通过扭曲或平行放置两个纤维状电极构成的。Peng 等[16]最初通过将定向多层碳纳米管（MWCNT）纤维和锂金属线缠绕在一起作为正负电极，制备出纤维状锂离子微电池，见图 13-5（a）。这种可纺的碳纳米管纤维是通过化学气相沉积（CVD）制备而成的，然后将纤维簇扭转成直径约 2~30μm 的定向碳纳米管纤维，从而获得了高达 1.3GPa 的高机械强度和 10^3S/cm 的良好导电性。接着在定向碳纳米管纤维沉积 MnO_2 以进一步增强纤维阴极的电化学性能，组装出来的纤维状锂离子电池在 2×10^{-3}mA 电流下比容量高达 94.37mA·h/cm^3。

由于其优良的导电性（10^2~10^3S/cm）和力学性能（10^2~10^3MPa），这些定向碳纳米管纤维被广泛地研究，并公认为一种有前途的柔性纤维电极材料。然而，其有限的比容量仍然是一大难题。为了解决这个问题，在纤维电极中引入硅、钛酸锂（$Li_4Ti_5O_{12}$）、氧化铁（Fe_2O_3）和二硫化钼（MoS_2）等活性功能组分是提高其电化学性能的有效策略。例如，Lin 等[17]采用碳纳米管/硅复合纤维制备出纤维状锂离子电池阳极，见图 13-5（b）。该电池的本征导电性和机械稳定性仍然很差。因此，Rao 等[75]研制了一种由硅、聚吡咯（PPy）和碳纤维基底组成的三维扭曲纳米结构的纤维状负极，见图 13-5（c）。这种复合材料提供了一种多孔互连纳米结构，可作为电子传输的连贯网络，能够承受充放电过程中硅的大体积变化。因此，组装后的纤维状电池达到了 2287mA·h/g 的比容量，并在 100 圈循环后容量保持率达到 75%，大大改善了循环性能。

尖晶石钛酸锂 $Li_4Ti_5O_{12}$ 由于其超稳定的锂插层结构和大约 1.5V（vs. Li^+/Li）的高锂化电位，成为另一种有前途的无枝晶锂阳极候选材料。Ren 等[76]报道了一种由碳纳米管/钛酸锂和碳纳米管/锰酸锂（$LiMn_2O_4$）复合纤维电极平行排列构成的纤维状锂离子电池，见图 13-5（d）。制备的纤维状锂离子电池在 0.1mA/cm 电流密度下的放电平台电压为 2.5V，比容量为 138mA·h/g，体积能量密度为 17.7W·h/L，功率密度为 560W/L。

用金属氧化物修饰碳纳米管是提高碳纳米管能量密度的常用而可靠的方法。Jung 等[77]采用具有电化学活性的 Fe_2O_3 纳米粒子修饰碳纳米管纤维，见图 13-5（e）。所得的纤维电极的比强度高达 132MPa/(g/cm^3)，电导率高达 1.59×10^5S/m。随后，将基于 Fe_2O_3 修饰的碳纳米管的柔性纤维状锂离子电池组装起来，其尺寸仅为几百微米。二硫化钼（MoS_2）作为一种典型的二维层状过渡金属材料，在锂离子电池中也得到了广泛的应用[78]。在定向碳纳米管的表面原位生长 MoS_2 纳米片，在其周围形成弯曲结构，然后将碳纳米管簇进行扭曲以获得定向碳纳米管 MoS_2 复合纤维电极，见图 13-5（f）[79]。使用这种复合纤维作为阴极，组装的纤维状锂离子电池在 0.2A/g 下能提供 1298mA·h/g 的高比容量，并且在 100 圈循环后能保持 1250mA·h/g 以上比容量的稳定循环。

根据上述报道，高性能纤维电极可通过将活性材料（例如，Si、MnO_2、$Li_4Ti_5O_{12}$、

$LiMn_2O_4$、Fe_2O_3 或 MoS_2）掺入高导电性的定向碳纳米管基纤维来实现。然而，几乎所有这些纤维电极都会遇到两个严重的问题：①由于表面积不足，复合活性材料的负载量非常有限，从而导致纤维电极的储能能力不理想。②活性材料与集电体之间的非化学键黏附力通常较弱，这可能会降低电池的循环性能。

纤维电极也可以用金属氧化物/还原氧化石墨烯（rGO）复合纤维制成[80-82]。例如，Hoshide 等[66] 提出了一种新型的以氧化亚铁和二氧化钛纳米片复合材料为基础的电极材料，其中二氧化钛主要用于储能，而氧化亚铁可作为高导电集流体，见图 13-5（g）。这些 rGO 复合纤维具有约 150～160MPa 的高拉伸强度。然后，以二氧化钛-rGO 纤维为阳极，$LiMn_2O_4$ 纳米涂层碳布丝为阴极，组装了一种平行构型的柔性纤维状全电池，具有良好的电化学性能。10cm 长的纤维状电池可持续为 LED 灯供电 5h 以上，同时在弯曲过程中和弯曲后都能保持结构的完整性，展示出优良的力学性能。近年来，金属有机框架（MOF）衍生的金属氧化物和碳复合材料已经成为纤维状锂离子电池的电极材料[83]。例如，Zhang 等[84] 采用多孔金属氧化物/rGO 纤维制备出纤维状锂离子电池，见图 13-5（h）。由 Fe_2O_3/rGO 复合纤维制备出的纤维状电池输出电压约为 3V，能够在常态和弯曲状态下点亮红色 LED，证明了其良好的灵活性和稳定的电池性能。

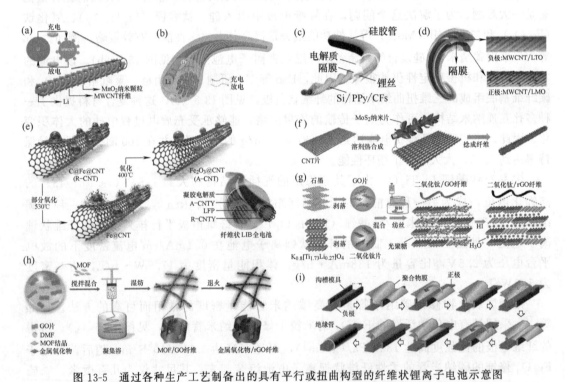

图 13-5 通过各种生产工艺制备出的具有平行或扭曲构型的纤维状锂离子电池示意图

（a）一种通过螺旋扭转定向多层碳纳米管/二氧化锰纤维和锂金属线制备而成的纤维状锂离子电池[16]；
（b）带有锂金属阳极的平行结构锂离子半电池[17]；（c）具有硅/聚吡咯/碳纤维扭曲型阳极的纤维状锂离子电池[75]；
（d）一种平行排列多层碳纳米管/钛酸锂和多层碳纳米管/锰酸锂电极的纤维状锂离子电池[76]；
（e）Fe_2O_3@CNT 阳极材料的合成方案与组装后锂离子电池[77]；（f）碳纳米管/二硫化钼复合纤维的制备过程[79]；
（g）二氧化钛/还原氧化石墨烯复合纤维的制备过程[66]；（h）MOF/rGO 复合纤维及其衍生物的制备方法[26]；
（i）一种条带状锂离子电池的组装过程示意图[85]

对纤维状锂离子电池内部进行设计,也可提高电池的能量密度。例如,Kim 等[85]设计了一种具有内分层结构的纤维状锂离子电池,见图 13-5 (i)。特别地,他们将磷酸铁锂($LiFePO_4$)复合浆料刮涂到铝箔上制备正极,同时沉积硅到铜箔上用作负极。然后,将渗有有机电解质的聚偏氟乙烯膜为隔膜,逐层交替叠置正极和负极膜,再用聚合物管封装。组装好的条带状电池在 $0.5C$ 的电流密度下,放电比容量为 $166.4mA \cdot h/g$,相当于实现了 $LiFePO_4$ 接近 98% 的利用率。此外,这种薄带型锂离子电池还具有良好的可弯曲性和 $2.02g/cm^3$ 的高振实密度,显示了其在织物电池中的巨大应用潜力。

除了平行和扭曲构型外,当前的纤维状锂离子电池通常也被制作成同轴构型,以满足各种实际应用场景的需要。在 2012 年,Kwon 等[15]首次报道了一种具有柔性螺旋同轴结构的电缆状锂离子电池,见图 13-6 (a-ⅰ)。他们首先将铜线变形为弹簧状结构,在表面上电沉积镍锡活性材料,得到螺旋形空心结构阳极。在空心螺旋阳极周围依次缠绕一种改性的 PET 无纺支撑膜,和一根涂有 $LiCoO_2$ 浆料的铝线阴极,见图 13-6 (a-ⅱ)。制备的锂离子电池能提供 $1mA \cdot h/cm$ 的比容量和 $3.5V$ 的稳定电压。得益于电解质和活性物质之间的完全接触,这种同轴电池还表现出优异的灵活性,它可以在不同弯曲应变下保持稳定的充放电特性,并持续为红色 LED 供电,见图 13-6 (a-ⅲ)。然而,能量密度低和直径大等问题严重阻碍了此类电缆状锂离子电池的商业可穿戴应用。类似地,Wu 等[86]发明了一种基于碳纳米管纺织薄膜(CMF)的具有超高能量密度的电缆形锂离子电池,其纤维状电极具有超高的振实密度($10mg/cm^2$),见图 13-6 (b-ⅰ)。该电缆形锂离子电池具有 $215mW \cdot h/cm^3$ 的超高体积能量密度和良好的柔韧性,能够在各种变形下为灯泡供能,被纺进织物中后仍保持稳定的性能,见图 13-6 (b-ⅱ)。为了尽量减小电缆形锂离子电池的体积,Yadav 等[87]最近设计和制造了一种基于碳纤维(厚度≈$22\mu m$)的微型电缆状锂离子电池,见图 13-6 (c)。制备的同轴型锂离子微电池在 $13\mu A/cm^2$ 电流密度下的面积放电比容量约为 $4.2\mu A \cdot h/cm^2$,100 圈循环后容量保持率为 85%,具有良好的循环性能。此外,这种纤维微电池在静态和弯曲条件下都能很好地供电,其良好的坚固性表明了在可穿戴应用的前景。

采用工业化缠绕技术可以连续制备出纤维状锂离子电池。根据 Weng 等[88]的报道,将碳纳米管/硅复合纱线阳极和碳纳米管/锰酸锂复合纱线阴极依次缠绕在棉纤维上,制备了螺旋同轴纤维状锂离子电池。在组装之前,纱线阴极是通过滚动卷曲掺入 $LiMn_2O_4$ 颗粒沉积的碳纳米管片制作而成的,见图 13-6 (d-ⅰ);而复合纱线阳极则是通过滚动卷曲中间夹有一层硅涂覆碳纳米管片的多层裸碳纳米片制备而成的,见图 13-6 (d-ⅱ)。在缠绕两个电极和凝胶电解质之后,可收缩管作为保护层覆盖外部,制作出螺旋同轴纤维状锂离子电池,见图 13-6 (d-ⅲ)。该电池的线性比容量为 $0.22mA \cdot h/cm$,线性能量密度为 $0.75mW \cdot h/cm$。将螺旋同轴锂离子电池进一步编织成柔性织物后,织物电池获得了 $4.5mW \cdot h/cm^2$ 的面积能量密度,见图 13-6 (d-ⅳ)。

目前大多数高性能纤维状锂离子电池都是由易燃有毒的液态有机电解质构成的,在变形过程中可能会引发安全问题[89-91]。为此,Zhang 等[62]制备了一种高功率密度的水性纤维状锂离子电池。该研究工作中,以聚酰亚胺(PI)纳米片/碳纳米管和锰酸锂/碳纳米管复合纤维为阳极和阴极,将水溶性硫酸锂(Li_2SO_4)作为电解质制备出水系锂离子电池体系。得到的纤维状锂离子电池具有优异的倍率性能,即使在 $100C$ 电流密度下,比容量仍保持在 $101mA \cdot h/g$。

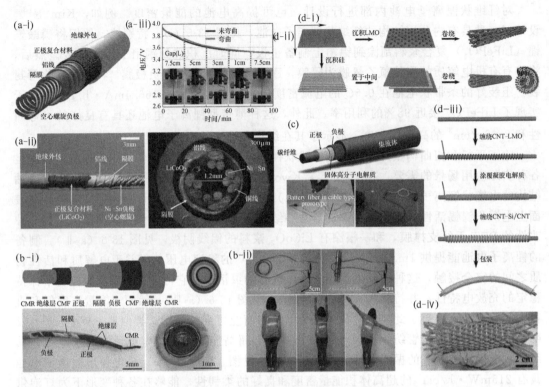

图 13-6 同轴构型的纤维状锂离子电池

(a-ⅰ)、(a-ⅱ) 具有空心螺旋阳极的电缆状锂离子电池及其各部分组件;(a-ⅲ) 具有空心阳极的锂离子电池在不同弯曲状态下的放电性能[15];(b-ⅰ) 基于碳纳米管薄膜的电缆状锂离子电池;(b-ⅱ) 电缆形锂离子电池的柔性和可穿戴展示[86];(c) 基于碳纤维的柔性全固态锂离子 LIB 的示意图[87];(d-ⅰ) 碳纳米管/锰酸锂复合纱线;(d-ⅱ) 具有混合层状结构的碳纳米管/硅复合纱线;(d-ⅲ) 同轴型纤维状锂离子全电池的组装过程示意图;(d-ⅳ) 由柔性同轴纤维状锂离子全电池编织成的织物电池[88]

在实际应用中,可穿戴电子器件不可避免地会被拉伸成任意形状,以便它们能够与人体皮肤舒适地贴合,并在实际应用中适应各种外力变形和动态运动。实现高弹性的有效策略是将纤维状电池缠绕在可伸缩弹性基底上,从而赋予整个器件可拉伸性能。例如,Ren 等[76] 制备了一种可拉伸的纤维状锂离子电池,首先将磷酸钛锂/碳纳米管 (LTO/CNT) 和锰酸锂/碳纳米管 (LMO/CNT) 复合纤维状电极平行配对,并在中间放置隔膜,然后把组装好的电池缠绕在纤维状弹性聚二甲基硅氧烷 (PDMS) 基底周围,最后覆上凝胶电解质并以热收缩管进行封装,制成可拉伸纤维状锂离子电池,见图 13-7 (a)[92]。该纤维状锂离子电池可重复拉伸 600% 形变量,其比容量保持在 88% 以上。

一般来说,锂金属本身不易拉伸,一旦超过弹性极限,容易导致拉伸后发生不可逆形变。Wang 等[93] 将熔融锂注入氧化锌纳米线阵列改性碳纳米管纤维中,制备了一种可拉伸复合型锂负极。然后将该锂负极与二硫化钼/碳纳米管 (MoS_2@CNT) 纤维状正极配对,再将配对的两根电极螺旋缠绕在弹性基底上,从而构建成可拉伸的锂金属电池,见图 13-7 (b-ⅰ)。结果表明,该电池具有良好的拉伸性和电化学性能,在 100% 的应变下容量保持为 90.3%,经过 100 次重复拉伸释放的循环后,展示出稳定的动态电化学性能,见图 13-7 (b-ⅱ)。

在这些研究中，直径大的弹性基底不可避免地会增加器件体积和重量，导致比容量降低。为了解决这个问题，Zhang 等[94] 开发了本征可拉伸的具有类弹簧状结构的纤维状电极，并制造出没有弹性基底的可拉伸纤维状锂离子电池，见图 13-7（c-ⅰ）。这些类弹簧状纤维电极通过将几种碳纳米管纤维缠绕在一起，扭成均匀的螺旋结构，达到 300% 形变的拉伸性能，见图 13-7（c-ⅱ）。接着，分别采用锰酸锂（$LiMn_2O_4$）和钛酸锂（$Li_4Ti_5O_{12}$）纳米颗粒对两个类弹簧状纤维电极进行改性，制备出可拉伸的纤维状锂离子电池。经测试表明，所制备的弹性纤维型锂离子电池具有很高的拉伸性能和稳定性，其比容量为 92.4mA·h/g，在 100% 形变量下容量保持率达到 85%。

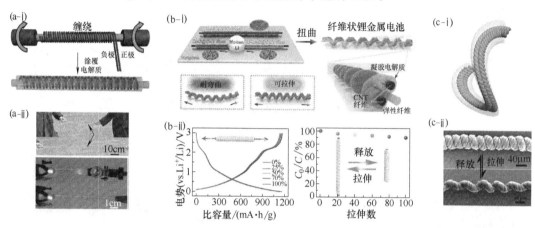

图 13-7 可拉伸纤维状锂离子电池

(a-i) 具有弹性基底的超拉伸纤维状锂离子电池示意图；(a-ii) 拉伸前后超拉伸纤维状锂离子电池的照片[92]；(b-i) 可弯曲可拉伸纤维状锂金属电池的制造方案；(b-ii) 纤维状锂金属电池在 50mA/g 电流密度下不同应变状态下的充放电曲线和归一化容量[93]；(c-i) 基于扭曲状态的类弹簧结构定向碳纳米管纤维的可拉伸纤维状锂离子电池；(c-ii) 基于类弹簧结构的碳纳米管纤维在未拉伸和拉伸状态下的扫描电镜图[94]

13.2.1.2 纤维状锂硫电池

由于其高理论比容量（1675mA·h/g）和能量密度（2600W·h/g），锂硫电池吸引了越来越多研究者的兴趣，被认为是传统锂离子电池的一个有前途的继承者。Fang 等[61] 首次报道了纤维状锂硫电池，他们采用了强度在 31～34MPa 的纳米结构碳纤维作为硫载体和集流体，见图 13-8（a-ⅰ）。将这种复合正极和锂金属负极配对后，制备出纤维状锂硫电池，其可提供高达 400～700mA·h/g 的电池比容量，比之前报道的纤维状锂离子电池高出 3～5 倍。只有 1.8mg 重的复合纤维状电池（10cm）可以为红色 LED 供电 30min，见图 13-8（a-ⅱ）。此外，纤维状锂电池具有良好的灵活性，在不同的弯曲状态下，开路电压保持不变，见图 13-8（a-ⅲ）。Liu 等[95] 也合成了一种具有良好机械柔性的坚固的纤维状载硫正极，该电极因其优越的导电性（11.7S/cm），能释放出高达 1255mA·h/g 的初始比容量和高能量密度，见图 13-8（b）。作为展示，他们使用这种载硫电极制备出一种纤维状锂硫电池，并将其作为储能腕带，在扭曲状态下或在水中弯曲成 90°也能为 LED 灯供电。

基于石墨烯的纤维材料也可用于制备纤维状锂电池。例如，Chong 等[96] 采用了简便的湿法纺丝技术合成了一种无黏结剂的氧化石墨烯/碳纳米管/硫复合电极，在其制备过程中,研究者使用一个狭窄的纺丝喷嘴将悬浮液挤出到搅拌着的乙酸乙酯溶液中,形成直径约为300μm的纤维,见图13-8 (c-ⅰ)。然后将复合纤维电极与锂金属线配对,放置在热收缩管中进行封装,从而制备出同轴结构的纤维状锂硫电池,该电池具有高体积比容量($0.44×10^6$ mA·h/L),高能量密度(917W·h/L)以及长循环寿命,见图13-8 (c-ⅱ)。该电池同样展现出良好的机械稳定性和柔韧性,能够承受30次50%线性变形的弯曲,见图13-8 (c-ⅲ)。

尽管纤维状锂硫电池在能量密度方面优于其它许多纤维状电池,但存在一些安全问题,尤其是液态有机电解质和金属锂线的直接使用,应需要认真考虑并解决,为实际应用奠定基础。

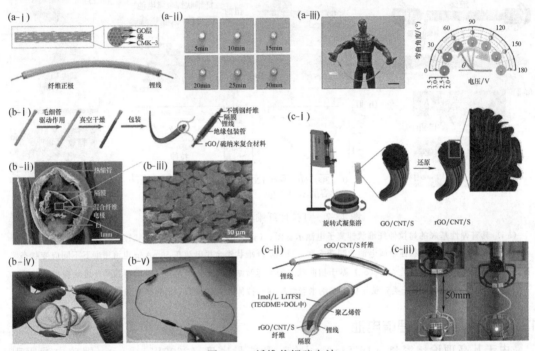

图13-8 纤维状锂硫电池

(a-ⅰ)一种纤维状锂硫电池示意图;(a-ⅱ)一个10cm长的电池可为红色LED灯供电30min;(a-ⅲ)在各种弯曲状态下工作的纤维状锂硫电池[61];(b-ⅰ)利用毛细管作用合成纤维状锂硫电极方法示意图;(b-ⅱ)纤维状锂硫电池的横截面的扫描电镜图;(b-ⅲ)横截面扫描电镜图的放大图像;(b-ⅳ)柔性锂硫电池在扭曲状态时点亮红色LED灯的照片图;(b-ⅴ)在水中弯曲90°时点亮红色LED灯的照片图[95];(c-ⅰ)还原氧化石墨烯/碳纳米管/硫的凝胶纤维电极的合成示意图;(c-ⅱ)由凝胶纤维电极制成的纤维状锂硫电池示意图;(c-ⅲ)组装后的柔性电池在压缩状态下为LED供电[96]

13.2.2 纤维状钠基电池

近年来,由于钠元素丰富的资源和易获得性,钠基电池作为一种潜在的锂离子电池替代能源,受到了广泛的关注[97]。钠离子电池具有与锂离子电池相似的插层/脱层机制,可以通过使用类似的策略和技术来制造。例如,Wang等[98]在三维导电泡沫碳上原位生长垂直的WS_2纳米片,并通过氮掺杂石墨烯量子点(NESES)进行修饰,以此作为正极制备出独立的柔性纤维状钠离子电池,见图13-9 (a-ⅰ)。该纤维状钠离子电池呈现出很高的柔韧性,当从30°弯曲到120°时,依然可以为红色的LED灯供电,见图13-9 (a-ⅱ)。

Chen等[99]通过将蛋黄壳状的NiS_2纳米粒子包埋在多孔碳纤维中,制备出纤维状NiS_2电极,见图13-9(b)。NiS_2/碳纤维电极在0.1C电流密度下的可逆比容量为679mA·h/g,在10C电流密度下的可逆容量为245mA·h/g,在5C电流密度下循环5000圈还能保持76%的容量。在另一项研究中,Zhu等[67]提出了一种经济有效的制作纤维状钠离子电池的策略,见图13-9(c)。为了从工业废水中回收有价值的金属离子,他们收集了废弃的实验用棉料,用作棉纺织基材,采用化学镀的方法将废水中的镍镀到基材表面,并将普鲁士蓝-石墨烯复合材料沉积在上述镀镍织物上作为正极,制备出具有高能量密度、长循环寿命和优异柔韧性的管式柔性钠离子电池。

大多数报道的钠基电池都是基于易燃有毒的有机电解质,这给可穿戴应用带来潜在的安全隐患。为了解决这个问题,Guo等[68]开发了一系列由钠锰氧($Na_{0.44}MnO_2$)正极,磷酸钛钠$[NaTi_2(PO_4)_3]$负极和各种含钠电解质构成的水系纤维状钠离子电池。将制

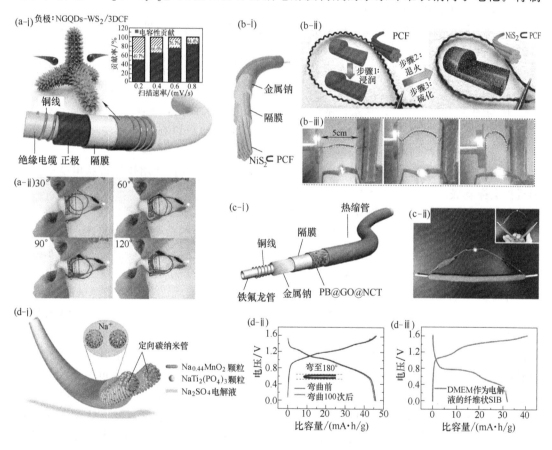

图13-9 纤维状钠基电池

(a-ⅰ)具有自撑式电极的纤维状钠基电池结构示意图;(a-ⅱ)纤维状钠基电池在不同弯曲角度下为红色LED灯供电的照片[98];(b-ⅰ)柔性纤维状钠基电池的结构示意图;(b-ⅱ)$NiS_2⊂PCF$电极的制造过程示意图;(b-ⅲ)纤维状钠基电池在不同弯曲状态下为LED灯供电[43];(c-ⅰ)具有柔性PB@GO@NTC电极的纤维状钠基电池的结构示意图;(c-ⅱ)该纤维状钠基电池在弯曲状态点亮一个LED灯[67];(d-ⅰ)以1mol/L Na_2SO_4为电解质的水系纤维状钠基电池;(d-ⅱ)水系纤维状钠基电池在弯曲试验下的充放电曲线;(d-ⅲ)以细胞培养基为电解质的水系纤维状钠基电池的电化学曲线[68]

备好的纤维状电极平行放置在装有水性电解质（1mol/L Na_2SO_4）的管子中，得到纤维状钠离子电池，见图 13-9（d-ⅰ）。该电池即使在 180°弯曲 100 次后，依然能保持很好的充放电特性，见图 13-9（d-ⅱ）。更重要的是，这种水系纤维状钠离子电池可以在各种含钠的生物相容性电解质（如生理盐水和细胞培养基）中稳定工作，显示了它们的安全性和可穿戴应用的潜力，见图 13-9（d-ⅲ）。

13.2.3 纤维状锌基电池

在可穿戴/便携式电子器件中，水系锌基电池被认为是非质子电池最有前景的替代系统。水系锌基电池的优点主要有以下几点：

① 锌金属具有极大的理论比容量（820mA·h/g 或 5854mA·h/cm^3），水性电解质中相对较负的反应电位（-0.76V，与标准氢电极相比）以及双电子迁移过程，使组装的电池具有良好的比容量和优异的能量密度和功率密度。

② 与非质子型电解质相比，水系电解质优越的离子导电性有助于提高水系锌基电池的倍率性能。

③ 不可燃的水系电解质非常安全，组装的水系锌基电池适合为可穿戴柔性电子器件供电。

④ 与锂离子电池相比，水系锌基电池的制造工艺更加简便，成本效益更高。

由于水系电解质良好的稳定性，纤维状水系锌基电池可以在常规环境中进行制造生产，无需昂贵和严格的湿度控制和氧气/压力控制。

⑤ 由于锌金属的储存量大、可塑性强，锌金属丝/线可以直接用作纤维状电池的阳极和机械支撑基底。

最初的纤维状锌基电池是碱性一次电池，它以锌金属线和浸涂二氧化锰的碳纤维为主要材料制备而成，该纤维状锌基电池在弯曲状态下具有稳定的放电容量，见图 13-10（a）。但是，该电池不能充电，而且容量相对较低[100]。最近，基于 α-MnO_2 阴极和温和水系电解质的锌锰电池系统，已成功地将这种传统的一次电池转变为一种高度可逆充放电的系统，即锌离子电池，被认为是锂离子电池有前途的替代系统[101-104]。为了尝试改进，Zhi 课题组[36] 制备了一种可充电的纤维状水系锌锰电池，其中两根经 α-MnO_2 和 Zn 改性的双螺旋碳纳米管纤维分别作为阴极和阳极，上面涂覆着一种溶解了中性硫酸锌和硫酸锰的聚丙烯酰胺（PAM）水凝胶电解质，见图 13-10（b）。测试结果表明，该纤维状锌离子电池具有 302.1mA·h/g 的优良比容量，53.8mW·h/cm^3 的高体积能量密度以及 500 圈循环后容量保持率达到 98.5% 的显著稳定性。另外，通过阳离子和阴离子在聚合物基正极材料 [如聚苯胺（PANI）等] 中的双离子共嵌入机制，为锌离子电池的电化学研究提供了新的方向。Wan 等[105] 采用原位聚合法在碳纤维表面原位生长聚苯胺，制备了一个新的有机电极，在 5A/g 电流密度下，组装的纤维状电池具有 95mA·h/g 的比容量，经过 3000 圈循环后，仍能保持 92% 的电池容量，见图 13-10（c）。为了研究电解质的影响，Wang 等[106] 采用不同的锌盐电解质，包括 $Zn(CF_3SO_3)$ 和 $ZnCl_2$，制备了几种纤维状锌锰微电池，并证明了 MnO_2 正极的电化学性能（特别是比容量和循环性能）是受到锌盐分子大小的影响的，见图 13-10（d）。

根据近年来的研究成果，将镍基和钴基复合材料集成到储能器件中，特别是可充放电碱性电池中，为开发高安全性、强倍率性能、高能量密度的绿色电源开辟了新的研究途径。然而，商用镍锌电池存在着枝晶形成和锌电极腐蚀等问题。为了解决这一问题，研究者设计了一种掺杂锂的二氧化钛纳米管定向纤维状阳极，以限制锌的沉积，使其在纳米管内形成纳米颗粒，并防止大块锌枝晶的形成[107]。利用这种复合电极，制备了一种具有超长循环稳定性（20000圈循环后容量保持率达到95%）和优越体积能量密度（0.034W·h/cm³）的纤维状 Mn-NiO$_x$/Zn 电池，见图13-10（e）。Zeng 等[108] 研制了一种基于异质结构 Ni-NiO 正极的长循环纤维状镍锌电池，见图13-10（f）。组装后的纤维状镍锌电池在10000圈循环后几乎没有容量衰减，功率密度高达 20.2mW/cm²。

在纤维电极表面构建一个精致的骨架状结构，是防止锌枝晶的一个有效策略。Li 等[109] 在碳布上原位生长 ZIF-8 衍生 ZnO@C 核壳纳米棒骨架，并在上面沉积锌，制备了出一种三层的 CC-ZnO@C-Zn 抗枝晶阳极，见图13-10（g）。这种抗枝晶阳极使组装好的纤维状电池器件表现出1600圈循环的显著稳定性，以及优越的能量密度（4.6mW·h/cm³）和功率密度（0.42W/cm³）。为了延长银锌电池的循环寿命，Zamarayeva 等[63] 尝试采用2mol/L氢氧化钾（KOH）改性电解质以减少银离子的溶解，见图13-10（h）。同时为了防止银离子向锌电极迁移，在电极之间用赛璐玢膜作为隔膜，制备出纤维状银锌电池。该纤维状银锌电池的循环寿命延长到170圈，体积和质量能量密度分别为53.4W·h/L 和 18.35W·h/kg。

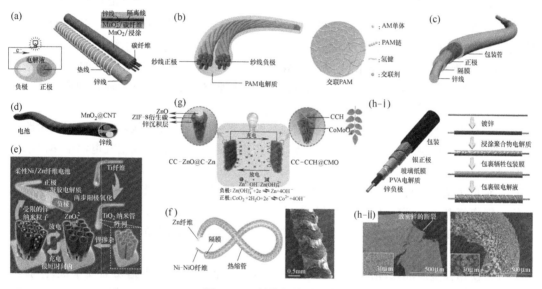

图 13-10 纤维状锌基电池

(a) 纤维状锌锰一次电池的结构示意图[100]；(b) 由 PAM 基凝胶电解质组成的纤维状水系锌离子电池的结构示意图[36]；(c) 纤维状锌-聚苯胺电池的结构示意图[105]；(d) 可充放电的纤维状锌锰电池的结构示意图[106]；(e) 纤维状镍锌电池的结构示意图[54]；(f) 纤维状 Ni-NiO//Zn 电池的结构示意图[108]；(g) 无枝晶的纤维状锌钴电池的工作机理[109]；(h-ⅰ) 纤维状银锌电池的结构示意图；(h-ⅱ) 镀锡铜线上的沉积锌的扫描电镜图[63]

13.2.4 纤维状空气电池

追求更高的能量密度一直是下一代储能系统研究的热点。空气电池由于其超高的能量密度和比容量而蓬勃发展。然而，大多数传统的空气电池都被制成二维刚性结构。相比之下，一维纤维状结构在人体工程学和电化学性能方面具有多个协同优势：

① 一维构型可优化器件在不规则表面上的几何适应性，赋予空气电池高柔韧性和耐磨性；

② 其线型结构能展现出最大的表面积，空气可以向周围所有方向进行扩散，而平面结构中空气只能单向扩散；

③ 可编织的纤维状空气电池可以赋予储能纺织品"透气"的结构，大大提高了它们在可穿戴应用中的穿着舒适性。

13.2.4.1 纤维状锂空气电池

由于理论能量密度高达 3600W·h/kg，可充电锂空气电池被认为是最具竞争力的储能系统之一[110,111]。Zhang 等[64] 开发了一种具有同轴结构的柔性纤维状锂空气电池，它由一块凝胶电解质和定向碳纳米管片空气电极构成，见图 13-11（a）。在该体系中，凝胶电解质不仅用作离子导体，还用作防止氧气扩散的锂金属保护层。组装后的纤维状锂空气电池在 1400mA/g 电流密度下能提供 12470mA·h/g 优异的比容量，即使在空气环境下，它也可以有效地循环 100 圈并保持 500mA·h/g 的比容量。一般来说，纤维状锂空气电池循环性能差的主要原因是中间产物 Li_2O_2 与环境空气中的水分和二氧化碳发生副反应，形成化学稳定的 Li_2CO_3，堵塞了空气电极。为了提高纤维状锂空气电池在空气中的循环稳定性，Peng 课题组[112] 提出了一种组合低密度聚乙烯（LDPE）膜和含 LiI 的凝胶电解质的新策略，其中 LDPE 膜可以显著延缓 Li_2O_2 在空气中向 Li_2CO_3 转化的副反应，而 LiI 在凝胶电解质中可作为氧化还原反应媒介，促进 Li_2O_2 在充电过程中的分解，见图 13-11（b-ⅰ）。循环测试结果表明，组装后的纤维状锂空气电池在空气环境中实现了 610 圈充放电循环，见图 13-11（b-ⅱ）。

聚合物凝胶通常能够均匀覆盖电极表面，改进界面间的接触，从而减少泄漏和短路的风险，而离子液体由于其较宽的电化学窗口和高热稳定性，而成为锂空气电池中热门电解质材料[113,114]。为了结合他们的优点，Pan 等[115] 通过混合离子液体 LiTFSI 和 PVDF-HFP，合成了离子液体凝胶电解质。然后，用定向碳纳米管片和锂金属线制备出同轴型纤维状锂空气电池，其在 2mV/s 扫描速度下显示出 1~5V（vs. Li^+/Li）的极宽电化学窗口，同时还能在 140℃ 环境和 10A/g 电流密度下稳定工作 380 圈循环，展示出其极好的高温热稳定性。

直接使用锂金属和枝晶的生成是锂空气电池可穿戴应用设计中迫切需要解决的问题。Zhang 等[116] 提出了一种用锂化硅/碳纳米管复合纤维替代锂金属电极的新策略，见图 13-11（c）。他们利用硅/碳纳米管复合纤维电极构建了直径约为 $500\mu m$ 的同轴型纤维状锂空气电池。碳纳米管片上大量的空隙可以从各个方向吸收和扩散氧气以进行反应，硅的高比容量使得柔性纤维状锂空气电池具有 512W·h/kg 的超高能量密度。考虑到商业价值和可扩展性，Lin 等[37] 开发了一种低成本、可工业化生产的金属丝/棉纤维纱线，制备出一种自支撑空气电极。这些棉纤维纱线是通过浸入一种掺 RuO_2 的含氮碳纳米管油墨中进行改性的，见图 13-11（d-ⅰ）。组装好的纤维状空气电池在 320mA/g 电流密度下能提供 1981mA·h/g 的放电比容量，它在弯曲状态下可以稳定工作 100 圈循环不会发生明显性能退化，表现出良好的柔韧性和稳定性，见图 13-11（d-ⅱ）。

对于大多数已报道的锂空气电池，供给正极的反应气体是空气，更准确地说是大气中的氧气。锂二氧化碳电池作为一种新型的概念性锂空气电池，目前正在兴起并吸引了越来越多的研究兴趣，有望在火星上利用二氧化碳开发新能源，并在航空航天探索领域带来新的技术革命。最近，Zhou 等[69]用涂覆 Mo_2C 纳米颗粒碳纳米管薄膜电极和凝胶电解质构建了一种柔性纤维状锂二氧化碳电池，见图 13-11（e-ⅰ）。加入的 Mo_2C 纳米粒子通过协调电子转移稳定中间放电产物 $Li_2C_2O_4$，从而降低过电位。组装后的纤维状锂二氧化碳电池在 3.4V 以下具有低充电电位，能量效率超过 80%，循环性能也提高到了 40 圈。此外，一个 8cm 长的纤维状电池可以点亮玩具上的三个大功率 LED 灯（0.6W），并在 0°~180°不同的弯曲角度下都能正常工作，见图 13-11（e-ⅱ）。

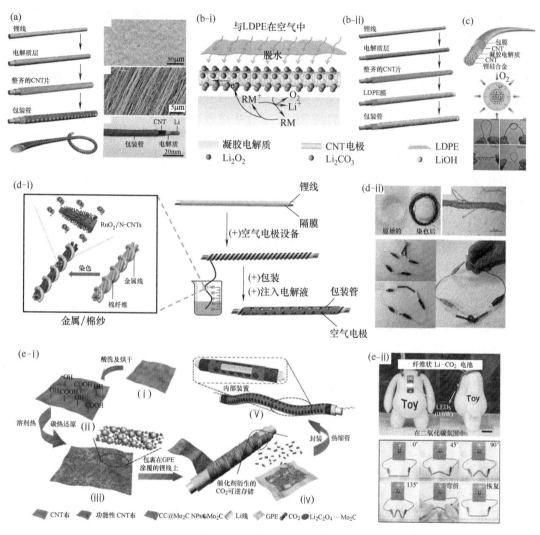

图 13-11　纤维状锂空气电池

(a) 纤维状锂空气电池结构示意图[64]；(b-ⅰ) 含 LiI 还原介质的低密度聚乙烯薄膜的作用机理；(b-ⅱ) 长循环纤维状锂空气电池的结构示意图[112]；(c) 柔性锂硅-氧气电池的结构和工作机理[116]；(d-ⅰ) 锂空气纱线电池的制备示意图；(d-ⅱ) 可工业化的可编织的金属/棉纱的照片以及组装的纤维状锂空气电池在各种变形状态下为 LED 供电的照片图[37]；(e-ⅰ) 基于 CC@Mo_2C NPS 自支撑薄膜的柔性纤维状锂二氧化碳电池的制作过程；(e-ⅱ) 纤维状锂二氧化碳电池的柔性和耐磨性展示图[69]

尽量纤维状锂空气电池的研究已经取得了许多令人兴奋的成果，但依然存在着一些巨大的挑战，如副反应、在空气中的循环性差、液体电解质的泄漏风险以及缺乏更有效的器件构型，这些问题阻碍了纤维状锂空气电池走向可穿戴的实际应用。

13.2.4.2 纤维状锌空气电池

由于可充电锌空气电池自身的高安全性、环保性和高理论能量密度（1086W·h/kg），使其特别有利于便携式和可穿戴电子器件的储能[117]。为了扩大锌空气电池的应用范围，柔性纤维状锌空气电池正在迅速发展。例如，Park 等[60] 报道了由螺旋状锌负极、附有廉价催化剂（NPMC）的空气电极和自支撑式凝胶电解质组成的一种全固态纤维状锌空气电池，见图 13-12（a）。其空气电极中使用的铁/氮/碳复合催化剂对氧还原反应（ORR）具有很高的催化活性，与未加载电极相比，加载催化剂的电极表现出 0.9V 的高电压平稳性和 10h 的超长持续时间。

由于定向碳纳米管具有高导电性、重量轻、机械稳定性好等特点，已成为一种有前途的空气电极材料。Xu 等[118] 采用交叉叠层碳纳米管片作为空气电极制备了纤维状锌空气电池，见图 13-12（b）。此外，他们将 RuO_2 水合物涂覆在凝胶电解质上，作为析氧反应（OER）的催化剂，同时使用锌弹簧作为负极。所制备的纤维状锌空气电池在 1A/g 电流密度下具有 1V 的工作电压和优异的充放电性能。无机催化剂与碳基底间有限的黏附力经常导致性能下降，尤其当器件处于变形状态下工作时。为了提高与活性催化剂耦合的碳纳米管片的性能，Zeng 等[119] 提出了一种在氮氧双掺杂碳纳米管（N-OCNT）薄膜上原位附着 $NiCo_2O_4$ 纳米片的自支撑式空气电极，见图 13-12（c）。然后，由空气电极、锌金属线和 PVA-KOH-Zn$(OAc)_2$ 凝胶电解质构建出纤维状锌空气电池。该柔性纤维状电池放电电位和充电电位分别为 1.1V 和 1.8V。作为柔性表征，他们将两个 20cm 长的纤维状锌空气电池串联起来，即使在平面、90°弯折、波浪形弯曲和螺旋形扭曲状态下都能稳定地点亮一个 LED 灯。

传统的锌空气电池通常采用聚乙烯醇（PVA）、聚丙烯酸（PAA）和聚丙烯酰胺（PAM）电解质进行组装[120]。然而，当这些凝胶电解质与强碱性溶液混合时，由于聚合物链在强碱性环境中容易发生水解作用，使凝胶不可避免地失去机械强度。为了解决这个问题，Zhi 课题组[121] 以聚丙烯酸钠（PANA）和具有显著耐碱性的纤维素为原料，研制了一种双网络水凝胶电解质，即使在强碱作用下也可以保持良好的拉伸性能。合成的水凝胶电解质在 6mol/L KOH 中浸泡仍能保持 1000% 以上的拉伸性能。采用耐碱性水凝胶电解质所制备的纤维状锌空气电池，在不同变形状态下仍具有超稳定的电化学性能，见图 13-12（d）。

在许多情况下，柔性锌空气电池的能量效率受到由缓慢的氧还原反应（ORR）和析氧反应（OER）动力学引起的大过电位的限制。因此，Meng 等[122] 提出了一种由 Co_4N、碳纤维网络和碳布组成的新型三维自支撑电极，见图 13-12（e）。Co_4N/CNW/CC 电极因其独特的 N-C 纤维导电网络结构和 Co-N-C 高活性位点而具有优良的 OER 和 ORR 双重催化性能。因此，在 $50mA/cm^2$ 下，组装的 ZAB 型电缆具有 1.09V 的低充放电电压差和持续 408 圈的长循环寿命。此外，Guan 等[123] 也报道了一种高效、稳定的空气电极，它对 ORR 和 OER 动力学都具有很高的催化性能，该空气电极通过在柔性碳基底上原位生长钴/氮化钴（Co/CoN$_x$）复合纳米颗粒合成。组装后的纤维状锌空气电池的放电电流密度高达 344.7mA/cm³，体积功率密度高达 104.0mW/cm³。

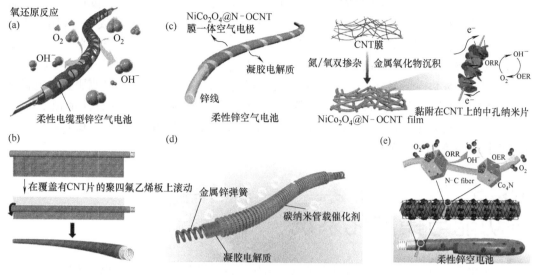

图 13-12　纤维状锌空气电池

(a) 柔性全固态纤维状锌空气电池示意图[60]；(b) 以碳纳米管片为空气电极的纤维状锌空气电池[118]；
(c) 以 $NiCo_2O_4$@N-OCNT 薄膜为一体化空气电极的纤维状锌空气电池[119]；(d) 可拉伸纤维状锌空气电池示意图[121]；(e) Co_4N/CNW/CC 电极及组装后的纤维状锌空气电池[122]

13.2.4.3　纤维状铝空气电池

考虑到铝金属资源丰富、重量轻、理论能量密度高（2796W·h/kg），铝空气电池在可持续储能领域引起了广泛的兴趣。Xu 等[65]开发了一种基于银纳米颗粒涂层碳纳米管空气电极和弹簧状铝负极的纤维状铝空气电池，其在 0.5mA/cm² 电流密度下呈现出高达 935mA·h/g 的电池比容量，以及 1168W·h/kg 的高能量密度。另外，Fotouhi 等[124]设计了一种一次性低成本的可用于便携式即时检测医疗器件的纤维状铝空气电池，它可以通过吸收缓冲液（PBS）或碱性溶液来激活，产生超过 1.5mW 的功率。铝金属在热力学上不能在水系电解质中电沉积，因此这些铝空气电池不能循环充放电，这严重限制了它们的实际应用。

13.2.5　其它纤维状电池

除上述电池系统外，其它纤维状电池系统，包括镍铁电池、基于金属有机框架材料电池、双离子电池和液态金属空气电池等也出现许多报道。例如，Jin 等[70]提出了一种形状可控的锰掺杂方法，该方法通过在铜纤维电极表面生长氧化镍（Mn-NiO）和氧化铁（Mn-Fe_2O_3）纳米晶来优化铜纤维电极，制备出的电极具有良好的能量密度（61.0mW·h/cm³）和功率密度（48.4W/cm³）。此外，Li 等[125]设计了一种由 CoP@Ni(OH)$_2$ 纳米线簇/碳纳米管纤维正极和轴状 α-Fe_2O_3/CNT 碳纳米管纤维负极组成的纤维状镍铁电池。组装的电池工作电压为 1.6V，并具有高能量密度（81.0mW·h/cm³）。

最近，Zhang 等[71]开发了一种基于全金属有机框架（MOF）衍生材料的水系纤维状电池。该研究以 MOF 衍生的 NiZnCoP 纳米片阵列材料和纺锤状 α-Fe_2O_3 为电极材料，制备了两种复合碳纳米管纤维。由此制造出来的纤维状电池具有优异的电池比容量（0.092mA·h/cm^2）和高能量密度（30.61mW·h/cm^3）。Song 等[126] 设计了一种负极为全方位多孔铝丝，正极为铝丝上覆盖石墨的纤维状双离子电池。在充放电过程中，Li$^+$ 和 PF$_6^-$ 来回移动，伴随着可逆的 PF$_6^-$ 插层/脱层进入/离开石墨夹层。纤维状双离子电池在 1C 电流密度下的比容量高达 145.7mA·h/g，200 圈循环后其比容量可保持在 130.3mA·h/g 以上。另外，采用液态金属阳极代替现有的固态阳极，是克服金属电极枝晶问题的一种有效途径。最近，Liu 等[127] 介绍了一种新型管状共晶镓铟液态金属（EGILM）空气电池，其在 1.5V 电压下的功率密度高达 0.383mW/cm^2，在 0.8~1.5V 电压范围内具有稳定的放电特性。

13.3 多功能与集成化系统

除了电化学储能功能，纤维状电池的最新研究范围已进一步扩大到更具吸引力和挑战性的多功能性，例如在防水/防火能力方面的环境适应性，对外部刺激的响应性（例如自愈合和形状记忆），以及自供电功能（与风能和太阳能收集技术的集成化）。下面将依次介绍这些"智能"电池系统的一些重要进展，以期对智能化和便利化的研究有所启发。

13.3.1 防水/防火纤维状电池

迄今为止，已经有很多设计可用于防止纤维状电池浸水和燃烧，这些方法一般从外层的封装或凝胶电解质的修饰来进行。例如，Wu 等[128] 研制了一种超疏水的柔性电解质膜，置于正极和锂负极之间可以防止水的渗入。组装出来的锂空气电池在相对湿度为 45%的潮湿环境中实现了较长的循环寿命。基于相似的原理，Liu 等[129] 合成了一种基于聚偏氟乙烯-六氟丙烯（PVDF-HFP）的凝胶电解质，其呈现出良好的柔韧性和疏水性，见图 13-13 (a-ⅰ)。该凝胶电解质的疏水表面有效地保护了锂负极不受水分的侵入。组装后的纤维状，电池即使浸入水中也能稳定工作，证实了疏水凝胶电解质有效的保护作用，见图 13-13 (a-ⅱ)。

如果有机电解质泄漏并暴露在环境中，很容易会引起燃烧。为了解决这个问题，Zhou 等[69] 报道了一种新型的基于阻燃 PVDF-HFP 凝胶电解质的纤维状锂二氧化碳电池，见图 13-13 (b)。在这项工作中，PVDF-HFP 凝胶电解质不仅能够防止电解质泄漏，还能作为一个坚固的隔膜，有效抑制因短路引起的火灾风险，从而大大提高了电池的安全性。对照组中的传统液体电解质极易着火，而装配了该凝胶电解质的纤维状锂二氧化碳电池在火焰中呈现出良好的耐火性能。另外，Yin 等[130] 报道了一种具有防水/防火双重功能的高安全柔性纤维状锂氧电池，见图 13-13 (c-ⅰ)。该研究中，他们以聚酰亚胺和聚偏氟乙烯（PIPV）合成了一种复合膜并作为电池隔膜使用。表面涂有 PIPV 的锂金属片在水中可以稳定存在，组装后的纤维状锂氧电池可以放置在水中弯曲到一定状态还能稳定工作，见图 13-13 (c-ⅱ)。在安全性测试方面，他们进行了穿刺实验，结果表明纤维状锂氧电池可以释放大量的热量以避免爆炸。即使暴露在火焰中，该电池也能在火焰中不发生燃烧，证明了其极高的安全性，见图 13-13 (c-ⅲ)。

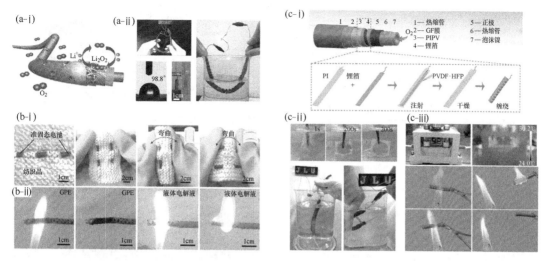

图 13-13 防水/防火纤维状电池

(a-ⅰ) 防水柔性纤维状锂氧气电池示意图；(a-ⅱ) 疏水凝胶电解质膜和组装后的电池在水中弯曲状态下工作的照片[129]；(b-ⅰ) 防火纤维状锂空气电池集成到一种纺织品中，在三个不同的弯曲方向为绿色 LED 供电；(b-ⅱ) 基于凝胶电解质的纤维状锂空气电池的防火性能展示[69]；(c-ⅰ) 具有防水/防火双重功能的高安全柔性纤维状锂氧电池结构示意图；(c-ⅱ) 超疏水 PIPV 隔膜及其组装后的高安全柔性纤维状锂氧电池在水中为 LED 显示屏供电；(c-ⅲ) 高安全柔性纤维状锂氧电池的穿刺试验和防火试验[130]

13.3.2 自愈合与形状记忆纤维状电池

除了高能量和高功率密度外，可靠性也是柔性电池在发展中值得追求的另一个重要特征。为实现可穿戴储能器件在实际应用中的长期稳定性，开发具有智能功能的纤维状电池（如自愈合和形状记忆）具有重要意义。目前通用的策略是采用特定的功能层或基底来修饰普通的弹性纤维集流体[26,131]。例如，Rao 等[132] 尝试了以自愈合羧基化聚氨酯（PU）为保护层，研制出一种新型自愈合纤维状锂离子电池，见图 13-14（a-ⅰ）。自愈合性能主要是由于当羧基暴露在刚断裂的表面时，可以在两个切割部分的界面上形成丰富的氢键，见图 13-14（a-ⅱ）。此外，聚氨酯在回缩过程中产生的应力会将断开的纤维状电极拉紧贴合一起。该自愈合柔性纤维状锂，能在不同的变形状态下保持稳定的电池性能，在 50 圈循环周期内交替切割 5 次和修复后仍能保持 50.3% 的容量，展示出很好的实用价值。

一些柔性电池在强变形下容易发生不可逆转的变化，导致性能不可避免地下降，甚至损坏。因此，回复机械变形后的形状和储能能力是很有意义的。为了提高柔性电池在机械变形后的可回复性，研究者提出了一种形状记忆纤维状锌锰电池，该电池由锌沉积镍钛合金线负极、导电纱线正极和明胶-硼砂混合电解质构成，见图 13-14（b）[133]。镍钛合金具有一种有趣的形状记忆效应，即在受到外部刺激（如热）后，镍钛合金可以从机械变形状态（即临时形状）回复到初始的形状。当组装好的柔性电池弯曲到接近 90°后浸入 45℃ 的水中，电池的形状在 6s 内发生快速回复，其充放电曲线几乎不受影响。即使经过 5 次循环弯曲回复过程后，与初始状态下的测试相比，形状记忆纤维状电池仍表现出 96.8% 的容量保持率，证明了其较高的机械与电化学稳定性。

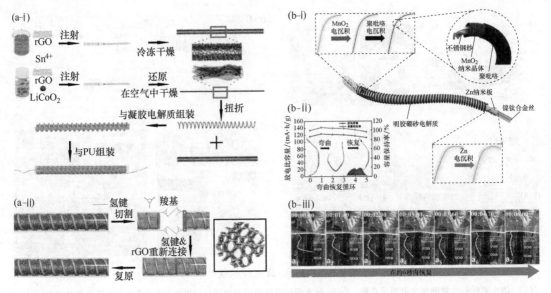

图 13-14　自愈合与形状记忆纤维状电池

（a-ⅰ）自愈合纤维状锂离子电池的制备过程；（a-ⅱ）具有聚氨酯封装层的纤维状锂离子电池的自愈合机理[132]；（b-ⅰ）形状记忆纤维状锌离子电池的结构和制造过程示意图；（b-ⅱ）形状记忆纤维状锌离子电池在循环弯曲回复试验下的放电容量；（b-ⅲ）变形的形状记忆纤维状锌离子电池在浸入45℃水中的形状回复过程图[133]

13.3.3　其它多功能纤维状电池

三维打印技术以其良好的可扩展性、低生产成本和构建复杂结构的能力被公认为最高效的先进生产技术之一。此外，成熟的锂离子电池的电极浆料可直接应用于制备3D打印的油墨材料，因此，3D打印为实现高效制备复合纤维电极提供了新的视角和策略。为此，Wang等[134]提出了一种基于挤出型3D打印技术的可打印纤维状锂离子电池，见图13-15（a-ⅰ）。该项工作中，他们将磷酸铁锂（LiFePO$_4$）和磷酸钛锂（Li$_4$Ti$_5$O$_{12}$，LTO）的电极材料分别与碳纳米管（CNT）导电剂混合于聚偏二氟乙烯（PVDF）溶液中，制备出用于打印纤维状LFP正极和LTO负极的电极油墨，见图13-15（a-ⅱ）。将PVDF-co-HFP凝胶电解质通过在溶解了LiPF$_6$的EC/DEC溶液中浸渍进行优化，使其作为准固态凝胶电解质，涂覆在扭曲缠绕纤维状电极上。制备的纤维状锂离子电池展现出很高的放电比容量（在50mA/g的电流密度下能放出约110mA·h/g的电池比容量，见图13-15（a-ⅲ），并具有良好的机械柔韧性，见图13-15（a-ⅳ）。

另外，Guo等[68]报道了以钠锰氧化物（Na$_{0.44}$MnO$_2$）和纳米碳包覆磷酸钛钠（NTPO@C）为电极材料的多功能纤维状水系钠离子电池。有趣的是，当使用生物相容性生理盐水和细胞培养基作为电解质时，这种电池仍然可以稳定工作，显示出在植入式电子设备中的应用前景，见图13-15（b-ⅰ）和（b-ⅱ）。此外，当电解质中存在溶解氧时，纤维状钠离子电池的充电过程包括两部分：正极中钠离子的脱嵌过程和在NTPO@C负极上发生的氧气还原反应。在充放电过程中，NTPO@C负极上发生了氧气电化学还原过程，这可能导致氧气的消耗和电解质中pH值的变化，这个过程可以被认为是电化学除氧过程，见图13-15（b-ⅲ）。当这些纤维状电极植入人体后，这种电化学脱氧功能会在含钠的生理盐水、细胞培养基和体液中发生，以检测耗氧量和调节酸碱度，这种技术有望应用于生物研究和医疗领域。

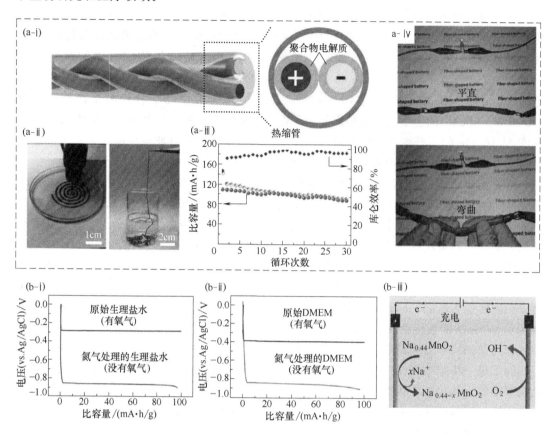

图 13-15 可打印纤维状锂离子电池和具有电化学脱氧功能的水系纤维状钠离子电池
(a-ⅰ) 采用凝胶电解质的三维打印纤维状锂离子电池的结构示意图；(a-ⅱ) 由打印工艺制备的湿纤维电极的图片；(a-ⅲ) 打印出来的纤维状锂离子电池的循环性能；(a-ⅳ) 可打印纤维状锂离子电池在平直和弯曲状态下为 LED 供电的展示图[134]；(b-ⅰ) 纤维状水系钠离子电池在含氧和不含氧的生理盐水溶液的放电曲线；(b-ⅱ) DMEM 溶液的放电曲线；(b-ⅲ) 纤维状水系钠离子电池电化学脱氧过程的工作机理示意图[68]

13.3.4 集成化系统

虽然人们一直在努力开发和优化纤维状电池的电化学性能，但频繁的充电过程仍然不可避免，这给使用带来不便。为了解决这一问题，纤维状储能系统和环境能源收集技术的集成化正在快速发展，以实现自供电功能，这将为能源管理提供更方便、更高效的策略。

例如，与超级电容器的集成化可以同时实现高功率和高能量密度。Zhang 等[135]提出了一种将三个纤维状电极扭结在一起，制成的纤维形状的混合型储能器件，该装置同时具有超级电容器和锂离子电池两个部分的功能和优点，将钛酸锂/碳纳米管复合纤维作为共用电极，见图 13-16（a-ⅰ）。有趣的是，当超级电容器组件的钛酸锂/碳纳米管电极和介孔碳/碳纳米管电极连接时，会产生高功率密度；当锂离子电池组件的锰酸锂/碳纳米管电极和钛酸锂/碳纳米管电极连接时，会产生高能量密度。超级电容器组件可以通过锂离子电池组件自充电，见图 13-16（a-ⅱ）。该复合器件的功率密度达到了约 $1W/cm^3$ 或

5970W/kg，比薄膜型锂离子电池高出近140倍，其能量密度达到了约50mW·h/cm³或90W·h/kg。

将纤维状电池与风能和太阳能转换器等能量收集技术相结合，也可以赋予集成器件自供电功能[136,137]。例如，Li等[138]报道了一种与风力发电机集成的纤维状锌氧化银（Zn-Ag$_2$O）电池，实现了风力充电功能。正极通过在掺杂氮化物的定向碳纳米管纤维（CNTF-NCA）上沉积氧化银Ag$_2$O纳米粒子制备而成，而阳极则是直接在CNTF-NCA上原位生长锌纳米片，见图13-16（b-ⅰ）。最终得到的柔性纤维状锌氧化银电池具有1.57mW·h/cm²的能量密度和稳定的循环性能（循环200圈后的容量保持率为79.5%），见图13-16（b-ⅱ）。纤维状电池可以与风力发电机集成化，并且能被风能完全充电，通过风力发电机将风力转化为电能，并储存在电池系统中。

太阳能转化技术与储能技术的集成化，实现了复合能源系统的自供电功能。Peng等[139]设计了一种纤维状锌溴（Zn-Br$_2$）电池和纤维状染料敏化太阳电池（FDSC）集成化的柔性储能系统。在这个系统中，首先将锌带负极螺旋缠绕在铂丝正极上，并装在含有溴化锌电解质的柔性透明管中，从而制备了一种体积比容量高达19mA·h/mL的柔性锌溴电池，见图13-16（c-ⅰ）。另外，FDSC是由N719染料敏化电极（由二氧化钛/纳米颗粒双层组成）制备而成的，效率高达6.12%。当FDSC与纤维状电池组件连接时，FDSC将太阳能转换为电能，同时向电池充电以增加电压，见图13-16（c-ⅱ）。该复合能源系统实现了3.4%的能量转换效率。此外，这些集成的纤维状器件可以很容易地缝入柔性织物中，作为便携式和可穿戴电子设备的电源组件。

为了进一步减小尺寸并有效利用所收集的能量，将能量转换和电化学存储功能集成为结构紧凑的一体化纤维状器件，是很有意义的。例如，Zhang等[140]提出了一种策略，将太阳电池、锌锰电池和应变传感器组合成一个同轴结构的太阳能充电纤维状集成化器件，能够同时实现太阳能采集、储能和传感功能，见图13-16（d）。该一体式器件是用一个可伸缩的纤维状应变传感器替换掉同轴纤维状的锌锰电池的弹性纤维轴心，并在器件周围包裹一个弹簧形状的纤维状染料敏化太阳电池（FDSSC）制备而成。特别地，太阳能可以被FDSSC有效地收集和转换成电能，并进一步储存在锌锰电池中。此外，这种太阳能充电的纤维状锌锰电池可以为外部的纤维状应变传感器提供持续稳定的电源。Sun等[141]也开发了一种集光电转换和锂离子存储功能于一体的芯套式纤维状复合能源器件，见图13-16（e-ⅰ）。在该系统中，通过包裹定向碳纳米管层和弹簧状光电负极，在器件外层形成了光电转换组件，见图13-16（e-ⅱ）。所制备的纤维状集成能源器件重量轻、柔韧性好、可编织，能够同时提供高达5.12V的光电压和2.6V的输出电压，可为各种可穿戴电子设备供电，见图13-16（e-ⅲ）。

安全、坚固的电池对于实现可穿戴能源器件起着重要作用。为了将这种电池与能量收集器件结合起来，Zamarayeva等[142]设计了一种具有手镯状结构的集成化储能器件，该手镯状结构包括一个纤维状银锌电池和一个光伏电池组件。其中，电池组件由镀锌螺旋环状弹簧负极和含银纳米颗粒墨水正极制成，见图13-16（f）。电池组件的比容量为1.2mA·h/cm，能够承受17000次循环弯曲形变。有机光伏模块与兼容性纤维状电池相结合，形成一个可穿戴的储能手镯，使电池能在多种照明条件下充电。根据环境照明情况，集成化储能器件可以提供从微瓦到毫瓦的可调节功率，呈现出重要的应用前景。

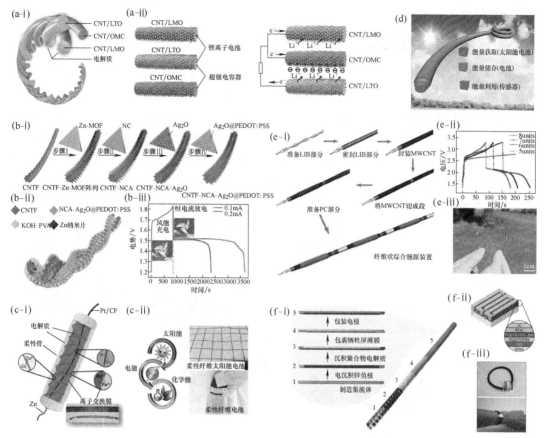

图 13-16 纤维状电池的集成化系统

（a-ⅰ）锂离子电池和超级电容器组件集成化的纤维状复合储能器件的示意图；（a-ⅱ）集成化器件的构型和工作原理[135]；（b-ⅰ）纤维状锌-氧化银电池负极材料的制备；（b-ⅱ）风能收集装置集成化的纤维状储能器件示意图；（b-ⅲ）风能的充电过程和放电曲线[138]；（c-ⅰ）柔性纤维状锌溴电池示意图；（c-ⅱ）纤维状氧化光纤型氧化锌电池与染料敏化太阳电池集成的复合储能器件的可穿戴应用展示[139]；（d）太阳能充电的同轴型纤维状集成系统用于能量采集、储能和传感应用的原理示意图[96]；（e-ⅰ）集成锂离子电池和光电转换的纤维状储能器件的制备；（e-ⅱ）太阳能充放电曲线；（e-ⅲ）弯曲状态下的集成器件[141]；（f-ⅰ）柔性纤维状银锌电池的制备、光电转换组件和纤维状电池集成化系统的结构（f-ⅱ）和数码（f-ⅲ）照片[98]

13.4 从纤维状电池到储能纺织品

考虑到其可扩展性，柔性和可穿戴的储能纺织品代表了纤维状电池发展的一个有前景的未来发展趋势，但这种发展必然需要更严格的标准和复杂的制造工艺。鉴于目前的技术，要实现与天然/合成织物一样完美的致密而柔软的梭织/针织储能织物，仍然具有极大的挑战性，因为其复杂的分层结构使得纤维状电池的直径一般较大，并且机械模量增加，使得它们更难进行纺织。到目前为止，已经发展了两种制备储能织物的通用方法：①将一些纤维状电池缝合在一块现有的织物上；②用纤维状电池当作缝纫线制作比较松散的梭织/

针织储能织物。

13.4.1 纤维状电池缝在现有织物上

为了实现上述目标，Ha 等[143]采用了一体化丝状电极开发了一种高容量的可纺纤维状锂离子电池，见图 13-17 (a)。以磷酸铁锂（$LiFePO_4$）和磷酸钛锂（$Li_4Ti_5O_{12}$）纳米复合材料分别作为正极和负极活性物质，电极通过导电生物黏附胶层和多孔膜壳双重保护，显著提高了纤维状锂离子电池的机械稳定性。装配好的纤维状电池可以通过普通针或小型织布机缝纫成储能织物。在 50% 的拉伸条件下，由纤维状锂离子电池编织而成的织物电池仍保持 84% 的容量，证明了基于整体电极丝的纤维状锂离子电池的编织可行性。除了非质子型锂离子电池外，Peng 课题组的研究人员还率先研究了其它可梭织/针织的纤维状锂离子电池系统，包括锂硫电池、水系锂离子电池和具有高电化学性能的锂空气电池[61,62,112]。这些精心设计的纤维状电池可以与各种柔性产品（如羊毛、手腕和织物等）

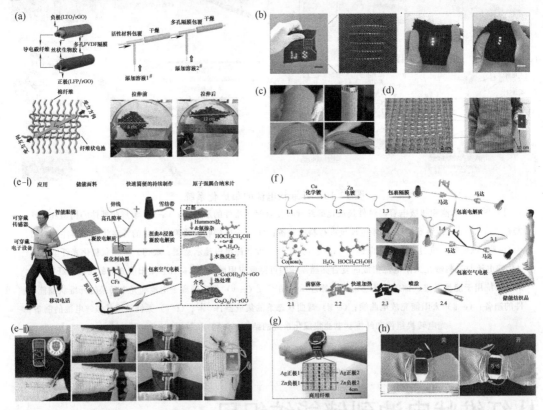

图 13-17 可缝在现有织物上的纤维状电池

(a) 具有一体式纱线电极的可编织的纤维状锂离子电池及其编织的柔性织物电池[143]；(b) 使用五个纤维状锂离子电池编织而成的储能织物[38]；(c) 通过纤维状锂离子电池编织的储能织物不同的变形状态[62]；(d) 织入布料的弹性纤维状锂离子电池以及给智能手机充电的照片[112]；(e-ⅰ) 基于 Co_3O_4/N-rGO 复合纳米片的可编织纤维状锌空气电池的制备；(e-ⅱ) 一种由基于复合纳米片的纤维状编织而成的储能织物，其可为 LED 手表、LED 屏幕供电，甚至一台手机充电[144]；(f) 基于超薄 Co_3O_4 纳米片的可编织纤维状锌空气电池的制备[145]；(g) 两组串联的纤维状银锌电池编织在织物表带上，为商用电子手表供电的照片[146]；(h) 缝入布料中的纤维状双离子电池为商用数字手表供电的照片[126]

结合在一起，可以弯曲、拉伸和扭曲成各种形状，显示出在可穿戴应用的巨大潜力，见图13-17（b）~（d）。

Li 等[144] 开发了一种具有高能量密度的弹性纤维状的锌空气电池，可以编织成用于可穿戴电子设备的储能纺织品，见图13-17（e-ⅰ）。串联3个15cm长的纤维状锌空气电池成功被缝纫进一块柔性织物内，可以为一个LED手表或一个LED屏幕供电；三个并联纤维状锌空气电池组（每个电池组包含3个串联锌空气电池）也集成到织物布中，可以为一部手机充电，见图13-17（e-ⅱ）。类似地，Chen 等[145] 报道了一种以原子层薄 CO_3O_4 纳米片为ORR/OER催化剂的可编织纤维状锌空气电池，见图13-17（f）。两个串联的工作电压可调的纤维状锌空气电池可以被缝纫进衣服中，为各种电子器件供电。

其它可编织的纤维形状电池系统也通过类似的策略进行了演示，以满足各种可穿戴应用的需求。例如，Lee 等[146] 介绍了一种高性能纤维状银锌碱性电池，见图13-17（g）。在这项研究中，将两条5cm长的纤维状电池串联并缝入表带状织物中，就可以持续为商用电子手表供电。Qu 等[147] 报道了一种用于智能纺织品应用的柔性纤维状铝-次氯酸钠原电池。在这项工作中，纤维状电池作为电源附件集成到智能纺织品中，制备的储能纺织品可以点亮一个LED灯，驱动一个无线鼠标，或启动连接到纺织品屏幕上的形状记忆镍钛诺线。此外，Song 等[126] 制备了18.1cm长的以全方位多孔铝丝和石墨涂层铝丝为电极的纤维状双离子电池，其可缝纫进可穿戴的织物中，为电子手表和LED灯等电子器件提供持续电力，见图13-17（h）。

13.4.2 梭织/针织织物电池

梭织/针织几块纤维状电池，形成一块有点松散的能源纺织品，也是目前技术水平实现大规模应用的另一种可行策略。例如，Ren 等[76] 报道了一种具有平行结构的由碳纳米管/钛酸锂（$LiTi_2O_5$）和碳纳米管/锰酸锂（$LiMn_2O_4$）两种复合纱线制备而成的纤维状锂离子电池，其可编织成各种结构的织物电池，见图13-18（a）。该纤维状锂离子电池的线密度为12mg/m，具有27W·h/kg或17.7mW·h/cm^{3}的高功率密度。此外，这些纤维状电池直径很小，只有1.2mm，但机械强度很高，可以很容易地织成具有较高输出功率的柔性电子织物。类似地，Zhang 等[116] 设计了一种同轴结构的纤维状锂空气电池，以锂化硅/碳纳米管复合纤维作为内轴，PVDF-HFP凝胶电解质为中间层，裸露在外的碳纳米管片作为外层空气正极，具有高能量密度和优异的柔韧性，见图13-18（b）。这些同轴结构纤维状电池非常纤细，直径只有500mm，显示出很高的柔软度和灵活性。它们可以编织成多种柔性储能织物，如织物和腕带。编织的储能织物可承受各种变形，包括弯曲、折叠和扭曲，能够持续为商用LED屏幕供电。

除了锂基电池外，Zhi 组[36] 报道了一种由聚丙烯酰胺凝胶电解质、两根分别由锌/碳纳米管和α相二氧化锰/碳纳米管电极旋转缠绕构成的纤维状水系锌离子电池，见图13-18（c-ⅰ）。为了证明其可织性和可裁剪性，研究者将1.1m长的纤维状水系锌离子电池切割成八个独立的部分，并编织成一块储能织物，驱动了由100个LED灯组成的长柔性带，或在不同弯曲状态下驱动一条1m长的电致发光板，见图13-18（c-ⅱ）。又如一个可梭织/针织锌基电池，它以超薄不锈钢316L长丝（平均直径180~250μm）为纱线基底，制备出高导电性纤维状电极[49]。组装后的纤维状电池可以编织成储能织物，将4~5块储能织物串联在一起制成腕带电池，可以为电子手表、一排LED灯或脉冲传感器供电，见图13-18（d）。

为了追求更高的生产效率，Wang 等[134]采用3D打印技术制备了一种柔性全纤维锂离子电池，见图 13-18 (e)。他们首先将磷酸铁锂和磷酸钛锂活性物质加入聚偏氟乙烯/碳纳米管（PVDF/CNT）混合溶液中，制备可打印电极油墨，然后将油墨从3D打印注射器中装入并挤出到乙醇溶液中形成纤维状电极。

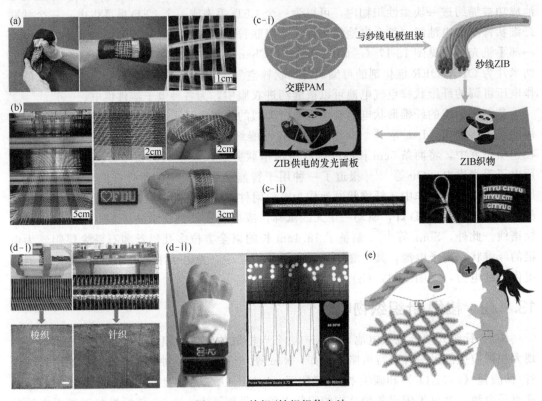

图 13-18 梭织/针织织物电池

(a) 纤维状锂离子电池编织成柔软的储能纺织品[76]；(b) 用纤维状锂化硅-氧气电池编织的柔软织物[116]；(c-ⅰ) 可裁剪纤维状水系锌离子电池被编织成储能纺织品的示意图；(c-ⅱ) 用纤维状水系锌离子电池为电致发光板供电的柔性储能纺织品的照片[36]；(d-ⅰ) 基于工业梭织/针织 NiCo/Zn 纱线电池的储能纺织品的展示图；(d-ⅱ) 由织物电池制作的储能腕带分别为手表、LED灯和脉冲传感器供电的照片[49]；(e) 3D打印的织物电池在可穿戴器件中的潜在应用[134]

13.5
未来可穿戴应用的技术问题

展望纤维状电池在未来的应用，一个有望的发展方向是集成一种便携的可充放电（微型）电池簇器件，比如结构材料电池系统[148-150]，因为它们体积小、机械强度高，可放在衣物口袋中为可穿戴柔性电子器件供能。另一个发展方向就是可穿戴储能纺织品，构成储能纺织品的每一根纱线自身就是一个纤维状电池。尽管科研界已经为纤维状电池的发展付出了巨大的努力，但在这些基本的可穿戴设备能实际应用之前，还需要解决很多技术问题。随着能源纺织品的日益普及，除了电化学性能外，安全性、舒适性、方便性、耐久性等也将成为主要的考虑因素。从某种角度来看，解决以下几个方面涉及的技术问题，对于未来将学术研究成果转化为实际应用非常重要。

13.5.1 细长的纤维状结构引起的高内阻

纤维状电池这种细长的结构带来的第一个问题就是内阻。据报道，大多数纤维状器件都是厘米级的，而且很少会提到它们的电阻。然而，实际情况是，随着纤维状电池的长度逐渐增加，尤其是当较大体积的纤维状电池在变形状态下工作时，电阻越高对电化学性能的不利影响就越明显。电池内阻主要包括以下几个方面：纤维状电极的导电性、电解质与电极之间的界面电阻和电解质的离子导电性。首先，与平面电池相比，纤维状电极的导电性与其长度成反比。金属丝电极尽管具有很高的导电性，但其刚度很高且重量大，而且柔软的碳基纤维状电极的导电性往往不尽人意，影响了电池的电化学性能。此外，在柔性电池反复变形状态下工作时，活性物质有可能会从集流体表面剥落，或者由于黏附力有限而导致电极和电解质分离，这些问题都会显著增加界面电阻。因此，研究者们需要改进电池组装方法和开发更有效的黏合剂材料。至于电解质方面，液态电解质的泄漏隐患和盐的沉淀都将会严重限制离子在电解质中的穿梭传输，导致不可逆的性能退化。由于这些不利影响，当前大多数纤维状电池仅可在厘米级别内有效工作，而长度为米级别以上的电池则经常发生各种性能恶化的问题，更别提工业应用上需求的百米级别。

13.5.2 制备困难

与平面电池相比，纤维状电池制造工艺的要求更为严格和复杂。主要问题在于其复杂的一维几何结构以及各分立元件间有限的相对运动空间，特别是考虑到电池的柔韧性、适应性和电化学性能间的协调时。此外，还应仔细考虑其它潜在的问题，如活性物质溶解、组件间黏附、电解质泄漏等。因此，大多数实验室的研究只能以厘米级纤维状电池的性能进行示范，但这些样板并不能反映在实际应用中的价值。但是随着器件长度的增加，其制备难度也将大大增加。此外，制造成本也是实际生产中的另一个主要问题。例如，定向碳纳米管纤维容易制造，具有优异的导电性和机械强度，是较理想的制备纤维状电极的原材料；但是，连续生产定向碳纳米管纤维的成本非常高昂，且长度增长到仅仅几十厘米时，其电阻也会显著增加。此外，用化学气相沉积法（CVD）在数英里长的纤维上进行涂膜也是非常昂贵的。因此，开发低成本、高产量的大规模化制造技术具有重要意义，但目前仍然难以实现。

13.5.3 隔膜的安置困难

柔性储能器件通常需要安置隔膜，因为在实际应用中，两个电极接触造成短路的风险很大。使用隔膜是避免这种情况发生的有效策略。但是，与夹层结构的平面电池不同，如何在纤维状结构的电池器件中安置隔膜仍然是个巨大挑战。在实验室研究中，大多数报道的纤维状电池使用聚合物凝胶电解质作为隔膜，但聚合物电解质有限的机械强度仍不足以满足实际要求，尤其是在施加较大变形时，凝胶状的电解质往往难以承受。对于未来的可穿戴应用，安置有效的隔膜能有效保证电池的长期稳定性，但考虑到纤维状电池的细长结构，如何优化隔膜与其它内层组件间的适应性，以适应各种复杂的变形仍然是需要迫切解决的难题。

13.5.4 封装困难

在纤维状电池的实际应用中,有效的封装是必不可少的。与平面器件相比,对于具有高曲率界面的一维纤维状器件而言,尤其是那些必须将空气电极暴露在空气中以进行气体扩散的空气电池来说,封装过程更具挑战性。在封装材料方面,热缩管、聚酯薄膜、硅橡胶等聚合物材料已经广泛应用于柔性封装层,但其对于水蒸气和氧气的屏障功能还远远不能令人满意。此外,在纤维状电池集成到穿戴布料或纺织品中之后,它们必须能够经受长期的水洗和汗液渗透。然而,金属负极(例如锂和钠金属线)和有机电解质通常都需要严格的疏水性封装来防止水的侵入。有些文献报道已经尝试了一些封装技术,但没有实施严格而全面的防水性能测试。此外,封装材料极大地增加了纤维状电池的直径,会对灵活性产生不利影响,因此目前需要更有效的封装策略,来实现能像普通衣服那样可清洗的理想的纤维状电池。

13.5.5 厚度减小困难

纤维状电池的灵活性和柔软性很大程度上取决于整个器件的直径。然而,目前报道的纤维状电池的厚度远不令人满意,因为其复杂的结构是由几个必不可少的组件构成的,包括电极、电解质和隔膜/封装层,它们的叠加效应会不可避免地增加整个电池的体积和厚度。此外,器件的构型是另一个重要因素。例如,由于同轴型纤维状电池的多层结构,其电池直径往往大于 2mm;而平行和扭曲构型的纤维状电池通常具有相对较薄的直径(约 $1\sim 2$ mm)[15,66,76]。尽管如此,与一般直径仅为 $200\sim 300\mu$m 的织物中的天然/合成纱线相比,现有的纤维状电池的直径实在太大,远远无法满足大规模梭织/针织的需求,当前技术仍然难以实现能像纯天然/合成织物一样质地致密而柔软的储能纺织品。

13.5.6 机械强度低

目前,对于使用机器的制造工艺研究很少,大多数纤维状器件都是手工制备和编织成纺织品的。基于现有的技术,如何实现纤维状电池的大规模生产,以及如何采用机器梭织/针织方法简便地将纤维状电池编织成透气的储能纺织品,还是个有待解决的难题。梭织/针织技术方面,剑杆梭织机和斯托尔(STOLL)针织机通常对纱线施加 $400\sim 800$MPa 的拉伸应力。虽然应力不是很高,但产生的摩擦力也不能忽略。此外,在纤维状电池的研究中,应重视每个纤维状组件的力学性能。对于大多数报道的由石墨烯或碳纳米管基纤维基底制成的纤维状电池,其机械强度($10^{-3}\sim 10^{-2}$MPa)远不能满足工业化梭织/针织的要求。如果采用高强度的导电金属丝作为纤维集流体,其极差的柔韧性会给编织过程带来很大的困难,金属丝的光滑表面也会导致储能纺织品的内部组件滑移。另外,在梭织/针织过程中,当纤维状电池单元的原始形状不可避免地发生严重变形时,如何保持其电化学性能更是一个重大挑战。

13.5.7 难以实现纱线质感

纤维是制造纺织品的基础单元。成束的长丝或稳定的纤维同轴旋转缠绕在一起所形成的线,称为"纱线",纱线可以进一步梭织/针织成纺织物产品。当纱线的直径$\leqslant 10\mu$m 时,就会呈现柔软的质地,让穿着的人获得舒适的感受。然而,基于目前的制造技术,要使纤维状电池与天然/合成纤维一样柔软是不可能的,因为纤维状电池通常被凝胶电解质和/或弹性体涂层所覆盖而达到封装的目的。现有的纤维状电池的质感更像是塑料线而不是纱线。

13.5.8 缺乏评估力学性能的测试标准

虽然人们已经在电池性能和器件构型的研究方面取得了巨大的进步,但如何公平地比较不同纤维状电池的"柔韧性"和"耐磨性"仍是一个问题。与平面储能器件不同的是,这种长而细的结构在进行力学性能测试时很容易导致纤维状电池和测试夹具之间的滑移。此外,对于传统的电子拉伸机,由于纤维状电池的机械强度较低,需要更灵敏的应力传感探头。由于这些局限性,大多数报道的工作通常采用简单的弯曲、扭转和拉伸试验来测定纤维状电池的机械柔韧性和耐久性,而并没有获得与模量、拉伸强度等有关的定量数据,这种简单评估显得有些简单[151]。在结构材料电池领域,将纤维状电池有规则地安置于聚合物基质(如环氧树脂)中,同时用作整体器件的增韧材料,是实现定向装配的一种重要方法,其设计同时考虑了结构功能和电化学性能[148,149]。结构材料电池在器件结构完整性和力学性能方面的研究远远领先于储能纺织品领域,其在系统的测试技术、器件结构和力学性能方面积累的大量经验,或许能借鉴给一维的纤维状电池系统。所以,应建立一系列系统的标准以评估纤维状电池的机械灵活性和耐久性。

13.5.9 安全问题

在实际的可穿戴应用中,纤维状电池与人体的直接接触是不可避免的,因此,确保这些电池绝对安全是至关重要的。第一个主要的安全问题是有害物质泄漏和毒性问题。例如,一些腐蚀性或易燃的电解质可能会从电池装置中泄漏出来,一些重金属,如含钴电极材料或催化剂,也会对人体有害。因此,目前已经开发出无毒的电极材料和温和的水性电解质以解决这类问题[103,152]。此外,采用聚合物凝胶或固体电解质代替传统的有机电解质,也被认为是避免电解质泄漏的一种有效的解决方案。同时,研究人员还应该注意开发一些防泄漏的封装技术。众所周知,热失控问题一直是大功率非质子系电池的常见问题,特别是在超快速充放电过程或危险条件下(如短路和过充电)容易发生[153,154]。因此,开发有效的散热机制以避免过热是很重要的,同时还应避免短路问题。

13.5.10 多功能化和集成化

多功能化和集成化系统对于扩大纤维状电池的应用范围是至关重要的。例如,就多功能化而言,最容易实现自愈合功能的策略是使用自修复聚合物作为外保护层[155]。然而,引入额外的保护层必然会增加整个纤维状设备的体积和成本,降低器件的灵活性。在最近的研究当中,自愈合平面储能器件和自愈合纤维状超电容的发展都是由于其使用了具有自修复功能的高分子凝胶作为电解质的策略,避免了器件体积的增大,保持了其优越的灵活性[156,157]。然而,到目前为止,自修复凝胶电解质还没有应用于纤维状电池系统中以实现本征自愈合功能。同样,与刺激响应相关的先进功能,如电致变色[158,159],光响应[160],热响应[24,25,161,162]和低温防冻性能[163],都已经成功在平面电池或纤维状超电容中实现和优化,但具有这些特殊功能的纤维状电池却找不到相关报道。一种可能的解释是,由于电池复杂的电化学反应,在导电性、透明性、机械强度等相关材料的选择标准方面，对于制备电池来说比超级电容器更为严格。此外，在制造过程中，装配一维纤维状器件比装配二维夹层结构器件要困难得多。因此，大多数改进式尝试都是首先在平面器件上进行的。在未来的研究中，期待能够将已积累的经验和技术引入多功能化纤维状电池的领域当中。

另外，纤维状电池与其它系统（如能量转换器件[164-166]、自供电发电机[167,168]和传感器[169]）的集成是一个非常有前景的研究方向。大多数报道的集成系统直接将纤维状的电池与发电机、生物传感器和太阳电池连接起来，这将不可避免地导致整体器件的体积变大，同时对电池柔性产生不利影响。与这种通过简单的连接实现储能与集能的功能切换的集成装置相比，将一维储能组件与集能组件集成在一个器件内，可同时实现双重功能[141]。然而，构建这样一个一体化器件是非常复杂的，需要研究者深入了解不同领域的科学和技术相互交叉的工作机制，还需要对器件组装、组件兼容性和能源管理精心设计。此外，应该优化现有的光电检测性能（响应速度、灵敏度和转换效率），使得环境能源转化为电能的效率最大化。更重要的是，为了满足各种应用场景中不断增长的需求，研究者还需要投入大量的研究工作来开发更多与其它系统相关的集成设备，如摩擦电纳米发电机（TENGs）、电化学驱动器和生物医学电子设备。

13.5.11 纤维状电池的电化学性能

与平面电池相比，纤维状电池由于其高曲率界面的独特纤维状结构，虽然柔性很好但活性物质的利用率不可避免地会降低，往往表现出相对较差的电池性能。以下是有待改进的几个方面。

(1) 金属电极的枝晶问题

金属丝在纤维状电池系统中被广泛地直接用作金属纤维状负极。然而，与其它结构的电池一样，枝晶的形成和生长会导致整个电池中电极的形状变化、钝化、极化和短路，大大缩短了循环寿命，甚至引发安全问题。此外，纤维状集流器的细长结构会导致局部电场增强，使金属丝上的枝晶问题更加严重。Archer课题组以平面锂离子电池为例，报道了一种抑制枝晶的策略，他们利用锂盐混合物形成一层很薄的钝化层，以抑制平面电极中锂枝晶的形成[170]。然而，由于金属锂在有机溶剂中的热力学性质不稳定，控制在锂电极上形成稳定的钝化膜仍然具有很大的挑战性，更不用说是在三维纤维状结构中。为了缓解这一问题，一种可行的策略是用复合物纤维取代金属电极，例如掺杂锂的二氧化钛纳米管纤维状负极，但其放出的能量密度比较低。另一个有效的策略是通过原位生长方法，在导电纤维基底表面构建三维骨架矩阵。然而，该策略对骨架基底导电性和电解质渗透性的影响并不可控，需要进一步评估。因此，人们需要开发更有效的策略来保护金属纤维负极。

(2) 能量密度和功率密度

为了追求更高的能量密度和功率密度，寻找重量轻、电导率高、电化学性能好的新型电极和活性物质材料是关键。例如，碳纳米管和氧化石墨烯被认为是很有前景的材料，已经被广泛用于制造纤维状锂离子电池，但依然存在电子从活性物质迁移到集流体的效率问题。另外，如果采用较纤细的纤维状基底或增加活性物质的负载量，也能够增加电池能量密度和比容量，因为器件中各层越薄，离子传输的扩散路径越短[171]。然而，活性物质的负载量过大，如果其与集流体界面没有化学键作用，会产生内部滑移失效、材料分层和电解质渗透不良等问题。此外，大多数纤维状电池计算能量密度和功率密度时通常是根据体积进行的，而不是像其它电池系统那样按照负载量和/或比面积计算。因此，为了与其它不同构型的电池进行公平比较，建立一套统一的电化学性能评价标准是非常有必要的。

（3）长循环寿命

由于纤维状电池的设计就是为了将其作为能源纺织品来为可穿戴电子产品供能的，不应在使用过程中频繁地更换。因此，长循环寿命就成为了衡量纤维状电池性能和实用价值的基本标准。循环寿命主要与电池材料的属性有关，如电极活性物质和电解质[172,173]。此外，在装配纤维状电池时仍需考虑许多技术问题，包括器件构型、各部件间的兼容性，以及与机械强度和耐磨性相关的整体器件的抗疲劳性。比较好的策略是设计机械稳定性更好的结构、开发具有长期机械强度的新材料或采用有效的封装层。此外，建立一套系统的标准，对各种动态变形（包括弯曲、扭转和拉伸）下的循环电化学性能进行标准化评估势在必行。

13.6 总结与展望

综上所述，纤维形状电池领域在近几年来发展迅速，取得了巨大的成就，在实际的可穿戴应用中显示出巨大的前景。因此，本文从电极制备、新颖的结构设计、电化学性能和柔性评价等方面综述了至今为止纤维状电池系统所取得的关键性进展。研究者们将继续致力于追求更高的电化学性能，探索新材料、有效的制备策略和降低其生产成本。此外，从普通纤维状电池到实现具有高性能、生物相容性和穿着舒适性储能纺织品的大规模生产化，对可穿戴应用具有重大意义。更重要的是，通过对新型智能功能材料的优化，将其与基本纤维状结构的巧妙配合，可以实现器件的多功能化，从而有效地拓宽这些一维纤维状电池的应用范围。当然，特殊功能和电化学性能有时可能不能同时在一个器件中得到最佳效果，在这种情况下，两者间需要达到一个平衡。纤维状电池与其他系统（如光电转换系统、纳米发电机和医疗传感器等）的集成化，可以为消费者带来更高的应用价值，并可能在未来的研究领域带来技术性革命。

习　　题

1. 纤维状电池的设计原理是什么？在使用时有何优势？
2. 纤维状锂基电池有哪些类型？
3. 纤维状空气电池如何设计？对应的负极如何构筑？
4. 纤维状电池如何功能化？如何集成化？
5. 纤维状电池如何加工成可穿戴电池？

参 考 文 献

[1] Wang J, Li S, Yi F, et al. Sustainably powering wearable electronics solely by biomechanical energy [J]. Nat Commun, 2016, 7: 12744.

[2] Trung T Q, Ramasundaram S, Hwang B U, et al. An all-elastomeric transparent and stretchable

temperature sensor for body-attachable wearable electronics [J]. Adv Mater, 2016, 28: 502.

[3] Liu W, Song M S, Kong B, et al. Flexible and stgretchable energy storage: recent advances and future perspectives [J]. Adv Mater, 2017, 29: 1603436.

[4] Kim S W, Yun J H, Son B, et al. Graphite/Silicon hybrid electrodes using a 3D current collector for flexible batteries [J]. Adv Mater, 2014, 26: 2977.

[5] Yun J, Kim D, Lee G, et al. All-solid-state flexible micro-supercapacitor arrays with patterned graphene/MWNT electrodes [J]. Carbon, 2014, 79: 156.

[6] Zhu M, Wang Z, Li H, et al. Light-permeable, photoluminescent microbatteries embedded in the color filter of a screen [J]. Energy Environ Sci, 2018, 11: 2414.

[7] Duan J, Xie W, Yang P, et al. Tough hydrogel diodes with tunable interfacial adhesion for safe and durable wearable batteries [J]. Nano energy, 2018, 48: 569.

[8] Liu J, Hu M, Wang J, et al. An intrinsically 400% stretchable and 50% compressible NiCo//Zn battery [J]. Nano Energy, 2019, 58: 338-346.

[9] Bae J, Li Y, Zhang J, et al. A 3D nanostructured hydrogel-framework-derived high-performance composite polymer lithium-ion electrolyte [J]. Angew Chem Int Ed, 2018, 57: 2096.

[10] Liu Z, Liang G, Zhan Y, et al. A soft yet device-level dynamically super-tough supercapacitor enabled by an energy-dissipative dual-Crosslinked hydrogel electrolyte [J]. Nano Energy, 2019, 58: 732-742.

[11] Zhu B, Jin Y, Hu X, et al. Poly (dimethylsiloxane) thin film as a stable interfacial layer for high-performance lithium-metal battery anodes [J]. Adv Mater, 2017, 29: 1603755.

[12] Ren Z, Yu J, Li Y, et al. Tunable free-standing ultrathin porous nickel film for high performance flexible nickel-metal hydride batteries [J]. Adv Energy Mater, 2018, 8: 1702467.

[13] Zeng Y, Zhang X, Meng Y, et al. Achieving ultrahigh energy denisty and long durability in a flexible rechargeable quasi-solid-state Zn-MnO_2 Battery [J]. Adv Mater, 2017, 29: 1700274.

[14] Ma L, Chen S, Li H, et al. Initiating a mild aqueous electrolyte Co_3O_4/Zn battery with 2.2 V-high voltage and 5000-cycle lifespan by a Co(Ⅲ) rich-Electrode [J]. Energy Environ Sci, 2018, 11: 2521.

[15] Kwon Y H, Woo S W, Jung H R, et al. Cable-type flexible lithium ion battery based on hollow multi-helix electrodes [J]. Adv Mater, 2012, 24: 5192.

[16] Ren J, Li L, Chen C, et al. Twisting carbon nanotube fibers for both wire-shaped micro-supercapacitor and micro-battery [J]. Adv Mater, 2013, 25: 1155.

[17] Lin H, Weng W, Ren J, et al. Twisted aligned carbon nanotube/silicon composite fiber anode for flexible wire-shaped lithium-ion battery [J]. Adv Mater, 2014, 26: 1217.

[18] Dong K, Wang Y C, Deng J, et al. A highly stretchable and washable all-yarn-based self-charging knitting power textile composed of filber triboelectric nanogenerators and supercapacitors [J]. ACS Nano, 2017, 11: 9490.

[19] Yang Y, Huang Q, Niu L, et al. Waterproof, ultrahigh areal-capacitance, wearable supercapacitor fabrics [J]. Adv Mater, 2017, 29: 1606679.

[20] Chen Y, Xu B, Wen J, et al. Design of novel wearable, stretchable, and waterproof cable-type supercapacitors based on high-performance nickel cobalt sulfide-coated etching-annealed yarn electrodes [J]. Small, 2018, 14: 1704373.

[21] Xu R, Belharouak I, Li J C, et al. Role of polysulfides in self-healing lithium-sulfur batteries [J]. Adv Energy Mater, 2013, 3: 833.

[22] Wang S, Liu N, Su J, et al. Highly stretchable and self-healable supercapacitor with reduced gra-

phene oxide based filber springs [J]. ACS Nano, 2017, 11: 2066.

[23] Huang Y, Huang Y, Zhu M, et al. Magnetic-assisted, self-healable, yarn-based supercapacitor [J]. ACS Nano, 2015, 9: 6242.

[24] Deng J, Zhang Y, Zhao Y, et al. A shape-memory supercapacitor fiber [J]. Angew Chem Int Ed, 2015, 54: 15419.

[25] Zhong J, Meng J, Yang Z, et al. Shape memory fiber supercapacitors [J]. Nano Energy, 2015, 17: 330.

[26] Huang Y, Zhu M, Huang Y, et al. Multifunctional energy storage and conversion devices [J]. Adv Mater, 2016, 28: 8344.

[27] Pu X, Li L, Song H, et al. A self-charging power unit by integration of a textile triboelectric nanogenerator and a flexible lithium-ion battery for wearable electronics [J]. Adv Mater, 2015, 27: 2472.

[28] Bortolini M, Gamberi M, Graziani A. Technical and economic design of photovoltaic and battery energy storage system [J]. Energy Convers Manage, 2014, 86: 81.

[29] Sun H, Zhang Y, Zhang J, et al. Energy harvesting and storage in 1D devices [J]. Nat Rev Mater, 2017, 2: 17023.

[30] Sun C F, Zhu H, Baker E B, et al. Weavable high-capacity electrodes [J]. Nano Energy, 2013, 2: 987.

[31] Liu Z, Mo F, Li H, et al. Advances in flexible and wearable energy-storage textiles [J]. Small Meth, 2018: 2: 1800124.

[32] Huang Y, Hu H Huang Y, et al. From industrially weavable and knittable highly conductive yarns to large wearable energy storage textiles [J]. ACS Nano, 2015, 9: 4766.

[33] Lima M D, Fang S, Lepró X, et al. Biscrolling nanotube sheets and functional guests into yarns [J]. Science, 2011, 331: 51.

[34] Chen S, Ma W, Cheng Y, et al. Scalable non-liquid-crystal spinning of locally aligned graphene fibers for high-performance wearable supercapacitors [J]. Nano Energy, 2015, 15: 642.

[35] Liu L, Yu Y, Yan C, et al. Wearable energy-dense and power-dense supercapacitor yarns enabled by scalable graphene-metallic textile composite electrodes [J]. Nat Commun, 2015, 6: 7260.

[36] Li H, Liu Z, Liang G, et al. Waterproof and tailorable elastic rechargeable yarn zinc ion batteries by a cross-linked polyacry lamide electrolyte [J]. ACS Nano, 2018, 12: 3140.

[37] Lin X, Kang Q, Zhang Z, et al. Industrially weavable metal/cotton yarn air electrodes for highly flexible and stable wire-shaped Li-O_2 Batteries [J]. J Mater Chem A, 2017, 5: 3638.

[38] Kou L, Huang T, Zheng B, et al. Coaxial wet-spun yarn supercapacitors for high-energy density and safe wearable electronics [J]. Nat Commun, 2014, 5: 3754.

[39] Li J, Shao L, Zhou X, et al. Fabrication of high strength PVA/rGO composite fibers by gel spinning [J]. RSC Adv, 2014, 4: 43612.

[40] Sun J, Huang Y, Fu C, et al. High-performance stretchable yarn supercapacitor based on PPy@CNTs@urethane elastic fiber core spun yarn [J]. Nano Energy, 2016, 27: 230.

[41] Wang Z, Huang Y, Sun J, et al. Polyurethane/Cotton/Carbon nanotubes core-spun yarn as high reliability stretchable strain sensor for human motion detection [J]. ACS Appl Mat Interfaces, 2016, 8: 24837.

[42] Jost K, Durkin D P, Haverhals L M, et al. Natual fiber welded electrode yarns for knittable textile supercapacitors [J]. Adv Energy Mater, 2015, 5: 1401286.

[43] Gao Z, Zhang Y, Song N, et al. Towards flexible lithium-sulfur battery from natural cotton tex-

tile [J]. Electrochim Acta, 2017, 246: 507.

[44] Xie Q, Zhang Y, Zhu Y, et al. Graphene enhanced anchoring of nanosized Co_3O_4 particles on carbon fiber cloth as free-standing anode for lithium-ion batteries with superior cycling stability [J]. Electrochim Acta, 2017, 247: 125.

[45] Cong H P, Ren X C, Wang P, et al. Wet-spinning assembly of continuous, neat and macroscopic graphene fibers [J]. Sci Rep, 2012, 2: 613.

[46] Wang H, Lin J, Shen Z X. Polyaniline (PANi) based electrode materials for energy storage and conversion [J]. J Sci Adv Mater Dev, 2016, 1: 225.

[47] Qi J, Xu X, Liu X, et al. Fabrication of textile based conductometric polyaniline gas sensor [J]. Sens Actuators B, 2014, 202: 732.

[48] Sun W, Wang F, Hou S, et al. Zn/MnO_2 battery chemistry with H^+ and Zn^{2+} coinsertion [J]. J Am Chem Soc, 2017, 139: 9775.

[49] Huang Y, Ip W S, Lau Y Y, et al. Weavable, conductive yarn-based Nico//Zn textile battery with high energy density and rate capability [J]. ACS Nano, 2017, 11: 8953.

[50] Wang Z, Li H, Tang Z, et al. Hydrogel electrolytes for flexible aqueous energy storage devices [J]. Adv Funct Mater, 2018, 28: 1804560.

[51] Cheng X B, Zhang R, Zhao C A, et al. A review of solid electrolyte interphases on lithium metal anode [J]. Adv Sci, 2016, 3: 1500213.

[52] Li Z, Borodin O, Smith G D, et al. Effect of organic solvents on Li^+ ion solvation and transport in ionic liquid electrolytes: A molecular dynamics simulation study [J]. J Phys Chem B, 2015, 199: 3085.

[53] Lewandowski A, Olejniczak A, Galinski M, et al. Performance of carbon-carbon supercapacitors based on organic, aqueous and ionic liquid electrolytes [J]. J Power Sources, 2010, 195: 5814.

[54] Howlett P C, Brack N, Hollenkamp A F, et al. Characterization of the lithium surface in N-methyl-N-alkylphrrolidinium bis (trifluoromethanesulfonyl) amide room-temperature ionic liquid electrolytes [J]. J Electrochem Soc, 2006, 153: A595.

[55] Suo L, Borodin O, Gao T, et al. "Water-in-salt" electrolyte enables high-voltage aqueous lithium-ion chemistries [J]. Science, 2015, 350: 938.

[56] Janoschka T, Martin N, Martin U, et al. An aqueous, polymer-based rodox-flow battery using non-corrosive, safe, and low-cost materials [J]. Nature, 2015, 527: 78.

[57] Zhong C, Deng Y, Hu W, et al. A review of electrolyte materials and compositions for electrochemical supercapacitors [J]. Chem Soc Rev, 2015, 44: 7484.

[58] Cheng X, Pan J, Zhao Y, et al. Gel polymer electrolytes for electrochemical energy storage [J]. Adv Energy Mater, 2018, 8 (7): 1702184.

[59] Mo F, Liang G, Meng Q, et al. A flexible rechargeable aqueous zinc manganese-dioxide battery working at −20℃ [J]. Energy Environ Sci, 2019, 12 (2): 706-715.

[60] Park J, Park M, Nam G, et al. All-solid-state cable-type flexible zinc-air battery [J]. Adv Mater, 2015, 27: 1396.

[61] Fang X, Weng W, Ren J, et al. A cable-shaped lithium sulfur battery [J]. Adv Mater, 2016, 28: 491.

[62] Zhang Y, Wang Y, Wang L, et al. A fiber-shaped aqueous lithium ion battery with high power density [J]. J Mater Chem A, 2016, 4: 9002.

[63] Zamarayeva A M, Gaikwad A M, Deckman I, et al. Fabrication of a high-performance flexible silver-zinc wire battery [J]. Adv Electron Mater, 2016, 2: 1500296.

[64] Zhang Y, Wang L, Guo Z, et al. High-performance lithium-air battery with a coaxial-fiber architecture [J]. Angew Chem Int Ed, 2016, 55: 4487.

[65] Xu Y, Zhao Y, Ren J, et al. An all-solid-state fiber-shaped aluminum-air battery with flexibility stretchability, and high electrochemical performance [J]. Angew Chem Int Ed, 2016, 55: 7979.

[66] Hoshide T, Zheng Y, Hou J. et al. Flexible lithium-ion fiber battery by the regular stacking of two-dimensional titanium oxide nanosheets hybridized with reduced graphene oxide [J]. Nano Lett, 2017, 17: 3543.

[67] Zhu Y H, Yuan S, Bao D, et al. Decorating waste cloth via industrial wastewater for tube-type flexible and wearable sodium-ion batteries [J]. Adv Mater, 2017, 29: 1603719.

[68] Guo Z, Zhao Y, Ding Y, et al. Multi-functional flexible aqueous sodium-ion batteries with high safety [J]. Chem, 2017, 3: 348.

[69] Zhou J, Li X, Yang C, et al. Aquasi-solid-state flexible fiber-shaped $Li-CO_2$ battery with low overpotential and high energy efficiency [J]. Adv Mater, 2019, 31 (3): 1804439.

[70] Jin Z, Li P, Jin Y, et al. Superficial-defect engineered nichel/iron oxide nanocrystals enable high-efficient flexible fiber battery [J]. Energy Storage Mater, 2018, 13: 160.

[71] Zhang Q, Zhou Z, Pan Z, et al. All-metal-organic framework-derived battery materials on carbon nanotube fibers for wearable energy-storage device [J]. Adv Sci, 2018, 5: 1801462.

[72] Choi J W, Aurbach D. Promise and reality of post-lithium-ion batteries with high energy densities [J]. Nat Rev mater, 2016, 1: 16013.

[73] Zhang Y, Zhao Y, Ren J, et al. Advances in wearable fiber-shaped lithium-ion batteries [J]. Adv Mater, 2016, 28: 4524.

[74] Tang Y, Zhang Y, Li W, et al. Rational material design for ultrafast rechargeable lithium-ion batteries [J]. Chem Soc Rev, 2015, 44: 5926.

[75] Rao J, Liu N, Li L, et al. A high performance wire-shaped flexible lithium-ion battery based on silicon nanoparticles within polypyrrole/twisted carbon fibers [J]. RSC Adv, 2017, 7: 26601.

[76] Ren J, Zhang Y, Bai W, et al. Elastic and wearable wire-shaped lithium-ion battery with high electrochemical performance [J]. Angew Chem, 2014, 126: 7998.

[77] Jung Y, Jeong Y C, Kim J H, et al. One step preparation and excellent performance of CNT yarn based flexible micro lithium ion batteries [J]. Energy Storage Mater, 2016, 5: 1.

[78] Yu X Y, Hu H, Wang Y, et al. Ultrathin MoS_2 nanosheets supported on N-doped carbon nanoboxes with enhanced lithium storage and electrocatalytic properties [J]. Angew Chem Int Ed, 2015, 54: 7395.

[79] Luo Y, Zhang Y, Zhao Y, et al. Aligned carbon nanotube/molybdenum disulfide hybrids for effective fibrous supercapacitors and lithium ion batteries [J]. J Mater Chem A, 2015, 3: 17553.

[80] Wu Z, Wang Y, Liu X, et al. Carbon-nanomaterial-based flexible batteries for wearable electronics [J]. Adv Mater, 2019, 31 (9): 1800716.

[81] Wu J, Hong Y, Wang B. The applications of carbon nanomaterials in fiber-shaped energy storage devices [J]. J Semiconduct, 2018, 39: 011004.

[82] Kim H, Park K Y, Hong J, et al. All-graphene-battery: bridging the gap between supercapacitors and lithium ion batteries [J]. Sci Rep, 2014, 4: 5278.

[83] Cui Y, Li B, He H, et al. Metal-organic frameworks as platforms for functional materials [J]. Acc Chem Res, 2016, 49: 483.

[84] Zhang L, Liu W, Shi W, et al, Boosting lithium storage properties of MOF derivatives through a wet-spinning assembled fiber strategy [J]. chem Eur J, 2018, 24: 13792.

[85] Kim J K, Scheers J, Ryu H S, et al. A layer-built rechargeable lithium ribbon-type battery for high energy density textile battery applications [J]. J Mater Chem A, 2014, 2: 1774.

[86] Wu Z, Liu K, Lv C, et al. Ultrahigh-energy density lithium-ion cable battery based on the carbon-nanotube woven macrofilms [J]. Small, 2018, 14: 1800414.

[87] Yadav A, De B, Singh S K, et al. Facile development strategy of a single carbon-fiber-based all-solid-state flexible lithium-ion battery for wearable electronics [J]. ACS Appl Mat Interfaces, 2019, 11: 7974.

[88] Weng W, Sun Q, Zhang Y, et al. Winding aligned carbon nanotube composite yarns into coaxial fiber full batteries with high performances [J]. Nano Lett, 2014, 14: 3432.

[89] Kim H, Hong J, Park K Y, et al. Aqueous rechargeable Li and Naion batteries [J]. Chem Rev, 2014, 114: 11788.

[90] Manthiram A. An outlook on lithium ion battery technology [J]. ACS Central Sci, 2017, 3: 1063.

[91] Wang J, Yamada Y, Sodeyama K, et al. Fire-extinguishing organic electrolytes for safe batteries [J]. Nature Energy, 2018, 3: 22.

[92] Zhang Y, Bai W, Ren J, et al. Super-stretchy lithium-ion battery based on carbon nanotube fiber [J]. J Mater Chem A, 2014, 2: 11054.

[93] Wang X, Pan Z, Yang J, et al. Stretchable fiber-shaped lithium metal anode [J]. Energy Storage Mater, 2019, 22: 179.

[94] Zhang Y, Bai W, Cheng X, et al. Flexible and stretchable lithium-ion batteries and supercapacitors based on electrically conducting carbon nanotube fiber springs [J]. Angew Chem Int Ed, 2014, 53: 14564.

[95] Liu R, Liu Y, Chen J, et al. Flexible wire-shaped Lithium-sulfur batteries with fibrous cathodes assembled via capillary action [J]. Nano Energy, 2017, 33: 325.

[96] Chong W G, Huang J Q, Xu Z L, et al. Lithium-sulfur battery cable made from ultralight, flexible graphene/carbon nanotube/sulfur composite fibers [J]. Adv Funct Mater, 2017, 27: 1604815.

[97] Wu F, Zhao C, Chen S, et al. Multi-electron reaction materials for sodium-based batteries [J]. Mater Today, 2018, 21: 960.

[98] Wang Y, Kong D, Huang S, et al. 3D carbon foam-supported WS_2 nanosheets for cable-shaped flexible sodium ion batterie [J]. J Mater Chem A, 2018, 6: 10813.

[99] Chen Q, Sun S, Zhai T, et al. Yolk-shell NiS_2 nanoparticle-embedded carbon fibers for flexible fiber-shaped sodium battery [J]. Adv Energy Mater, 2018, 8: 1800054.

[100] Yu X, Fu Y, Cai X, et al. Flexible fiber-type zinc-carbon battery based on carbon fiber electrodes [J]. Nano energy, 2013, 2: 1242.

[101] Xu C, Li B, Du H, et al. Energetic zinc ion chemistry: The rechargeable zinc ion battery [J]. Angew Chem Int Ed, 2012, 51: 933.

[102] Pan H, Shao Y, Yan P, et al. Reversible aqueous zinc/manganese oxide energy storage from conversion reactions [J]. Nature Energy, 2016, 1: 16039.

[103] Li H, Han C, Huang Y, et al. An extremely safe and wearable slid-state zinc ion battery based on a hierarchical structured polymer electrolyte [J]. Energy Environ Sci, 2018, 11: 941.

[104] Xu D, Li B, Wei C, et al. Preparation and characterization of MnO_2/acid-treated CNT nanocomposites for energy storage with zincions [J]. Electrochim Acta, 2014, 133: 254.

[105] Wan F, Zhang L, Wang X, et al. An aqueous rechargeable zinc-organic battery with hybrid mechanism [J]. Adv Funct Mater, 2018, 28: 1804975.

[106] Wang K, Zhang X, Han J, et al. High-performance cable-type flexible rechargeable Zn battery based on MnO_2@CNT fiber microelectrode [J]. ACS Appl Mat Interfaces, 2018, 10: 24573.

[107] Li P, Jin Z, Xiao D. Three-dimensional nanotube-array anode enables a flexible Ni/Zn fibrous battery to ultrafast charge and discharge in seconds [J]. Energy Storage Mater, 2018, 12: 232.

[108] Zeng Y, Meng Y, Lai Z, et al. An ultrastable and high-performance flexible fiber-shaped Ni-Zn battery based on a Ni-NiO heterostructured nanosheet cathode [J]. Adv Mater, 2017, 29: 1702698.

[109] Li M, Meng J, Li Q, et al. Finely crafted 3D electrodes for dendrite-free and high-performance flexible fiber-shaped Zn-Co batteries [J]. Adv Funct Mater, 2018, 28: 1802016.

[110] Liu Y, He P, Zhou H. Rechargeable solid-state Li-air and Li-S batteries: materials, construction, and challenges [J]. Adv Energy Mater, 2018, 8: 1701602.

[111] Song K, Agyeman D A, Park M, et al. High-energy-density metal-oxygen batteries: lithium-oxygen batteries vs sodium-oxygen batteries [J]. Adv Mater, 2017, 29: 1606572.

[112] Wang L, Pan J, Zhang Y, et al. A Li-air battery with ultralong cycle life in ambient air [J]. Adv Mater, 2018, 30: 1704378.

[113] Amarasekara A S. Acidic ionic liquids [J]. Chem Rev, 2016, 116: 6133.

[114] Osada I, de Vries H, Scrosati B, et al. Ionic-liquid-based polymer electrolytes for battery applications [J]. Angew Chem Int Ed, 2016, 55: 500.

[115] Pan J, Li H, Sun H, et al. A lithium-air battery stably working at high temperature with high rate performance [J]. Small, 2018, 14: 1703454.

[116] Zhang Y, Jiao Y, Lu L, et al. An ultraflexible silicon-oxygen battery fiber with hith energy density [J]. Angew Chem Int Ed, 2017, 56: 13741.

[117] Fu J, Cano Z P, Park M G, et al. Electrically rechargeable zinc-air batteries: progress, challenges, and perspectives [J]. Adv Mater, 2017, 29: 1604685.

[118] Xu Y, Zhang Y, Guo Z, et al. Flexible, stretchable, and rechargeable fiber-shaped zinc-air battery based on cross-stacked carbon nanotube sheets [J]. Angew Chem, 2015, 127: 15610.

[119] Zeng S, Tong X, Zhou S, et al. All-in-one bifunctional oxygen electrode films for flexible Zn-air batteries [J]. Small, 2018, 14: 1803409.

[120] Li Y, Dai H. Recent advances in zinc-air batteries [J]. Chem Soc Rev, 2014, 43: 5257.

[121] Ma L, Chen S, Wang D, et al. Super-stretchable zinc-air batteries based on an alkaline-tolerant dual-network hydrogel electrolyte. Adv Energy Mater, 2019, 9: 1803046.

[122] Meng F, Zhong H, Bao D, et al. In situ coupling of strung Co_4N and intertwined N-C fibers toward free-standing bifunctional cathods for robust, efficient, and flexible Zn-air batteries [J]. J Am Chem Soc, 2016, 138: 10226.

[123] Guan C, Sumboja A, Zang W, et al. Decorating Co/CoN_x nanoparticles in nitrogen-doped carbon nanoarrays for flexible and rechargeable zinc-air batteries [J]. Energy Storage Mater, 2019, 16: 243.

[124] Fotouhi G, Ogier C, Kim J H, et al. A low cost, disposable cable-shaped Al-air battery for portable biosensors [J]. J Micromech Microeng, 2016, 26: 055011.

[125] Li Q, Zhang Q, Liu C, et al. Flexible all-solid-state fiber-shaped Ni-Fe batteries with hith etectrochemical performance [J]. J Mater Chem A, 2019, 7: 520.

[126] Song C, Li Y, Li H, et al. A novel flexible fiber-shaped dual-ion battery with high energy density based on omnidirectional porous Al wire anode [J]. Nano Energy, 2019, 60: 285.

[127] Liu G, Kim J Y, Wang M, et al. Soft, highly elastic, and discharge-current-controllable eutec-

tic gallium-indium liquid metal-air battery operated at room temperature [J]. Adv Energy Mater, 2018, 8: 1703652.

[128] Wu S, Yi J, Zhu K, et al. A super-hydrophobic quasi-solid electrolyte for Li-O_2 battery with improved safety and cycle life in humid atmosphere [J]. Adv Energy Mater, 2017, 7: 1601759.

[129] Liu T, Liu Q C, Xu J J, et al. Cable-type water-survivable flexible Li-O_2 battery [J]. Small, 2016, 12: 3101.

[130] Yin Y B, Yang X Y, Chang Z W, et al. A water-/fireproof flexible lithium-oxygen battery achieved by synergy of novel architecture and multifunctional spearator [J]. Adv Mater, 2018, 30: 1703791.

[131] Liang G, Liu Z, Mo F, et al. Self-healable electroluminescent devices [J]. Light-Sci Appl, 2018, 7: 102.

[132] Rao J, Liu N, Zhang Z, et al. All-fiber-based quasi-solid-state lithium-ion battery towards wearable electronic devices with outstanding flexibility and self-healing ability [J]. Nano Energy, 2018, 51: 425.

[133] Wang Z, Ruan Z, Liu Z, et al. A flexible rechargeable zinc-ion wire-shaped battery with shape memory function [J]. J Mater Chem A, 2018, 6: 8549.

[134] Wang Y, Chen C, Xie H. et al. 3D-printed all-fiber li-ion battery toward wearable energy storage [J]. Adv Funct Mater, 2017, 27: 1703140.

[135] Zhang Y, Zhao Y, Cheng X, et al. Realizing both high energy and high power densities by twisting three carbon-nanotube-based hybrid fibers [J]. Angew Chem Int Ed, 2015, 54: 11177.

[136] Pan S, Ren J, Fang X, et al. Integration: an effective strategy to develop multifunctional energy storage devices [J]. Adv Energy Mater, 2016, 6: 1501867.

[137] Liang J, Zhu G, Wang C, et al. MoS_2-based all-purpose fibrous electrode and self-powering energy fiber for efficient energy harvesting and storage [J]. Adv Energy Mater, 2017, 7: 1601208.

[138] Li C, Zhang Q, Songfeng E, et al. Anultra-high endurance and high-performance quasi-solid-state fiber-shaped Zn-Ag_2O battery to harvest wind energy [J]. J Mater Chem A, 2019, 7: 2034.

[139] Peng M, Yan K, Hu H, et al. Efficient fiber shaped zinc bromide batteries and dye sensitized solar cells for flexible power sources [J]. J Mater Chem C, 2015, 3: 2157.

[140] Zhang Q, Li L, Li H, et al. Ultra-endurance coaxial-fiber stretchable sensing systems fully powered by sunlight [J]. Nano Energy, 2019, 60: 267-274.

[141] Sun H, Jiang Y, Xie S, et al. Integrating photovoltaic conversion and lithium ion storage into a flexible fiber [J]. J Mater Chem A, 2016, 4: 7601.

[142] Zamarayeva A M, Ostfeld A E, Wang M, et al. Flexible and stretchable power sources for wearable electronics [J]. Sci Adv, 2017, 3: e1602051.

[143] Ha S H, Kim S J, Kim H, et al. Fibrous all-in-one monolith electrodes with a biological gluing layer and a membrane shell for weavable lithium-ion batteries [J]. J Mater Chem A, 2018, 6: 6633.

[144] Li Y, Zhong C, Liu J, et al. Atomically thin mesoporous Co_3O_4 layers strongly coupled with N-rGo nanosheets as high-performance bifunctional catalysts for 1d knittable zinc-air batteries [J]. Adv Mater, 2018, 30: 1703657.

[145] Chen X, Zhong C, Liu B, et al. Atomic layer Co_3O_4 nanosheets: The key to knittable zn-air batteries [J]. Small, 2018, 14: 1702987.

[146] Lee J M, Choi C, Kim J H, et al. Biscrolled carbon nanotube yarn structured silver-zinc battery [J]. Sci Rep, 2018, 8: 11150.

[147] Qu H, Semenikhin O, Skorobogatiy M. Flexible fiber batteries for applications in smart textiles [J]. Smart Mater Struct, 2014, 24: 025012.

[148] Asp L E, Greenhalgh E S. Structural power composites [J]. Compos Sci Technol, 2014, 101: 41.

[149] González C, Vilatela J, Molina-Aldareguia J, et al. Structural composites for multifunctional applications: current challengs and future trends [J]. Prog Mater Sci, 2017, 89: 194.

[150] Liu P, Sherman E, Jacobsen A. Design and fabrication of multifunctional structural batteries [J]. J Power Sources, 2009, 189: 646.

[151] Li H, Tang Z, Liu Z, et al. Evaluating flexibility and wearability of flexible energy storage devices [J]. Joule, 2019, 3: 613.

[152] Häupler B, Rössel C, Schwenke A M, et al. Aqueous zinc-organic polymer battery with a high rate performance and long lifetime [J]. NPG Asia Mater, 2016, 8: e283.

[153] Yang H, Liu Z, Chandran B K, et al. Self-protection of electrochemical storage devices via a thermal reversible solgel transition [J]. Adv Mater, 2015, 27: 5593.

[154] Shi Y, Ha H, Sudani A A, et al. Thermoplastic elastomer-enabled smart electrolyte for thermoresponsive self-protection of electrochemical energy storage devices [J]. Adv Mater, 2016, 28: 7921.

[155] Park S, Thangavel G, Parida K, et al. A stretchable and self-healing energy storage device based on mechanically and electrically restorative liquid-metal particles and carboxylated polyurethane composites [J]. Adv Mater, 2019, 31: 1805536.

[156] Huang Y, Zhong M, Huang Y, et al. A self-healable and highly stretchable supercapacitor based on a dual crosslinked polyelectrolyte [J]. Nat Commun, 2015, 6: 10310.

[157] Niu Z, Huang S, Wan F, et al. A self-healing integrated all-in-one zinc-ion battery [J]. Angew Chem, 2019, 131: 4357.

[158] Tian Y, Cong S, Su W, et al. Synergy of $W_{18}O_{49}$ and polyaniline for smart supercapacitor electrode integrated with energy level indicating functionality [J]. Nano Lett, 2014, 14: 2150.

[159] Zhao J, Tian Y, Wang Z, et al. Trace H_2O_2-assisted high-capacity tungsten oxide electrochromic batteries with ultrafast charging in seconds [J]. Angew Chem Int Ed, 2016, 55: 7161.

[160] Wang X, Liu B, Liu R, et al. Fiber-based flexible all-solid-state asymmetric supercapacitors for integrated photodetecting system [J]. Angew Chem, 2014, 126: 1880.

[161] Zhao J, Sonigara K, Li J, et al. A smart flexible zinc battery with cooling recovery ability [J]. Angew Chem Int Ed, 2017, 56: 7871.

[162] Huang Y, Zhu M, Pei Z, et al. A shape memory supercapacitor and its application in smart energy storage textiles [J]. J Mater Chem A, 2016, 4: 1290.

[163] Wang H, Liu J, Wang J, et al. Concentrated hydrogel electrolyte-enabled aqueous rechargeable NiCo//Zn battery working form −20 to 50℃ [J]. ACS Appl Mat Interfaces, 2018, 11: 49.

[164] Wen Z, Yeh M H, Guo H, et al. Self-powered textile for wearable electronics by hybridizing fiber-shaped nanogenerators, solar cells, and supercapacitors [J]. Sci Adv, 2016, 2: e1600097.

[165] Zhang Z Chen X, Chen P, et al. Integrated polymer solar cell and electrochemical supercapacitor in a flexible and stable fiber format [J]. Adv Mater, 2014, 26: 466.

[166] Li C, Islam M M, Moore J, et al. Wearable energy-smart ribbons for synchronous energy harvest and storage [J]. Nat Commum, 2016, 7: 13319.

[167] Pu X, Li L, Liu M, et al. Wearable self-charging power textile based on flexible yarn supercapacitors and fabric nanogenerators [J]. Adv Mater, 2016, 28: 98.

[168] Wang J, Li X, Zi Y, et al. A flexible fiber-based supercapacitor-triboelectric-nanogemerator power system for wearable electronics [J]. Adv Mater, 2015, 27: 4830.

[169] Huang Y, Kershaw S V, Wang Z, et al. Highly integrated supercapacitor-sensor systems via material and geometry design [J]. Small, 2016, 12: 3393.

[170] Tu Z, Lu Y, Archer L. A dendrite-free lithium metal battery model based on nanoporous polymer/ceramic composite electrolytes and high-energy electrodes [J]. Small, 2015, 11: 2631.

[171] Trang N T H, van Ngoc H, Lingappan N, et al. A comparative study of supercapacitive performances of nickel cobalt layered double hydroxides coated on ZnO nanostructured arrays on textile fibre as electrodes for wearable energy storage devices [J]. Nanoscale, 2014, 6: 2434.

[172] Yan C, Wang X, Cui M, et al. Stretchable silver-zinc batteries based on embedded nanowire elastic conductors [J]. Adv Energy Mater, 2014, 4: 1301396.

[173] Berchmans S, Bandodkar A J, Jia W, et al. An epidermal alkaline rechargeable Ag-Zn printable tattoo battery for wearable electronics [J]. J Mater Chem A, 2014, 2: 15788.

14 可降解电池

现在电子器件被广泛地应用在通信、娱乐以及医疗等方面，给人类社会带来了深远的影响。电子设备的发展以及大量使用不可避免地造成了电子废弃物的增加。这些电子设备大多包含各种对人体健康或环境有害的物质（如贵金属，有毒化学物质，以及难降解的玻璃或者塑料等）。它们的废弃物通常以填埋方式处理，不仅占用宝贵的土地资源，而且严重污染土壤和地下水资源，已成为21世纪迫切需要解决的问题。随着人们生活水平的提高以及环保意识的增强，绿色电子器件逐渐成为重点研究对象。

传统的电子器件通常具备长期稳定性，然而某些具有特殊性能的电子器件则需要完成指定的工作后就完全消失，如一些军事电子设备、体内植入电子器件、环境监测设备等。这种新型的"瞬时电子器件"（transient electronics）或者"可降解电子器件"（degradable electronics）（图14-1）除具有传统电子器件的功能外，还需在设定的时间内以可控制的速度消失[1]，而且不会对环境造成影响[2]。这种电子器件由可降解材料组成，它们最显著的特征是在特定的刺激下（pH、光、温度、水等）能够完全或者部分地降解，被环境所吸收或者物理消失，因而通常应用于生物医学，环境友好型或者信息敏感的安全领域。

瞬时技术（transient technology）不仅应用在小型电子器件中，而且逐步应用到能源领域。为保证瞬时电子设备的完全降解，它们的能源主要提供者——电池也应该是可降解

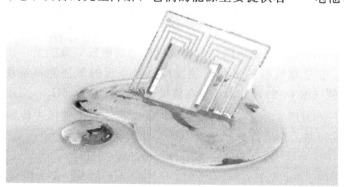

图14-1 transient electronics 概念的示意图[2]
当接触水时，该瞬时电子器件已部分降解

的，即可降解电池。可降解电池应具备以下特征：①能够提供电子设备所需要的能量；②所有的电池组成部件均可以物理或化学形式降解；③降解速度是可控的，理想状况下它应在电池完成使命后立即消失；④电池尺寸、容量和功率应满足电子设备需求；⑤电池与所驱动的瞬时电子器件的柔性应相匹配[2]。可降解电池因其应用场景不同，主要分为体内生物可降解和环境可降解两大类。本章主要介绍可降解电池的工作原理、性质以及应用前景。

14.1 体内生物可降解电池

可植入医学设备（implantable medical bionics，IMBs）可以植入人体内，被广泛地用于疾病监测及治疗、药物释放、电刺激等领域。现已广泛使用的IMBs包括药物释放系统、心脏起搏器、神经刺激设备等装置，可为各种疾病做出诊断以及治疗，如糖尿病、心律失常以及帕金森病等[3]。例如人工耳蜗是由一个麦克风来接收声音，通过转换器将其转为电脉冲信号传输到神经系统达到助听的作用。

IMBs可以分为长期植入装置和短期植入装置。有的植入装置是希望长期存在的，像大家熟知的心脏起搏器和人工耳蜗。相对于长期植入装置，可降解植入设备可以在其完成任务后以一种可以控制的方式消失：逐渐地降解并被人体吸收、消耗或者排泄出体外，而且其分解后的产物对人体无害。这些可降解的设备是用于伤口愈合、骨愈合、药物释放等需要短暂治疗过程的理想设备[4]。生物可降解电池是这些设备的理想动力源。它是近几年发展起来，尚处于研究阶段的一种新型功能性电池，可以直接植入人体使用，为体内的设备提供能量，并在完成使命后降解而不需要手术移除，最终随着人体内的自然代谢过程被分解和吸收。

14.1.1 体内生物可降解电池的工作原理

电池主要由三部分组成：负极、正极和电解液。根据电池内的化学反应是否可逆，它可以分为可充性电池和一次性电池。前者可以多次使用并涉及充放电循环过程，而后者则是仅使用一次直至能量耗完[5]。体内生物可降解电池多属于一次性的金属-空气电池（metal-air battery），是以空气中的氧作为正极活性物质，金属作为负极活性物质（也称为牺牲阳极，通常是镁Mg、铁Fe等），生理环境水溶液为电解液。一般电池的能量储藏在正负两个电极内，而空气电池不同，只有负极即金属电极储藏能量，空气电极则作为能量转换的工具[6]。它依靠负极的氧化腐蚀反应以及正极的氧还原反应组成一个电回路。以镁-空气电池为例（图14-2），其中Mg在负极失电子，氧气（O_2）在正极得到电子被还原生成氢氧根离子（OH^-），当有外界电路的时候，离子在电解液中传输使得两端电极完成化学反应而组成回路。总反应为

$$2Mg+O_2+2H_2O \Longrightarrow 2Mg(OH)_2 \tag{14-1}$$

伊利诺伊大学的John A. Rogers在2014年使用Mg和Mo作为电极，生物可降解聚合物作为隔膜和外壳，制备了一个完全生物可降解的电池，通过调整电池尺寸，实现不同的工作时长[7]。

14.1.1.1 负极

负极在可降解电池中主要作为电子提供者，除了上述提到的镁 Mg，还有其它电极如铁（Fe）、铝（Al）以及锌（Zn）[8]。由于高能量密度、长库存寿命以及生物相容性，镁及镁合金是这些负极材料中最常用的金属[7]。镁具有很高的理论比容量（2.2A·h/g）和较负的标准电位（-2.37V，相对于标准氢电极），因此镁-空气电池可以产生高达 6.8kW·h/kg 的能量密度[9]。镁的另一显著特征是在其电极参加阳极反应时产生的 Mg^{2+} 是人体中第四大阳离子，因此镁-空气电池的产物对于人体有很高的安全性[10-12]。除了镁，铁也是人体中必不可少的元素，正常男性体内含有 3~5g 的铁，其中大部分的铁都存在于血红蛋白用于红细胞的循环过程[13]。对于铁-空气电池，理论能量密度约 485W·h/kg，并可提供 1.2V 的开路电位，其放电反应为[14]：

$$Fe + 2OH^- \Longrightarrow Fe(OH)_2 + 2e^- \tag{14-2}$$

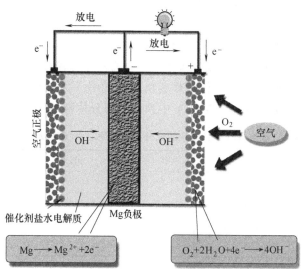

图 14-2　生物可降解电池（镁-空气电池）工作原理[12]

14.1.1.2 正极

在可降解电池中，正极活性物质是空气中的氧，但空气中的氧不能直接作为电极，通常是采用对氧气还原反应具有催化效应的活性材料作为载体，与导电基体相结合而制成电极。金属-空气电池使用的正极材料有银/氯化银、氯化铜、二氧化锰或者铜、碳以及不锈钢[15,16]。氧溶解在电解液里，扩散并吸附于正极材料表面，然后氧气在催化剂的作用下还原。由于其非降解性或者生物环境毒性，这些正极材料均不适用于生物可降解电池。

除了上述金属，导电高分子材料（conducting polymers）也是一种有前景的空气电池的非金属正极材料。导电高分子于 20 世纪 70 年代被发现，是一种具备单双键交替共轭结构（πmolecular orbitals）的大分子[17]，其以掺杂反荷离子的形式存在。常见的导电高分子有聚苯胺[18]、聚吡咯[19]、聚（3,4-乙烯二氧噻吩）[20] 以及它们的衍生物（结构式见图 14-3）。

导电高分子具备导电性、电化学活性以及生物相容性[21,22]。它们在温和的生理环境下不具备降解性能，但可以通过合成含有共轭低聚物以及化学可降解单元的嵌段导电共聚

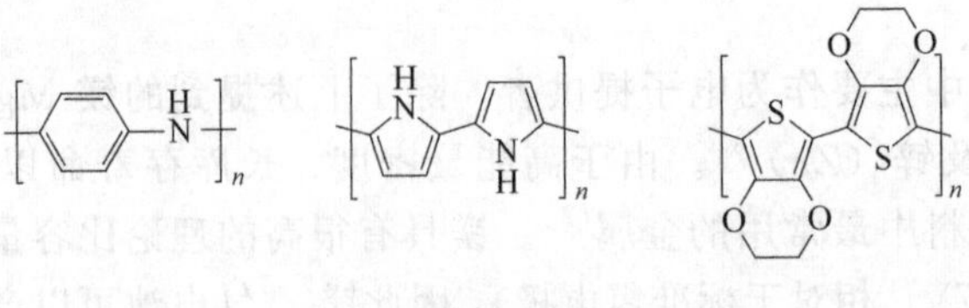

(a) 聚苯胺　　　　(b) 聚吡咯　　　(c) 聚(3,4-乙烯二氧噻吩)

图 14-3　导电高分子聚合物结构式

物实现降解目的[23]。这些共轭低聚物具备优秀的电化学活性、良好的溶解性以及可加工性[24]。另一种方法是形成导电高分子-生物降解聚合物的复合材料，其中导电高分子提供电化学性能，生物聚合物提供降解性能，它可采用天然生物聚合物或者合成聚合物例如聚酯[25]、聚酐类[26]、聚碳酸酯[27] 来完成。

14.1.1.3　电解液

体内生物可降解电池的一大优点，就是可以使用体液激活并利用它作为电解质。人体的大部分体液如胃酸、血液、唾液或者尿液等均含有离子传输介质，并具有足够的离子导电性，因而可作为电解液使用[28]。体液作为电解液的另一大优点是其源源不断性，避免了其它电解液所遇到的损耗问题。表 14-1 中列举了部分体液的组成以及性质。

表 14-1　作为电解质的体液的成分、电导率、pH 值以及黏度[28]

体液	成分	电导率/(mS/cm)	pH 值	黏度/mPa·s
胃酸	HCl, KCl, NaCl	5～15	1.5～3.5	1.7～9.3(禁食状态)
血液	Na^+, Ca^{2+}, Mg^{2+}, HCO_3, Cl^-	10～20	7.35～7.45	1.3～1.7
唾液	Na^+, K^+, Ca^{2+}, Mg^{2+}, Cl^-	5.5	6.2～7.4	1.01～1.21
尿液	Na^+, K^+, Ca^{2+}	17	5～7	1.07(mm^2/s,运动黏度)

14.1.2　生物可降解聚合物

生物可降解聚合物（biodegradable polymers）主要是指能被微生物体降解的聚合物，包含合成聚合物和天然聚合物[29]，其主要特点为生物相容性和生物可降解性。生物可降解聚合物材料广泛地用于预防医学、临床检查和手术治疗等医疗领域，主要用途包括药物释放（drug delivery），生物传感器及诊断（biosensors and diagnostics），医学移植（medical implants），组织修复（tissue repair），血管嫁接（vascular grafts），以及支架（scaffolds）（图 14-4）。

在生物可降解电池中，生物可降解聚合物经常用于电池包装或者直接作为电池的一部分，如导电活性物质的支撑基体。根据聚合物的合成方法，主要分为三类[30]：①可直接从生物质提取出的聚合物（天然聚合物），其主要包含多糖（如淀粉、纤维素）和蛋白质（如络蛋白和谷蛋白）；②基于生物材料可再生单体，通过化学合成的聚合物，如聚乳酸；③通过微生物或者细菌产生的聚合物，如聚羟基脂肪酸和细菌纤维素。它们的降解主要通过酶或者人体内的自然水解过程。这些聚合物的降解涉及不同的过程，首先是大分子聚合物通过溶液化、水解或者通过酶的作用分解为简单的小分子，然后通过同化作用，也就是通过微生物的代谢反应,最终转化为如二氧化碳、水之类的简单小分子[31](图 14-5),或者直接通过生物吸收,即生物体内的自然代谢方式,被吸收或者排出体外。

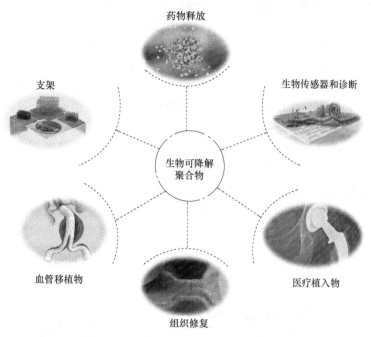

图 14-4　生物可降解聚合物的主要用途

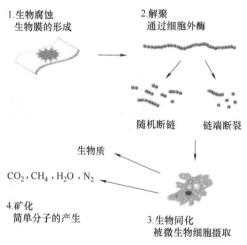

图 14-5　生物降解涉及的步骤示意图[31]

14.2 环境可降解电池

不同于体内生物可降解电池主要用于体内疾病的监测治疗,环境可降解电池则主要用于环境感应监测、绿色电子、军事安全等设备。近些年,国内外的研究机构开发了一系列可以被光、热或者溶剂激活的瞬时电子设备（这些瞬时电子设备包括金属氧化物半导体转换器、传感器、硅太阳电池、能源收集系统、制动器、数码影像设备和无线电源除气系统[32]，并实现不同的用途。例如，远程传感器通常是不可跟踪和恢复的，需要在完成任务的时候通过物理方式降解。为实现这些设备的功能，可降解电池是一个必要的组件。但是迄今为止，由于缺少合适的材料，只有少量的电池类型被报道。

锂离子电池是一种已发展成熟并广泛应用的电化学能源。相比于传统电池，具有电压高、能量密度大、寿命长、工作温度范围宽的特点。在工作过程中，锂离子往返于正负极之间，实现嵌入和脱嵌，而且锂离子在正负极中有相对固定的空间和位置，因此正负极材料在充放电过程中结构基本不变。

一些研究将锂离子电池与瞬时技术相结合，制备了一些可降解锂离子电池。例如：Reza Montazami 等把 $LiCoO_2$ 和 $Li_4Ti_5O_{12}$ 分别作为一次性锂离子电池的正极和负极，并用可降解材料作为隔膜和包装，在完成放电后，可用水来激活电池的降解过程（图 14-6）[33]。其中，聚乙烯醇以及炭黑分别作为隔膜和填料，在降解过程中可提高正负极的分散性。当溶剂渗入材料中会产生足够的溶胀力并破坏活性层，电池也随之一步步降解。还有使用锡掺杂氧化钒纳米纤维作为正极，金属锂作为负极制备瞬时电池，可在水中（图 14-7）[34]或者在氢氧化钾水溶液中完全降解[35]。

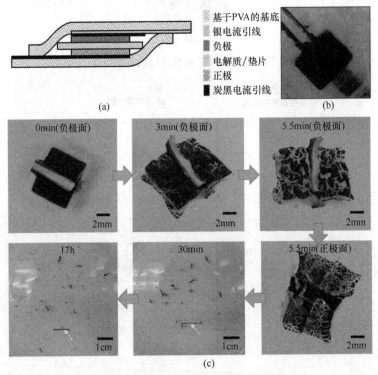

图 14-6　transient 锂电池的组成示意图（a）以及降解照片（b）、(c)[33]
锂电池在 17h 内基本降解

除此之外，生物燃料电池也是一种有潜力发展为瞬时电池的能源。它依靠活性酶或者细菌通过生物化学反应过程产生电能，可分为酶生物燃料电池（enzymatic fuel cells, EFCs）和微生物燃料电池（microbial fuel cells, MFCs）。大多数 EFCs 中，正负电极采用

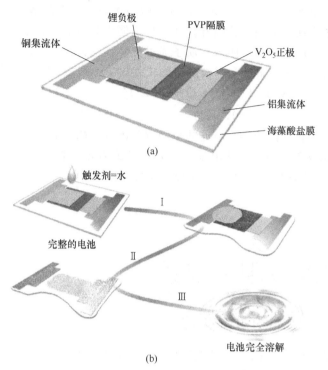

图 14-7 transient 电池的组成示意图 (a) 以及在水中降解的示意图 (b)[34]

不同的酶电极,在酶与电极中常使用生物电催化剂作为电子转移的中间介质。而 MFCs 则是采用细菌通过降解生物质或者污水而产生电能[36]。相比于 EFCs，MFCs 避免了使用活性低的酶，而使用的是生物可降解的基体，更适用于生物可降解电池。但是大量的研究

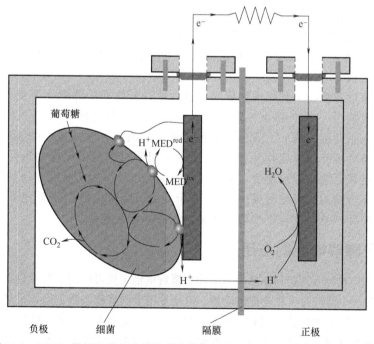

图 14-8 MFCs 阳极室的细菌将从葡萄糖中得到的电子转移至阳极电极上[38]

均是仅仅指出这类电池有发展为生物可降解电池的潜力。所有的 MFCs 都由阴极室和阳极室组成，用质子交换膜物理性分隔开。活性生物催化剂在阳极氧化有机基体产生电子和质子，而电子通过外电路转移至阴极，质子通过交换膜也达到阴极，阴极的氧气相应地生成水（图 14-8）。图 14-8 中阳极和阴极反应如式（14-3）和式（14-4）所示。

$$C_2H_4O_2 + 2H_2O \longrightarrow 2CO_2 + 8e^- + 8H^+ \tag{14-3}$$

$$2O_2 + 8H^+ + 8e^- \longrightarrow 4H_2O \tag{14-4}$$

其中，有能力将化学能转换为电能的可降解基体（例如葡萄糖或者污水等）均可用于 MFCs[37]。当电池放电完毕，这些电池可以自降解或者依靠存在于环境（如土壤、自然水体）中的微生物降解及完全矿化为 CO_2、CH_4、H_2O 以及 N_2，而不会对环境造成污染。

14.3 可降解电池应用及前景

14.3.1 可降解电池的可降解性

虽然现阶段的可降解电池在容量上远低于传统的电池[39]，但是作为一个新兴领域，其最主要的特点是可降解性。生物可降解性主要是指物质能够在水、酶或者微生物的帮助下降解为更简单的物质，如果完全降解，有机物可以完全转化为水、二氧化碳以及甲烷等分子。水解性的材料如单晶硅，金属（Mg、Mo、Fe、Zn），无机材料（SiO_2、MgO 和 Si_3N_4），有机聚合物（丝纤蛋白、胶原）广泛地用于生物可吸收部件中，如电池、传感器、二极管等[40]。

体内电池的降解主要依靠体液或者酶。通过水解反应，电池中的聚合物同时降解，因此聚合物的降解速度决定了整体电池降解的速度。人体体内的温度基本恒定维持在 31°～37°，而且电池的特定植入区域氧气和水含量基本是稳定不变的，因此电池的降解速度理论上是基本恒定的。

电池的降解过程取决于其所含物质的降解速度，而物质的降解主要受到温度，光照，氧气以及水的影响[31]。体外的电池降解环境较为复杂，多受光、温度、微生物等因素的混合影响。首先水环境下的 pH 值是一个重要的影响因素，例如聚乳酸-羟基乙酸共聚物在酸性或碱性条件下降解速度均加快[41]。实验室里测试则常使用极端条件下的 pH 值来证明某个特定的聚合物的降解速度。其次为环境的温度，例如脂肪酶在高的温度下活性更高，从而使得聚合物的水解过程更快[42]。对于环境可降解电池的降解分析，实验测试条件应尽量模拟实际环境，才能更准确地测试电池的降解速度。

14.3.2 可降解电池的应用

当完全采用生物相容性材料制备时，生物可降解电池主要可以用于医疗设备中。在这类设备中，电池作为一个器件为主设备提供能量，电信号用于调节或刺激细胞，促进伤口愈合、脑活动或者组织再生之类的生物学过程。例如，镁-三氧化钼（$Mg-MoO_3$）电池在移植至小鼠体内四周后可以完全降解，而且电池的降解产物未对小鼠器官造成影响（图 14-9）[43]。

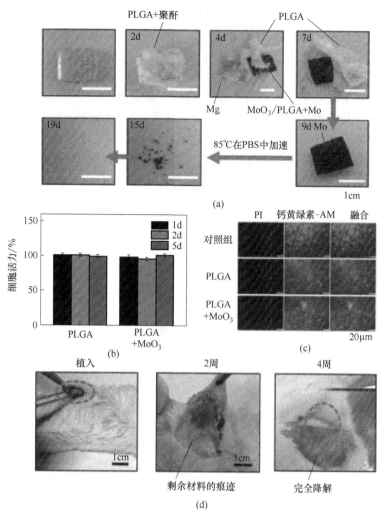

图 14-9 Mg-MoO$_3$ 电池在体外以及体内的降解过程
(a) Mg-MoO$_3$ 电池在生理溶液中的降解过程；(b)、(c) 细胞在阴极材料上的生存能力；
(d) Mg-MoO$_3$ 电池四周后完全在小鼠皮下降解[43]

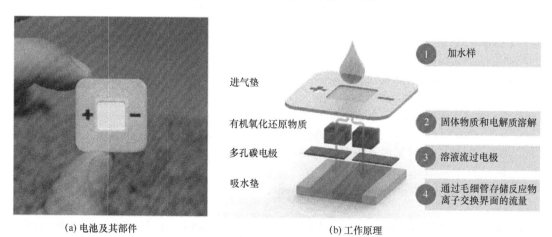

图 14-10 生物可降解电池及其部件示意图和工作原理[44]

环境可降解电池主要为电池的循环经济提供了一种可行性，可以避免为消除电子垃圾产生的费用，而且减少了传统电池使用的有害化学物质对环境造成的负担。例如由纤维素、碳纸、蜂蜡和有机氧化物组成的电池可以放电 2h，然后在自然环境中通过细菌降解而不对环境产生负担（图 14-10）[44]。

可降解电池在最近几年发展迅速，对生物医学以及绿色电子领域的发展具有重要意义，有可能为医学检测治疗带来突破性的革新。尽管这些电池在体内外都进行了有意义的研究，但是它们的容量远低于商业化的电池，现仍局限在实验室研究中，性能亟待提高，有很大的发展空间。可降解电池若想实现商业化，需要来自材料电化学工程等各行各业的科研工作者共同做出实质性的突破。

习　题

1. 可降解电池作为绿色可持续技术电池，该如何定义？
2. 根据该章内容介绍，我们能否自己动手制作出可降解电池？
3. 对于可降解电池的发展趋势，请展望它的发展前景。

参 考 文 献

[1] Hwang S-W, et al. A physically transient form of silicon electronics. Science, 2012, 337 (6102): 1640-1644.

[2] Fu K K, et al. Transient electronics: Materials and devices. Chemistry of Materials, 2016, 28 (11): 3527-3539.

[3] Wallace G G, et al. Nanobionics: The impact of nanotechnology on implantable medical bionic devices. Nanoscale, 2012, 4 (15): 4327-4347.

[4] Edupuganti V, et al. Fabrication, characterization, and modeling of a biodegradable battery for transient electronics. Journal of Power Sources, 2016, 336: 447-454.

[5] Palacin M R. Recent advances in rechargeable battery materials: a chemist's perspective. Chemical Society Reviews, 2009, 38 (9): 2565-2575.

[6] 陈军, 等. 化学电源：原理, 技术与应用. 北京：化学工业出版社, 2006.

[7] Yin L, et al. Materials, designs, and operational characteristics for fully biodegradable primary batteries. Advanced Materials, 2014, 26 (23): 3879-3884.

[8] Cheng F, et al. Metal-air batteries: From oxygen reduction electrochemistry to cathode catalysts. Chemical Society Reviews, 2012, 41 (6): 2172-2192.

[9] Blurton K F, et al. Metal/air batteries: Their status and potential——a review. Journal of Power Sources, 1979, 4 (4): 263-279.

[10] Inoishi A, et al. Mg-air oxygen shuttle batteries using a ZrO 2-based oxide ion-conducting electrolyte. Chemical Communications, 2013, 49 (41): 4691-4693.

[11] Song G. Control of biodegradation of biocompatable magnesium alloys. Corrosion science, 2007, 49 (4): 1696-1701.

[12] Zhang T, et al. Magnesium-air batteries: From principle to application. Materials Horizons, 2014, 1 (2): 196-206.

[13] Harrison P M, et al. The ferritins: Molecular properties, iron storage function and cellular regulation. Biochimica et Biophysica Acta (BBA) -Bioenergetics, 1996, 1275 (3): 161-203.

[14] Blurton K F, et al. Metal/air batteries: Their status and potential——a review. Journal of Power Sources, 1979, 4 (4): 263-279.

[15] ZHANG Y, et al. Development of a seawater battery for deep-water applications. Journal of Power Sources, 1997, 66 (1/2): 71-75.

[16] Reddy T B, Linden D. Linden's handbook of batteries. New York: McGraw-Hill, 2011.

[17] Guimard N K, et al. Conducting polymers in biomedical engineering. Progress in Polymer Science, 2007, 32 (8): 876-921.

[18] Oyama N, et al. Dimercaptan-polyaniline composite electrodes for lithium batteries with high energy density. Nature, 1995, 373: 598-600.

[19] Mermilliod N, et al. A study of chemically synthesized polypyrrole as electrode material for battery applications. Journal of the Electrochemical Society, 1986, 133 (6): 1073-1079.

[20] Liu R, et al. Poly (3, 4-ethylenedioxythiophene) nanotubes as electrode materials for a high-powered supercapacitor. Nanotechnology, 2008, 19 (21): 215710.

[21] Waltman R, et al. Electrically conducting polymers: A review of the electropolymerization reaction, of the effects of chemical structure on polymer film properties, and of applications towards technology. Canadian Journal of Chemistry, 1986, 64 (1): 76-95.

[22] Otero T, et al. Biomimetic electrochemistry from conducting polymers. A review: Artificial muscles, smart membranes, smart drug delivery and computer/neuron interfaces. Electrochimica Acta, 2012, 84: 112-128.

[23] Guo B, et al. Albertsson, biodegradable and electrically conducting polymers for biomedical applications. Progress in polymer science, 2013, 38 (9): 1263-1286.

[24] Ding Y, et al. Fluorescent and colorimetric ion probes based on conjugated oligopyrroles. Chemical Society Reviews, 2015, 44 (5): 1101-1112.

[25] Shi G, et al. A novel electrically conductive and biodegradable composite made of polypyrrole nanoparticles and polylactide. Biomaterials, 2004, 25 (13): 2477-2488.

[26] Kumar N, et al. Polyanhydrides: An overview. Advanced Drug Delivery Reviews, 2002, 54 (7): 889-910.

[27] Broda C R, et al. A chemically polymerized electrically conducting composite of polypyrrole nanoparticles and polyurethane for tissue engineering. Journal of biomedical materials research Part A, 2011, 98 (4): 509-516.

[28] Stauss S, et al. Biocompatible Batteries——Materials and chemistry, fabrication, applications, and future prospects. Bulletin of the Chemical Society of Japan, 2018, 91 (3): 492-505.

[29] Vroman I, et al. Biodegradable polymers. Materials, 2009, 2 (2): 307-344.

[30] Petersen K, et al. Potential of biobased materials for food packaging. Trends in Food Science & Technology, 1999, 10 (2): 52-68.

[31] Haider T P, et al. Plastics of the future? The impact of biodegradable polymers on the environment and on society. Angewandte Chemie International Edition, 2019, 58 (1): 50-62.

[32] Acar H, et al. Study of physically transient insulating materials as a potential platform for transient electronics and bioelectronics. Advanced Functional Materials, 2014, 24 (26): 4135-4143.

[33] Chen Y, et al. Physical-chemical hybrid transiency: A fully transient li-ion battery based on insoluble active materials. Journal of Polymer Science Part B: Polymer Physics, 2016, 54 (20): 2021-2027.

[34] Fu K, et al. Transient rechargeable batteries triggered by cascade reactions. Nano Letters, 2015, 15 (7): 4664-4671.

[35] Wang Z, et al. Design of high capacity dissoluble electrodes for all transient batteries. Advanced Functional Materials, 2017, 27 (11): 1605724.

[36] Zhang X, et al. Separator characteristics for increasing performance of microbial fuel cells. Environmental Science & Technology, 2009, 43 (21): 8456-8461.

[37] Mohammadifar M, et al. A papertronic, on-demand and disposable biobattery: Saliva-activated electricity generation from lyophilized exoelectrogens preinoculated on paper. Advanced Materials Technologies, 2017, 2 (9): 1700127.

[38] Logan B E, et al. Microbial fuel cells: Methodology and technology. Environmental Science & Technology, 2006, 40 (17): 5181-5192.

[39] Jia X, et al. Toward biodegradable Mg-air bioelectric batteries composed of silk fibroin-polypyrrole film. Advanced Functional Materials, 2016, 26 (9): 1454-1462.

[40] Lu L, et al. Biodegradable monocrystalline silicon photovoltaic microcells as power supplies for transient biomedical implants. Advanced Energy Materials, 2018, 8 (16): 1703035.

[41] Shen J, et al. Accelerated in-vitro release testing methods for extended-release parenteral dosage forms. Journal of Pharmacy and Pharmacology, 2012, 64 (7): 986-996.

[42] Hoshino A, et al. Degradation of aliphatic polyester films by commercially available lipases with special reference to rapid and complete degradation of poly (L-lactide) film by lipase PL derived from Alcaligenes sp. Biodegradation, 2002, 13 (2): 141-147.

[43] Huang X, et al. A fully biodegradable battery for self-powered transient implants. Small, 2018, 14 (28): 1800994.

[44] Esquivel J P, et al. A metal-free and biotically degradable battery for portable single-use applications. Advanced Energy Materials, 2017, 7 (18): 1700275.

15 电池表征技术

对电池材料和器件的表征分析，可以直观获取电池内部信息，这对材料的开发和器件的设计具有重要意义。同时，对电池表征分析，在现有材料体系的挖掘和深入理解以及新材料体系的探索设计方面，都具有不可替代的作用。因此，系统全面地材料分析表征对于电池研发必不可少。

电池材料研究涉及物理、化学和材料等一系列相关学科及其交叉融合，电池整体性能优化和电池制造又依赖于一定的工程设计。对于一个电池体系来说，核心材料的晶体结构、电子结构、电子离子输运机制，材料的力、热、声、电、光、磁等特性属于固体物理的研究范畴；而对于材料化学键、分子轨道、相图相变和固相反应等属于固体化学的研究范畴；电池充放电过程中的电极电位、电化学双电层、电化学反应与动力学等则属于电化学的研究内容；为了制备性能优异的材料，要涉及无机材料、有机材料、高分子材料和纳米材料等材料科学；进一步制备组装出的电池器件需要建立电池管理系统、热管理系统和各接口设计等，这些研究工作又属于电子电力科学；电池完整的生命周期会涉及材料的粉碎、分离、分级、纯化、复合、制备、再生回收和废物处理等程序，相关过程则又涉及化工和智能制造。电池研究具有多学科交叉融合的特点，因此针对电池与电池材料的表征分析，往往具有多维度、综合性和全面性的特点。

电池充放电过程会涉及发生在不同空间尺度和不同时间尺度上的复杂物理化学反应（图15-1），这些理化过程从不同方面在不同程度上影响着电池的综合性能。以锂离子电池为例，在电极材料中，锂离子的迁移以及在正负极中往复地嵌入和脱嵌，从晶格动力学来讲是发生在原子尺度下的物理化学过程；而一般情况下活性电极材料的颗粒在几十纳米到几十微米尺度之间，这一尺度则对应于锂离子在单一颗粒内的迁移，电极-电解液界面反应以及电极活性颗粒的粉化、脱落等过程；电池制备过程中需要将电极浆料涂覆在集流体上，对于软包电池而言，该特征尺寸为毫米到厘米量级，在该尺度下面临正负极材料脱嵌锂中的体积胀缩导致的电极材料脱落、电池产热及热释放等问题；当单体电池组合成为电池组安装在电动汽车中甚至是用于大型储能电站时，相应的特征尺寸在厘米到米量级，在该量级下需要考虑电池的安全性能、力学性能等更加宏观的物理化学特性。另外，这些发生在不同空间尺度下的反应过程同时发生在不同的时间尺度下，比如晶格内的锂离子传输伴随的氧化还原反应过程发生在飞秒到皮秒时间范围内，电极尺度到电池尺度的锂离子传输和液体、气体扩散等传质过程则发生在毫秒量级,电池器件本身电化学循环周期对应的特征时间在小时到数十小时之间,而电动汽车、大型储能对应的电池使用全寿命周期则往往要数年到数十年。因此,对于锂离子电池的表征,往往需要涉及不同时间尺度和不同空间尺度下的测试与分析。

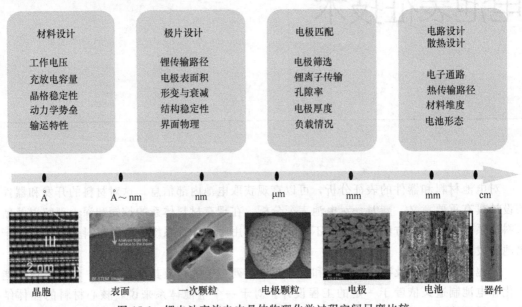

图 15-1　锂电池充放电中具体物理化学过程空间尺度比较

综合利用多种材料表征技术,对于材料认识深化、探索材料功能机制可以提供实验支撑。对于电池研究来说,系统深入的多维度、多角度、多尺度表征分析是阐明电池内部工作原理,建立电池内部材料本征物理化学性质与电化学性能等外部宏观特性之间关联不可替代的重要方法,是电池材料和技术开发的必要环节[1-6]。针对电池和电池材料表征分析,除了一般材料研究通常关注的材料成分、材料结构、形貌、元素价态等以外,由于电池和电池材料的安全特性是电池研究的重要内容,电池和电池材料的热安全分析也是电池和材料表征分析的重要方面。针对不同研究对象通常可以利用不同的表征技术进行研究,比如可以用电子衍射、X射线衍射、中子衍射等研究材料的晶体结构。根据这些表征技术的检测机理、检测敏感度、适用范围的不同,又可以根据具体的应用场景进行进一步细分,比如电子衍射可以研究小样品的微区结构,中子衍射可以研究块体大样品的结构等。这些手段往往可以在不同的方面进行相互补充,如图 15-2 给出了电池常用表征技术及其相应的特征时间/空间尺度。这对于建立电池研究体系中从宏观到微观,从整体到局部,从结构到性能,从现象到本质的复杂构效关系具有重要作用。

本章将围绕用于锂离子电池材料和器件研究的表征技术进行分类介绍和讨论。整体来说,当前主要用于电池研究的表征手段分为实验室常用表征技术和基于大科学装置的表征技术,包括同步辐射实验技术和中子实验技术。实验室常用表征技术主要围绕着晶体结构表征、化学成分分析、微观组织形态表征、元素价态分析、分子价键分析和热分析技术来展开。具体来说,晶体结构表征技术主要包括 X 射线衍射、电子衍射,化学成分分析主要包括电感耦合等离子体光谱/质谱、二次离子质谱和能量色散 X 射线谱;微观组织形态表征技术主要包括光学显微镜、扫描电子显微镜、透射电子显微镜、球差校正扫描透射电镜、扫描探针显微镜；元素价态分析技术主要包括 X 射线光电子能谱、电子能量损失谱；分子价键表征技术主要包括红外光谱、拉曼光谱；热分析技术包括热重分析、差热分析、差示扫描量热分析、热机械分析，以及加速量热技术、等温量热技术、红外热成像技术。同步辐射实验技术部分主要介绍同步辐射 X 射线衍射、对分布函数实验技术、同步辐射 X 射线谱学实验技术（如 X 射线吸收谱、非弹性 X 射线散射）和同步辐射 X 射线成像实验技术。此外，同步辐射实验技术还涉及多种原位实验方法与实验装置设计，这部分内容将在同步辐射实验技术中叙述。随着研究的深入，中子实验技术在电池研发中的重要性逐渐被认识，尤其是中子对于低原子序数元素（如锂、氧等）的散射敏感性，以及中子对于近邻元素的区分能力，使其在锂电池研究中具有不可替代的重要作用。本章将简要介绍用于电池研究的主要中子实验技术，包括中子衍射、中子成像和中子深度剖面谱等。

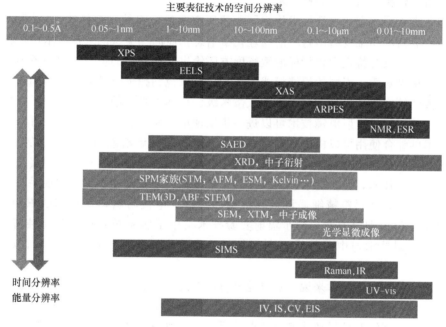

图 15-2　锂电池研究中常用表征手段汇总和各技术典型表征尺度的比较[7]

15.1
实验室常用表征技术

综合利用多种实验室常用表征技术，以全面了解主要材料物理化学性能参数，分析材料特性、内在机理，并进一步指导新材料设计是锂电池研究领域快速发展进步的重要支撑条件。

对于某一具体材料来说，获取材料的基本晶体结构往往是新材料表征中最重要的组成部分，相关的表征主要依赖于各类衍射技术，如 X 射线衍射、电子衍射等。材料化学成分分析是另一个不可或缺的环节，相关表征技术如电感耦合等离子体光谱/质谱、二次离子质谱、能量色散 X 射线谱等在电池研究中具有广泛的应用。材料的基本结构分析以及组成成分分析是建立对材料宏观整体认识的重要前提条件。进一步的，材料的微观组织形态、物质微区形貌以至原子级晶体缺陷等特点对于材料性能具有重要的影响，对锂电池来说电池的界面反应、高倍率性能等指标往往与之紧密相关。各类电子显微技术、扫描探针技术则提供了表征材料微观形貌、表面形貌的直观实验手段。在电极充放电过程中，除了面临着复杂的结构相变、形貌变化之外，最根本的变化在于正负极之间的可逆的氧化还原反应，这是电池实现能量存储与转化的根本机制；而相应的价态变化、充放电机理的剖析则依赖于各种价态敏感的表征手段的支持，如实验室常见的X光电子能谱、电子能量损失谱等技术。就电池体系中的一些特殊问题，如界面有机-无机反应、电解液分解等问题，往往还需要对于分子价键、官能团敏感的表征技术，如红外光谱和拉曼光谱等。而电池材料和电池器件的热稳定性、热安全性是电池器件可以实际应用的重要前提条件，相应的表征分析则需要依赖一系列热分析技术。

以上几类不同类型的表征技术构成了电池研究中最主要的"工具箱"，这些表征技术可以从不同的角度和维度给出材料的物理化学信息；而同一类型的表征技术往往在探测精度、探测尺度以及对特定理化指标的敏感度方面给出互相补充的信息。比如各类显微技术通过不同的探测媒质、不同的探测模式，从光学显微镜到扫描电子显微镜再到透射电子显微镜，其探测精度逐渐提高，可以得到从微米级、百纳米级到纳米级直至原子级的实验观测，而球差校正扫描透射电镜技术可以进一步实现单个原子的识别与测试。可以看出，不同表征技术的综合使用可以极大地提高表征技术对材料的解析能力，这对于从不同角度、不同维度和不同尺度建立电池构效关系、优化电化学性能指标具有重要的现实意义。除了实验室常规表征技术，同步辐射实验技术与中子实验技术常常能够提供常规手段所不能获得的重要信息，如在材料精细局域近邻结构的解析、电极材料体相价态的识别与量化、轻原子晶格占位识别等方面，同步辐射实验技术与中子实验技术往往具有独特的优势。近年来同步辐射技术与中子技术逐渐引起了业内的广泛关注，相关内容将在后文详细叙述。

就实验室常用表征技术来说，对电池材料典型的研究思路，一方面是关注电极材料在不同电位下的各物理化学特性随脱/嵌锂的变化，用以阐明电池往复充放电过程中的反应机理；另一方面则针对长循环或者充放电前后的材料变化及电极衰减行为进行比较分析，用以获得电极衰减机制及性能优化的思路。此外，通过设计各种原位表征装置，在时间尺度上获取材料电化学充放电过程的动态响应，是电池研究中另一个重要组成部分。在下边的章节，我们将分别讨论实验室常规的晶体结构表征、化学成分分析、微观组织形态表征、元素价态分析、分子价键分析及热分析技术，并结合实际案例探讨相应技术在电池研发中的应用。

15.1.1 晶体结构表征

对于电极材料晶格结构的分析表征，最主要的实验手段是各类衍射技术，如X射线衍射、（选区）电子衍射、中子衍射等，衍射的基本原理在于周期性排列的原子或离子对单色入射光子/电子/中子发生相干散射，散射光子/电子/中子在某些方向上得到加强，而在另一些方向得到减弱并呈现出衍射花样，通过解析衍射花样可以反推获得材料的微观晶体结构和原子空间的分布状况。由于入射激发源的不同，衍射技术具有不同的特色。如X射线衍射可以获得样品宏观整体平均的晶格结构特点；电子衍射技术，尤其是选区电子衍射，可以实现对微米乃至纳米级别内局域环境下的晶格结构监测；而中子衍射技术在表征轻元素占位方面相比 X 射线衍射有更大的优势，这对于锂电池研究来说是非常重要的。

除了各类衍射技术，高分辨透射电镜技术，尤其是球差校正的透射电子显微镜技术的发展，已经具有了原子级别的空间分辨能力，可以在实空间内实现对材料晶格结构、原子排列的直观实验探测。这些原子级别下的组织结构显微技术在电极材料结构表征方面具有极大的优势，尤其对于一些特定的电池研究问题至关重要。比如对于电极界面反应、局域晶格结构的变化、过渡族金属原子向锂层的迁移、局域缺陷的形成等研究方面，高分辨/球差校正的透射电镜技术发挥了不可替代的作用。此外，部分光谱学技术如拉曼光谱、扩展边 X 射线吸收精细结构 EXAFS 在晶格振动、局域近邻结构分析方面可以提供重要的结构信息，也是晶体结构分析重要的表征手段。

本节主要讨论实验室常用的 X 射线衍射技术与电子衍射技术。中子衍射以及中子相关的各表征技术将在后续章节详细介绍，高分辨透射电镜实验技术将在微观组织形态表征一节中同其它显微表征技术一起讨论；而拉曼光谱、扩展边 X 射线吸收精细结构 EXAFS 虽然也可以得到结构信息，但考虑到各实验技术的主要关注点不同、技术特色和从属对比关系，分别安排在分子价键表征和同步辐射 X 射线谱学实验技术相关章节。

15.1.1.1 X 射线衍射（XRD）

X 射线衍射技术（X ray diffraction，XRD）是利用晶体形成的 X 射线衍射花样，研究材料内原子空间分布状况的结构分析方法，是目前实验室最常用的材料晶体结构表征技术。实验室 XRD 通常使用 X 射线光管产生具有特定波长的 X 射线，如 CuK_α、AgK_α 线等作为衍射光源。当 X 射线照射到晶体样品上时，X 射线遇到周期性排列的原子或离子发生相干散射，散射的 X 射线在某些方向上得到加强，而在另一些方向得到减弱，显示相应的衍射花样，通过解析 X 射线衍射花样可以获得材料的微观晶体结构。X 射线衍射广泛应用于电极材料的物相分析、结构分析、晶体点阵常数的精确测定、材料内应力的测定、晶粒尺寸和点阵畸变表征、单晶取向和多晶织构的测定等方面。X 射线衍射具有体相敏感，对长程有序周期性结构敏感等特点，且具有不损伤样品、无污染、快捷、测量精度高等特点，因此 XRD 在电极材料结构解析方面具有广泛应用。

通过 X 射线衍射实验得到的衍射图谱中主要包含峰位、峰强、峰型三个基本信息：①峰位：衍射图谱中每一条衍射峰都对应一个特征的晶面间距 d_{hkl}，该数值直接由晶体结构（晶胞参数及所属空间群）决定。②峰强：衍射峰的强度会受到多重因素的影响，包括结构因子、洛伦兹因子、吸收因子及原子位移参数等。从材料的微观结构考虑，这些因素主要由原子位置、原子种类、原子占位率、互占位（anti-site）及原子热振动等因素决定。因此，峰强中包含了大量的结构信息，对谱图解析具有重要参考意义。③峰型：峰型主要指衍射峰的宽度，一般用半高全宽来表示。峰型也包括衍射峰的对称程度、斜率等信息。衍射图谱中峰型通常可用来判断材料的结晶程度。同时，峰型中还包括材料晶粒尺寸、应力、缺陷等重要信息，可以通过对峰型变化的研究得到材料内部微观结构的演化信息。

实验室 XRD 通常用于物相鉴定和结构分析，对于锂电池材料这样的多组分复杂体系是十分有效实用的常规工具。每一种晶体结构对应于一种特定的 X 射线衍射谱，如果被测样品中含有多个物相，每个物相产生的衍射将独立存在，该样品的衍射谱是各物相的单相衍射谱的叠加。因此，通过对多组分样品的 X 射线衍射图谱进行物相分析，可以得到其所含的所有物相的信息。物相检索前需要限定元素，因此被测样品中所含元素种类需要提前确定，否则物相检索得到的可能物相太多而无法准确确定所含物相。通过对比衍射图谱与 PDF 卡片的标准峰，可以确定 PDF 卡片对应的物相是否属于样品的组分之一。一般确定某物相存在的判据为：①PDF 卡片中的峰位与被测样品衍射谱的峰位匹配；②PDF 卡片中的峰强比（I/I_0）与被测样品的峰强比（I/I_0）大致相同。通过物相定性分析，可以得到混合样品中各组分的化学成分、晶胞参数、空间群等信息。如果需要定量地得到混合样品中各组分的含量信息，则需要对样品的衍射峰强度进行拟合。因此，采用 Rietveld 法，如图 15-3（a），对混合样品的衍射图谱进行精修拟合，会更准确地得到含量信息。通过 Rietveld 法对衍射图谱进行精修拟合，还可以得到准确的晶胞参数、原子坐标、占位率、原子热振动参数 U_{iso}、晶粒尺寸、晶格应力（宏观应力及微观应力）等信息，并且还能对多组分样品进行分析，得到各组分定量信息。

考虑到 X 射线的探测深度在 μm 级别（$CuK\alpha$ 线探测深度在 $10\mu m$ 左右），XRD 技术比较容易通过预留 X 射线窗口，设计密封原位器件的方式实现原位监测。原位 XRD（in-situ XRD）被广泛用于表征电极材料在充放电过程中的相变行为。电极材料在充放电中的结构演变与材料电化学性能密切相关。原位 XRD 能够利用同一个电池实现电化学测试与电极材料的结构表征同步进行，实验步骤相对简单，可以避免非原位测试中对空气敏感的电极材料与空气接触，提供相对更可靠的结构变化信息。好的原位电池设计对于获得高质

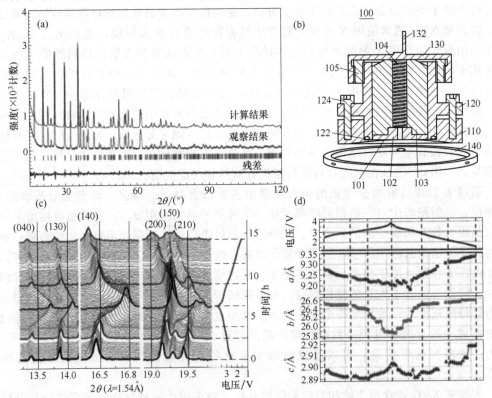

图 15-3　LiFePO$_4$ 精修后的衍射图谱（a），用于实验室原位 XRD 的电化学装置（b），Na$_{0.44}$［Mn$_{0.44}$Ti$_{0.56}$］O$_2$ 的实验室原位 XRD 图谱（c）和解析获得的晶格参数（d）[8]

量的 XRD 数据并如实反映电池材料的相变过程至关重要。如图 15-3（b）为用于实验室 XRD 的原位电化学电池装置，可以在电化学反应状态下进行原位 XRD 测试。Wang 等利用实验室设计的原位 XRD 电池器件，表征了 $Na_{0.44}[Mn_{0.44}Ti_{0.56}]O_2$ 正极在充放电过程中的相变过程，并给出了晶格参数的变化，如图 15-3（c，d）[8]。Zhang 等通过实验室原位 XRD 研究了 $LiCoO_2$ 在 Ti/Mg/Al 共掺杂前后的首圈相变情况，发现 Ti/Mg/Al 共掺杂后 $LiCoO_2$ 在高电压下的 H1-3 相变得到了抑制，从而稳定了 $LiCoO_2$ 在高电压下的层状结构[9]。

15.1.1.2 电子衍射（ED）

当一束单色化电子入射到晶体上时，由于波粒二象性高速电子也可以认为是电子波，晶体对电子的衍射则是各原子弹性散射波叠加的结果。由于晶体具有规则排列的原子排布结构，入射电子束同样发生衍射行为，在某些方向上可以观察到很强的散射电子束，其它方向则无散射电子出现，这样的现象称为电子衍射（electron diffraction，ED），所对应的衍射强度分布图案称为电子衍射花样。通过电子衍射花样同样可以反推晶体材料内部原子的分布规律，由衍射线束的方向可获得材料晶胞的大小和形状等信息，而从衍射线束的强度分布可获得原子种类、原子在晶胞中的位置等重要信息。相比于 X 射线，电子束与晶体相互作用时原子散射因子较大（约高 4 个量级）。因此，相比于 X 射线衍射技术，电子衍射具有曝光时间短，衍射信号强的特点。另外，电子束能在电磁场中实现微区聚焦，因此电子衍射可对微小区域（如 $0.1 \sim 1 \mu m^2$ 区域）进行衍射分析，即选区电子衍射技术（selected area electron diffraction，SAED），SAED 技术有利于微区、微量的物相鉴定。但是电子衍射与原子散射截面大，穿透能力有限，因此只能对极薄样品进行分析，这使得样品制备较为复杂。

目前锂离子电池研究中最常见的电子衍射技术即选区电子衍射 SAED，可以实现对于特定区域内局域结构的解析。选区电子衍射技术通常和电镜技术相结合，具有以下优点：①可以实现微区物相和晶面结构的同时分析。通过 TEM 拍摄所获得的高倍率微区图像，结合 SAED 所获得的图谱信息，不但可以观测微区材料形貌信息，而且可以确定该区域的晶面结构、晶相组成，从而实现多角度获取样品的细节信息，增加了样品分析的可靠性。②可以实现精确的微区定点分析。在 TEM 检测的同时进行 SAED 分析，可以避免采用其它方法表征时对样品二次移动所带来的干扰，也消除了再次寻找同一观测点带来的不准确性。锂电池研究中，SAED 常常与 TEM 相结合用于局域物相结构的解析（例如表面、界面结构的分析）。通过结合 TEM 和 SAED，Hyung-Joo Noh 等分析了不同组分的三元正极材料在截止电压为 4.3 V、55℃下循环 100 圈后的颗粒表面结构，如图 15-4（a），通过 SAED 进行物相分析，发现大部分颗粒表面形成了类尖晶石（spinel-like）的结构，在 Ni 含量较高的材料表面甚至会形成类 NiO 的岩盐相，这类岩盐相结构的形成会造成颗粒的电荷转移阻抗增大，并阻碍锂离子的输运[10]。富锂层状正极的微观结构十分复杂，至今仍存在许多争议。Yu 等对富锂电极 $Li_{1.2}Mn_{0.567}Ni_{0.167}Co_{0.067}O_2$ 进行切片后，采用 SAED 和 STEM 对颗粒内部晶相成分进行分析，如图 15-4（b），发现颗粒内部存在不同的单晶区域，主要分为类 Li_2MnO_3 单晶区域和类 $LiTMO_2$ 单晶区域（TM 为过渡金属 Mn、Co、Ni），并且 Ni 集中分布于不同单晶区域的晶界处。同时，类 Li_2MnO_3 单晶区域还存在堆垛层错（stack fault），不同的类 Li_2MnO_3 单晶区域由于取向不同还会形成晶界[11]。由于SAED所具有的对微观局域结构敏感特性，SAED为表征富锂层状材料的局域结构提供了有力的实验证据。

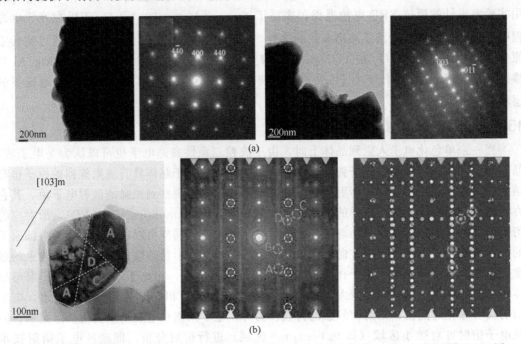

图15-4 三元正极材料Li[$Ni_xCo_{0.5-x/2}Mn_{0.5-x/2}$]$O_2$在截止电压为4.3V、55℃下循环100圈后的TEM和SAED图谱[10]和富锂层状材料颗粒内部类单晶区域分布及其SAED图样（b）[11]

15.1.2 化学成分分析

15.1.2.1 电感耦合等离子体光谱/质谱（ICP）

电感耦合等离子体（inductive coupled plasma，ICP）光谱/质谱技术是用来分析物质元素组成及元素含量的常用方法。该技术根据具体检测方式的不同可以细分为两类：第一类为电感耦合等离子体原子发射光谱法（inductive coupled plasma atomic emission spectroscopy，ICP-AES），或者称为电感耦合等离子体光学发射光谱法（inductively coupled plasma optical emission spectrometry，ICP-OES），该方法通过测量处于激发态的原子回到基态时所发射的特征谱线波长进行元素识别。由于每种元素具有特定的特征发射谱线，ICP-AES/ICP-OES根据测得的光谱波长对试样进行元素种类定性分析，根据发射光的强度进行定量分析。另一类ICP技术称为电感耦合等离子体质谱法（inductive coupled plasma mass spectrometry，ICP-MS），是根据运动的气态离子的质荷比（m/z）的不同，进行分离并记录其成分的表征方法。ICP-MS根据材料的荷质比进行元素成分识别，根据获得离子计数大小进行定量分析。ICP技术具有可同时进行多元素分析，测试重复性好，灵敏度高等优点。根据分析检测系统的不同，ICP-MS的检测极限一般达到ppt（10^{-12}）量级，而ICP-AES一般可以达到ppb（10^{-9}）量级。另外，ICP技术具有能量分辨率较低、不具备空间分辨和时间分辨能力等不足之处。

在电池研究中，ICP技术常用来进行材料成分的定性或定量分析。掺杂是电池材料改性的重要手段,而 ICP 技术是分析掺杂材料成分和研究掺杂改性机制不可或缺的表征手段。如 Zhao 等研究了 Si 掺杂的 $LiSi_xV_3O_8$($x=0.000,0.025,0.050,0.075,0.100$)的电极性能,通过 ICP-AES 进一步确认了掺杂含量,并结合多种表征技术给出了优化改性参数[12]。此外 ICP 技术极高的检测限,使其可以用于比较目标掺杂元素和原始材料中可能携带的其它杂质元素的含量,用以排除电极改性目标掺杂元素以外的杂质的干扰[9]。ICP 技术具有较高的分析灵敏度,这就使得即使当目标元素含量较少时,ICP 仍然可以提供可靠的实验支撑。如 Saravanan Kuppan 等利用 ICP-OES 技术研究了 $LiMn_{1.5}Ni_{0.5}O_4$(LMNO)电极中过渡族金属的溶解问题,通过研究具有不同形貌特点的电极颗粒中过渡金属在长时间存储过程中的溶出行为,定量给出了 Mn 和 Ni 的溶出浓度随存储时间的关系。ICP 结果显示,在电极存储 5 周后已有大量过渡族金属溶出至电解液中,其中具有片状形貌的 LMNO 溶出的过渡金属浓度约为八面体形貌 LMNO 溶出浓度的 3 倍,并且 Mn 溶出更为严重[13]。随着电池技术的广泛应用,电池材料的回收利用逐渐成为一个重要的研究课题,而 ICP 技术在电池材料回收中材料成分分析方面也有重要的应用价值[14]。

15.1.2.2 二次离子质谱(SIMS)

二次离子质谱(second ion mass spectroscopy,SIMS)通过发射一次离子(如氩离子或者氧离子,能量在几个 keV 量级)轰击样品表面进而产生二次离子,通过探测样品表面逸出的荷电离子或离子团,再结合质谱分析技术来分析表征样品的成分。仅有表面层大概 2 个分子层的激发离子可以以离子态脱离表面,进而被探测器接受,因此 SIMS 本身是一种表面分析技术,可以做表面元素分析。另外,通过提高入射电流大小和入射离子源浓度,SIMS 可以实现样品表面材料剥离和深度刻蚀分析,相应可以对样品进行深度方向的纵向元素分析。SIMS 探测灵敏度在 ppm(10^{-6})量级,且具有较高的空间分辨能力(约 $1\mu m$),可以对同位素分布进行成像。但是 SIMS 做定量分析较差,识谱有一定难度,且测量过程对样品有一定的破坏性。

在电池研究中,飞行时间二次离子质谱(time of flight secondary ion mass spectroscopy,TOF-SIMS)是广泛使用的 SIMS 技术。TOF-SIMS 通过利用脉冲离子源轰击样品表面,通过测量激发出的二次离子的飞行时间来换算成离子质量,用于表征材料表面元素成分和分子结构等信息。相比于 SIMS 技术,TOF-SIMS 适用范围更广、分辨率更高,且对样品表面破坏极小。TOF-SIMS 技术可以用于准确识别不同元素、同位素及分子结构;通过结合 2D 成像可以给出不同成分或者各种离子在表面的分布情况;结合深度剖析 TOF-SIMS 可以进一步给出材料表面成分的深度分布信息。

由于 SIMS 技术的表面敏感性,SIMS 可以用于分析电极颗粒表面层、界面层或者表面包覆层在反应前后的变化。图 15-5(a)为 Yang-Kook Sun 等利用 SIMS 技术研究的 AlF_3 包覆对于 $LiNi_{0.5}Mn_{0.5}O_2$ 电极高电压循环过程表面行为的影响。实验结果显示,相比原始材料,包覆的电极颗粒表面成分中界面反应副产物,如 LiF、NiO、MnO、NiF_2、MnF_2 等均显著减少,SIMS 结果证明了包覆层对于电极材料表面的保护作用[15]。通过利用 TOF-SIMS 的深度分析特点,Zengqing Zhuo 等研究了 Cu 衬底上生长的 SEI 在径向方向的组成成分分布情况,TOF-SIMS 结果显示,SEI 界面层厚度在形成态、首次脱锂态、首次嵌锂态分别为 45nm、10nm、60nm,直接证明了 SEI 随充放电过程的动态变化,如图 15-5(b)所示[16]。除了提供表面整体信息,通过结合 TOF-SIMS 的表面探测手段和二维成像能力，TOF-SIMS 可以获得电极表面更全面的信息。Yabuuchi 等利用 TOF-SIMS 技术研究了富锂锰基电极 $Li_{1.2}Ni_{0.13}Co_{0.13}Mn_{0.54}O_2$ 在 4.8V 高电位循环过程中的界面成分变化，通过比对充电 4.8V、放电 2.0V 和再充电 4.8V 的 TOF-SIMS 结果，在 m/z 为 30.03 和 31.04 的位置处探测到质谱峰，可以认为是 Li_2O^+ 和 LiC_2^+ 相应的质谱峰，且这两峰在充电态消失放电态产生，对应于界面 O 参与反应带来的还原产物沉积[17]。Yabuuchi 等进一步利用 TOF-SIMS 成像技术给出了元素锂（$m/z=6$）和锰（$m/z=55$）的二维空间分布，如图 15-5（c）所示，通过元素分布叠加覆盖发现，放电 2.0V 表面存在富锂区域和层状氧化物区域，显示了界面反应的不均匀性，且部分电极被界面反应产物所覆盖[17]。

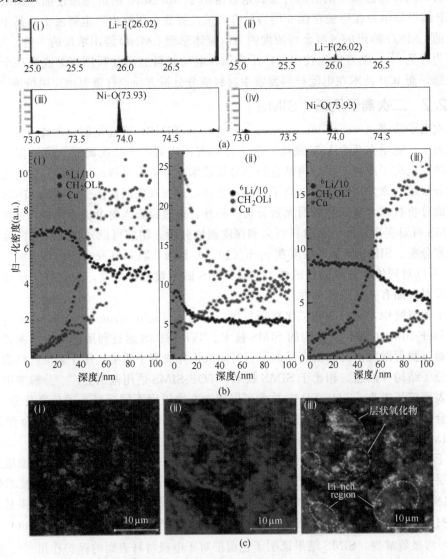

图 15-5 SIMS 及 TOF-SIMS 对材料的表征

(a) SIMS 表征 AlF_3 包覆改性前后的 $LiNi_{0.5}Mn_{0.5}O_2$ 电极表面成分[15]；(b) TOF-SIMS 深度分析给出 SEI 界面层在形成态、充电态和放电态下的厚度演化[16]；(c) TOF-SIM 二维成像给出 $Li_{1.2}Ni_{0.13}Co_{0.13}Mn_{0.54}O_2$ 电极 Li、Mn 的空间分布，在放电态下样品表面存在富锂区域和层状氧化物区域[17]

15.1.2.3 能量色散 X 射线谱（EDS）

能量色散 X 射线谱（energy dispersive X ray spectroscopy，EDS）借助于分析试样发出的元素特征 X 射线波长和强度，实现对材料的成分分析。一方面，EDS 主要是根据不同元素特征 X 射线波长的不同来测定试样所含的元素组成。在锂电池研究中，EDS 经常结合电子显微镜使用，可以沿特定方向做线扫描（line scan）或者直接给出各元素的面成像（elemental mapping）。EDS 技术可以对样品进行微区成分分析或者界面反应分析，实现对多种元素的同时高效探测。另一方面，EDS 可以进一步量化试样中各元素的含量，通过对比不同元素谱线的强度，给出各元素定量分析结果。但定量分析结果受一系列因素影响，精确度不高。

由于同时具备元素分辨和空间分辨的特点，EDS 是直观观测电极颗粒表面包覆层状况的合适手段。Kwang Soo Yoo 等利用纳米 Al_2O_3 结合溶胶-凝胶法对 $Li(Ni_{0.6}Mn_{0.2}Co_{0.2})O_2$ 正极材料做了表面包覆改性，通过结合 EDS mapping 和 SEM 成像给出了各主要元素的空间分布情况；EDS 结果中 Al 富集在活性颗粒的最外层，但呈现出不连续分布的特点，显示了活性颗粒表面部分包覆 Al_2O_3、部分未包覆 Al_2O_3 的形貌特点，如图 15-6（a）。这种相对均匀的 Al_2O_3 包覆层分布对于电化学性能的改善具有重要影响[18]。除了直观表征特定元素的空间分布情况，EDS 技术还可以结合截面样品制备并做线扫描的方式，获得两相界面处的元素分布信息，以验证可能的界面反应；固态电池中

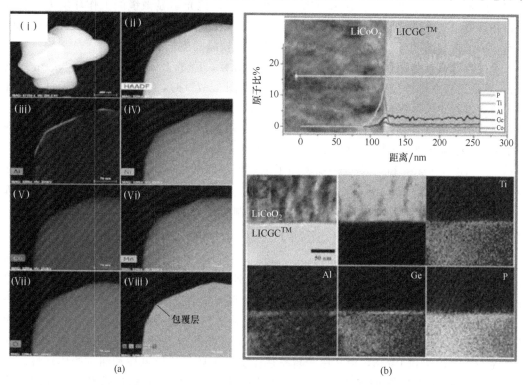

图 15-6 EDS 对材料的表征
(a) 0.08% 的纳米 Al_2O_3 包覆的 $Li(Ni_{0.6}Mn_{0.2}Co_{0.2})O_2$ 正极材料各主要元素的面分部，包覆层 Al 元素非均匀地分布在表面处[18]；(b) 利用 EDS 线扫描和面扫描获得的 LCO-LICGC 电极-电解质界面在 500℃ 退火后的各主要元素分布[21]

电极-电解质的界面化学反应则是其中一个重要的课题。Ki Hyun Kim 等通过利用 EDS 线扫描研究了 $Li_7La_3Zr_2O_{12}$（LLZO）固态电解质与 $LiCoO_2$ 薄膜电极的界面元素分布。EDS 结果显示电极-电解质界面处 Co、La、Zr 等元素的浓度逐渐发生变化，中间界面层处同时具有了 $LiCoO_2$ 和 LLZO 的元素成分，这很可能由于 973K 下 $LiCoO_2$ 和 LLZO 的元素互扩散带来的界面反应，通过进一步结合微区电子衍射证明了界面相实际为 La_2CoO_4[19]。通过引入 10nm 的 Nb 过渡层，可以在 $LiCoO_2$ 电极和 LLZO 电解质界面产生非晶相 Li-Nb-O 中间层，有效阻隔二者的进一步反应，进而减小界面阻抗[20]。而利用 EDS 线扫描和面扫描，Hee-Soo Kim 等发现 NASICON 固态电解质与 $LiCoO_2$ 薄膜电极可以获得稳定的电极-电解质界面，如图 15-6（b），界面接触后并没有严重的元素互扩散现象或者界面反应[21]。

除了上述介绍的几种常用的实验技术以外，光谱学技术（如 XPS、EELS）等其它实验方法也是分析材料中元素组成和含量的常用方法。利用这些实验技术通常还可以进一步分析元素的价态等其它信息，这将在后续章节中详细介绍。

15.1.3 微观组织形态表征

15.1.3.1 光学显微镜（OM）

光学显微镜（optical microscope，OM）以可见光为探测媒介，可以直观观察样品的形貌。虽然光学显微镜空间分辨率有限（约 200nm），但光学显微镜的工作环境为大气环境，并且可以提供一定的样品空间，方便针对电池中的某些特定科学问题开展原位电化学实验，一个典型的例子就是光学显微镜用于金属锂枝晶的生长机制研究。

通过特殊设计的原位电池并结合光学显微镜观察，L. Y. Beaulieu 等测试了 1μm 厚的 Si-Sn 薄膜正极在嵌锂过程中发生的面内应变，如图 15-7（a），直观观察到电极材料在锂离子嵌入过程中发生纵向膨胀，而在锂离子脱出过程中纵向同时也在横向方向发生收缩，由此引起应变并导致裂纹的产生[22]。通过利用原位光学显微镜，P. C. Howlett 等观测了 Li-Li 对称电池在长循环过程中不同电解液对金属锂电极形貌的影响，如图 15-7（b）所示[23]，而 Weiyang Li 等则进一步观测了电解液添加剂 $LiNO_3$ 对于金属锂负极表面充放电循环过程中锂枝晶生长的影响，如图 15-7（c）[24]。这些工作提供了锂枝晶生长过程最直观的实验数据，为新型电解液设计、枝晶抑制提供了重要参考。

15.1.3.2 扫描电子显微镜（SEM）

扫描电子显微镜（scanning electron microscope，SEM）利用聚焦电子束在试样表面逐点扫描成像，成像信号可以是二次电子、背散射电子或吸收电子。通过对这些信号的接收、放大和显示成像，SEM 可以提供测试试样微观形貌信息。常见 SEM 收集的是样品表面的二次电子，它的衬度反映了样品的表面形貌和粗糙程度。SEM 具有制样简单，放大倍数可调范围宽，图像的分辨率高，景深大等特点。高能量电子束为 SEM 提供了高空间分辨能力，可以达到 10nm，而实际分辨率往往受限于样品的导电性和测试腔体环境。同时，实验室 SEM 常配备 EDS 测试模块，可以实现对材料微观形貌和元素分布的同步检测，这对于电极颗粒整体认识的建立具有重要意义。目前，扫描电镜技术正向复合型方向发展，把扫描成像、微区成分分析、电子背散射、衍射等诸多结合为一体，用于实现表面形貌、微区成分和晶体结构的综合分析。尽管 SEM 对于测试环境要求较高，其真空测试

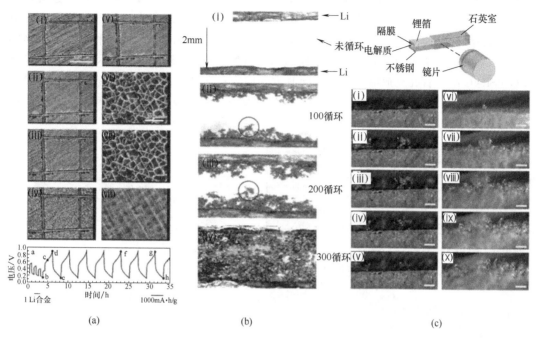

图 15-7 OM 对材料的表征
(a) 原位光学显微镜表征 Li 合金化合物在 Cu 衬底上的生长过程[22];
(b) 原位 OM 表征 Li 电极在 1mol/L LiPF$_6$-PC 电解液中界面 SEI 生长过程[23];
(c) 原位 OM 透明石英密封 cell 结构示意图和锂枝晶原位生长过程[24]

腔与液态电解液不兼容,但是通过特定电池器件设计,目前已经可以实现电池器件的原位 SEM 表征,用于动态观测电池充放电过程中的形貌变化,这也使得 SEM 具备了一定的时间分辨能力。

在锂离子电池研究中,SEM 是材料形貌研究最常用的实验手段。在大部分的文献报道中,SEM 是获得对材料微观认知的最直接表征方法。考虑到电池充电的过程伴随着巨大的体积形变和可能的机械裂纹的形成,SEM 在微观形貌上可以给出最直接的实验证据,如 Raimund Koerver 等利用 SEM 表征了高镍层状全固态电池在长循环过程中由于机械胀缩导致的活性颗粒和固态电解质逐渐脱离接触的过程,如图 15-8(a)所示,机械接触变差使电极容量迅速衰减[25]。随着 SEM 技术的发展,通过结合 SEM 形貌观测和其它附属测量模块表征,SEM 可以提供更强大的识别能力。Jérémie Auvergniot 通过结合 SEM 与 SAM(scanning auger microscopy,SAM)mapping 研究了 Li$_6$PS$_5$Cl 固态电解质与典型正极材料的界面化学反应,如图 15-8(b)电极截面的元素分布与 XPS 价态分析进一步显示,Li$_6$PS$_5$Cl 固态电解质会与正极材料反应生成多硫化锂、P$_2$S$_x$、LiCl 等界面产物[26]。

利用 SEM 也可以进行电化学原位实验。但是由于 SEM 探测过程中以聚焦电子束为探测媒介,SEM 测试必须在高真空腔体中进行,而常规锂电池以可挥发性电解液为离子传递媒介,因此常规锂离子电池的原位 SEM 实验受到极大限制,这就需要特殊的电池器件设计。通过利用 Si$_3$N$_4$ 窗口密封微型锂电池器件,Genlan Rong 等利用 SEM 原位观察了液态电解液锂电池在充放电过程中 Li 枝晶沉积生长和溶解,以及死锂的形成过程,如图 15-8(c)[27]。另外,具有低饱和蒸气压的离子液体可以实现液态环境与真空样品环境的有效兼容,这为原位 SEM 测试提供了另一种可行方案。Jinyun Liu 等利用离子液体实现了对 C@Si@C 纳米管阵列充放电过程的原位监测,如图 15-8(d)所示。SEM 结果显示 C@Si@C 纳米管在充放电过程中会同时发生向内和向外方向的扩张和收缩,还有沿径向方向的伸长和缩短,如图 15-8(e)。这种体积形变的发生极大地提高了电极材料充放电过程中的力学稳定性[28]。

图 15-8 SEM 对材料的表征

(a) SEM 表征 NMC811-β-Li_3PS_4 固态电池在初始态及长循环过程中固固接触间隙和裂纹的产生[25];SEM 与 SAM 技术结合给出 LMO/Li_6PS_5Cl 电极在 (b) 初始态和 (c) 循环态的微观形貌和各主要元素空间分布[26];(d) 原位 SEM 电池器件示意图[27];(e) 原位 SEM 观测 C@Si@C 纳米管在充放电过程中的形貌变化[28]

15.1.3.3 透射电子显微镜(TEM)

透射电子显微镜(transmission electron microscope,TEM)是把经加速和聚集的电子束投射到非常薄的样品上,电子与样品中的原子碰撞而改变方向,从而产生立体角散射。散射角的大小与样品的密度、厚度相关,因此可以形成明暗不同的影像,影像将在放大、聚焦后在成像器件上显示出来,即可获得样品结构信息。TEM 具有极高的空间分辨率,可达 0.1nm,可以实现对单原子的观测。另外,通过改变中间镜电流可使中间镜物平面移到物镜后焦面,在荧光屏上获得衍射谱,实现对微区结构的表征,即选区电子衍射技术 SAED。由于电子能量高,波长短,衍射角小,TEM 可以实现微小区域(几个纳米)的衍射花样的观测,适合于微晶、表面和薄膜的晶体结构研究。实验过程中,由于电子易散射或被物体吸收,穿透力低,TEM 必须制备成超薄切片,通常样品厚度为 50~100nm,这就使得 TEM 制样过程一般比较复杂。另外电子束的强烈照射,易于损伤样品,有可能带来实验上的假象。

在锂离子电池研究中,TEM 实验技术对于解析材料原子级别微观结构,研究材料在微观尺度的离子存储和结构演化机制非常重要。Jiawei Qian 等利用高分辨 TEM 研究了 Li-Al-F 共修饰的 $LiCoO_2$ 电极颗粒,通过 TEM 观测表面包覆层原子排列,并结合 SAED 技术,结果表明,$LiCoO_2$ 表面为岩盐相-层状相-尖晶石相共存的结构,而 Li-Al-F 修饰的 $LiCoO_2$ 表面则存在多晶相 MO 与 Li-Al-F 掺杂引入的尖晶石相,如图 15-9 (a),这种表面结构和形貌特点对于抑制材料表面与电解液的界面副反应,提高材料循环稳定性具有重要作用[29]。Jienan Zhang 等利用 Ti-Mg-Al 共掺杂进一步改善了 $LiCoO_2$ 的 4.6V 高电压循环稳定性,通过结合 TEM 和 EDS mapping 证明,痕量掺杂的 Mg-Al 可以均匀嵌入晶格之中,而 Ti 元素呈现表面层富集的效果,这种特定的元素分布特点改善了材料表面和颗粒内部晶界的特性,对于提高倍率性能、抑制界面副反应具有重要的影响[9]。

与 SEM 类似,TEM 测量中依赖于聚焦电子束,仅能穿透极薄的样品,同时 TEM 实验必须在高真空腔中进行,这就对原位实验提高了难度。利用离子液体作为电解液可以实现液态环境与真空氛围的有效兼容,进而实现原位 TEM 测量。Jianyu Huang 等通过利用离子液体电解液研究了 SnO_2 纳米线-$LiCoO_2$ 模型电池在充放电过程中 SnO_2 的相变过程,

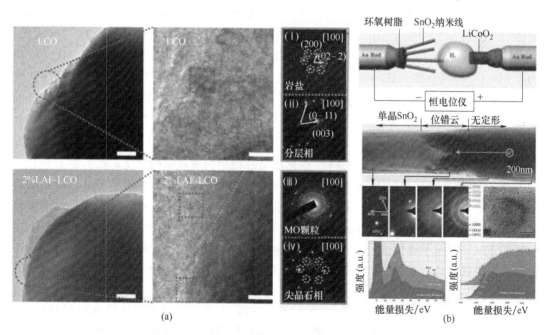

图 15-9 TEM 对材料的表征

(a) 高分辨 TEM 观测的标准 LCO 与 2% LAF 修饰的 LCO 的微观形貌及选区电子衍射结构[29];
(b) 基于离子液体的原位 TEM 测试模型电池及相应测量得到的 SnO_2 充电过程中的形貌及结构变化结果[30]

如图15-9（b）。充电过程中SnO_2嵌锂反应的界面伴随着纳米线的膨胀伸长和卷曲。从结晶区到非晶区，可以观察到明显的晶格位错，并伴随着巨大的内应力。通过结合TEM及EELS测试，进一步观测到Sn-O-Li对应的主要特征峰从晶态到非晶态的演化，并指出纳米线内层为Li离子传输的快通道，而外层为Li迁移慢通道[30]。这些工作提供了锂离子电池材料在充放电过程中结构与形貌演化方面的直接图像。

15.1.3.4 球差校正扫描透射电镜（STEM）

球差校正扫描透射电镜（spherical aberration corrected transmission electron microscope，STEM）技术用球差校正器连续减小物镜球差系数。球差系数绝对值很小时，电镜的空间分辨本领大大提高，达到甚至超过电镜的信息极限。相比于传统的TEM，STEM削减了像差，提高了分辨率，可以达到埃甚至亚埃级别，因此STEM可以用来直观观察原子的排布情况。另外，STEM可以与高空间分辨的EELS等技术结合使用，进一步提高STEM的分析能力，可以实现原子尺度下电荷有序以及价态变化的直接观察。

在锂电池研究领域，STEM在原子尺度下提供电极晶格结构演化方面具有明显的优势，而STEM与众多其它技术的组合使用，更是可以为解析电池循环及衰减基本原理提供重要且直观的实验支撑。基于STEM，研究人员在不同材料体系上开展了一系列卓有成效的工作。Mingxiang Lin等利用STEM研究了高电压$LiNi_{0.5}Mn_{1.5}O_4$电极在充放电过程中原子级别的结构变化，实验发现在首次充电4.9V的过程中正极表面会产生大约2nm厚的类Mn_3O_4尖晶石结构，在该结构中Mn离子会迁移进入四面体Li位；而在次表面层首次充电过程会伴随着类岩盐相的生成，其中Mn离子会迁移进入氧八面体位。这些相变过程仅发生在电极表面附近的局部区域，不能通过如XRD等常规的结构表征手段直接检测。实验结果显示，这些局域的结构相变过程往往伴随着界面反应和O_2逸出，同时Mn迁移阻碍了Li离子传输通道，引起充放电过程中更大的极化，并导致电池性能衰减，如图15-10（a）[31]。Bin Chen等进一步用Al表面掺杂修饰对高电压$LiMn_2O_4$进行改性，STEM表征显示由于Al掺杂，活性颗粒表面结构发生由尖晶石相向层状$LiAl_xMn_yO_2$相和类Mn_3O_4相的转变，这一界面相可以抑制Mn溶出，因此材料的电化学循环稳定性得到了很大的提升[32]。Lin Gu等利用ABF-STEM（annular bright field STEM）从实验上直接观察到了$LiFePO_4$结构中的锂离子，发现在部分充电的$LiFePO_4$中存在着沿b轴方向隔行嵌锂的情况，类似于石墨中的阶结构，如图15-10（b）[33]。其后，Liumin Suo等进一步研究了2% Nb掺杂的$LiFePO_4$在充放电过程中的微观结构演化，指出在$LiFePO_4$与$FePO_4$两相之间存在着2nm宽的沿a方向的有序阶结构界面，且该界面可以沿c轴方向移动，这一伴随着Li占位与O畸变的亚稳态相的存在，推进了关于$LiFePO_4$是否为标准两相反应的新的认识［图15-10（c）］[34]。Feng Lin等利用ADF-STEM（annular dark field STEM）揭示了镍钴锰三元正极电极颗粒在电解液接触和长循环过程中发生表面重构过程，指出颗粒从内部到表面逐渐发生由层状到尖晶石再到松散原子层的变换过程，如图15-10（d）[35]。

随着电镜技术的发展，冷冻电镜技术cryo-STEM也开始被应用于锂电池材料研究。冷冻电镜可以将电解液成分固化为玻璃态，以实现与超高真空样品环境兼容，并极大地降低聚焦电子束对于观测材料的损伤，这就为固-液界面的探测和锂枝晶研究提供了可能性[36]。M.J.Zachman等利用cryo-STEM研究了Li在有机电解液界面的枝晶生长过程，

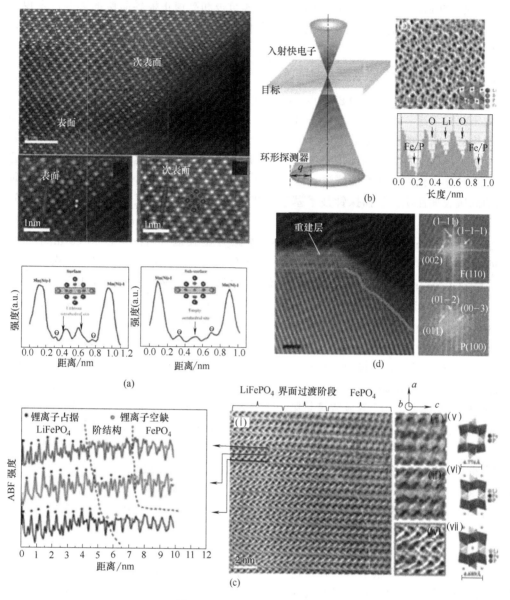

图 15-10 STEM 对材料的表征

(a) 利用 STEM 表征 $LiNi_{0.5}Mn_{1.5}O_4$ 电极在首次充电后表面层由过渡族金属迁移导致的 Mn_3O_4 相的生成[31];
(b) ABF-STEM 测试示意图以及所测得的 $LiFePO_4$ 原子排布及线分布结果[33];
(c) ABF-STEM 测试 Nb 掺杂的 $LiFePO_4$ 正极材料在 [010] 方向上的多相共存的原子排布[34];
(d) ADF-STEM 观测 NMC 电极活性颗粒表面重构现象[35]

发现两种具有不同化学成分和不同结构的锂枝晶生成;其中一种与 SEI 生长密切相关;而另一种则呈现氢化锂状态[37]。William Huang 等利用 cryo-STEM 研究了碳负极表面 SEI 生长过程,实验发现首次充放电后生成的 SEI 主要为非晶致密层,而长循环后电极表面的 SEI 呈现出致密相(compact SEI)和延展相(extended SEI)两类生长模式。控制延展相 SEI 的生长对于稳定电极界面至关重要[38]。Judith Alvardo 等利用 cryo-STEM 研究了 TFSI⁻ 和 FSI⁻ 双盐成分电解液对于锂金属负极和高镍正极界面层的影响,发现 TFSI⁻ 和 FSI⁻ 双盐成分的协同效应抑制了金属锂负极处枝晶的形成,且双盐电解液具有更优的安全性[39]。

15.1.3.5 扫描探针显微镜(SPM)

扫描探针显微镜(scanning probe microscope,SPM)通过利用微小探针"摸索"样品表面来获得信息。当针尖接近样品时,针尖与样品的相互作用使悬臂发生偏转或振幅改变,经检测系统检测后转变成电信号传递给反馈系统和成像系统,记录扫描过程中一系列探针变化,从而获得样品表面信息图像。SPM 可以在原子尺寸观察物质表面结构,适于金属、半导体、绝缘体样品的测试,同时可以在大气、液体环境下实时成像,无损地研究样品的局域表面性质。扫描探针技术基于所依赖的探针-样品相互作用模式,可以细分为一系列的具体技术,包括扫描隧道显微镜(scanning tunneling microscope,STM),原子力显微镜(atomic force microscope,AFM),磁力显微镜(magnetic force microscope,MFM),磁共振力显微镜(magnetic resonance force microscope,MRFM),横向力显微镜(lateral force microscope,LFM),开尔文探针力显微镜(kelvin probe force microscope,KPFM),热扫描显微镜(scanning thermal microscope,SThM),静电力显微镜(electrostatic force microscope,EFM),扫描近场光学显微镜(scanning near field optical microscope,SNOM),光子扫描隧道显微镜(photon scanning tunneling microscope,PSTM),扫描电容显微镜(scanning capacitive microscope,SCM),门扫描显微镜(schut geometrical metrology,SGM),扫描电压显微镜(scanning voltage microscope,SVM)等。其中,扫描隧道显微镜是第一个被发明的扫描探针显微镜(1981 年)。许多扫描探针显微镜可以同时用几种相互作用来成像。使用这些相互作用来获得图像的方式通常被称为模式。在实验中,SPM 扫描范围较小,通常在 $100\mu m \sim 10nm$ 左右,因此测量时可能会将局部的、特殊的结果当作整体的结果而分析。另外,由于分辨率高,样品制备过程或背景噪声中产生的微弱扰动都能够被检测到,容易产生赝像。同时,扫描探针显微镜的分辨率受到步宽因素和针尖因素影响,如针尖的曲率半径和针尖侧面角均会影响成像结果和质量。

近年来,通过利用 SPM 技术来研究锂离子电池表界面反应,界面电势的报道逐步引起了业内的关注,其中原子力显微镜是一种应用最为广泛的扫描探针显微技术。原子力显微镜按照探针与样品的相互作用可以分为接触式、非接触式和动态接触式三类模式,不同的原子力显微镜厂商将三种模式进行了细化,可以针对不同种类的样品选取相应的精细模式,研究样品表界面的力学、电学、热学和磁学性质。Jia-Yan Liang 等利用 AFM 验证了 LATP 包覆的 NMC 三元电极材料在活性材料与固态电解质界面层处电位逐渐递减的效应,该效应可以极大地抑制界面极化行为,并提高全固态电池的动力学特性[40]。Wei Lu 等进一步利用原位 AFM 研究了高电压 $LiCoO_2$ 界面 CEI 膜的生长过程,并发现 $LiCoO_2$ 与电解液发生界面反应生成 CEI 的过程与暴露的晶面有关,其中晶格基面(basel plane)不会有 CEI(cathode electrolyte interphase)反应,而边缘面(edge plane)会有严重的界面反应和 CEI 生长,如图 15-11(a)。这可能与边缘面 Co 离子暴露带来的催化效果有关。通过 ALD 沉积 Al_2O_3 薄膜保护 $LiCoO_2$,CEI 界面副反应可以得到极大的抑制,而电池循环性能可以得到很大提升[41]。Jae-Hyun Shim 等则利用 C-AFM(conductive atomic force microscopy）研究了 LATP［$Li_{1.3}Al_{0.3}Ti_{1.7}(PO_4)_3$］包覆的 Mg：$LiCoO_2$ 电极材料［图 15-11（b）］，发现电子绝缘的 LATP 在 Mg 离子的界面迁移掺杂情况下可以演变为混合离子导体，极大地提升了电极活性材料的初始容量和倍率性能[42]。通过特殊电池器件设计，SPM 可以有效实现对电池充放电过程的原位监测，如 Ran-Ran Liu 等开发了原位 AFM 研究 $LiNi_{0.5}Mn_{1.5}O_4$ 暴露晶格界面与 SEI 界面层生长厚度之间的关系，发现（111）晶面在 4.78V 附近会发生电极-电解液界面反应，产生大约 4～5nm 厚的 SEI 界面层；而（100）晶面上在首次充电过程中却没有可探测的 SEI（solid electrolyte interphase）生长过程[43]。Yue Chen 等则利用原位 PF-TUNA（peak force tunneling atomic force microscopy）分析了 $LiCoO_2$ 薄膜电极在充放电过程中不均匀的相转变及在 O3 相之间发生的绝缘体-金属转变过程，见图 15-11（c）、（d）[44]。目前在电池研究领域中 AFM 已经逐步为众多研究者接受并采用[45-49]，随着技术的进一步发展，我们期待会有更多的 SPM 技术应用到电池研究中来，并从各自独特的探索视角提供相应的重要信息。

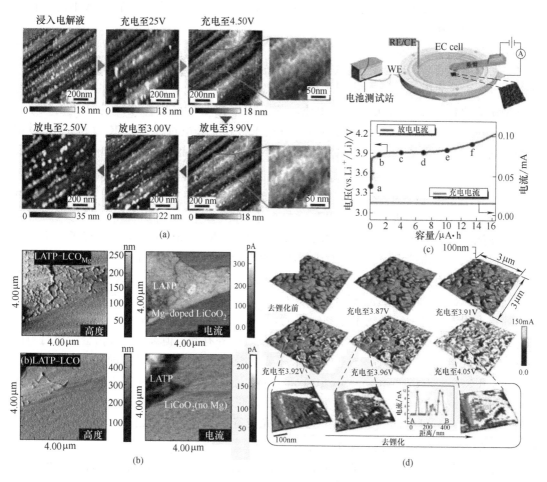

图 15-11　原位探测技术对材料的表征

（a）利用 AFM 探测 $LiCoO_2$ 电极 CEI 的原位生长[41]；（b）利用 C-AFM 探测 LATP-LCO_{Mg} 与 LATP-LCO 的高度以及电流分布[42]；（c）原位 PF-TUNA 测试器件示意图和相应的原位充放电曲线[44]；（d）薄膜 $LiCoO_2$ 电极表面 TUNA 电流的不均匀空间分布情况[44]

15.1.4 元素价态分析

15.1.4.1 X射线光电子能谱（XPS）

X射线光电子能谱（X-ray photoelectron spectroscopy，XPS）用X射线辐射样品，使原子或分子的内层电子或价电子受激发射出来。被光子激发出来的电子称为光电子，通过测量光电子的能量，以光电子的动能为横坐标，相对强度（脉冲/s）为纵坐标即可以获得光电子能谱图。入射到样品表面的X射线束是一种光子束，对样品的破坏性非常小。但是测试媒介为逃逸光电子，因此测试深度较浅，仅有几个纳米，是一种表面敏感的探测手段。由于材料内壳层电子能级因元素和轨道而异，XPS相应具备了元素分辨的能力，可以有效识别除H和He以外的所有元素。此外，XPS峰位会受到化学配位环境的影响，较高的能量分辨率使得XPS可以根据不同价态下的特征峰位，给出各元素的化学价态信息。随着技术的进步，XPS逐步具备了一定的空间分辨能力（目前为微米尺度）和探测时间分辨能力（分钟级）。通过结合离子束刻蚀工艺，XPS还能给出表面、微小区域和深度分布方面的信息。

XPS在锂离子电池的研究中具有广泛的应用，主要用于对特定元素价态的判断，对于界面副反应的判断，以及对于界面反应产物成分的分析。在早期的锂电池开发过程中，研究人员就广泛使用XPS对电池中主要过渡族金属和配位元素进行XPS分析，以解析充放电过程中的价态变化和新产物的生成，甚至用来证明界面修饰改性的具体机理[50]。D. Ensling等利用XPS与XAS表征了$LiCoO_2$电极在充放电过程中O-K边和Co-L边谱图的演化过程，给出了$LiCoO_2$在过充电条件下能带结构的变化行为，指出低电位时主要是Co^{3+}到Co^{4+}的变化，而深度脱锂时则对应于O 2p电子态的转变[51]。M Sathiya利用XPS研究了高容量富锂电极$Li_2Ru_{1-y}Sn_yO_3$充放电反应过程中的价态演化机制，通过XPS分峰拟合和定性分析，指出该电极材料高达230mA·h/g的电化学比容量来自过渡族金属和配位氧的氧化还原过程，如图15-12（a）[52]。XPS mapping同时获得了二维空间分辨能力与电子态指纹识别能力，对于阐明电极材料不同区域、不同化学组分在电池工作下的参与情况具有重要价值，目前XPS mapping在电池研究中已经具有少量的实验尝试[53]。随着XPS mapping空间分辨率的进一步提升与成熟，该技术有望在未来电池研究中发挥更大作用。通过结合离子束刻蚀工艺，XPS可以获得距离表面层不同深度下的价态分布信息，这对于解析电池材料复杂的界面反应格外有利，但离子束轰击会造成材料的破坏与潜在的氧化还原反应，对于刻蚀工艺要求较高。基于同步辐射的XPS（synchrotron based X-ray photoelectron spectroscopy），通过调节入射光能量控制逃逸电子的能量分布，可以控制XPS的有效探测深度，同样可以获取具有径向空间分布的电极材料价态分布信息[54]。David Ensling等利用改变入射光能量探测XPS，给出了$LiCoO_2$薄膜在不同深度下的电子态结构，如图15-12（b）[55]。

电子的逃逸深度有限，且在气氛中平均自由程极短，因此，液态电池环境下的原位XPS观测实现起来面临着巨大的技术困难。AP-XPS（ambient pressure X-ray photoelectron spectroscopy）技术的发展对实现锂电池固液界面原位观察提供了重要的技术支撑。通过APXPS技术，M.F. Lichterman等研究了TiO_2-H_2O固液界面在不同偏压下的电化学行为，实现了对于半导体表面、固液电双层以及液态体相的测量，并对界面处载流子积聚与耗尽状态，费米能级的变化以及半导体整流行为进行了分析，如图 15-12（c）[56]。尽管 AP-XPS 目前在锂电池的研究中使用还较少，但随着技术的进一步发展和普及，相信 AP-XPS 会在电极-电解液固液界面的研究领域提供更丰富的信息。另外，固态电解质与 XPS 真空测量环境具有较好的兼容性，但固固界面被体相材料包覆，因此对于固固界面的 XPS 测量就需要特殊的电池器件设计。Sebastain Wenzel 等利用氩离子轰击金属 Li 片，实现了金属锂在 $Li_{0.35}La_{0.55}TiO_3$（lithium lanthanum titanate，LLTO）固态电解质表面的原位沉积和测量，实验发现由于 Li 的强还原性，LLTO 中的 Ti^{4+} 会被逐渐还原为 Ti^{3+} 和 Ti^{2+} 状态，显示出 LLTO 对金属锂的化学不稳定性，如图 15-12（d）[57]。Andre Schwöbel 等进一步利用原位 XPS 研究了 Li-LiPON 界面反应，发现 LiPON 并非传统上理解的不与 Li 发生化学反应，通过 XPS 峰位指认显示界面处存在极薄的 Li_3PO_4、Li_3P、Li_3N、Li_2O 等一系列界面反应产物，而且该界面层具有一定的稳定性，可以阻止进一步的副反应发生，并提供了较好的锂离子电导率[58]。

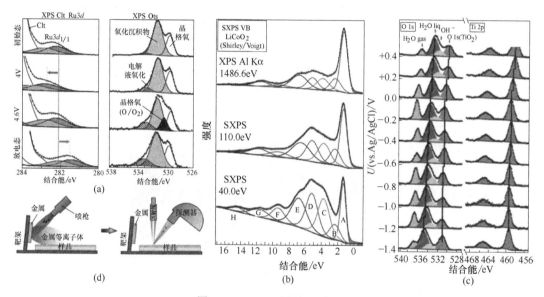

图 15-12 XPS 对材料的表征

(a) C 1s-Ru 3d 及 O 1s XPS 解析 $Li_2Ru_{0.5}Sn_{0.5}O_3$ 电极充放电过程中的价态变化[52]；

(b) 同步辐射 XPS 在不同入射光能量下对于 $LiCoO_2$ 薄膜电极的测试结果[55]；

(c) AP-XPS 测量 H_2O-TiO_2 固液异质结在不同电位下的 O 1s 和 Ti 2p XPS 谱图[56]；

(d) 原位 XPS 对锂-固态电解质界面稳定性研究的样品制备及表征示意图[57]

15.1.4.2 电子能量损失谱（EELS）

电子能量损失谱（electron energy loss spectroscopy，EELS）利用聚焦单色电子束引起材料表面电子激发、电离等非弹性散射过程，通过分析入射电子、出射电子的能量损失，得到元素的成分信息。EELS 往往与透射电镜技术组合使用，其空间分辨能力可以达到 1~10nm 量级，能够对薄试样微区的元素组成、化学键及电子结构等进行分析。EELS 直接分析入射电子与试样非弹性散射作用的结果而非二次过程，因而探测效率高。EELS 相比 EDX 对轻元素有更好的分辨效果，能量分辨率高出 1~2 个量级。结合原位表征技术，EELS 可以获得一定的时间分辨能力。随着球差校正电镜技术的发展，STEM-EELS

联用将有望对之前研究中无法涉及的电荷有序、局域互占位等问题给出更为精确的实验结果。

在电池研究中 EELS 技术往往与 STEM 结合使用,以同时获得高的能量分辨率与空间分辨率,在这种情况下 EELS-STEM 具有了解析材料微观结构和价态的能力。Bo Xu 等通过结合 EELS 与 STEM 及一系列其它表征技术比较研究了循环前后的高电压富锂层状正极 Li[$Ni_x Li_{1/3-2x/3} Mn_{2/3-x/3}$]$O_2$ 的基本特性,发现在低于 4.45V 时正极材料即产生界面尖晶石相,且过渡族金属发生迁移进一步改变了界面层结构。EELS 结果显示表面尖晶石相呈现出贫锂而非传统认识的氧逸出效应,该效应源于过渡族金属间距及配位氧杂化的改变,与首圈低库仑效率及倍率性能有密切关联[59]。Jianming Zheng 等结合 STEM 和 EELS 研究了富锂层状电极 Li[$Li_{0.2}Ni_{0.2}Mn_{0.6}$]O_2 在充放电过程中的微观结构和关键元素价态变化,实验显示长循环之后的电极活性颗粒产生海绵状碎裂的现象,EELS 进一步显示了粉化电极伴随着 Mn^{2+} 和贫锂相的产生,该特点与材料剧烈的循环容量衰减密切相关,如图 15-13(a)[60]。Cheng Ma 等利用 O-K 边 EELS 研究了 Li-立方相 $Li_{7-3x}Al_x La_3 Zr_2 O_{12}$(LLZO)固态电解质界面,实验发现 Li-LLZO 界面并非之前广泛接受的稳定接触,而是随着 Li 离子在 LLZO 中的嵌入,在界面处形成了约 5 个原子层厚度的四方相 LLZO,该界面中间相阻碍了持续的界面反应,并提供了表观的电化学稳定性,如图 15-13(b)[61]。尽管真空测试环境与极薄的样品制备对于原位表征要求苛刻,

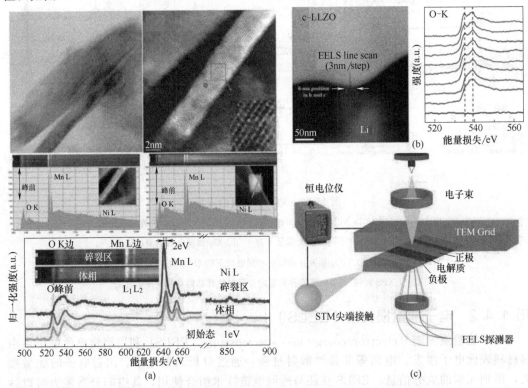

图 15-13 EELS 对材料的表征

(a) EELS-STEM 观测长循环后的 Li[$Li_{0.2}Ni_{0.2}Mn_{0.6}$]O_2 电极裂化现象,碎裂区、体相以及初始态电极具有明显不同的 EELS 结果[60];(b) Li-LLZO 固态电解质界面处的 HAADF-STEM 图像与 O-K 边 EELS 结果[61];(c) 原位 EELS 表征全固态薄膜电池示意图[62]

通过特定的电池器件设计，EELS 目前在部分文献报道中已经可以实现原位探测。Ziying Wang 等通过利用射频磁控溅射技术制备了纳米薄膜固态电池，该模型器件可以在 TEM 真空腔中实现原位 EELS 测试；通过结合 STEM 和 EELS 技术发现在 $LiCoO_2$ 和 LiPON 之间形成了无定形界面相。同时，原位实验中可以探测到中间相 Li_2O/Li_2O_2 的形成，而非原位实验中该中间相会迅速衰变为岩盐相结构，如图 15-13（c）[62]。

15.1.5 分子价键表征

15.1.5.1 红外光谱（IR）

红外光谱（infrared spectroscopy，IR），又称分子振动转动光谱，属于分子吸收光谱。当样品受到频率连续变化的红外光照射时，分子吸收了某些特定频率的辐射，并由其振动或转动引起偶极矩的变化，产生分子振动和转动能级从基态到激发态的跃迁，使得相应于这些吸收区域的透射光强度减弱；将测得的吸收强度对入射光的波长或波数作图，就得到红外光谱。除了常规连续扫描测量，基于对干涉后的红外光进行傅里叶变换，也可以用于测定红外光谱，即所谓傅里叶红外光谱（Fourier transform infrared spectroscopy，FTIR）。红外光谱主要应用于化合物鉴定及分子结构的表征，尤其适用于有机化合物的结构解析以及官能团的识别。同时，红外光谱亦可用于定量分析。红外光谱具有特征性强、适用范围广、测样速度快、操作方便、易于同其它测量手段联用等优点。但该技术不适合测定含水样品，且仅适用于反对称振动、极性基团、异原子键的振动模测量，如 $C=O$、$O-H$、$H-Cl$ 等。

红外光谱对于有机官能团区分识别能力很强，因此在锂电池的研究中常常用于正负极界面反应层的组成成分分析。D. Aurbach 等很早就开始利用红外光谱技术研究 Li 电极在碳酸酯类电解液中 SEI 的生长问题，并比对了不同电解液溶剂如 PC、EC、MEC 和不同锂盐成分包括 $LiAsF_6$、$LiClO_4$、$LiBF_4$ 和 $LiPF_6$ 对于 SEI 界面层生长及长时间存储发生的后续反应[63]。另外，红外光谱可用于聚合物电解质的分析表征。Jun Ma 等通过 FTIR 中 =CH 和 C=C 吸收峰的减弱，证明了 ECA 分子原位聚合可以实现钴酸锂颗粒的有效包覆；在长循环电极中 FTIR 进一步发现 LiDFOB 开环反应对应的特征峰发生明显变化，证明了高电压下界面处的锂盐分解过程；而表面包覆可以有效抑制正极材料和 PEO 之间的界面副反应，实现长周期高电压稳定循环，如图 15-14（a）[64]。尽管红外光谱主要适用于有机成分分析，该技术也可以用于正极活性材料的结构表征。如 C. M. Julien 等通过结合红外光谱和拉曼光谱，解析了 $LiMn_2O_4$ 电极材料的局域结构和各振动模，指认了 350～400cm^{-1} 处的 LiO_4 相关振动峰和 450～650cm^{-1} 处的 MnO_6 相关振动峰，如图 15-14（b）[65]。通过特殊电池器件设计，红外光谱可以有效实现原位检测，用于研究有机电解液的高电位稳定性。M. Moshkovich 等通过设计原位 cell 结合原位 FTIR 研究了不同锂盐的 EC/DMC 电解液的高电压氧化分解情况，如图 15-14（c）[66]。H. J. Santner 等则进一步利用原位 FTIR 研究了电解液添加剂在电极表面分解和聚合过程，其中 vinyl acetate（VA）对应的 $C=C$ 双键伸缩振动峰的减弱，以及不饱和 $C=O$ 振动峰向饱和 $C=O$ 振动峰的演化，均直接证明了添加剂的还原过程，这些界面反应对于 SEI 的形成与稳定具有重要作用，如图 15-14（d）[67]。

15.1.5.2 拉曼光谱（RS）

当光照射到样品上时，在散射光中除有与激发光波长相同的弹性成分外，还有与激发

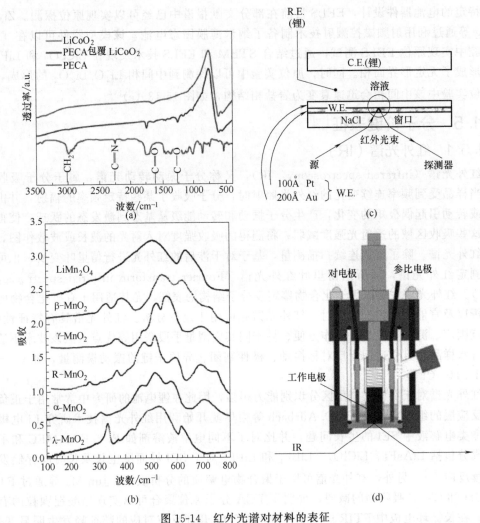

图 15-14 红外光谱对材料的表征

(a) FTIR 验证有机聚合物 PECA 与 LiCoO$_2$ 界面反应；(b) 不同结构下的锰氧化物 FTIR 光谱[64,65]；
(c) 用于原位 FTIR 表征的 cell 器件示意图[66]；(d) FTIR 研究[67]

光波长不同的成分，这种非弹性散射称为拉曼散射，由此产生的光谱称为拉曼光谱（Raman spectroscopy，RS）。拉曼光谱通过测定散射光相对于入射光频率的变化，来获取分子内部结构的信息，其中散射光频率与入射光频率的差值称为拉曼位移。拉曼位移受到原子质量、成键键能、晶格结构、空间结构等众多因素的影响。拉曼光谱是物质结构的指纹光谱，可用于物质的组成、结构、构象、形态的指认。拉曼光谱具有样品制备简单、无损伤、测试便捷、分辨率高等特点。与红外光谱不同，拉曼光谱特别适用于含水样品的测量，且拉曼光谱适用于对称振动、非极性基团、同原子键的振动模测量，如 S═S、S─S、N═N、C═C、O═O 等的表征，可以说拉曼光谱与红外光谱是一对互补型表征技术。

同红外技术相比，Raman 光谱基于对入射光的非弹性散射过程，因此不会受限制于偶极跃迁过程，对于探测中心对称的原子振动模式格外有优势。该特点在电池中的一个很重要的应用就是对于电极中过氧化物中 O─O 键的探测，如 Li-O$_2$ 电池中对于反应产物过氧化锂的探测或者富锂锰基电极高电位下 O─O 键的探测，Raman 光谱具有很大的优势[68]。另外，Raman 光谱以激光为入射光，采用光子注入-光子输出的测量模式，这对于原位表征来说兼容性很好，原位 Raman 光谱在表征电池充放电过程方面具有重要的应用。Victor Stancovski 等围绕原位 Raman 光谱在锂电池研究中的应用，专门写了综述文章概括原位拉曼的发展历程及进展[69]。基于拉曼光谱的独特优势，Qi Li 等组装了原位电池表征了 P3-$Na_{0.5}Ni_{0.25}Mn_{0.75}O_2$ 正极在充放电过程中的拉曼光谱演化，实验发现 815cm^{-1} 附近的 O—O 对称伸缩振动峰在高电位下伴随着阴离子氧化还原而产生，而该过程同时伴随着 ClO_4 伸缩振动峰在晶格中的共嵌入与脱嵌对应的一系列演化过程[70]。随着技术的进步，同时具有空间分辨和成分分辨的 Raman 成像技术获得了很大关注，这对于分析电极表面不均匀的反应格外有利。Misae Otayama 等利用 Raman 成像研究了 $LiCoO_2$-Li_2S-P_2S_5 基固态电池的充放电过程，如图 15-15（a）、（b），实验发现电极材料充放电并非均匀进行，即使在充电态 4.2V 下仍然有部分区域处于嵌锂态 $LiCoO_2$，而部分电极-电解质界面则存在过充现象，进而产生了 Co_3O_4[71]。Toni Gross 等利用原位电池结合空间分辨的 Raman 成像，研究了 $LiCoO_2$ 电极充放电的不均匀性，如图 15-15（c）、（d），通过不同入射光进一步研究了拉曼光谱的共振激发效应[72]。

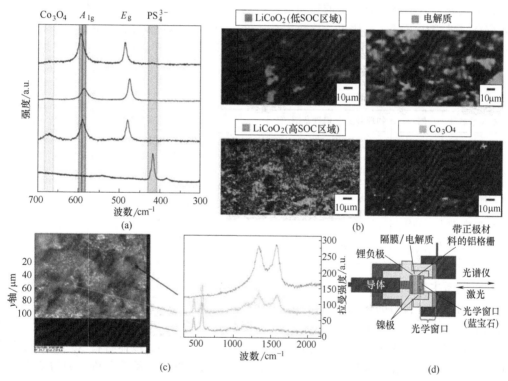

图 15-15　$LiCoO_2$ 活性材料与 Li_2S-P_2S_5 电解质混合制备的全固态电池
正极在不同典型位置处的 Raman 光谱
（a）及相应的空间分辨的 Raman 二维成像（b）[71]，$LiCoO_2$ 表征电极
原位二维拉曼光谱（c）及相应的原位器件示意图（d）[72]

15.1.6　热分析技术

电池和电池材料的热安全特性是电池研究的重要内容。许多热分析方法已经被用于电

池研究。热分析方法是指在程序控温和一定环境氛围（如氮气、氩气、氧气、空气等）条件下，测量试样的某种物理性质于温度或恒温条件下与时间关系的一类研究方法。根据国际热分析协会（ICTA）的归纳和分类，目前热分析技术有九大类十七种。在电池材料的热分析中，最为广泛的技术包括热重分析（thermogravimetric analysis，TG）、差热分析（differential thermal analysis，DTA）、差示扫描量热分析（differential scanning calorimetry，DSC）和热机械分析（thermomechanical analysis，TMA）。而针对电池器件的热特性分析，使用较为广泛的技术包括加速量热技术（accelerating rate calorimeter，ARC）、等温量热技术（isothermal battery calorimeter，IBC）以及红外热成像技术（IR imaging）。

15.1.6.1 材料热特性分析技术

在电池体系中，热特性分析材料目标包括粉体材料、极片材料、隔膜、垫片、封装材料、胶带、液/固态电解质等，涵盖无机材料和有机材料。常用的几种材料热分析方法，是通过质量、温度、能量和尺寸等物理参量随温度或恒温下随时间的变化规律（如表15-1所示），研究物质的晶型转变、融化、升华、吸附等物理现象以及脱水、分解、氧化、还原等化学现象，分析被研究物质的热稳定性、热分解产物、热变化过程的焓变、各种类型的相变点、玻璃化温度、软化点、比热容等属性。温度对被测物的物理参量的影响可能会同时发生，也可能只产生某几种变化。因此，根据研究对象和目的选择适当的热分析技术，对于准确地表征材料热特性十分重要。

表15-1 常用的几种材料热分析方法比较

热分析技术名称	缩写	物理参量	温度范围/℃	应用范围
热重分析法	TG	质量	20~1000	(1)可在宽温度范围测试； (2)控温程序灵活； (3)对样品状态无特殊要求； (4)所需样品少(0.1μg~10mg)； (5)仪器灵敏度高； (6)可与其它技术联用； (7)获得信息丰富； (8)实验结果受到仪器性能、样品特性、过程参数等影响
差热分析法	DTA	温度	20~1600	
差示扫描量热法	DSC	热量	-170~725	
热膨胀(收缩)法	TD	尺寸	-150~600	
动态力学分析法	DMTA	力学特性	-170~600	

热重分析主要是在程序控制温度下测量待测样品的质量与温度的变化关系的一种热分析技术，用来研究材料的热稳定性和组分。该技术是材料热分析中较为常用的技术手段，分析结果用热重曲线（质量 W 作为温度 T 的函数）或微分热重曲线（dW/dT 与温度 T 的函数）来表示，可用于分析无机材料、有机材料、固体材料、液体材料以及混合材料体系的热特性。该技术在实际应用中常与其它分析方法进行联用，综合分析，如与质谱仪联用，分析不同温度时被测物质量和产气的变化情况。

差热分析技术是在程序控温下，测量物质和参比物间的温度差（ΔT）与温度或者时间的关系的一种测试技术。该技术主要用于测定物质在热反应时的特征温度及吸收或放出的热量，如活性材料的相变、隔膜或SEI膜的分解、黏结剂的变化、电解质的蒸发以及脱水、化合等物理或化学反应，定性或定量地分析被测物的变化规律。

差示扫描量热分析是测量被测物和参比物的功率差与温度的关系，通常采用功率补偿型DSC方法，即通过温控使被测物与参比物的温度一致，测量单位时间内补偿给两者的热能功率差与温度的关系。DSC 曲线以样品吸热或放热的速率（即热流率 dH/dt，毫焦/秒）为纵坐标，温度 T 为横坐标，可测定如比热容、反应热、转变热、相图、反应速率、结晶速率、高聚物结晶度、样品纯度等多种热力学和动力学参数。与 DTA 的定性或半定量不同，DSC 技术可实现定量分析。

热机械分析是指以一定的加热速率加热试样，使试样在恒定的较小负荷下随温度升高发生形变，测量试样温度-形变曲线的方法。相关仪器（如动态热机械分析仪）主要用于宏观材料的分析，对于微观极片或粉体材料不太适用。在电池材料的热机械分析中，可通过在力学性能测试装置的基础上加装程序控温装置，以分析不同温度下材料尺寸及力学性能的变化情况。如在 XRD 仪器载物台上加装温控装置，研究活性材料内部结构特征随温度的变化情况；在 SPM/SEM 仪器载物台上加装温控装置，实现对微观材料颗粒尺寸随温度变化的表征和分析。相对于前几种技术，此类分析技术的温度范围相对较窄，通常为 $-100\sim600℃$。

15.1.6.2 电池器件热分析技术

与材料热特性分析不同，电池器件的热分析技术主要针对电池的热稳定性和安全性的测定。目前常用的测试技术包括加速量热技术、等温量热技术以及红外热成像技术。

加速量热技术是通过精确的温度跟踪，避免被测样品与环境的热量交换，从而可以提供一个近似绝热的环境，主要对被测样品的放热行为进行测试分析。利用加速量热技术模拟电池内部热量不能及时散失时放热反应过程的热特性，使反应更接近于真实反应过程，从而获得热失控条件下表观放热反应的动力学参数，通常用于比热容测试和热安全性能测试。电池的比热容 c_p 是一个很重要的参数，它可以将电池的温升（ΔT）与能量（Q）通过公式 $Q=c_p m \Delta T$ 联系起来，利用 ARC 的绝热特性，可通过对电池的加热量得出能量 Q，并通过测定的电池温升以及质量，进行 c_p 的计算。相对于比热容测定，该技术常用于电池的热失控测试，即通过"加热（heat）-等待（wait）-搜寻（seak）"模式来探测样品的放热反应，采集电池内部的产热情况，模拟电池热失控过程。加速量热仪的结果为温度-时间曲线（如图 15-16 所示），以及温度与时间的微分曲线（即 dT/dt 与时间 t 作图）。一般情况下，标定一个电池或材料体系的稳定性，需要关注三个温度参量，即图 15-16 中的 T_0、T_c 以及二者的

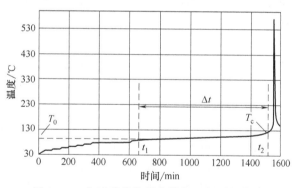

图 15-16 加速量热仪所获得的温度-时间曲线

时间差 Δt。其中 T_0 为自加热起始温度，即经过了"加热（heat）-等待（wait）-搜寻（seak）"模式探测到电池自加热时外界环境的温度，揭示了电池内部的热稳定性。T_c 为热失控临界温度，Δt 为热失控酝酿时间。三个参数值越高，表明该电池或研究体系的热稳定性越好。

除了单独测试热失控，加速量热仪通过与其它装置联用可实现更多的测试分析功能。如通过加载电压测试装置和压力测试模块，可实现对开路电压以及电池内部压力变化情况的实时跟踪；利用 ARC 可以提供绝热环境的特点，将 ARC 与直流恒流源、充放电设备

联用，可以测试电池的比热容及充放电过程的绝热温升；通过气体导出装置与质谱联用，实现对热失控过程中产气成分的实时监测。通过选择合理的设备装置以及实验设计，可利用 ARC 的绝热功能，实现对电极材料、电解液等的热稳定性能测试。

等温量热技术同样用于电池热分析技术。该技术与 ARC 不同，其操作环境、充放电条件以及温度范围是统一标准化的。其具有更高的灵敏度，包括高精度的电流/电压控制以及高精度产热量测定，可用于电池的自放电测试。

红外热成像技术是通过吸收目标物体辐射的红外光（波长为 $2.0\sim1000\mu m$），然后将光信号转换为电信号，即将肉眼不可见的红外辐射转换为可视图像。红外热成像技术在军事、工业、汽车辅助驾驶、医学领域都有广泛的应用。在电池热性能分析中，红外热成像技术有着不可替代的优点。常用设备包括手持式和固定式。通常情况下，手持式仪器灵敏度较低，常用于电池包及模组的产热行为测定，以及质检工作。固定式则灵敏度较高，软件处理能力强，可实现点线面的热分布标定、器件的三维热分布模拟，多用于研究工作中。由于该技术是无损分析技术，可实现与多种测试分析技术联用。如与充放电仪联用，可用于测定电池在不同状态下产热及表面热分布情况；与 ARC 联用，实现对热失控行为更为直观的表征。

15.2 同步辐射实验技术

随着世界范围内同步辐射 X 射线光源的建设和普及，同步辐射 X 射线实验技术已成为电池研究中重要的实验工具。同步辐射是速度接近光速的带电粒子在磁场中沿弧形轨道运动时产生的电磁辐射。同步辐射加速器上产生的电磁辐射是从远红外到 X 光范围内的具有光谱连续可调、高强度、高度准直、高极化度等优异性能的脉冲光源，可以用以开展实验室光源无法实现的许多前沿科学技术研究。特别是随着第三代同步辐射光源的建造，其光源的亮度至少高于第二代光源 100 倍，比实验室光源亮度高数十个数量级，使得同步辐射应用从过去静态的、在较大范围内平均的手段扩展为兼具空间分辨和时间分辨的实验手段，也为电池研究带来了新的机遇。综观诸多同步辐射实验技术，大致可以归为散射（scattering）、谱学（spectroscopy）和成像（imaging）三类。限于篇幅，本节将简要介绍目前已经用于电池研究并能反映同步辐射特点的具有代表性的同步辐射 X 射线实验技术。此外，由于同步辐射和同步辐射装置的特点，使得其十分适合开展原位实时实验研究，本节也将简要介绍同步辐射原位实验方法与装置。

15.2.1 同步辐射 XRD

同步辐射 X 射线具有很高的亮度，可以极大地提高探测效率，因此可以进行时间分辨的实验，并且 X 射线可以进一步进行聚焦，从而可以进行高空间分辨率的实验。以 XRD 为例，尽管目前实验室 X 射线光管的亮度有了很大的提高，已经可以在实验室 X 射线衍射仪上开展电池电化学过程中的原位 XRD 实验，但是实验室 X 射线衍射仪上采集一条高质量的粉末衍射数据，一般至少需要半小时以上，这种类型的原位实验只能以较慢的充放电速率进行，以保证记录下足够条数的 XRD 谱线来反映整个电化学过程。因此实验室X射线衍射仪上开展的原位XRD实验通常是研究接近于平衡态反应的电化学过程。而同步辐射X射线由于具有高亮度,并且同步辐射光源可以采用收集效率更高的二维探测器,通常在同步辐射光源上毫秒甚至更短时间内即可采集到高质量的XRD谱图,从而可以开展时间分辨原位XRD实验,研究快速反应下非平衡态反应过程中的晶体结构演化机制。如周永宁等利用同步辐射时间分辨原位XRD衍射技术研究了$LiNi_{0.33}Co_{0.33}Mn_{0.33}O_2$正极材料在不同充电速率下的结构演化规律。他们清晰地观察到随着充电速率逐渐提高,材料在脱锂过程中会出现慢速(平衡态)脱锂过程中没有观察到的中间相,这表明该中间相的产生限制了材料倍率性能的进一步提升[73]。Grey等利用同步辐射原位XRD研究了$LiFePO_4$快速充放电过程中的相变过程。$LiFePO_4$是电子绝缘体,并且是小极化子锂离子传导机制,然而$LiFePO_4$具有很好的充放电倍率特性,因此$LiFePO_4$的相变机制一直是研究热点。之前的实验室非原位和原位XRD实验结果都显示$LiFePO_4$脱嵌锂离子过程是$LiFePO_4/FePO_4$两相反应,而较大的$LiFePO_4/FePO_4$失配晶界与反应过程中锂离子较好的动力学特性存在矛盾。Grey等发现$LiFePO_4$在快速充放电过程中的反应为固溶体反应(Li_xFePO_4),但固溶体相为亚稳相,容易弛豫生成$LiFePO_4$和$FePO_4$稳定相,这也解释了为什么$LiFePO_4$具有很好的倍率性能,同时也解释了之前人们实验室原位和非原位XRD实验中只观察到了$LiFePO_4$和$FePO_4$的实验现象[74]。以上例子说明电池材料在快速充放电过程中的晶体结构变化过程,往往不同于慢速充放电的近平衡态相变过程,而同步辐射时间分辨XRD对于研究快速充放电过程中的结构演化机制,从而设计具有快速充放电特性的材料至关重要。

除了电化学过程中的原位实验外,同步辐射装置的实验线站上有足够的空间可以用于增加样品环境或者可以联用其它实验设备,所以同步辐射光源上可以开展复杂样品环境或者是多技术结合的实验。美国布鲁克海文国家实验室杨晓青等发展了同步辐射XRD结合质谱的实验方法,可以在研究材料结构相变的同时检测反应过程中的气体产生。他们系统地研究了$LiNi_xCo_yMn_zO_2$($x+y+z=1$)三元材料在充电态的热分解和产气行为[75]。众所周知,三元材料,特别是Ni含量较高时,热稳定性不好,材料容易失氧从而带来电池安全性问题。加热过程原位XRD与质谱结合,可以准确地确定材料的热分解结构演化过程与产气特性,从而为研究材料的热稳定性并为设计具有更好热稳定性的材料提供实验依据。白建明等发展了可以用于原位研究水热反应(hydrothermal reaction)的装置。利用这个装置并结合同步辐射XRD,他们研究了$LiFeMnPO_4$正极材料的水热反应机制,发现溶剂对于$LiFeMnPO_4$成核生长的作用[76]。水热反应通常在密闭加压的反应釜中进行,因此很难研究这一反应的反应机制。上述实验装置和方法有助于研究水热反应过程,并更好地调控水热反应来进行材料合成。

15.2.2 对分布函数实验技术(PDF)

传统粉末衍射技术侧重于布拉格衍射而常忽视漫散射,然而许多重要的结构信息却常隐藏在非常宽化的漫散射之中。例如,非晶材料中的化学短程有序(chemical short-range order)、晶体材料的局部畸变(local distortion)等。这些短程、中程结构对材料性能有较大影响,因此定量分析漫散射信息对正确理解固体材料的结构和性能之间的关系十分重要。对分布函数(pair distribution function,PDF)是一种在实空间中分析衍射数据的方法,其所包含的所有信息都包含在倒易空间的衍射数据之中。其与衍射数据之间的联系为傅里叶变换,由此可见这两种不同的数据展现方法之间有着根本的关联。PDF 的相关理论和研究实例可以参阅 T. Egami 和 S. Billinge 博士编著的 *Underneath the Bragg Peaks,Structural Analysis of Complex Materials* 一书。PDF 数据采集需要尽量广的散射矢量 Q,$Q=4\pi\sin\theta/\chi$,其中 χ 为所探测离子的波长。对于基于 X 射线的 PDF 实验,一般需要采用波长较短的 X 光作为光源。另外,PDF 实验要求有较高的数据信噪比,因此要求 X 射线光源具有很高的强度。所以高质量的 PDF 数据通常是在同步辐射光源上采集。尽管有报道用实验室 Ag 靶 X 射线衍射仪进行 PDF 实验,但所采集数据质量通常仅能进行定性分析。利用中子也可以进行 PDF 实验,其原理与 X 射线 PDF 一致,两者结合可以更加准确地确定材料的局域结构,因此一并在此例举。

与其它材料局域结构表征方法相比,对分布函数实验技术具有以下特点:核磁、X 射线精细结构分析等测量的是材料的原子尺度结构信息,原子力显微镜以及透射电子显微镜等电镜技术观察的是样品的表面准二维结构信息,并且制样过程相对复杂,而对分布函数测量的是原子、纳米尺度上的三维局域结构信息。因此,对分布函数分析方法与常规衍射手段结合起来,便可以得到材料"完整"的结构信息。基于这些特色,对分布函数实验技术已经广泛应用于锂离子电池材料的研究中。

Grey 等利用中子对分布函数方法并结合其它表征技术证实了传统层状氧化物正极材料内存在的阳离子短程有序结构,如图 15-17 (a)[77]。在三元层状氧化物 Li$[Ni_x Mn_x Co_{(1-2x)}]O_2$

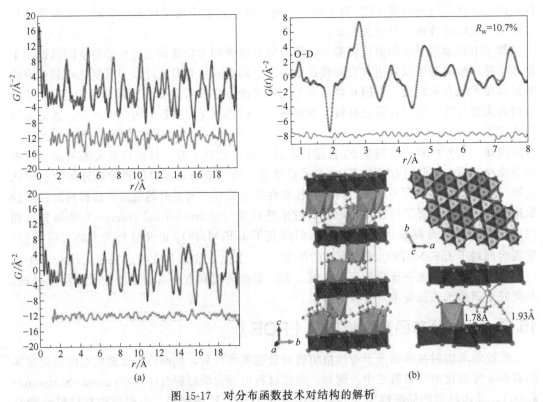

图 15-17 对分布函数技术对结构的解析
(a) ^{7}Li$[Ni_{1/3}Mn_{1/3}Co_{1/3}]O_2$ 材料的中子对分布函数拟合结果[未使用有序结构模型(上)和使用 RMC 程序(下)得到的拟合结果][77];(b) 水合富铜 δ-MnO$_2$ 的中子 PDF 精修结果和局域结构示意图[81]

材料内,他们发现随着 Ni/Mn 含量比例的升高,在第一配位环境中镍离子更倾向于团聚在锰离子周围,而钴离子的分布则相对比较自由[78]。此外,Idemoto 等通过中子对分布函数分析发现在 Li（Ni$_{1/3}$Mn$_{1/3}$Co$_{1/3}$）O$_2$ 材料内用 Al 掺杂替代部分 Co 会改变材料过渡金属层的堆积排布[79]。进一步在尖晶石 LiMn$_2$O$_4$ 材料内,他们发现 Al 的掺杂会降低 MnO$_6$ 八面体的局域畸变程度,从而改善材料整体的电化学循环稳定性[80]。

通过结合 X 射线对分布函数（xPDF）和中子对分布函数（nPDF）分析,研究者成功地解析了合成富 Cu 层状 δ-MnO$_2$ 的局部和平均结构,如图 15-17（b）[81]。在 MnO$_2$ 层中存在可观量（约 8%）的 Mn 空位,并且 Cu^{2+} 占据空位 Mn 位点上方/下方的层间位置,其层内局部结构和黑锌锰矿（chalcophanite）的结构非常相似,但是 X 射线对于氢原子非常不敏感,故无法得到层间水的位置,需要利用中子进行检测。结合中子 PDF 数据,得到了层间水在该材料中的分布情况,并且首次观察到层间水分子和相邻层氧离子之间的有效氢键,发现这些氢键在维持 MnO$_2$ 层的中程和长程有序堆积方面起着关键作用。通过使用超晶格方法结合各向异性晶粒宽化模型,成功地实现了该化合物中紊乱堆垛层错的定量分析。这样的分析方法也普遍适用于其它锂离子电池材料局域结构的研究。

15.2.3 同步辐射 X 射线谱学实验技术

15.2.3.1 X 射线吸收谱（XAS）

X 射线吸收谱（X ray absorption spectroscopy,XAS）以同步辐射 X 射线为入射光,可以将材料内层电子激发至高能级状态,并观测到相应退激发过程;通过连续扫描入射 X 射线能量,XAS 可以获得材料对于不同能量 X 光子的吸收率,得到吸收率与入射 X 射线能量之间的关系,即 X 射线吸收谱。XAS 可以有效标定元素及其价态,对于任一元素都有特定 X 射线能量会对应于高的吸收率,该能量称为该元素的吸收边,吸收边与元素的价态、配位环境有关。通过 XAS 吸收边的位置和谱形,比对参考化合物或者理论计算,可以得到元素价态、局域配位环境等信息。根据入射光能量的不同,XAS 可以分为软 X 射线吸收谱（soft X ray absorption spectroscopy,sXAS）与硬 X 射线吸收谱（hard X ray absorption spectroscopy,hXAS）。其中软 X 射线吸收谱能量在 200~2000eV 之间,对应于过渡族金属 L 边跃迁（2p—3d）以及常见配位元素的 K 边跃迁（1s—2p）过程;而硬 X 射线吸收谱能量在 2~20keV 之间,一般对应于过渡族金属 K 边跃迁（1s—4p）。XAS 具有采集时间短、信号清晰、温度依赖性低、对化学环境敏感、可实现元素的指纹识别等特点。两种不同能量波段的 X 射线吸收谱均在电池的研究中具有重要的应用。

由于入射光子能量较低,sXAS 必须在真空中测试完成,根据探测模式可分为两类:荧光产额（flourescence yield,FY）具有百纳米级别的探测深度,而电子产额（electron yield,EY）仅具有几个纳米的探测深度。因此,通过比对不同的探测模式结果,可以有效对比电极表面和百纳米体相处的材料价态变化。同时,由于芯能级光谱具有元素敏感、价态敏感、化学环境敏感、电偶极跃迁限制等特点,sXAS 可以用来提供材料电子态、自旋态结构方面的信息,并且可以用于定量分析,而 sXAS 对于过渡族金属 L 边跃迁及配位元素的 K 边跃迁过程,极大地提高 sXAS 在电池研究中的应用范围,不仅针对电极材料本身,还针对 CEI 界面层、固态电解质分析等领域,如图 15-18（a）[82]。Wang 等利用 sXAS 技术细致探究了普鲁士蓝正极材料在充放电过程中的电化学反应机制,指出该材料

在充放电过程中 Fe^{2+}/Fe^{3+} 氧化还原电对在 C、N 两种不同的配位环境下具有不同的自旋态及能量状态，分别对应于电化学充放电过程中的两个不同的电压平台，如图 15-18 (b)[83]。另外，高真空环境的要求使得原位 sXAS 面临一定的技术挑战，通过特殊的电池设计或者利用全固态电池于真空的兼容性，原位 sXAS 在实验上已有大量尝试。Liu 等即利用 PEO 基全固态电池对比研究了 $LiNi_{1/3}Mn_{1/3}Co_{1/3}O_2$ 与 $LiFePO_4$ 电极充放电过程中的光谱演化行为，以及 $LiFePO_4$ 正极的弛豫过程，如图 15-18 (c)[84]。随着技术的进步和同步辐射光谱技术的普及，我们期待 sXAS 对于电池研究提供更多更有价值的信息。

相比于 sXAS，hXAS 对应于过渡族金属 K 边跃迁过程，可以通过 1s—4p 能级的跃迁获得过渡族金属的价态信息；同时尽管 1s—3d 跃迁不满足偶极跃迁规则，由于高强度入射光强度，电四极跃迁过程可以被实验探测到，而过渡族金属离子在氧八面体位和四面体位之间的迁移带来的晶格畸变进一步增强了 1s—3d 跃迁过程。因此，在电池研究中 hXAS 不仅用于过渡族金属的价态判断，还可用于判断过渡族离子的迁移和局域晶格畸变过程。此外，通过 hXAS 实验还能获得扩展 X 射线吸收精细结构（extend X ray absorption fine structure，EXAFS）数据，EXAFS 是指元素的 X 射线吸收系数在吸收边高能侧 30~1000eV 之间的振荡，由吸收了 X 射线的原子与邻近配位原子相互作用产生。将 EXAFS 做傅立叶交换可获得晶体结构中径向分布、键长、有序度、配位数等结构信息。EXAFS 是近邻原子的作用，因此该技术既可研究晶态物质，又可研究非晶态物质。Naoaki Yabuuchi 等即利用 hXAS 研究了 Li_2MnO_3-$LiNi_{1/3}Mn_{1/3}Co_{1/3}O_2$ 正极材料在充放电中各主要过渡族金属元素 Ni、Co、Mn 的价态变化[17]。Wang 等利用 hXAS 研究了 O3 型 $Na_{0.7}Ni_{0.35}Sn_{0.65}O_2$ 电极充放电中的价态变化，实验显示该材料在充电时发生 Ni^{2+}/Ni^{3+} 氧化还原反应，而 Sn 维持在 4＋不变；EXAFS 分析进一步显示了 Ni-O 八面体发生距离的局域结构扭曲，且层状结构面内发生晶格收缩，如图 15-18 (d)[85]。由于 hXAS 入射光能量较高，具有一定的穿透能力，原位 hXAS 可以通过设计密封电池并利用透射模式测量的方法实现原位 XAS 数据采集。Yu 等利用原位 hXAS 并结合原位 XRD 细致研究了 $Li_{1.2}Ni_{0.15}Co_{0.1}Mn_{0.55}O_2$ 层状富锂电极在充放电过程中限制高倍率充放电性能的物理机制，实验发现在各过渡族金属元素中，Mn 位具有较差的动力学反应特性，而 Li_2MnO_3 成分是该正极材料倍率性能不佳的限制性因素，这为新材料设计提供了重要参考，如图 15-18 (e)[86]。

15.2.3.2 非弹性 X 射线散射（RIXS）

非弹性 X 射线散射（resonant inelastic X ray scattering，RIXS）光谱技术，尤其是 RIXS map 全谱技术在实验上得以逐步应用，很大程度上依赖于同步辐射光源光子通量的极大提升以及更高效率的光电探测技术的实现；而更高数据采集效率的光路优化设计进一步推动了 RIXS 技术的实验发展[87]。其实验探测采取光子注入-光子输出的测量模式，对于原位实验有一定兼容性；根据入射光能量的不同分为软 X 射线和硬 X 射线基的 RIXS 谱仪。RIXS 通过针对特定元素吸收边附近连续扫描入射光能量，同时探测出射光子能量分布；RIXS 同时包含了占据态与非占据态的信息，相比于传统的 XAS 技术，RIXS 在发射光上具有新维度下的能量分辨率，因而 RIXS 对于材料元激发过程具有了更高的分辨识别能力。RIXS 技术多用于探测材料的特定元激发过程，如磁激发、光声子相互作用、d-d 电子相互作用等，在强关联体系的研究中具有重要应用[88]。

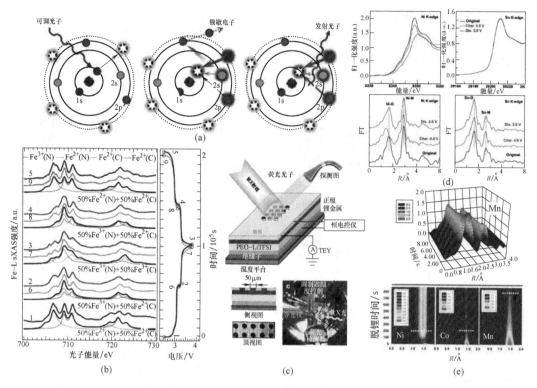

图 15-18　XAS 对材料的表征

(a) 常见芯能级光谱技术基本物理过程示意图[82]；(b) 普鲁士蓝电极在不同充放电状态下的 Fe-L 边 sXAS 的 TEY 结果及定量拟合[83]；(c) PEO 基全固态电池原位 sXAS 测量器件示意图[84]；(d) 利用 hXAS 结合 EXAFS 表征 $Na_{0.7}Ni_{0.35}Sn_{0.65}O_2$ 电池在不同电化学状态下的元素价态变化和配位结构变化[85]；(e) 基于 hXAS 表征富锂层状电极在 5V 恒压模式下的不同元素周边局域配位结构的演变[86]

近年来，随着全球各主要光源建设升级，RIXS 技术在锂电池研究领域逐步推广并取得了广泛的关注，尤其是在阴离子氧化还原电对的探测方面，成为了研究富锂电极高电位充放电过程中氧变价问题的关键表征工具[89,90]。Kun Luo 等通过结合拉曼光谱 O-K 边 XAS 和 O-K 边 RIXS 技术，在实验上发现富锂锰基正极材料 $Li_{1.2}Ni_{0.13}Mn_{0.54}Co_{0.13}O_2$ 在高电位充电时会在偏离价带发射谱范围处产生新的 RIXS 特征峰，显示了高电位下 O 参与电荷转移过程，如图 15-19 (a)[91,92]。其后，William E. Gent 等进一步给出了 O-K 边 mRIXS 全谱，明确了高价态氧参与电荷补偿的特征峰随长周期循环具有电化学可逆性，而过渡族金属迁移以及 O 局域配位环境的改变导致了富锂锰基电极 $Li_{1.17}Ni_{0.21}Mn_{0.54}Co_{0.08}O_2$ 的长循环电压衰减，如图 15-19 (b)[93]。随后 Enyue Zhao 等利用 mRIXS 在阳离子无序正极材料中观测到了电化学可逆的阴离子氧化还原反应，并结合中子径向分布函数 (nPDF) 指出材料维度对于稳定高价态氧的重要性，如图 15-19 (c)[94]。Kehua Dai 等进一步利用 RIXS 光谱分析实现了对于阴离子氧化还原电对参与反应的定量化研究[95]。相比于传统 XAS 技术，RIXS 在发射光方向上具有了新维度下的能量分辨能力，这对于指纹识别元素价态具有了更高的优势。Ali Firouzi 等利用 sXAS 与 RIXS 研究了普鲁士蓝 MnHCMn 电极在充放电过程中的价态变化过程，通过结合 RIXS 理论计算验证了该材料中具有电化学活性的 Mn^+/Mn^{2+} 氧化还原电对，如图 15-19（d），而该特定环境下配位键与过渡族金属 Mn 的强杂化效应提升了材料的倍率响应，而这一新充放电机制对于新电极材料设计具有重要的参考价值和实用价值[96]。随着光源技术的进一步发展与理论计算的进一步优化，RIXS 有望在未来更广泛地应用于电极新材料的开发与新机制的探索当中，而实现 RIXS 的动态原位探测将会进一步提供时间维度的信息。

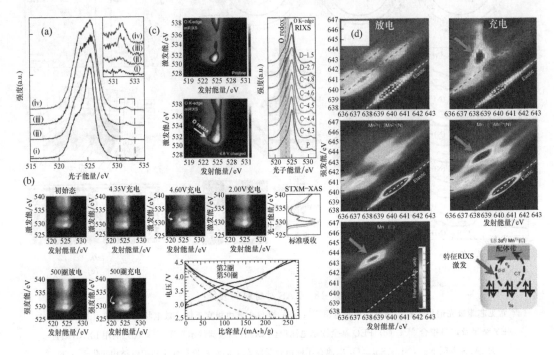

图 15-19　RIXS 对材料的表征

（a）不同充放电状态下的富锂锰基层状电极 $Li_{1.2}Ni_{0.13}Mn_{0.54}Co_{0.13}O_2$ 在入射光 531.8eV 处的 RIXS cut 谱线[91]；（b）RIXS 探测 $Li_{1.17}Ni_{0.21}Mn_{0.54}Co_{0.08}O_2$ 电极在不特定化学状态下的 RIXS map 全谱及相应的充放电曲线和 STXM-XAS 结果[93]；（c）RIXS 探测阳离子无序富锂电极 $Li_{1.2}Ti_{0.35}Ni_{0.35}Nb_{0.1}O_{1.8}F_{0.2}$ 的阴离子氧化还原电对[94]；（d）Mn-L 边 RIXS 直接探测 MnHCMn 电极中的一价锰[96]

15.2.4　同步辐射 X 射线成像技术

近年来，同步辐射 X 射线成像技术已经逐步开始应用于电池研究领域，并且由于其能提供直观的图像来研究电池及电池材料的结构和反应特性，而越来越受到研究人员的关注。同步辐射 X 射线由于具有高亮度、高准直和高相干性，可以开展高空间分辨率的吸收、相位和衍射成像；由于同步辐射 X 光为连续能量光谱，也可以开展谱学成像。根据成像系统的设置和所采集的信息特征，同步辐射成像大致可以分为实空间成像（real space imaging）和倒易空间成像（reciprocal space imaging）两类。实空间成像所获得的原始数据是可以供直接观察的实空间图像，但是实空间成像的分辨率受限于光学元件。在软 X 射线能量范围内，成像分辨率最高可以达到 10nm，而在硬 X 射线能量范围内，成像分辨率相对较差，通常在 50nm 左右。而倒易空间成像利用相干性高的 X 射线，在样品和探测器之间没有光学放大元件［图 15-20（d），（e）］，因此其成像分辨率不受光学元件限制,理论上比实空间成像的分辨率更高。另一种分类方式是根据数据的采集方式不同,可以分为全场成像(full-filed imaging)和扫描成像(scanning imaging)。全场成像时不需要移动样品,因此成像速度快,其图像为 X 射线穿过物质时的吸收和位相衬度。结合谱学的全场透射成像,利用 X 射线吸收光谱可以识别元素及其元素价态的特点,使得图像能反映元素的空间分布和价态。但是谱学全场成像所使用的 X 射线能量范围有一定的局限性,通常只能覆盖某些 3d 过渡金属元素(如 Mn,Fe,Co,Ni,Cu 等)。这些元素是构成锂离子或钠离子电池正极材料的重要元素,因此谱学透射全场 X 射线成像在相关研究中发挥着重要作用。而扫描模式是将 X 射线汇聚,然后移动样品进行逐点扫描。显然扫描成像模式图像采集速度相对全场模式慢,但是扫描模式下可以采用荧光探测器收集荧光信号,从而可以识别元素在研究材料或者器件中的空间分布。受限于荧光探测器的检测限,扫描荧光成像模式可以记录样品中大部分元素的空间分布。由此可以看到,不同的 X 射线成像模式有不同的特点,可以针对性地研究材料的形貌、元素组成与空间分布、反应的均匀性、晶粒取向和缺陷的空间分布等。将样品在不同角度采集到的二维图像通过计算机重构(X-ray tomography)还可以得到三维图像。特别是同步辐射 X 射线由于具有很高的光强,可以在较短的时间内采集到可以用于三维重构的二维图像。因此同步辐射 X 射线光源上可以开展某些动态过程的原位三维成像实验。下面将通过介绍几个典型的实例,进一步了解上述不同同步辐射 X 射线成像方法的特点以及在电池研究中的应用。

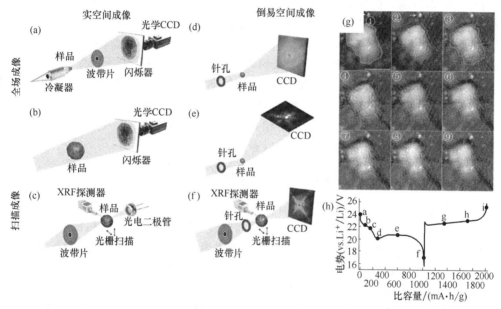

图 15-20 同步辐射 X 射线成像技术示意图及实例

(a)~(f) 几种不同的 X 射线成像技术示意图,其中包括了全场成像、扫描成像、实空间成像和倒易空间成像技术[3];(g)、(h) S-Super P 复合电极充放电过程中的原位 TXM 形貌演化及相应的充放电曲线[97]

Nelson 等利用全场透射 X 射线成像技术研究了锂硫电池在充放电过程中硫的溶解和再结晶行为。由于所使用的 X 射线具有较好的穿透特性,直接可以用于观察自制软包电池。在原位的充放电过程中,他们直接观察到在硫-碳电极中,仅有少量的硫在首次放电过程中发生溶解,这些溶解的多硫化物由于在电极中被很好地限定住,在充电末态时再次发生重结晶。这种方法使得人们可以直接原位研究锂硫电池中硫电极溶解和再结晶这一重要的反应过程[97]。Yijin Liu等设计了可以用于谱学透射全场成像的原位电池,利用这种电池,他们可以准确确定$LiCoO_2$正极材料颗粒上不同位置(空间分辨率为50nm)Co的价态,并且研究Co价态在充放电过程中的变化,这样就可以原位研究$LiCoO_2$电极颗粒在脱嵌锂过程中电极颗粒上的反应均匀性。同时他们也研究了$LiCoO_2$在不同充放电速率下和长循环周期后电极颗粒的反应均匀性,揭示了颗粒层面的反应特性与电池宏观电化学倍率性能和电池长循环失效机制之间的关联[98]。利用扫描模式荧光三维成像可以分析元素在材料中的空间分布。Zhang等研究了痕量Ti-Mg-Al共掺杂(每种掺杂元素质量分数约为0.1%)的$LiCoO_2$,发现三种元素共同掺杂时,材料在4.6V半电池测试时具有最好的循环性能。利用扫描模式荧光三维成像发现,与Al均匀分布在$LiCoO_2$颗粒中的特性不同,痕量掺杂的Ti在颗粒中呈不均匀分布,并且在表面发生富集。这些不均匀分布的Ti一方面富集在颗粒内部的晶界处,改善颗粒内部的材料力学特性与锂离子传导特性,另一方面富集在表面的Ti可以很好地保护材料的表面,因此起到改善材料循环性能和倍率性能的作用[9]。W. C. Chueh等利用软X射线能量范围内的扫描成像模式研究了$LiFePO_4$颗粒层面的脱嵌锂反应机制。软X射线能量范围可以激发Fe-L边跃迁(2p—3d),因此可以准确地标定Fe的价态。他们细致研究了大约450个$LiFePO_4$电极颗粒,发现$LiFePO_4$电极材料充放电过程呈现出形核生长模式,决定其倍率性能的主要因素在于相转变过程的触发阶段,而并非相界面迁移阶段,直观地揭示了快速(非平衡态)和慢速(平衡态)充放电过程中$LiFePO_4$反应机理的差异[99]。Li等进一步研究了$LiFePO_4$活性颗粒的充放电过程,利用STXM仔细分析了超过3000个活性颗粒后指出,低倍率下$LiFePO_4$主要经历单颗粒到单颗粒的充电模式,而高倍率下转变为多颗粒共同充电的模式,$LiFePO_4$电极充放电过程中电化学激活状态的颗粒数目与充放电电流密度密切相关[100]。近年来,人们也开始利用布拉格衍射倒易空间成像来研究电极材料中的缺陷分布,以及电化学过程中的动态演化,但是相关实验的技术难度较大,相较于实空间成像技术而言应用普及度不高,有兴趣的读者可以参阅相关文献。

15.2.5 同步辐射原位实验方法与装置

从上述章节的介绍中可以看到,由于同步辐射X射线具有高亮度等特点,使得其可以结合不同的样品环境开展具有时间分辨和空间分辨特性的原位实验。根据不同实验技术所选择的X射线能量范围的不同和所提供的样品环境不同,原位实验装置往往需要特殊设计。X射线的穿透能力与X射线能量(波长)相关。一般情况下,在高能X射线范围内的原位实验相对容易,甚至原位装置上不需要窗口材料,X射线可以直接穿过装置照射到样品上。而随着所使用X射线能量降低,大部分原位装置都需要使用窗口材料,以降低对X射线的吸收。X射线能量越低,要求窗口材料对X射线吸收越少,所能选用的窗口材料越有限。比如利用中能S K边X射线吸收谱原位研究锂硫电池反应机理时,仅能用很薄的聚乙烯膜作为窗口材料。而当所使用X射线能量进入软X射线范围,通常需要选用很薄的BN窗口,甚至不使用窗口材料。显然,原位装置设计时最重要的环节是选择合适的窗口材料。所选用窗口材料一方面需要保证对X射线有较少的吸收;另一方面,特别是对电化学原位实验而言也是更为重要的一方面,是需要保证原位装置具有良好的电化学反应可重现性。具体而言,所选用的窗口材料需要化学和电化学稳定;需要能够提供良好的密封性来保证电池的正常电化学工作；需要能维持窗口区域下所研究电极材料良好的导电性；需要能够提供一定的压力等。此外，所选用的窗口材料应能尽量避免电池组装和同步辐射光源线站上操作过程中的不便，比如金属铍箔尽管具有吸收低和导电性好等特点，但铍的使用容易引起安全隐患从而带来实验操作上的不便，因此应该尽量避免使用。

除了窗口材料的选择外，某些对实验数据质量要求很高的实验要求尽量降低实验数据中的背景信号，或者要求能够准确测定背景信号。比如 PDF 数据分析时，要求能从实验测量数据中准确扣除背景信号数据，从而得到仅包含样品信息的数据信号，这对原位装置的设计提出了更高的要求。X 射线在到达接收探测器前通过的任何物质都会与之发生散射而带来背景信号，比如窗口材料、电极上的金属集流体、隔膜和电解液等。所选用的这些材料以及它们在原位电池中的组装方式，不仅需要保证尽量低的 X 射线散射（比如使用均匀厚度的薄的金属箔集流体），而且需要保证较好的稳定性和实验之间具有一致性，使

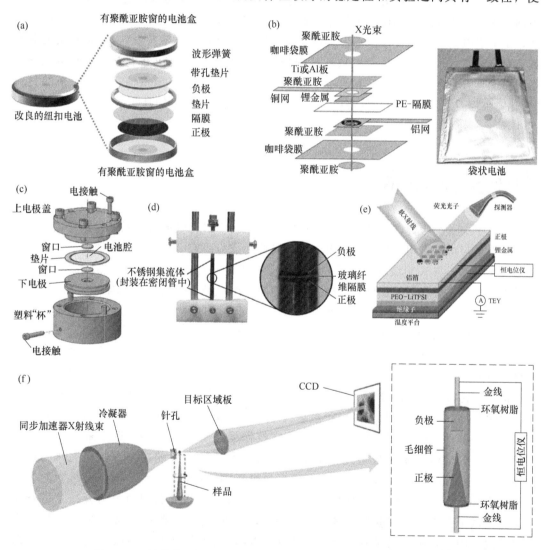

图 15-21　几种典型的用于不同同步辐射实验的原位电池器件示意图[4]
(a) 改造的扣式电池；(b) 软包电池；(c) 阿贡实验室设计的原位 AMPIX 电池；
(d) 原位 TATIX 电池；(e) 固态原位软 X 光谱电池；(f) 毛细管型原位电池

得背景信号在原位实验或者不同实验之间具有稳定性与一致性。比如美国阿贡实验室的科学家们专门设计了可以进行同步辐射 X 射线 PDF 原位实验的电池装置［图 15-21（c）］[4]。此外,在不同实验技术的不同要求下,原位装置也需要特殊设计。比如三维 X 射线成像时,需要转动样品在不同的角度采集图像,因此类似毛细管型的原位电池被开发用于此类实验［图 15-21（f）][101];软 X 射线范围内的实验通常在真空环境下进行,通常情况下原位装置中不能引入液体或者仅能使用低蒸气压的离子液体,窗口材料也仅能使用对 X 射线吸收低并且厚度很薄的 BN。刘啸嵩等设计了一种基于聚合物电解质的原位电池,并使用打孔 Al 箔作为集流体,可以用于原位软 X 射线吸收光谱实验[84]。

最后值得指出的是,尽管原位实验能直观地展示所研究反应过程中的动态变化,但实验过程中所采集到的数据是否能够真实地反映所研究过程,是否完全同步于反应,需要仔细判断。在原位实验时,由于实验装置设计不合理或者实验者经验不足,经常会出现反应不同步现象。比如原位 XRD 研究时,所观察到的相变滞后于电化学反应过程。这种滞后,是由于电池设计或者操作不当所致（如密封不好导致电解液挥发）,还是真实的非平衡态反应相变过程,需要结合细致地数据分析和其它实验表征确定。此外,同步辐射 X 射线由于具有较高的亮度,往往会在一定程度上带来样品的辐照损伤,由此带来的材料"变化"也需要尽可能识别并且避免,以区别于原位反应过程中的真实变化。

15.3 中子实验技术

受限于中子实验资源,已报道的利用中子实验技术研究电池的研究工作相对较少。然而基于中子与物质作用的特点,使得中子实验技术成为研究电池,特别是锂电池,非常重要的实验方法。与 X 射线和电子是和物质原子核外电子相互作用的方式不同,中子是与物质内原子核的短程相互作用,其散射振幅随原子序数呈无规则变化,因此中子对探测材料内轻质元素（例如 C、O、Li）较为敏感;并且还具有分辨邻近元素（例如 Fe、Co、Ni）以及同位素的能力。另外,由于中子是与物质内的原子核发生相互作用,散射截面小,使得中子有很好的穿透特性,可以穿透较大的体样品,同时可以配置各种特殊的样品环境,对样品进行原位无损表征。此外,相比于高能量的同步辐射 X 射线,中子的能量更加接近于材料中声子的能量,因此利用非弹性中子散射可以直接有效地捕捉材料中发生的动力学变化。基于这些特点,中子散射技术已在研究离子电池材料晶体结构、离子传导机制以及器件工作原理方面发挥出了其它技术无法替代的优势。近年来,利用中子实验技术研究电池的研究报道逐年增加。我国除了已经运行的中国绵阳研究堆（CMRR）和中国先进研究堆（CARR）,中国散裂中子源（CSNS）是世界上第四个散裂中子源,于 2018 年正式运行,为中国电池研究领域科学工作者利用中子实验技术进行相关研究提供了条件。从实验装置和方法上看,中子实验技术和同步辐射 X 射线的许多技术类似。中子技术涵盖从原子尺度到宏观尺度,从飞秒到百纳秒级时间尺度,可以被用于研究电池及电池材料在不同尺度的科学问题。本节将简略介绍目前主要用于电池研究的几种中子实验技术。

15.3.1 中子衍射（ND）

中子衍射技术（neutron diffraction，ND）是精确表征材料结构最准确、最直接的手段之一，与其它探测手段（例如 X 射线衍射、电子衍射）相比，中子衍射技术的优势非常突出：中子被原子核所散射，其散射振幅随原子序数呈无规则变化，并且对几乎所有原子，其大小均在可比较的范围内。同时，中子的散射振幅不随散射角衰减，可以在大散射角范围收集衍射数据；中子穿透力强，吸收修正小，可以使用大样品以得到好的体效应、减小随机误差，也可以配置各种特殊样品环境，对材料进行原位无损表征，这些特点使得中子衍射技术在电池研究中具有独特的优势。

中子粉末衍射与 X 射线衍射、电子衍射类似，同样满足布拉格定律。除了上述提到的中子衍射在探测轻质元素方面的优势之外，相比于 X 射线衍射，中子衍射还有另外一大优点：中子衍射在很高的衍射角度（2θ 可达 160°）也能获得较高质量的测量数据，这在后期材料的结构解析中，可以降低数据解析难度，增大结构解析精度。近年来，中子粉末衍射已经广泛应用于锂离子电池的研究中，并且取得了很多有重大影响的成果。确定锂离子电池材料中的锂离子通道，对于理解材料结构与离子输运之间的关系是至关重要的，然而从实验上研究锂离子通道是困难的。最近发展起来的中子衍射结合最大熵方法，是目前实验上确定锂离子通道的唯一方法，而且此方法通常需要高质量的中子衍射数据。2005 年 Yashima 等利用低温（77K）中子衍射和常温中子衍射实验并结合最大熵方法，确定了快离子导体 $La_{0.62}Li_{0.16}TiO_3$ 固态电解质材料中的锂离子通道[102]。2008 年 Nishimura 等利用高温中子衍射实验借助最大熵方法，从实验上观察到了锂离子电池正极材料 LiFePO$_4$ 中的锂离子通道，如图 15-22（a）、（b）[103]。该工作在 LiFePO$_4$ 正极材料的后续改性研究中发挥了重要作用。此外，Monchak 等利用中子衍射技术估算单斜 β-Li$_2$TiO$_3$ 中的锂离子迁移路径[104]，并通过键价模型从理论上计算了 β-Li$_2$TiO$_3$ 中锂离子的迁移路径。

中子粉末衍射除了在分析锂离子电池以及电解质结构方面发挥着巨大作用，其在研究锂离子电池机理方面也有着巨大的应用潜力。以研究锂离子电池中阴离子的电荷补偿机理为例，Tarascon 等利用高分辨率中子衍射实验精确确定了模型材料 Li$_2$IrO$_3$ 在脱锂态的结构，证实了类过氧根（O_2^{2-}）结构单元的存在，从而证实了层状氧化物材料中氧离子参与电荷补偿的新机制[105]。他们还利用中子衍射技术作为辅助手段，证明了 β-Li$_2$IrO$_3$ 材料中的阴离子（O^{2-}）参与电化学反应。IrO$_6$ 八面体中最短的 O—O 键在充电态时要明显小于初始态的键长，证明在充电过程中氧离子参与了电荷转移[106]。

目前，原位中子衍射已经被广泛地用来研究商用锂离子电池在不同状态下的电极材料结构信息，这些状态包括不同的荷电状态、不同的电流密度使用下的状态、欠压的状态、过充电的状态等。通过解析这些原位中子衍射数据，可以得到电极材料时间分辨的结构演化信息。以商业化的 LiCoO$_2$-石墨电池为例，通过原位中子衍射发现了许多其它之前没有观测到的结构信息变化。Lüders 等利用原位中子衍射技术研究了商用锂离子电池中负极石墨表面金属锂的沉积现象，结果表明锂的沉积量与充放电速率成正相关，如图 15-22 (c)[107]。Sharma 等利用原位中子衍射技术研究了 LiFePO$_4$ 在商用锂离子电池中的相变行为，结果表明在高温以及高的电流密度下，LiFePO$_4$ 的相变过程与小电流密度下的过程不同。LiFePO$_4$的相变与电池的充放电相变、电流密度、温度密切相关,如图15-22(d)[108]。Goonetilleke等利用非原位和原位中子衍射技术,研究了26650电池中石墨负极和LiFePO$_4$正极的结构演化[109]。非原位中子衍射数据表明,电池的使用时间越长,石墨或者锂化石墨的衍射强度越低,随着电池使用寿命的终结,负极石墨的锂化程度越来越低,这也是造成电池容量衰减的原因之一。原位数据表明,电极材料结构的演化速率与电池应用的充放电倍率密切相关。

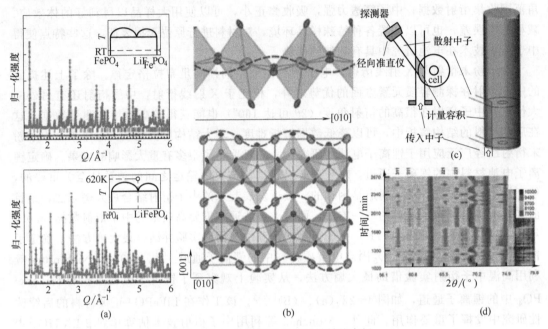

图15-22 中子衍射技术对材料的表征
(a) LiFePO$_4$的中子粉末衍射精修结果[103];(b) 基于ND实验得到的锂离子扩散通道[103];
(c) 原位中子衍射装置示意图[107];(d) LiFePO$_4$正极材料在不同温度下的原位中子衍射结果[108]

15.3.2 中子成像

利用中子也可以对研究对象进行不同类型的成像,其原理与对应的X射线成像原理类似。但中子通量相对于X射线较小且中子较难聚焦,中子成像的最高分辨率通常在数十微米。不过由于中子不带电,穿透能力很强,中子可以对较厚样品和高密度样品进行检测,而相比X射线,中子对氢、锂等轻质元素十分敏感,能够分辨高密度材料中的低原子序数物质。因此中子成像在电池研究,特别是锂离子电池研究中,起着非常重要的作用。中子成像技术可以研究电池充放电过程中锂离子的迁移和分布,电解液在电池中的分布与损耗,电池内部气体产生与分布等与电池性能密切相关的问题。

Jacobson等利用中子成像技术研究了锂离子电池中石墨负极材料在放电过程中锂含量的变化,从而推断锂离子在电极中的迁移和分布行为[110]。他们设计了一个特殊的原位电池,使用对中子几乎没有吸收的聚四氟乙烯作为电池保护封装外壳。该装置通过在充放电过程中实时检测石墨负极中锂的成像,来判断锂的迁移以及分布状况[图15-23(a)~(c)]。从实验结果可以看出,随着放电的不断深入,Li元素的浓度在石墨中不断增加,并且Li的分布呈现出在集流体附近富集的现象。从石墨负极充电过程中Li的中子成像可以看出过程几乎是可逆的。

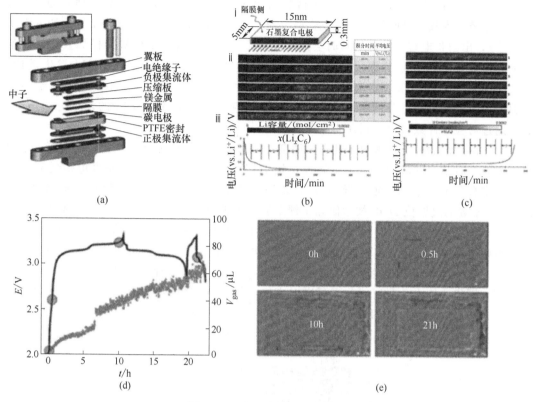

图 15-23 中子成像技术的应用

(a) 高分辨中子成像-锂离子电池实验装置[110]；(b) 放电过程中锂离子在石墨负极中的分布[110]；
(c) 充电过程中锂离子在石墨负极中的分布[110]；(d) LNMO/LTO 软包电池不
同电化学循环时间下的中子透射成像结果[111]

Song 等利用中子成像技术首次观察到了电池短路过程中，锂在正极和锂枝晶之间的再分布过程[112]。他们利用所设计的用于中子成像实验的 LiMn$_2$O$_4$-Li 电池，观察到过充时电池内部锂枝晶生长导致电池内部微短路和电池外部下降与波动的电压曲线之间的关联。这些结果对于理解电池内部的失效机制十分重要，也表明中子成像是研究真实电池器件内部反应机制的有效工具。

电池内部的产气是影响电池安全性的重要方面。通常情况下电池内使用的有机电解液在大电流、高温条件下会被电解产生气体，导致内部压力升高，严重时会冲破壳体发生爆炸。电解液的损耗及气化分解严重影响了电池的性能及安全。Janek 等利用原位中子成像技术实时检测了锂离子电池中的气体释放[111]。图 15-23（d）是磷酸铁锂为正极，钛酸锂为负极的锂离子电池在前两圈循环过程中的气体释放中子成像结果，可以清晰地看到软包电池边缘有明显的气体产生。这表明中子成像技术是研究电池产气过程非常有效的工具。

15.3.3 中子深度剖面谱（NDP）

中子深度剖面谱（neutron depth profiling，NDP）是近年来新兴发展起来的一种高灵敏、高分辨测量材料近表面深度分布信息的无损检测技术（微米级），主要用于测量一些轻核素（例如 ^{3}H、^{6}Li、^{7}Be、^{10}B 等）在材料近表面的含量和分布。基本原理是基于 Li、Be、B 等轻元素核素吸收热中子后发生核反应，释放出特定能量的带电粒子（例如 α 粒子和质子），出射带电粒子穿过材料时会损失能量，通过反应发生的位置到样品表面的能量损失则可以得到该元素的深度分布。当中子束穿过含锂材料时，中子与 ^{6}Li 发生反应：$^6\text{Li} + n \longrightarrow {}^4\text{He}(2055\text{keV}) + {}^3\text{H}(2727\text{keV})$，在反应之后，产生的 ^{4}He 和 ^{3}H 粒子透过材料时损失能量，通过分析能量损失可以识别反应发生的位置，即 Li 的深度分布情况，并且通过对粒子计数可以得到在相应深度处的 Li 含量。

中子深度剖面分析技术由于其高灵敏度、非破坏性和简单易行等优势，在锂离子电池研究方面具有重要的应用。基于金属锂负极的锂电池是下一代高能量密度电池的研究热点，其中金属锂的溶解/沉积行为以及如何进行调控来抑制锂枝晶生长是研究难点。Shasha Lv 等通过原位 NDP 技术研究了锂金属负极锂离子的沉积/溶解行为、枝晶成核和生长机理，见图 15-24 (a)[113]。根据锂金属电池充放电过程中锂元素在空间分布的密度，定量地解析出电流密度、电解质浓度和循环历史等因素对锂元素不均匀分布的影响；对比库仑效率，监测得到非活性固态电解质界面膜（SEI）及"死锂"中锂元素分布。同时，该研究在铜集流体中观测到部分不可逆微克级的锂脱嵌现象。NDP 能够用于分析固态锂电池中 Li 的分布和输运，Li 等利用原位 NDP 技术研究了金属 Li 在全固态电池 Li｜$\text{Li}_{6.4}\text{La}_3\text{Zr}_{1.4}\text{Ta}_{0.6}\text{O}_{12}$（LLZTO）｜3D-Ti 中的沉积行为，通过对 NDP 谱的解析拟合，发

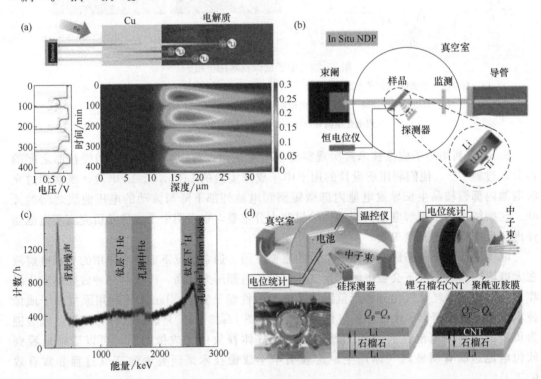

图 15-24　中子深度剖面

(a) 铜集流体负极侧电解液的原位 NDP 谱[113]；(b) 固态电池 Li｜LLZTO｜3D-Ti 的原位 NDP 测试构造示意图[114]；(c) ASSLMB w/3D Ti 电极的典型 NDP 谱图[114]；(d) Garnet 固态电池的原位 NDP 测试示意图[115]

现金属 Li 主要沉积在 3D-Ti 电极的孔隙中，这样的沉积行为减小了固体电解质与电极的界面接触恶化问题，并且抑制了锂枝晶的生长，如图 15-24（b）、（c）[114]。Wang 等通过原位 NDP 技术对 Garnet 固态电池循环过程中 Li 的沉积/剥离行为进行了监测，分别构建了 Li/Garnet/Li 对称电池和 Li/Garnet/CNT 非对称电池来研究对比金属 Li 负极和无 Li 负极 CNT 与 Garnet 固态电解质之间的界面行为。结果表明，无 Li 负极 CNT 和 Garnet 固态电解质之间难以形成可靠的界面接触，Li 在 CNT 中沉积时容易形成死 Li。此外，NDP 的测试结果还可以对固态电池中的短路失效进行预测，如图 15-24（d）[115]。

习 题

1. 在研究晶体结构的技术中，X 射线衍射和电子衍射有何特点与区别？如何应用？
2. 在研究材料微观结构的技术中，扫描电镜、透射电镜和球差透射电镜的工作原理有何异同？
3. 在化学成分分析技术中，电感耦合等离子体光谱/质谱与二次离子质谱的原理分别是什么？有何差异？
4. X 射线光电子谱和电子能量损失谱的工作原理有何差异？
5. 同步辐射技术的原理是什么？有何用途？
6. 中子衍射的原理是什么？通过中子衍射可以获得材料的哪些信息？

参 考 文 献

[1] Zhao E, Nie K, Yu X, et al. Advanced characterization techniques in promoting mechanism understanding for lithium-sulfur batteries [J]. Adv Funct Mater, 2018, 28 (38): 1707543.

[2] Han R X. Synthesis, and structural, electrochemical, and magnetic property characterization of promising electrode materials for lithium-ion batteries and sodium-ion batteries [D]. Lexington: University of Kentucky, 2018.

[3] Lin F, Liu Y, Yu X, et al. Synchrotron X-ray analytical techniques for studying materials electrochemistry in rechargeable batteries [J]. Chem Rev, 2017, 117 (21): 13123-13186.

[4] Bak S M, Shadike Z, Lin R, et al. In situ/operando synchrotron-based X-ray techniques for lithium-ion battery research [J]. NPG Asia Materials, 2018, 10 (7): 563-580.

[5] Hong Y S, Zhao C A, Xiao Y, et al. Safe lithium-metal anodes for Li-O_2 batteries: from fundamental chemistry to advanced characterization and effective protection [J]. Batteries & Supercaps, 2019, 2 (7): 638-658.

[6] Liu D, Shadike Z, Lin R, et al. Review of recent development of in situ/operando characterization techniques for lithium battery research [J]. Adv Mater, 2019, 31 (28): 1806620.

[7] 李文俊, 褚赓, 彭佳悦, 等. 锂离子电池基础科学问题（Ⅻ）——表征方法 [J]. 储能科学与技术, 2014, 3 (6): 642-667.

[8] Wang Y, Liu J, Lee B, et al. Ti-substituted tunnel-type $Na_{0.44}MnO_2$ oxide as a negative electrode for aqueous sodium-ion batteries [J]. Nat Commun, 2015, 6 (1): 6401.

[9] Zhang J N, Li Q, Ouyang C, et al. Trace doping of multiple elements enables stable battery cycling of $LiCoO_2$ at 4.6V [J]. Nat Energy, 2019, 4: 594-603.

[10] Noh H J, Youn S, Yoon C S, et al. Comparison of the structural and electrochemical properties of layered Li [$Ni_xCo_yMn_z$] O_2 (x=1/3, 0.5, 0.6, 0.7, 0.8 and 0.85) cathode material for lithium-ion batteries [J]. J Power Sources, 2013, 233: 121-130.

[11] Yu H, So Y G, Kuwabara A, et al. Crystalline grain interior configuration affects lithium migration kinetics in Li-rich Layered oxide [J]. Nano Lett, 2016, 16 (5): 2907-2915.

[12] Zhao M, Jiao L, Yuan H, et al. Study on the silicon doped lithium trivanadate as cathode material for rechargeabe lithium batteries [J]. Solid State Ionics, 2007, 178 (5): 387-391.

[13] Kuppan S, Duncan H, Chen G. Controlling side reactions and self-discharge in high-voltage spinel cathodes: the critical role of surface crystallographic facets [J]. Phys Chem Chem Phys, 2015, 17 (39): 26471-26481.

[14] Zeng X, Li J. Spent rechargeable lithium batteries in e-waste: composition and its implications [J]. Frontiers of Environmental Science & Engineering, 2014, 8 (5): 792-796.

[15] Sun Y K, Myung S T, Park B C, et al. Improvement of the electrochemical properties of Li[$Ni_{0.5}Mn_{0.5}$]O_2 by AlF_3 coating [J]. J Electrochem Soc, 2008, 155 (10): A705-A710.

[16] Zhuo Z, Lu P, Delacourt C, et al. Breathing and oscillating growth of solid-electrolyte-interphase upon electrochemical cycling [J]. Chem Commun, 2018, 54 (7): 814-817.

[17] Yabuuchi N, Yoshii K, Myung S T, et al. Detailed studies of a high-capacity electrode material for rechargeable batteries, Li_2MnO_3-$LiCo_{1/3}Ni_{1/3}Mn_{1/3}O_2$ [J]. J Am Chem Soc, 2011, 133 (12): 4404-4419.

[18] Yoo K S, Kang Y H, Im K R, et al. Surface modification of Li($Ni_{0.6}Co_{0.2}Mn_{0.2}$)O_2 cathode materials by nano-Al_2O_3 to improve electrochemical performance in lithium-ion batteries [J]. Materials, 2017, 10 (11): 1273.

[19] Kim K H, Iriyama Y, Yamamoto K, et al. Characterization of the interface between $LiCoO_2$ and $Li_7La_3Zr_2O_{12}$ in an all-solid-state rechargeable Lithium battery [J]. J Power Sources, 2011, 196 (2): 764-767.

[20] Kato T, Hamanaka T, Yamamoto K, et al. In-situ $Li_7La_3Zr_2O_{12}$/$LiCoO_2$ interface modification for advanced all-solid-state battery [J]. J Power Sources, 2014, 260: 292-298.

[21] Kim H S, Oh Y, Kang K H, et al. Characterization of sputter-deposited $LiCoO_2$ thin film grown on NASICON-type electrolyte for application in all-solid-state rechargeable lithium [J]. ACS Appl Mater Inter, 2017, 9 (19): 16063-16070.

[22] Beaulieu L Y, Eberman K W, Turner R L, et al. Colossal reversible volume changes in lithium alloys [J]. Electrochem Solid-State Lett, 2001, 4 (9): A137-A140.

[23] Howlett P C, MacFariane D R, Hollenkamp A F. A sealed optical cell for the study of lithium-electrodel electrolyte interfaces [J]. J Power Sources, 2003, 114 (2): 277-284.

[24] Li W, Yao H, Yan K, et al. The synergetic effect of lithium polysulfide and lithium nitrate to prevent lithium dendrite growth [J]. Nature Communications, 2015, 6: 7436.

[25] Koerver R, Aygün I, Leichtweiß T, et al. Capacity fade in solid-state batteries: Interphase formation and chemomechanical processes in nickel-rich layered oxide cathodes and lithium [J]. Chem Mater, 2017, 29 (13): 5574-5582.

[26] Auvergniot J, Cassel A, Ledeuil J B, et al. Interface stability of argyrodite Li_6PS_5Cl toward $LiCoO_2$, $LiNi_{1/3}Co_{1/3}Mn_{1/3}O_2$, and $LiMn_2O_4$ in bulk all-solid-state batteries [J]. Chem Mater, 2017, 29 (9): 3883-3890.

[27] Rong G, Zhang X, Zhao W, et al. Liquid-phase electrochemical scanning electron microscopy for in situ investigation of lithium dendrite growth and dissolution [J]. Adv Mater, 2017, 29 (13): 1606187.

[28] Liu J, Li N, Goodman M D, et al. Mechanically and chemically robust sandwich-structured C@Si@C nanotube array Li-ion battery anodes [J]. ACS Nano, 2015, 9 (2): 1985-1994.

[29] Qian J, Liu L, Yang J, et al. Electrochemical surface passivation of LiCoO$_2$ particles at ultrahigh voltage and its applications in lithium-based batteries [J]. Nature Communications, 2018, 9 (1): 4918.

[30] Huang J Y, Zhong L, Wang C M, et al. In situ observation of the electrochemical lithiation of a single SnO$_2$ nanowire electrode [J]. Science, 2010, 330 (6010): 1515-1520.

[31] Lin M, Ben L, Yang S, et al. Insight into the atomic structure of high-voltage spinel LiNi$_{0.5}$Mn$_{1.5}$O$_4$ cathode material in the first cycle [J]. Chem Mater, 2015, 27 (1): 292-303.

[32] Chen B, Ben L, Yu H, et al. Understanding surface structural stabilization of the high-temperature and high-voltage cycling performance of Al^{3+}-modified LiMn$_2$O$_4$ cathode material [J]. ACS Appl Mater Inter, 2018, 10 (1): 550-559.

[33] Lin G, Changbao Z, Hong L, et al. Direct observation of lithium staging in partially delithiated LiFePO$_4$ at atomic resolution [J]. J Am Chem Soc, 2011, 133 (13): 4661-4663.

[34] Suo L, Han W, Xia L, et al. Highly ordered staging structural interface between LiFePO$_4$ and FePO$_4$ [J]. Phys Chem Chem Phys, 2012, 14 (16): 5363-5367.

[35] Lin F, Markus I M, Nordlund D, et al. Surface reconstruction and chemical evolution of stoichiometric layered cathode materials for lithium-ion batteries [J]. Nat Commun, 2014, 5: 3529.

[36] Lee J Z, Wynn T A, Schroeder M A, et al. Cryogenic focused ion beam characterization of lithium metal anodes [J]. ACS Energy Lett, 2019, 4 (2): 489-493.

[37] Zachman M J, Tu Z, Choudhury S, et al. Cryo-STEM mapping of solid-liquid interfaces and dendrites in lithium-metal batteries [J]. Nature, 2018, 560 (7718): 345-349.

[38] Huang W, Attia P M, Wang H, et al. Evolution of the solid-electrolyte interphase on carbonaceous anodes visualized by atomic-resolution cryogenic electron microscopy [J]. Nano Lett, 2019, 19 (8): 5140-5148.

[39] Alvarado J, Schroeder M A, Pollard T P, et al. Bisalt ether electrolytes: A pathway towards lithium metal batteries with Ni-rich cathodes [J]. Energy Environ Sci, 2019, 12 (2): 780-794.

[40] Liang J Y, Zeng X X, Zhang X D, et al. Mitigating interfacial potential drop of cathode-solid electrolyte via ionic conductor layer to enhance interface dynamics for solid batteries [J]. J Am Chem Soc, 2018, 140 (22): 6767-6770.

[41] Lu W, Zhang J, Xu J, et al. In situ visualized cathode electrolyte interphase on LiCoO$_2$ in high voltage cycling [J]. ACS Appl Mater Inter, 2017, 9 (22): 19313-19318.

[42] Shim J H, Han J M, Lee J H, et al. Mixed electronic and ionic conductor-coated cathode material for high-voltage lithium ion battery [J]. ACS Appl Mater Inter, 2016, 8 (19): 12205-12210.

[43] Liu R R, Deng X, Liu X R, et al. Facet dependent SEI formation on the LiNi$_{0.5}$Mn$_{1.5}$O$_4$ cathode identified by in situ single particle atomic force microscopy [J]. Chem Commun, 2014, 50 (99): 15756-15759.

[44] Chen Y, Yu Q, Xu G, et al. In situ observation of the insulator-to-metal transition and nonequilibrium phase transsition for Li$_{1-x}$CoO$_2$ films with preferred (003) orientation nanorods [J]. ACS Appl Mater Inter, 2019, 11 (36): 33043-33053.

[45] Li Q, Pan H, Li W, et al. Homogeneous interface conductivity for lithium dendrite-free anode [J]. ACS Energy Lett, 2018, 3 (9): 2259-2266.

[46] Wang S, Liu Q, Zhao C, et al. Advances in understanding materials for rechargeable lithium batteries by atomic force microscopy [J]. Energy & Environmental Materials, 2018, 1 (1): 28-40.

[47] Jeong S K, Inaba M, Abe T, et al. Surface film formation on graphite negative electrode in lithium-ion batteries: AFM study in an ethylene carbonate-based solution [J]. J Electrochem Soc,

2001, 148 (9): A989-A993.

[48] Zheng J, Zheng H, Wang R, et al. 3D visualization of inhomogeneous multi-layered structure and Young's modulus of the solid electrolyte imterphase (SEI) on silicon anodes for lithium [J]. Phys Chem Chem Phys, 2014, 16 (26): 13229-13238.

[49] Wan J, Hao Y, Shi Y, et al. Ultra-thin solid electrolyte interphase evolution and wrinking processes in molybdenum disulfide-based lithium-ion batteries [J]. Nature Communications, 2019, 10 (1): 3265.

[50] Appapillai A T, Mansour A N, Cho J, et al. Microstructure of $LiCoO_2$ with and without "$AlPO_4$" nanoparticle coating: combined STEM and XPS studies [J]. Chem Mater, 2007, 19 (23): 5748-5757.

[51] Ensling D, Cherkashinin G, Schmid S, et al. Nonrigid band behavior of the electronic structure of $LiCoO_2$ thin film during electrochemical li deintercalation [J]. Chem Mater, 2014, 26 (13): 3948-3956.

[52] Sathiya M, Rousse G, Ramesha K, et al. Reversible anionic redox chemistry in high-capacity layered-oxide electrodes [J]. Nat Mater, 2013, 12 (9): 827-835.

[53] Zhang J, Li Q H, Li Q, et al. Improved electrochemical performances of high voltage $LiCoO_2$ with tungsten doping [J]. Chin Phys B, 2018, 27 (8): 088202.

[54] Crumlin E J, Mutora E, Liu Z, et al. Surface strontium enrichment on highly active perovskites for oxygen electrocatalysis in solid oxide fuel cells [J]. Energy Environ Sci, 2012, 5 (3): 6081-6088.

[55] Ensling D, Thissen A, Laubach, S, et al. Electronic structure of $LiCoO_2$ thin films: A combined photoemission spectroscopy and density functional theory study [J]. Phys Rev B, 2010, 82 (19): 195431.

[56] Licherman M F, Hu S, Richter H. et al. Direct observation of the energetics at a semiconductor/liquid junction by operando X-ray photoelectron spectroscopy [J]. Energy Environ Sci, 2015, 8 (8): 2409-2416.

[57] Wenzel S, Leichtweiss T, Krüger D, et al. Interphase formation on lithium solid electrolytes—An in situ approach to study interfacial reactions by photoelectron spectrosscopy [J]. Solid State Ionics, 2015, 278: 98-105.

[58] Schwöbel A, Hausbrand R, Jaegermann W. Interface reactions between LiPON and lithium studied by in-situ X-ray photoemission [J]. Solid State Ionics, 2015, 273: 51-54.

[59] Xu B, Fell C R, Chi M, et al. Identifying surface structural changes in layered Li-excess nickel manganese oxides in high voltage lithium ion batteries: A joint experimental and theoretical study [J]. Energy Environ Sci, 2011, 4 (6): 2223-2233.

[60] Zheng J, Gu M, Xiao J. et al. Corrosion/fragmentation of layered composite cathode and related capacity/voltage fading during cycling process [J]. Nano Lett, 2013, 13 (8): 3824-3830.

[61] Ma C, Cheng Y, Yin K. et al. Interfacial stability of Li metal-solid electrolyte elucidated via in situ electron microscopy [J]. Nano Lett, 2016, 16 (11): 7030-7036.

[62] Wang Z, Santhanagopalan D, Zhang W. et al. In situ STEM-EELS observation of nanoscale interfacial phenomena in all-solid-state batteries [J]. Nano Lett, 2016, 16 (6): 3760-3767.

[63] Aurbach, D, Ein-Ely Y, Zaban A. The surface chemistry of lithium electrodes in alkyl carbonate solutions [J]. J Electrochem Soc, 1994, 141 (1): L1-L3.

[64] Ma J, Liu Z, Chen B. et al. A strategy to make high voltage $LiCoO_2$ compatible with polyethylene oxide electrolyte in all-solid-state lithium ion batteries [J]. J Electrochem Soc, 2017, 164 (14):

A3454-A3461.

[65] Julien C M, Massot M. Lattice vibrations of materials for lithium rechangeable batteries I. Lithium manganese oxide spinel [J]. Materials Science and Engineering: B, 2003, 97 (3): 217-230.

[66] Moshkovich M, Cojocaru M, Gottlieb H E, et al. The study of the anodic stability of alkyl carbonate solutions by in situ FTIR spectrosscopy. EQCM. NMR and MS [J]. J Electroanal Chem, 2001, 497 (1): 84-96.

[67] Santner H J, Korepp C, Winter M, et al. In-situ FTIR investigations on the reduction of vinylene electrolyte additives suitable for use in lithium-ion batteries [J]. Anal Bioanal Chem, 2004, 379 (2): 266-271.

[68] Gittleson S, Yao K P C, Kwabi D G. et al. Raman spectroscopy in lithium-oxygen battery systems [J]. Chem Electro Chem, 2015, 2 (10): 1446-1457.

[69] Stancovski V, Badilescu S. In situ Raman spectroscopic-electrochemical studies of lithium-ion battery materials: a historical overview [J]. J Appl Electrochem, 2014, 44 (1): 23-43.

[70] Li Q, Qiao Y, Guo S. et al. Techno-economic assessment of Joule-Brayton cycle architectures for heat to power conversion from high-grade heat sources using CO_2 in the supercritical state [J]. Joule, 2018, 2: 1-12.

[71] Otoyama M, Ito Y, Hayashi A, et al. Raman imaging for $LiCoO_2$ composite positive electrodes in all-solid-state lithium batteries using Li_2S-P_2S_5 solid electrolytes [J]. J Power Sources, 2016, 302: 419-425.

[72] Grouss T, Hess C. Raman diagnostics of $LiCoO_2$ electrodes for lithium-ion batteries [J]. J Power Sources, 2014, 256: 220-225.

[73] Zhou Y N, Yue J L, Hu E, et al. High-rate charging induced intermediate phases and structural changes of layer-structured cathode for lithium-ion batteries [J]. Energy Mater, 2016, 6 (21): 1600597.

[74] Liu H, Strobridge F C, Borkiewica O J, et al. Capturing metastable structures during high-rate cycling of $LifePO_4$ nanoparticle electrodes [J]. Science, 2014, 344 (6191): 1252817.

[75] Nam K W, Bak S M, Hu E, et al. Combining in situ synchrotron X-Ray diffraction and absorption techniques with transmission electron microscopy to study the origin of thermal instability in overcharged cathode materials for lithium-ion batteries [J]. Adv Funct Mater, 2013, 23 (8): 1047-1063.

[76] Bai J, Hong J, Chen H, et al. Solvothermal synthesis of $LiMn_{1-x}Fe_xPO_4$ cathode materials: a study of reaction mechanisms by time-resolved in situ synchrotron X-ray diffraction [J]. J Phys Chem C, 2015, 119 (5): 2266-2276.

[77] Zeng D, Cabana J, Breger J, et al. Investigating the reversibility of structural modifications of $Li_xNi_yMn_zCo_{1-y-z}O_2$ cathode materials during Initial charge/discharge, at multiple length scales [J]. Chem Mater, 2015, 19 (25): 6277-6289.

[78] Julien B, Nicolas D, Chupas P J, et al. Short-and long-range order in the positive electrode material, Li $(NiMn)_{0.5}O_2$: A joint X-ray and neutron diffraction, pair distribution function analysis and nmr study [J]. J Am Chem Soc, 2005, 127 (20): 7529-7535.

[79] Idemoto Y, Kitamura N, Ueki K, et al. Average and local structure analyses of Li $(Mn_{1/3}Ni_{1/3}Co_{1/3-x}Al_x)O_2$ using neutron and synchrotron X-ray sources [J]. J Electrochem Soc, 2012, 159 (5): A673-A677.

[80] Idemoto Y, Tejima F, Ishida N, et al. Average, electronic, and local structures of $LiMn_{2-x}Al_xO_4$ in charge-discharge process by neutron and synchrotron X-ray [J]. J Power Sources, 2019,

410-411: 38-44.

[81] Liu J, Yu L, Hu E, et al. Large-scale synthesis and comprehensive structure study of δ-MnO_2 [J]. Inorg Chem, 2018, 57 (12): 6873-6882.

[82] Yang W, Liu X, Qiao R, et al. Key electronic states in lithium battery materials probed by soft X-ray spectroscopy [J]. J Electron Spectrosc Relat Phenom, 2013, 190, Part A (0): 64-74.

[83] Wang L, Song J, Qiao R, et al. Rhombohedral Prussion white as cathode for rechargeable sodium-ion batteries [J]. J Am Chem Soc, 2015, 137 (7): 2548-2554.

[84] Liu X, Wang D, Liu G, et al. Distinct charge dynamics in battery electrodes revealed by in situ and operando soft X-ray spectroscopy [J]. Nat Commun, 2013, 4: 2568.

[85] Wang P F, Xin H, Zuo T T, et al. An abnormal 3.7 volt O_3-type sodium-ion battery cathode [J]. Angew Chem Int Ed, 2018, 57 (27): 8178-8183.

[86] Yu X, Lyu Y, Gu L, et al. Understanding the rate capability of high-energy-density li-rich layered $Li_{1.2}Ni_{0.15}Co_{0.1}Mn_{0.55}O_2$ cathode materials [J]. Adv Energy Mater, 2014, 4 (5): 1300950.

[87] Qiao R, Li Q, Zhuo Z, et al. High-efficiency in situ resonant inelastic X-ray scattering (iRIXS) endstation at the advanced light source [J]. Rev Sci Instrum, 2017, 88 (3): 033106.

[88] Le Tacon M, Ghiringhelli G, Chaloupka J, et al. Intense paramagnon excitations in a large family of high-temperature superconductors [J]. Nat Phys, 2011, 7 (9): 725-730.

[89] Yang W, Devereaux T P. Anionic and cationic redox and interfaces in batteries: Advances from soft X-ray absorption spectroscopy to resonant inelastic scattering [J]. Power Source, 2018, 389: 188-197.

[90] Xu J, Sun M, Qiao R, et al. Elucidating anionic oxygen activity in lithium-rich layered oxides [J]. Nat Commun, 2018, 9 (1): 947.

[91] Luo K, Roberts M R, Hao R, et al. Charge-compensation in 3D-transition-metal-oxide intercalation cathodes through the generation of localized electron holes on oxygen [J]. Nat Chem, 2016, 8 (7): 684-691.

[92] Luo K, Roberts M R, Guerrini N, et al. Anion redox chemistry in the cobalt free 3D transition metal oxide intercalation electrode Li [$Li_{0.2}Ni_{0.2}Mn_{0.6}$] O_2 [J]. J Am Chem Soc, 2016, 138 (35): 11211-11218.

[93] Gent W E, Lim K, Liang Y, et al. Coupling between oxygen redox and cation migration explains unusual electrochemistry in lithium-rich layered oxides [J]. Nat Commun, 2017, 8 (1): 2091.

[94] Zhao E, Li Q, Meng F, et al. Stabilizing the oxygen lattice and reversible oxygen redox chemistry through structural dimensionality in lithium-rich cathode oxides [J]. Angew Chem Int Ed, 2019, 58 (0): 1-6.

[95] Dai K, Wu J, Zhou Z, et al. High reversibility of lattice oxygen redox in Na-ion and Li-ion batteries quantified by direct bulk probes of both anionic and cationic redox reactions [J]. Joule, 2019, 3 (2): 518-541.

[96] Firouzi A, Qiao R, Motallebi S, et al. Monovalent manganese based anodes and co-solvent electrolyte for stable low-cost high-rate sodium-ion batteries [J]. Nature Communications, 2018, 9 (1): 861.

[97] Nelson J, Misra S, Yang Y, et al. In operando X-ray diffraction and transmission X-ray microscopy of lithium sulfur batteries [J]. Am Chem Soc, 2012, 134 (14): 6337-6343.

[98] Xu Y, Hu E, Zhang K, et al. In situ visualization of state-of-charge heterogeneity within a $LiCoO_2$ particle that evolves upon cycling at different rates [J]. ACS Energy Lett, 2017, 2 (5): 1240-1245.

[99] Chueh W C, E Gabaly F, Sugar J D, et al. Intercalation pathway in many-particle LiFePO$_4$ electrode revealed by nanoscale state-of-charge mapping [J]. Nano Lett, 2013, 13 (3): 866-872.

[100] Li Y, E Gabaly F, Ferguson T R, et al. Current-induced transition from particle-by-particle to concurrent intercalation in phase-separating battery electrodes [J]. Nat Mater, 2014, 13 (12): 1149-1156.

[101] Wang J, Eng C, Chen-Wiegart Y C K, et al. Probing three-dimensional sodiation-desodiation equilibrium in sodium-ion batteries by in situ hard X-ray nanotomography [J]. Nature Communications, 2015, 6 (1): 7496.

[102] Yashima M, Itoh M, Inaguma Y, et al. Crystal structure and diffusion path in the fast lithium-ion conductor La$_{0.62}$Li$_{0.16}$TiO$_3$ [J]. J Am Chem Soc, 2005, 127 (10): 3491-3495.

[103] Nishimura S I, Kobayashi G, Oboyama K, et al. Experimental visualization of lithium diffusion in Li$_x$FePO$_4$ [J]. Nat Mater, 2008, 7: 707.

[104] Monchak M, Dolotki O, Mühlbauer M J, et al. Monoclinic β-Li$_2$TiO$_3$ neutron diffraction study and estimation of Li diffusion pathways [J]. Solid State Sci, 2016, 61: 161-166.

[105] McCalla E, Abakumov A M, Saubanère M, et al. Visualization of O-O peroxo-like dimers in high-capacity layered oxides for Li-ion batteries [J]. Science, 2015, 350 (6267): 1516-1521.

[106] Pearce P E, Perez A J, Gousse G, et al. Evidence for anionic redox activity in a tridimensional-ordered Li-rich positive electrode β-Li$_2$IrO$_3$ [J]. Nat Mater, 2017, 16: 580.

[107] von Lüder C, Zinth V, Erhard S V, et al. Lithium plating in lithium-ion batteries investigated by voltage relaxation and in situ neutron diffraction [J]. Power Sources, 2017, 342: 17-23.

[108] Sharma N, Yu D H, Zhu Y, et al. In operando neutron diffraction study of the temperature and current rate-dependent phase evolution of LiFePO$_4$ in a commercial battery [J]. Power Sources, 2017, 342: 562-569.

[109] Goonetilleke D, Pramudita J C, Hagan M, et al. Correlating cycling history with structural evolution in commercial 26650 batteries using in operando neutron power diffraction [J]. Power Source, 2017, 343: 446-457.

[110] Owejan J P, Gagliardo J J, Harris S J, et al. Direct measurement of lithium transport in graphite electrodes using neutrons [J]. Electrochim Acta, 2012, 66: 94-99.

[111] Michalak B, Sommer H, Mannes D, et al. Gas evolution in operating lithium-ion batteries studied in situ by neutron imaging [J]. Sci Rep, 2015, 5: 15627.

[112] Song B, Dhiman I, Carothers J C, et al. Dynamic lithium distribution upon dendrite growth and shorting revealed by operando neutron imaging [J]. ACS Energy Lett, 2019, 4 (10): 2402-2408.

[113] Lv S, Verhalled T, Vasileiadis A, et al. Thermodynamic insight into stimuli-responsive behaviour of soft porous crystals [J]. Nature Communications, 2018, 9 (1): 2152.

[114] Li Q, Yi T, Wang X, et al. In-situ visualization of lithium plating in all-solid-state lithium-metal battery [J]. Nano Energy 2019, 63: 103895.

[115] Wang C, Gong Y, Dai J, et al. In situ neutron depth profiling of lithium metal-garnet interfaces for solid state batteries [J]. J Am Chem Soc, 2017, 139 (40): 14257-14264.